TURING 图灵数学经典 · 08

概率论（卷1）
及其应用 第3版

[美] 威廉·费勒 —— 著

胡迪鹤 —— 译

人民邮电出版社
北京

图书在版编目（CIP）数据

概率论及其应用：第 3 版. 卷 1 /（美）威廉·费勒
(William Feller) 著；胡迪鹤译. -- 2 版. -- 北京：人
民邮电出版社，2021.4
　（图灵数学经典）
　ISBN 978-7-115-56004-9

I. ①概…　II. ①威…②胡…　III. ①概率论　IV. ①O211

中国版本图书馆 CIP 数据核字（2021）第 029513 号

内 容 提 要

　　本书涉及面极广，不仅讨论了概率论在离散空间中的诸多课题，而且涉及了概率论在物理学、化学、生物学（特别是遗传学）、博弈论及经济学等方面的应用. 书中主要内容有：样本空间及其上的概率计算，独立随机变量之和的随机起伏，事件的组合及条件概率，离散随机变量及其数字特征，大数定律，离散的马尔可夫过程及其各种重要特征，更新理论等. 除正文外，本书还附有数百道习题.

　　本书既可作为概率论及相关学科的教学参考书，亦可作为科学研究的引导书. 特别是此书中有关随机性和概率思想的论述，极具启发性.

◆　著　　　　　[美] 威廉·费勒
　　译　　　　　胡迪鹤
　　责任编辑　　傅志红
　　责任印制　　周昇亮

◆　人民邮电出版社出版发行　　北京市丰台区成寿寺路 11 号
　　邮编　100164　　电子邮件　315@ptpress.com.cn
　　网址　https://www.ptpress.com.cn
　　北京盛通印刷股份有限公司印刷

◆　开本：700×1000　1/16
　　印张：27.75　　　　　　　2021 年 4 月第 2 版
　　字数：527 千字　　　　　2025 年 8 月北京第 10 次印刷
　　著作权合同登记号　图字：01-2013-3664 号

定价：109.80 元
读者服务热线：(010)84084456-6009　印装质量热线：(010)81055316
反盗版热线：(010)81055315

版 权 声 明

第 3 版译者序

威廉·费勒（William Feller）所著《概率论及其应用》（卷 1）最早出版于 1950 年，1957 年再版. 原著第 2 版曾出过中译本. 此译本是根据原著 1970 年第 3 版修订版翻译的. 第 3 版较之前两版，做了大量的增删和修改，不仅针对正文、附录、习题，甚至连参考文献也做了调整，而且有些章节完全是新的（如第 3 章），有些专题增加了许多新内容，如分支过程、马尔可夫链、各种极限定理等.

威廉·费勒对近代概率论的发展做出过卓越的贡献，特别是他的两卷本专著《概率论及其应用》，曾经影响了包括中国在内的世界各国几代概率论及其相关领域的学生和研究者. 即使用今天的标准来衡量，该书仍是一本经典佳作.

本书涉及面极广，不仅论述了概率论的诸多课题，而且包括了概率论在物理、化学、生物、遗传、博弈、经济等多方面的应用.

本书写作风格明快，深入浅出，引人入胜，作者旁征博引，面对复杂主题游刃有余，充分展示了其过人的才智.

译本尽量忠于原著，但翻译毕竟是再创造，中文和英文毕竟是两种语言，断无数学中那种一一对应. 如译文有违原作，或有不当之处，敬请指教.

以下我们对译本做几点说明：

- 译本对原书中的错误进行了直接修改.
- 原书的参考文献都用脚注，为了改善版面，有文献附注的地方都加上方括号"[ ]"，所注文献放在本书最后部分.
- 人名的翻译，都按音译惯例. 书末附有人名对照表，以资查阅.

胡迪鹤
2005 年 10 月

前　言

第 3 版修订版

与第 1 版相比，第 3 版命运多舛，反复出现多次恼人的勘误. 现在这个修订版印次把所有已发现的错误改正了. 而且在不动版的前提下，我们改进了有些表述，添加了习题提示. 感谢出版商允许进行这些需花不少钱的改动，它们应当会极大地改善可读性.

几乎所有的改动建议来自伊利诺伊州芝加哥市共事的马卓尔教授和克罗夫特博士，以及丹麦皇家空军的库尔上尉（现已退役）. 他们以超乎寻常的认真态度研读本书，我从他们那些令人愉快的信件中获益匪浅.

威廉·费勒
1970 年 6 月
于新泽西州普林斯顿市

第 3 版

大概 25 年以前，当我开始构思此书时，苏联以外的数学家只有少数人承认概率论是数学的一个正统分支. 其应用范围有限，而且个别问题的处理往往难以置信地复杂. 在当时那种情况下，本书不可能为现有读者或满足现实需求而写；只希望能引起人们对概率论的一点点关注，将各个部分联系起来，发展统一的方法及指出其潜在的应用. 后来由于人们对概率论兴趣的增长，本书出乎意料地拥有了许多非数学专业的读者. 书中的观点在当时显得较新，有关内容其他书未及，它被广泛采用不足为奇. 时至今日，虽说本书大部分内容都可在各种面向特别应用的专著中找到，但其受欢迎程度并未衰减. 为此，在新版中，本书仍保持特色，希望能继续满足各层次读者的需求. 特别希望它仍拥有一批仅仅为了欣赏和受启发而阅读的读者.

这些年来，我从与读者的联系中获益匪浅，这使本书许多方面得到了改进，许多章节改写得更易于学习. 本书的可读性也得到了改善，还换了种更漂亮的字体，这得益于麦克杜格尔夫人出色的编辑工作. 作为一位专业编辑，她对读者的需求相当敏感.

改变最大的是第 3 章. 这一章在第 2 版中才加入, 事实上它是由一次意外的发现促成的, 那就是其迷人的内容可以用初等方法来处理. 但是这类处理仍然依赖组合分析技巧, 只是目前已经可以用更简单、更自然的概率推导来替代. 本质上看, 这是名副其实全新的一章.

在所有增加的内容中, 最显著的是增加了一些小节, 讨论分支过程、马尔可夫链和棣莫弗–拉普拉斯定理. 第 13 章做了重新安排. 全书例子和习题有少量变动.

我对作者索引的误导性表示遗憾, 但我认为如果一个概念或例子能够追本溯源的话, 我有义务把它交代清楚. 不过这样的索引往往指向一个偶发的评论, 而很少能指明被引用的论文的本意. 此外, 许多例子与习题从非数学论文中提炼而来, 它们原本是用不同的方法处理的. (后来的新书在引用这些非数学论文时, 反而说其中包含了我书中的例子. 这一方面说明概率论发展有多快, 有那么多人看了我的书, 另一方面也表明引用的作用是多有限.) 由于篇幅与本人能力的限制, 概率论从 20 世纪初萌芽阶段的研究到今天欣欣向荣的发展历史, 在本书中没有充分论述和揭示.

多年来, 我有幸与许多学生和年轻同事共事, 并得到他们的帮助与启发. 我要深深感谢美国陆军研究室, 它支持了我在普林斯顿大学的概率论研究工作. 古德曼提供了富有思想深度的教学经验小结, 皮特全力帮助我做证明, 在此对他们表示特别感谢.

威廉·费勒

1967 年 7 月

第 1 版

我原本是要写一本关于概率论的分析方法的书, 把概率论作为纯数学的论题. 这样的写法更容易保持一致性, 从美学角度看也更令人满意, 更能引起搞纯粹数学的人的共鸣. 然而, 我在由美国海军研究室提供支持的康奈尔大学的概率论所做的研究工作, 使我决定采取一种更具雄心的方法, 试图让本书满足多层次的需求.

本书的目的是把概率论作为一个完整的数学主题来严格地处理, 避免用非数学的概念. 同时, 本书试图描写实证背景并加强对各种实际应用的认识. 为了后一目的, 我们在书中插入了许多特殊问题、数值估计和大量的例子. 这些题材在排版方面都有清楚的标记, 处理时多用形象的语言, 少用形式的推导. 本书汇集了一些特殊的专题, 这是为了显示一般方法的效力, 并使本书对各个领域的专家们更有用处. 为了阅读方便, 除正文之外所穿插的章节都用星号 "*" 标出, 阅读其他章节时, 并不需要预先了解标有星号章节的内容.

　　本书注重方法上的统一，并在这一方面做了认真的努力．概率论专家会在书中发现，许多原有的证明被简化了，出现了一些新的结果．特别是，为了本书的目的，书中发展了再现事件的理论．这个理论导出了一个对马尔可夫链的新的处理方法，即使对于有限情况的马尔可夫链都有简化的效果．

　　本书除了大量的例子外，还附带着大约 340 个习题，基本都给出了完整的解答．有些是简单的练习题，但是大多数可以作为正文的说明和补充材料．例题和习题的目的之一，是为了提高读者的直观能力，培养他们提出及解决概率问题的技巧．在前面所讨论的几个例题表明：一个显然很难的问题，一旦有了自然的提法，并且在合适的地方来讨论，就变得十分容易了．

　　在概率论的教学上有一种倾向：把概率问题尽快地转化为纯粹的分析问题，而忘却概率论本身的特殊性质．这种处理方法通常在一开始引入随机变量的概念时不下严格定义．本书走向另一个极端，始终抓紧样本空间的概念．没有样本空间的概念，随机变量就只能是一种生硬的造作．

　　为了使真实的背景不为可测性问题和其他纯粹分析的困难所掩饰，本书中只限于对**离散样本空间**进行讨论．这是一个很大的限制，但是会受到非数学背景读者的欢迎．采用这个办法，我们能够收进一些特殊的、在一般文献中不易找到的专题．同时，这个办法让我们既能从初等的方法入手，又能对于像随机徘徊和马尔可夫链那样高等的专题做出相当详尽的处理．至于随机变量及其分布的一般理论、极限定理、扩散理论等，我准备放在下一卷讨论．

　　没有海军研究室的支持，本书无法写成．这种支持带来的结果之一，是我与杜布先生的频繁联络，他给我的批评与鼓励是无价的．我深深地谢谢他．其次我要感谢瑞奥丹先生的帮助，他先后两次看了我的修改稿．我妻子看了我的手稿和校样，无数次改正其中的错误，提出改进意见．

　　感谢钟开莱、冬斯克和戈德堡，他们审阅了手稿，纠正了不少错误，戈德堡还为大部分习题准备了解答．最后，感谢霍伦巴克小姐的耐心与专业的打字技能，谢谢伊利亚什、霍夫曼、金尼等人帮助校对．

威廉·费勒

1950 年 1 月于康奈尔大学

如何使用本书

本书包含了许多内容，顺序并不总是由易到难的，开始有技术性相对较强的小节，而第 15 章和第 17 章也有一些简单的小节. 经验不足的读者在初读时不要试图从多个方面介入，以免只见树木不见森林. 有些章会有引导性的附注，某些章节的标题会加星号（＊），这是为了方便读者阅读并进行内容取舍，没有标星号的节自成体系，标有星号的内容可以先略去不读.

概率的基本概念在第 1 章、第 5 章、第 6 章和第 9 章引入. 如果可能的话，初学者应该先尽可能专心把这些基本概念弄清. 第 2 章是为提高学生的技巧和形成概率直观概念而安排的. 这章中的某些经验值得掌握，但并不需要系统掌握全章内容，在后面出现适当场合时，再回到初等直观想象更加有益. 为了初步引入连续分布的初等理论，要求有一个补充来说明（第 2 卷中较初等的几章提供了合适的内容）.

若把母函数视为一般算子的特例，可以从第 9 章直接过渡到第 11 章. 第 11 章接着讨论第 13 章（循环事件）或第 12 章（链反应，无穷可分分布）的某些应用. 学习下述知识的读者不需要学习母函数：极限定理和起伏理论（第 8 章、第 10 章和第 3 章）、随机过程（第 17 章）、随机徘徊（第 3 章和第 14 章的主要部分）. 这些章几乎是彼此独立的. 第 15 章的马尔可夫链在概念上依赖于循环事件，但是，如果读者能接受不加证明的基本遍历定理，亦可独立学习.

第 3 章是独立的. 它的内容极富吸引力，而且这一章因新见地和新方法在概率论中又极富说明性. 其中关于扔硬币的起伏问题的结果表明：在过广的层面上相信大数定律会招致错误，它们是如此地奇怪和如此地违背一般直觉，甚至使老练的同事都怀疑硬币实际上是按理论预测的结果来弄假的. 3.6 节中有一个模拟实验的记录. 这一章虽然仅仅处理了一类简单的扔硬币的博弈，但其结果是有代表性的，对一般的公平博弈都适用.

符号"■"表示一个证明或一族例子的结束.

最后，希望书后丰富的索引能有助于加强本书各部分之间的联系.

目 录

第 0 章 绪论：概率论的性质

0.1 背景

概率论是一门数学学科，它与几何学或分析力学等学科有很相似的目标. 对每一门学科我们都必须仔细地区分理论的三个方面：(a) 形式逻辑的内容；(b) 直观的背景；(c) 应用. 不按这三方面之间的固有关系去考虑它们，就不能正确估计其全部结构的特性和优点.

0.1.1 形式逻辑的内容

公理化的数学只论及某些无定义的事物之间的关系. 这一点可以用下国际象棋来很好地说明. 要想描述国际象棋，只能陈述一组下棋规则，不可能给象棋下一个"定义". 尽管可以描写一下棋子的一般形式，但仅凭对棋子本身形状的描述不一定能清楚地说明哪个棋子是王. 虽然棋盘和棋子是有用的，但没有它们仍然可以下棋. 重要之处在于了解棋子的走法与作用，也就是要了解一组棋规. 问国际象棋中的"兵"或"王"的"定义"或"精确的本性"是什么，这没有意义. 与此类似，在几何学中我们也不会过问点和直线到底是什么. 点和直线是无定义的概念，而几何公理规定了它们之间的一些关系，例如两点确定一条直线等. 这些就是规则，没人提出异议. 我们可以改变公理系统去研究不同形式的几何，而且各种非欧几何的逻辑结构不依赖它们与现实的关系. 物理学家就曾研究过在不遵循牛顿的万有引力定律情况下物体如何运动. 即使牛顿的万有引力定律是正确的，这种研究也是有意义的.

0.1.2 直观的背景

与国际象棋不同，几何学和力学的公理反映了客观存在着的直观背景. 事实上，几何的直观性是如此之强，常常超越逻辑推理. 逻辑、直观与实际经验三者之间的相互依赖性会达到怎样的高度，这个问题我们不需要去讨论. 当然，人们的直观能力是可以锻炼和发展的. 例如下棋时，初学者总是小心翼翼，走棋时还要想一想下棋的规则；而有经验的棋手在一瞥之间就能掌握复杂的情况，他的直觉往往不能用理由来解释. 同样，数学直觉随着经验增加而增加，人们有可能对于一些概念（例如四维空间）的发展有一种自然感觉.

　　甚至人类的集体直观能力也在进步．牛顿的力场概念、超距作用的概念、麦克斯韦关于电磁波的概念，起初都被认为是"不能想象的"和"违反直观的"．但现代技术和媒体、通信的普及，使得这些概念成为一般语汇．同样，现在的学生不会体会到，当概率论还在萌芽的时候，它与某些思维方式、偏见及其他困难的斗争是多么艰苦卓绝．现在，报纸报道民意测验的样本，统计的影响已经渗透到生活的各个方面，年青的女孩们也会从统计数字中查看自己结婚的可能性．于是对于"这个事件的机会是五分之三"这样的陈述，人人都有了直观的感觉．这虽然很模糊，但此直观感觉足够作为概率论入门的指南和背景．随着理论的发展，以及人们接触到一些更为微妙的应用，这个直观能力还要得到进一步发展．

0.1.3　应用

　　应用几何学和力学的概念时，要把它们与某些物理对象等同起来，但是这个结合过程非常灵活，且变化无常，不能给出普遍的法则．刚体是个基本的、有用的概念，虽然没有一个物理对象真正具备它的条件．哪些物体能当作刚体来处理，要视其所处环境和所需要的近似度来决定．橡胶当然不是刚体，但是在讨论汽车在冰上运动的时候，许多教科书是把橡胶轮胎当作刚体来处理的．按照理论的目的，我们可以不管物质的原子结构，有时把太阳当作一个连续物质的大球来处理，有时又把它当作一个质点来处理．

　　在应用中，抽象的数学模型只是当作工具来使用的，而对同一实际场合可以采用不同的模型来描述．数学理论的应用方式不依赖于事先形成的意见，它是一个有目的的技术，依赖于经验，而且随着经验改变．这些技术的哲学分析是值得研究的，但它不属于数学、物理学或统计学范畴．因此，必须把关于概率基础的哲学从数学和统计学中分离出去，犹如关于直观空间概念的讨论，现在已经从几何学中分离出来一样．

0.2　方法和步骤

　　概率论的历史（一般数学史亦然）呈现出理论和应用相互促进的现象：理论的进展开辟了应用的新领域，反过来每一个新的应用又产生出新的理论问题和富有成果的研究．目前概率论已应用到很多领域，而我们要求它具有一个普遍性理论的灵活性，以便对广泛的需求提供恰当的工具．因此我们必须反对下述企图（和趋向）：把其理论、术语及思想库建立得过分接近于某一特殊兴趣范围．我们所要做的绝非如此，而是要按照在几何学和力学中已经证明为十分成功的方式来发展出一种数学理论．

　　我们先从扔硬币和掷骰子等最简单的实验出发，在这些场合，所有的陈述都有着明显的直观意义. 我们把这个直观性翻译成一个抽象的模型，然后把这个模型加以推广，使它能够适用于更复杂的场合. 书中的实例用来阐明几种模型的实证背景并启发读者的直观能力，但理论本身还是数学性质的. 我们不力求解释概率的"真正意义"，正如近代物理学家不纠结于阐明质量和能量的"实在意义"，几何学家不纠缠于解释点的性质那样. 我们将要做的就是证明一些定理，并指出这些定理该怎样应用.

　　最初，概率论的目的是描述有关机会游戏的经验，这是一个狭窄的领域，这时的主要目标只是把某些概率计算出来. 在开始的几章里，我们也计算一些典型的概率，但是要记住数值的概率不是理论追逐的主要对象，我们的目的在于发现一般的规律并构造出满意的理论模型.

　　概率对我们所起的作用正如质量在力学中所起的作用. 在力学上，即使不知道个别行星的质量，不去思考实际上测量这些质量的方法，也照样可以讨论行星体系的运动. 甚至虚构的行星体系也可以作为一个有益的、有启发的研究对象. 类似地，一些实际且有用的概率模型也会涉及一些不能观察到的世事. 例如，我们已经投资几十亿美元建设电话交换系统，前期的调研会根据简单的概率模型比较多种方案，然后选用理论上最优的系统，而放弃其他方案. 在保险业中，概率论用来计算毁灭概率，就是用这个理论来避免某些不期望发生的情形. 因此，它应用到一些实际上观察不到的情形. 即使连一个数值都得不到时，概率论仍然是有效和有用的.

0.3　"统计"概率

　　近代概率的数学理论成就是有代价的，那就是把理论局限在"机会"的某一特殊方面. 概率的直观概念与归纳推理产生了联系，并经常得出一些判断："保尔大概是一个幸运的人""这本书大概是一部失败之作""费马的猜测大概是不正确的". 这类判断是哲学家和逻辑学家感兴趣的，也是数学理论研究的对象①. 然而必须了解，我们所关心的不是归纳推理的形态，而是一种可以叫作物理概率或者统计概率的事物. 粗略解释这句话的意思，可以这样说：我们所说的概率不是关于这些判断，而是关于一个理想实验的可能结果. 在我们谈到概率之前，大家必须先承认一个特殊理想实验的想象模型，譬如扔硬币，甚至抽样观察兴奋的袋鼠，观察扩散物中一个质点，记录打来电话的次数. 一开始就需承认什么是这个理想实验所有的可能结果（即样本空间）以及它们各自发生的概率. 这种构想可

---

① 参阅参考文献 [88] 和 [89]. 主观概率论的现代著作参见参考文献 [124].

以在力学里找到类似情况: 在力学里引入了包含 2 个、3 个或 17 个质点的臆想模型, 其中质点并没有任何特性. 同样, 如果来分析扔硬币的实验, 理论的对象只是 "正面, 正面, 反面, 正面, ……" 这些记号的序列, 而不关心实际实验的偶然情况. 在这个体系里, 像 "明天太阳将升起的概率是多少" 是不在考察之列的. 假使要讨论这个概率, 我们势必先来确定一个实验的 (理想) 模型, 而这个实验不免要被说成 "从无穷多个存在中随机地选取一个……". 构造这样一个模型其实也不需要多大的想象力, 但是这样做很无聊而且毫无意义.

天文学家谈论测量太阳中心的温度和到天狼星去旅行. 这些似乎是不能办到的, 但是做这种思考并不是没有意义的. 同理, 我们也不去关心理想的实验能否实现, 而要分析抽象的模型. 在我们的思想深处, 保持着概率的直观解释, 这种解释在某些应用中能够获得实施的意义. 我们想象把实验重复做很多次. 概率为 0.6 的事件终究可以期望在 100 次里出现 60 次. 这句话是有意含糊其词的, 但是, 对于较为初等的应用来说, 它提供了足够形象的直观背景. 随着理论更精深地发展, 实用意义和直观图像就变得更具体了.

0.4　摘要

我们将要考虑一些理论模型. 在这些模型中, 概率像力学中的质量一样, 是作为自由参数出现的. 可以用各种各样不同的方法来应用它们, 应用的技巧和直观能力随着理论的发展而发展.

这是其他数学学科中所采用的富有成效的标准手法. 没有其他的手法可以满足正在蓬勃发展着的概率论及其应用的各个分支的各种各样的需要.

我们可能会抱怨, 直观的概率不能充分满足科学的需要, 但是它是历史形成的. 在 1.6 节例 (b) 中, 我们将要讨论多个质点在多个盒里随机分布的问题. 适当的或者 "自然" 的概率分布对每个人来说似乎是完全清楚的, 并且可以被物理学家毫不犹豫地接受. 然而事情表明, 物理质点的概念在人们意识中是没有经过训练的, 而 "自然" 分布 (或玻耳兹曼分布) 有时必须代以波司–爱因斯坦分布, 有时又必须代以费米–狄拉克分布. 直观论证不能说明为什么光子不同于质子, 为什么它们不遵从 "预先给定" 的规律. 如果现在能找到一种论证, 那也只能说明直观概念和理论一起发展罢了. 无论如何, 对应用来说, 自由和灵活都是重要的, 而且把理论局限在一个固定的范畴里是不利的.

有人叫嚷现代概率论是如此抽象和普遍化, 以致难于应用. 这类似于讲求实用的人们当初曾经反对麦克斯韦场论的挑衅口吻. 这个论点可以被下列事实所驳倒: 抽象的随机过程理论提供了一些未曾想象过的新应用, 现代的起伏理论所提供的新的视野又一次地与直观想象相违背，并且使人们去修正对实际的态度. 然而，这种辩论是没有用处的，在昨天还认为是不合实际的东西今天就是实际的东西了，而明天将要成为理论的东西又被今天注重实用的人们认为是毫无价值的游戏.

0.5　历史小记

对概率的统计或经验观点主要是由冯·米泽斯和费希尔发展的. 样本空间[100]的概念是由冯·米泽斯引进的. 这个概念使得有可能把概率的严格的数学理论建立在测度论① 上. 在 20 世纪 20 年代中，在许多作者的影响下，概率论的测度论方法逐渐形成. 现代概率的公理化处理，是由柯尔莫哥洛夫给出的. [85] 我们将沿着这一线索进行讨论，但是，由于这一卷只讨论离散概率的简单情形，公理化系统这个名词就显得太严谨了.

---

① "图灵数学经典" 丛书即将翻译出版保罗·哈尔莫斯的《测度论》. ——编者注

第 1 章　样本空间

1.1　经验背景

概率论的数学理论，与许多实际的和理想的实验相联系或者结合一些生活现象，便获得了实用的价值和直观的意义. 这里所谓的实际的和理想的实验，诸如扔 1 次硬币，扔 100 次硬币，掷 3 颗骰子，理一副纸牌，用两副纸牌对点[①]，玩轮盘赌，观察放射性原子的寿命或观察人的寿命，以人为随机样本观察左撇子的人数，将两种作物杂交观察它们后代的遗传型. 所谓生活现象，诸如初生儿的性别，电话交换中被占用的通话线路的数目，电话的来电次数，电信系统里的随机噪声，生产过程的例行质量控制，意外事故的频率，天空某一区域内双星的个数，在扩散过程中一个质点的位置. 上述各项的描述都很含糊，要使概率论有意义，我们还必须一同明确所探讨的实验或观察的可能结果究竟是指什么.

硬币掉下时不一定是正面朝上或反面朝上，它可能滚得不知所踪，也可能恰好立着，但是我们只承认正面和反面是扔硬币仅有的可能结果. 这样一来，理论要简洁得多，同时也不影响其应用. 这种理想化是实践中的标准处理办法. 测定原子的寿命或人的寿命而没有误差是不可能的，但是为了理论上的目的，我们不妨设想寿命是实实在在的一个数. 这样问题就产生了：什么样的数值能确实地代表一个人的寿命？有没有生命不可逾越的最大年龄？是否一切年龄都是可以设想的？一方面，谁也不认为人能活到一千岁；另一方面，现行的保险业务却对人的可能寿命不加任何上限. 按照寿险死亡率表依据的公式算出来，千年不死的人在全人类中大约只占 $10^{10^{36}}$ 分之一，$10^{10^{36}}$ 这个数共含有 10^{28} 亿个零. 这个结论从生物学或社会学的角度看来，固然是毫无意义的，但是单纯从统计上着眼，它当然和经验没有什么矛盾. 因为一个世纪内出生的人数还不到 10^{10}. 要想用统计方法来检验上述说法，就需要 $10^{10^{35}}$ 个世纪以上的时间，而这个时间段比地球寿命的 $10^{10^{34}}$ 倍还要大得多. 毫无疑问，这样小的概率和我们认为的"不可能"是没有什么矛盾的. 你也许认为，使用这种小概率本身就是荒谬绝伦的. 其实不然，使用这种小概率非但没有坏处，而且还可以简化公式. 再说，如果我们真的把活一千年的可能性排除掉，就势必承认一个最大年龄限 x 的存在，说人能活 x 年而

①见 4.1 节例 (b). ——编者注

不能活 x 年零两秒，这种说法绝不会比无限寿命的说法更能讲得通些.

任何理论都必然有理想化成分，对于我们来说，第一个理想化是关于"实验"或"观察"的可能结果. 如果我们要为实验制作一个抽象模型，一开始就必须做出决定：这（理想）实验的可能结果是由哪些东西构成的.

为了统一术语，我们把实验或观察的结果叫作事件. 这样一来，我们就可以谈论"扔 5 个硬币至少出现 3 个正面"的事件. 同样，打桥牌[①]的"实验"，其结果可以是"北家拿到 2 张 A"的事件. 一个样本的组成元素（例如"85 人组成的样本中有 2 个左撇子"）和一个测量的结果（例如"温度 120°""7 部电话占线"）也都叫作事件.

我们要区分复合事件（即可分解的事件）和简单事件（即不可分解的事件）. 例如，要是掷 2 个骰子使"总和为 6"，那就是使骰子点数成为 (1,5) 或 (2,4) 或 (3,3) 或 (4,2) 或 (5,1)，即这个事例把"总和为 6"的事件分解成 5 个简单事件. 同样，掷出"两个奇数点"事件就分解为 (1,1) 或 (1,3) 或……或 (5,5) 这 9 个简单事件. 注意：如果掷出的结果是 (3,3)，那么，这个结果既包含在事件"总和为 6"中，又包含在事件"两个奇数点"内. 这两个事件不是互斥的，它们可以同时发生. 再举一例，我们来考虑人的寿命. 每一个特殊数值 x 代表一个简单事件，"此人 50 多岁"代表 x 在 50 和 60 之间这一事件. 用这种办法，每一个复合事件都可以分解为一些简单事件，也就是说，复合事件是一些简单事件的集合.

如果要在理论上很明确地讨论"实验"或者"观察"，那么必须首先约定：简单事件代表可以想象的结果，我们用它们来定义理想的实验. 换句话说，这种简单（不可分解）事件是不定义的，犹如几何中的点和线是不定义的一样. 习惯上，这些简单事件叫作**样本点**，或干脆就叫点. 由定义得知：（理想）实验的每一个不可分解的结果可用一个且只能用一个样本点来表示. 所有这些样本点的全体称为**样本空间**. 于是，涉及给定的（理想）实验的一切事件，都可以用样本点来表达.

在把这些基本的约定形式化以前，我们讨论几个以后常要用到的例子.

1.2 例子

(a) **3 个球在 3 个盒中的分布**. 表 1.1 列出了 3 个球放入 3 个盒中的"实验"的全部可能结果.

其中每一个排列都代表一个简单事件，即一个样本点. 事件 A "某个盒内放

---

① **打桥牌和玩扑克的定义**：一副桥牌共 52 张，分 4 种花色，每种花色有 13 张. 同一种花色有 13 个不同的面值：2, 3, …, 10, J, Q, K, A. 4 种花色称为黑桃、梅花、红心、方块，前两种是黑色的，后两种是红色的. 同面值的牌称为同点. 所谓打桥牌，就是把整副牌分发给 4 家，这 4 家称为"东""南""西""北"，每家各得 13 张. 至于玩扑克的定义则是：从一副牌里每家各取 5 张，进行组合.

表 1.1 3 个球放入 3 个盒中的全部可能放法

1. $\{abc \mid\ -\ \mid\ -\ \}$	10. $\{a \mid bc \mid\ -\ \}$	19. $\{\ -\ \mid a \mid bc\}$
2. $\{\ -\ \mid abc \mid\ -\ \}$	11. $\{\ b \mid a\ c \mid\ -\ \}$	20. $\{\ -\ \mid\ b \mid a\ c\}$
3. $\{\ -\ \mid\ -\ \mid abc\}$	12. $\{\ c \mid ab \mid\ -\ \}$	21. $\{\ -\ \mid\ c \mid ab\}$
4. $\{ab \mid\ c \mid\ -\ \}$	13. $\{a \mid\ -\ \mid bc\}$	22. $\{a \mid\ b \mid\ c\}$
5. $\{a\ c \mid\ b \mid\ -\ \}$	14. $\{\ b \mid\ -\ \mid a\ c\}$	23. $\{a \mid\ c \mid\ b\}$
6. $\{\ bc \mid a \mid\ -\ \}$	15. $\{\ c \mid\ -\ \mid ab\}$	24. $\{\ b \mid a \mid\ c\}$
7. $\{ab \mid\ -\ \mid\ c\}$	16. $\{\ -\ \mid ab \mid\ c\}$	25. $\{\ b \mid\ c \mid a\}$
8. $\{a\ c \mid\ -\ \mid\ b\}$	17. $\{\ -\ \mid a\ c \mid\ b\}$	26. $\{\ c \mid a \mid\ b\}$
9. $\{\ bc \mid\ -\ \mid a\}$	18. $\{\ -\ \mid\ bc \mid a\}$	27. $\{\ c \mid\ b \mid a\}$.

了不止一个球"为第 1~21 个排列的总体, 我们说事件 A 是由第 1~21 个样本点所构成的集合. 类似地, 事件 B "第一个盒不是空的"是第 1、第 4~15、第 22~27 这几个样本点构成的集合. 事件 C "A 和 B 都发生"是第 1、第 4~15 共 13 个样本点构成的集合. 在这个例子中, 27 个样本点中的每一个或者属于 A 或者属于 B (或者同属于二者). 因此, 事件 "或者 A 或者 B 或者二者都发生"就是整个样本空间, 因此它必然发生. 事件 D "A 不发生"是由第 22~27 这 6 个样本点所构成, 它可以用下述条件来描述: 没有一个盒是空的. 事件 "第一个盒是空的而其他的盒没有放多个球"是不可能发生的, 因为没有一个样本点能满足这样的条件.

(b) r **个球在 n 个盒中的随机分布**. 对于 r 个球分布在 n 个盒中的一般情形完全可以用类似的办法来进行研究, 只不过这时的排列个数随 r 和 n 的增加而大幅度增加. 当 $n=3, r=4$ 时, 样本空间由 81 个样本点构成, 当 $r=n=10$ 时, 样本空间共有 10^{10} 个样本点. 构造一个完整的表就要有约十万卷的篇幅.

我们用上面这个例子来说明一个重要的事实, 即样本点的性质和我们的理论是无关的. 对于我们来说, 样本空间 (及定义在样本空间上的概率分布) 决定了理想的实验. 我们应用了球和盒这种形象的语言, 但是同一个样本空间可以允许有很多种不同的实际解释. 为了说清这一点并为了今后的应用, 我们在这里抄录一些直观背景很不相同的实验, 然而抽象地看, 它们都等价于 r 个球分布于 n 个盒中的模型. 在这些情形中, 赋以合理概率的方法是不完全一样的, 后面我们将要重新讨论.

(b,1) **生日**. r 个人的生日的可能情形相当于 r 个球放入 365 个盒中的不同排列 (假定一年有 365 天).

(b,2) **事故**. 如果把 r 个事故按其发生在星期几来分类的话, 则它等于 r 个球放入 $n=7$ 个盒中.

(b,3) **打 n 个靶**. 子弹相当于球，靶相当于盒.

(b,4) **抽样**. 把 r 个人按其年龄或职业来分类，于是类就相当于盒而人就相当于球.

(b,5) **生物学中的照射**. 当光线射到视网膜中的细胞时，光粒子相当于球，而细胞就是我们模型中的盒. 类似地，在研究照射的遗传效果时，染色体相当于盒，而 α 粒子相当于球.

(b,6) **宇宙射线的实验**. 击中盖革计数器的粒子相当于球，而计数器相当于盒.

(b,7) **电梯**. 开始有 r 个乘客，它在 n 层楼中每一层都停. 乘客走出电梯的各种方式的排列与 r 个球放入 n 个盒中的各种排列相同.

(b,8) **骰子**. 掷 r 个骰子的可能结果相当于把 r 个球放入 $n = 6$ 个盒中. 如果是扔硬币，则对应的盒只有 $n = 2$ 个.

(b,9) **随机数**. r 个数字所构成的序列的各种可能的次序，相当于 r 个球（对应于位置）放入 10 个称为 $0, 1, \cdots, 9$ 的盒中的可能分布.

(b,10) **r 个人的性别分布**. 这时我们有 $n = 2$ 个盒以及 r 个球.

(b,11) **优惠券的收集**. 优惠券的不同种类相当于盒，收集的优惠券代表球.

(b,12) **桥牌中的 A**. 4 个玩牌者代表 4 个盒，我们有 $r = 4$ 个球.

(b,13) **基因的分布**. 每一个生物（人、植物或动物）的后代都从其祖先那里继承一些遗传基因. 如果一种特殊的遗传基因可以有 n 种不同的形式 $A_1, \cdots, A_n$，则后代可以按其基因的类型来分类. 后代相当于球，遗传基因的类型 $A_1, \cdots, A_n$ 相当于盒.

(b,14) **化学**. 假定长链聚合物与氧发生反应，每一个链都可能和 $0, 1, 2, \cdots$ 个氧分子起反应. 这里参加反应的氧分子相当于球，而聚合物的链相当于盒.

(b,15) **显影液的理论**. 在照相底板上涂上一层显影液，当这种液体的粒子被 r 个光子击中时，它就起反应. 为了区分黑白对比度，必须知道多少个粒子（想象为盒）被 r 个光子所击中. 由此，我们得到一个占位问题，粒子相当于盒，而光子相当于球.（当然，实际问题是很复杂的，因为底板上的液体粒子的感光性强弱是不一样的.）

(b,16) **印刷错误**. r 个错误在一本 n 页书中的一切可能分布相当于 r 个球放入 n 个盒中的一切可能分布，不过 r 必须小于每一页的字数.

(c) **球为不可辨的情形**. 让我们回到例 (a)，并且假定那 3 个球是不可辨别的. 这意味着像表 1.1 中的 4, 5, 6 这样的 3 种不同的排列都分不清了，因此表 1.1 变为表 1.2. 表 1.2 确定了下述理想实验的样本空间：把 3 个不可辨别的球放入 3 个盒中. 同样, 我们可以采用 r 个球放入 n 个盒中的办法.

表 1.2　3 个不可辨别的球放入 3 个盒中的全部可能放法

1. {*** | − | − }	6. { * |** | − }
2. { − |*** | − }	7. { * | − |** }
3. { − | − |***}	8. { − |** | * }
4. {** | * | − }	9. { − | * |** }
5. {** | − | * }	10. { * | * | * }.

实际生活中球是否可辨别与我们的理论不相干. 即使它们可以辨别, 我们也可作不可辨别的来处理. 桥牌中的 A [例 (b,12)] 或者电梯中的人 [例 (b,7)] 都是可以辨别的, 但是把它们当作不可辨别的来处理会更方便. 例 (b,8) 中的骰子就可以涂上颜色使之可辨别, 当我们讨论一些具体的问题时, 到底是应用可辨别的还是不可辨别的球的模型, 则要根据特定的目的和便利性来决定. 问题的性质将决定我们如何选择. 不过, 无论如何选择, 只有选定适当的模型, 即定义了样本空间后, 理论才能登场.

在上面的模型中, 我们考虑的球不可辨别, 不过表 1.2 仍然区分第 1、第 2 和第 3 个盒, 而且它们的次序还是至关重要的. 我们可以进一步假定盒也是不可辨别的 (例如, 盒可以随机地选取而不考虑其外观). 当球和盒都是不可辨别的时候, 所有可能的排列只有 3 种, 即 {***|−|−} {**|*|−} {*|*|*}.

(d) **抽样**. 假定为了估计吸烟的人数, 我们任意选取 100 个人作为样本. 在这里, 我们只对其中吸烟的人数 x 感兴趣, 而 x 可以是 0 到 100 之间的任意一个整数. 这样一来, 我们可以确定这个样本空间是由 $x = 0, 1, 2, \cdots, 100$ 等 101 个 "点" 所组成的. 每个单独的样本或观察的结果完全可以用对应的点 x 来代表. 现在举一个复合事件的例子, 即 "样本中的人超过半数吸烟". 这个事件意味着, 实验的结果为: 在 $x = 51, 52, \cdots, 100$ 等 50 个事件中有一个发生. 究竟发生的是哪一个呢? 这里并没有交代. 同样, 样本的每个性质都可以通过列举它所对应的情况或样本点来表示. 为了术语上的统一, 我们称其为事件而不是样本的性质. 用数学的术语来说, 一个事件就是与之对应的所有的样本点的集合.

(e) **抽样 (续)**. 现在我们对这 100 个人, 不但要按吸烟与否来分类, 而且还要区分他们的性别. 于是, 现在的样本点需由男女吸烟者、男女非吸烟者的人数来表示. 也就是由整数的四元组 (M_s, F_s, M_n, F_n) 来描述. 我们可以把这样的四元组的全体作为样本空间: 其中的每个整数都在 0 与 100 之间, 且每组四个数的和为 100. 一共有 176 851 个这样的四元组共同组成样本空间 (参见 2.5 节). 在一个样本中, "相对而言男性吸烟者多于女性", 意思就是说: 在这个样本中, M_s/M_n

大于 F_s/F_n. 譬如像 "点" $(73, 2, 8, 17)$ 就具有这个性质, 而 "点" $(0, 1, 50, 49)$ 则不然. 原则上, 任何事件都可以把具有所需特性的全部四元组列举出来进行描述.

(f) **扔硬币**. 如果把一个硬币扔 3 次, 这时, 样本空间就由 8 个点构成. 如果以 H 表示正面, T 表示反面, 那么这 8 个点就可以用 HHH, HHT, HTH, THH, HTT, THT, TTH, TTT 来代表. "其中至少有 2 次出现正面" 的事件 A 可以由这 8 个点中前 4 个所构成的集合来表示. "恰巧有 1 次出现反面" 的事件 B 是指 HHT 或 HTH 或 THH, 所以我们说 B 包含这 3 个点.

(g) **夫妇的年龄**. 保险公司对于夫妇年龄的分布比较感兴趣. 我们以 x 代表丈夫的年龄, y 代表妻子的年龄. 于是每考察一次就可以得到一个数对 (x, y). 对应于考察的整个样本空间, 就可以用 xy 平面的第一象限来表示. 于是每一个 $x > 0, y > 0$ 的点都是这个样本空间中的一个样本点. "丈夫的年龄大于 40 岁" 的事件 A 可以用直线 $x = 40$ 右边的全部点来代表; "丈夫的年龄比妻子大" 的事件 B 可以用 x 轴与第一象限的等分线 $y = x$ 之间所夹的角状区域来代表, 也就是说可以用 $x > y$ 的点的全体来代表; "妻子的年龄大于 40 岁" 的事件 C 可以用第一象限中位于直线 $y = 40$ 以上的部分来代表. 至于两对夫妇年龄的联合分布的几何表示, 就需要用到四维空间了.

(h) **相空间**. 在统计力学里, 体系的每个可能 "状态" 被称为 "相空间中的一个点". 这仅仅是术语上的不同, 其实相空间就是样本空间, 它的点也就是样本点.

1.3 样本空间、事件

如前所述, 可以清楚地看出, 但凡提及概率, 就总是会把它与所给定的样本空间 (或者用物理上的话来说某个理想的实验) 结合来谈. 由样本空间和它的点的概念出发, 今后我们认为, 它们是已经给定的了. 它们是概率论中无定义的原始概念, 正如 "点" 和 "直线" 是欧氏几何公理化处理中的无定义概念一样. 样本点本身的内在性质与我们的理论毫无关系. 样本空间在如下意义下提供了一个理想实验的模型, 按定义来说就是: 实验中每个可能设想的结果, 都完全可以由唯一的样本点来描绘. 只有从实验的每个结果都能清楚地判定某一事件 A 是发生还是不发生时, 谈论这个事件 A 才有意义. 代表 "A 发生了" 这个事件结果的所有样本点的集合, 就完全地描绘着 "A 发生了" 的这个事件. 反过来, 包含一个或多个样本点的任意给定集合 A 都可以当作一个事件来加以讨论. 这个事件是否发生就由实验的结果是否由 A 中的点所表示而定, 所以事件这个词的定义, 就完全等同于样本点的一个集合. 我们说事件 A 包含某些点 (或由某些点构成), 就是说这些点表示在理想实验中能使 A 发生的那些结果.

　　例　在 1.2 节例 (a) 的样本空间中，考虑由点 $1, 7, 13$ 所构成的事件 U. 这是一种形式的、直接的定义，但是，U 可以用很多等价的方法来描述. 例如，U 可以定义为下面 3 个条件都满足的事件: (1) 第二个盒是空的; (2) 球 a 在第一个盒中; (3) 球 b 不在 c 后出现. 这 3 个条件的每一个都确定一个事件. 由条件 (1) 所定义的事件 U_1 由点 $1, 3, 7\text{–}9, 13\text{–}15$ 所构成; 由条件 (2) 所定义的事件 U_2 由点 $1, 4, 5, 7, 8, 10, 13, 22, 23$ 所构成; 由条件 (3) 所定义的事件 U_3 由点 $1\text{–}4, 6, 7, 9\text{–}11, 13, 14, 16, 18\text{–}20, 22, 24, 25$ 所构成. 事件 U 也可以考虑 3 个事件 U_1, U_2, U_3 同时发生. ■

　　术语"事件"和"样本点"有着直观的意义，而这些概念等价于在各数学分支中常见的点集和点的概念.

　　在上述例子和 1.2 节例 (a) 中我们看到，由两个或者两个以上的事件可以定义一个新的事件. 由于这些例子的启发，我们引入形式化的**事件的代数**的概念（即是点集的代数的概念）.

1.4　事件之间的关系

　　现在，我们假定一个任意然而又是固定的样本空间 $\mathfrak{S}$ 已经给定. 我们用大写字母表示**事件**，即样本点的集合. 点 x 包含在事件 A 中用 $x \in A$ 表示. 因此对每一个点 x 都有 $x \in \mathfrak{S}$. 当 A 和 B 由相同的点构成时，记作 $A = B$.

　　一般情况下，事件由一定条件下的点来定义，因此有必要引入一个记号来表示某些特定条件下不存在样本点的事件. 以下定义将解决这个问题.

　　定义 1　我们用符号 $A = 0$ 来表示事件 A 不包含任何样本点（即是不可能事件）. 0 必须理解为一个符号而不是数.

　　相对于任何一个事件 A，都有以"A 不发生"为条件来定义的另一事件，它包含所有不属于 A 的点.

　　定义 2　样本空间中一切不属于事件 A 的点所构成的事件称为 A 的补（或称 A 的非）事件，并以 A' 记之. 特别地，$\mathfrak{S}' = 0$.

　　图 1.1 说明了事件之间的关系.

　　对于任意两个事件 A 和 B，总可以伴随着两个新的事件，它们是以条件"A 和 B 同时发生"和"A 或 B 发生，或两者同时发生"来定义的. 这两个事件分别以 AB 和 $A \cup B$ 记之. 事件 AB 包含 A 和 B 中所有公共的样本点. 如果 A 和 B 互相排斥，则没有公共点，因而事件 AB 成为不可能事件. 这时，我们就用等式

$$AB = 0 \tag{1.4.1}$$

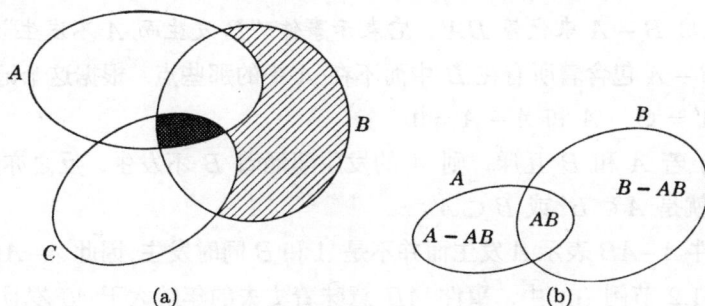

图 1.1 说明事件之间的关系. (a) 中以粗线包围的区域是并集 $A \cup B \cup C$. 中间黑色的三角形区域是交集 ABC. 有阴影类似月亮形的区域是 B 与 $A \cup C$ 的补集之交

表示, 并读作 "A 和 B **互斥**". 事件 AB' 表示 A 和 B' 同时发生, 换句话说, 就是 "A 发生而 B 不发生". 同样, $A'B'$ 表示 A 和 B 都不发生. 事件 $A \cup B$ 表示 A 和 B 中至少有一个发生, 它包含既不属于 A 又不属于 B 的点以外的全部样本点.

在概率论里, 事件 AB 是用 A 和 B 同时发生的话来描述的. 如果要用标准的数学术语来说, 那么 AB 就称为 A 和 B 的 (逻辑上的) 交集. 同样, $A \cup B$ 就称为 A 与 B 之并. 这些概念可以推广到多个事件 $A, B, C, D, \cdots$ 的情况.

定义 3 对每一组事件 $A, B, C, \cdots$, 可以把两个新事件定义如下: 第一个事件是由属于全部给定集合中的样本点的全体所组成的, 我们用 $ABC \cdots$ 来表示它, 并且称它为 $A, B, C, \cdots$ 之交[①] (同时实现). 第二个事件是由至少属于给定的各集合中之一的样本点的全体所组成的, 我们用 $A \cup B \cup C \cup \cdots$ 来表示, 并称之为给定的各集合之并 (至少有一个实现). 在事件组 $A, B, C, \cdots$ 中, 如果任何两个都没有公共点, 即 $AB = 0, AC = 0, \cdots, BC = 0, \cdots$, 则称这组事件是两两互斥的.

我们还需要用一个记号来表达这样的命题: "当 B 不发生时, A 不可能发生", 或者说 "A 的发生蕴涵着 B 的发生". 这意思是说: A 的每个点都包含在 B 之中. 不妨作一个直观的想象, 譬如所有的母亲组成的集合是全体妇女的一部分: 所有的母亲都是妇女, 但并不是所有的妇女都是母亲.

定义 4 记号 $A \subset B$ 及 $B \supset A$ 是等价的, 这表示 A 的每一个点都包含在 B 之中, 我们分别读为 "A 蕴涵 B" 及 "B 被 A 蕴涵". 如果上述蕴涵关系成

---

① 两个或两个以上事件之交的标准符号是 $A \cap B$ 或者 $A \cap B \cap C$ 等. 为了某些特殊的目的, 这种符号更好一些, 因此, 在第 2 卷里我们就采用这种符号. 不过, 为了排印的简便起见, 现在我们仍用 AB 或 ABC 等符号.

立，我们就用 $B-A$ 来代替 BA'，它表示事件"B 发生而 A 不发生".

事件 $B-A$ 包含着所有在 B 中而不在 A 中的那些点. 根据这个记号，我们可以写出 $A' = \mathfrak{S} - A$ 和 $A-A = 0$.

例　(a) 若 A 和 B 互斥，则 A 的发生蕴涵着 B 不发生，反之亦然. 因此，$AB = 0$ 也就是 $A \subset B'$ 或 $B \subset A'$.

(b) 事件 $A-AB$ 表示 A 发生而并不是 A 和 B 同时发生，因此 $A-AB = AB'$.

(c) 在 1.2 节例 (g) 中，事件 AB 意味着丈夫的年龄大于 40 岁且比他的妻子年龄大；AB' 意味着丈夫的年龄大于 40 岁但比他妻子年龄小. AB 可以用由 x 轴、$x = 40$ 和 $y = x$ 所构成的无穷的梯形区域来表示；事件 AB' 可以用 x 轴、$x = 40$ 和 $y = x$ 所构成的三角形区域来表示，其中 $y = x$ 包含在区域内；事件 AC 表示丈夫和妻子的年龄都大于 40 岁，事件 $A \cup C$ 表示夫妻之中至少有一个大于 40 岁，$A \cup B$ 表示要么丈夫大于 40 岁要么他至少比妻子大. 用一般的语言来说，丈夫的年龄超过 $\min(40, \text{妻子的年龄})$.

(d) 在 1.2 节例 (a) 中，令 E_i 表示第 i 个盒是空的事件（$i = 1, 2, 3$）. 类似地，令 S_i, D_i, T_i 分别表示第 i 个盒放 1 个、2 个或 3 个球. 于是 $E_1 E_2 = T_3$，$S_1 S_2 \subset S_3$，$D_1 D_2 = 0$. 注意 $T_1 \subset E_2$，等等. 事件 $D_1 \cup D_2 \cup D_3$ 是由条件"至少有一个盒放 2 个球"所确定的.

(e) **桥牌**（见第 7 页脚注）. 令 A, B, C, D 分别表示北家、南家、东家、西家各自都至少有一张 A 的事件. 显然，至少有一个玩牌者拿到一个 A，所以这 4 个事件至少有一个事件一定发生，因此 $A \cup B \cup C \cup D = \mathfrak{S}$ 是全样本空间. 事件 $ABCD$ 当且仅当每一个玩牌者都拿到一张 A 时才发生. 事件"西家有 4 个 A"的发生意味着事件 A, B, C 都不发生，即是 A', B', C' 都发生，或者说是 $A'B'C'$ 发生.

(f) 在 1.2 节例 (g) 中，我们有 $BC \subset A$，即是说，"如果丈夫的年龄大于妻子（B）而且妻子的年龄大于 40 岁（C），则丈夫的年龄大于 40 岁（A）". 事件 $A-BC$ 如何用语言来描述?

1.5　离散样本空间

最简单的样本空间，莫过于那些只含有限多个（譬如说 n 个）点的空间. 如果 n 很小（例如在扔几个硬币的场合），则样本空间就很容易具体化. 但在玩桥牌的游戏中，要具体化牌的分配情况所构成的样本空间就比较复杂些. 然而无论如何，我们还是可以这样来设想：把每个样本点描写在一个筹码上，于是这些筹码的全体，就代表了这个样本空间. 事件 A（例如"北家有 2 张 A"）就可以用筹码中某一部分来代表, 而 A' 可以用剩下来的那些筹码来代表. 只有从这儿再前进一步, 我们才能设想到具有无穷多个筹码的情况, 或者具有无穷个点 $E_1, E_2, E_3, \cdots$ 的样本空间.

例 (a) 让我们来扔一个硬币, 直到出现正面为止. 于是, 这个样本空间的点就是 (以 H 表正面, T 表反面, 以下常用这两个记号, 不再特意注明): $E_1 = \mathrm{H}$, $E_2 = \mathrm{TH}$, $E_3 = \mathrm{TTH}$, $E_4 = \mathrm{TTTH}$, 等等. 至于 H 永不发生的可能性, 可以有两种不同的考虑方式, 或者认为它是可以设想的, 或者认为那是不可设想的. 如果我们认为那是可以设想的, 那么, 这个可能性就用点 E_0 来代表.

(b) 假定有三个人 a, b, c 在做游戏, 比如说下棋. 规则如下: 开始时 a 和 b 对下, 而 c 在局外. 谁输了谁就被 c 代替, 因而在第二次游戏中赢家和 c 对下, 而输家在局外. 用这种方式一直到有一个人接连赢两次而成为赢家时为止. 为了简单起见, 每一次游戏中不分胜负的可能性不加考虑. 我们的游戏的可能结果可以由下面的方案来表示:

$$\text{aa, acc, acbb, acbaa, acbacc, acbacbb, acbacbaa}, \cdots$$
$$\text{bb, bcc, bcaa, bcabb, bcabcc, bcabcaa, bcabcabb}, \cdots. \qquad (*)$$

此外, 可以假想没有一个人接连赢两次, 这意味着游戏按下述方式之一无穷地进行下去:

$$\text{acbacbacbacb}\cdots, \qquad \text{bcabcabcabca}\cdots. \qquad (**)$$

我们这个理想的 "试验" 的样本空间由 (*) 和 (**) 所确定, 而且是无穷的. 显然, 其样本点可以排成一个简单的序列, 在 (**) 中的两个点排在最前面, 接着把 (*) 中的点按 aa, bb, acc, bcc, $\cdots$ 的次序继续排列下去. (这个例子将要在 1.8 节习题 5 和习题 6、5.2 节例 (a) 和 15.14 节习题 5 中继续讨论.) ■

定义 如果一个样本空间只包含有限多个点, 或者虽有无穷多个点, 而这些点可以排成一个简单的序列 $E_1, E_2, \cdots$ 的话, 我们就说这个样本空间是离散的.

并不是每一个样本空间都是离散的. 根据熟知的定理 (康托尔定理), 由一切正数所组成的样本空间就不是离散的. 这里, 让我们把力学上大家所熟悉的特性对比着来叙述: 在力学上, 首先考虑的往往是离散的质点, 而每个个体点的质量都是有限的. 这个概念与质量连续分布的概念有显著区别, 因为后者是说: 每个个体点都是没有质量的. 在第一种情况下, 很容易就可以得到体系的总质量, 只要把个体的质量加起来即可; 而在第二种情况下, 总质量需要按质量的分布密度进行积分来计算. 类似地, 在离散的样本空间中, 也只要用加法就可以算出事件的概率, 而在其他样本空间中, 就要用到积分. 对于这两种情况, 除了运算时需要用到不同工具之外，本质上并没有什么区别. 为了从反映现实的概率来考虑，而不为技巧上的困难所限制，我们只讨论离散的样本空间. 以后会看到，即使只讨论这种特殊的情况，也会得出很多有趣味而又重要的结果.

在本卷中，我们只考虑离散的样本空间.

1.6   离散样本空间中的概率预备知识

各种事件的概率都是一些数值，这些数值的性质犹如几何学中的距离、力学中的质量. 概率论假定概率的数值是给定的，但是关于它们的实在数值等于什么，怎样测量出来，却用不着做任何的假定. 一些重要的应用具有定性的性质，与具体数值无关，只有很少的情况才用到概率的数值. 当真正需要知道概率的数值时，所用的方法和测量距离的方法一样是变化多端的（在测量距离时，木匠师傅、测量员、飞行员和天文工作者所用的方法很少有相似之处）. 例如，本书中我们要考虑扩散常数，它是概率论中的一个概念. 要想得到扩散常数，就需要考虑与之联系的物理方法或其他理论方法，直接的测定是不可能的. 相反，为制作死亡率表而需要的概率数值，却是得自比较原始的观测资料. 在很多应用方面，为了确定概率，或者把理论与观测相比较，往往要用到一些巧妙的统计方法，而这些方法却又建立在概率论的精深理论上. 换句话说，概率的直观意义是清楚了，但是只有当理论向前推进了，才能够看到它是怎样被应用的. 仅凭给概率下这个或那个"定义"，对于实践来说是远远不够的.

掷一个"均匀的"硬币时，我们毫不犹豫地认为正面和反面的概率都是 1/2. 这也就是说，如果扔硬币 n 次，全部 2^n 个可能结果都有相同的概率. 从理论的观点来看，这无非是一个约定. 许多人认为这个约定是不可避免的，而且是唯一的可能. 另外，曾经有一批哲学家和统计学家不满足于这个约定，主张从相矛盾的假设出发（自然界的齐一性或不齐一性）. 也有人主张，1/2 这个概率是从经验得来的. 然而，每当使用精深的统计方法来检验实际掷硬币的结果时，结论总归是：正面和反面的出现不是等概率的. 尽管"绝对均匀的"硬币并不存在，但我们还是坚持有一个"理想"的硬币. 这不单单是为了它的逻辑简单性，主要是因为它是有用的而且是能用的. 一方面，在许多应用中，这个模型已经把现实描写得足够准确了；另一方面更重要的是，有这样一个经验事实，即每当结论与我们的模型偏离时，总伴随着硬币重心的位置不正的现象. 这样一来，就算理想模型永远不会绝对准确地实现，它倒反而是非常有用的了，因为对它的偏离可以提醒我们去发掘潜伏着的不正常现象. 举例来说，在现代统计的质量控制法（创始人是休哈特）中，我们就使用理想化的概率模型，以便在对于模型有显著偏离的时候，就去查究"可推溯的原因"，从而及早地排除早期的机器故障和生产过程中的不正常现象．

类似的讨论可以应用到其他的场合．例如打桥牌时，一手牌的可能种数大约是 10^{30}．通常，我们约定把它们作为等概率的．要想对这个约定进行一次验证，就必须进行 10^{30} 次以上的试验——相当于一个人日夜不停地每秒钟玩一局，大约要玩一百亿亿年（10^{14}）的局数．虽然如此，这个假定的结果还是可以用实验来验证的．譬如说，通过观察手里拿到 2 个 A 的频率来验证它．观察的结果是：只需把牌洗得特别匀，理想化的模型确是将经验描写得大致不差．更重要的是，当理想化的模型发生问题时，那就有可能使我们进而去发现矛盾存在的"可以推溯的原因"，例如需要改善洗牌的方式．这些都是不怎么重要的例子，但它们还是显示了假设模型的用途．更有趣味的情形，在以后还会谈到．

例 (a) **可辨别的球**．在 1.2 节例 (a) 中，很自然地假定所有的样本点都是**等可能**的，即是每一个样本点都具有概率 1/27．我们可以从这个定义出发来研究其结果．我们的模型是否和实际实验很相合将十分依赖所考虑的现象的类型．在某些应用中，从物理意义出发，可以做"等概性"的假设；但是，在另外一些应用中，它被引进只是作为一般情形的一个最简单的模型，甚至有时很明显地看出它只是一个粗糙的第一步的近似，我们仍然做这种假设．［例如，考虑 1.2 节例 (b,1) 生日、例 (b,7) 电梯问题，或者例 (b,11) 优惠券收集．］

(b) **不可辨别的球：波司–爱因斯坦统计**．现在，我们回过来考虑 3 个不可辨别的球分布于 3 个盒中的 1.2 节例 (c)．球之不能辨别是不影响实际的物理试验的．从物理上看，它们仍然有 27 种可能，虽然其中只有 10 种可以辨别．这种考虑使我们对表 1.2 中的样本点可以按照下述办法赋以概率：

点数：	1	2	3	4	5	6	7	8	9	10
概率：	$\frac{1}{27}$	$\frac{1}{27}$	$\frac{1}{27}$	$\frac{1}{9}$	$\frac{1}{9}$	$\frac{1}{9}$	$\frac{1}{9}$	$\frac{1}{9}$	$\frac{1}{9}$	$\frac{2}{9}$.

只有当这个结论在 1.2 节例 (b) 中所列举的许多应用中是正确的时候，这种赋以概率的方法才是合理的．在很长一段时期内，我们的结论都被接受下来，没有出现什么问题，而且把它作为统计力学中的 r 个球分布于 n 个盒中的**麦克斯韦–玻耳兹曼统计**的推导基础．但是，当波司和爱因斯坦证明某些质点遵从**波司–爱因斯坦统计**时（详见 2.5 节），才引起人们的惊异．在我们的情形下，$n = r = 3$，波司–爱因斯坦给这 10 个样本点中的每一个都赋以概率 1/10．

这个例子说明，在相同的样本空间中可以有不同的赋以概率的方法，并且还将说明理论和实验之间错综复杂的关联关系．特别是，它告诉我们不要过分地信赖前面的结论，而要准备接受新的非先验的方案．

(c) **扔硬币**. 等概性的假设常常需要真正的实验记录来说明. 在实践中, 每一个硬币总不能绝对均匀, 但是, 可以设计一个物理实验, 使其与理想的扔硬币的模型非常近似. 为了引出一个期望的波动概念, 我们给出一个对应于 10 000 次扔硬币的假想试验[①]. 表 1.3 包含了每 100 次试验出现正面的次数, 而每 100 次试验对应于把一个硬币扔 100 次. 其总数为 4979. 看了这些数字以后, 读者很可能会产生一些含糊的感觉: 这说明什么呢? 为了判断对什么范围来说能使经验事实与抽象模型一致, 需要一些更高深的理论. (在 3.6 节我们将要回过头来考虑这件事情.) ■

表 1.3　扔硬币的统计

试验次数	正面次数		总数
0–1 000	54 46 53 55 46	54 41 48 51 53	501
–2 000	48 46 40 53 49	49 48 54 53 45	485
–3 000	43 52 58 51 51	50 52 50 53 49	509
–4 000	58 60 54 55 50	48 47 57 52 55	536
–5 000	48 51 51 49 44	52 50 46 53 41	485
–6 000	49 50 45 52 52	48 47 47 47 51	488
–7 000	45 47 41 51 49	59 50 55 53 50	500
–8 000	53 52 46 52 44	51 48 51 46 54	497
–9 000	45 47 46 52 47	48 59 57 45 48	494
–10 000	47 41 51 48 59	51 52 55 39 41	484

1.7　基本定义和规则

基本的约定　给定一个含有样本点 $E_1, E_2, \cdots$ 的离散样本空间 $\mathfrak{S}$, 我们假定对每一个点 E_j 都赋以一个数, 这个数称为 E_j 的概率, 记以 $P\{E_j\}$. 这些数都是非负的而且满足

$$P\{E_1\} + P\{E_2\} + \cdots = 1. \tag{1.7.1}$$

注意, 我们并不排除某个点的概率为 0 的可能性, 这种约定看起来是人为的却是必需的, 因其能避免一些复杂性. 在离散的样本空间中, 零概率在实际中就是指不可能, 因此, 把已知其概率为 0 的样本点从样本空间中除去是无妨的. 然而, 我们事前往往不知道其概率的数值, 因此, 判断一个样点的概率是否是正的需要深刻的推理.

定义　任何一个事件 A 的概率 $P(A)$ 是 A 中所包含的样本点的概率的总和.

基本方程 (1.7.1) 说明, 全样本空间的概率为 1, 即 $P\{\mathfrak{S}\} = 1$. 由此推出, 对任何一个事件 A, 都有

[①] 这个表实际记录的是偶数出现的频率, 引自参考文献 [120].

$$0 \leqslant P\{A\} \leqslant 1. \tag{1.7.2}$$

现在我们考虑两个任意的事件 A_1 和 A_2. 为了计算或者 A_1 发生, 或者 A_2 发生, 或者两个都发生的概率 $P\{A_1 \cup A_2\}$, 我们把或者属于 A_1, 或者属于 A_2 的样本点的概率加起来, 不过每一个样本点只算一次. 因此, 我们有

$$P\{A_1 \cup A_2\} \leqslant P\{A_1\} + P\{A_2\}. \tag{1.7.3}$$

如果 E 是一个既属于 A_1 又属于 A_2 的样本点, 则 $P\{E\}$ 在右边出现两次, 而在左边只出现一次. 因此, 右边比左边大 $P\{A_1 A_2\}$, 从而我们有下述简单却重要的定理.

定理 对于任何两个事件 A_1 和 A_2, 或 A_1 发生、或 A_2 发生、或 A_1 和 A_2 都发生的概率是

$$P\{A_1 \cup A_2\} = P\{A_1\} + P\{A_2\} - P\{A_1 A_2\}. \tag{1.7.4}$$

如果 $A_1 A_2 = 0$, 也就是说 A_1 和 A_2 是互斥的, 则 (1.7.4) 化为

$$P\{A_1 \cup A_2\} = P\{A_1\} + P\{A_2\}. \tag{1.7.5}$$

例 把一个硬币扔两次. 我们把四个点 HH, HT, TH, TT 作为样本空间, 每一点赋以概率 1/4. 令 A_1 和 A_2 分别表示事件 "第一次出现正面" 和 "第二次出现正面". 于是 A_1 包含 HH 和 HT, A_2 包含 TH 和 HH. 因此 $A_1 \cup A_2$ 包含三个点 HH、HT 和 TH, 而 $A_1 A_2$ 只包含一个点 HH. 因此

$$P\{A_1 \cup A_2\} = \tfrac{1}{2} + \tfrac{1}{2} - \tfrac{1}{4} = \tfrac{3}{4}. \qquad \blacksquare$$

n 个事件中至少有一个发生的概率 $P\{A_1 \cup A_2 \cup \cdots \cup A_n\}$ 可以用类似 (1.7.4) 的公式算出, 这个计算将在 4.1 节介绍. 这里我们只注意一点: 不等式 (1.7.3) 显然对一般情形都成立. 因此, 对任意多个事件 $A_1, A_2, \cdots$, 不等式

$$P\{A_1 \cup A_2 \cup \cdots\} \leqslant P\{A_1\} + P\{A_2\} + \cdots \tag{1.7.6}$$

成立. 特别地, 当 $A_1, A_2, \cdots$ 两两互斥时, 我们有

$$P\{A_1 \cup A_2 \cup \cdots\} = P\{A_1\} + P\{A_2\} + \cdots \tag{1.7.7}$$

有时称式 (1.7.6) 为**布尔不等式**.

我们首先考虑一个简单的特殊情形: 样本空间只有有限个样本点, 比如说有 N 个, 而且每一个样本点的概率都是 $1/N$. 在这种情形下, 任何一个事件 A 的

概率等于其中的样本点的个数除以 N. 在早期文献中，样本空间中的点叫作"情形"，A 中的点叫作"有利情形"（有利于 A). 如果全部的样本点的概率都是一样的，则事件 A 的概率等于有利情形除以一切可能情形. 遗憾的是，这种叙述被滥用来作为概率的"定义". 人们常常以为**每一**个有限的样本空间中的全部样本点的概率都是一样的. 其实不然，例如扔一个不均匀的硬币，样本空间只包含两个点，正面和反面，但是它们可以具有任意的概率 p 和 q，只要 $p+q=1$. 一个新生儿可能是男孩也可能是女孩，但是实际上生男生女的概率可以不一样. 1.6 节例 (b) 给出了一个进一步的反例. 全部样本点的概率都一样的样本空间的用处几乎全部局限于研究机会游戏和组合分析.

1.8　习题

1. 在 $1,2,3,4,5$ 五个数字中先任意抽取一个，然后在剩下的四个中再抽取一个. 假定全部 20 个可能的抽取结果都具有相同的概率，试求有一个奇数在如下情况的概率：(a) 第一次被抽出；(b) 在第二次被抽出；(c) 两次都被抽到.

2. 在 1.2 节例 (a) 的样本空间中，给全部 27 个点以相同的概率. 利用 1.4 节例 (d) 的符号，对事件 $A_1 = S_1, A_2 = S_2$ 来验证公式 (1.7.4). $S_1 S_2$ 包含多少样本点？

3. 考虑数字 $1,2,3,4$ 的 24 种可能的排列，并且对每一个排列都赋以概率 $1/24$. 令 A_i 为数字 i 出现在第 i 个位置（其中 $i = 1,2,3,4$）的事件. 验证公式 (1.7.4).

4. 扔一枚硬币，直到它连续地出现两次相同的结果为止. 设扔 n 次的每一个可能结果都具有相同的概率 $1/2^{n-1}$. 试描述这个样本空间，并求出下列事件的概率：(a) 实验在扔第 6 次之前结束；(b) 偶数次结束.

5. 在 1.5 节例 (b) 的样本空间中，我们对 (∗) 中恰巧包含 k 个字母的样本点赋以概率 $1/2^k$. （换句话说，aa 和 bb 具有概率 $1/4$，acb 具有概率 $1/8$，等等. ）(a) 证明 (∗) 中的样本点的概率之和为 1，(∗∗) 中之两个样本点的概率为 0. (b) 证明 a 胜的概率为 $5/14$，b 胜的概率也是 $5/14$，而 c 胜的概率为 $2/7$. (c) 在第 k 局或在第 k 局前无法判断谁胜谁负的概率为 $1/2^{k-1}$.

6. 变更 1.5 节例 (b)，考虑每一局中不分胜负的可能性，给出适当的样本空间. 你将如何定义概率？

7. 在习题 3 中，证明 $A_1 A_2 A_3 \subset A_4$ 和 $A_1 A_2 A_3' \subset A_4'$.

8. 利用 1.4 节例 (d) 的符号证明：(a) $S_1 S_2 D_3 = 0$；(b) $S_1 D_2 \subset E_3$；(c) $E_3 - D_2 S_1 \supset S_2 D_1$.

9. 掷两颗骰子. 令 A 为点数的和是奇数的事件，B 为至少出现一个幺点的事件. 试描述事件 $AB, A \cup B, AB'$. 如果假定全部 36 个样本点都具有相同的概率，试求 $AB, A \cup B, AB'$ 的概率.

10. 在 1.2 节例 (g) 中，试叙述下列事件的意义：(a) ABC；(b) $A - AB$；(c) $AB'C$.

11. 在 1.2 节例 (g) 中，试验证 $AC' \subset B$.

12. 在桥牌游戏中，令 $N_k (k = 1,2,3,4)$ 为北家至少有 k 个 A 的事件. 以 S_k, E_k, W_k 分别表示南、东、西各家至少有 k 个 A. 在事件 (a) W_1'；(b) $N_2 S_2$；(c) $N_1' S_1' E_1'$；(d) $W_2 - W_3$；

(e) $N_1 S_1 E_1 W_1$; (f) $N_3 W_1$; (g) $(N_2 \cup S_2) E_2$ 中，试问西家有几个 A?

13. 在上题中，试验证：(a) $S_3 \subset S_2$; (b) $S_3 W_2 = 0$; (c) $N_2 S_1 E_1 W_1 = 0$; (d) $N_2 S_2 \subset W_1'$; (e) $(N_2 \subset S_2) W_3 = 0$; (f) $W_4 = N_1' S_1' E_1'$.

14. 试验证下列关系式[①]：

(a) $(A \cup B)' = A'B'$;   (b) $(A \cup B) - B = A - AB = AB'$;

(c) $AA = A \cup A = A$;   (d) $(A - AB) \cup B = A \cup B$;

(e) $(A \cup B) - AB = AB' \cup A'B$; · (f) $A' \cup B' = (AB)'$;

(g) $(A \cup B)C = AC \cup BC$.

15. 化简：(a) $(A \cup B)(A \cup B')$; (b) $(A \cup B)(A' \cup B)(A \cup B')$; (c) $(A \cup B)(B \cup C)$.

16. 试述下列关系中哪些是正确的，哪些是错误的：

(a) $(A \cup B) - C = A \cup (B - C)$;

(b) $ABC = AB(C \cup B)$;

(c) $A \cup B \cup C = A \cup (B - AB) \cup (C - AC)$;

(d) $A \cup B = (A - AB) \cup B$;

(e) $(AB \cup BC \cup CA) \supset ABC$;

(f) $(AB \cup BC \cup CA) \subset (A \cup B \cup C)$;

(g) $(A \cup B) - A = B$;

(h) $AB'C \subset A \cup B$;

(i) $(A \cup B \cup C)' = A'B'C'$;

(j) $(A \cup B)'C = A'C \cup B'C$;

(k) $(A \cup B)'C = A'B'C$;

(l) $(A \cup B)'C = C - C(A \cup B)$.

17. 令 A, B, C 为任意三个事件. 试用 A, B, C 来表达下列事件：

(a) 只有 A 发生；   (b) A 和 B 都发生而 C 不发生；

(c) 所有这三个事件都发生；   (d) A, B, C 中至少有一个事件发生；

(e) 至少有两个事件发生；   (f) 恰有一个事件发生；

(g) 恰有两个事件发生；   (h) 没有一个事件发生；

(i) 不多于两个事件发生.

18. 任意两个事件之并 $A \cup B$ 可表示成两个互斥事件之和，例如 $A \cup B = A \cup (B - AB)$. 试用类似的方式表达三个事件 A, B, C 之并.

19. 利用习题 18 的结果证明

$$P\{A \cup B \cup C\} = P\{A\} + P\{B\} + P\{C\} - P\{AB\} - P\{AC\} - P\{BC\} + P\{ABC\}.$$

[这是 (4.1.5) 的特殊情形.]

---

① 注意，$(A \cup B)'$ 表示 $A \cup B$ 的补集，与 $A' \cup B'$ 的意义不同. 同样，$(AB)'$ 与 $A'B'$ 的意义亦不相同.

第 2 章　组合分析概要

　　这一章的目的在于解释一些组合分析的基本概念，并发展相应的概率背景.
最后一部分描述一些简单的分析技巧. 本书不需要太多的组合分析. 对此没有特
别兴趣的读者可以尽快地阅读第 5 章，那里将再次回到第 1 章的理论问题主线.
为了更好地理解以后诸章相关的专题，最好阅读一下本章与此有关的几节.

　　在简单的机会游戏、抽样过程、占位及序次等问题里面，我们通常遇到的情
况是有限样本空间，其中各个样本点的概率相等. 这时，要想计算一个事件 A 的
概率，只要把 A 中的点（有利情形）的个数，除以样本点（可能情形）的总数即
可. 如果有系统地使用几条法则，就可以使这计算更容易一些. 现在我们就来把
这些法则加以概括. 始终遵循着几个标准的工具，可以简化思维，节省脑力. 我
们将要遵循这样的进程，而不是在一个一个的特例① 上考究最简洁的计算方法.

2.1　预备知识

　　对子　给定 m 个元素 $a_1, a_2, \cdots, a_m$ 及 n 个元素 $b_1, b_2, \cdots, b_n$. 从以上两组
的每组中取出一个元素配成对子 (a_j, b_k)，一共能配成 mn 个对子.

　　证　类似乘法表，把对子排成 m 行 n 列的矩形阵，于是 (a_j, b_k) 恰巧处在
第 j 行和第 k 列的交点上. 因此，每个对子恰好出现一次，从而证之结论乃显然.
■

　　例　(a) **桥牌**（见第 7 页脚注）. 把 4 种花色和 13 种面值当作两组元素来看.
每张牌都由它的花色和面值决定. 因此，这样的组合共有 $4 \cdot 13 = 52$ 种，所以就
有 52 张牌.

　　(b) **七路灯**. 广告上宣传的"七路灯"是这样一种灯：它有 3 个普通的灯泡，
外加一个操纵发光的装置，控制每个灯泡的 3 种亮度，但也可以不开动此装置.
这 4 种可能性，结合打开的灯泡数 0 个、1 个、2 个或 3 个，共有 $4 \cdot 4 = 16$ 种组
合，其中 $(0,0)$ 表示灯泡一个也不亮. 剩下还有 15 种操作方式（不是 7 种）. ■

　　多元组　给定 n_1 个元素 $a_1, a_2, \cdots, a_{n_1}$、$n_2$ 个元素 $b_1, b_2, \cdots, b_{n_2}$，依此类
推到 n_r 个元素 $x_1, x_2, \cdots, x_{n_r}$. 从以上各组的每组中取一个元素来配成多元组

---

① 有兴趣的读者可以在经典的教科书（见参考文献 [140]）里找到很多初等组合分析的资料. 还可参阅参考文
献 [141]，其中包含 700 个附有完全解答的问题.

$(a_{j_1}, b_{j_2}, \cdots, x_{j_r})$，一共可以配成 $n_1 n_2 \cdots n_r$ 个多元组.

证 若 $r = 2$，多元组的问题归为对子的问题，因而我们的命题成立. 若 $r = 3$，可取对子 (a_i, b_j) 作为一类新的元素，则有 $n_1 n_2$ 个对子和 n_3 个元素 c_k，每个 3 元组 (a_i, b_j, c_k) 本身可以看作由 (a_i, b_j) 和元素 c_k 所组成的一个对子，因此 3 元组的个数共有 $n_1 n_2 n_3$ 个. 用归纳法可以证明，这个结论对每个 r 都成立. ■

上述定理可重述为：依次序有 r 步选择，第 k 步有 n_k 种选择方式，则可得到 $n_1 n_2 \cdots n_r$ 种不同的结果. 实际上，许多应用都是基于该表达方式的.

(c) **多元分组.** 假定把人按其性别、婚否和职业进行分组，各种状况就相当于元素. 如果社会上只有 17 种职业，则总共可以分成 $2 \cdot 2 \cdot 17 = 68$ 组.

(d) 在一个农业实验中，要试验三种不同的培育手段（如肥料、喷雾剂、温度）. 如果这些手段分别有 r_1、r_2 和 r_3 种实施的水平或浓度，则实施的方案共有 $r_1 r_2 r_3$ 种.

(e) "把球置入盒中" 归结为对每一个球选取一个盒. 对于 r 个球，我们就有 r 次独立的选取，因此 r 个球置入 n 个盒中有 n^r 种不同的方法. 回忆 1.2 节例 (b) 我们得知：有很多实验抽象地看和 "球置入盒" 是等价的. 例如，把骰子的各个面都看作 "盒子"，依前面的命题断言：把一个骰子掷 r 次共有 6^r 种可能的结果，其中有 5^r 种结果满足 "幺点从未出现" 的条件. 假定全部可能的结果都是等可能的，因而 "r 次抛掷中不出现幺点" 的概率为 $\left(\frac{5}{6}\right)^r$. 我们可能会这样天真地期望：掷 6 次骰子，幺点一定出现，其实不然，这一事件的概率仅仅是 $1 - \left(\frac{5}{6}\right)^6$，它小于 $2/3$ [见 2.3 节例 (b)].

(f) **挂旗**[48]. 一个较深的例子. 考虑有 r 面不同颜色的旗帜挂在排成一行的 n 根旗杆上，共有多少种挂法? 当然，我们忽略旗帜所在的绝对位置并且不限制一根旗杆所能挂的旗帜的面数. 我们仅仅假定旗帜挂在每一根旗杆上都是按确定的次序从顶端到底部.

挂旗可以设计成这些单个的旗帜接连做 r 次决定. 对于第 1 面旗帜来说，我们在这 n 根旗杆中任意选取一根. 这一根旗杆挂上一面旗帜后，它就分成了两节，于是第 2 面旗帜选择悬挂位置时就有 $n+1$ 种可能. 类似地，第 3 面旗帜选择悬挂位置时就有 $n+2$ 种可能，依此类推. 这 r 面旗帜就有：$n(n+1)(n+2)\cdots(n+r-1)$ 种不同的挂法. ■

2.2 有序样本

考虑 n 个元素 $a_1, a_2, \cdots, a_n$ 所组成的集合即**总体**. 任何 r 个元素 $a_{j_1}, a_{j_2}, \cdots, a_{j_r}$ 的有序排列，就称为从总体中取出的大小为 r 的一个**有序样本**. 为了形象化起见，我们可以设想，元素是逐个地抽取的．于是就有两种可能的手续．第 1 种是有放回的抽样，每个元素的抽取都是在整个总体中进行的，同样的元素可以被抽到多次，因此在样本的排列中容许有重复的元素；第 2 种是无放回的抽样，某个元素一旦被抽取，即被从总体中除去，所以样本的排列中，不会有重复．显然，第 2 种情况下，样本的大小 r 不能超过总体的大小 n．

在有放回的抽样里，样本的 r 个元素的每一个都可以有 n 种抽取的方式，所以可能的样本数为 n^r．这一点从刚才的定理可知，只要让定理中的 $n_1 = n_2 = \cdots = n$ 即可．在无放回的抽样里，样本的第 1 个元素可以有 n 种抽取方式，而第 2 个则只有 $n-1$ 种，第 3 个只有 $n-2$ 种，依此类推．根据上述定理可知，无放回抽样的样本总数是 $n(n-1)\cdots(n-r+1)$．这个乘积经常出现，为了方便起见，引入记号[①]

$$(n)_r = n(n-1)\cdots(n-r+1). \tag{2.2.1}$$

显然，当 r 和 n 都是整数且 $r > n$ 时，$(n)_r = 0$．于是我们有下面的定理．

定理 从 n 个元素所构成的总体中，取大小为 r 的抽样．如果抽样是有放回的，则有 n^r 个不同的样本；如果抽样是无放回的，则有 $(n)_r$ 个不同的样本．

我们注意 $r = n$ 的特别情形．在无放回的抽样中，大小为 n 的样本包含了其总体的全部元素，它构成了其全部元素的一个排列．因此，n 个元素 $a_1, \cdots, a_n$ 有 $(n)_n = n(n-1)\cdots 2 \cdot 1$ 种不同的方式排好次序．我们用符号 $n!$ 来代替 $(n)_n$，$n!$ 是一个常用的符号．因此，我们有

推论 n 个元素能排成的不同次序的数目为

$$n! = n(n-1)\cdots 2 \cdot 1. \tag{2.2.2}$$

例 (a) 3 个人 A、B 和 C 是从人这个总体中抽出来的一个有序样本，他们的生日是日历这一总体中的一个样本，他们的年龄是 3 个数这一总体的一个样本．

(b) 如果用 "10 个字母的词" 代表一个由 10 个字母构造的序列（也许没有意义），那么这个词就是由 26 个字母构成的总体中的一个样本．由于允许字母重复出现，就有 26^{10} 个这样的词．另外，在铅字排版印刷厂里，字母不仅是个概念而且是一个个的铅字实物．为简单计，假定每个字母恰备有 1000 枚可供使用．排字工每排印一个词，就需要选择 10 枚，此处是不允许重复的．于是共有 $(26\,000)_{10}$ 种不同的排法．这个数与 $26\,000^{10}$ 差不多，它超过了 10^{44}．

(c) 史密斯夫妇是从人的总体里抽出的大小为 2 的一个样本，也是从所有夫妇所构成的总体抽出的大小为 1 的一个样本．这个例子说明：样本的大小只有相

---

① 记号 $(n)_r$ 并不是标准的写法，但本书中统一这么写，甚至 n 可以不是整数．

对于给定的总体来说才能确定. 又如把一个硬币扔 r 次, 既可看作从字母 H 和 T 所构成的总体中抽出的大小为 r 的样本, 也可看作由 H 和 T (共有 r 个) 组成的排列, 它只是扔硬币 r 次的实验的样本空间的一个样本点.

(d) **关于实际中的排序与抽样.** 用抽样的方法来研究人群中的抽烟的习惯时, 人们的直觉是, 样本中的次序无关紧要, 因而容易以为样本是无序的. 但是, 只有基于某些概率假设, 从样本才有可能得出结论. 为此, 有必要建立一个理想的实验模型来获取样本. 显然各种选择应该是彼此能分辨的, 即需要按某种方式标记出来. 理论上最简单的是用整数来标号, 而这就等于给样本排定了次序. 或许有别的更好方法, 但是, 连 "星期二琼斯面试的第三个人" 都带有标号. 换言之, 即使次序在样本中最终会被忽略掉, 理想的实验仍然不可避免地用到有序样本, 并且我们将会看到这会影响到概率的适当赋予. ∎

从大小为 n 的总体中依次抽取 r 个元素, 实验的可能结果就是这些大小为 r 的样本. 它们的总数要么是 n^r 要么是 $(n)_r$, 随抽取的方式是否有放回而定. 无论哪一种情况, 我们的理想实验是用样本空间来描述的, 其中每一个点都代表大小为 r 的一个样本.

到此为止, 我们还没有谈到这些样本的概率. 我们通常赋予各个样本以相等的概率, 这样的样本就叫作随机样本. "随机" 这个词通常没有准确定义, 但是用在抽样或选择的场合时, 它倒是有着特定的意义的. **随机选择**意味着所有结果都是等概率的. 同样, 只要我们谈到固定大小为 r 的随机样本时, 形容词 "随机的" 意味着所有可能的样本都具有相同的概率. 在有放回抽样中, 这个相同的概率就是 n^{-r}; 而在无放回抽样中, 则为 $1/(n)_r$, n 表示取样本的那个总体的大小. 如果 n 大而 r 很小, 则比值 $(n)_r/n^r$ 接近于 1. 这就说明了这样的一个事实: 如果总体大而样本很小, 有无放回的二种抽样方式的区别是可以忽略的 (见 2.11 节习题 1 和习题 2, 以及 6.10 节习题 35).

上面已经引入了实用的术语 "随机的", 但是尚未说明我们的随机抽样的模型对于现实世界的适用性. 扔硬币、掷骰子之类的一些游戏, 都可以解释为有放回的随机抽样的实验, 并且我们所赋给的概率很接近于在长期持续实验下所观察到的频率, 即使完全均匀的硬币和骰子并不存在. 从一副洗得很好 (比平常洗得还要好) 的纸牌中, 连续地进行抽取, 就是无放回抽样的一个典型例子. 在人口的抽样中, 统计学家往往遇到无法预料的巨大困难. 经验表明, 因为总体极大, 甚至都很难感受到什么随机性.

练习 在无放回抽样中，总体中任一给定的元素包含在大小为 r 的随机样本中的概率为

$$1 - \frac{(n-1)_r}{(n)_r} = 1 - \frac{n-r}{n} = \frac{r}{n}.$$

在有放回的抽样中，其对应的概率为 $1 - (1 - 1/n)^r$.

2.3 例子

考虑从一个包含 n 个元素 $a_1, \cdots, a_n$ 的总体中抽出一个大小为 r 的有放回的随机样本. 我们感兴趣的是"样本 $(a_{j_1}, \cdots, a_{j_r})$ 中没有重复元素"的事件的概率，也就是，这种样本可以从无放回的抽样中得到. 前面的定理证明了：不同的样本的总数是 n^r 个，其中有 $(n)_r$ 个满足上述条件. 假定各种排列都是等可能的，则我们断言：在样本中没有重复元素的概率为

$$p = \frac{(n)_r}{n^r} = \frac{n(n-1)\cdots(n-r+1)}{n^r}. \tag{2.3.1}$$

下面关于这个公式的具体解释将显示出它的广泛应用.

(a) **随机抽样数**. 令总体由数字 $0, 1, \cdots, 9$ 构成. 每次连续抽 5 个数字构成的排列是一个大小为 $r = 5$ 的样本，我们假定每一种排列的概率都是 10^{-5}. 由 (2.3.1)，5 个连续随机数字都不相同的概率为 $p = (10)_5 10^{-5} = 0.3024$.

根据我们直观的想法，小数位很多的大数学表格里，最末 5 位数字会很随机的（在普通的对数表等一些表里，表差近似地为常数，因此最末一位小数是有规则地变动的）. 做一个实验，选取 16 位数的数学表，并把表中所列的那些最末 5 位数字都不相同的数数出来. 100 个数为一组，最初 12 组中，具有 5 位不同的数字的数的个数如下：30, 27, 30, 34, 26, 32, 37, 36, 26, 31, 36, 32. 小样本理论证明，这样起伏的量会很好地落在期望限度以内. 这里的平均频率为 0.3142，与理论上的概率 0.3024 是十分近似的 [参阅 7.4 节例 (g)].

下面，我们来考虑数 $e = 2.71828\ldots$. 把最初的 800 位小数[130][114]分成 160 段，每段有 5 个数字. 并以 10 段一组排成 16 组. 在这 16 组中，段中 5 个数字都不相同的段数列举如下：

$$3,\ 1,\ 3,\ 4,\ 4,\ 1,\ 4,\ 4,\ 4,\ 2,\ 3,\ 1,\ 5,\ 4,\ 6,\ 3.$$

频率的波动应该在 0.3024 周围. 据小样本拟合理论，上下波动的振幅并不比所期望的大. 在这 160 段里，我们所考虑的事件的整个频率为 $\frac{52}{160} = 0.325$. 它很合理地近似于 $p = 0.3024$.

(b) **如果 n 个球随机地置入 n 个盒中，每一个盒都放球的概率为 $n!/n^n$**. 这个概率非常小：对 $n = 7$ 来说，它为 $0.00612\ldots$. 这就意味着如果在一个城市中

每一周发生 7 次意外事件, 则 (假定各种分布都是等可能的) 实际上每一周都包含有这样一些天, 它发生两件或两件以上的意外事件. 平均来说, 大约 163 周才有一周每一天都发生一件意外事件. 这个例子说明了随机性的一个意料不到的性质 (7 个球置入 7 个盒中的全部可能情形在 2.5 节表 2-1 中都列出了, 两个或两个以上的盒空着的概率大约为 0.87). 当 $n = 6$ 时, 概率 $n!n^{-n}$ 等于 $0.01543\ldots$, 这说明把一个均匀的骰子掷 6 次, 要得到每一次出现的点数都不相同是如何地不容易. [一个给定的点不出现的概率大约为 $\frac{1}{3}$, 参见 2.1 节例 (e).]

(c) **电梯**. 在开始时载有 7 位乘客的一架电梯, 在 $n = 10$ 层楼房的每一层上都停留, 试问没有 2 位乘客在同一层离开电梯的概率 p 是多少? 为了使问题确定起见, 假定乘客离开电梯的各种安排有同等的概率 (这只是粗略的近似). 于是

$$p = 10^{-7}(10)_7 = (10 \cdot 9 \cdot 8 \cdot 7 \cdot 6 \cdot 5 \cdot 4)10^{-7} = 0.06048.$$

假使这事件一旦发生, 我们就认为发生这件事是奇特的. 反复观察, 发生的可能性在 1000 次中只出现一次 (见 2.10 节习题 43 的答案).

(d) **生日**. 任意 r 个人的生日可以看成从一年的全部日子所构成的总体中抽取的大小为 r 的一个样本. 虽然每年的时间不是等长的, 而且在整个一年中, 人的出生率也不是固定不变的, 但是, 作为第一步近似, 我们还是可以认为随机地抽取人和随机地抽取生日是一样的. 其次, 为了简单起见, 每年就以 365 日来考虑.

有了这种约定, 利用 (2.3.1) 我们算出所有 r 个生日都不相同的概率 p 为[101]

$$p = \frac{(365)_r}{365^r} = \left(1 - \frac{1}{365}\right)\left(1 - \frac{2}{365}\right) \cdots \left(1 - \frac{r-1}{365}\right). \tag{2.3.2}$$

其结果是令人吃惊的. 对 $r = 23$ 个人来说, $p < \frac{1}{2}$, 也就是说, 对 23 个人来说, 至少有两人同一天生日的概率超过 $\frac{1}{2}$.

公式 (2.3.2) 看来十分烦琐, 但是可以容易地推出近似表达式. 如果 r 较小, 所有的交叉乘积因子都可以忽略, 于是有了第一步的近似公式:

$$p \approx 1 - \frac{1 + 2 + \cdots + (r-1)}{365} = 1 - \frac{r(r-1)}{730}. \tag{2.3.3}$$

例如, 当 $r = 10$ 时, 正确的数值为 $p = 0.883\ldots$, 而 (2.3.3) 给出的近似值为 0.877.

对于较大的 r, 可以采用对数法求得很好的近似值. 只要 x 为正且很小, 就有 $\ln(1-x) \approx -x$. 于是由 (2.3.2) 可得

$$\ln p \approx -\frac{1 + 2 + \cdots + (r-1)}{365} = -\frac{r(r-1)}{730}. \tag{2.3.4}$$

对于 $r = 30$，这个公式给出的近似值为 0.3037，而正确值为 $p = 0.294$. 对于 $r \leqslant 40$, (2.3.4) 的误差小于 0.08.（在 2.7 节中继续讨论此问题，也可参见 2.10 节习题 44 的答案）.

2.4 子总体和分划

和以前一样，我们用大小为 n 的总体来表示由 n 个元素构成的不分次序的集合. 所谓两个总体不一样，当且仅当一个总体有一个元素不属于另一个总体.

从大小为 n 的总体里选取 r 个元素就构成了大小为 r 的子总体. 对这个子总体中的元素随意编号将其转化为大小为 r 的有序样本，每个这样的样本都可以用这种方式获得. 既然 r 个元素有 $r!$ 种不同的标号方式，由此可得样本的个数是大小为 r 的子总体个数的 $r!$ 倍. 所以大小为 r 的子总体的个数为 $(n)_r/r!$. 上式称为二项式系数，记为

$$\binom{n}{r} = \frac{(n)_r}{r!} = \frac{n(n-1)\cdots(n-r+1)}{1 \cdot 2 \cdot \cdots \cdot (r-1) \cdot r}. \tag{2.4.1}$$

因此，我们证明了

定理 1 包含 n 个元素的总体可以产生 $\binom{n}{r}$ 个不同的包含 r 个元素的子总体 $(r \leqslant n)$.

换句话说，从 n 个元素中可以用 $\binom{n}{r}$ 种不同的方法选出包含 r 个元素的子总体. 因为从 n 个元素的总体中选取 r 个元素和留下 $n-r$ 个是等价的，因此，对 $1 \leqslant r \leqslant n$ 显然有

$$\binom{n}{r} = \binom{n}{n-r}. \tag{2.4.2}$$

为了直接证明等式 (2.4.2)，只须把二项式系数 (2.4.1) 换成下面的写法

$$\binom{n}{r} = \frac{n!}{r!(n-r)!}. \tag{2.4.3}$$

[只需把 (2.4.1) 的分子分母同时乘以 $(n-r)!$ 即得 (2.4.3).] 注意：等式 (2.4.2) 的左边当 $r = 0$ 时是无定义的，但右边却是有定义的. 为了使 (2.4.2) 对一切满足 $0 \leqslant r \leqslant n$ 的整数 r 都成立，我们定义

$$\binom{n}{0} = 1, \quad 0! = 1 \tag{2.4.4}$$

和 $(n)_0 = 1$.

例　(a) **桥牌和扑克**（见第 7 页脚注）. 因为人手中的牌的次序是互不相干的, 前面的定理证明了一副纸牌有 $\binom{52}{13} = 635\,013\,559\,600$ 手不同的桥牌和 $\binom{52}{5} = 2\,598\,960$ 手不同的扑克. 让我们来计算一手扑克包含 5 张不同面值的概率 x. 这些面值可以用 $\binom{13}{5}$ 种方法选取, 而且对应于每一张牌我们可以自由地在四种花色中的一种中选取. 由此推出, $x = 4^5 \cdot \binom{13}{5} / \binom{52}{5}$, 它近似地为 0.5071. 在一手桥牌中, 13 张面值都不同的概率为 $4^{13} / \binom{52}{13}$, 或者近似地为 0.000\,105\,7.

(b) 美国 50 个州中每州有 2 个参议员. 考虑从其中任意选取 50 个参议员组成委员会. 假设 (1) 指定某州要有代表; (2) 所有的州都要有代表.

在第一种情形, 其补事件的概率 q 要好算些. 所谓补事件, 就是指定的那个州没有一个代表作为委员. 总共 100 个代表中, 有 98 个不是那个州的代表. 因此

$$q = \binom{98}{50} \Big/ \binom{100}{50} = \frac{50 \cdot 49}{100 \cdot 99} = 0.247\,47\ldots.$$

其次, 2.2 节的定理表明: 委员会要使每一州都有一个代表的选取方式共有 2^{50} 种. 因此, 所有的州都有委员的概率为 $p = 2^{50} / \binom{100}{50}$. 利用斯特林公式（见 2.9 节）, 可证 $p \approx \sqrt{2\pi} \cdot 5 \cdot 2^{-50} \approx 1.113 \cdot 10^{-14}$.

(c) **占位问题**. 我们再一次考虑 r 个球随机地分布于 n 个盒中（即 n^r 种可能的排列都具有概率 n^{-r}）. 为了找出给定的盒中恰巧包含 k 个球（$k = 0, 1, 2, \cdots, r$）的概率 p_k, 我们首先注意: k 个球可以有 $\binom{r}{k}$ 种方式选取, 而剩下的 $r - k$ 个球放入剩下的 $n - 1$ 个盒的方式有 $(n-1)^{r-k}$ 种. 由此推出

$$p_k = \binom{r}{k} \cdot \frac{1}{n^r} \cdot (n-1)^{r-k} = \binom{r}{k} \cdot \frac{1}{n^k} \cdot \left(1 - \frac{1}{n}\right)^{r-k}. \tag{2.4.5}$$

这就是所谓二项分布的一种特殊情形, 二项分布将在第 6 章讨论. 数值可以从第 4 章表 4-3 中查出. ■

可分辨与不可分辨的元素的区别类似于子总体与相应的有序样本之间的关系. 删去一个由 r 个元素 $a_1, \cdots, a_r$ 构成的排列（或群）的全部下标, 就得到一个由 r 个不可分辨的字母构成的排列. 反之, 把后一类排列中的 r 个字母各标以一个数, 就得到了一个由字母 $a_1, \cdots, a_r$ 构成的排列. 这种办法可以提供 $r!$ 种不同的排列, 显然, 交换 a_i 和 a_k 的位置就是一次重排. 下面的例子说明如何利用这种原理并把它推广到元素 $\{a_k\}$ 仅有部分可辨的场合.

(d) **一种或两种颜色的旗子**. 在 2.1 节例 (f) 中, 证明了 r 面不同颜色的旗帜挂在 n 根旗杆上有 $N = n(n+1) \cdots (n+r-1)$ 种不同的挂法. 现在考虑类似的问题, 但所有的旗帜的颜色都是一样的（即不可辨的）. 把每一种这类挂法的每一

面旗帜标以一个数，就得到了 r 面可辨的旗帜的 $r!$ 种挂法，于是 r 面同一种颜色的旗帜的挂法恰巧为 $N/r!$ 种.

其次，若这 r 面旗中有 p 面是红的（且不可辨），有 q 面是蓝的（$p+q=r$）. 标有 r 个数的旗帜的每一种挂法可以由红旗标以 1 至 p 蓝旗标以 $p+1$ 至 $p+q$ 的相应的挂法而得到. 于是现在共有 $N/(p!q!)$ 种挂法.

(e) **包含两类元素的次序**. 考虑一个长为 $p+q$ 的由 p 个 α 和 q 个 β 构成的序列. 对 α 标以数 1 至 p，对 β 标以数 $p+1$ 至 $p+q$，于是得到一个由 $p+q$ 个可辨的元素构成的序列. 有 $(p+q)!$ 种这样的序列，其中有 $p!q!$ 种对应于 α 和 β 的相同的排列. 因此，p 个 α 和 q 个 β 恰巧有

$$\frac{(p+q)!}{p!q!} = \binom{p+q}{p} = \binom{p+q}{q}$$

种可辨的排列.

同样的结果可以从定理 1 和下列事实直接得到：p 个 α 和 q 个 β 的全部次序可以从 $p+q$ 个可能的位置中选取 p 个位置放入 α 而得.

(f) 连接国际象棋棋盘的两个对角的顶点的最短的折线轨道（包括横向的和纵向的线段）的数目是 $\binom{16}{8} = 12870$.   ■

定理 2 令 $r_1,\cdots,r_k$ 为满足

$$r_1 + r_2 + \cdots + r_k = n, \qquad r_i \geqslant 0 \tag{2.4.6}$$

的整数. 把一个包含 n 个元素的总体分成 k 个有序的部分（分为 k 个子总体），其中第一部分包含 r_1 个元素，第二部分包含 r_2 个元素，等等，这种分法共有

$$\frac{n!}{r_1!r_2!\cdots r_k!}. \tag{2.4.7}$$

[数 (2.4.7) 叫作**多项式系数**.]

注意：子总体之间的次序是必要的，譬如 $(r_1=2, r_2=3)$ 和 $(r_1=3, r_2=2)$ 代表不同的分法；然而，组内元素之间的次序是无关紧要的. 同时还要注意 $0!=1$，所以 $r_i=0$ 并不影响公式 (2.4.7). 由于允许 $r_i=0$，n 个元素划分为小于等于 k 个子总体. 恰巧分成 k 个子类，即 $r_i>0$ 的情形将在 2.11 节习题 7 中处理.

证 反复利用 (2.4.3) 可以证明数 (2.4.7) 能够写成下述形式：

$$\binom{n}{r_1}\binom{n-r_1}{r_2}\binom{n-r_1-r_2}{r_3}\cdots\binom{n-r_1-\cdots-r_{k-2}}{r_{k-1}}. \tag{2.4.8}$$

另外，为了做成需要的划分，我们首先从给定的 n 个元素中选取 r_1 个，再从剩下的 $n-r_1$ 个元素中选取大小为 r_2 的第 2 组，等等. 当第 $k-1$ 组选出以后，还

剩下 $n - r_1 - \cdots - r_{k-1} = r_k$ 个元素, 而这些元素就构成最后 1 组. 我们断言, 构成上述划分的办法共有 (2.4.8) 所确定的数目那样多. ∎

(g) **桥牌**. 在桥牌比赛中, 52 张牌分成四组, 每组 13 张. 因此, 不同的情形共有 $52! \cdot (13!)^{-4} = (5.36 \ldots) \cdot 10^{28}$ 种. 让我们计算每一个参与者都有一张 A 的概率. 4 张 A 可以排成 $4! = 24$ 种不同的排列次序, 而每一种次序代表给每个参与者一张 A. 剩下的 48 张牌有 $48! \cdot (12!)^{-4}$ 种分配方式. 因此所要求的概率为 $24 \cdot 48! \cdot (13)^4 / 52! = 0.105 \ldots$.

(h) **骰子**. 掷 12 颗骰子, 可以产生 6^{12} 种不同的结果, 它们都被赋以相同的概率. 每点出现二次的事件, 即把 12 颗骰子排成 6 组, 每组 2 个. 因此, 这个事件的概率为 $12! / (2^6 \cdot 6^{12}) = 0.003\,438 \ldots$. ∎

*2.5 在占位问题中的应用

1.2 节的例子显示, 把 r 个球随机地放入 n 个盒的模型具有广泛的应用. 在许多场合, 需要处理**不可辨的球**. 例如, 工作日发生事故的统计分布, 或日历中生日的分布, 人们仅仅对发生的次数感兴趣, 并不对具体事故或具体生日感兴趣. 再如, 掷 r 颗骰子等价于把 r 个球置于 $n = 6$ 个盒中. 虽然可能追踪 r 颗骰子的结果, 但主要的是关心幺点、两点⋯⋯的个数. 在这些场合, 虽然假定这些球是标有号码的, 但是我们的注意力主要集中在这样一些事件, 它们与标号是无关的. 这一事件, 完全由占位数 $r_1, r_2, \cdots, r_n$ 刻画, 此处 r_k 表示第 k 个盒中装有的球的个数. 每一个 n 元整数组满足:

$$r_1 + r_2 + \cdots + r_n = r, \qquad r_k \geqslant 0, \tag{2.5.1}$$

且它描述了占位数的一个可能结构. 只有当对应的 n 元组 $(r_1, r_2, \cdots, r_n)$ 不恒等时, 不可辨球的下列两类分布才是不同的:

(i) 可区别的分布的数目 [即方程 (2.5.1) 的不同解的数目] 是[①]

$$A_{r,n} = \binom{n+r-1}{r} = \binom{n+r-1}{n-1}. \tag{2.5.2}$$

(ii) 没有一个盒是空的可区别的分布的数目是 $\binom{r-1}{n-1}$.

证 我们用 $n+1$ 条 "|" 把空间分成 n 个盒, 而用 "∗" 代表球. 因此符号 "|∗∗∗|∗|||∗∗∗∗|" 代表这样一个分布: $r = 8$ 个球放于 $n = 6$ 个盒中, 其占位数为

---

* 这一节的内容是很有用的, 而且富有启发性, 不过以后不会明显地用到.

① $r = 100, n = 4$ 的特例在 1.2 节例 (e) 中应用过.

3, 1, 0, 0, 0, 4. 这样的符号的开始和终结必须有一条 "|"，但是其余的 $n-1$ 条 "|" 和 r 个 "$*$" 可以按任意次序排列. 用这种方法可以看出，可区别的分布数等于从 $n+r-1$ 个位置中任取 r 个位置的选法，即是 $A_{r,n}$. (i) 得证.

没有一个盒是空的相当于没有两条 "|" 靠在一起. 但 r 个 "$*$" 之间空出 $r-1$ 个位置，而这 $r-1$ 个位置中有 $n-1$ 个被 "|" 所占位，因此，我们有 $\binom{r-1}{n-1}$ 种可能的选择，这就证明了 (ii). ∎

例 (a) 掷 r 个不能辨别的骰子，可以分辨的结果共有 $\binom{r+5}{5}$ 个.

(b) **偏导数**. 有 n 个变元的解析函数 $f(x_1, \cdots, x_n)$ 的 r 阶偏导数不依赖于求导的次序，而只依赖于对每一个变元求导的次数. 因此，每一个变元对应于一个盒，所以不同的 r 阶偏导数共有 $\binom{n+r-1}{r}$ 个. 三元函数的 4 阶偏导数共有 15 个，5 阶偏导数共有 21 个. ∎

考虑满足方程 (2.5.1) 的 n 个固定的整数. 把 r 个球置于 n 个盒中按照占位数 $r_1, \cdots, r_n$ 的放法的数目，由 2.4 节定理 2 给出. 假定全部 n^r 种放法都是等可能的，占位数是给定的 $r_1, \cdots, r_n$ 的概率为

$$\frac{r!}{r_1! r_2! \cdots r_n!} n^{-r}. \tag{2.5.3}$$

这类概率分配在前已提及的全部应用中都用到过，并用作随机性的直观概念的固有的基础. 除此以外，没有其他的分配被建议作为概率的或直观的基础，足以见它在方法论上的重要性. 经验驱使物理学家用其他的分布来代替分布 (2.5.3)，而这给直观带来了冲击. 这将在下半节中讨论.（在物理学中，称 (2.5.3) 为**麦克斯韦–玻耳兹曼分布**）.

多种需要要求我们进而考虑盒是不可辨的，这导致占位数中的次序是不可区分的. 下面的例子将提供一个解决此类问题的常规的方法.

(c) 把 $r=7$ 个球放入 $n=7$ 个盒中的形式（盒可以理解为一周的 7 天，球可以理解为来电、来信、意外的事件等等）. 为了简洁起见，让我们考虑以任意次序出现的占位数为 2, 2, 1, 1, 1, 0, 0 的分布. 这 7 个占位数把 7 个盒分为三个子类，它们分别为有两个盒各被占位两次、三个盒被占位一次、两个空着的盒. 这样把它们分为三群其大小各为 2, 3, 2 的分法共有 $7!/(2! \cdot 3! \cdot 2!)$ 种. 而对每一种给定的分法，把 7 个球放人这 7 个盒中的方法共有 $7!/(2! \cdot 2! \cdot 1! \cdot 1! \cdot 1! \cdot 0! \cdot 0!) = 7!/(2! \cdot 2!)$ 个不同的分布. 所以用某种次序出现的占位数为 2, 2, 1, 1, 1, 0, 0 的不同的分布共有

$$\frac{7!}{2! \cdot 3! \cdot 2!} \cdot \frac{7!}{2! \cdot 2!}. \tag{2.5.4}$$

以后将会指出：此结果可以通过两次应用式 (2.4.7) 导出，即是既对球又对盒. 同样的结果可以用许多方法推出而且也可以写成多种形式，但是此处的方法对多类问题提供了一个最简单的

常规技巧.（见 2.10 节习题 43~45.）表 2.1 包含类似 (2.5.4) 的数据，包含当 $n = r = 7$ 时占位数的全部可能的结构的概率. ■

表 2.1 7 个球放入 7 个盒中的随机分布

占位数	排列数等于 7!·7! 除以	概率（排列数除以 7^7）
1,1,1,1,1,1,1	7!·1!	0.006 120
2,1,1,1,1,1,0	5!·2!	0.128 518
2,2,1,1,1,0,0	2! 3! 2!·2! 2!	0.321 295
2,2,2,1,0,0,0	3! 3!·2! 2! 2!	0.107 098
3,1,1,1,1,0,0	4! 2!·3!	0.107 098
3,2,1,1,0,0,0	2! 3!·3! 2!	0.214 197
3,2,2,0,0,0,0	2! 4!·3! 2! 2!	0.026 775
3,3,1,0,0,0,0	2! 4!·3! 3!	0.017 850
4,1,1,1,0,0,0	3! 3!·4!	0.035 699
4,2,1,0,0,0,0	4! 4!·2!	0.026 775
4,3,0,0,0,0,0	5!·4! 3!	0.001 785
5,1,1,0,0,0,0	2! 4!·5!	0.005 355
5,2,0,0,0,0,0	5!·5! 2!	0.001 071
6,1,0,0,0,0,0	5!·6!	0.000 357
7,0,0,0,0,0,0	6!·7!	0.000 008

2.5.1　波司–爱因斯坦和费米–狄拉克统计

考虑一个力学系统，它具有 r 个不能分辨的质点. 在统计力学中，常常把相空间分成 n 个小区域（或者盒），n 是很大的，因此，每一个质点总处于某一个盒中. 用这种方法，整个系统的情况以 r 个质点放入 n 个盒的随机分布来描述. 乍一看来，似乎（至少对 n 个盒适当的定义）全部 n^r 个排列都具有相同的概率. 如果这是对的，那么，物理学家把它叫作**麦克斯韦–玻耳兹曼统计**（这里的"统计"一词是物理中的术语）. 人们曾经花费过很多精力要想证明物理质点是按照麦克斯韦玻耳兹曼统计法则行动的，但是现代理论无可置疑地表明，这个统计法则对于目前所知的任何质点都是不适用的. 在任何情形下，那 n^r 种排列的概率都不是近乎相等的. 于是，人们另外引进两个概率模型. 这两个概率模型分别能够满意地描述某一类型的质点的动态. 应用的时候，哪个成功就用哪个. 两个模型都不是放之四海而皆准的. 说不定有一天，对于某些种类的质点人们还会引进第三类新模型.

必须记住，现在我们只讨论那些**不可分辨**的质点. 有 r 个质点和 n 个盒. 所谓波司–爱因斯坦统计，就是只考虑那些可区分的排列，而每个排列都赋以相等的概率 $1/A_{r,n}$，此处 $A_{r,n}$ 由 (2.5.2) 定义. 在统计力学中，已经证明这个假设对于含有偶数个基本质点的光子、核子和原子都是正确的[98]. 为了描述另外一些质点的情况，我们要引进第三种赋以概率的方法. 费米–狄拉克统计基于这些假设：(1) 2 个或多个质点在同一个盒中是不可能的；(2) 满足上一个条件的所有的可区分的排列具有相同的概率. 这里第一个假定要求 $r \leqslant n$. 每一种排列都相当于 n 个盒中某 r 个各含一个质点，也就是说，每一种安排相当于从 n 个盒中选取 r 个. 因此，在费米–狄拉克统计中，共有 $\binom{n}{r}$ 种不同的安排，每一种排列都具有概率 $\binom{n}{r}^{-1}$. 这个模型可以应用在电子、中子和质子上. 这个富有教育性的实例告诉我们，光凭先验的论证来选择或判明概率模型是行不通的. 事实上，没有任何的抽象推理可以说明为什么光子和质子并不遵从同一个概率规律（麦克斯韦–玻耳兹曼统计和波司–爱因斯坦统计之间的基本区别将在 2.11 节习题 14~19 中阐明）.

总结一下：在麦克斯韦–玻耳兹曼统计中，盒 $1, 2, \cdots, n$ 分别包含 $r_1, r_2, \cdots, r_n$ 个球（其中 $r_1 + \cdots + r_n = r$）的概率由式 (2.5.3) 给出；在波司–爱因斯坦统计中，这个概率是 $1/A_{r,n}$；而在费米–狄拉克统计中，这个概率等于 $\binom{n}{r}^{-1}$，其中每一个 r_i 都为 0 或 1.

例 (a) 令 $n = 5, r = 3$. 按照麦克斯韦–玻耳兹曼、波司–爱因斯坦、费米–狄拉克三种不同的统计法则，排列 ($* | - | * | * | -$) 分别具有概率 $\frac{6}{125}, \frac{1}{35}, \frac{1}{10}$. 也见 1.6 节例 (b).

(b) **印刷错误**. 一本书包含 n 个符号（字母），其中 r 个是印错的. 错字的分布对应于 r 个球放入 n 个盒的分布（每一个盒最多有一个球）. 因此，有理由假定：印刷错误遵从费米–狄拉克统计（见 2.10 节习题 38）. ■

2.5.2   应用到连贯中去

在任一由两类元素构成的有序序列中，由同一类元素所组成的最大的子序列称为**连贯**（run）. 例如，在序列 $\alpha\alpha\alpha\beta\alpha\alpha\beta\beta\beta\alpha$ 中，开始时，有一个长度为 3 的 α 连贯，其后有 4 个连贯，长度依次为 1, 2, 3, 1. α 连贯和 β 连贯是相间的，由此，连贯的个数总是等于**异类相邻**的总次数加 1.

应用的例子. 连贯理论可以有很多方式应用到统计中去，不过，其主要还是用于联系随机性检验和齐次性检验.

(a) 在**随机性检验**中，问题是要判断一次给定的观察是不是随机的，或者是不是有系统的因素在起作用. 一个简单的例子[132]，我们假定一个人观察餐桌用座情况. 他用 E 表示空座，O 表示被占座，给出了如下的记录：$EOEEOEEEOEEEOEOE$. 值得注意的是，没有 2 个被占座位是相邻的. 这可能是偶然的吗？因为对于 5 个被占座位和 11 个空座而言，连贯的个数不可能多于 11 个，而这个记录恰巧就是有 11 个连贯的极端情形. 以后，我们会指出，如果所有的排列都是等概的话，出现 11 个连贯的概率只有 0.0578.... 这个小概率在某种程度上符合了这种预感，那就是：所观察到的那种分离现象是有意的. 这样的怀疑虽然不能用统计的法则加以证明，但是如果继续观察下去，就可以收集到更多的证据. 如果餐厅常常有家庭顾客用餐,那么将会有成群地集中占领座位的倾向,因而会出现个数(相对地)较少的连贯. 同样,如果把教室里男生和女生的连贯计算一下,也许就可以发觉他们混合的情况不是随机的. 难得出现的排列竟然出现,暗示有一些分派的原因:连贯的数目过多就表示人为的故意混合,连贯个数太少表示人为的故意集结. 当然,这些结论并不是很可靠. 但是,应用有效的统计技巧可以在实践中很好地避免做出错误的结论.

休哈特把连贯理论应用于工业上的质量控制中. 当橡皮垫圈制成之后,其厚度各不相同. 厚垫圈的长连贯可能反映生产过程不够完善,由此引导我们去消除不完善的原因. 这样就能防止即将出现的问题,而使得产品达到高度的均匀性.

在生物的现场实验中,我们计算健壮作物和有病作物的连贯. 有病作物的长连贯提示疾病的蔓延. 气象学家留心干燥和潮湿月份的连续现象[18],借以发现气候的持续走向的线索.

(b) 为了了解典型的**齐次性**问题,假定两种药给两组病人服用,或者说我们想比较两种(医药、农业或工业上)处理的效果. 在实践中,我们有两组观察结果,譬如说 $\alpha_1, \alpha_2, \cdots, \alpha_a$ 和 $\beta_1, \beta_2, \cdots, \beta_b$ 分别对应于两种处理,或者说分别对应于两个总体中的元素的某一特性(例如重量). α 和 β 都是数,我们假定它按大小次序排列:$\alpha_1 \leqslant \alpha_2 \leqslant \cdots \leqslant \alpha_a$ 且 $\beta_1 \leqslant \beta_2 \leqslant \cdots \leqslant \beta_b$. 我们把这两组数合在一起,并按大小次序排列. 一个极端情况是全部 α 都在全部 β 前面,这种现象可以用来指出这两种处理或这两个总体之间有差异. 另外,如果两种处理都是一样的,则 α 和 β 或多或少以随机次序出现. 沃尔德和沃尔福威茨[137] 曾经证明:连贯理论常常能很方便地用来发现微小的系统误差 [一个用不同的方法处理的例子见 3.1 节例 (b)]. ■

许多关于连贯的问题都可以用一种极简单的办法解决. 给定 a 个不可区分的 α 和 b 个不可区分的 β,由 2.4 节例 (e) 可知有 $\binom{a+b}{a}$ 个可以区分的次序. 如果有 n_1 个 α 连贯,则 β 连贯的个数为 $n_1 \pm 1$ 或 n_1. 把 a 个 α 安排在 n_1 个连贯中等价于把它们安排到 n_1 个盒中去,其中没有空盒. 由最后一个引理得知:这种安排法共有 $\binom{a-1}{n_1-1}$ 种. 由此推出,具有 n_1 个 α 连贯、n_1+1 个 β 连贯的排列共有 $\binom{a-1}{n_1-1}\binom{b-1}{n_1}$ 种 (在 2.11 节习题 20~25 中还要继续).

(c) 在物理学中,用连贯理论来研究合作现象,在伊辛的一维点阵理论中,能量依赖于"异类相邻阵点"的总数,也就是说依赖于连贯的个数. ■

2.6 超几何分布

很多组合问题可以归结成下面的形式. 在 n 个元素的总体里,n_1 个是红的且 $n_2 = n - n_1$ 个是黑的. 任意选取 r 个元素组成一组. 试求所取出的这一组中,恰有 k 个红元素的概率 q_k,其中 k 是从 0 到 $\min(r, n_1)$ 的任意整数.

为了求出 q_k,我们注意到,选取的这组中包含 k 个红元素和 $r-k$ 个黑元素. 红元素的选取有 $\binom{n_1}{k}$ 种不同方式,而黑元素有 $\binom{n-n_1}{r-k}$ 种方式. 由于 k 个红元素的任意一种选法都可以和黑元素的任意一种选法配合,所以我们得到

$$q_k = \frac{\binom{n_1}{k}\binom{n-n_1}{r-k}}{\binom{n}{r}}. \tag{2.6.1}$$

如此定义的这一组概率称为**超几何分布**[①]. 利用 (2.4.3)，可以把 (2.6.1) 写成

$$q_k = \frac{\binom{r}{k}\binom{n-r}{n_1-k}}{\binom{n}{n_1}}. \tag{2.6.2}$$

注记 概率 q_k 只有在 k 不超过 r 和 n_1 时有定义. 虽然如此，但从定义 (2.4.1) 可以推出：当 $b > a$ 时 $\binom{a}{b} = 0$. 因此，当 $k > n_1$ 或 $k > r$ 时，(2.6.1) 和 (2.6.2) 都给出 $q_k = 0$. 于是，(2.6.1) 和 (2.6.2) 的定义对所有的 $k \geqslant 0$ 都可以应用，只要把概率 $q_k = 0$ 解释为对应的事件是不可能事件就成了.

例 (a) **质量检查**. 在工业的质量控制中，产品分批进行抽样检查，每批由 n 件产品组成. 在一批中，次品就以"红"元素代表之. 当然，它们的数目 n_1 是未知的. 在取出的大小为 r 的一个样本中，次品的个数 k 是完全确定的. 于是，(2.6.1) 可以使我们对 n_1 的值做出似然的估计. 这是一个典型的统计估值的问题，但它已超出了本书的范围.

(b) 在 2.4 节例 (b) 中，由 $n = 100$ 位参议员组成总体，有 $n_1 = 2$ 位是指定的那个州（即"红"的）的参议员. 任意选取 $r = 50$ 位为一组，其中来自指定的那个州的代表可以有 $k = 0, 1, 2$ 位. 由 (2.6.2)，我们得到 [记住 (2.4.4) 给出 $\binom{n}{0} = 1$]

$$q_0 = q_2 = \frac{50 \cdot 49}{100 \cdot 99} = 0.247\,47\ldots \qquad q_1 = \frac{50}{99} = 0.505\,05\ldots.$$

2.4 节例 (b) 也得到过 q_0 的值，但是方法不同.

(c) **用标记后再捕记录来估计一群动物的总数**[②]. 假设从某一个湖里，捉出 1000 尾鱼，涂以红点后放回. 隔了一段时间以后，重新又捉出 1000 尾鱼，发现其中有 100 尾涂有红点的鱼. 根据这些情况，对该湖中鱼的总数能做出什么结论呢？这是**统计估值**的一个典型问题. 如要叙述近代统计中用到的各种方法，未免离题太远. 现在我们只想说明一下，超几何分布是怎样提供给我们线索来解决问题的. 我们自然要假定，这两次捕捉都是从湖中所有的鱼组成的总体中的随机抽样. （实际上，这个假设排斥了下面两种情况：两次捕捉都在某一个局部区域进行；两次捕捉之间相隔的时间太短. ）我们还假定，在两次捕捉期间，湖中鱼的总数是一个常数.

[①] 这个名字可由以下事实来解释：$\{q_k\}$ 的母函数（见第 11 章）可以用超几何函数来表示.

[②] 这个例子在第 1 版中就采用了，但是当时我不知道这个方法在实际里已经广泛采用. 关于这方面的新进展见文献贝利 [4] 和查普曼 [15].

为使问题一般化，我们考虑任意大小的样本，令

$n = $ 湖中鱼的总数（未知的）；

$n_1 = $ 第一次捉出的鱼数，它们对应"红球"；

$r = $ 第二次捉出的鱼数；

$k = $ 第二次捉出的鱼中有红点的数目；

$q_k(n) = $ 第二次捉出的鱼中恰有 k 尾有红点的概率.

这样一来，我们马上看出，$q_k(n)$ 是由 (2.6.1) 给出的. 实际上，n_1, r, k 是可以观察到的，而 n 是未知的. 注意，顺便再提一下，n 是一个定数，它不是随机遇而改变的. 我们知道，曾经有 $n_1 + r - k$ 尾不同的鱼被捕到过，因而 $n \leqslant n_1 + r - k$. 这几点就是预先可以做出肯定判断的全部. 在我们的例子里，$n_1 = r = 1000, k = 100$，因此湖中只有 1900 尾鱼的假定是可以考虑的. 但是如果从这个假定出发，导出来的结论是：这个事件发生的概率小得惊人. 事实上，大小为 1000 的两次样本，取尽了整个总体中的 $n = 1900$ 尾鱼，由 (2.6.1) 可知其概率为

$$\binom{1000}{100}\binom{900}{900}\binom{1900}{1000}^{-1} = \frac{(1000!)^2}{100!1900!}.$$

由斯特林公式（见 2.9 节）可知这个概率的数量级是 10^{-430}. 因此可以认为，我们的假定不合理，应予以否定. 同理可知，n 很大（譬如说 $1\,000\,000$）的假定也一样会被否定的. 经过这样的考虑，迫使我们去寻求使 $q_k(n)$ 达到最大值的那个 n，因为那个 n 能使我们的观察有着最大的概率. 对任意一组特定的观察值 n_1, r, k，使 $q_k(n)$ 达到最大值的那个 n 就记作 $\hat{n}$，并称为 n 的**最大似然估值**. 这个记号是由费希尔引进的. 为了找出 $\hat{n}$，考虑比值

$$\frac{q_k(n)}{q_k(n-1)} = \frac{(n-n_1)(n-r)}{(n-n_1-r+k)n}. \tag{2.6.3}$$

由简单的计算可知，这个比值大于或小于 1，对应 $nk < n_1 r$ 或 $nk > n_1 r$. 这就是说，当 n 增大时，序列 $q_k(n)$ 先是上升而后下降，当 n 为不超过 $n_1 r / k$ 的最大整数时达到最大值. 因此 $\hat{n}$ 大约等于 $n_1 r / k$. 在我们这个例子里，鱼数的最大似然估值为 $\hat{n} = 10\,000$.

n 的真值可能大些或者小些，可以找出这样一个范围，使得我们可以合理地期望 n 落在这个范围之内. 为此，让我们来检验 n 小于 8500 的这个假设. 把 $n = 8500, n_1 = r = 1000$ 代入 (2.6.1)，然后计算在第二次样本中含有 100 尾或较少的红点鱼的概率. 这概率为 $x = q_0 + q_1 + \cdots + q_{100}$. 直接计算这个 x 是很麻烦的，如果使用第 7 章的正态近似法，就可以很容易求出 $x \approx 0.04$. 同样，设

$n = 12\,000$，则在第二次的样本中含有 100 尾或较多红点鱼的概率约为 0.03. 根据这些数值，可以推想鱼的真正条数 n 大约处在 8500 与 12 000 之间. 还有其他的方法来推导这些结论并进行估值，但这里就不细讲了. ∎

由概率 q_k 的定义，可得

$$q_0 + q_1 + q_2 + \cdots = 1.$$

因此，对任意正整数 n, n_1, r，(2.6.2) 蕴涵着

$$\binom{r}{0}\binom{n-r}{n_1} + \binom{r}{1}\binom{n-r}{n_1-1} + \cdots + \binom{r}{n_1}\binom{n-r}{0} = \binom{n}{n_1}. \qquad (2.6.4)$$

这个恒等式很常用. 我们已经对正整数 n 和 r 证明了它，但它的成立并不受这个限制. 实际上，当 n 和 r 为任意正、负数时，(2.6.4) 都成立（n_1 必须是正整数，否则没有意义）.（2.12 节习题 8 和习题 9 给出了两个证明的提示.）

很容易把超几何分布推广到大小为 n 的总体中含有好几类元素的情况. 例如，假设总体中含有三类元素，其个数分别为 $n_1, n_2, n - n_1 - n_2$. 如果取出一个大小为 r 的样本，那么，与 (2.6.1) 相似，这个样本含有 k_1 个第一类元素、k_2 个第二类元素和 $r - k_1 - k_2$ 个第三类元素的概率为

$$\binom{n_1}{k_1}\binom{n_2}{k_2}\binom{n-n_1-n_2}{r-k_1-k_2} \Big/ \binom{n}{r}. \qquad (2.6.5)$$

当然，必须要有

$$k_1 \leqslant n_1, \qquad k_2 \leqslant n_2, \qquad r - k_1 - k_2 \leqslant n - n_1 - n_2.$$

例 (d) **桥牌**. 52 张牌的总体包含 4 个花色，每门花色由 13 张牌组成. 任意发到一家的 13 张牌含有 5 张黑桃、4 张红心、3 张方块和 1 张梅花的概率为

$$\binom{13}{5}\binom{13}{4}\binom{13}{3}\binom{13}{1} \Big/ \binom{52}{13}. \qquad ∎$$

2.7 等待时间的例子

在这一节里，为了考虑一些新型的样本空间，我们将避开组合分析的直接思路，把占位问题稍许变化一下. 再次地考虑把球随机地放入 n 个盒这个概念化了的"试验". 这次我们事先并不固定球的个数 r，而是让球一个接一个地投入小盒，直到指定的结果出现为止. 我们将要仔细考虑下面两种可能的结果. (i) 球一个接一个地往盒里随机地放，直到有一个球放入某个已经有球的盒为止. 这个过程一

直进行到第一次出现这种模式才结束. (ii) 我们固定一个盒（譬如说，第一个盒），当它还空时，我们就持续地随机放小球入盒. 也就是说这个盒一旦放入球时，这个过程就停止.

只要把这个模型稍许解释一下就会说明问题.

例 (a) **生日**. 在 2.3 节例 (d) 中，一年中 $n = 365$ 天对应 365 个盒，人对应球. 我们的模型 (i) 现在可以这样说：如果一个接一个随机地选人，问需要选取多少次才能发现有两个人为同一天生日？模型 (ii) 则是轮到**我的**生日在样本中出现时需要选取多少人.

(b) **钥匙问题**. 一个人想开门. 他有 n 把钥匙，但是只有一把能打开他的门. 由于事先不知是哪一把，他随机地用这些钥匙去试开，因此，每一把钥匙在每一次试验中被抽到的概率都是 n^{-1}，而且含有同样多的试验次数的全部可能结果都是相似的. 这个人恰巧在第 r 次试验把门打开的概率是多少？这是模型 (ii) 的一个特别情形. 把这种做法与 2.10 节习题 11 的更系统的探讨比较一下是很有趣的，也可参见 5.8 节习题 5.

(c) 在前面的例子中，可以用从任意的总体中抽样来代替从钥匙中抽样，譬如说，可以用**收集优惠券**来代替抽取钥匙. 我们再问：指望什么时候出现第一次重复，何时出现预先指定的优惠券.

(d) **硬币和骰子**. 在 1.5 节例 (a) 中，一个硬币一直扔到出现正面为止. 这是模型 (ii) 当 $n = 2$ 的一个特殊情况. 掷一颗骰子，直到第一次出现幺点为止，这也是模型 (ii) 当 $n = 6$ 的一个特例（2.10 节习题 21、习题 22 和习题 36，2.11 节习题 12 还考虑了其他的一些等待时间）. ∎

我们首先讨论概念化的简单模型 (i). 为方便起见，利用符号 $(j_1, j_2, \cdots, j_r)$ 表示第 1 个、第 2 个、……、第 r 个球放入第 $j_1, j_2, \cdots, j_r$ 个盒，而且这个过程在第 r 步结束. 这就意味着 j_i 都是 1 和 n 之间的整数，此外 $j_1, j_2, \cdots, j_{r-1}$ 都是不相同的，但 j_r 等于 $j_1, j_2, \cdots, j_{r-1}$ 中的某一个. 每一个这样的排列都代表一个样本点. 因为第一次出现某一个盒已经放了球的情况不可能发生在第二次放球以前，也不可能发生在第 $n+1$ 次放球以后，所以，r 只可能取 $2, 3, \cdots, n+1$ 中的某一个值. 现在的问题和过去老的模型（把固定数目的球放入 n 个盒中）之间的联系使得我们对每一个恰巧包含 r 个球的样本点 $(j_1, j_2, \cdots, j_r)$ 赋以概率 n^{-r}. 我们将要证明：这种做法是允许的（即这些概率加起来等于 1），而且它可以推出许多合理的结果.

对于固定的 r，全部形如 $(j_1, j_2, \cdots, j_r)$ 的样本点的总和代表事件"过程在第 r 步结束". 根据式 (2.2.1)，数 $j_1, j_2, \cdots, j_{r-1}$ 可以有 $(n)_{r-1}$ 种不同的选取法，

而 j_r 只能取 $(j_1, j_2, \cdots, j_r)$ 这 $r-1$ 个数中的一个. 由此推出, 这个过程在第 r 步结束的概率为

$$q_r = \frac{(n)_{r-1}(r-1)}{n^r} = \left(1 - \frac{1}{n}\right) \cdots \left(1 - \frac{r-2}{n}\right) \frac{r-1}{n}, \tag{2.7.1}$$

其中 $q_1 = 0$, $q_2 = 1/n$. 过程在第 r 步以后结束的概率为 $p_r = 1 - (q_1 + q_2 + \cdots + q_r)$, 即 $p_1 = 1$ 且

$$p_r = \frac{(n)_r}{n^r} = \left(1 - \frac{1}{n}\right) \cdots \left(1 - \frac{r-1}{n}\right). \tag{2.7.2}$$

上式可以用数学归纳法得出. 特别地, 显然有 $p_{n+1} = 0$ 和 $q_1 + \cdots + q_{n+1} = 1$. 此外, 当 $n = 365$ 时, 由公式 (2.7.2) 可推出 (2.3.2). 一般地, 我们的新模型可以得出前面包含固定个数的球的模型的同样结果.

模型 (ii) 与模型 (i) 的不同点在于模型 (ii) 依赖于**无穷样本空间**. 序列 $(j_1, j_2, \cdots, j_r)$ 现在满足下述条件: $(j_1, j_2, \cdots, j_{r-1})$ 都不等于给定的数 $a \leqslant n$, 但是 $j_r = a$. 此外, 没有充分的理由说明过程为什么总要结束. 对于固定的 r, 我们可对每一个形如 $(j_1, j_2, \cdots, j_r)$ 的样本点, 都赋以概率 n^{-r}. $(j_1, j_2, \cdots, j_{r-1})$ 中每一个都有 $n-1$ 种不同的选法, 而 j_r 的选法只有一种. 所以这个过程在第 r 步结束的概率为

$$q_r^* = \left(\frac{n-1}{n}\right)^{r-1} \frac{1}{n}, \qquad r = 1, 2, \cdots. \tag{2.7.3}$$

把这个几何级数加起来, 我们发现 $q_1^* + q_2^* + \cdots = 1$. 因此, 这些概率之和为 1, 所以, 我们没有必要引进代表从来没有一个球放入给定的盒 a 这样一个样本点. 过程在第 r 步以后才结束的概率为

$$p_r^* = 1 - (q_1^* + \cdots + q_r^*),$$

因此, 我们有

$$p_r^* = \left(1 - \frac{1}{n}\right)^r, \qquad r = 1, 2, \cdots. \tag{2.7.4}$$

这正是我们所期望的.

分布 $\{p_r\}$ 的中位数定义为使得 $p_1 + \cdots + p_{r-1} \leqslant \frac{1}{2}$ 但 $p_1 + \cdots + p_r > \frac{1}{2}$ 的 r 值. 大致可以这样理解, 过程在中位数以后还继续的概率和在中位数以前结束的概率差不多 [在 2.3 节例 (d) (生日) 中, 中位数为 $r = 23$]. 为了计算 $\{p_r\}$ 的中位数, 正如我们在 (2.3.4) 中所做的一样, 要取对数. 当 r 相对 n 来说较小时, 我们看出 $-\ln p_r$ 差不多等于 $r^2/2n$. 这就推出 $\{p_r\}$ 的中位数大致等于 $\sqrt{n \cdot 2 \cdot \ln 2}$,

或者近似地为 $\frac{6}{5}\sqrt{n}$. 有趣的是, 当总体的大小的平方根增加时, 其中位数以相应比例增加. 另外, $\{p_r^*\}$ 的中位数大约为 $n \cdot \ln 2$, 即约为 $0.7n$, 它对 n 是线性地增加. 在模型 (ii) 中, 等待时间超过 n 的概率为 $(1 - n^{-1})^n$, 当 n 很大时, 近似值为 $e^{-1} = 0.36788\ldots$.

2.8 二项式系数

当 n 是正整数时, 我们曾经使用过二项式系数 $\binom{n}{r}$, 但是, 可以很方便地把它的定义推广. 等式 (2.2.1) 中引入的数 $(x)_r$:

$$(x)_r = x(x-1)\cdots(x-r+1), \tag{2.8.1}$$

当 r 是正整数时对一切实数 x 都有定义. 当 $r = 0$ 时, 我们令 $(x)_0 = 1$. 于是, 对全体实数 x 和全体正整数 r, 二项式系数定义为

$$\binom{x}{r} = \frac{(x)_r}{r!} = \frac{x(x-1)\cdots(x-r+1)}{r!}. \tag{2.8.2}$$

当 $r = 0$ 时, 如同 (2.4.4) 一样, 令 $\binom{x}{0} = 1$ 和 $0! = 1$. 对于负整数 r, 我们定义

$$\binom{x}{r} = 0, \qquad r < 0. \tag{2.8.3}$$

如果 r 不是整数, 我们不使用 $\binom{x}{r}$ 这一符号.

利用这个定义, 容易验证, 例如, 我们有

$$\binom{-1}{r} = (-1)^r, \qquad \binom{-2}{r} = (-1)^r(r+1). \tag{2.8.4}$$

下面将要用到三个重要的性质. 第一, 对于任意正整数 n 有

$$\text{当 } r > n \text{ 或 } r < 0 \text{ 时}, \qquad \binom{n}{r} = 0. \tag{2.8.5}$$

第二, 对于任意实数 x 和任意整数 r 有

$$\binom{x}{r-1} + \binom{x}{r} = \binom{x+1}{r}. \tag{2.8.6}$$

这些关系都可以由定义直接验证. 下一个关系的证明在一些微积分教科书中可以找到: 对于任意实数 a 和所有 $-1 < t < 1$, 我们都有牛顿二项式公式

$$(1+t)^a = 1 + \binom{a}{1}t + \binom{a}{2}t^2 + \binom{a}{3}t^3 + \cdots. \tag{2.8.7}$$

如果 a 是正整数, 右端诸项中次数高于 t^a 的项都为 0, 从而公式对所有 t 都成立. 如果 a 不是正整数, 右端是一个无穷级数.

应用 (2.8.4), 我们发现当 $a = -1$ 时, 展开式 (2.8.7) 化为几何级数

$$\frac{1}{1+t} = 1 - t + t^2 - t^3 + t^4 - t^5 + \cdots. \tag{2.8.8}$$

积分 (2.8.8), 我们得到另外一个公式, 它在以后是很有用的, 这个公式就是**自然对数的泰勒展开式**

$$\ln(1+t) = t - \tfrac{1}{2}t^2 + \tfrac{1}{3}t^3 - \tfrac{1}{4}t^4 + \cdots. \tag{2.8.9}$$

展开式 (2.8.9) 的另外两个形式更常用. 以 $-t$ 代替 t, 我们得到

$$\ln\frac{1}{1-t} = t + \tfrac{1}{2}t^2 + \tfrac{1}{3}t^3 + \tfrac{1}{4}t^4 + \cdots. \tag{2.8.10}$$

把最后这两个公式加起来我们得到

$$\tfrac{1}{2}\ln\frac{1+t}{1-t} = t + \tfrac{1}{3}t^3 + \tfrac{1}{5}t^5 + \cdots. \tag{2.8.11}$$

所有这些展开式都只有当 $-1 < t < 1$ 时才成立.

在 2.12 节中, 将要从 (2.8.7) 推出许多有用的关系式. 这里我们只注意 $a = n$ 是正整数且 $t = 1$ 的情形, (2.8.7) 推出

$$\binom{n}{0} + \binom{n}{1} + \binom{n}{2} + \cdots + \binom{n}{n} = 2^n. \tag{2.8.12}$$

这个公式有一个简单的组合解释: 计算具有 n 个元素的集合的子集的数目, 第一种方法是计算元素个数分别为 $k = 0, 1, \cdots, n$ 的子集的数目, 它等于这个公式的左边. 另一方面, 可以直接考虑每一个元素是否属于某个子集, 其数目等于公式的右边. [类似的推理可以证明: 多项式系数 (2.4.7) 相加等于 k^n.]

2.9 斯特林公式

分析概率论的一个重要工具蕴涵在下述著名的定理[129] 中:

斯特林公式:

$$n! \sim \sqrt{2\pi}n^{n+\frac{1}{2}}\mathrm{e}^{-n}, \tag{2.9.1}$$

其中符号 $\sim$ 表示当 $n \to \infty$ 时两边之比趋于 1.

这个公式是非常有用的, 它有很大的理论价值, 并且通过它可以得出一些极佳的数值估计. 确实, (2.9.1) 两边之差可以超过任何数, 但是百分误差却是很小

的. 它下降得很迅速, 甚至当 n 很小时, 斯特林逼近都很精确. 事实上, (2.9.1) 的右边以 0.9221 来逼近 1!, 以 1.919 来逼近 2!, 以 118.019 来逼近 5! = 120. 百分误差分别为 8%, 4%, 2%. 对 10! = 3 628 800 来说, 其近似值为 3 598 600, 百分误差为 0.8%. 对 100! 来说, 百分误差只有 0.08%.

斯特林公式的证明　我们首先要推出下式的几类估计:

$$\ln n! = \ln 1 + \ln 2 + \cdots + \ln n. \tag{2.9.2}$$

因为 $\ln x$ 是 x 的单调函数, 所以

$$\int_{k-1}^{k} \ln x \, dx < \ln k < \int_{k}^{k+1} \ln x \, dx. \tag{2.9.3}$$

把上式对 $k = 1, \cdots, n$ 求和得:

$$\int_{0}^{n} \ln x \, dx < \ln n! < \int_{1}^{n+1} \ln x \, dx, \tag{2.9.4}$$

也就是

$$n \ln n - n < \ln n! < (n+1) \ln(n+1) - n. \tag{2.9.5}$$

这个双重不等式提示我们把 $\ln n!$ 与两端的数的算术平均来做比较. 这样的最简单的数是 $(n + \frac{1}{2}) \ln n - n$, 据此, 我们估计下面的差[121]:

$$d_n = \ln n! - (n + \tfrac{1}{2}) \ln n + n. \tag{2.9.6}$$

注意:

$$d_n - d_{n+1} = (n + \tfrac{1}{2}) \ln \frac{n+1}{n} - 1. \tag{2.9.7}$$

另一方面

$$\frac{n+1}{n} = \frac{1 + \dfrac{1}{2n+1}}{1 - \dfrac{1}{2n+1}}, \tag{2.9.8}$$

应用展开式 (2.8.11) 得:

$$d_n - d_{n+1} = \frac{1}{3(2n+1)^2} + \frac{1}{5(2n+1)^4} + \cdots. \tag{2.9.9}$$

把上式右边与一个公比为 $(2n+1)^{-2}$ 的几何级数进行比较得:

$$0 < d_n - d_{n+1} < \frac{1}{3\left[(2n+1)^2 - 1\right]} = \frac{1}{12n} - \frac{1}{12(n+1)}. \tag{2.9.10}$$

由 (2.9.9) 得知 $\{d_n\}$ 是下降序列, 而 (2.9.10) 说明序列 $\{d_n - (12n)^{-1}\}$ 是上升的, 因此极限

$$C = \lim d_n \tag{2.9.11}$$

存在且有限. 然而, 由 (2.9.6) 可知: $d_n \to C$ 等价于

$$n! \sim e^C n^{n+\frac{1}{2}} e^{-n}. \tag{2.9.12}$$

这就是斯特林公式, 除了此处的常数 C 尚未确定以外. $e^C = \sqrt{2\pi}$ 将在 7.2 节证明. 证明是初等的且不依赖于第 4 章至第 6 章的材料, 证明延至第 7 章的原因是它与正态逼近定理有很自然的联系[45].

精细化　不等式 (2.9.10) 有一个反向的伴随不等式. 由 (2.9.9) 易得:

$$d_n - d_{n+1} > \frac{1}{3(2n+1)^2} > \frac{1}{12n+1} - \frac{1}{12(n+1)+1}. \tag{2.9.13}$$

由此可知 $\{d_n - (12n+1)^{-1}\}$ 是下降序列, 而 $\{d_n - (12n)^{-1}\}$ 是上升序列, 所以可得双重不等式:

$$C + \frac{1}{12n+1} < d_n < C + \frac{1}{12n}. \tag{2.9.14}$$

以此代入 (2.9.6) 并注意 $e^C = \sqrt{2\pi}$ 可得:

$$\sqrt{2\pi} n^{n+\frac{1}{2}} e^{-n} e^{(12n+1)^{-1}} < n! < \sqrt{2\pi} n^{n+\frac{1}{2}} e^{-n} e^{(12n)^{-1}}. \tag{2.9.15}$$

此双重不等式给斯特林公式一个值得注意的补充, 其左、右两端数值的比接近于 $1 - (12n^2)^{-1}$, 因此 (2.9.15) 右边的数超过 $n!$ 但其误差小于 $9n^{-2}\%$. 实际上误差非常小[①], 对 $n = 2$, (2.9.15) 右端给出值 2.0007, 对 $n = 5$, 它给出值 120.01.

2.10　习题和例子

注: 在每一种情形都假定所有的排列具有相同的概率.

1. 每个人的姓都是一个英文字母, (a) 名恰含两个字母, (b) 名含至多两个字母, (c) 名含至多三个字母. 试问 (a)(b)(c) 三种情况各构成多少姓名?

2. 莫尔斯电码中, 普通的字是以 "长划" 和 "点" 两种记号容许重复使用来表示的. 问不超过 10 个记号可以表示的字有多少?

3. 每块多米诺骨牌刻上 2 个数, 骨牌是对称的, 所以同一块骨牌上的数对是没有次序的. 如果用 $1, 2, \cdots, n$ 等数, 问能刻出多少不同的牌来?

4. 数 $1, 2, \cdots, n$ 依任意顺序排列, 试求数列中满足下列条件的概率: (a) 1 与 2 相继出现; (b) $1, 2, 3$ 相继出现.

---

① 从 (2.9.9) 出发可以证明: $d_n = C + (12n)^{-1} - (360n^3)^{-1} + \cdots$, 而省略的诸项之和被 n^{-4} 控制.

5. 某甲掷 6 颗骰子至少出现 1 个幺点就赢，某乙掷 12 颗骰子至少出现 2 个幺点就赢. 试问谁赢的概率大[①]？

   提示：计算输的概率.

6. (a) 在 3 个随机数码中，一个数码重复发生 1 次、2 次或 3 次的概率为多少？(b) 对 4 个随机数码的情形，把上述问题再做一遍.

7. 试求在 r 个随机数码的样本中，没有两个数码相同的概率 p_r，并用斯特林公式估计 p_{10} 的数值.

8. 在 k 个随机数码中下列事件的概率是多少？(a) 0 不出现；(b) 1 不出现；(c) 0 和 1 都不出现；(d) 0 和 1 至少有一个不出现. 令 A 和 B 分别表示事件 (a) 和 (b)，试用 A 和 B 把其余的事件也表示出来.

9. n 个球随机放入 n 个盒中，问恰有一盒空着的概率为多少？

10. 某停车场一行有 12 个车位. 某人发现有 8 个位置停了车，而有 4 个连续（构成一个连贯）的位置空着. 这种发现令人惊奇（是非随机性的表示）吗？

11. 某人有 n 把钥匙，其中只有一把能打开他的门. 他逐个地用它们去试开（抽样是无放回的），这可能要 $1, 2, \cdots, n$ 次才能把门打开. 证明这 n 种不同的结果的概率都是 $1/n$.

12. 假定 n 支手杖的每一支都折断成一长一短的两小段，把这 $2n$ 个小段任意排成 n 对，接成 n 支新手杖. 试求：(a) 这些小段刚好接成原来的样子的概率；(b) 所有长的小段都与短的小段配对的概率[②].

13. **统计假设的检验.** 康奈尔大学某教授收到 12 张夜间非法泊车的罚款单，这 12 张罚款单都是星期二和星期四收到的. 求此事件的概率（他是否只需要在星期二和星期四租用一个车库就没事了）.

14. **续前题.** 12 张罚款单没有一张是星期天收到的，能否保证他星期天不会收到罚款单？

15. 一个匣子里有 90 只好的螺丝钉、10 只坏的螺丝钉. 如果从中任意取用 10 只螺丝钉，恰巧都是好的螺丝钉的概率为多少？

16. 从 5 个记号 a, b, c, d, e 的总体中，抽取大小为 25 的一个样本，求样本中每类记号恰巧含有 5 个的概率. 把 a 等同于数字 0 和 1，b 等同于数字 2 和 3，等等，用随机数的表来核校这个结果[③].

17. 若 n 个人站成一个横排，其中有 A 和 B 两人，问夹在 A 和 B 之间恰有 r 个人的概率是多少？如果他们不是站成一排而是站成一圈，试证这个概率与 r 无关，而且它就是 $1/(n-1)$（在圈形安排中，只考虑从 A 到 B 的正方向的弧）.

18. 把 3 颗骰子掷两次，每次出现点子的花样是相同的概率是多少？如果：(a) 骰子可分辨；(b) 不可分辨，试分别求之.

19. 试证，4 颗骰子掷一次至少出现一个幺点的可能性，比 2 颗骰子掷 24 次至少出现一个

---

① 此问题曾由塞缪尔·佩皮斯于 1693 年写信询问牛顿，牛顿认为甲获胜的概率大. 经推敲，牛顿推翻了该结论，但未能说服佩皮斯. 见参考文献 [125].

② 当细胞暴露于有害辐射中时，一些染色体将断裂，这可看作此处的手杖. 长的一段称之为着丝点. 如果两个长段或两个短段组合在一起，细胞将死亡. 见参考文献 [11].

③ 它们有时候是非常地相近，见参考文献 [59].

双幺点的可能性为大（这个问题回答了所谓台·曼来的悖论. 台·曼来是一个赌徒，他认为这两个概率应该是相等的，由于赌运不佳他曾谴责过数学）.

20. 从 n 个元素的总体中抽出大小为 r 的样本. 求样本中不包含指定的 N 个元素中的任何一个的概率，假定 (a) 无放回；(b) 有放回. 当 (i) $n = 100, r = N = 3$; (ii) $n = 100, r = N = 10$ 时，比较上述两种抽样法所得到的概率.

21. 谣言的传播. 在拥有 $n+1$ 个居民的城市里，某人告诉第二个人一个谣言，第二个人又把谣言告诉第三个人，如此等等. 在每一步中，谣言的接收者都是随机地从 n 个居民中挑选的. 求下述两事件的概率：谣言传播了 r 次后，(a) 还没有回到第一个造谣者；(b) 没有一个人两次听到谣言. 当每一次都把谣言同时告诉由城市中随机选取的 N 个居民时，问上面两事件的概率等于多少（前面的问题是 $N = 1$ 的特别情形）.

22. 书信的连续传递. 在具有 $n+1$ 个人的集体里，有一个人我们称为"祖先"，他发两封信给另两个人，我们叫"第一辈后代". 而这两个人又各发两封信给别人，一般地，第 r 辈后代中的每一个人都随机地发两封信给别人. 求出第 $1, 2, \cdots, r$ 辈后代都不包含祖先的概率. 假定 n 充分大，求出分布的中位数.

23. 家庭问题. 某家有 4 个女孩，她们轮流去洗餐具. 在打破的 4 个餐具中有 3 个是最小的女孩打破的，因此人家说她笨拙. 她是否有理由申辩这完全是碰巧？讨论这一题和球随机地放入盒中的联系.

24. 求下述两事件的概率：(a) 12 个人的生日在 12 个不同的月份（假定任何一个人生于 12 个月中之任一月都是等概的）；(b) 6 个人的生日恰巧在两个月中.

25. 给定 30 个人，求 12 个月中有 6 个月恰巧包含两个人的生日且有 6 个月恰巧包含 3 个人的生日的概率.

26. 鞋柜里有 n 双鞋子，随机抽取 $2r$ 只（$2r < n$），求下面三个事件的概率：(a) 它们中没有一双成对；(b) 它们中恰有一双成对；(c) 它们中恰有两双成对.

27. 一辆汽车停在共有 N 辆汽车的一排中（不在两端）. 车主办完事回来的时候，发现 N 个位置中恰有 r 个位置有车. 问该车左右相邻的位置都是空的概率是多少？

28. 把 $2N$ 个男孩和 $2N$ 个女孩分为人数相等的两组，求每一组中男女数目相等的概率 p，并用斯特林公式估计 p.

29. 证明打桥牌时坐在西方的人恰巧拿到 k 个 A 的概率 p 与任取 13 张牌其中恰有 k 个 A 的概率相等（直观上这是显然的. 不过要注意，这两个概率所考虑的试验是不同的，因为在后一种情形中，13 张牌是任意抽取的，而在前一种情形中，52 张牌都要发完）.

30. 在桥牌游戏中，证明东家和南家各有 m 和 n 张黑桃的概率和从整副牌中随机地取两副（每副 13 张），第一副有 m 张黑桃且第二副有 n 张黑桃的概率相同.

31. 在桥牌游戏中，南北两家共有 k 个 A（$k = 0, 1, 2, 3, 4$）的概率为多少？

32. 令 a, b, c, d 为满足 $a+b+c+d = 13$ 的非负整数，在一次桥牌游戏中，求东、南、西、北各家分别拿到 a, b, c, d 张黑桃的概率 $p(a, b, c, d)$. 描述一个把红球和黑球放入盒中的模型，这个问题作为一个特例.

33. 利用上题的结果，当 (a) $a = 5, b = 4, c = 3, d = 1$; (b) $a = b = c = 4, d = 1$; (c) $a = b = 4, c = 3, d = 2$ 时，求某一家拿到 a 张黑桃、另一家拿到 b 张黑桃、第三家

拿到 c 张黑桃、第四家拿到 d 张黑桃的概率.

注意: 这三种情况有本质的区别.

34. 令 a, b, c, d 为满足 $a+b+c+d=13$ 的非负整数, 求在一副桥牌中含有 a 张黑桃、b 张红心、c 张方块和 d 张梅花的概率 $q(a, b, c, d)$, 并证明这个问题不可能化为把 13 个球随机地放入 4 个盒中的模型. 为什么?

35. r **张桥牌中 A 的分布.** 随机抽取 r 张桥牌, 计算其中恰有 $0, 1, 2, 3, 4$ 张 A 的概率 $p_0(r), p_1(r), p_2(r), p_3(r), p_4(r)$. 验证 $p_0(r) = p_4(52-r)$.

36. 续上题: 等待时间. 如果一张一张地抽牌, 求第 $1, 2, 3, 4$ 张 A 在第 r 次抽取中出现的概率 $f_1(r), f_2(r), f_3(r), f_4(r)$. 猜测第 $1, 2, 3, 4$ 张 A 的等待时间的**中位数**, 进而算出它们.

37. 如果两副桥牌中每副都有 r 张, 而且 (a) 它们都是从同一副桥牌中取出的; (b) 它们是从两副桥牌中取出的. 试求每一副牌中恰有 k 个 A 的概率. 证明: 当 $r=13$ 时, 问题 (a) 的概率与指定两个桥牌选手各获 k 个 A 的概率一样.

38. 印刷错误. 假设书中每一页都有 N 个印刷符号, 它们有可能印错. 全书共有 $n=500$ 页和 $r=50$ 个印错的符号. 证明:

(a) 第 $1, 2, \cdots, n$ 页分别含有 $r_1, r_2, \cdots, r_n$ 个印错的符号的概率等于

$$\binom{N}{r_1}\binom{N}{r_2}\cdots\binom{N}{r_n} \bigg/ \binom{nN}{r}.$$

(b) 当 N 充分大, 这个概率可以用 (2.5.3) 来逼近, 并推出 r 个错误分布在 n 页的问题近似于 r 个球随机地放入 n 个盒的问题. (注意: 这可作为费米–狄拉克统计的一个普遍的极限性质. 见 2.5.1 节.)

注: 下面的习题与 2.5 节的材料有联系.

39. 若把 r_1 个不可分辨的第一类东西和 r_2 个不可分辨的第二类东西放入 n 个盒中, 试求可区分的排列总数.

40. 把 r_1 个骰子和 r_2 个硬币一起扔一次, 试问有多少可区分的结果?

41. 有多少种可区分的方式排列 r_1 个白球、r_2 个黑球、r_3 个红球?

42. 把 52 张桥牌随机排列, 试问没有两张 A 紧邻的概率为多少?

43. 电梯. 在 2.3 节例 (c) 中, 在开始时载有 7 位乘客的一架电梯在 10 层楼的每一层都可停留. 这 7 位乘客下电梯的情况有各种各样可能的排列, 例如我们用 (3, 2, 2) 表示有三位乘客在某一层同时出去, 另外又有两位乘客在另一层出去, 最后两位乘客在某一层一同出去. 这种可能的排列从 (7) 到 (1, 1, 1, 1, 1, 1, 1) 共有 15 种, 试求对应于这 15 种排列的 15 个概率.

44. 生日. 求 22 个人的生日的各种不同情况的概率.

45. 如果一副扑克恰巧是下列事件之一, 试分别求其概率:

(a) 最大同花顺 (同一花色的 "10" "J" "Q" "K" "A");

(b) 四同点 (4 张面值相同的牌与另外一张不同面值的牌);

(c) 满堂红 (2 张牌成一对与另外 3 张同面值的牌);

(d) 顺子 (5 张牌的面值顺序连续, 但不考虑花色);

(e) 三同点 (3 张面值相同的牌与 2 张不同面值的牌);

(f) 两对（4 张牌成两对与另外的一张牌）；

(g) 一对（两张同面值的牌与另外 3 张不同的牌）.

2.11　问题和理论性的附录[①]

1. 一个总体中有 n 个元素，其中 np 个红的、nq 个黑的（$p+q=1$）. 有放回地抽取大小为 r 的随机样本. 试证其中恰有 k 个红的概率为

$$\binom{r}{k}p^k q^{r-k}. \tag{2.11.1}$$

2. **超几何分布的极限定理.** 如果 n 充分大且 $n_1/n = p$，则由 (2.6.1) 和 (2.6.2) 所给出的概率 q_k 近似于 (2.11.1). 更精确地说有

$$\binom{r}{k}\left(p - \frac{k}{n}\right)^k \left(q - \frac{r-k}{n}\right)^{r-k} < q_k < \binom{r}{k}p^k q^{r-k}\left(1 - \frac{r}{n}\right)^{-r}. \tag{2.11.2}$$

把它和前一个问题比较，则表明：*对大的总体来说，有放回的抽样和无放回的抽样在实际上并没有什么区别.*

3. 从拥有 n 个元素的总体中无放回地抽取一个大小为 r 的随机样本. 指定的 N 个元素全部被抽中的概率为

$$u_r = \binom{n-N}{r-N} \bigg/ \binom{n}{r}. \tag{2.11.3}$$

[对**有放回**的抽样来说，对应的公式由 (2.11.10) 给出，它不可能由此直接推出. (2.11.3) 的另外一种形式，见 4.6 节问题 9.]

4. **极限形式.** 如果 $n \to \infty$ 和 $r \to \infty$ 使得 $r/n \to p$，则 $u_r \to p^N$（见问题 13）.

注[②]： *问题 5~13 与著名的占位问题有联系（麦克斯韦–玻耳兹曼统计）：也就是说，r 个球分布在 n 个盒中，这 n^r 种可能中每一种可能的概率都是 n^{-r}.*

5. 给定的盒中恰有 k 个球的概率 p_k 由二项分布 (2.4.5) 给出. 最大概率对应的整数 ν 满足 $(r-n+1)/n < \nu \leqslant (r+1)/n$.（换句话说，它说明了 $p_0 < p_1 < \cdots < p_{\nu-1} \leqslant p_\nu > p_{\nu+1} > \cdots > p_r$. 见问题 15.）

6. **极限形式.** 如果 $n \to \infty$ 和 $r \to \infty$ 使得每个盒中球的平均数 $\lambda = r/n$ 保持常数，则

$$p_k \to \mathrm{e}^{-\lambda}\lambda^k/k!. \tag{2.11.4}$$

（这就是**泊松分布**，它将在第 6 章中讨论. 波司–爱因斯坦统计中的相应定理见问题 16.）

7. 令 $A(r,n)$ 为 n 个盒中没有一个是空的可能分布的个数. 用组合分析的推理证明

$$A(r,n+1) = \sum_{k=1}^{r}\binom{r}{k}A(r-k,n), \tag{2.11.5}$$

[①] 本节至 2.12 节为各种性质习题和问题，以及课文的各种补充.

[②] 问题 5~19 在量子统计、摄影感光版的理论、G-M 计数器等处都有应用. 因此，在物理学文献中这些公式都是经常讨论、经常出现的，通常是没有把它们的重要的和本质的初等性质加以抽象. 几乎所有的在这章开始时所引进的问题在惠特沃思的书中都碰得到（虽然形式稍有不同）.

并推出

$$A(r,n) = \sum_{\nu=0}^{n} (-1)^\nu \binom{n}{\nu} (n-\nu)^r. \tag{2.11.6}$$

提示：应用归纳法，假定 (2.11.6) 成立，并且以此表示 (2.11.5) 中的 $A(r-k,n)$. 交换求和的次序，并用二项公式将 $A(r,n+1)$ 表示为两个单重和的差. 将 (2.11.6) 中的 $\nu+1$ 用新的求和指标代替并应用 (2.8.6).

注意：公式 (2.11.6) 是一个古典问题的理论上的求解，用它来直接计算概率是不方便的. 例如，某一乡村有 $r = 1900$ 个居民，用这个公式来算一年中每一天村里都有人过生日的概率 x 就很麻烦. 在 4.2 节中，我们将用另一种办法推出公式 (2.11.6)，并且得到一个简单的近似公式（对上面的例子来说，x 近似地为 0.135 ）.

8. 证明恰有 m 个盒是空的可能分布的个数为

$$E_m(r,n) = \binom{n}{m} A(r, n-m) = \binom{n}{m} \sum_{\nu=0}^{n-m} (-1)^\nu \binom{n-m}{\nu} (n-m-\nu)^r. \tag{2.11.7}$$

9. 不用上面的结果直接证明恰有 m 个盒是空的概率

$$p_m(r,n) = n^{-r} E_m(r,n)$$

满足

$$p_m(r+1,n) = p_m(r,n)\frac{n-m}{n} + p_{m+1}(r\ n)\frac{m+1}{n}. \tag{2.11.8}$$

10. 应用问题 7 和问题 8 的结果，用直接计算的方法证明 (2.11.8) 成立. 证明这种方法可以给出 (2.11.6) 一个新的推导（对 r 做归纳法）.

11. 从问题 8 推出：大于等于 m 个盒是空的概率 $x_m(r,n)$ 为

$$\binom{n}{m} \sum_{\nu=0}^{n-m} (-1)\nu \binom{n-m}{\nu} \left(1 - \frac{m+\nu}{n}\right)^r \frac{m}{m+\nu}. \tag{2.11.9}$$

（当 $m \geqslant n$ 时，这个式子为 0，这是意料中的事情. ）

提示：证明 $x_m(r,n) - p_m(r,n) = x_{m+1}(r,n)$.

12. 给定的 N 个盒都被占有的概率为

$$u(r,n) = n^{-r} \sum_{k=0}^{r} \binom{r}{k} A(k,N)(n-N)^{r-k}. \tag{2.11.10}$$

并推出

$$u(r,n) = \sum_{\nu=0}^{N} (-1)^\nu \binom{N}{\nu} \left(1 - \frac{\nu}{n}\right)^r. \tag{2.11.11}$$

［应用二项式定理. 对 $N = n$ 我们有 $u(r,n) = n^{-r}A(r,n)$. 注意：(2.11.11) 是类似于 (2.11.3) 的有**放回**的**抽样**[①]公式. 另一个推导见 4.6 节习题 8. ］

[①] 注意：$u(r,n)$ 可以解释为当第 N 个元素加入样本时所需**等待时间**小于 r 的概率. 其结果可以应用到随机**抽取数字**中去：其中 $u(r,10) - u(r-1,10)$ 为长为 r 的序列中包含由全部 10 个数字所构成的全集的概率. 这个可以用来做随机检验. 格林伍德（见参考文献 [60]）把这些分布列成一个表，并把它与一些真实的计算进行比较，这些计算是对应于 π 的前 2035 位小数和 e 的前 2486 位小数的等待时间. 全部 10 个数字构成的全集的等待时间的中位数是 27. 这个等待时间超过 50 的概率大于 0.05，而等待时间超过 75 的概率大约为 0.0037.

13. 极限形式. 如果换作问题 4 中的极限描述, 我们有 $u(r, n) \to (1 - e^{-p})^N$.

注: 在问题 14~19 中, r 和 n 的意义与以前一样, 但是我们假定球是不可辨别的, 而且全部可辨别的排列都是等概的 (波司-爱因斯坦统计).

14. 给定的盒中恰有 k 个球的概率为

$$q_k = \binom{n+r-k-2}{r-k} \Big/ \binom{n+r-1}{r}. \tag{2.11.12}$$

15. 证明: 当 $n > 2$ 时, 任何一个确定的盒中球的个数的最大可能的值为 0, 或者更精确地说, $q_0 > q_1 > \cdots$ (见问题 5).

16. 极限定理. 令 $n \to \infty$ 和 $r \to \infty$ 使得每一个盒中平均的质点个数 r/n 趋于 λ. 于是

$$q_k \to \frac{\lambda^k}{(1+\lambda)^{k+1}}. \tag{2.11.13}$$

（右边称为几何分布.）

17. 恰有 m 个盒是空的概率为

$$\rho_m = \binom{n}{m} \binom{r-1}{n-m-1} \Big/ \binom{n+r-1}{r}. \tag{2.11.14}$$

18. 给定的 m 个盒中的球的总数恰为 j 的概率为

$$q_j(m) = \binom{m+j-1}{m-1} \binom{n-m+r-j-1}{r-j} \Big/ \binom{n+r-1}{r}. \tag{2.11.15}$$

19. 极限形式. 如果换作问题 4 中的极限描述, 我们有

$$q_j(m) \to \binom{m+j-1}{m-1} \frac{p^j}{(1+p)^{m+j}}. \tag{2.11.16}$$

（右边是 6.8 节引进的负二项分布的特殊情形.）

关于连贯的定理. 在问题 20~25 中, 我们考虑由 r_1 个 α 和 r_2 个 β 构成的排列, 而且假定所有排列都是等可能的 [见 2.4 节例 (d)]. 这一组问题与 2.5.2 节有联系.

20. 在排列中恰有 k 个连贯 (不分种类) 的概率, 当 $k = 2\nu$ 是偶数时为

$$P_{2\nu} = 2 \binom{r_1-1}{\nu-1} \binom{r_2-1}{\nu-1} \Big/ \binom{r_1+r_2}{r_1}, \tag{2.11.17}$$

当 $k = 2\nu + 1$ 是奇数时为

$$P_{2\nu+1} = \left[\binom{r_1-1}{\nu} \binom{r_2-1}{\nu-1} + \binom{r_1-1}{\nu-1} \binom{r_2-1}{\nu} \right] \Big/ \binom{r_1+r_2}{r_1}. \tag{2.11.18}$$

21. 续上题. 推出连贯的个数的最大可能数值为满足

$$\frac{2r_1r_2}{r_1+r_2} < k < \frac{2r_1r_2}{r_1+r_2} + 3$$

的整数 k. (提示: 考虑比值 $P_{2\nu+2}/P_{2\nu}$ 和 $P_{2\nu+1}/P_{2\nu-1}$.)

22. 排列以一个长为 $\nu \geqslant 0$ 的 α 连贯开始的概率为 $(r_1)_\nu r_2 / (r_1 + r_2)_{\nu+1}$. (提示：选取 ν 个 α 和跟随其后的 β.) 当 $\nu = 0$ 时定理意味着什么?

23. 恰有 k 个 α 连贯的概率为

$$\pi_k = \binom{r_1 - 1}{k - 1}\binom{r_2 + 1}{k} \bigg/ \binom{r_1 + r_2}{r_1}. \tag{2.11.19}$$

提示：这可以由 2.5 节的引理的第二部分直接推出. 另外，(2.11.19) 可以由 (2.11.17) 和 (2.11.18) 推出，不过过程比较烦琐.

24. 第 n 个 α 恰在 m 个 β 之前的概率为

$$\binom{r_1 + r_2 - n - m}{r_2 - m}\binom{m + n - 1}{m} \bigg/ \binom{r_1 + r_2}{r_1}. \tag{2.11.20}$$

25. 全部 α 分处于 k 个连贯中，其中 k_1 个长度为 1、k_2 个长度为 2、……、k_ν 个长度为 ν（$k_1 + k_2 + \cdots + k_\nu = k$）的概率为

$$\frac{k!}{k_1! k_2! \cdots k_\nu!}\binom{r_2 + 1}{k} \bigg/ \binom{r_1 + r_2}{r_1}. \tag{2.11.21}$$

2.12 二项式系数的一些问题和恒等式

1. 对于整数 $n \geqslant 2$ 证明

$$\binom{n}{0} - \binom{n}{1} + \binom{n}{2} - \binom{n}{3} + \cdots = 0,$$

$$\binom{n}{1} + 2\binom{n}{2} + 3\binom{n}{3} + \cdots = n2^{n-1},$$

$$\binom{n}{1} - 2\binom{n}{2} + 3\binom{n}{3} - 4\binom{n}{4} + \cdots = 0, \tag{2.12.1}$$

$$1 \cdot 2\binom{n}{2} + 2 \cdot 3\binom{n}{3} + 3 \cdot 4\binom{n}{4} + \cdots = n(n-1)2^{n-2}.$$

提示：应用二项式公式.

2. 证明：对于正整数 n 和 k，我们有

$$\binom{n}{0}\binom{n}{k} - \binom{n}{1}\binom{n-1}{k-1} + \binom{n}{2}\binom{n-2}{k-2} - \cdots \pm \binom{n}{k}\binom{n-k}{0} = 0. \tag{2.12.2}$$

更一般地[①]，我们有

$$\sum \binom{n}{\nu}\binom{n-\nu}{k-\nu} t^\nu = \binom{n}{k}(1+t)^k. \tag{2.12.3}$$

---

① 读者回忆一下 (2.8.5) 的约定：如果 ν 跑遍**全体**整数，则 (2.12.3) 中的和中只有有限项非 0.

3. 对于任何 $a > 0$ 都有

$$\binom{-a}{k} = (-1)^k \binom{a+k-1}{k}. \tag{2.12.4}$$

如果 a 是整数，这个等式可以由对几何级数 $\sum x^k = (1-x)^{-1}$ 进行多次求导来证明.

4. 证明

$$\binom{2n}{n} 2^{-2n} = (-1)^n \binom{-\frac{1}{2}}{n},$$

$$\frac{1}{n} \binom{2n-2}{n-1} 2^{-2n+1} = (-1)^{n-1} \binom{\frac{1}{2}}{n}. \tag{2.12.5}$$

5. 对于非负整数 n 和 r 和一切实数 a 来说，都有

$$\sum_{\nu=0}^{n} \binom{a-\nu}{r} = \binom{a+1}{r+1} - \binom{a-n}{r+1}. \tag{2.12.6}$$

提示：应用等式 (2.8.6). $n = a$ 的特别情形是经常用到的.

6. 对于任意 a 和整数 $n \geqslant 0$，证明

$$\sum_{\nu=0}^{n} (-1)^{\nu} \binom{a}{\nu} = (-1)^n \binom{a-1}{n}. \tag{2.12.7}$$

提示：应用等式 (2.8.6).

7. 对于正整数 r 和 k 来说，有

$$\sum_{\nu=0}^{r} \binom{\nu+k-1}{k-1} = \binom{r+k}{k}. \tag{2.12.8}$$

(a) 用 (2.8.6) 证明这个等式. (b) 证明 (2.12.8) 是 (2.12.7) 的特殊情形. (c) 用归纳法证明 (2.12.8) 给出 2.5 节的引理的第一部分的一个新证明. (d) 证明 (2.12.8) 等价于

$$\sum_{j=0}^{n} \binom{j}{m} = \binom{n+1}{m+1}. \tag{2.12.8a}$$

8. 在 2.6 节中曾指出超几何分布诸项之和为 1. 这说明对任何正整数 a, b, n 来说都有

$$\binom{a}{0}\binom{b}{n} + \binom{a}{1}\binom{b}{n-1} + \cdots + \binom{a}{n}\binom{b}{0} = \binom{a+b}{n}. \tag{2.12.9}$$

用归纳法证明之. 提示：首先证明 (2.12.9) 对 $a = 1$ 和全部 b 都成立.

9. 续上题. 用比较等式

$$(1+t)^a(1+t)^b = (1+t)^{a+b} \tag{2.12.10}$$

两边 t^n 的系数的办法来更一般地证明：(2.12.9) 对任意 a, b（及任意整数 n）都成立.

10. 应用等式 (2.12.9) 证明

$$\binom{n}{0}^2 + \binom{n}{1}^2 + \binom{n}{2}^2 + \cdots + \binom{n}{n}^2 = \binom{2n}{n}. \tag{2.12.11}$$

11. 应用等式 (2.12.11) 证明

$$\sum_{\nu=0}^{n} \frac{(2n)!}{(\nu!)^2(n-\nu)!^2} = \binom{2n}{n}^2.$$ (2.12.12)

12. 证明：对于整数 $0 < a < b$ 有

$$\sum_{k=1}^{a} (-1)^{a-k} \binom{a}{k}\binom{b+k}{b+1} = \binom{b}{a-1}.$$ (2.12.13)

提示：应用 (2.12.4) 证明 (2.12.11) 是 (2.12.9) 的特别情形. 此外比较 $(1-t)^a(1-t)^{-b-2}$ $= (1-t)^{a-b-2}$ 两边 t^{a-1} 的系数.

13. 从 (2.12.9) 用特殊方法推出恒等式

$$\binom{a}{k} - \binom{a}{k-1} + \cdots \mp \binom{a}{1} \pm 1 = \binom{a-1}{k}$$ (2.12.14)

$$\sum_{\nu} (-1)^{\nu} \binom{a}{\nu}\binom{n-\nu}{r} = \binom{n-a}{n-r}$$ (2.12.15)

对正整数 k, n, r 都成立. 提示：应用 (2.12.4).

14. 应用等式 (2.12.9) 证明[①]

$$\sum_{j=0}^{k} \binom{a+k-j-1}{k-j}\binom{b+j-1}{j} = \binom{a+b+k-1}{k}.$$ (2.12.16)

提示：应用等式 (2.12.4) 的左右两边，并用 (2.12.10)（改变指数的符号）.
注意 $b = 1, 2$ 的重要的特殊情形.

15. 回顾 2.11 节的问题，注意到 (2.11.12) (2.11.14) (2.11.15) (2.11.16) 都定义为概率. 因此，在每一个等式中诸量之和为 1. 证明：这些关系分别被 (2.12.8) (2.12.9) (2.12.16) 和二项式定理所蕴涵.

16. 从 2.11 节习题 7 中关于 $A(r, n)$ 的定义出发，可以推出：如果 $r < n$，则 $A(r, n) = 0$，而且 $A(n, n) = n!$. 换句话说

$$\sum_{k=0}^{n} (-1)^{n-k} \binom{n}{k} k^r = \begin{cases} 0 & \text{如果 } r < n, \\ n! & \text{如果 } r = n. \end{cases}$$ (2.12.17)

(a) 用化 n 为 $n-1$ 的办法直接证明 (2.12.17). (b) 考虑对 $(1-e^t)^n$ 在 $t = 0$ 处求 r 次导数来证明 (2.12.17). (c) 从 (2.11.11) 出发而不从 (2.11.6) 出发来推广 (2.12.17).

17. 如果 $0 \leqslant N \leqslant n$，用归纳法证明：对每个整数 $r \geqslant 0$ 都有

$$\sum_{\nu=0}^{N} (-1)^{\nu} \binom{N}{\nu} (n-\nu)_r = \binom{n-N}{r-N} r!.$$ (2.12.18)

（注意：当 $r < N$ 或 $r > n$ 时，右边为 0. ）考虑对 $t^{n-N}(t-1)^N$ 在 $t = 1$ 处求 r 次导数来验证 (2.12.18).

---

① 一个更优雅的证明见 9.9 节问题 15.

18. 用归纳法证明（应用二项式定理）

$$\binom{n}{1}\frac{1}{1} - \binom{n}{2}\frac{1}{2} + \cdots + (-1)^{n-1}\binom{n}{n}\frac{1}{n} = 1 + \frac{1}{2} + \frac{1}{3} + \cdots + \frac{1}{n}. \tag{2.12.19}$$

用积分恒等式 $\sum_{\nu=0}^{n-1}(1-t)^\nu = \{1-(1-t)^n\}t^{-1}$ 来验证 (2.12.19).

19. 证明对任何正整数 m 都有

$$(x+y+z)^m = \sum \frac{m!}{a!b!c!} x^a y^b z^c, \tag{2.12.20}$$

其中求和遍历所有满足 $a+b+c=m$ 的非负整数 a, b, c.

20. 证明 $\Gamma(a+1) = a\Gamma(a)$ 对一切 $a > 0$ 成立，据此

$$\binom{-a}{k} = (-1)^k \frac{\Gamma(a+k)}{k!\Gamma(a)}. \tag{2.12.21}$$

21. 证明对任何正整数 a, b 都有

$$\frac{(a+1)(a+2)\cdots(a+n)}{(b+1)(b+2)\cdots(b+n)} \sim \frac{b!}{a!}\, n^{a-b}. \tag{2.12.22}$$

22. Γ 函数的定义如下：

$$\Gamma(x) = \int_0^\infty t^{x-1}\mathrm{e}^{-t}\,\mathrm{d}t, \tag{2.12.23}$$

其中 $x > 0$. 证明 $\Gamma(x) \sim \sqrt{2\pi}\mathrm{e}^{-x}x^{x-1/2}$ [注意: 若 $x = n$ 是整数, 则 $\Gamma(n) = (n-1)!$].

23. 令 a 和 r 是任意正数且 n 是正整数. 证明

$$a(a+r)(a+2r)\cdots(a+nr) \sim Cr^{n+1}n^{n+1/2+a/r}. \tag{2.12.24}$$

[常数 C 等于 $\sqrt{2\pi}/\Gamma(a/r)$.]

24. 应用前面一个问题的结果，证明

$$\frac{a(a+r)(a+2r)\cdots(a+nr)}{b(b+r)(b+2r)\cdots(b+nr)} \sim \frac{\Gamma(b/r)}{\Gamma(a/r)}\, n^{(a-b)/r}. \tag{2.12.25}$$

25. 利用 (2.8.10) 证明：

$$\mathrm{e}^{-t/(1-t)} < 1 - t < \mathrm{e}^{-t}, \qquad 0 < t < 1. \tag{2.12.26}$$

*第 3 章　扔硬币的起伏问题和随机徘徊

这一章的内容偏离了本书的主题, 它仅仅会在第 5 章中重提. 传统上, 这些材料用于初等讨论并引出一些更为高等的理论. 其方法简单, 却能很快引导我们得到具有深远理论意义和现实重要性的结果. 即将获得的理论结果不仅是想象不到的, 而且能给直觉和常识以很大的冲击. 它们将揭示: 一般人接受的关于随机起伏的概念是没有根据的, 而且对大数定律的含义也有很大的误解. 例如, 在很多应用中, 人们总假定: 在一个很长的时段中对扔一个硬币的观察所获得的统计特性, 与很多次独立博弈在某一给定的时刻所观察到的结果一样. 这是不对的. 用现时流行的术语说, 我们得到一个结论: 一个均匀的硬币的总体, 其中大多数需要校正. [直观的解释见 3.6 节和 3.4 节例 (b).]

本章的材料目前常用分析的方法来处理, 因而其结果显得很高深. 后面将用初等方法[①]来说明, 组合方法是一个新的强有力的方法的例证. 其结果是本书的续篇第 2 卷将要讨论的一类广泛的起伏现象[②]的一个漂亮的代表. 全部结果都将重新用不同的方法独立地推出. 因此, 这一章主要为这两类读者服务: 一类是不急于涉及系统理论的读者; 另一类是不要求细节而仅仅对概率论的精髓感兴趣的读者. 对其他的读者, 比较一下不同的方法也是有益的. 因此, 读者应将这一章独立地或平行于本书其余的内容来阅读.

3.1　一般讨论及反射原理

按正式的观点, 我们考虑有限个加号与减号的排列. 考虑 $n = p + q$ 个符号 $\varepsilon_1, \cdots, \varepsilon_n$, 每个符号代表 $+1$ 或 -1, 而且其中恰有 p 个加号和 q 个减号. 部分和 $s_k = \varepsilon_1 + \cdots + \varepsilon_k$ 代表前 k 个位置中 $+1$ 的个数与 -1 的个数的差. 于是

$$s_k - s_{k-1} = \varepsilon_k = \pm 1, \quad s_0 = 0, \quad s_n = p - q, \tag{3.1.1}$$

此处 $k = 1, 2, \cdots, n$.

---

* 这一章可以略去, 或者和下面几章结合起来读, 在第 10 章 (大数定律)、第 11 章 (初过时间)、第 13 章 (循环事件)、第 14 章 (随机徘徊) 中都要参考本章的内容. 不过, 后面没有明显地用到这些内容.

① 该初等方法的发现, 是本书第 2 版 (1957 年) 收进这一章的主要动机. 现在这第 3 版是新的, 它大大地改善了这一章, 因为它避免了各种组合技巧.

② 见第 66 页脚注①.

我们将用几何术语和直角坐标 t, x 来描述问题，为确定起见，用 t 轴表示水平轴（横轴），x 轴表示垂直轴（纵轴）. 排列 $(\varepsilon_1, \cdots, \varepsilon_n)$ 将用一条折线来表示，其第 k 条边具有斜率 ε_k，其第 k 个顶点具有纵坐标 s_k. 称这种折线为**路径**.

定义   令 $n > 0$ 且 n 和 x 都是整数. 一条从原点到点 (n, x) 的**路径** $(s_0, s_1, \cdots, s_n)$ 就是一条满足下述条件的折线：它具有横坐标 $0, 1, \cdots, n$ 和纵坐标 $s_0, s_1, \cdots, s_n$，且其纵坐标满足 (3.1.1) 和 $s_n = x$.

我们称 n 为路径的**长度**. 长度为 n 的路径共有 2^n 条. 如果 ε_k 中有 p 个正的 q 个负的，则

$$n = p + q, \qquad x = p - q. \tag{3.1.2}$$

只有当 n 和 x 满足 (3.1.2) 时，从原点到 (n, x) 的路径才存在. 在此场合，正 ε_k 所处的 p 个位置可以从 $n = p + q$ 个位置中任意挑选，共有

$$N_{n,x} = \binom{p+q}{p} = \binom{p+q}{q} \tag{3.1.3}$$

种不同的选法. 为方便起见，当 n 和 x 不满足 (3.1.2) 时，定义 $N_{n,x} = 0$. 在这个约定下，从原点到任意一点 (n, x) 都恰有 $N_{n,x}$ 条不同的路径.

在我们回到本章的主题——随机徘徊以前，先讲几个应用的例子.

例 (a) **选举问题**. 下面的有趣的命题是惠特沃思于 1878 年证明的，其后在 1887 年伯特兰也证明了此命题.

假设在一场选举中，候选人 P 获得 p 张选票而候选人 Q 获得 q 张票，此处 $p > q$. 那么，在整个的计票过程中，P 的得票数总是比 Q 的得票数多的概率是 $(p-q)/(p+q)$.

在选举问题的名称下，类似的排列问题曾经引起过研究组合分析的学生们的兴趣. 组合方法近年的兴盛，提升了他们的名气，而且很多重要的问题可用各种广义的选举问题来重新描述[5].

计票全过程的记录可以用一条长度为 $p+q$ 的路径来表示，其中 $\varepsilon_k = +1$ 表示第 k 张票投给了候选人 P. 反过来，每一条从原点到点 $(p+q, p-q)$ 的路径，可以解释为总票数为 $p+q$ 的一个投票过程的记录. 显然，s_k 是第 k 张票计算过后，候选人 P 领先或落后的票数. 候选人 P 在整个计票过程中恒领先当且仅当 $s_1 > 0, \cdots, s_n > 0$，即是所有的顶点严格地在 t 轴上面.（图 3.1 中从 O 到 N_1 的路径就是这类路径.）选举定理默认所有的路径都是等可能的. 于是此结论化归为本节末尾将要证明的"反射引理"的一个直接推论.

(b) **高尔顿等级次序检验**[68]. 假定某一个量（例如植物的高度）对 r 种处理过的项目的每一种都测量一次；对 r 种对照的项目的每一种也测量一次. 令

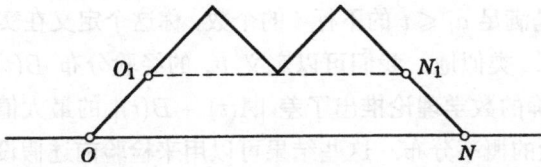

图 3.1　正路径示意图. 该图还说明: 从原点到 $(2n, 0)$ 的严格正路径的条数与从原点到 $(2n-2, 0)$ 的非负路径的条数完全一样

这两组测量值分别为 $a_1, \cdots, a_r$ 和 $b_1, \cdots, b_r$. 为确定起见, 每一组都按递减排列: $a_1 > a_2 \cdots > a_r$ 且 $b_1 > b_2 \cdots > b_r$ (为避免不足道的烦琐, 假定没有两个观察值是相等的). 现在, 我们这两个序列组合成一个长为 $n = 2r$ 的下降的序列. 对于处理非常成功的情况, 应该是所有的 a 都在 b 前面, 而处理完全无效的情况应该是所有的 a 和所有的 b 是随机排列的. 因此, 处理的有效率可以用同一行中 a 在 b 前面的个数来判断, 这就是说, 用满足条件 $a_k > b_k$ 的下标 k 的个数来判断. 高尔顿在 1876 年第一次用了这个想法, 而他所使用的数据是达尔文提供的. 当时所取的 $r = 15$, 其中 a 有 13 次在 b 的前面. 缺乏概率知识的高尔顿断言: 处理是有效的. 但是, 如果假定有充分的随机性, a 在 b 前面的次数大于等于 13 的概率是 3/16. 这就意味着, 对完全无效的处理而言, 在 16 次试验中会出现 3 次让高尔顿认为处理有较好的效果的情形. 这就证明: 定量分析对不可靠的直观判断, 是一种有价值的补充.

如果用路径的术语来解释, 若组合的序列中的第 k 项是一个 a 则记 $\varepsilon_k = +1$, 是一个 b 则记 $\varepsilon_k = -1$. 所获得的是一条长为 $2r$ 的联结原点与 t 轴上的点 $(2r, 0)$ 的路径. 事件 $a_k > b_k$ 当且仅当 s_{2k-1} 至少包含 k 个加号才发生, 即 $s_{2k-1} > 0$. 这推出 $s_{2k} \geqslant 0$, 因而第 $2k-1$ 和第 $2k$ 条边都在 t 轴的上方. 由此推出: $a_k > b_k$ 成立 ν 次当且仅当 2ν 条边在 t 轴的上方. 在 3.9 节中我们将要证明一个意想不到的结果, 那就是: 这个事件的概率为 $1/(1+r)$, 与 ν 无关. (基于连贯理论的与此相关的检验见 2.5.2 节.)

(c) 柯尔莫哥洛夫–斯米尔诺夫检验. 考虑生长在不同地区的同一生物类 (动物或植物) 的两个总体, 或者比较两种相似机器生产的产品. 为了确定性, 我们只考虑一个可测量的特征量, 例如高度、宽度、厚度等. 这两个总体中每一个都有由 r 个观察值组成的样本: $a_1, \cdots, a_r$ 和 $b_1, \cdots, b_r$. 粗略地说, 问题就是: 这些数据是否与 "两个总体是统计恒等的" 这一假设相符合. 用此方式提问题, 虽然较为含糊, 但是, 为了我们的目的, 并不需要讨论现代统计理论的更精确的陈述, 只需说明检验是基于比较两个经验分布就够了. 对于每一个 t, 定义 $A(t)$ 为分

数 k/r[①]，其中 k 是满足 $a_i \leqslant t$ 的下标 i 的个数，称这个定义在实轴上的函数 $A(t)$ 为 a_k 的经验分布. 类似地，我们可以定义 b_k 的经验分布 $B(t)$. 斯米尔诺夫在 1939 年首次用精确的数学理论推出了差 $|A(t) - B(t)|$ 的最大值的概率分布，还推出了另外一些量的概率分布. 这些结果可以用来检验前述假设. 这个理论是较繁难的，格涅坚柯极大地简化了这一理论并使之更加直观. 他的主要思想是把这个问题与路径的几何理论联系起来. 在前面的例子中，我们曾把两个样本与一条长为 $2r$ 的从原点到点 $(2r, 0)$ 的路径联系起来. 说两个总体是统计地不可区分的，和说抽样试验中所有可能的路径都是等可能的是一样的. 易见 $|A(t) - B(t)| > \xi$ 对某个 t 成立等价于 $|s_k| > \xi r$ 对某个 k 成立. 这个事件的概率就是一条长为 $2r$ 的从原点到点 $(2r, 0)$ 的路径不能被界于 $\pm \xi r$ 的区间所控制的概率. 这个概率早就知道了，因为它与随机徘徊中的破产问题和具有吸收壁的扩散中的物理问题有联系（见 3.10 节习题 3）.

此例超出了本卷的范围，但它说明随机徘徊能用到完全不同类型的问题中去.

(d) **理想的扔硬币游戏与它和随机过程的关系**. 一条长为 n 的路径可以解释为连续扔 n 次硬币的理想的试验的记录. 如果 $+1$ 代表正面，则 s_k 等于（正或负）第 k 次试验完毕时正面超过反面的累积数. 古典的描述是虚构一个赌徒彼得，他在每次赌博中赢 1 元或输 1 元. 序列 $s_1, s_2, \cdots, s_n$ 代表彼得的连续的累积纯利. 我们将会看到：它们将被纳入具有意想不到的性质的随机起伏理论中去.

赌博的形象性语言不应损害扔硬币模型的重要性. 事实上，这类模型可以作为物理学、经济学、教育学等许多更复杂的随机相依过程的初步逼近. 许多量，例如物质粒子的能量、个人的财富、老鼠获得经验知识的累积时间等，由于连续的碰撞或某种随机的干扰，它们都是变化的. 作为初步的讨论，假定每个个体变化的量值是一样的，但其符号由扔硬币来决定. 更精细的模型是：从一次试验到另一次试验，其改变量和相应的概率都在变化. 对此，甚至是简单的扔硬币游戏模型，都可得出令人惊奇和震惊的结果. 它们的现实重要性在于：它们证明了与通常被接受的观点相反的事实. 通常的观点是：控制某组个体观察值的延拓序列的法则将表明，由观察值得到的性质和均值将与由总体得到的这些性质有很大的偏差. 换言之，现在流行的心理学的检验会导致人们说：在一个"均匀的"硬币的总体中，许多硬币都是"铸造不良的".

扔硬币中的随机起伏是更一般的具有累积影响的随机过程的典型. 如果连简单的扔硬币游戏都会推出一些与直观不符的含糊的结论，那么，有理由认为，直观在处理复杂的问题时不能做可靠的指导. ∎

---

① 原著在此把 k/r 误写为 k/n，且对经验分布的叙述亦不甚清楚，译者在此予以订正. ——译者注

令人惊奇的是: 许多重要的结论可以从下面的简单引理推出.

令 $A = (a, \alpha)$ 和 $B = (b, \beta)$ 为正象限内的整点: $b > a \geqslant 0, \alpha > 0, \beta > 0$. 点 A 关于 t 轴的反射点就是点 $A' = (a, -\alpha)$（见图 3.2）. 从 A 到 B 的路径的定义仍如 3.1 节, 不过这里 A 点相应于那里的原点.

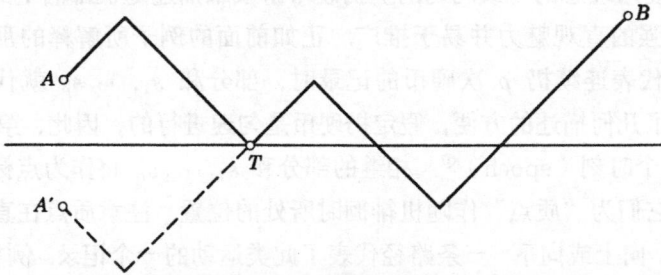

图 3.2　反射原理的示意图

引理[①]　（反射原理）从 A 到 B 的路径中触到或者穿过 t 轴的路径的个数等于从 A' 到 B 的路径的个数.

证　考虑从 A 到 B 且在 t 轴上有一个或一个以上的顶点的路径 $(s_a = \alpha, s_{a+1}, \cdots, s_b = \beta)$. 令 t 为第一个这样的顶点的横坐标（见图 3.2）. 也就是说: 选取 t, 使得 $s_a > 0, \cdots, s_{t-1} > 0, s_t = 0$. 因此, $(-s_a, -s_{a+1}, \cdots, -s_{t-1}, s_t = 0, s_{t+1}, s_{t+2}, \cdots, s_b)$ 是从 A' 到 B 的路径, 而且 $T = (t, 0)$ 是它在 t 轴上的第一个顶点. 折线 AT 和 $A'T$ 互为反射, 从而所有从 A 到 B 的有一个顶点在 t 轴上的路径与所有从 A' 到 B 的路径之间存在一一对应. 这就证明了我们的引理.　■

作为一个直接的推论, 我们证明例 (a) 中讨论的结果. 这可作为这一章全部理论的出发点.

选举定理　令 n 和 x 都是正整数. 恰有 $\frac{x}{n} N_{n,x}$ 条从原点到点 (n, x) 的满足条件 $s_1 > 0, \cdots, s_n > 0$ 的路径 $(s_0 = 0, s_1, \cdots, s_n = x)$.

证　显然, 合乎定理所要求的路径的数目与从 $(1, 1)$ 到 (n, x) 的既不触到 t 轴又不越过 t 轴的路径数相等. 由前述引理得知: 这些路径数等于

$$N_{n-1, x-1} - N_{n-1, x+1} = \binom{p+q-1}{p-1} - \binom{p+q-1}{p},$$

[①] 反射原理有不同的应用方式, 由于未使用几何解释, 常常以巧妙但费解的面貌出现. 概率文献中认为此为安德烈 1887 年所得. 在 14.9 节的随机徘徊的差分方程中还会出现. 它与某些偏微分方程有联系, 那儿把反射原理作为映象方法来使用. 它是麦克斯韦和开尔文勋爵提出的. 关于重复反射的应用, 见 3.10 节习题 2 和习题 3.

此处 p 和 q 由式 (3.1.2) 定义. 用惯用的算法可证上式右方等于 $N_{n,x}(p-q)/(p+q)$. 定理证毕. ∎

3.2　随机徘徊的基本记号及概念

我们将要用理想的（或均匀的）扔硬币游戏来描述随机徘徊中的术语. 随机徘徊具有很强的直观魅力并易于推广. 正如前面的例子所解释的那样, 当路径 $(s_1, \cdots, s_\rho)$ 代表连续扔 ρ 次硬币的记录时, 部分和 $s_1, \cdots, s_\rho$ 就代表连续的累积获利. 为了几何描述的方便, 假定扔硬币是匀速进行的, 因此, 第 n 次扔硬币发生在第 n 个时刻（epoch）①. 相继的部分和 $s_1, \cdots, s_n$ 将作为点标记在垂直的 x 轴上, 称它们为 "质点" 作随机徘徊时所处的位置. 注意质点在直线上每次都只移动一步, 向上或向下. 一条路径代表了此类运动的一个记录. 例如, 图 3.1 中一条从 O 到 N 的路径代表一个走了 6 步的从原点出发又回到原点的随机徘徊.

每一条长为 ρ 的路径可以解释为一个随机徘徊的试验的一个结果, 共有 2^ρ 条这样的路径, 每一条赋以概率 $2^{-\rho}$.（第 14 章还要引进另外的赋以概率的方法, 为了与其他的随机徘徊区别起见, 现在的随机徘徊称为**对称的**.）

现在样本空间的概率已经确定了, 但是由于数目 ρ 未定, 所以仍留悬念. 为了看出它扮演什么角色, 让我们考虑路径经过点 $(2,2)$ 这一事件. 前两步必须是正的, 这种路径共有 $2^{\rho-2}$ 条, 因此这个事件的概率是 $1/4$, 与 ρ 无关. 更一般地, 对任意 $k \leqslant \rho$, 可以任意限定最初的 k 步, 恰有 $2^{\rho-k}$ 条路径满足这 k 个条件. 由此推出由前 k 步（$k \leqslant \rho$）决定的事件的概率不依赖 ρ. 因此, 在实践中, 当 ρ 充分大后, 它并不起什么作用. 换言之, 每一条长为 n 的路径可以取作一条非常长的路径的首段, 并且不需要指明后面一段的长度. 无论从形式或结果来看, 研究没有终点的试验序列是非常合适的, 但这要求不可数的样本空间. 因此, 后面我们仅仅要求: 构成样本空间的路径的长度 ρ 大于在我们的公式中出现的步数. 除此以外, 不仅允许而且乐意忘掉 ρ.

为了后面一般理论的需要, 引进一些记号. 用 $X_1, X_2, \cdots$ 表每一步的结果, $S_1, S_2, \cdots$ 表质点的位置. 于是

$$S_n = X_1 + \cdots + X_n, \qquad S_0 = 0. \tag{3.2.1}$$

对于给定的任意路径, 可以读出相应的 $X_1, X_2, \cdots$ 的值, 也就是说 X_k 是路径的

---

① 根据赖尔登的说法, epoch 一词用以表示时间轴上的一个点, 本书用 epoch 一词想以此区别其他书常用的表示时间的词［诸如时刻（moment）、时间（time）、点（point）］. 数学上时间一词用以表示区间或时段. 做物理实验可能占用时间, 但是在扔硬币的试验中无时间性.（本书中译本以人们常用的词汇 "时刻" 来对应 epoch 一词. ——译者注）

函数[①]. 例如, 对图 3.1 中的路径, $X_1 = X_2 = X_4 = 1, X_3 = X_5 = X_6 = -1.$

我们可以通过附加条件于和 S_k 上把全部事件描述出来. 事件 "在时刻 n 质点处于位置 r" 可以表示为 $\{S_n = r\}$, 记它的概率为 $p_{n,r}$. (用流畅的语言说, 在时刻 n "访问" r.) 从原点到点 (n, r) 的路径数 $N_{n,r}$ 由式 (3.1.3) 给出, 因此

$$p_{n,r} = P\{S_n = r\} = \binom{n}{\frac{n+r}{2}} 2^{-n}. \tag{3.2.2}$$

此处, 当 $(n + r)/2$ 不是 0 和 n 之间的整数时, 二项式系数理解为 0.

当 $S_k = 0$ 时, 称质点在时刻 k 返回到原点, 此时 k 一定是偶数, 当 $k = 2\nu$ 时, 其返回原点的概率为 $p_{2\nu,0}$. 因为此概率经常出现, 我们记之为 $u_{2\nu}$. 因此

$$u_{2\nu} = \binom{2\nu}{\nu} 2^{-2\nu}. \tag{3.2.3}$$

将二项式系数表示为一些因子的乘积, 由斯特林公式 (2.9.1) 直接可证:

$$u_{2\nu} \sim \frac{1}{\sqrt{\pi\nu}}, \tag{3.2.4}$$

此处, $\sim$ 表示当 $\nu \to \infty$ 时上式两边之比趋于 1, 甚至当 ν 适度大时, 上式右方都是一个非常好的逼近[②].

要特别注意第一次返回原点时的诸项. 第一次返回原点发生在时刻 2ν 当且仅当

$$S_1 \neq 0, \cdots, S_{2\nu-1} \neq 0, \quad \text{但 } S_{2\nu} = 0. \tag{3.2.5}$$

记此事件的概率为 $f_{2\nu}$. 由定义知 $f_0 = 0$.

概率 f_{2n} 与 u_{2n} 有值得关注的关联. 在时刻 $2n$ 访问原点, 可能是第一次, 也可能第一次访问原点在 $2k < 2n$ 而在其后的 $2n - 2k$ 个时间单位内再次访问原点. 由于有 $2^{2k} f_{2k}$ 条长为 $2k$ 的终点为第一次返回原点的路径, 有 $2^{2n-2k} u_{2n-2k}$ 条从点 $(2k, 0)$ 到 $(2n, 0)$ 的路径, 因此其后的概率是 $f_{2k} u_{2n-2k}$. 于是

$$u_{2n} = f_2 u_{2n-2} + f_4 u_{2n-4} + \cdots + f_{2n} u_0, \quad n \geqslant 1. \tag{3.2.6}$$

(见 3.10 节习题 5.)

正态逼近. 公式 (3.2.2) 并没有给出 S_n 落在哪个区域的直接线索. 此问题的回答要借助正态逼近, 它是中心极限定理的特例, 我们将在 7.2 节中证明中心极限定理[③].

---

① 用第 9 章引进的术语来说, X_k 就是 "随机变量".

② 对真实值 $u_{10} = 0.2461$, 逼近值为 0.2523; 对 $u_{20} = 0.1762$, 逼近值为 0.1784. 其百分误差大致与 ν 成反比例下降.

③ 下面所要求的特殊情形在 7.2 节中单独处理, 它不涉及一般的二项式分布. 证明是简单的, 可以放在这里.

对介于 a 和 b 之间的所有 r 求和概率 $p_{n,r}$ 可以得到 $a < S_n < b$ 的概率. 为此, 只需知道一切形如 $S_n > a$ 的不等式的概率就行. 这样一些概率可以以下面的逼近式估计出来: 对一切 x, 当 $n \to \infty$ 时有

$$P\{S_n > x\sqrt{n}\} \to 1 - \mathfrak{N}(x) = \frac{1}{\sqrt{2\pi}} \int_x^\infty e^{-\frac{1}{2}t^2} dt, \tag{3.2.7}$$

此处 $\mathfrak{N}$ 是 7.1 节中定义的正态分布函数. 为了当前的目的, 我们并不对其性质特别感兴趣. (3.2.7) 中的极限存在说明了一个重要的事实: 对于大的 n, $S_n/\sqrt{n}$ 的比值被同一个概率控制, 因此, 对一切大的 n, $S_n/\sqrt{n}$ 可以用同一个逼近值.

表 3.1 描述了 S_n 的一些可能的值域. 在表 7.1 中将给更多更好的值.

表 3.1 S_n 的一些值域

x	0.5	1.0	1.5	2.0	2.5	3.0
$P\{S_n > x\sqrt{n}\}$	0.309	0.159	0.067	0.023	0.006	0.001

3.3   主要引理

正如我们已见到的, 在时刻 2ν 返回原点的概率 $u_{2\nu}$ 由 (3.2.3) 给出. 作为随机徘徊的起伏理论的开始, 就给出一个惊人的事实: 几乎所有的公式都含有此概率. 此事实的理由之一是基于下面的引理. 它的重要价值一是由于它本身的作用, 二是为下一节中的更深刻的定理提供一个关键的技巧.

引理 1[①]   在时刻 $2n$ 以前 (含 $2n$) 从未返回原点的概率等于在时刻 $2n$ 返回原点的概率, 用符号来写, 即是

$$P\{S_1 \neq 0, \cdots, S_{2n} \neq 0\} = P\{S_{2n} = 0\} = u_{2n}. \tag{3.3.1}$$

当然, 此处 $n > 0$. 当左边的事件发生时, 或者所有 S_j 都是正的, 或者所有 S_j 都是负的. 此两种情况是等可能的, 所以我们可以把 (3.3.1) 重新表示为:

$$P\{S_1 > 0, \cdots, S_{2n} > 0\} = \tfrac{1}{2} u_{2n}. \tag{3.3.2}$$

证   考虑 S_{2n} 所可能取的一切值, 易见:

$$P\{S_1 > 0, \cdots, S_{2n} > 0\} = \sum_{r=1}^\infty P\{S_1 > 0, \cdots, S_{2n-1} > 0, S_{2n} = 2r\} \tag{3.3.3}$$

---

① 此引理明显地来自母函数 $\sum f_{2k} S^{2k}$ 的形式 [见 (11.3.6)], 并指出过其重要价值. 发现它的重要意义是最近的事. 此引理的几何证明见 3.10 节习题 7.

（此级数中对 $r > n$ 的项皆为 0）. 由选举定理, 满足右边的条件的路径数等于 $N_{2n-1,2r-1} - N_{2n-1,2r+1}$, 从而上述级数的第 r 项等于

$$\tfrac{1}{2}\left(p_{2n-1,2r-1} - p_{2n-1,2r+1}\right).$$

第 r 项负部与第 $r+1$ 项正部正好抵消, 于是 (3.3.3) 中的和化为 $\tfrac{1}{2}p_{2n-1,1}$. 容易验证 $p_{2n-1,1} = u_{2n}$, 由此推出引理. ∎

此引理可用多种方式陈述, 例如

$$P\{S_1 \geqslant 0, \cdots, S_{2n} \geqslant 0\} = u_{2n}. \tag{3.3.4}$$

确实, 所有顶点都严格地在 t 轴上方的长为 $2n$ 的路径必过点 $(1,1)$. 取此点做新的原点, 可得到所有顶点在新的 t 轴的上方或落在 t 轴上的长为 $2n-1$ 的路径. 因此,

$$P\{S_1 > 0, \cdots, S_{2n} > 0\} = \tfrac{1}{2}P\{S_1 \geqslant 0, \cdots, S_{2n-1} \geqslant 0\}. \tag{3.3.5}$$

但是 S_{2n-1} 是奇数, 因此 $S_{2n-1} \geqslant 0$ 蕴涵 $S_{2n} \geqslant 0$, 从而 (3.3.5) 右边的概率与 (3.3.4) 的概率相等. 所以 (3.3.4) 成立. （见 3.10 节习题 8.）

引理 1 直接导出初返原点的分布的一个显式表达式. "初返原点发生在时刻 $2n$" 等价于 "条件

$$S_1 \neq 0, \cdots, S_{2k} \neq 0$$

对 $k = n-1$ 成立但对 $k = n$ 不成立." 由 (3.3.1), 这意味着:

$$f_{2n} = u_{2n-2} - u_{2n}, \qquad n = 1, 2, \cdots. \tag{3.3.6}$$

常规计算可化此表达式为:

$$f_{2n} = \frac{1}{2n-1} u_{2n}. \tag{3.3.7}$$

因此, 我们证明了以下引理.

引理 2 初返原点发生在时刻 $2n$ 的概率由 (3.3.6) 或 (3.3.7) 给出.

由 (3.3.6) 推知 $f_2 + f_4 + \cdots = 1$. 用扔硬币的术语来说, 只要游戏进行的次数充分多, 实际上是运气均等的. 除了进行非常多次游戏偶然会出现意外以外, 这与直观背景是符合的. 例如, 扔 100 次硬币, 出现运气不均等的概率大约为 0.08.

3.4 末次访问与长领先

现在，为随机徘徊中的随机起伏性质的分析做一点准备. 结果是令人震惊的. 根据众人信服的所谓平均原理，在一个很长的扔硬币游戏中，每一个游戏者居胜方的次数大约占一半，且领先会经常由一方转到另一方. 因此，想象有一个很大的样本，它由多个扔均匀硬币游戏的记录构成，而且每一次游戏都扔 $2n$ 次硬币. 我们随机地选取一个，观察它最后一次和局发生的时刻（换言之，即最后一次使 "累积正面次数等于累积反面次数" 的那一次试验的次数）. 此数必为偶数，记之为 $2k$（$0 \leqslant k \leqslant n$）. 领先经常变化蕴涵了 k 相对地很接近 n，但这是不对的. 确实，下一个定理揭示了一个令人吃惊的事实：k 的分布是对称的，即是 k 取某个值的概率与 $n-k$ 取此值的概率是一样的. 特别地，此对称性蕴涵了：不等式 $k > n/2$ 与 $k < n/2$ 的可能性是差不多的[①]. 无论游戏的长度是多少，和局发生在游戏的下半段的概率都是 $1/2$，而且靠近端点的概率最大. k 最可能取的值是两个极端，即是 0 或 n. 这些结果说明：直观对随机起伏造成的影响产生了错觉. 下面几个数值的结果将要说明这一点.

例 (a) 假定有很多个扔硬币游戏在统一的指挥下同时进行. 规定每秒钟进行一次，而且日夜不休止地进行一整年. 平均来说，10 场游戏中有 1 场，最后一次和局发生在 9 天以内，而且在此后的 356 天中领先不再发生变化；20 场中有 1 场，最后一次和局出现在 $2\frac{1}{4}$ 天以内；100 场中有 1 场，最后一次和局出现在 2 小时 10 分钟以内.

(b) 假定在一个为期一年的教育实验中，有一个小孩除了第一个星期以外，功课一直落后，而另一个小孩，除了最后一个星期以外，功课一直领先，我们能否判定这两个小孩的能力是一样的? 还有，将 11 个小孩送到一个教育机构进行学习，不凭才智而仅仅是随机选取. 这 11 个小孩中有一个除了某一周以外，他在全组是学习领先的，另一个除了某一周以外，他在全组是最落后的.

k 的可能值的确切的概率由下述定理给出：

定理 1 （最后访问的反正弦律）在时刻 $2n$ 以前（含 $2n$）最后一次访问原点的时刻在 $2k$ 的概率为：

$$\alpha_{2k,2n} = u_{2k}u_{2n-2k}, \qquad k = 0, 1, \cdots, n. \tag{3.4.1}$$

证 考虑满足条件 $S_{2k} = 0, S_{2k+1} \neq 0, \cdots, S_{2n} \neq 0$ 的路径. 前 $2k$ 个顶点有 $2^{2k}u_{2k}$ 种不同的选法. 取 $(2k, 0)$ 为新原点并利用 (3.3.1)，我们发现：后面

[①] k 的分布的对称性，是由计算机实验模拟所发现的，而且是在不知 k 的确切分布 (3.4.1) 以前，理论也证明了 k 的分布的对称性. 见参考文献 [7].

$(2n - 2k)$ 个顶点有 $2^{2n-2k} u_{2n-2k}$ 种不同的选法. 除以 2^{2n} 可得 (3.4.1). ■

由此定理得知, 把数 (3.4.1) 对 k 求和结果为 1. 赋权 $\alpha_{2k,2n}$ 于点 $2k$ 上的概率分布称为 n **阶离散反正弦分布**, 因为反正弦函数提供了一个非常好的逼近. 此分布是对称的, 因为 $\alpha_{2k,2n} = \alpha_{2n-2k,2n}$. 对 $n = 2$, 其三个值为 $\frac{3}{8}, \frac{2}{8}, \frac{3}{8}$; 对 $n = 10$, 见表 3.2. 中心项总是最小.

表 3.2　10 阶离散反正弦分布

	$k = 0$ $k = 10$	$k = 1$ $k = 9$	$k = 2$ $k = 8$	$k = 3$ $k = 7$	$k = 4$ $k = 6$	$k = 5$
$\alpha_{2k,20}$	0.1762	0.0927	0.0736	0.0655	0.0617	0.0606

下述函数的图形给出了反正弦分布的主要性质一个很好的解释:

$$f(x) = \frac{1}{\pi\sqrt{x(1-x)}}, \qquad 0 < x < 1. \tag{3.4.2}$$

由斯特林公式可知: 除了 n 很小以外, u_{2n} 很接近 $1/\sqrt{\pi n}$, 这给出了逼近式:

$$\alpha_{2k,2n} \approx \frac{1}{n} f(x_k), \qquad x_k = \frac{k}{n}. \tag{3.4.3}$$

除了 k 极端靠近 0 或 n 以外, 误差是可以忽略的. 右边等于高为 $f(x_k)$ 底为以 x_k 为中心的长为 $1/n$ 的区间构成的矩形的面积 (见图 3.3). 对于 $0 < p < q < 1$ 和大的 n, 满足 $pn < k < qn$ 的概率 $\alpha_{2k,2n}$ 的和渐近地等于 f 的图形下面在区间 $p < x < q$ 上的面积. 对于 $p = 0$ 和 $q = 1$ 的情况也对, 因为图形下面的总面积是 1, 所有 $\alpha_{2k,2n}$ 之和也是 1. 幸好, (3.4.2) 可以精确积分, 因此, 对固定的 $0 < x < 1$ 和充分大的 n, 渐近地有:

$$\sum_{k < xn} \alpha_{2k,2n} \approx \frac{2}{\pi} \arcsin\sqrt{x}. \tag{3.4.4}$$

注意: 右边不依赖于 n, 这意味着对大阶数的反正弦分布, 表 3.3 都对. (实际上对相对小的 n, 逼近也很好.)

我们发现, 与人们常见的想法相反, 在一个很长的扔硬币的游戏中, 一方几乎在全过程中处于胜方, 而另一方处于败方. 下一个定理将要阐明同样一个现象, 不过用的方法是对质点落在正的一边的时间与总时间的分数的分析. 人们直观觉得这个分数非常接近 $\frac{1}{2}$, 然而反面结论才是正确的, 接近 $\frac{1}{2}$ 的可能性最小, 反而 $k = 0$ 或 n 这两种极端情况的可能性最大. 由于定理再一次包含了离散反正弦分布 (3.4.1) (在 3.8 节中还要出现两次), 所以其分析是简明的.

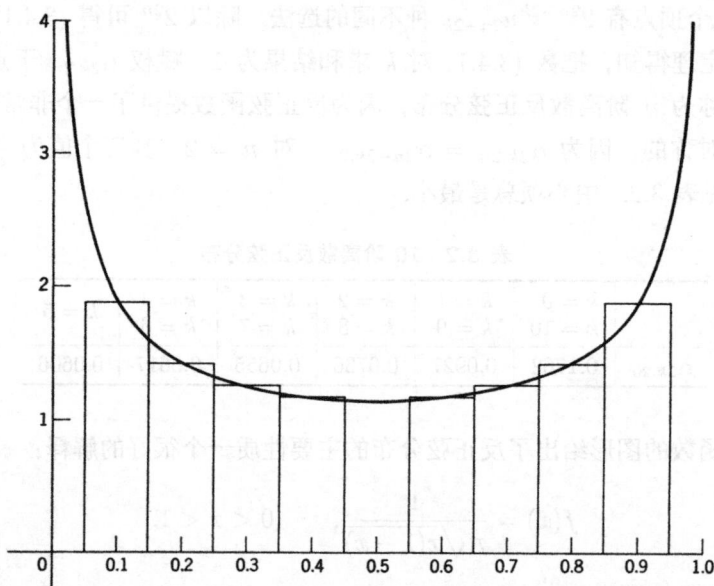

图 3.3 $f(x) = \dfrac{1}{\pi\sqrt{x(1-x)}}$ 的图形，其结构解释 (3.4.3) 的逼近

定理 2（占位时的离散反正弦律）在 0 到 $2n$ 的时间区间中，质点处于正方 $2k$ 个时间单位且处于负方 $2n-2k$ 个时间单位的概率为 $\alpha_{2k,2n}$.

（处在正方的总时间必定是偶数.）

推论[①]　给定 $0 < x < 1$. 当 $n \to \infty$ 时，质点处于正方的时间单位小于等于 xn 且处于负方的时间单位大于等于 $(1-x)n$ 的概率趋于 $\dfrac{2}{\pi}\arcsin\sqrt{x}$.

例（c）从表 3.2 中可看出：在 20 次抛掷中，领先从未从一方转到另一方的概率大约为 0.352. 幸运的游戏者领先次数大于等于 16 的概率为 0.685.（当 $x = 4/5$ 时，从推论所获得的近似值是 0.705.）每个游戏者都领先 10 次的概率只有 0.06.

（d）当 n 很大时，质点处于原点同一边的时间占 97.6% 的概率为 0.20. 从 10 个个例中取出一个，质点有 99.4% 的时间处在同一边.

---

① 莱维找到了布朗运动的反正弦律，而且也联系了扔硬币的游戏，见参考文献 [91]. 关于相互独立的随机变量序列的正部分和的个数的更一般的反正弦极限律是由厄尔多斯和卡克证明的，见参考文献 [31]. 当时，反正弦极限律的广泛应用是不可思议的. 当安德森惊人地发现：相互独立的随机变量之和的起伏理论在许多方面都有纯组合的特性时，他把整个理论进行了改造，见参考文献 [2]. 原始证明很复杂，但他们打开了新的研究道路，现已变得颇简单了. 定理 2 最初由钟开莱与费勒用复杂的方法证明的.（见本书第 1 版第 12 章第 5 节和第 6 节.）定理 1 是新的.

表 3.3 连续的反正弦分布: $A(x) = \frac{2}{\pi} \arcsin \sqrt{x}$

x	$A(x)$	x	$A(x)$	x	$A(x)$
0.00	0.000	0.20	0.295	0.40	0.236
0.01	0.064	0.21	0.303	0.41	0.442
0.02	0.090	0.22	0.311	0.42	0.449
0.03	0.111	0.23	0.318	0.43	0.455
0.04	0.128	0.24	0.326	0.44	0.462
0.05	0.144	0.25	0.333	0.45	0.468
0.06	0.158	0.26	0.341	0.46	0.474
0.07	0.171	0.27	0.348	0.47	0.481
0.08	0.183	0.28	0.355	0.48	0.487
0.09	0.194	0.29	0.362	0.49	0.494
0.10	0.205	0.30	0.369	0.50	0.500
0.11	0.215	0.31	0.376		
0.12	0.225	0.32	0.383		
0.13	0.235	0.33	0.390		
0.14	0.244	0.34	0.396		
0.15	0.253	0.35	0.403		
0.16	0.262	0.36	0.410		
0.17	0.271	0.37	0.416		
0.18	0.279	0.38	0.423		
0.19	0.287	0.39	0.429		

对 $x > \frac{1}{2}$, 利用 $A(1-x) = 1 - A(x)$.

(e) 在例 (a) 中, 每秒钟扔一次硬币, 一直扔 365 天. 下表给出了: 一个不走运的游戏者, 以概率 p 使其领先的总时间小于 t_p.

p	t_p	p	t_p
0.9	153.95 天	0.3	19.89 天
0.8	126.10 天	0.2	8.93 天
0.7	99.65 天	0.1	2.24 天
0.6	75.23 天	0.05	13.5 小时
0.5	53.45 天	0.02	2.16 小时
0.4	34.85 天	0.01	32.4 分钟

∎

定理 2 的证明 考虑固定长度为 $2n$ 的路径并令 $b_{2k,2n}$ 表示恰有 $2k$ 条边在 t 轴上方的概率. 我们要证明:

$$b_{2k,2\nu} = \alpha_{2k,2\nu}. \tag{3.4.5}$$

由 (3.3.4) 知 $b_{2\nu,2\nu} = u_{2\nu}$, 利用对称性也有 $b_{0,2\nu} = u_{2\nu}$. 因此, 只需对 $1 \leqslant k \leqslant \nu-1$ 证明 (3.4.5) 就够了.

假定在 $2n$ 个时间单位中, 恰有 $2k$ 个时间单位落于正方, 其中 $1 \leqslant k \leqslant n-1$. 在此情况下, 初返原点必发生在某一时刻 $2r < 2n$, 而且还有两种可能. 第一, 直到初返原点的 $2r$ 个时间单位以前都在正的一边, 在这种情况下, $r \leqslant k \leqslant n-1$ 而且此路径在顶点 $(2r, 0)$ 以后的那一段还有 $2k-2r$ 个边在坐标轴的上方. 显然这类路径的总数为 $\frac{1}{2} \cdot 2^{2r} f_{2r} \cdot 2^{2n-2r} b_{2k-2r, 2n-2r}$. 另一种可能是: 到初返原点以前的 $2r$ 个时间单位以前都在负的一边, 在这种情况下, 此路径在顶点 $(2r, 0)$ 以后的那一段恰有 $2k$ 个边在坐标轴的上面, 由此 $n-r \geqslant k$. 这类路径的总数为 $\frac{1}{2} \cdot 2^{2r} f_{2r} \cdot 2^{2n-2r} b_{2k, 2n-2r}$. 因此当 $1 \leqslant k \leqslant n-1$ 时:

$$b_{2k, 2n} = \frac{1}{2} \sum_{r=1}^{k} f_{2r} b_{2k-2r, 2n-2r} + \frac{1}{2} \sum_{r=1}^{n-k} f_{2r} b_{2k, 2n-2r}. \tag{3.4.6}$$

现在用归纳法来证明 (3.4.5). 当 $\nu = 1$ 时 (3.4.5) 显然成立. 假定 (3.4.5) 对 $\nu \leqslant n-1$ 成立. 则 (3.4.6) 化为:

$$b_{2k, 2n} = \frac{1}{2} u_{2n-2k} \sum_{r=1}^{k} f_{2r} u_{2k-2r} + \frac{1}{2} u_{2k} \sum_{r=1}^{n-k} f_{2r} u_{2n-2k-2r}. \tag{3.4.7}$$

由 (3.2.6) 可知, 第一个和等于 u_{2k}, 第二个和等于 u_{2n-2k}. 因此 (3.4.5) 对 $\nu = n$ 也成立. ∎

[关于反正弦律的一个似是而非的结果含于 14.9 节习题 4.]

*3.5　符号变换

随机起伏的理论研究使我们遇到许多似是而非的东西. 例如, 人们自然地期望: 在一次长时间的扔硬币游戏中, 领先的变化次数应粗略地与游戏时间的增加而成比例地增加. 在一个游戏中, 如果时间延长至 2 倍, 通常人们会认为游戏的一方领先的次数也增至 2 倍, 但这是错误的. 我们将要精确地证明: n 次试验中领先变化的次数的增加仅随 $\sqrt{n}$ 而变. 在 $100n$ 次试验中, 人们只能期望: 领先变化的次数约 10 倍于 n 次试验中领先的变化次数. 这再一次证明: 介于两次和局之间的等待时间是很长的.

再转而用随机徘徊的术语. 如果 S_{n-1} 和 S_{n+1} 具有相反的符号, 即是说, 路径穿越坐标轴, 我们就说一次**符号变换**发生在时刻 n. 在这种情况下, $S_n = 0$, 因此, n 必须是（正的）偶数.

---

* 此节在后面并不明显地引用.

定理 1[①] 直到时刻 $2n+1$ 为止符号变换的次数恰为 r 的概率 $\xi_{r,2n+1}$ 等于 $2p_{2n+1,2r+1}$，换言之，

$$\xi_{r,2n+1} = 2P\{S_{2n+1} = 2r+1\}, \qquad r = 0,1,\cdots. \tag{3.5.1}$$

证 首先，我们把定理表述成一个更为方便的形式. 如果第一步走到点 $(1,1)$，就取此点为新的坐标系的原点. 一次穿越旧坐标系的横轴，对应于一次穿越新坐标系的横轴下面的一条水平线（纵坐轴为 -1）. 类似的推导对 $S_1 = -1$ 亦可应用. 由此可知定理完全等价于下面的命题：直到时刻 $2n$ 为止，穿越水平线 -1 的次数恰为 r 的概率等于 $2p_{2n+1,2r+1}$.

首先考虑 $r = 0$ 的情况. 说水平线 -1 从未被穿越等价于说水平线 -2 从未被触及（或穿越）. 在这种情况下，S_{2n} 是非负偶数. 对 $k \geqslant 0$，由 3.1 节的基本反射引理可知：从 $(0,0)$ 到 $(2n,2k)$ 且一定触及水平线 -2 的路径数等于到 $(2n,2k+4)$ 的路径数. 因此，到达了点 $(2n,2k)$ 但从未触及水平线 -2 的概率等于 $p_{2n,2k} - p_{2n,2k+4}$. 水平线 -2 从未被触及的概率等于这些数对 $k = 0,1,2,\cdots$ 求和. 许多项被抵消了，最后得到，此概率等于 $p_{2n,0} + p_{2n,2}$. 另一方面，每一条经过 $(2n+1,1)$ 的路径或者经过 $(2n,0)$ 或者经过 $(2n,2)$，故

$$p_{2n+1,1} = \tfrac{1}{2}(p_{2n,0} + p_{2n,2}). \tag{3.5.2}$$

由 (3.5.2) 可知当 $r = 0$ 时我们的论断成立.

再考虑 $r = 1$ 的情形. 一条在时刻 $2\nu - 1$ 穿越水平线 -1 的路径可以分成两段，一段从 $(0,0)$ 到 $(2\nu,-2)$，另一段为从 $(2\nu,-2)$ 开始的长为 $2n - 2\nu$ 的子路径. 对后一段我们应用 $r = 0$ 时已得到的结果但是对正、负号的角色易位. 长为 $2n - 2\nu$ 的始于点 $(2\nu,-2)$ 的从不穿越水平线 -1 的路径的总条数等于从 $(2\nu,-2)$ 到 $(2n+1,-3)$ 的路径的总条数. 但是每一条这种路径与最初的那一段一起组成了一条从 $(0,0)$ 到 $(2n+1,-3)$ 的路径. 由此推出：长为 $2n$ 的恰巧穿越水平线 -1 一次的路径总数等于从原点到 $(2n+1,-3)$ 的路径数，即是 $2^{2n+1}p_{2n+1,3}$. 这就证明了 $r = 1$ 时我们的论断也成立.

用归纳法可以证明对任何 r 命题都成立，证明中的第二部分的推理不需要作任何改变.（第二部分只对 $r = 1$ 这一特殊情况来论述，不过为了避免复杂的符号而已.） ■

[①] 对于返回原点的类似定理，见 3.10 节习题 9~10. 另外一种证明见 3.10 节习题 11.

这个定理的一个明显推论是：n 次试验中符号变换恰为 r 次的概率 $\xi_{r,n}$ 是 r 的下降函数：

$$\xi_{0,n} \geqslant \xi_{1,n} > \xi_{2,n} > \cdots. \tag{3.5.3}$$

这意味着，无论扔硬币多少次，"领先从不改变"这一事件的可能性大于"领先改变 k 次"的可能性，这里 k 可以是事先给定的任一正整数.

例 (a) 99 次试验中符号恰巧改变 r 次的概率 x_r 如下表：

r	x_r	r	x_r
0	0.1592	7	0.0517
1	0.1529	8	0.0375
2	0.1412	9	0.0260
3	0.1252	10	0.0174
4	0.1066	11	0.0111
5	0.0873	12	0.0068
6	0.0686	13	0.0040

(b) 10 000 次试验中符号从不改变的概率大约为 0.0160. 恰巧改变 r 次符号的概率 x_r 下降得很慢，对于 $r = 10, 20, 30$，对应的概率 $x_r = 0.0156, 0.0146, 0.0130$. 在 10 000 次试验中领先的变化次数不超过 10 次的概率约为 0.1740. 换言之，在 6 个这样的试验序列中就有 1 个，出现领先的变化次数不超过 10. ∎

等式 (3.5.1) 的一个有用的性质是：它使我们能应用 3.2 节推出的正态逼近. 假定 x 是固定的正数而 n 很大. 在时刻 n 以前，符号的变化次数小于 $x\sqrt{n}$ 的概率为 $2P\{S_n < 2x\sqrt{n}\}$，再用 (3.2.7)，后面的概率当 $n \to \infty$ 时趋于 $\mathfrak{N}(2x) - \frac{1}{2}$. 因此有下面的定理：

定理 2 （正态逼近）在时刻 n 以前，符号变化的次数小于 $x\sqrt{n}$ 的概率当 $n \to \infty$ 时趋于 $2\mathfrak{N}(2x) - 1$.

由此推出：符号变化的次数的中位数约为 $0.337\sqrt{n}$，意即：当 n 充分大时，符号变化的次数小于 $0.337\sqrt{n}$ 与次数大于 $0.337\sqrt{n}$ 的可能性差不多. 符号变化的次数小于 $0.0628\sqrt{n}$ 的概率为 $\frac{1}{10}$，等等[①].

3.6　一个实验的说明

图 3.4 是扔 10 000 次硬币的计算机实验获得的结果. 同样的材料已经在 1.6 节例 (c) 中表述了. 图 3.4 顶上一行标出了最初 500 次试验的结果，下面两行标出了所有 10 000 次试验的结果，但此两行横坐标与顶上一行的横坐标的比例尺度变为 $1:10$，纵坐标的比例尺度不变.

---

① 在 10 000 次试验至多出现 6 次平手的逼近值为 1/10 这是一个低估值，精确值为 0.112.

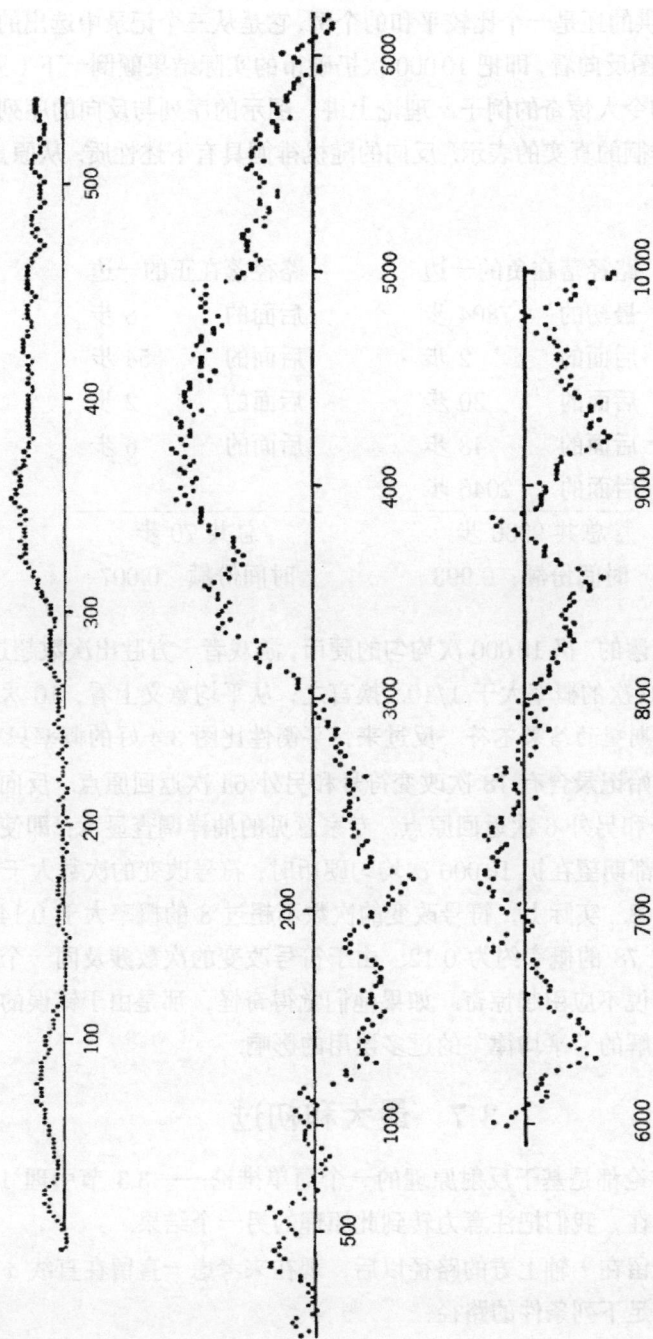

图 3.4 扔 10 000 次均匀硬币的记录（如 3.6 节所描述）

　　一看此图，许多人会对接连两次穿越坐标轴之间的区间的长度感到惊奇．事实上，此图形提供的还是一个比较平和的个例，它是从三个记录中选出的一个较平和者．如果把此图反向看，即把 10 000 次扔硬币的实际结果颠倒一下（见 3.8 节），会得到一个更加令人惊奇的例子．理论上讲，图示的序列与反向的序列同样是一个理想的随机徘徊的真实的表示．反向的随机徘徊具有下述性质．从原点出发，路径落地位置如下．

路径落在负的一边		路径落在正的一边	
最初的	7804 步	后面的	8 步
后面的	2 步	后面的	54 步
后面的	30 步	后面的	2 步
后面的	48 步	后面的	6 步
后面的	2046 步		
总共 9930 步		总共 70 步	
时间份额：0.993		时间份额：0.007	

　　这看来是荒谬的．扔 10 000 次均匀的硬币，游戏者一方胜出次数超过 9930 次而另一方不到 70 次的概率大于 1/10．换言之，从平均意义上看，10 次记录中有 1 次结果与人们期望的结果不符．反过来，平衡性比图 3.4 好的概率只有 0.072．

　　图 3.4 的原始记录含有 78 次改变符号和另外 64 次返回原点．反向的序列含有 8 次改变符号和另外 6 次返回原点．专家意见的抽样调查显示：即使是训练有素的统计学家，都期望在扔 10 000 次均匀硬币时，符号改变的次数大于 78，而没有人期望其仅为 8．实际上，符号改变的次数不超过 8 的概率大于 0.14，而符号改变的次数超过 78 的概率约为 0.12．由于符号改变的次数涉及同一个标准的两个记录，理论上说不应引起惊奇．如果他们觉得奇怪，那是由于错误的直觉，或是受到对难以理解的"平均律"的过多误用的影响．

3.7　最大和初过

　　前面许多结论都是基于反射原理的一个简单推论——3.3 节引理 1（基本引理）之上的．现在，我们把注意力转到此原理的另一个结果．

　　考虑完一直留在 t 轴上方的路径以后，现在来考虑一直留在直线 $x = r$ 以下的路径，即是满足下列条件的路径：

$$S_0 < r,\ S_1 < r,\ \cdots,\ S_n < r. \tag{3.7.1}$$

在此情况下，我们说路径的**最大值**小于 r. （注意：因为 $S_0 = 0$，所以最大值总是非负的. ）令 $A = (n, k)$ 是满足坐标 $k \leqslant r$ 的点. 如果条件 (3.7.1) 不成立，则称从 0 到 A 的一条路径触及或超过直线 $x = r$. 由反射原理，这样的路径的总数等于从原点到点 $A' = (n, 2r - k)$ 的路径的总数，其中 A' 是 A 关于直线 $x = r$ 的反射. 因此，我们证明了以下引理.

引理 1 令 $k \leqslant r$. 一条长为 n 的路径，其终点为 $A = (n, k)$ 且最大值 $\geqslant r$ 的概率等于 $p_{n, 2r-k} = P\{S_n = 2r - k\}$.

最大值等于 r 的概率由差 $p_{n, 2r-k} - p_{n, 2r+2-k}$ 给出. 对所有 $k \leqslant r$ 求和将得到任一条长为 n 的路径其最大值恰为 r 的概率. 此和是依次叠进的且最后化为 $p_{n,r} + p_{n,r+1}$. 只有当 n 和 r 的奇偶性一样时，$p_{n,r}$ 才不为 0，而这时必有 $p_{n,r+1} = 0$. 于是得到了：

定理 1 一条长为 n 的路径，其最大值等于 $r \geqslant 0$ 的概率是 $p_{n,r}$ 和 $p_{n,r+1}$ 中的正数.

对 $r = 0$ 且路径长度是偶数时，结论为

$$P\{S_1 \leqslant 0, S_2 \leqslant 0, \cdots, S_{2n} \leqslant 0\} = u_{2n}. \tag{3.7.2}$$

当然，这等价于作为基本引理的一种版本的关系式 (3.3.4)，因此，定理 1 是基本引理的推广.

下面要引进一个在随机过程一般理论中十分重要的基本概念. 如果

$$S_1 < r, \cdots, S_{n-1} < r, S_n = r, \tag{3.7.3}$$

则称在时刻 n **初过**点 $r > 0$. 在现在的内容里，或许说初访比初过好，但是术语初过在物理文献中早就引进并应用了，而且术语访问在连续过程中是不能采用的.

显然，满足条件 (3.7.3) 的路径必定经过 $(n-1, r-1)$，而且在时刻 $n-1$ 以前（含 $n-1$）其最大值为 $r-1$. 我们已知此事件的概率为 $p_{n-1,r-1} - p_{n-1,r+1}$，因此得到：

定理 2 初过 r 发生在时刻 n 的概率 $\varphi_{r,n}$ 由下式给出：

$$\varphi_{r,n} = \frac{1}{2}\left(p_{n-1,r-1} - p_{n-1,r+1}\right). \tag{3.7.4}$$

常规计算可得

$$\varphi_{r,n} = \frac{r}{n}\binom{n}{\frac{n+r}{2}}2^{-n}. \tag{3.7.5}$$

[跟往常一样，当 $(n+r)/2$ 不是整数时二项式系数理解为 0.] 另一推导见 3.8 节 (b).

当 r 很大时，分布 (3.7.5) 非常有趣. 为了得到初过 r 发生在时刻 N 以前的概率，必须把 $\varphi_{r,n}$ 对所有 $n \leqslant N$ 求和. 由正态逼近 (3.2.7) 可知，仅仅是这样一些项对求和才提供有意义的数值：r^2/n 既不很大又不是很靠近于 0. 对于这样的项，7.2 节提供了下述近似估计：

$$\varphi_{r,n} \sim \sqrt{\frac{2}{\pi}} \frac{r}{\sqrt{n^3}} \, e^{-r^2/2n}. \tag{3.7.6}$$

记住：在和式中，n 和 r 必须有相同的奇偶性. 此和式是 (3.7.7) 中的积分的黎曼和. 我们得到

定理 3　（初过的极限定理）固定 t，初过 r 发生在时刻 tr^2 以前的概率，当 $r \to \infty$ 时趋于[①]

$$\sqrt{\frac{2}{\pi}} \int_{1/\sqrt{t}}^{\infty} e^{-\frac{1}{2}s^2} ds = 2 \left[1 - \mathfrak{N} \left(\frac{1}{\sqrt{t}} \right) \right], \tag{3.7.7}$$

此处 $\mathfrak{N}$ 是 7.1 节定义的正态分布.

粗略地说，此定理推出：初过 r 的等待时间依 r^2 之增加而增加. 初过 r 发生在时刻 $\frac{9}{4}r^2$ 以后的概率约为 $\frac{1}{2}$. 由此推出：必定存在一点 $k < r$，使得经过 k 到 $k+1$ 的时间长于从 0 到 k 所需的时间.

初过时刻的分布直接导出：质点第 r 次返回原点的时刻的分布.

定理 4　第 r 次返回原点发生在时刻 n 的概率为 (3.7.5) 定义的 $\varphi_{r,n-r}$.

换句话说，在时刻 n 第 r 次返回原点的概率与在时刻 $n-r$ 初过 r 的概率一样.

证[②]　考虑从原点到 $(n,0)$ 的满足下述条件的路径：其所有的边都在横坐标下面，而且恰有 $r-1$ 个内部顶点在横坐标轴上. 为简单起见，称这样的路径为典型的（representative）.（图 3.5 给出了一条 $n=20, r=5$ 的典型路径.）一条典型路径可分成 r 段，其中每一段的端点都在横坐标轴上，而且还可以用下列办法构造出 2^r 条不同的路径：在每段中把其顶点赋以不同的符号（即是说，把几段对坐标轴做反射）. 用这种办法，我们可以得到在第 r 次返回作为结束的所有路径，因此，典型路径的条数与在第 r 次返回（在时刻 n）为结束的路径的条数的 2^r 倍相等. 所以，定理可以重新叙述如下：长度为 n 的典型路径的条数等于长度为 $n-r$ 的终点初过 r 的路径的条数. 这确是对的，因为，当我们把一条典型的路径删去其左端点在横坐标轴上的 r 条边以后，就得到了一条长度为 $n-r$ 的终点初过 r 的路径. 此程序可反向施行，即在原点和造成初过 $1, 2, \cdots, r-1$ 的那 $r-1$ 个顶点插入 r 条具有负斜率的边（见图 3.5）.　∎

由此推出的结论是：初过的极限定理也可以应用到第 r 次返回为 $r \to \infty$ 的场合，第 r 次返回原点发生在时刻 tr^2 以前的概率当 $r \to \infty$ 时趋于 (3.7.7) 所确定的数.

[①] (3.7.7) 定义了所谓的 $\frac{1}{2}$ 阶正稳定分布. 定理 3 的推广见 14.9 节习题 14.

[②] 至于用母函数来证明此定理，见 (11.3.17).

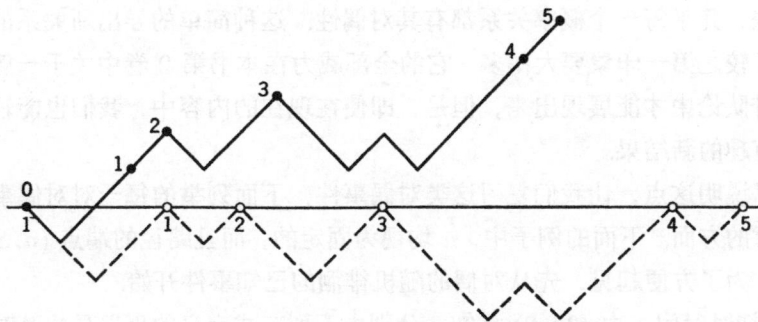

图 3.5 初过和返回原点的解释

此结果揭示出随机徘徊中的随机起伏的另一个人们想象不到的性质. 用比较形象的语言描述就是, 随机徘徊在质点返回原点时重新开始徘徊, 因此第 r 次返回原点的时刻可视为 r 个等待时间的和, 这些等待时间可解释为 "在相同的条件下测量同一个物理量的测量值". 普遍认为, 这 r 个观察值的均值有界地收敛到一个 "真值". 但现在此和的阶实际上是 r^2, 因此粗略地说, 此均值的增长与 r 成比例. 详细分析显示: 这 r 个等待时间中的有一个时间的阶与 r 个等待时间的和的阶是一样的, 都是 r^2. 在实践中, 这种现象被归纳为 "实验误差" 或 "出现意外" 而被忽略. 发现人们不愿见到的东西是困难的[①].

3.8 对偶性、最大的位置

每一条路径对应于由加号和减号组成的有限序列, 如果把所有的项的次序颠倒一下, 就会得到一条新的路径. 从几何的观点来看, 新路径是把老路径沿其终点旋转 $180°$ 并把老路径的终点取为新坐标系的原点而成. 对每一类路径, 都可以按照这种方法在同一坐标系中得到一类新路径. 如果起始的随机徘徊的诸步是 $X_1, X_2, \cdots, X_n$, 则新的随机徘徊的诸步定义为:

$$X_1^* = X_n, \cdots, X_n^* = X_1. \tag{3.8.1}$$

新随机徘徊的顶点由下列部分和决定:

$$S_k^* = X_1^* + \cdots + X_k^* = S_n - S_{n-k}, \tag{3.8.2}$$

(此处, $S_0^* = 0, S_n^* = S_n$). 我们称新的随机徘徊为**对偶的随机徘徊**. 每个起始的随机徘徊定义的事件, 对应着对偶的随机徘徊定义的一个事件, 它们的概率相等.

---

① 原著者在此反复说明, 许多直觉是不可靠的, 甚至与精密的理论背道而驰. ——译者注

用此方法，几乎每一个概率关系都有其对偶性. 这种简单的导出新关系的方法的有效性，较之第一印象要大得多. 它的全部威力在本书第 2 卷中关于一般的随机徘徊和排队论中才能展现出来，但是，即使在现在的内容中，我们也能轻易地推出许多有趣的新结果.

为了说明这点，让我们复习这类对偶事件，下面列举的每一对对偶事件都有值得注意的方面. 下面的例子中，n 均视为固定的，而且路径的端点 (n, S_n) 简称为**终点**. 为了方便起见，先从对偶的随机徘徊的已知事件开始.

(a) **初过时间**. 由 (3.8.2) 易知：分别由下列二式定义的事件是相互对偶的：

$$S_j^* > 0, \qquad j = 1, 2, \cdots, n, \tag{3.8.3}$$

$$S_n > S_j, \qquad j = 0, 1, \cdots, n-1. \tag{3.8.4}$$

第二个事件的意思是：在时刻 n 以前，终点从未被访问过. 由 (3.3.2) 可知：当 $n = 2\nu > 0$ 为偶数时，第一个事件的概率为 $\frac{1}{2} u_{2\nu}$；而当 $n = 2\nu + 1$ 时此概率仍是此数，因为 $S_{2\nu}^* > 0$ 蕴涵 $S_{2\nu+1}^* > 0$. 因此在时刻 n 初过一个正的点的概率为 $\frac{1}{2} u_{2\nu}$，此处 $\nu = \frac{1}{2} n$ 或 $\nu = \frac{1}{2}(n-1)$. （显然，这对 $n = 1$ 也成立，但对 $n = 0$ 不成立. ）对偶原理在此使我们得到了一个很有趣的结果，而直接验证此结果是不容易的.

(b) **续上**. 在前面的陈述中，终点事先并未特别指明. 限制初过点 r 意味着在 (3.8.4) 中再附加条件 $S_n = r$. 其对偶事件由从原点到 (n, r) 且所有内部顶点都在坐标轴上方的路径构成. 这种路径的条数可以直接从反射引理得到 [取 $A = (1, 1), B = (n, r)$]. 因此，我们得到了 (3.7.4) 的一个新证明.

(c) **在终点的最大值**. 在 (3.8.3) 和 (3.8.4) 中把严格不等号 ">" 换为 "⩾"，可以得到一对新的对偶事件. 只要 S_n 是最大值，甚至此最大值在此前的某一个时刻也达到过，第二个事件也发生[1]. 参考 (3.3.4)，我们发现：此事件的概率为 $u_{2\nu}$，其中 $\nu = \frac{1}{2} n$ 或 $\nu = \frac{1}{2}(n+1)$. 值得注意的是，此概率是 (a) 中概率的 2 倍.

(d) "已经返回原点 k 次" 这一事件与事件 "k 次访问终点[2]发生在时刻 n 以前" 是相互对偶的. 类似的陈述可应用到符号变换中去. （至于其概率，见 3.5 节和习题 9 ~ 10. ）

(e) **初访终点的反正弦律**. 随机选取一条长为 $n = 2\nu$ 的路径. 在 (a) 中，我们已经知道：事件 "$S_{2\nu}$ 是正的且 $S_0, S_1, \cdots, S_{2\nu-1}$ 中没有一项等于 $S_{2\nu}$" 的概率

---

① 用第 2 卷第 12 章的术语来说，我们用弱升降点来对比 (a) 中的严升降点.

② 原著者定义终点为 (n, S_n)，因此在时刻 n 以前访问终点是不可能的. "在时刻 $k \leqslant n$ 初访终点" 其实是 "在时刻 k 初过 S_n"，即 $S_k = S_n$ 且对所有 $j < k$ 有 $S_j \neq S_n$. 原著者在 (e) 中的解释亦如此.

　　　　　　　　　　　　　　　　　　　　　　　　　　　　　　　　　　　——译者注

为 $\frac{1}{2}u_{2\nu}$. 对 $S_{2\nu}$ 为负数的情形, 上述类似结论也对. 因此, 值 $S_{2\nu}$ 在时刻 2ν 以前从未达到过的概率为 $u_{2\nu}$. 这也是事件 "$S_{2\nu}=0$" 的概率. 在最后这一事件中, 终点的值 0 在时刻 0 已经达到了[①]. 现在考虑更一般的事件: 初访终点的值在时刻 $2k$ (换言之, 我们要求 $S_{2k}=S_{2\nu}$ 但对所有 $j<2k$ 有 $S_j\neq S_{2\nu}$). 这是最后一次访问原点发生在时刻 $2k$ 的对偶事件, 而且在 3.4 节中我们已看到这些访问服从离散反正弦分布. 因此我们又得到了一个意想不到的结果: 在时刻 $2\nu-2k$ 初访终点 $S_{2\nu}$ 的概率为 $\alpha_{2k,2\nu}=u_{2k}u_{2\nu-2k}$ ($k=0,1,\cdots,\nu$). 特别地, 由此推出: 时刻 $2k$ 和 $2\nu-2k$ 是等可能的. 还有, 特别早或特别晚初访的概率比其他时间初访的可能性大.

(f) **最大值位置的反正弦律**. 作为对偶性原理的有用性的最后一个例子, 我们证明在 (a) 和 (c) 中得到的结果可以直接推出序列 $S_0,S_1,\cdots,S_n$ 中达到最大值的时刻的概率分布. 但因为最大值可以多次达到, 所以我们必须区别最初和最后的最大值. 然而, 结果实质上是一样的.

为了简单起见, 令 $n=2\nu$ 是偶数. **最初的**最大值发生在时刻 k, 如果

$$S_0<S_k,\cdots,S_{k-1}<S_k, \tag{3.8.5a}$$

$$S_{k+1}\leqslant S_k,\cdots,\ S_{2\nu}\leqslant S_k. \tag{3.8.5b}$$

让我们把 k 写成 $k=2\rho$ 或 $k=2\rho+1$. 根据 (a), 除了 $k=0$ 以外, (3.8.5a) 的概率为 $\frac{1}{2}u_{2\rho}$. 事件 (3.8.5b) 仅仅包含时刻 k 及 k 以后的那一段, 显然其概率等于长为 $2\nu-k$ 的且顶点都在 t 轴或以下的路径的概率. 在 (c) 中已经证明此概率为 $u_{2\nu-2\rho}$. 因此, 如果 $0<k<2\nu$, 在序列 $S_0,\cdots,S_{2\nu}$ 中最初的最大值发生在时刻 $k=2\rho$ 或 $k=2\rho+1$ 的概率为 $\frac{1}{2}u_{2\rho}u_{2\nu-2\rho}$. 对于 $k=0$ 或 $k=2\nu$, 其对应的概率分别为 $u_{2\nu}$ 和 $\frac{1}{2}u_{2\nu}$.

(对于**最后的**最大值, 时刻 0 和 2ν 对应的概率交换一下就行, 其余的概率保持不变, 只需把 k 写成 $k=2\rho$ 或 $k=2\rho-1$ 即可.)

可见, 把奇的和偶的下标适当地配对, 最大值的位置化为离散反正弦分布的问题. 与直观想象不同, 在扔硬币游戏中, 最大的累积盈利发生在游戏的早期或晚期的可能性, 比发生在中期的可能性大得多.

3.9 等分布定理

作为这一章的结尾, 我们来证明曾在 3.1 节例 (b) 中提及的有关高尔顿等级次序检验的一条定理. 这可以说明稍微改变一些条件能导致结果产生怎样的改变.

① 因为 $S_0\equiv 0$. ——译者注

3.4 节中曾证明：落在 t 轴上面的边数服从离散反正弦分布．现在再考虑类似的问题，但我们的注意力集中到从原点开始而终于 t 轴上一点的路径．其结果是想象不到的，因为它与反正弦律明显不同．

定理　长为 $2n$ 且 $S_{2n} = 0$ 的恰有 $2k$（$k = 0, 1, 2, \cdots, n$）条边在横坐标上方的路径的条数为 $2^{2n}u_{2n}/(n+1) = 2^{2n+1}f_{2n+2}$，它与 k 无关．

证　分别考虑 $k = 0$ 和 $k = n$ 两种情形．从原点到 $(2n, 0)$ 的所有边都在 t 轴上方的路径数等于从 $(1, 1)$ 到 $(2n, 0)$ 的从不触及 t 轴下方的路径数．由反射原理，此数等于

$$\binom{2n-1}{n} - \binom{2n-1}{n+1} = \frac{1}{n+1}\binom{2n}{n}. \tag{3.9.1}$$

这就证明了 $k = n$ 的情形，由对称性 $k = 0$ 时亦成立．

对于 $1 \leqslant k \leqslant n-1$，我们用归纳法．容易验证定理的结论当 $n = 1$ 时成立．假定定理的结论对路径长度小于 $2n$ 成立．令 $2r$ 是初返原点的时刻．可能有两种情况．如果到时刻 $2r$ 的那一段在横坐标轴的正方，此时必有 $1 \leqslant r \leqslant k$，且第二段恰有 $2k - 2r$ 条边在横坐标轴的上面．由归纳法假设，满足此两条件的路径有

$$2^{2r-1}f_{2r} \cdot \frac{2^{2n-2r}}{n-r+1} \cdot u_{2n-2r} = \frac{2^{2n-2}}{r(n-r+1)} \cdot u_{2r-2}u_{2n-2r} \tag{3.9.2}$$

种不同的选取法．另一方面，如果到初返原点那一段全在横坐标的负方，则最终那一段长为 $2n - 2r$ 的子路径恰含 $2k$ 条正边，因此在这种情况下必有 $n - r \geqslant k$．对固定的 r，满足这些条件的路径数也是由 (3.9.2) 给出．因此，在上述两种情况中，路径的总数分别为把 (3.9.2) 对 $1 \leqslant r \leqslant k$ 求和与对 $1 \leqslant r \leqslant n-k$ 求和．在第二个求和中把求和指标由 r 变为 $\rho = n + 1 - r$，则 ρ 从 $k+1$ 跑到 n，只要把 r 换为 ρ，此和中每一项均与 (3.9.2) 中的相应的项一样．由此推出：具有 k 条正边的路径数等于把 (3.9.2) 对所有 $1 \leqslant r \leqslant n$ 求和．因为 k 在 (3.9.2) 中并不出现，故此和不依赖于 k．因为总路径数为 $2^{2n}u_{2n}$，这就决定了每种情况下的路径数．（直接的计算见 3.10 节习题 13．）　■

关于最大值的位置的类似的定理也成立（见 3.10 节习题 14）．

3.10　习题

1. (a) 如果 $a > 0$ 且 $b > 0$，满足条件 $s_1 > -b, \cdots, s_{n-1} > -b, s_n = a$ 的路径 $(s_1, s_2, \cdots, s_n)$ 的总数为 $N_{n,a} - N_{n,a+2b}$．

(b) 如果 $b > a > 0$，满足条件 $s_1 < b, \cdots, s_{n-1} < b, s_n = a$ 的路径的总数为 $N_{n,a} - N_{n,2b-a}$．

2. 令 $a > c > 0$ 且 $b > 0$，触及过 $x = a$ 且此后一直到 (n, c) 都未触及直线 $x = -b$ 的路径的总数为 $N_{n,2a-c} - N_{n,2a+2b+c}$.（注意：这些路径包含在触及直线 $x = a$ 以前触及直线 $x = -b$ 的那些路径.）

3. **重复反射.** 设 a 和 b 都是正数且 $-b < c < a$. 从原点到 (n, c) 的过程中既未触及直线 $x = -b$ 又未触及直线 $x = a$ 的路径的总数等于级数

$$\sum \left(N_{n,2k(a+b)+c} - N_{n,2k(a+b)+2a-c} \right),$$

此级数对从 $-\infty$ 到 ∞ 的所有 k 求和，但只有有限个非零项.

提示：应用并推广前一问题的方法.

注意：此问题与赌博中的所谓**破产**问题有联系. 在一场赌博中，若赌者双方各有初始本金 a 和 b 元，则赌博将在累积资本达到 a 或 $-b$ 时结束. 关于与统计检验的联系见 3.1 节例 (c).

（重复、反射的方法将在 14.9 节习题 17 中再一次用到，与第 2 卷 10.5 节的扩散理论也有联系.）

4. 从 3.3 节引理 1 推出（不用计算）：

$$u_0 u_{2n} + u_2 u_{2n-2} + \cdots + u_{2n} u_0 = 1.$$

5. 证明：

$$u_{2n} = (-1)^n \binom{-\frac{1}{2}}{n}, \qquad f_{2n} = (-1)^{n-1} \binom{\frac{1}{2}}{n}.$$

像由 (2.12.9) 推出 (3.2.6) 一样，推出前一问题的恒等式.

6. 用几何方法证明：从原点到 $(2n+2, 0)$ 的所有内部顶点都严格在横坐标轴正上方的路径数，等于从原点到 $(2n, 0)$ 的所有顶点在横坐标轴上方的（允许落在横坐标轴上）路径数. 因此 $P\{S_1 \geqslant 0, \cdots, S_{2n-1} \geqslant 0, S_{2n} = 0\} = 2f_{2n+2}$.

提示：参考图 3.1.

7. 首先证明由下述方法构造的两族路径能建立一个一一对应，然后再利用它几何地证明 3.3 节引理 1.

给定一条从原点到 $(2n, 0)$ 的路径，令 $M = (k, m)$ 是此路径**最左边**的最小点. 把从原点到 M 这一段路径对垂直线 $t = k$ 反射并滑动这反射的一段到端点 $(2n, 0)$. 如果取 M 为新坐标系的原点，则新路径从原点到 $(2n, 2m)$ 且所有顶点严格落在横坐标轴上或其上方.（此构造源自尼尔森.）

8. 考虑从不与直线 $x = -1$ 相遇的路径，直接证明公式 (3.3.5).

9. 在时刻 $2n$ 以前恰巧发生 r 次返回原点的概率，等于在时刻 $2n$ 返回到原点且此前至少有 r 次返回原点的概率. 提示：利用 3.3 节引理 1.

10. **续上题.** 令 $z_{r,2n}$ 为在时刻 $2n$ 及其以前恰巧发生 r 次返回原点的概率. 应用前一个问题，证明：$z_{r,2n} = \rho_{r,2n} + \rho_{r+1,2n} + \cdots$，此处 $\rho_{r,2n}$ 是第 r 次返回原点恰巧发生在时刻 $2n$ 的概率. 利用 3.7 节定理 4 推出

$$z_{r,2n} = \frac{1}{2^{2n-r}} \binom{2n-r}{n}.$$

11. 符号变换次数的概率的另一种推导. 证明:

$$\xi_{r,2n-1} = \frac{1}{2}\sum_{k=1}^{n-1} f_{2k}\left(\xi_{r-1,2n-1-2k} + \xi_{r,2n-1-2k}\right).$$

利用数学归纳法, 假定 (3.5.1) 对直到 $2n-1$ 之前的所有时刻都成立, 证明:

$$\xi_{r,2n-1} = 2\sum_{k=1}^{n-1} f_{2k}p_{2n-2k,2r}.$$

这是返回原点以后到达点 $(2n, 2r)$ 的概率. 考虑第一步, 应用选举定理证明 (3.5.1) 成立.

12. 序列 $S_1, \cdots, S_{2n-1}$ 的最大值是 k 且 $S_{2n} = 0$ 的概率等于 $P\{S_{2n} = 2k\} - P\{S_{2n} = 2k+2\}$. 用反射证明此结果.

13. 3.9 节的证明中曾出现:

$$\sum_{r=1}^{n} \frac{1}{r(n-r+1)} u_{2r-2}u_{2n-2r} = \frac{1}{n+1} u_{2n}.$$

证明此关系等价于 (3.2.6). 提示: 对分数分解因子.

14. 考虑一条长为 $2n$ 的满足 $S_{2n} = 0$ 的路径. 把其边环形地标序, 其办法是把 0 和 $2n$ 视为同一物. 这就产生了一个结果: 第一条边与最后一条边变为紧邻的两条边. 应用循环排列, 视作具有原点 (k, S_k) 的闭路径. 证明这样做, 其最大值保持不变, 但其位置往前移了 k 步. 证明当所有 $2n$ 个循环排列都用了以后, 最大值发生在 r 的次数不依赖于 r. 随机抽取一条满足 $S_{2n} = 0$ 的路径, 并抽出其最大值所在的位置 (如果最大值的位置唯一的话); 如果最大值的位置有 n 个, 则随机地选取一个. 此过程的数目界于 0 与 $2n-1$ 之间. 证明所有可能性均等.

*第 4 章 事件的组合

本章讨论由某些其他事件 $A_1, A_2, \cdots, A_N$ 确定的事件. 例如在桥牌游戏中, "至少一家有同一花色的全部 13 张"的事件 A 是由 4 个事件 A_k ($k = 1, 2, 3, 4$) 所成之并, 其中 A_k 是事件"第 k 家有同一花色的全部 13 张". 由于诸事件 A_k 可能一个、两个或多个同时发生, 也正因为有这些重叠关系, 所以事件 A 的概率并不是 4 个概率 $P\{A_k\}$ 之和. 对于给定的一组事件 $A_1, A_2, \cdots, A_N$, 我们将说明如何去计算其中有 $0, 1, 2, 3, \cdots$ 个同时发生的概率. [①]

4.1 事件之并

设 A_1 和 A_2 是两个事件, 则 $A = A_1 \cup A_2$ 表示或 A_1 或 A_2 或两者同时发生的事件. 由 (1.7.4) 我们有

$$P\{A\} = P\{A_1\} + P\{A_2\} - P\{A_1 A_2\}. \tag{4.1.1}$$

现在, 我们希望将此公式推广到 N 个事件 $A_1, A_2, \cdots, A_N$ 的情形, 也就是说, 我们想要计算事件"至少有一个 A_k 发生"的概率, 这事件可用符号

$$A = A_1 \cup A_2 \cup \cdots \cup A_N$$

来表示. 为此, 仅知道每个事件 A_k 的概率是不够的, 我们还必须知道关于事件 A_k 的所有可能重叠的全部情况, 也就是对于每个二元组 (i, j)、每个三元组 (i, j, k), 等等, 必须知道 A_i 与 A_j 或 A_i, A_j 与 A_k 等同时发生的概率. 为了便于表达, 我们用字母 p 加以适当的下标来表示这些概率. 于是

$$p_i = P\{A_i\}, \quad p_{i,j} = P\{A_i A_j\}, \quad p_{i,j,k} = P\{A_i A_j A_k\}, \quad \cdots \tag{4.1.2}$$

此处, 下标的先后次序是无关紧要的. 但是, 为了统一起见, 我们将按下标的大小顺序来书写, 因此, 我们不写 $p_{7,3,11}$ 而写 $p_{3,7,11}$. 两个下标永不相等. 令 S_r 表示具有 r 个下标的所有 p 之和, 即定义

$$S_1 = \sum p_i, \quad S_2 = \sum p_{i,j}, \quad S_3 = \sum p_{i,j,k}, \quad \cdots \tag{4.1.3}$$

---

* 此章内容在以后不多用, 仅第一个定理相当重要.

① 更多信息见参考文献 [52].

其中 $1 \leqslant i < j < k < \cdots \leqslant N$，因此，每一组合在和中出现一次而且只出现一次．故 S_r 共有 $\binom{N}{r}$ 项．最后的一个和 S_N 仅有一项 $p_{1,2,3,\cdots,N}$，它就是所有 N 个事件同时发生的概率．当 $N = 2$ 时，只有两个和 S_1 与 S_2，公式 (4.1.1) 可写成

$$P\{A\} = S_1 - S_2. \tag{4.1.4}$$

对于任意 N 个事件的情况，可推广成如下的定理．

定理　在事件 $A_1, A_2, \cdots, A_N$ 中，至少有一个发生的概率 P_1 由下式给出：

$$P_1 = S_1 - S_2 + S_3 - S_4 + \cdots \pm S_N. \tag{4.1.5}$$

证　我们用所谓"包含与排斥"的方法来证明 (4.1.5)（见 4.6 节习题 26）．为了计算 P_1，要把至少含在一个 A_i 中的所有样本点的概率都加起来，而每个这种点的概率只能加一次．为了有系统地进行，首先累加那些只含在一个 A_i 中的点的概率，其次是那些恰含在两个事件 A_i 中的，依此类推，最后是那些含在所有 A_i 中的点（如果有的话）的概率．现在，设 E 为任一样本点，它恰好含在这 N 个事件的 n 个中．不失一般性，我们可以将事件组 $\{A_i\}$ 重新编号，使得 E 恰好含在 $A_1, A_2, \cdots, A_n$ 中，而不在 $A_{n+1}, A_{n+2}, \cdots, A_N$ 中．于是，$P\{E\}$ 将出现在各个 $p_i, p_{i,j}, p_{i,j,k}, \cdots$ 之中，此处的下标都在 1 到 n 的范围内．故 $P\{E\}$ 在 S_1 中出现 n 次，在 S_2 中出现 $\binom{n}{2}$ 次，等等．总之，当 (4.1.5) 的右边用样本点的概率来表示时，得到 $P\{E\}$ 出现的次数是

$$n - \binom{n}{2} + \binom{n}{3} - \binom{n}{4} + \cdots \pm \binom{n}{n}. \tag{4.1.6}$$

要证明这个定理，只需证明这个数等于 1 便够了．把 (4.1.6) 与 $(1-1)^n$ 的二项展开式 [见 (2.8.7)] 比较，立刻就可以得到这个结论．因为 $(1-1)^n$ 的展开式中的第一项是 1，而紧接着的各项便是 (4.1.6) 各项的反号．因此对于每个 $n \geqslant 1$，表达式 (4.1.6) 都等于 1，这就证明了定理．　∎

例　(a) 在桥牌游戏中，设 A_i 为事件"第 i 家有同一花色的全部 13 张"，则 $p_i = 4 \big/ \binom{52}{13}$；第 i 与第 j 两家都各有同一花色的全部 13 张的事件有 $4 \cdot 3$ 种可能的方式，概率 $p_{i,j} = 12 \big/ \binom{52}{13}\binom{39}{13}$；同理，

$$p_{i,j,k} = 24 \bigg/ \binom{52}{13}\binom{39}{13}\binom{26}{13}.$$

最后，$p_{1,2,3,4} = p_{1,2,3}$，因为当三家中每家都有同一花色的全部 13 张时，第四家必然也有同一花色的全部 13 张．因此某一家有同一花色的全部 13 张的概率是

$P_1 = 4p_1 - 6p_{1,2} + 4p_{1,2,3} - p_{1,2,3,4}$. 利用斯特林公式，近似地得到 $P_1 = \frac{1}{4} \cdot 10^{-10}$. 在这个特殊的情形下，$P_1$ 很接近 A_i 的概率之和，但这并不是常规，而是一个例外.

(b) **相合（一致）.** 孟德模在 1708 年首先提出下面的有多种变形和奇妙解答的问题. 它曾被拉普拉斯与许多其他作者推广过.

设有两副同样的纸牌，每副各有 N 张不同的牌. 把这两副牌都均匀地洗过之后，就将此两副牌依它们的次序逐一翻看对比. 若在两副牌中，同一位置的两张牌恰好是相同时，我们就说有一个相合（一致）. 因而，相合可以在 N 个位置的任何一处发生，也可以在若干个位置上同时发生. 这样的试验还可以用更有趣的形式来描写. 例如，我们可用 N 封信与 N 个信封来代替两副纸牌，而设想一个马虎的秘书把信与信封随意地相配. 或者我们也可以把它设想成把混放在衣帽间的帽子随便地发还给宾客，若某一客人所得的帽子恰好是他自己的，则说有一个相合. 我们可以设想一下相合发生的概率与 N 的关系：在共有 8 个客人的餐馆中，帽主与其帽子有一个相合的概率同 10 000 人中有一个相合的概率相比较，结果如何呢？人们将感到奇怪，实际上，这个概率差不多与 N 无关，总是近乎 2/3（对于较有价值的应用，见 4.6 节习题 10 和习题 11）.

在 4.4 节里，我们将计算恰有 $0, 1, 2, 3, \cdots$ 个相合的概率. 这里，我们仅仅求出至少有一个相合的概率 P_1. 为了表达简单起见，让我们将纸牌编上号数 $1, 2, 3, \cdots, N$，并假定有一副纸牌是按它自然的顺序排列的，而另一副纸牌的每一种排列都有概率 $1/N!$. 令 A_k 为在第 k 个位置上这两副纸牌出现相合的事件. 这意味着：编号为 k 的牌排在第 k 个位置，而其余的 $N-1$ 张牌可以按任意的顺序来排列. 显然，$p_k = (N-1)!/N! = 1/N$. 同理，对每一组 i, j，我们有 $p_{i,j} = (N-2)!/N! = 1/N(N-1)$，等等. 和 S_r 包含 $\binom{N}{r}$ 项，其中每一项都等于 $(N-r)!/N!$. 因此 $S_r = 1/r!$，由 (4.1.5) 即可得到所要求的概率是

$$P_1 = 1 - \frac{1}{2!} + \frac{1}{3!} - \frac{1}{4!} + \cdots \pm \frac{1}{N!}. \tag{4.1.7}$$

注意，$1 - P_1$ 正是展开式

$$e^{-1} = 1 - 1 + \frac{1}{2!} - \frac{1}{3!} + \frac{1}{4!} - \cdots \tag{4.1.8}$$

的前 $N+1$ 项. 因此我们有一个良好的近似式

$$P_1 \approx 1 - e^{-1} = 0.632\,12\ldots. \tag{4.1.9}$$

下表中 P_1 的准确数值可说明 (4.1.9) 的近似程度是很好的.

$N =$	3	4	5	6	7
$P_1 =$	0.666 67	0.625 00	0.633 33	0.631 96	0.632 14

4.2　在古典占位问题中的应用

现在回到把 r 个球随机地放到 n 个盒中的问题, 设每种不同的放法都具有相同的概率 n^{-r}. 我们要求出恰有 m 个盒是空的概率 $p_m(r, n)$[①].

设 A_k 代表第 k 个盒是空的这一事件 $(k = 1, 2, \cdots, n)$. 在这个事件中, 所有 r 个球都放到其余的 $n - 1$ 个盒里, 这样的放法共有 $(n - 1)^r$ 种. 同理, 预先指定的两个盒是空的放法共有 $(n - 2)^r$ 种, 依此类推. 于是得到

$$p_i = \left(1 - \tfrac{1}{n}\right)^r, \; p_{i,j} = \left(1 - \tfrac{2}{n}\right)^r, \; p_{i,j,k} = \left(1 - \tfrac{3}{n}\right)^r, \; \cdots \qquad (4.2.1)$$

因此, 对于每个 $\nu \leqslant n$ 有

$$S_\nu = \binom{n}{\nu} \left(1 - \frac{\nu}{n}\right)^r. \qquad (4.2.2)$$

至少有一个盒是空的概率由 (4.1.5) 给出, 因此所有的盒都不空的概率为

$$p_0(r, n) = 1 - S_1 + S_2 - S_3 + \cdots = \sum_{\nu=0}^{n} (-1)^\nu \binom{n}{\nu} \left(1 - \frac{\nu}{n}\right)^r. \qquad (4.2.3)$$

现在我们考虑恰有 m 个盒是空的分布. 这 m 个盒可以有 $\binom{n}{m}$ 种方法选取. r 个球分布在其余的 $n - m$ 个盒中, 因此这样的分布共有 $(n - m)^r p_0(r, n - m)$ 种. 除以 n^r, 我们发现恰有 m 个盒是空的概率为

$$\begin{aligned}
p_m(r, n) &= \binom{n}{m} \left(1 - \frac{m}{n}\right)^r p_0(r, n - m) \\
&= \binom{n}{m} \sum_{\nu=0}^{n-m} (-1)^\nu \binom{n-m}{\nu} \left(1 - \frac{m+\nu}{n}\right)^r.
\end{aligned} \qquad (4.2.4)$$

我们曾经采用 r 个随机数字的模型来比喻 r 个物件任意地放入 10 个盒中. 此时, 空盒对应于相应的数字不出现. 若 m 个盒是空的, 则 $10 - m$ 个不同数字就出现在所给出的序列中. 表 4.1 提供了一个数值实例.

---

① 这个概率在 2.11 节问题 8 中曾用完全不同的方式推出过. 可把它与 4.3 节中的例子比较.

表 4.1 当 $n = 10$ 时，按照 (4.2.4) 计算的概率 $p_m(r, 10)$

m	$r = 10$	$r = 18$
0	0.000 363	0.134 673
1	0.016 330	0.385 289
2	0.136 080	0.342 987
3	0.355 622	0.119 425
4	0.345 144	0.016 736
5	0.128 596	0.000 876
6	0.017 189	0.000 014
7	0.000 672	0.000 000
8	0.000 005	0.000 000
9	0.000 000	0.000 000

$p_m(r, 10)$ 是在 r 个随机数字中 $0, 1, 2, \cdots, 9$ 恰有 m 个不出现的概率.

显然，在 (4.2.4) 中，直接的数值计算是在 n 与 r 都较小时才是适用的，但占位问题只在 n 相当大时才令人关注. 例如，若 10 000 个球任意地放到 1000 个盒中，究竟有多少机会发现一个空盒? 在人数为 2000 的人群中，发现一年中的某一天不是这些人的生日的机会又是多少? 幸好，这类问题可以利用一个很简洁而又令人满意的近似法来回答. 当 $n \to \infty$ 时，其误差趋于零. 有关这类近似法的讨论是概率论中许多极限定理的典型.

于是，我们的目的在于讨论当 $n \to \infty, r \to \infty$ 时公式 (4.2.4) 的极限形式. 原则上，r 与 n 之间的关系是任意的. 然而，比例 r/n 表示每一盒中物件的平均数. 如果 r/n 很大，就不能期望有空盒. 在这种情形，$p_0(r, n)$ 近似于 1 而当 $m \geqslant 1$ 时所有 $p_m(r, n)$ 都很小. 另一方面，若 r/n 趋于零，则几乎所有的盒都是空的. 此时，对每一固定的 m 有 $p_m(r, n) \to 0$. 因此，只有中间情形才真正有讨论的意义.

首先估计 (4.2.2) 中的量 S_ν. 因为

$$(n - \nu)^\nu < (n)_\nu < n^\nu$$

所以我们有

$$n^\nu \left(1 - \frac{\nu}{n}\right)^{\nu + r} < \nu! S_\nu < n^\nu \left(1 - \frac{\nu}{n}\right)^r. \tag{4.2.5}$$

对 $0 < t < 1$，由展开式 (2.8.10) 显然有 $-\ln(1 - t)$ 落在 t 与 $t/(1 - t)$ 之间. 故

$$\left[n e^{-(\nu + r)/(n - \nu)}\right]^\nu < \nu! S_\nu < \left[n e^{-r/n}\right]^\nu. \tag{4.2.6}$$

为简单起见，令

$$n e^{-r/n} = \lambda, \tag{4.2.7}$$

并假定 r 和 n 以这样一种方式上升：使 λ 保持有界. 于是，对每一固定的 ν，(4.2.6) 中左右两端的数的比趋于 1，因此，我们推出

$$0 \leqslant \frac{\lambda^\nu}{\nu!} - S_\nu \to 0. \tag{4.2.8}$$

当 $\lambda \to 0$ 时，此关系式严格成立，因此 (4.2.8) 仍然正确，则

$$\mathrm{e}^{-\lambda} - p_0(r, n) = \sum_{\nu=0}^{\infty} (-1)^\nu \left(\frac{\lambda^\nu}{\nu!} - S_\nu \right) \to 0, \tag{4.2.9}$$

但 (4.2.4) 中 $p_0(r, n-m)$ 的因子可以写成 S_m，从而对每一个固定的 m 都有

$$p_m(r, n) - \mathrm{e}^{-\lambda} \frac{\lambda^m}{m!} \to 0. \tag{4.2.10}$$

这就完成了下述定理的证明.

定理[①] 当 n 和 r 增大而使得 $\lambda = n\mathrm{e}^{-r/n}$ 保持有界时，则对每一个固定的 m，(4.2.10) 都成立.

近似表达式

$$p(m; \lambda) = \mathrm{e}^{-\lambda} \frac{\lambda^m}{m!} \tag{4.2.11}$$

称为泊松分布，它是一个非常重要的分布，描述了各种现象. 我们将在第 6 章仔细研究它.

实际上，当 n 相当大时，就可用 $p(m; \lambda)$ 作为一个逼近. 而对于不大不小的值 n，就需要估计误差. 这里并不打算就此展开讨论.

例 (a) 当盒的个数是 1000，而球的个数在 5000 与 9000 之间时，表 4.2 给出了恰有 m 个空盒的概率的近似值. 当 $r = 5000$ 时，空盒个数的中位数是 6，也就是说，出现 7 个或更多的空盒的可能性与出现 6 个或更少的空盒的可能性是差不多的. 如果把 9000 个球任意分配到 1000 个盒里，则可发现一个空盒的机会是 1/9.

(b) 在生日的统计 [2.3 节例 (d)] 中，$n = 365$，r 是人数. 当 $r = 1900$ 时，则近似地有 $\lambda = 2$. 在 1900 人的村庄里，一年中有 m 天不是生日的概率 $P_{[m]}$ 可近似地表示如下：

$$P_{[0]} = 0.135, \quad P_{[1]} = 0.271, \quad P_{[2]} = 0.271, \quad P_{[3]} = 0.180,$$
$$P_{[4]} = 0.090, \quad P_{[5]} = 0.036, \quad P_{[6]} = 0.012, \quad P_{[7]} = 0.003.$$

---

① 来源于冯·米泽斯，见参考文献 [101]，其中的证明与本书不同.

表 4.2 把 r 个球随机地放入 1000 个盒里，其中恰有 m 个空盒的概率的泊松近似值 (4.2.11)

$p(m; \lambda)$

r	λ	$m=0$	$m=1$	$m=2$	$m=3$	$m=4$	$m=5$	$m=6$	$m=7$	$m=8$	$m=9$	$m=10$	$m=11$
5000	6.74	0.0012	0.0080	0.0269	0.0604	0.1017	0.1371	0.1540	0.1482	0.1249	0.0935	0.0630	0.0386
5500	4.09	0.0167	0.0685	0.1400	0.1909	0.1951	0.1596	0.1088	0.0636	0.0325	0.0148	0.0060	0.0023
6000	2.48	0.0838	0.2077	0.2575	0.2128	0.1320	0.0655	0.0271	0.0096	0.0030	0.0008	0.0002	
6500	1.50	0.2231	0.3347	0.2510	0.1255	0.0471	0.0141	0.0035	0.0008	0.0001			
7000	0.91	0.4027	0.3661	0.1666	0.0506	0.0115	0.0021	0.0003					
7500	0.55	0.5777	0.3163	0.0873	0.0162	0.0023	0.0003						
8000	0.34	0.7126	0.2406	0.0414	0.0049	0.0004							
8500	0.20	0.8187	0.1637	0.0164	0.0011	0.0001							
9000	0.12	0.8869	0.1064	0.0064	0.0003								

(c) 当 $n \ln n + an$ 个球随机放人 n 个盒中且 n 很大时，所有 n 个盒都有球的概率为 $1 - e^{-a}$. ■

其实，也可以考虑恰含 k 个球的盒子，则上面关于 $k = 0$ 的特殊情况下的论断也可应用，只需做小的改动. 正如冯·米泽斯指出，恰有 m 个盒，每个都含有 k 个球的概率，也可以用泊松分布 (4.2.11) 来逼近，只不过要把 λ 定义为

$$\lambda = n \frac{e^{-r/n}}{k!} \left(\frac{r}{n}\right)^k. \tag{4.2.12}$$

4.3　N 个事件中实现 m 件

4.1 节的定理可以加强，如下面的定理.

定理　对任何正整数 $m\,(1 \leqslant m \leqslant N)$，在 N 个事件 $A_1, \cdots, A_N$ 中恰有 m 个同时发生的概率 $P_{[m]}$ 为

$$P_{[m]} = S_m - \binom{m+1}{m} S_{m+1} + \binom{m+2}{m} S_{m+2} - \cdots \pm \binom{N}{m} S_N. \tag{4.3.1}$$

注意：根据 (4.1.5)，没有一个 A_i 发生的概率 $P_{[0]}$ 为

$$P_{[0]} = 1 - P_1 = 1 - S_1 + S_2 - S_3 + \cdots \pm S_N. \tag{4.3.2}$$

这表明，如果取 $S_0 = 1$，当 $m = 0$ 时 (4.3.1) 也是对的.

证　我们采用 (4.1.5) 的证明方法. 设 E 是任意一个样本点，并设它恰好含在 N 个事件 A_j 的 n 个中，则仅当 $n = m$ 时样本点 E 的概率 $P\{E\}$ 才是概率 $P_{[m]}$ 的组成部分. 现在观察 $P\{E\}$ 在 (4.3.1) 右边出现的情况，注意 $P\{E\}$ 只在和 $S_1, S_2, \cdots, S_n$ 中出现，而不在 $S_{n+1}, S_{n+2}, \cdots, S_N$ 中出现. 于是，当 $n < m$ 时，$P\{E\}$ 在 (4.3.1) 右边不出现. 当 $n = m$ 时，$P\{E\}$ 恰在 S_m 中的一项出现. 要完成定理的证明，只须证明下面的情况，即当 $n > m$ 时，在 (4.3.1) 右边的项 $S_m, S_{m+1}, \cdots, S_n$ 中 $P\{E\}$ 出现的次数恰好互相抵消. 由于包含 E 的 n 个事件可以组成 $\binom{n}{k}$ 个 k 元组，故 $P\{E\}$ 在 S_k 中共出现 $\binom{n}{k}$ 次. 因此对 $n > m$，$P\{E\}$ 在 (4.3.1) 右边出现总的次数是

$$\binom{n}{m} - \binom{m+1}{m}\binom{n}{m+1} + \binom{m+2}{m}\binom{n}{m+2} - \cdots \pm \binom{n}{m}\binom{n}{n}. \tag{4.3.3}$$

当二项式系数用阶乘来表示时，(4.3.3) 可写成

$$\binom{n}{m}\left[\binom{n-m}{0} - \binom{n-m}{1} + \cdots \pm \binom{n-m}{n-m}\right]. \tag{4.3.4}$$

中括号内恰好是 $(1-1)^{n-m}$ 的二项展开式, 因此 (4.3.3) 化为零. 这正如我们所断言的. ■

读者可以验证: 把 (4.2.2) 代入 (4.3.1) 直接推出 (4.2.4).

4.4 在相合与猜测问题中的应用

4.1 节例 (b) 考虑两副纸牌的相合问题, 并求出 $S_k = 1/k!$. 将它代入 (4.3.1) 就得到下面的结果.

设有两副同样的纸牌, 每副各有 N 张不同的牌, 在两副牌的随意配对中, 恰有 m 个相合的概率 $P_{[m]}$ 由下式给出

$$P_{[0]} = 1 - 1 + \frac{1}{2!} - \frac{1}{3!} + \cdots \pm \frac{1}{(N-2)!} \mp \frac{1}{(N-1)!} \pm \frac{1}{N!},$$

$$P_{[1]} = 1 - 1 + \frac{1}{2!} - \frac{1}{3!} + \cdots \pm \frac{1}{(N-2)!} \mp \frac{1}{(N-1)!},$$

$$P_{[2]} = \frac{1}{2!}\left[1 - 1 + \frac{1}{2!} - \frac{1}{3!} + \cdots \mp \frac{1}{(N-3)!} \pm \frac{1}{(N-2)!}\right],$$

$$P_{[3]} = \frac{1}{3!}\left[1 - 1 + \frac{1}{2!} - \frac{1}{3!} + \cdots \mp \frac{1}{(N-3)!}\right], \tag{4.4.1}$$

$$\cdots$$

$$P_{[N-2]} = \frac{1}{(N-2)!}\left[1 - 1 + \frac{1}{2!}\right],$$

$$P_{[N-1]} = \frac{1}{(N-1)!}[1 - 1] = 0,$$

$$P_{[N]} = \frac{1}{N!}.$$

最后的一个关系是显然的. $P_{[n-1]}$ 等于零表示: 有 $N-1$ 个相合而没有所有 N 个相合是不可能事件.

在 (4.4.1) 右边的中括号内恰是 e^{-1} 展开式中的前若干项. 因此对于相当大的 N, 我们有近似式

$$P_{[m]} \approx \frac{\mathrm{e}^{-1}}{m!}. \tag{4.4.2}$$

表 4.3 给出了 $N = 3, 4, 5, 6, 10$ 对应的诸 $P_{[m]}$ 的准确值与极限值, 前面几列给出 $P_{[m]}$ 的准确值, 最后一列给出它的极限值

$$p_m = \frac{\mathrm{e}^{-1}}{m!}. \tag{4.4.3}$$

从表中可以看到 p_m 对 $P_{[m]}$ 的近似是相当良好的, 甚至对于不大的 N 值也行.

表 4.3 对一副 N 张不同的牌进行猜测恰有 m 次猜中的概率

m	$N = 3$		$N = 4$		$N = 5$		$N = 6$		$N = 10$		p_m
	$P_{[m]}$	b_m	$P_{[m]}$	b_m	$P_{[m]}$	b_m	$P_{[m]}$	b_m	$P_{[m]}$	b_m	
0	0.333	0.296	0.375	0.316	0.367	0.328	0.368	0.335	0.367 88	0.348 68	0.367 879
1	0.500	0.444	0.333	0.422	0.375	0.410	0.367	0.402	0.367 88	0.387 42	0.367 879
2	$\cdots$	0.222	0.250	0.211	0.167	0.205	0.187	0.201	0.183 94	0.193 71	0.183 940
3	0.167	0.037	$\cdots$	0.047	0.083	0.051	0.056	0.053	0.061 31	0.057 40	0.061 313
4			0.042	0.004	$\cdots$	0.006	0.021	0.008	0.015 34	0.011 16	0.015 328
5					0.008	0.000	$\cdots$	0.001	0.003 06	0.001 49	0.003 066
6							0.001	0.000	0.000 52	0.000 14	0.000 511
7									0.000 07	0.000 01	0.000 073
8									0.000 01	$\cdots$	0.000 009
9									$\cdots$	$\cdots$	0.000 001
10									$\cdots$	$\cdots$	0.000 000

$P_{[m]}$ 由 (4.4.1) 给出, b_m 由 (4.4.4) 给出. 最后一列由泊松极限 (4.4.3) 给出.

由 (4.4.3) 定义的值 p_m 有如下性质:

$$\sum p_k = \mathrm{e}^{-1} \left(1 + 1 + \frac{1}{2!} + \frac{1}{3!} + \cdots \right) = \mathrm{e}^{-1}\mathrm{e} = 1.$$

因此, p_m 可以解释为概率. 注意 (4.4.3) 为**泊松分布** (4.2.11) 当 $\lambda = 1$ 时的特别情形.

例 检验猜测能力. 在品酒鉴定及心理测试等场合中, 要求被测者按序说出一组未知顺序的 N 个物品, 比如说纸牌. 被测者的任何判断力都将表现为对随机性的违背. 要想从他的猜中率来判断其判断能力, 我们需要算一算运气的概率. 随机的猜测可依照几种方式来进行, 我们在此仅叙述其中三个极端的可能情形. (1) 被测者始终只猜一张固定的纸牌, 则在 N 次猜测中, 他一定有一次且仅有一次猜中, 因此, 猜中次数没有随机的起伏. (2) 在 N 次猜测中被测者每张牌都猜一次, 则 N 次猜测就对应于 N 张纸牌的一个排列, 若被测者没有什么秘诀, 则可以应用公式 (4.4.1). (3) 在 N 次猜测中被测者每次都猜测 N 张牌中的任意一张, 即 N 次的猜测是彼此独立地进行. 此时, 共有 N^N 种可能的排列. 实际上, 每人有其固定的心理习惯, 往往会倾向于多猜某些牌, 但在初步近似中, 我们可以假设所有 N^N 种排列都是等概的. 由于猜中 m 个而其余 $N-m$ 个没猜中的排列共有 $\binom{N}{m}(N-1)^{N-m}$ 种, 故恰有 m 个猜中的概率是

$$b_m = \binom{N}{m} \frac{(N-1)^{N-m}}{N^N}. \tag{4.4.4}$$

[这是二项分布的特殊情形, 在 2.4 节例 (c) 中已推出.]

表 4.3 给出了按照方式 (2) 或方式 (3) 进行试验时, 猜中概率的比较. 为了判断两种方式的短长, 我们需要均值与随机起伏的理论. 在这两种方式下, 猜中

的平均次数都是 1, 而方式 (2) 的随机起伏比方式 (3) 来得大些. 从表 4.3 中可看到, 实际上, 它们之间的差别不是太大. ∎

4.5　杂录

4.5.1　至少有 m 个事件实现

沿用 4.3 节的符号, 在事件 $A_1, A_2, \cdots, A_N$ 中, 有 m 个或更多个事件同时发生的概率 P_m 由下式给出

$$P_m = P_{[m]} + P_{[m+1]} + \cdots + P_{[N]}. \tag{4.5.1}$$

要求用 S_k 来表达 P_m 的公式, 最简易的途径是采用归纳法. 从表达式 (4.1.5) 出发, 应用递推公式 $P_{m+1} = P_m - P_{[m]}$ 即可得到, 当 $m \geqslant 1$ 时, 有

$$P_m = S_m - \binom{m}{m-1}S_{m+1} + \binom{m+1}{m-1}S_{m+2} - \binom{m+2}{m-1}S_{m+3} + \cdots \pm \binom{N-1}{m-1}S_N. \tag{4.5.2}$$

此外, 还可用 (4.3.1) 的结果直接导出 (4.5.2).

4.5.2　其他恒等式

我们用 $P_{[k]}$ 或 P_k 来表达 S_ν. 兹叙述如下:

$$S_\nu = \sum_{k=\nu}^{N} \binom{k}{\nu} P_{[k]}, \tag{4.5.3}$$

$$S_\nu = \sum_{k=\nu}^{N} \binom{k-1}{\nu-1} P_k. \tag{4.5.4}$$

证明的提示　对于给定的 $P_{[m]}$ 值, (4.3.1) 可视为未知数 S_ν 的线性方程组, 我们要证明 (4.5.3) 是它的唯一解. 若把 (4.5.3) 代入 $P_{[m]}$ 的表达式 (4.3.1), 则右边 $P_{[k]}$ $(m \leqslant k \leqslant N)$ 的系数是

$$\sum_{\nu=m}^{k} (-1)^{\nu-m} \binom{\nu}{m} \binom{k}{\nu} = \binom{k}{m} \sum_{\nu=m}^{k} (-1)^{\nu-m} \binom{k-m}{\nu-m}. \tag{4.5.5}$$

当 $k = m$ 时, 表达式 (4.5.5) 等于 1. 当 $k > m$ 时, (4.5.5) 是 $(1-1)^{k-m}$ 的二项展开式, 故为零. 因此, 将 (4.5.3) 代入 (4.3.1) 后, 即得恒等式 $P_{[m]} = P_{[m]}$. 方程 (4.3.1) 的解的唯一性是根据这样的事实: 每个 $P_{[m]}$ 的方程 (4.3.1) 只加一个新的未知数 S_m, 故 S_ν 可以逐步地算出. 我们可以用类似的方法证明 (4.5.4) 的正确性.

4.5.3 彭弗雷尼不等式

用下面的方法可以得出有关 $P_{[m]}$ 与 P_m 的一系列不等式. 如果在 (4.3.1) 或 (4.5.2) 中, 只保留 $S_m, S_{m+1}, \cdots, S_{m+r-1}$ 等项而把 $S_{m+r}, S_{m+r+1}, \cdots, S_N$ 等项抹去, 则其误差 (即真值减去近似值) 的符号与所抹去的第一项的符号 [即 $(-1)^r$] 相同, 绝对值小于所抹去的第一项的绝对值. 特别地, 当 $r = 1$ 和 $r = 2$ 时, 有

$$S_m - (m+1)S_{m+1} \leqslant P_{[m]} \leqslant S_m, \tag{4.5.6}$$

$$S_m - mS_{m+1} \leqslant P_m \leqslant S_m. \tag{4.5.7}$$

证明的提示   关于 $P_{[m]}$ 的恒等式 (4.3.1) 断言 (4.5.6) 等价于: 对每一个 t 有

$$\sum_{\nu=t}^{N} (-1)^{\nu-t} \binom{\nu}{m} S_\nu \geqslant 0. \tag{4.5.8}$$

现在利用 (4.5.3) 将不等式 (4.5.8) 的左边写成 $P_{[k]}$ 的线性组合, 则对于 $t \leqslant k \leqslant N$, $P_{[k]}$ 的系数等于

$$\sum_{\nu=t}^{k} (-1)^{\nu-t} \binom{\nu}{m} \binom{k}{\nu} = \binom{k}{m} \sum_{\nu=t}^{k} (-1)^{\nu-t} \binom{k-m}{\nu-m}.$$

最后的和等于 $\binom{k-m-1}{t-m-1}$, 所以 $P_{[k]}$ $(t \leqslant k \leqslant N)$ 的系数是正的, 故得证 [见 2.12 节 问题 13]. 更深刻的不等式见本章开始时提到的弗雷谢的专著.

4.6 习题

注： 本节恒设所有可能的排列都是等概的.

1. 从放有 10 双鞋子的橱柜里任取 4 只鞋子, 试求所取出的 4 只鞋中至少有 2 只配对的概率.

2. 一次掷出 5 颗骰子, 试求其中至少有 3 颗点数相同的概率 (并用 2.5 节的方法验证之).

3. 把一个硬币扔 5 次, 试求正面至少连续出现 3 次的概率.

4. 把一个硬币扔 10 次, 求正面至少连续出现 5 次的概率.

5. 在上述两题中, 以骰子代替硬币, 幺点代替正面, 求其相应的概率.

6. 把两颗骰子掷 r 次, 试求在对子 $(1,1),(2,2),\cdots,(6,6)$ 中, 每对至少出现一次的概率 p_r.

7. **一副桥牌中的四同张.** 4 张面值相同的牌我们称为四同张. 因此, 一副 13 张中可以有 $0,1,2,3$ 个四同张. 算出对应的概率.

8. **有放回抽样.** 从具有 n 个人的总体中抽取一个大小为 r 的样本. 求出 N 个指定的人全被抽在样本里的概率 u_r [这就是 2.11 节问题 12].

9. **无放回抽样.** 在无放回的情形回答类似习题 8 的问题, 并证明 $u_r \to p^N$. (这就是 2.11 节问题 3, 不过用现在的方法可推出一个完全不同的结果. 试证它们恒等.)

10. 在 N 阶行列式的一般展开式中，包含一个或多个对角线上的元素的项数是 $N!P_1$，其中 P_1 由 (4.1.7) 确定.

11. 把 8 只车放在国际象棋棋盘上，使得彼此都不能被吃掉①且没有一只在白色的对角线上. 试证这种放法的总数是 $8!(1 - P_1)$，其中 P_1 由 (4.1.7) 定义且 $N = 8$.

12. **抽样（优惠券收集者）问题.** 一副牌由 s 类每类 n 张（编号为 $1, 2, \cdots, n$）构成. 从这副牌无放回地抽取一个大小为 $r \geqslant n$ 的随机样本. 算出每一个编号都出现在样本中的概率 u_r.（把这情形应用到 $s = 4, n = 13$ 的桥牌中去，得到一副 r 张桥牌中包含全部 13 种面值的概率；而应用到 $s = 13, n = 4$ 的情形，得到 4 种花色都拿到了的概率.）

13. **续上题.** 证明当 $s \to \infty$ 时有 $u_r \to p_0(r, n)$，其中最后一个表达式由 (4.2.3) 定义. 这就意味着：在极限情形，我们的抽样变成了从具有数字 $1, 2, \cdots, n$ 的总体中的有放回的随机抽样.

14. **续上题.** 从习题 12 的结果推出：当 $r < n$ 时有

$$\sum_{k=0}^{n} (-1)^k \binom{n}{k} (ns - ks)_r = 0,$$

当 $r = n$ 时有

$$\sum_{k=0}^{n} (-1)^k \binom{n}{k} (ns - ks)_n = s^n n!.$$

用求

$$\frac{1}{(1-x)^{ns-r+1}} [1 - (1-x)^s]^n$$

在 $x = 0$ 的 r 阶导数的办法验证上述等式.

15. 在抽样问题 12 中，求出恰巧抽 r 次就得到了全部数字的概率. 考虑 $s \to \infty$ 的极限情形.

16. 一个细胞中含有 N 个染色体，其中任意两个之各部分都可以交换. 如果发生了 r 对交换（共有 $\binom{N}{2}^r$ 种不同的方式），求恰有 m 个染色体卷入其中的概率②.

17. 从一副纸牌中任意取出 5 张，求恰好缺少 k 种花色的概率.

18. 任取 13 张的桥牌，求恰有 k 对同花的 A 和 K 的概率.

19. **复相合.** 各 N 张不同的两副牌，每副同时与第三副牌进行随机相配，求恰有 m 个复相合的概率 u_m，并证明当 $N \to \infty$ 时 $u_0 \to 1$（这告诉我们当 $m \geqslant 1$ 时 $u_m \to 0$.）

20. **复相合.** 前题中的做法可修改如下：从 $2N$ 张牌中任意取出 N 张，并将此 N 张与第三副牌进行随机相配，求没有一个相合的概率，并证明当 $N \to \infty$ 时概率趋于 $1/e$.

21. **复相合.** 在习题 20 中，若将两副牌改为 r 副牌，求其相应的概率.

22. 在古典占位问题中，恰有 m 个盒含有 k 个物体的概率 $P_{[m]}(k)$ 是

$$P_{[m]}(k) = \frac{(-1)^m n! r!}{m! n^r} \sum_j (-1)^j \frac{(n-j)^{r-jk}}{(j-m)!(n-j)!(r-jk)!(k!)^j},$$

其中求和对 $j \geqslant m, j \leqslant n, kj \leqslant r$ 进行.

---

① 按照国际象棋规则，车可吃横、纵直线方向上的棋子. ——编者注

② $N = 6$ 的情形见参考文献 [13].

23. 证明当 $k = 1$ 时 4.2 节最后一段的叙述是正确的.

24. 在波司–爱因斯坦统计中，利用 (4.3.1) 导出恰有 m 个空盒的概率.

25. 用 (2.11.14) 来验证问题 24 中得到的公式.

26. 对 N 做归纳法证明 (4.1.5).

第 5 章　条件概率、随机独立性

这一章重新开始系统地讲述概率论的一些基础知识.

5.1　条件概率

条件概率的概念是概率论中的一个基本工具，然而遗憾的是，由于使用了个别粗糙的术语其简明性反而显得不清晰了. 下面的讨论是用一种比较自然的方法来导出其形式的定义.

预备性例子　设在 N 个人的总体中，有 N_A 位色盲和 N_H 位女性. 若事件 A 和 H 分别表示随机选取的一人是色盲和女性（随机选取的定义见 2.2 节），则

$$P\{A\} = \frac{N_A}{N}, \qquad P\{H\} = \frac{N_H}{N}. \tag{5.1.1}$$

现在，以所有女性组成的子总体代替总体的位置，来计算从女性中随机选出的一人是色盲的概率. 这个概率是 N_{AH}/N_H，其中 N_{AH} 是女色盲的数目. 这里，我们没有用什么新的概念. 但是，在研究某个特定的子总体时，我们需要用一个新的记号来表达. 一般所采用的符号是 $P\{A\,|\,H\}$，可读为"在事件 H（所选出的人是女性）发生的假定条件下，事件 A（色盲）发生的概率". 用符号表示为

$$P\{A\,|\,H\} = \frac{N_{AH}}{N_H} = \frac{P\{AH\}}{P\{H\}}. \tag{5.1.2}$$

显然，每一个子总体本身总可以被考虑为一个总体. 为了语言上的方便，我们说一个子总体时，意思就是说背后还有一个较大的总体. 保险公司可能对由于雷击（事件 A）引起的固定赔偿额的灾害频率是多少感兴趣. 一般来说，保险公司的保险项目有好几类，如工业的、都市的、乡村的等. 单独研究工业项目的保险费意味着只研究事件 A 联系于事件 H（保险费是花在工业项目上的）的情况. 这时显然可以应用公式 (5.1.2). 然而要注意：对于只经营工业保险的保险公司来说，H 与整个样本空间重合，因而 $P\{A\,|\,H\}$ 变为 $P\{A\}$.

最后，我们考虑坐在北边打桥牌的人. 一副桥牌一旦分好了以后，他就知道手中的牌，因而他感兴趣的是剩下的 39 张牌的分布. 把这 39 张牌的一切可能的分布集合作为样本空间是可以的，但是，把它们和北家手中的 13 张牌（事件 H）联系起来考虑并且讨论假定事件 H 实现时事件 A（例如南家手中有 2 张 A）的概率就会更方便一些. 仍可应用公式 (5.1.2). ■

类似于 (5.1.2)，现在引入下面的正式定义.

定义　令 H 是具有正概率的事件. 对于任意事件 A，我们记

$$P\{A\,|\,H\} = \frac{P\{AH\}}{P\{H\}}. \qquad (5.1.3)$$

这样定义的量称为在假设 H（或者给定的 H）下 A 的条件概率. 当所有的样本点都是等概率的时候，$P\{A\,|\,H\}$ 就是 A 和 H 的公共的样本点的数目与 H 中的样本点的数目之比 N_{AH}/N_H.

当假设 H 的概率是零时，条件概率 $P\{A\,|\,H\}$ 就没有定义了. 在离散样本空间的情形，这一点是无关紧要的，但是，在一般理论中却是很重要的.

虽然记号 $P\{A\,|\,H\}$ 本身是实用的，但是要用词句表达它却很麻烦，实践中我们采用较为简略的描述. 例如，在上面提到的例子中，我们用一个女人是色盲的概率的描述来代替"在假定已知为女人的条件下，随机选取一人是色盲的条件概率". 我们经常以"若知道 H 已发生"来代替"在假设 H 下". 总之，我们的公式与记号是很明确的，而词句的表达往往是非正式的，因而需要读者有正确的理解.

为了称呼上的清楚起见，对样本空间中的概率，有时用**绝对概率**这个名称. 严格地说，"绝对"两字是多余的，可以略去.

对于一个特定的假设 H，考虑各种事件的条件概率就相当于把 H 视为一个新的样本空间，并且，为了使新的样本空间的总概率为 1，需将原空间中所有事件的概率都乘上因子 $1/P\{H\}$. 这种表述说明：关于概率的所有一般定理，对在任何特定假设 H 下的条件概率依然成立. 例如，可以叙述 A 或 B 或二者同时发生的概率的基本关系如下：

$$P\{A \cup B\,|\,H\} = P\{A\,|\,H\} + P\{B\,|\,H\} - P\{AB\,|\,H\}. \qquad (5.1.4)$$

类似地，第 4 章中关于 N 个事件有 m 个发生的概率的所有定理改为条件概率的情形也仍然成立. 但是，我们并不需要它们.

公式 (5.1.3) 在应用中往往以下述形式出现：

$$P\{AH\} = P\{A\,|\,H\} \cdot P\{H\}. \qquad (5.1.5)$$

这就是所谓复合概率定理. 为了推广到三个事件 A, B, C 的情形，可先取 $H = BC$ 作为假设，并再一次利用 (5.1.5) 即得

$$P\{ABC\} = P\{A\,|\,BC\} \cdot P\{B\,|\,C\} \cdot P\{C\}. \qquad (5.1.6)$$

这可直接推广到 4 个或多个事件的情形.

最后讨论一个简单而又常用的公式. 设 $H_1, \cdots, H_n$ 是一组完备互斥事件且必有一个事件发生（即 $H_1, \cdots, H_n$ 之并集是整个样本空间且 $H_1, \cdots, H_n$ 两两互斥），则任何事件 A 只可能与某个 H_j 联合发生，即

$$A = AH_1 \cup AH_2 \cup \cdots \cup AH_n. \tag{5.1.7}$$

由于诸 AH_j 两两互斥，故 A 的概率是诸 AH_j 的概率之和，再利用 (5.1.5) 于 $H = H_j$ 即得

$$P\{A\} = \sum P\{A \mid H_j\} P\{H_j\}. \tag{5.1.8}$$

这个公式是很有用的，因为计算条件概率 $P\{A \mid H_j\}$ 有时要比直接计算概率 $P\{A\}$ 容易一些.

例 (a) **无放回抽样**. 从拥有 n 个元素 $1, 2, \cdots, n$ 的总体中抽取一个有序的样本. 令 i 和 j 是两个不同的元素，假定 i 是第一个被抽出来的元素（事件 H），第二个元素是 j（事件 A）的概率是多少？显然，$P\{AH\} = 1/n(n-1)$，$P\{A \mid H\} = 1/(n-1)$. 这说明：第二次抽取是对于具有 $n-1$ 个元素的总体进行的，其中每一个元素被抽中的概率相同. 事实上，随机抽样最自然的定义是：当前 r 次抽取完成后，剩下的 $n-r$ 个元素中的任何一个在第 $r+1$ 次被抽取的概率都是 $1/(n-r)$. 这个定义等价于第 2 章给出的定义，但是我们不能在较早时叙述它，因为其中包含了条件概率的概念.

(b) 4 个球相继放进 4 个盒里，全部 4^4 个排列都是等可能的. 给定前两个球放在不同的盒中（事件 H），某一个盒恰巧有 3 个球（事件 A）的概率是多少？给定 H，事件 A 有两种不同的方式发生，所以 $P\{A \mid H\} = 2 \cdot 4^{-2} = \frac{1}{8}$. （容易直接验证：事件 A 和 AH 分别包含 $12 \cdot 4^2$ 和 $12 \cdot 2$ 个样本点. ）

(c) **性别的分布**. 考虑恰有两个小孩的家庭. 今以 b 和 g 分别表示男孩和女孩. 假定年长的孩子的性别用第一个字母来表示，则有 4 种可能的情形 bb, bg, gb, gg. 这 4 个样本点的每一点都赋以概率 $1/4$. 若已知某个家庭有一个男孩（事件 H），问这个家庭的两个小孩都是男孩（事件 A）的概率是多少？因事件 AH 即 bb，而事件 H 为 bb 或 bg 或 gb，所以 $P\{A \mid H\} = 1/3$，即在具有特征 H 的所有家庭中，大约有 $1/3$ 的家庭可以预期发生事件 A. 这是很有趣的，因大多数人所想象的解答总是 $1/2$. 事实上，$1/2$ 是另一个不同问题的正确解答，这个问题是：随机地遇到一男孩，并发现他是属于有两个小孩的家庭，问这家庭的另一个小孩也是男孩的概率是多少？这两个问题的不同之处可解释如下：在第一个问题中，我们所面临的是一系列的家庭，而第二个问题则是面临着一系列的男孩，对于后者，有两个男孩的家庭共有两种可能情况，这就说明了这两个结果的不同之处.

(d) **分层总体**. 假定一群人由一些子群或者阶层 $H_1, H_2, \cdots$ 构成. 这些可以是民族、年龄、职业等. 令 p_j 为任取一人属于 H_j 的概率. 说 "H_j 中的一人是左撇子的概率是 q_j" 意思是指 "在此人属于 H_j 的假定下事件 A（左撇子）的条件概率". 随机地抽取一人，他是左撇子的概率为 $p_1q_1 + p_2q_2 + p_3q_3 + \cdots$，这是 (5.1.8) 的特殊情形. 假定此人是左撇子，他属于 H_j 的条件概率为

$$P\{H_j \mid A\} = \frac{p_j q_j}{p_1 q_1 + p_2 q_2 + \cdots}. \tag{5.1.9}$$

5.2   用条件概率定义的概率、罐子模型

在前一节里，我们认为概率当然是定义在样本空间中的，并且只计算了一些条件概率. 在应用中，许多实验都是用某些特定的条件概率（虽然通常把形容词"条件"省略了）来描述. 在理论上这意味着：样本空间中的概率可由给定的条件概率中推导出来. 我们曾经指出过［5.1 节例 (a)］无放回抽样的最好的定义是：不管前 r 次抽取的结果是什么，在第 $r+1$ 次抽取时，剩下的每一个元素被抽出来的概率都是一样的. 类似地，在 5.1 节例 (d) 中，我们的分层总体完全被若干层的绝对概率 p_j 和每一层中的特性"左撇子"的条件概率 q_j 描述. 下面列出了较多的例子来启示一般的模型，可能比直接描述更有效.

例 (a) 在 1.5 节例 (b) 中，曾经考虑过三个游戏者 a,b,c 在一场游戏中互相替换的问题. 第 15 页的方案（∗）描述了样本空间中的点，但是没有赋以概率. 现在假定这场游戏这样进行：在每一次游戏中，任何两个对手中每一个获胜的概率都是 1/2. 虽然这种叙述并未包含"条件概率"这个词，但是无形中与它有关联. 譬如说：如果某游戏者 a 参与第 r 轮（事件 H），则他在这一轮获胜的概率是 1/2. 由 (5.1.5) 推出，游戏者 a 在第 1 次和第 2 次游戏中都获胜的概率是 1/4，用符号来表示，即是 $P\{aa\} = 1/4$. 重复应用 (5.1.5) 可证：$P\{acc\} = 1/8$, $P\{acbb\} = 1/16$, 等等. 也就是说，方案（∗）中包含 r 个字母的样本点具有概率 2^{-r}. 这是 1.8 节习题 5 中赋以的概率，但是现在的描述更直观（在 5.8 节习题 14 中继续）.

(b) **家庭**. 我们要解释下面的叙述："一个家庭恰有 k 个小孩的概率是 p_k（其中 $\sum p_k = 1$）. 对于每一个家庭来说，所有的性别的分布都是等概的." 令 b 表示男孩 g 表示女孩，样本空间由样本点 0（没有小孩），$b, g, bb, bg, gb, gg, bbb, \cdots$ 组成. 引号里面的第二个假定可以更明确地叙述为：如果知道该家庭恰有 n 个孩子，2^n 个可能的性别分布中的每一个都具有条件概率 2^{-n}. 而这假设的概率是 p_n，于是从 (5.1.5) 可以看出：n 个字母 b 和 g 的每一种排列的绝对概率都是 $p_n \cdot 2^{-n}$.

　　注意这是**分层总体**的一个例子. 孩子数为 j 的家庭构成第 j 层 H_j. 作为一个例子，令 A 表示事件"该家庭有男孩无女孩". 显然，其概率为 $P\{A\} = p_1 2^{-1} + p_2 2^{-2} + \cdots$，这是 (5.1.8) 的特殊情形. 在这种情形下，假设 H_j 就是"家庭有 j 个小孩". 现在我们问：如果知道一个家庭没有女孩，该家庭仅有一个小孩的（条件）概率是多少？其中 A 是假设. 令 H 表示事件"仅有一个小孩"，则 AH 表示"仅有一个小孩且没有女孩"，而且

$$P\{H \mid A\} = \frac{P\{AH\}}{P\{A\}} = \frac{p_1 2^{-1}}{p_1 2^{-1} + p_2 2^{-2} + p_3 2^{-3} + \cdots}, \tag{5.2.1}$$

这是 (5.1.9) 的特殊情形.

　　(c) **有后效的罐子模型**. 为了确定起见，考虑一个容易出事故的工业系统. 事故的发生可以用一个机会游戏的结果来描述. 一个罐子里有黑球和红球，在每一段规定的时间区间里随机地取一个球，红球代表事故出现. 如果事故出现的可能性对时间来说保持不变，则"罐子的成分"总是相同的. 但是可以想象，每一个事故都是有后效的，可增加或者减少一次新的事故发生的可能性. 这对应于一个成分可以改变的罐子，其成分根据依赖于顺序抽取的结果的某种规则而改变. 容易构造这样一个规则去概括各种情形，但是，我们只讨论下面的模型①.

　　罐子模型. 一个罐子中包含 b 个黑球和 r 个红球. 随机地抽取一个球，看了颜色再放回，并且还要放入 c 个与抽出的球同样颜色的球和 d 个相反颜色的球（这时罐子中就有 $r + b + c + d$ 个球了），反复进行这个过程. 其中 c 和 d 是任意的整数. c 和 d 可以取为**负数**，不过在这种情形下有可能经过有限次取球以后会因为无球而停止. 特别地，取 $c = -1, d = 0$，则我们的抽样就变成了**无放回的抽样**，它在 $r + b$ 次以后就结束.

　　现在转向数学描述. 注意：某些基本的概率可以通过它所确定的条件概率来计算. 对应于 n 次抽取的样本空间的典型的描述是用 n 个字母 B 和 R 的序列来代表样本点. 事件"第一次取出的是黑球"（即是第一个字母是 B 的全部序列所构成的集合）的概率为 $b/(b + r)$. 如果第一个球是黑的，则第二次抽出的球仍为黑的（条件）概率为

$$\frac{b + c}{b + r + c + d}.$$

因此，由 (5.1.5) 得知序列"黑、黑"（即以 BB 开始的样本点的全体）的（绝对）概率为

$$\frac{b}{b + r} \cdot \frac{b + c}{b + r + c + d}. \tag{5.2.2}$$

---

① 用罐子模型描述后效（传染病）似乎是波利亚提出的. 在一些文献中讨论的许多模型都把他的方案（最初在参考文献 [25] 中引入）作为典范. 本书描述的模型及其三种特殊情形是弗雷德曼（见参考文献 [53]）提出的.

序列"黑、黑、黑"的概率为 (5.2.2) 乘以 $(b+2c)/(b+r+2c+2d)$, 等等. 显然, 用这种办法可以算出每一个样本点的概率. (当然, 当 c 和 d 是负数时, 取球的次数 n 必须选得足够小, 以避免球的个数出现负数.) 用归纳法容易验证: 所有的样本点的概率的和必为 1.

概率的显式表达式不是很容易得到, 除了在下面要介绍的这个最重要而且著名的特殊情形中.

波利亚罐子模型, 其特征是 $d=0, c>0$. 每一次抽取以后, 这时与取出的球有相同颜色的球的数目增加, 而与取出的球有不同颜色的球的数目保持不变. 从效果上看, 每一次取出的球是什么颜色增加了下一次也取到这种颜色球的概率, 因此, 我们得到了一个如传染病现象的粗略模型, 其中, 每一次传染以后都增加再传染的概率. 在 n 次抽取中, 先取出 n_1 个黑球后取出 n_2 个红球 ($n_1+n_2=n$) 的概率是

$$\frac{b(b+c)(b+2c)\cdots(b+n_1c-c)\cdot r(r+c)\cdots(r+n_2c-c)}{(b+r)(b+r+c)(b+r+2c)\cdots(b+r+nc-c)}. \tag{5.2.3}$$

考虑 n 次抽取为 n_1 个黑球和 n_2 个红球的其他抽取次序, 计算其概率, 发现因子是相同的, 只是排列的次序不同. 因此可得到抽出 n_1 个黑球和 n_2 个红球的所有可能的抽取方式具有相同的概率, 此为波利亚模型在分析上的简明性. 为了获得 n 次抽取得到任意次序的 n_1 个黑球和 n_2 个红球的概率 $p_{n_1,n}$, 将 (5.2.3) 的分子分母同时乘以所有排列的数目 $\binom{n}{n_1}$, 利用广义二项式系数得下列形式:

$$p_{n_1,n} = \frac{\binom{n_1-1+b/c}{n_1}\binom{n_2-1+r/c}{n_2}}{\binom{n-1+(b+r)/c}{n}} = \frac{\binom{-b/c}{n_1}\binom{-r/c}{n_2}}{\binom{-(b+r)/c}{n}}. \tag{5.2.4}$$

(5.8 节习题 18～24 继续讨论波利亚模型, 也见 17.10 节习题 9 和习题 10.)

除了波利亚模型以外, 我们的罐子模型还包含另一个有趣的特殊情形, 即:

两个隔离的容器之间热交换的爱伦费斯特模型[26][71]. 如物理学家所应用的那样, 在最初的描述中, 爱伦费斯特模型考虑的是 k 个质点分布于两个容器中的情形. 随机选取一个质点把它由所在的容器移到另一个容器中去. 反复进行这个过程. 问 n 步以后质点的分布如何? 为了把它化成罐子模型, 只需把第一个容器中的质点叫作红球, 第二个容器中的质点叫作黑球. 于是在每一次抽取中, 球抽出来后换上一个相反的颜色的球, 即 $c=-1, d=1$. 显然, 在这种情形下, 这个过程我们要继续多久就可以继续多久 (如果没有红球, 则自动抽出一个黑球并换进一个红球). [在 15.2 节例 (e) 中, 将用另一种方法讨论爱伦费斯特模型.]

弗雷德曼曾经提出一个**安全运行模型**, 对应于 $c = 0, d > 0$ 的特殊情形. 每当发生了事故 (即红球被取出), 安全运行就抓紧一些; 而当没有事故发生时, 安全运行就放松一些, 于是发生事故的概率就增大.

(d) **层叠的罐子模型, 假传染**. 为了继续沿着上一个例子的线索进行讨论, 假定每一个人都可能遇到意外事故, 而且它们的发生取决于从罐子中随机抽取一个球所得的结果. 然而, 这时假定是无后效的, 所以, 罐子中的成分在整个过程中保持不变. 因为意外事故出现的机会或倾向性可能会因人之不同而不同, 会因职业之不同而不同, 所以设想每一个人 (或者每一种职业) 都有他自己的罐子. 为了避免不必要的复杂性, 假定只有两种人 (或两种职业) 且数目之比为 1 : 5. 然后, 考虑第一个罐子含有 r_1 个红球和 b_1 个黑球, 第二个罐子含有 r_2 个红球和 b_2 个黑球. "随机选取一个人, 并考察他在 n 个单位时间内发生了多少次意外事故" 与下述实验相当: 掷一颗骰子, 如果幺点出现, 则选第一罐, 否则选第二罐. 在每一种情形下, 都是从这罐子中作 n 次有放回的随机抽取. 实验描述了一个保险公司接受新的保险客户时应做的预测.

利用 (5.1.8) 得出: 第一次抽出的球是红的概率为

$$P\{R\} = \frac{1}{6} \cdot \frac{r_1}{b_1 + r_1} + \frac{5}{6} \cdot \frac{r_2}{b_2 + r_2}, \tag{5.2.5}$$

序列 "红、红" 的概率为

$$P\{RR\} = \frac{1}{6}\left(\frac{r_1}{b_1 + r_1}\right)^2 + \frac{5}{6}\left(\frac{r_2}{b_2 + r_2}\right)^2. \tag{5.2.6}$$

在我们的模型里, 并没有包含什么数学问题, 但是, 它却具有一个很有趣的性质, 这种性质在应用中会引起很大的混乱. 假定保险公司观察出: 一个新的保险户在第一年中发生了一件意外事故, 从而他关心这一个新的保险户在第二年发生意外事故的概率. 换句话说, 假定第一次抽出的是红球, 问序列 "红、红" 的 (条件) 概率是多少? 显然, 答案是 $P\{RR\}/P\{R\}$, 且不等于 $P\{R\}$. 为了解释这一点, 假定

$$\frac{r_1}{b_1 + r_1} = 0.6 \qquad \frac{r_2}{b_2 + r_2} = 0.06.$$

于是在任一次抽取中, 取出红球的概率为 0.15, 但是, 如果第一次抽出的是红球, 则第二次抽出的仍然是红球的概率为 0.42. 注意: 模型在整个的总体中是**无后效**的, 但对一个随机选出的人来说, 他发生了一件意外事故以后会增加此人发生第二次意外事故的可能. 这里, 我们得到了抽样的影响. 一次意外事故的发生并不真的产生什么影响, 但是它却指出随机选出的人发生意外的可能性有增大的倾向.

为此，后续观察结果会使我们获得对将来的预测的改善，虽然实际上这种将来一点也不被过去所影响.

在统计文献中，习惯于用**传染**这个词来代替后效. 抽样**表面上的**后效性最初被误解为真实的传染效果，所以统计学家现在说到传染（或传染概率分布）时都是含糊不清的. 例如，生态学家在田野里找寻昆虫. 经过长时间的搜寻他找到了一个昆虫，他会断言：有巢穴，大概在附近，而且他再找到一些昆虫的机会是很大的. 换句话说，在实际中每一次成功将加大下次成功的概率，然而这仅是因为样本提供了增加的信息量而已. 显然，这其中并未包含任何后效性，统计学家把这个说成是传染，这是易于引起误会的.

(e) 下面的例子是很著名的，同时具有例证的作用，只可惜有些人为造作. 设想一个总体中有 $N+1$ 个罐子，每个罐子都有 N 个球，第 k 号罐子中有 k 个红球和 $n-k$ 个白球（$k=0,1,2,\cdots,N$）. 今从这 $N+1$ 个罐子中任意取出一罐，并从这罐中做有放回的 n 次抽取. 假设取出的 n 个球都是红球（事件 A），求在下一次（第 $n+1$ 次）仍然取出红球（事件 B）的（条件）概率. 设第一次所取的罐子是第 k 号，则在相继 n 次取球中都出现红球的概率是 $(k/N)^n$. 因此，由 (5.1.8) 有

$$P\{A\} = \frac{1^n + 2^n + \cdots + N^n}{N^n(N+1)}. \tag{5.2.7}$$

事件 AB 表示相继 $(n+1)$ 次取球中都出现红球，于是有

$$P\{AB\} = P\{B\} = \frac{1^{n+1} + 2^{n+1} + \cdots + N^{n+1}}{N^{n+1}(N+1)}. \tag{5.2.8}$$

故所求的概率是 $P\{B\,|\,A\} = P\{B\}/P\{A\}$.

和 (5.2.7) 与 (5.2.8) 可考虑为近似于积分的黎曼和. 因此，当 N 相当大时有

$$P\{A\} \approx \frac{1}{N^n(N+1)} \int_0^N x^n \,\mathrm{d}x = \frac{N}{N+1} \cdot \frac{1}{n+1} \approx \frac{1}{n+1}. \tag{5.2.9}$$

对足够大的 N，把类似的计算用到 (5.2.8) 中去，我们有

$$P\{B\,|\,A\} \approx \frac{n+1}{n+2}. \tag{5.2.10}$$

(5.2.10) 可粗略解释如下：若罐中所有的成分都是等概的，且在 n 次有放回的取球中都出现红球，则在第 $n+1$ 次取球中仍然取中红球的概率是 $(n+1)/(n+2)$. 这就是所谓拉普拉斯延续律（1812 年）.

在现代理论崛起之前，"等概"的概念通常是"没有预先知识"的同义词. 已知在过去的 5000 年（$n=1\,826\,213$ 天）太阳每天升起，拉普拉斯本人通过计算"太

阳明天会升起"的概率说明 (5.2.10) 的用途. 这就是说, 拉普拉斯准备以 1 826 214 对 1 的赔率支持太阳规则运行, 这个规律遵循了又一个世纪, 因此我们更有胜算. 研究历史需要领会拉普拉斯的想法, 了解他的意图. 然而, 他的继任者在日常工作中使用类似的论据, 在这个公式没有操作意义的情况下为物理学家和工程师推荐这种方法. 即使只是就事论事, 假设我们的宇宙是从所有可能性都相等的集合中随机选择, 也应该拒绝这个方法. 事实上, 它用了太阳过去升起的假设判断太阳明天升起的可能性. 但是, 假定 "公元前 3123 年 2 月 5 日太阳升起", 绝不会更加肯定 "太阳明天会升起". 我们是基于同样的理由相信这两件事. ■

关于贝叶斯公式的附注. 在 (5.1.9) 和 (5.2.2) 中, 曾经直接从定义出发来计算某些条件概率. 建议初学者最好这样做, 而不要死记现在将要导出的 (5.2.12). 该式追溯到曾讲过的特例的普遍情形, 其实它仅是公式 (5.1.3) 的另一种写法. 设有一组完备互斥事件 $H_1, H_2, \cdots$, 即每一个样本点必属于一个而且也只能属于一个 H_j, 则我们所感兴趣的是

$$P\{H_k \,|\, A\} = \frac{P\{AH_k\}}{P\{A\}}. \tag{5.2.11}$$

若将 (5.1.5) 和 (5.1.8) 代入 (5.2.11), 则有

$$P\{H_k \,|\, A\} = \frac{P\{A \,|\, H_k\} P\{H_k\}}{\sum_j P\{A \,|\, H_j\} P\{H_j\}}. \tag{5.2.12}$$

若将事件 H_k 称为原因, 则 (5.2.12) 成为 "关于原因概率的贝叶斯法则". 在数学上, (5.2.12) 不过是 (5.1.3) 的一种特殊写法而已, 而在上述例 (b) 和例 (d) 描述类型的许多统计应用中, (5.2.12) 是很有用的. 但遗憾的是, 由于对例 (e) 类型的结果形式地乱用, 以致使贝叶斯公式不被信任. 在实践中, 这种论证可能出毛病. 质量控制工程师关心的是某架指定的机器, 而不管这架机器是否是从无穷多个机器的总体中任意抽取出来的. 仅仅是基于逻辑上的可以接受同时又附和我们的想法, 他就采用贝叶斯公式. 柏拉图曾用这种论证来证明大西洋的存在, 而哲学家们用它来证明牛顿力学的荒谬. 但是对于我们工程师来说这种论证忽略了如下的情况: 工程师期望成功, 并且他可以估计并且减小来自预测和猜测的各种错误, 以便做得更满意. 近代统计检验与统计估计的方法虽然较少直观性, 但颇实在. 因此, 它不仅是被证明为正确的, 且事实上可以应用.

5.3 随机独立性

在上面诸例中, 条件概率 $P\{A \,|\, H\}$ 通常不等于绝对概率 $P\{A\}$. 通俗地说, 事件 H 是否发生的信息会改变对事件 A 出现的把握. 只有当 $P\{A \,|\, H\} = P\{A\}$ 时, 这种信息才不影响对于事件 A 发生与否的推想. 这时我们就说: A 与 H 是随机独立的. 但 (5.1.5) 表明了条件 $P\{A \,|\, H\} = P\{A\}$ 可以写成如下形式

$$P\{AH\} = P\{A\} \cdot P\{H\}. \tag{5.3.1}$$

这个等式关于 A 和 H 是对称的, 并且还说明当 A 与 H 随机独立, H 和 A 也随机独立. 因此, 最好是从下面对称的形式来下定义:

定义 1 若等式 (5.3.1) 成立, 两个事件 A 和 H 称为是随机独立 (或简称独立) 的. 当 $P\{H\} = 0$ 时, 虽然 $P\{A \mid H\}$ 没有意义, 但此定义仍可采用. **统计独立是随机独立的同义词.**

在实践中, 人们通常有一种正确的感觉, 即某些事件必须是随机独立的, 否则概率模型将是荒谬的. 正如下面的例子所示, 仍然存在随机独立性只能通过计算来发现的情况.

例 (a) 从一副纸牌中任取一张, 由于对称的理由, 可以期望出现 "黑桃" 的事件与出现 A 的事件是独立的. 事实上, 它们的概率分别是 1/4 和 1/13, 而它们同时发生的概率的确是 1/52.

(b) 抛掷两颗骰子, "第一颗骰子出现幺点" 的事件与 "第二颗骰子出双数点" 的事件是独立的. 因为这两事件同时发生的概率是 $3/36 = 1/12$, 而这正是它们各自的概率 1/6 与 1/2 之积.

(c) 在 (a, b, c, d) 四个字母的排列中, "a 在 b 前" 与 "c 在 d 前" 是独立的. 这在直观上是显然的, 并且也容易验证.

(d) **性别分布.** 我们回到 5.1 节例 (c), 但现在所考虑的是有 3 个小孩的家庭, 并假设所有 8 种可能情况 $bbb, bbg, \cdots, ggg$ 各有概率 1/8. 令 H 是 "家里男孩女孩都有" 的事件, 而 A 是 "家里至多有一个女孩" 的事件. 于是 $P\{H\} = 6/8, P\{A\} = 4/8$, A 和 H 同时发生意味着有如下可能 bbg, bgb, gbb, 所以 $P\{AH\} = 3/8 = P\{A\} \cdot P\{H\}$. 于是, 在家庭中有 3 个小孩的情况下, 这两个事件是独立的. 但是, 当所考虑的家庭有 2 个或 4 个小孩时, A 与 H 就不再独立. 这说明了是否具有独立性并不总是显然的. ■

若事件 H 发生, 则其补事件 H' 就不发生, 反之亦然. 随机独立性蕴涵着不能从事件 H 的发生做出对事件 A 的任何推断. 因此, A 与 H 的独立性也就是 A 与 H' 的独立性 (由于对称性, A' 与 H 及 A' 与 H' 也是独立的). 利用 $P\{H'\} = 1 - P\{H\}$ 很容易验证这个结论. 若 (5.3.1) 成立, 则 (因为 $AH' = A - AH$)

$$P\{AH'\} = P\{A\} - P\{AH\} = P\{A\} - P\{A\}P\{H\} = P\{A\}P\{H'\}, \quad (5.3.2)$$

这正是我们所期望的.

现在，设三个事件 A, B, C 两两独立. 于是

$$P\{AB\} = P\{A\}P\{B\},$$
$$P\{AC\} = P\{A\}P\{C\}, \qquad (5.3.3)$$
$$P\{BC\} = P\{B\}P\{C\}.$$

人们可能会猜想 (5.3.3) 蕴涵着

$$P\{ABC\} = P\{A\}P\{B\}P\{C\}.$$

换句话说，两两独立总会蕴涵着像 AB 与 C 那样的一对事件的独立性. 但是，这不一定对，可以举出反例说明 (5.3.3) 虽然成立而

$$P\{ABC\} = 0,$$

从而 AB 与 C 就不会独立了. 这种情况很少见. 直到伯恩斯坦构造一个人工的例子人们才发现了这种可能性. 然而现实中仍未找到合理的自然例子.

(e) 考虑字母 a, b, c 的 6 个排列，再加上 3 个三元组 (a, a, a), (b, b, b), (c, c, c). 这 9 个三元组构成一个样本空间，对此样本空间中每一个样本点赋以概率 $\frac{1}{9}$. 对于 $k = 1, 2, 3$，令 A_k 是字母 a 出现在第 k 个位置的事件. 显然这 3 个事件中每一个事件的概率均为 $\frac{1}{3}$，而

$$P\{A_1A_2\} = P\{A_1A_3\} = P\{A_2A_3\} = \tfrac{1}{9}.$$

因此这 3 个事件**两两独立**，但是由于 $P\{A_1A_2A_3\} = \frac{1}{9}$ 所以这 3 个事件并不相互独立. （A_1 和 A_2 都发生蕴涵了 A_3 发生，故 A_3 与 A_1A_2 并不独立.）

我们还可举更多的例子. 令 B_k 和 C_k 分别表示字母 b 和 c 出现在第 k 个位置. 可得 9 个事件而每一个事件的概率都是 $\frac{1}{3}$. 显然 $P\{A_1B_2\} = \frac{1}{9}$，一般地，任何两个下标不同的事件是独立的. 另一方面，出现在前两个位置的字母唯一地决定了出现在第三个位置的字母，所以 C_3 与下述 9 个事件中的任何一个都不独立，这 9 个事件是前两个位置出现字母 a, b, c 的不同排列：$A_1A_2, \cdots, C_1C_2$[①]. 在 9.1 节还要回过头研究这个例子. 5.8 节习题 26 中还提供了进一步的例子. ■

要使随机独立性的概念合理，除了必须满足 (5.3.3)，还要添加下面的条件：

$$P\{ABC\} = P\{A\}P\{B\}P\{C\}. \qquad (5.3.4)$$

---

① 对于 $r > 3$，一般 r 元组的构造. 样本空间包含 $r! + r$ 个样本点，其中有 $r!$ 个由 r 个符号 $a_1, \cdots, a_r$ 构成的排列，另外 r 个是全为 a_j 的 r 元组 $(j = 1, \cdots, r)$. 对前一类排列中每个赋以概率 $1/r^2(r-2)!$，而对 $(a_j, a_j, \cdots, a_j)$ 赋以概率 $1/r^2$. 令 A_k 是 a_1 在第 k 个位置出现，则 A_k 两两独立，但任意 3 个都不相互独立.

这个等式保证了 A 与 BC 的独立性，也保证了 B 与 AC 以及 C 与 AB 独立. 甚至还可以证明 $A \cup B$ 与 C 也是独立的. 事实上，由基本关系式 (1.7.4)，我们有

$$P\{(A \cup B)C\} = P\{AC\} + P\{BC\} - P\{ABC\}. \tag{5.3.5}$$

把 (5.3.3) 和 (5.3.4) 代入 (5.3.5) 的右边，则可去掉一个公共因子 $P\{C\}$，而余下的因子是 $P\{A\} + P\{B\} - P\{AB\} = P\{A \cup B\}$，于是

$$P\{(A \cup B)C\} = P\{A \cup B\}P\{C\}. \tag{5.3.6}$$

这样一来，可以相信，在条件 (5.3.3) 和 (5.3.4) 同时成立之下，可以毫无困难地证明：凡能用 A 和 B 的组合表示的事件均与 C 独立.

定义 2 如果对所有可能的组合 $1 \leqslant i < j < k < \cdots \leqslant n$，以下的乘法规律成立

$$\begin{aligned}
P\{A_i A_j\} &= P\{A_i\}P\{A_j\}, \\
P\{A_i A_j A_k\} &= P\{A_i\}P\{A_j\}P\{A_k\}, \\
&\cdots \\
P\{A_1 A_2 \cdots A_n\} &= P\{A_1\}P\{A_2\} \cdots P\{A_n\}.
\end{aligned} \tag{5.3.7}$$

则事件 $A_1, A_2, \cdots, A_n$ 称为是相互独立的.

第一行代表 $\binom{n}{2}$ 个等式，第二行代表 $\binom{n}{3}$ 个等式，等等. 因此，要满足的条件共有

$$\binom{n}{2} + \binom{n}{3} + \cdots + \binom{n}{n} = (1+1)^n - \binom{n}{1} - \binom{n}{0} = 2^n - n - 1$$

个. 另一方面，第一行的 $\binom{n}{2}$ 个条件足以保证这些 A_i 的**两两独立性**. 方程组 (5.3.7) 看起来似乎是一个复杂的条件组. 但是，它们的成立往往是明显的，而且不需要验证. 由归纳法可知 [从 $n = 2$ 和 (5.3.2) 出发]：

在定义 2 中，方程组 (5.3.7) 可以用有 2^n 个方程的方程组代替，这 2^n 个方程是从 (5.3.7) 的最后一个方程中，把任意数量的 A_j 替换为它们的补事件 A'_j 得到的.

两两独立与相互独立的区别在理论上的意义远胜于实际上的意义.

5.4 乘积空间、独立试验

终于到了该引进经验术语的数学表述的时候了，这些经验术语有连续试验、重复观察、两个样本的合并、两个试验的组合，以及把它们作为全体的一部分来

处理, 等等. 特别地,"独立试验"对应于直观概念中的"在相同条件下的重复试验". 这是概率论中的一个基本概念. 以下还将要用许多例子来说明它的实际意义.

首先引进一个没有什么概率意义的概念. 两个集合 A 和 B 的组合乘积是一个集合, 该集合由 A, B 中的元素的有序对 (a, b) 的全体构成, 这个组合乘积记为 (A, B)[①]. 此定义可推广到 3 个集合的组合乘积 (A, B, C), 4 个集合的组合乘积 (A, B, C, D), 甚至无穷多个集合的组合乘积.

组合乘积这一概念是如此地自然, 以至此前我们就已隐含地用过多次. 例如, 扔 3 次硬币的理想实验, 可以用含 8 个样本点的样本空间来描述, 这 8 个样本点就是字母 H 和 T 的 8 个三元组. 这就是说: 样本空间是 3 个空间 (集合) 的组合乘积, 其中每个由 2 个点 (或元素) H 和 T 构成. 更一般地, 当说及两个相继的试验时, 我们指的是一个样本空间 $\mathfrak{S}$, 其中的点代表可能的结果对, 从而 $\mathfrak{S}$ 是对应于两次单个试验的两个样本空间的组合乘积. 任给两个样本空间 $\mathfrak{U}$ 和 $\mathfrak{B}$ 中的理想实验, 可考虑它们是同时做的或相继做的. 后者要求考虑全部可能结果对, 也就是说, 要引进组合乘积空间 $(\mathfrak{U}, \mathfrak{B})$ 作为新的样本空间. 于是问题出现了, 如何在新的样本空间中引进概率? 回答是随情况而变的. 考虑此问题以前, 先给出两个例子, 它们可以澄清概念, 解释流行的术语.

例 (a) **笛卡儿空间**. 当平面上的点用一对实数 (x, y) 表示时, 平面就变成了两个坐标轴的组合乘积. (平面几何可以不用坐标来研究, 说明同一空间可以用不同的观点来考虑.) 具有点 (x, y, z) 的三维空间可以考虑为三个坐标轴的三元组合乘积, 也可以考虑为 (x, y) 平面和 z 轴的组合乘积.

在平面上, 满足条件 $0 < x < 1$ 和 $0 < y < 1$ 的点集是两个单位区间的组合乘积. 注意: 这种表示法并不是对任意集合都是可行的, 例如三角形和椭圆. 最后, 还要指出: 在 (x, y, z) 空间中, 上述二个不等式定义出一个以正方形为底的无穷柱集. 更一般地, 在三维空间中, 任一集合当其定义仅包含 x 坐标和 y 坐标时, 可视其为以生成集为底的平行于 z 轴的柱集.

(b) **字母表和词**. 令 A 由 26 个标准字母构成. 则三重积 (A, A, A) 是字母的全部三元组, 或者说是全部"三个字母"的词. 这种观点已经用于通信和编码理论, 但考虑词具有固定长度就不自然了. 确实, 在字母表中添加一个新的分离符号 (空白), 就可以考虑任意长的信息了. 因此, 再没必要引进"词"的长度的任何假设. 任一有限信息可以视为一个无限信息的开头, 恰如任一已写的词可假想是一个序列的开头一样. 附带地说, 通信理论应用任意长的码, 正是在它的影响下, 现在通行的是用任意多个字母符号来表达一个字母表. 在这种意义下, 人们

---

① 另一种流行的符号是 $A \times B$. 组合乘积和笛卡儿乘积是同义词.

用长为 n 的"信息"或"词"来描述 n 次重复试验的结果. ■

如果 $\mathfrak{S}$ 为由样本点 $E_1, E_2, \cdots$ 构造的任一样本空间, 则 $\mathfrak{S}$ 的 n 重组合乘积 $(\mathfrak{S}, \mathfrak{S}, \cdots, \mathfrak{S})$ 考虑为以 $\mathfrak{S}$ 为样本空间的试验的 n 次重复的样本空间. 一般来说, 用形如 $(x_1, \cdots, x_n)$ 的符号来表示其中的点是很方便的, 此处 x_i 是 $\mathfrak{S}$ 中的一个点. 由例 (a) 类推, 通常称 x_i 为坐标. 当然, 术语"集合"与"事件"可互相交换. 一般地, "仅依赖于前两次试验的结果"的事件称为"仅依赖于前两个坐标"的集合. ①

前已论及, 所有这些符号和概念均可推广到无穷序列中去. 概念上, 这没有任何困难. 圆周率 π 的十进制形式 $3.1415\ldots$ 为无穷乘积空间中的一个点, 除了人们宁愿说第 n 位小数而不愿说第 n 个坐标以外. 无穷乘积空间是概率论中自然、习惯的用语. 扔一个硬币不需要特定扔多少次, 一个随机徘徊不需要特定多长. 如果我们暗中参考一个无穷的试验序列, 那将使理论变得更具弹性, 更加简单, 并把注意力引向仅依赖前面少数几次试验的事件. 遗憾的是: 这种形式上简单又很圆满的处理需要测度论的知识和技巧. 本卷仅提供概率论的基本概念, 不想被技术上的困难干扰. 由于这个原因, 本卷只限于讨论离散的样本空间, 这就要求研究的试验仅限于有限多次. 这就意味着, 为了技术上简单, 我们只处理并未特定的或变化的样本空间. 这种结果, 虽然理论上不太令人满意, 但它有实际效果.

现在转而讨论在乘积空间中赋以概率的问题. 5.2 节中的各种罐子模型, 可以用重复试验来表述, 而且已经看到: 可以用条件概率的方式来定义不同形式的概率. 直观地说, 可以想象试验之间有各种形式的联系, 但是, 独立试验或更一般些独立实验这一概念的重要性, 是其他概念难以超过的.

为了确定起见, 考虑两个样本空间 $\mathfrak{U}$ 和 $\mathfrak{B}$, 它们分别由样本点 $\alpha_1, \alpha_2, \cdots$ 和 $\beta_1, \beta_2, \cdots$ 构成, 这些样本点分别具有概率 $p_1, p_2, \cdots$ 和 $q_1, q_2, \cdots$. 乘积空间 $(\mathfrak{U}, \mathfrak{B})$ 解释为: 具有样本空间 $\mathfrak{U}$ 和 $\mathfrak{B}$ 的两个相继的实验的样本空间. 称这两个实验是独立的, 蕴涵了"第一次结果是 α_i"和"第二次结果是 β_k"这两个事件是随机独立的. 为此, 只有当 $(\mathfrak{U}, \mathfrak{B})$ 的概率按下述乘法规则定义才行

$$P\{(\alpha_i, \beta_k)\} = p_i q_k. \tag{5.4.1}$$

由于这些概率加起来等于 1, 故这种赋以概率的方法是合法的. ② 事实上, 对全部点求和得到一个二重级数 $\sum\sum p_i q_k$, 而此级数就是 $\sum p_i$ 与 $\sum q_k$ 之积.

---

① 这就是说, 如果 $(x_1, x_2, \cdots)$ 是此集合中的一个点, 那么此集合由一切满足条件 $x_1' = x_1, x_2' = x_2$ 的点 $(x_1', x_2', \cdots)$ 构成. 从例 (a) 类推, 仅依赖于 (任意数目的) 特定坐标的集合称为柱集.
② 概率论学科外, 按上述方法定义的测度称为乘积测度.

我们约定: "两个独立实验" 总是涉及由两个样本空间产生的组合乘积空间, 且其概率由 (5.4.1) 的乘法规则定义. 此约定可推广到 "n 个相继的独立实验".

我们说重复的独立试验, 意即其因子样本空间 (包括其中的概率) 都是恒等的.

例如, 这种约定能把 "独立地扔 n 次硬币" 简述为: 具有 2^n 个点的样本空间且其中每一点的概率均为 2^{-n}.

请注意独立实验的下述明显的直观性质: 令 A 为 $\mathfrak{U}$ 中由点 $\alpha_{s_1}, \alpha_{s_2}, \cdots$ 构成的事件, 类似地 B 是 $\mathfrak{B}$ 中由点 $\beta_{t_1}, \beta_{t_2}, \cdots$ 构成的事件, 则 (A, B) 是由 $(\mathfrak{U}, \mathfrak{B})$ 中一切点对 $(\alpha_{s_i}, \beta_{t_k})$ 构成的事件, 且显然还有

$$P\{(A, B)\} = \sum\sum p_{s_i} q_{t_k} = \left(\sum p_{s_i}\right)\left(\sum q_{t_k}\right) = P\{A\}P\{B\}. \tag{5.4.2}$$

因此, 乘法规则可以推广到两个因子空间的任意事件中去, 此推理亦可应用到 n 个独立实验中去, 可以证明: 对 n 个事件 $A_1, \cdots, A_n$ 而言, 若 A_k 仅仅依赖于第 k 个实验, 则 $A_1, \cdots, A_n$ 相互独立.

独立实验理论是概率论中分析上最简单又最现代的一部分. 因此, 如果可能的话, 应将一个复杂的实验解释为一串较简单的独立实验的结果. 以下示例说明了此过程可能发生的情况.

例 (c) **排列**. 我们曾考虑由 $a_1, a_2, \cdots, a_n$ 的 $n!$ 个不同排列组成的样本空间, 每个样本点赋以概率 $1/n!$. 这个样本空间也可由相继的 $(n-1)$ 次试验来表达, 现叙述如下: 先把 a_1 写出, 第 1 次试验是将 a_2 放在 a_1 的前面或后面, 放完 a_2 后, 则有 3 个位置可以放置 a_3. 于是, 第 2 次试验是将 a_3 放到这 3 个位置中的任一个位置, 这就决定了 a_1, a_2, a_3 的一个排列. 一般地, 当 $a_1, a_2, \cdots, a_k$ 按照某一次序排定之后, 就进行第 k 次试验, 即把 a_{k+1} 放在 $k+1$ 个位置中的任意一个. 换言之, 在相继的 $n-1$ 次试验中, 第 k 次试验共有 $k+1$ 个可能结果 (即样本点), 且每个可能结果有概率 $1/(k+1)$. 由于试验是独立的, 于是, 按照原始的定义, n 个元素的任一组排列的概率为 $\frac{1}{2} \cdot \frac{1}{3} \cdots \cdots \frac{1}{n}$.

(d) **无放回的抽样**. 设总体是 $(a_1, a_2, \cdots, a_n)$. 在无放回的抽样中, 每次抽取都拿掉一个元素. 因此, 在第 k 次抽取以后, 余下的只有 $n-k$ 个元素, 而下一次抽取可以由该元素所选择的第 ν 号 $(\nu = 1, 2, \cdots, n-k)$ 位置来描述. 如此, 无放回地抽取一个大小为 r 的样本变成相继的 r 次试验, 其中, 第 1 次试验有 n 个可能结果, 第 2 次有 $n-1$ 个, 第 3 次有 $n-2$ 个, 等等. 在每次试验中, 所有可能的结果都赋以相同的概率. 假定 r 次试验独立, 这就相当于按照随机样本的定义, 每个大小为 r 的样本都赋以概率 $1/(n)_r$. [注意, 当 $n = 100, r = 3$ 时, 样本 (a_{13}, a_{40}, a_{81}) 表示选取的号码分别为 13, 39, 79. 我们应该说, 第 3 次试验是从剩下的 $n-2$ 个元素所构成的总体中抽取第 79 号元素, 而对于原来的号数而言, 第 3 次的试验结果是与第 1 次、第 2 次的结果有关的.] 可以看到, 重复独立试验的概念使得我们能把抽样问题的研究看成是相继的独立操作. ∎

*5.5　在遗传学中的应用

孟德尔（1822—1884）开创的遗传学理论为简单概率模型的适用性提供了一个富有教益的例证. 下面我们只局限于讨论一些最初等的问题. 在描述生物学的背景的时候，必须使之简单化并集中于那些便于数学处理的事实.

遗传性状依赖的特定携带者称为**基因**. 除了生殖细胞或者配子以外，人体中的每一个细胞都具有同样的基因结构. 明显的事实是：基因成对出现. 读者可以把它们设想为一大堆穿在一段短线上的珍珠——**染色体**. 这些染色体也成对出现，而配成对的基因在配成对的染色体上处在相同地位. 最简单的情形是每一对特定的基因中的每一个都只能取两种形式（等位基因）A 和 a. 因此，可以构成三种不同的对子，而且对于这些特定的对子来说，有机体属于这三种**遗传型** AA, Aa, aa（aA 与 Aa 不加以区别）. 例如，豌豆携带这样一对基因：A 使之开红花，a 使之开白花. 在这种情况下，三种遗传型可以区分为红花、粉红花和白花. 每一对基因决定一个可遗传的因素，但是机体的可观察到的大多数性质依赖于很多因素. 对于某些特征（例如眼睛的颜色、习惯用左手）来说，某一对特定的基因的影响特别大，在这些情况下，孟德尔定律的效果是容易观察到的. 其他一些特征例如身高可以设想为一大堆基因的效果的叠加 [见 10.5 节例 (c)]. 这里我们将要研究一对特定的基因的遗传型与继承的问题，对于这特定的一对基因来说，它有三种遗传型 AA, Aa, aa. 一般来说两个基因有 N 种不同的形式 $A_1, \cdots, A_N$，因此就有 $N(N+1)/2$ 个遗传类 $A_1A_1, A_1A_2, \cdots, A_NA_N$. 在这种一般的情况下，理论需要作一些修正（见 5.8 节习题 27）. 下面的计算也可以应用到当 A 具有显性而 a 是隐性的情形中去. 这就是说，Aa 这个个体与 AA 具有同样的可观察到的性质，因此，对 a 因子来说，只有纯 aa 型才会表现出不同的可观察到的影响. 不完全显性的全部演变在自然界中会出现. 典型的不完全隐性的性状是蓝眼睛和习惯用左手，等等.

生殖细胞或者配子是由分裂过程所产生的而且它只具有一个基因. 纯 AA 型和 aa 型的机体（或纯合子）只产生一种类型的配子，但是 Aa 型的机体（杂合子）产生同等数目的 A 配子与 a 配子. 新的机体由两类上一代的配子而得来，而且新的机体从双亲的配子得到它的基因. 因此每一对都包含一个父系的基因和一个母系的基因，而且每一个基因可以追溯到任何一代特定的祖先，不管是哪一代的远祖.

后代的遗传型依赖于一个随机过程. 在每一时刻，每一个上一代的基因以 $\frac{1}{2}$

的概率传给后代, 而相继的试验是相互独立的. 换句话说, 我们可以把第 n 代的遗传型设想为 n 次独立试验的结果, 每一次试验对应于扔一个硬币. 例如, Aa×Aa 的后代的遗传型配成对时为 AA, Aa, aa, 其对应的概率为 $\frac{1}{4}$, $\frac{1}{2}$, $\frac{1}{4}$. 一个 AA×aa 的结合只能产生 Aa 型的后代, 等等.

把总体视为全体的话, 就可以把亲本的配对设想为第二个随机过程的结果. 我们将仅仅研究所谓的随机交配, 它是用下述条件所定义的: 如果在第一代子孙中随机选取 r 个, 则它们的亲本是所有可能亲本构成的总体中的一个大小为 r 的随机样本. 换句话说, 每一个后代可以视为随机选取的一对亲本的产物, 而且所有这些选取都是相互独立的. 随机交配是流行于许多自然界的总体及田间试验的一些条件的理想模型. 然而, 如果红豌豆播种在田地中的某一个角落而白豌豆播种在另外一个角落. 则同一种颜色的亲本的交配比随机交配要来得经常些. 优先选择性 (如像淡颜色优先选择淡颜色) 也与随机交配这一条件相违背. 完全非随机交配可以用自花受精植物和人工授粉来代表. 某些这样的交配系统可以数学地加以分析, 但是我们大部分是注意随机交配.

后代的遗传型是 4 个独立的随机选择的结果. 两个亲本的遗传型的选择可以有 $3 \cdot 3$ 种方式, 它们的基因的选择有 $2 \cdot 2$ 种方式. 然而可以把这两个选择结合起来, 并且把这个过程描述为这样一个双重的选择: 父系的基因和母系的基因的选取是相互独立地、随机地从一个总体里抽取的, 这个总体是由父辈的总体中的全部父系所携带的基因和母系所携带的基因的全体所构成.

假定三种遗传型 AA, Aa, aa 在父系和母系中以同样的比例 $u : 2v : w$ 发生. 我们假设 $u + 2v + w = 1$, 称 $u, 2v, w$ 为**遗传型频率**. 令

$$p = u + v, q = v + w. \tag{5.5.1}$$

显然, 基因 A 的个数与 a 的个数之比为 $p : q$, 因此 $p + q = 1$, 称 p, q 分别为 A 和 a 的**基因频率**. 由于在每次选取中, 基因 A 被选出的概率为 p, 又因为假定选取是相互独立的, 所以某后代是 AA 的概率为 p^2. 遗传型 Aa 可以用两种方式发生, 所以它的概率为 $2pq$. 因此, 在随机交配的条件下, 一个后代属于 AA, Aa, aa 的概率分别为

$$u_1 = p^2, \qquad 2v_1 = 2pq, \qquad w_1 = q^2. \tag{5.5.2}$$

例 (a) 所有的亲本都是 Aa (杂合子), 则 $u = w = 0, 2v = 1, p = q = \frac{1}{2}$. (b) AA 和 aa 型的双亲具有同样的比例, 则 $u = w = \frac{1}{2}, v = 0, p = q = \frac{1}{2}$. (c) 最后, $u = w = \frac{1}{4}, 2v = \frac{1}{2}, p = q = \frac{1}{2}$. 在这 3 种情形中, 儿辈对应 $u_1 = \frac{1}{4}, 2v_1 = \frac{1}{2}$, $w_1 = \frac{1}{4}$. ∎

为了更好地了解 (5.5.2) 的意义，固定基因频率 p 和 $q\,(p+q=1)$ 来考虑全部遗传型频率 $u,2v,w$ 的系统，其中 $u+v=p,v+w=q$. 对第 1 代子孙来说，一切都导出与 (5.5.2) 相同的概率. 在它们之中，有下述特殊分布

$$u=p^2, \qquad 2v=2pq, \qquad w=q^2. \tag{5.5.3}$$

考虑如例 (c) 的总体，其中 3 种遗传型 u,v,w 由 (5.5.3) 给出. 由 (5.5.2) 有：第 1 代子孙的遗传型的概率并无改变. 因此称形如 (5.5.3) 的遗传型的分布是**平稳分布**或**平衡分布**. 对每一个比例 $p:q$ 来说，都对应这样一个分布.

当总体很大时，实际观察到的第 2 代的 3 种遗传型频率与 (5.5.2) 给出的理论概率很近似[①]. 值得高度注意的是：无论其父辈的分布 $u:2u:w$ 如何，此分布总是平稳的. 换句话说，如果观察到的频率恰巧与计算得到的概率一致，则下一代将具有平稳的遗传型分布，而且其后代永远具有这一分布. 实际上，偏差会观察得到，但是在大总体中我们可以说：无论父辈这个总体中的结构如何，随机交配所产生的下一代将渐近地具有不变的基因频率的平稳遗传型分布. 从第 2 代起，没有系统的变化的倾向，第 1 代子孙就达到稳定的状态. 这首先被哈代[②]注意到，因此他解决了在孟德尔定律中假定的难点. 特别地，由此推出，在随机交配的条件下，三种遗传型的频率具有比例 $p^2:2pq:q^2$. 这反过来又可以用来检验随机交配这一假设.

哈代还指出，必须对"渐近"一词加以注意. 甚至对平稳分布来说，我们都可以期望从一代到下一代会发生小的变化. 因此可做如下的设想. 从任何一个父辈的总体开始，用随机交配就建立了下一代中的平稳分布 (5.5.3). 对于一个平稳分布来说，都没有任何种类的系统改变的倾向. 然而，随机起伏会一代一代地改变基因频率 p 和 q，因此遗传结构会慢慢地改动. 不存在一种力量来专门去恢复原始的频率. 相反，我们的简化模型导出下述结论 [见 15.2 节例 (i)]：对一个有限总体来说，一个基因最终将要死掉，因此，这个总体最后将属于 AA 或 aa 中的某一个纯类型. 实际上这并不一定会发生，因为变异、选择和其他许多影响会产生新的基因.

哈代的定理经常被解释为永远可以达到严格的稳定性. 通常犯的错误是相信大数定律的作用像是赋予寻求重返原始状态的记性的一种力量，而很多错误的结

---

① 否则概率模型就没有任何实际意义了. 大数定律与中心极限定理给了这个事实以精确的描述，可用于估计随机起伏的影响.

② 见参考文献 [62]. 如果先引用一下第 9 章和第 15 章的术语，我们可以把这一情况描述如下. 第 n 代的 3 个遗传型频率是 3 个随机变量，其期望值由 (5.5.2) 给出，它不依赖于 n. 它们的真实值从一代到下一代将要发生变化，构成一个马尔可夫过程.

论也是由此假设而导出的. 注意: 哈代的定律不能应用到具有两对基因（例如眼睛的颜色和习惯用左手）9 个遗传型 AABB, AABb, · · · , aabb 的分布中去. 这仍然有平稳分布的倾向, 但是在第一代中平衡不能达到（见 5.8 节习题 31）.

*5.6   伴性性状

在前一节的导言中曾说及基因在染色体上. 它们都是成对地出现, 而传递却是单个地, 因此, 在染色体上的全部基因成柱状结合[①]. 所以, 我们的基因的遗传方案仍然可以应用到作为单位的染色体上去. 性别决定于两个染色体, 阴性是 XX, 阳性是 XY. 母亲一定传给一个 X 染色体, 而后代的性别决定于父亲传给他（她）的那一个染色体. 因此产生同等数目的阳性和阴性配子. 男孩和女孩出生率之差可以用先天的遗传物的偶然偏差来解释.

我们曾经说过: 基因和染色体都是成对出现的. 但是, 也有例外的情形, 那就是当基因处于 X 染色体上而 Y 染色体上没有对应的基因的时候. 阴性有两个 X 染色体, 因此有两对这样的 X 型的联结的基因, 然而在阳性中, X 基因单个出现. 两个伴性的基因会引起色盲和出血素质. 对于它们之中每一个来说, 阴性还可以分成三个遗传型 AA, Aa, aa, 但是只有一个基因, 而阳性只有两个遗传型 A 和 a. 注意: 儿子总是具有父亲的 Y 染色体, 因此, 伴性性状不可能由父亲传给儿子. 然而它可以通过父亲传给女儿, 再由女儿传给孙子.

现在把前一节的分析进行推广. 仍然假定随机交配, 并且假定在阴性总体中遗传型 AA, Aa, aa 的频率分别为 $u, 2v, w$. 如前面一样, 令 $p = u + v, q = v + w$. 阳性的两个遗传型 A 与 a 的频率分别以 p' 和 q' 表示（$p' + q' = 1$）. 于是 p 和 p' 分别为基因 A 在阴性总体与阳性总体中的频率. 一个阴性后代的遗传型为 AA, Aa, aa 的概率分别以 $u_1, 2v_1, w_1$ 表之, 阳性的型 A 和型 a 的类似的概率以 p'_1 和 q'_1 表之. 因为一个阳性后代从其母亲那里得到 X 染色体, 所以

$$p'_1 = p, \qquad q'_1 = q. \tag{5.6.1}$$

对三个阴性的遗传型来说, 如 5.5 节一样. 我们发现

$$u_1 = pp', \qquad 2v_1 = pq' + qp', \qquad w_1 = qq'. \tag{5.6.2}$$

因此

$$p_1 = u_1 + v_1 = \tfrac{1}{2}(p + p'), \qquad q_1 = v_1 + w_1 = \tfrac{1}{2}(q + q'). \tag{5.6.3}$$

[①] 这情形由于染色体的偶然破裂和重新结合而稍复杂些（见 2.10 节习题 12）.

这意味着：在阳性的后代中，属于母系的基因 A 和 a 分别近似地以频率 p 和 q 出现；在阴性的后代中，基因的频率近似地为 p_1 和 q_1，或者说是父系与母系中的这些基因频率的中间值．我们发现基因的频率有趋于相等的趋势．事实上，从 (5.6.1) 和 (5.6.3) 得到

$$p_1' - p_1 = \tfrac{1}{2}(p - p'), \qquad q_1' - q_1 = \tfrac{1}{2}(q - q'). \tag{5.6.4}$$

因此，随机交配使下一代的阴性与阳性的基因的频率之差近似地将要减少一半．然而，它不能使这个差变为 0，使之更加减少的趋势是存在的．与哈代的定律比较，在一代以后这里没有平稳的情形．可以追究由一代到一代的变化的系统部分而忽略随机起伏，并验证理论概率 (5.6.2) 和 (5.6.3) 与第 1 代子孙的对应的实际频率一致[①]．对第 2 代来说，用类似的推导可以得到

$$p_2 = \tfrac{1}{2}(p_1 + p_1') = \tfrac{3}{4}p + \tfrac{1}{4}p', \qquad q_2 = \tfrac{1}{2}(q_1 + q_1') = \tfrac{3}{4}q + \tfrac{1}{4}q'. \tag{5.6.5}$$

当然，$p_2' = p_1, q_2' = q_1$．第 n 代阴性子孙中概率 p_n 和 q_n 的一般表达通过几步推导就可以得到．令

$$\alpha = \tfrac{1}{3}(2p + p'), \qquad \beta = \tfrac{1}{3}(2q + q'). \tag{5.6.6}$$

（注意 $\alpha + \beta = 1$．）于是

$$p_n = \frac{p_{n-1} + p_{n-1}'}{2} = \alpha + (-1)^n \frac{p - p'}{3 \cdot 2^n},$$
$$q_n = \frac{q_{n-1} + q_{n-1}'}{2} = \beta + (-1)^n \frac{q - q'}{3 \cdot 2^n}, \tag{5.6.7}$$

且 $p_n' = p_{n-1}, q_n' = q_{n-1}$．因此

$$p_n \to \alpha, \qquad p_n' \to \alpha, \qquad q_n \to \beta, \qquad q_n' \to \beta. \tag{5.6.8}$$

正如 (5.6.2) 给出的一样，在阴性总体中遗传型的频率为

$$u_n = p_{n-1}p_{n-1}', \qquad 2v_n = p_{n-1}q_{n-1}' + q_{n-1}p_{n-1}', \qquad w_n = q_{n-1}q_{n-1}'. \tag{5.6.9}$$

因此

$$u_n \to \alpha^2, \qquad 2v_n \to 2\alpha\beta, \qquad w_n \to \beta^2. \tag{5.6.10}$$

[①] 如果用第 112 页脚注②中引人的术语，我们可以把 p_n 与 q_n 解释为第 n 次阴性子孙中基因的期望值．如果这样解释的话，关于 p_n 和 q_n 的公式就不再是渐近式而是精确的等式了．

这些公式说明, 当一代一代传下去的时候, 有一个很强的系统趋势, 使之最后趋于这样一个情况: 遗传型 A 和 a 在阳性中出现的频率分别为 α 和 β, 而阴性的遗传型 AA, Aa, aa 分别具有概率 $\alpha^2, 2\alpha\beta, \beta^2$. 由 (5.6.7) 看出, 其收敛的速度是很快的. 实际上, 三四代以后就会达到均势. 确实, 上述的变化的随机起伏是很小的, 然而后者说明了主导的系统趋势.

我们的主要结论是: 在随机交配下, 可以期望在阳性中的伴性的遗传型 A 和 a、在阴性中的遗传型 AA, Aa, aa 分别渐近地以频率 $\alpha, \beta, \alpha^2, 2\alpha\beta, \beta^2$ 发生, 其中 $\alpha + \beta = 1$.

应用. 许多伴性基因 (如色盲) 都是隐性的并且会引起缺陷. 令 a 就是这样的一个基因. 于是所有的阳性的 a 和所有的阴性的 aa 都会显示出缺陷. Aa 型的阴性生物可以把缺陷传给她们的后代, 但却不影响她们自己. 因此, 可以期望, 隐性的伴性缺陷发生在阳性生物中的频率为 α, 而发生在阴性生物中的频率为 α^2. 如果 100 个男人中有一个色盲的话, 那么在 10 000 个女人中才会有一个色盲.

*5.7 选择

作为选择的影响的一个典型例子, 我们将要研究个体 aa 不可能重叠的情形. 当基因 a 是隐性的和致死的时候就会出现这种情形, 因此, 个体 aa 出生了但是不能生存. 若用人工培育去干涉或阻止个体 aa 之交配时就会出现另外一种情形.

假定在个体 AA 与 Aa 之间进行随机交配, 但是不与 aa 型进行交配. 令总体中 AA, Aa, aa 型的遗传型出现的频率分别为 $u, 2v, w$. 于是其**亲本**对应的频率为

$$u^* = \frac{u}{1-w}, \qquad 2v^* = \frac{2v}{1-w}, \qquad w^* = 0. \tag{5.7.1}$$

我们可以仿照 5.5 节进行推导, 不过必须以 (5.7.1) 中的三个量分别代替 $u, 2v, w$. 因此, (5.5.1) 替换为

$$p = \frac{u+v}{1-w}, \qquad q = \frac{v}{1-w}. \tag{5.7.2}$$

第 1 代子孙中 3 个遗传型概率仍然由 (5.5.2) 即 $u_1 = p^2, 2v_1 = 2pq, w_1 = q^2$ 给出.

与前面一样, 为了研究从一代到一代的系统变化, 我们用 u_1, v_1, w_1 分别替代 u, v, w, 从而得到第 2 代的对应的概率 u_2, v_2, w_2, 等等. 一般地, 由 (2.7.2) 得到

$$p_n = \frac{u_n + v_n}{1 - w_n}, \qquad q_n = \frac{v_n}{1 - w_n}, \tag{5.7.3}$$

$$u_{n+1} = p_n^2, \qquad 2v_{n+1} = 2p_n q_n, \qquad w_{n+1} = q_n^2. \tag{5.7.4}$$

比较 (5.7.3) 和 (5.7.4) 得到

$$p_{n+1} = \frac{u_{n+1} + v_{n+1}}{1 - w_{n+1}} = \frac{p_n}{1 - q_n^2} = \frac{1}{1 + q_n}, \tag{5.7.5}$$

$$q_{n+1} = \frac{v_{n+1}}{1 - w_{n+1}} = \frac{q_n}{1 + q_n}. \tag{5.7.6}$$

从 (5.7.6) 可以精确地算出 q_n 来. 事实上

$$\frac{1}{q_{n+1}} = 1 + \frac{1}{q_n}, \tag{5.7.7}$$

由此相继地得到

$$\frac{1}{q_1} = 1 + \frac{1}{q}, \quad \frac{1}{q_2} = 2 + \frac{1}{q}, \quad \frac{1}{q_3} = 3 + \frac{1}{q}, \quad \cdots, \quad \frac{1}{q_n} = n + \frac{1}{q}, \tag{5.7.8}$$

即

$$q_n = \frac{q}{1 + nq}, \qquad w_{n+1} = \left(\frac{q}{1 + nq}\right)^2. \tag{5.7.9}$$

我们发现不繁殖的遗传型逐渐被淘汰, 但是这个过程是很慢的. 对 $q = 0.1$ 来说, 到第 10 代才使基因 a 的频率减小一半, 使 aa 型的频率近似地减为 $\frac{1}{4}$. (如果 a 是伴性的, 则如同 5.8 节习题 29 证明的, 其被消除的速度是很快的, 而对一般的选择方案来说, 见 5.8 节习题 30.)①

5.8　习题

1. 掷 3 个骰子, 已知不出现相同的点数, 求至少有一个幺点的概率.

2. 掷 10 个骰子, 已知至少有一个幺点, 求有至少有两个幺点的概率 p.

3. **桥牌.** 在桥牌游戏中, 西家没有 A. 问他的搭档 (东家) (a) 没有 A, (b) 至少有两个 A 的概率是多少? 用直接的推理验证所得的结果.

4. **桥牌.** 设南、北两家共有 10 张将牌 (将牌是一种指定花色的牌). (a) 试求另外 3 张将牌集中在同一家 (东家或西家) 的概率. (b) 若已知其余 3 张将牌中有一张 K, 试求他是 "无保护" (意即他只有一张 K, 其余两张将牌在他的搭档手中) 的概率.

5. 用 5.2 节例 (a) 中的条件概率的概念讨论 2.7 节例 (b) 中的钥匙问题.

6. 厂里有三台机器 A, B, C 生产螺丝钉, 它们的产量分别占总产量的 25%, 35%, 40%, 而产品的次品率分别为 5%, 4%, 2%. 今从产品中任意取出一颗螺丝钉, 发现它是次品. 求这颗螺丝钉是由机器 A 或 B 或 C 造出的概率.

7. 设 100 个男人中有 5 个色盲, 而 10 000 个女人中有 25 个色盲. 今从人群中任选一人, 发现他 (她) 是色盲. 求此人是男性的概率 (假设人群中男女的人数是相同的).

----

① 对于各种基因的影响的分析见参考文献 [19].

8. 7 个球随机地放入 7 个盒，各种排列的概率在 2.5 节表 2.1 中都已列出。应用此表验证：给定两个盒是空的条件下，有一个盒放了 3 个球的概率为 1/4，精确到 5 位小数。证明 1/4 就是正确的答案。

9. 掷一颗骰子，一直到现幺点为止。假定第一次没掷出幺点，问需要掷的次数多于 3 才停止的概率是多少？

10. 续上题。假定所掷之次数 n 为偶数。问 $n = 2$ 的概率是多少？

11. 设一个家庭恰有 n 个小孩的概率 p_n 当 $n \geqslant 1$ 时为 αp^n 且 $p_0 = 1 - \alpha p (1 + p + p^2 + \cdots)$，[①]并设 n 个小孩的所有可能的性别分布是等概的，证明当 $k \geqslant 1$ 时，一个家庭恰有 k 个男孩的概率是 $2\alpha p_k / (2 - p)^{k+1}$。

12. 续上题。已知家庭中至少有一个男孩，求此家庭至少有两个男孩的概率。

13. 骰子 A 具有四面红两面白，骰子 B 具有两面红四面白。扔一枚硬币，如果出现正面，则掷骰子 A；如果出现反面，则掷骰子 B。(a) 证明在任何一次抛掷中，出现红的概率是 1/2。(b) 如果前两次结果是红的，问第三次掷出红的概率是多少？(c) 如果前面 n 次出现红的，问掷骰子 A 的概率是多少？(d) 罐子模型是否和这个游戏等价？

14. 在 5.2 节例 (a) 中，令 x_n 为整个比赛的获胜者在第 n 次试验获胜的条件概率，假定比赛并没有在 n 轮结束：y_n 和 z_n 分别为输家和等待者在第 n 次试验获胜的概率。(a) 证明

$$x_n = \tfrac{1}{2} + \tfrac{1}{2} y_{n+1}, \quad y_n = \tfrac{1}{2} z_{n+1}, \quad z_n = \tfrac{1}{2} x_{n+1}. \tag{$*$}$$

(b) 用直接的简单推理证明，实质上 $x_n = x, y_n = y, z_n = z$ 不依赖于 n。(c) 证明游戏者 a 胜这一局的概率为 5/14（用 1.8 节习题 5 的推理）。(d) 证明 $x_n = 4/7$，$y_n = 1/7, z_n = 2/7$ 是（$*$）的唯一的有界解。

15. 设事件 $A_1, A_2, \cdots, A_n$ 独立且 $P\{A_k\} = p_k$，求没有事件发生的概率 p。

16. 续上题。证明 $p < e^{-\sum p_k}$。

17. 续上题。由彭弗雷尼不等式 (4.5.7) 推出：在事件 $A_1, \cdots, A_n$ 中有 k 个以上同时发生的概率小于 $(p_1 + \cdots + p_n)^k / k!$。

18. 波利亚罐子模型，5.2 节例 (c)。若已知第 2 次所取出的球是黑的，求第 1 次所取出的球也是黑的概率。

19. 波利亚罐子模型，5.2 节例 (c)。用数学归纳法证明：无论是哪一次试验，黑球出现的概率总是 $b/(b + r)$。

20. 续上题。用归纳法证明，对任何 $m < n$，第 m 次与第 n 次取出的球是（黑、黑）或（黑、红）的概率分别为

$$\frac{b(b+c)}{(b+r)(b+r+c)}, \qquad \frac{br}{(b+r)(b+r+c)},$$

并把此结果推广到多于两次取球的情形。

21. 波利亚模型的时间对称性。设 A, B 表示红球或是黑球（即 AB 有四种可能的组合方法：红红、红黑、黑红、黑黑）。证明：已知第 n 次出现 A 后第 m 次出现 B 的概率，等于已知第 n 次出现 B 后第 m 次出现 A 的概率。

---

① 根据洛特卡，当 $p = 0.7358$ 时，美国家庭的统计是满足我们的假设的。见参考文献 [94]。

22. 在波利亚模型中，设 $p_k(n)$ 是前 n 次取球中出现 k 个黑球的概率，证明下面的递推关系式

$$p_k(n+1) = p_k(n) \frac{r+(n-k)c}{b+r+nc} + p_{k-1}(n) \frac{b+(k-1)c}{b-r+nc},$$

其中 $p_{-1}(n)$ 解释为零. 应用这个关系式，即可得到 (5.2.3) 的一个新证明方法.

23. 波利亚分布. 在 (5.2.4) 中令

$$\frac{b}{b+r} = p, \qquad \frac{r}{b+r} = q, \qquad \frac{c}{b+r} = \gamma. \tag{5.8.1}$$

证明

$$p_{n_1,n} = \frac{\binom{-p/\gamma}{n_1} \binom{-q/\gamma}{n_2}}{\binom{-1/\gamma}{n}}, \qquad (n = n_1 + n_2) \tag{5.8.2}$$

对任何常数（不一定是有理数）$p > 0, q > 0, \gamma > 0$ 都有意义（其中 $p + q = 1$）. 验证 $p_{n_1,n} > 0$ 且

$$\sum_{\nu=0}^{n} p_{\nu,n} = 1.$$

因此 (5.8.2) 确定了整数 $0, 1, \cdots, n$ 上的一个概率分布，即波利亚分布.

24. 波利亚分布的极限形式. 如果 $n \to \infty$, $p \to 0$, $\gamma \to 0$ 使得 $np \to \lambda, n\gamma \to \rho^{-1}$，则对固定的 n_1 有

$$\binom{n}{n_1} p_{n_1,n} \to \binom{\lambda\rho + n_1 - 1}{n_1} \left(\frac{\rho}{1+\rho}\right)^{\lambda\rho} \left(\frac{1}{1+\rho}\right)^{n_1}.$$

验证这一关系，并证明对于固定的 λ 和 ρ 来说，右边项加起来为 1.（右边是所谓的**负二项分布**，见 6.8 节和 6.9 节习题 37.）

25. 用条件概率来解释 (2.11.8).

26. 两两独立但全体不独立的事件. 掷两颗骰子并定义如下三个事件：A 表示第一颗骰子掷出奇数点，B 表示第二颗骰子掷出奇数点，C 表示两颗骰子的点数之和为奇数（即一颗掷出偶数，另一颗掷出奇数）假定 36 个样本点中每个的概率都是 1/36，则任何两个事件皆相互独立，且每个概率都是 1/2. 但这三个事件不能同时发生.

在生物学中的应用

27. 把 5.5 节的结果推广到下述情形去：每一个基因具有 $A_1, A_2, \cdots, A_k$ 中的任一形式，因此有 $k(k+1)/2$ 种遗传型而不是 3 种遗传型（复等位基因）.

28. 兄妹交配. 从一个总体中随机地选取两个亲本，假设这个总体中遗传型 AA, Aa, aa 出现的频率分别为 $u, 2v, w$. 这个过程一直在他们的后代中重复地进行. 求第 1 代、第 2 代、第 3 代子孙的亲本都属于 AA 的概率 [见 15.2 节例 (j) 和 16.4 节例 (b)].

29. 选择. 令 a 为一个隐性的伴性基因，假定在一个选择过程中与阳性的 a 交配是不可能的. 如果在阴性中遗传型 AA, Aa, aa 出现的频率分别 $u, 2v, w$，试证：对第一代阴性子孙来说，$u_1 = u + v, 2v_1 = v + w, w_1 = 0$，因此 $p_1 = p + \frac{1}{2}q, q_1 = \frac{1}{2}q$. 这就是说，在阴性中，基因 a 减少了一半.

30. 5.7 节的选择问题可以推广到以下情况: 假定 aa 类以比例 λ ($0 < \lambda \leqslant 1$) 被除去. 证明

$$p = \frac{u+v}{1-\lambda w}, \qquad q = \frac{v+(1-\lambda)w}{1-\lambda w}.$$

更一般地, (5.7.3) 被

$$p_{n+1} = \frac{p_n}{1-\lambda q_n^2}, \qquad q_{n+1} = \frac{1-\lambda q_n}{1-\lambda q_n^2} q_n.$$

代替. (这些方程的一般解似乎是不知道的.)

31. 同时考虑两对分别具有可能形式 (A, a) 和 (B, b) 的基因. 每一个人传给后人以这两点中各一个, 并假定这 4 种可能中的每一种都具有概率 1/4. (当基因在分离的染色体上的时候就是这种情形, 否则它们之间有很强的依赖性.) 有 9 种遗传型, 我们假定它们在父辈总体中的频率分别为 $U_{AABB}, U_{aaBB}, U_{AAbb}, U_{aabb}, 2U_{AaBB}, 2U_{Aabb}, 2U_{AABb}, 2U_{aaBb}, 4U_{AaBb}$. 令

$$p_{AB} = U_{AABB} + U_{AABb} + U_{AaBB} + U_{AaBb},$$
$$p_{Ab} = U_{AAbb} + U_{Aabb} + U_{AABb} + U_{AaBb},$$
$$p_{aB} = U_{aaBB} + U_{aaBb} + U_{AaBB} + U_{AaBb},$$
$$p_{ab} = U_{aabb} + U_{Aabb} + U_{aaBb} + U_{AaBb}.$$

计算第 1 代子孙的对应的量. 证明

$$p_{AB}^{(1)} = p_{AB} - \delta, \quad p_{Ab}^{(1)} = p_{Ab} + \delta, \quad p_{aB}^{(1)} = p_{aB} + \delta, \quad p_{ab}^{(1)} = p_{ab} - \delta,$$

其中 $2\delta = p_{AB}p_{ab} - p_{Ab}p_{aB}$. 平稳分布为

$$p_{AB} - 2\delta = p_{Ab} + 2\delta, \qquad 等等.$$

(注意: 不能应用哈代的定律, 由一代到下一代其结构会发生变化.)

32. 假定在某总体中遗传型的频率为 $u = p^2, 2v = 2pq, w = q^2$. 给定一个具有 Aa 型遗传型的人, 他兄弟也具有同样的遗传型的概率为 $(1+pq)/2$.

注: 下面的问题都是建立在家族关系上的, 并且也给出了亲属关系等级概念的一种直观意义. 每一个问题都是前一个问题的继续. 仍旧假定随机交配, 并沿用 5.5 节的符号. 我们这里考虑的是一类特殊的马尔可夫链 (见第 15 章). 矩阵代数可以简化书写.

33. 分别以 1, 2, 3 来代替遗传型 AA, Aa, aa, 并令 p_{ik} ($i, k = 1, 2, 3$) 为已知父亲 (或母亲) 的遗传型为 i 的条件下其后代的遗传型为 k 的条件概率. 计算这 9 个概率 p_{ik}, 假定其他父辈的遗传型为 1, 2, 3 的概率分别为 $p^2, 2pq, q^2$.

34. 证明在已知其一特定的子女的遗传型为 i 的条件下, 父亲的遗传型为 k 的条件概率也是 p_{ik}.

35. 证明在已知孙子 (祖父) 的遗传型为 i 的条件下, 祖父 (孙子) 的遗传型为 k 的条件概率为

$$p_{ik}^{(2)} = p_{i1}p_{1k} + p_{i2}p_{2k} + p_{i3}p_{3k}.$$

[矩阵 $(p_{ik}^{(2)})$ 是矩阵 (p_{ik}) 的平方.]

36. 证明在已知某人的异父（或异母）兄弟[①]属于遗传型 i 的条件下，此人属于遗传型 k 的条件概率也是 $p_{ik}^{(2)}$.

37. 证明在已知某人的祖父（或孙子）属于遗传型 i 的条件下，此人属于遗传型 k 的条件概率为

$$p_{ik}^{(3)} = p_{i1}^{(2)}p_{1k} + p_{i2}^{(2)}p_{2k} + p_{i3}^{(2)}p_{3k} = p_{i1}p_{1k}^{(2)} + p_{i2}p_{2k}^{(2)} + p_{i3}p_{3k}^{(2)}.$$

[矩阵 $(p_{ik}^{(3)})$ 是矩阵 (p_{ik}) 的三次方. 这种手续给出了亲属关系的等级概念以一种明显的意义.]

38. 更一般地，定义 $p_{ik}^{(n)}$ 为：在已知某人属于遗传型 i 的条件下，其某一个第 n 代子孙属于遗传型 k 的条件概率. 用归纳法证明：$p_{ik}^{(n)}$ 是下列矩阵的元素

$$\begin{pmatrix} p^2 + pq/2^{n-1} & 2pq + q(q-p)/2^{n-1} & q^2 - q^2/2^{n-1} \\ p^2 + p(q-p)/2^n & 2pq + (1-4pq)/2^n & q^2 + q(p-q)/2^n \\ p^2 - p^2/2^{n-1} & 2pq + p(p-q)/2^{n-1} & q^2 + pq/2^{n-1} \end{pmatrix}.$$

（这表明：一代一代传下去以后，祖先对子孙的影响逐渐下降，其比例因子为 $1/2$. ）

39. 再考虑习题 36，不过要把"异父（或异母）兄弟"代之以"亲兄弟". 证明：这时对应的矩阵为

$$\begin{pmatrix} \frac{1}{4}(1+p)^2 & \frac{1}{2}q(1+p) & \frac{1}{4}q^2 \\ \frac{1}{4}p(1+p) & \frac{1}{4}(1+pq) & \frac{1}{4}q(1+q) \\ \frac{1}{4}p^2 & \frac{1}{2}p(1+q) & \frac{1}{4}(1+q)^2 \end{pmatrix}.$$

40. 证明叔侄之间的亲戚关系的等级与祖父和孙子之间的亲戚关系的等级是一样的.

[①] 第 1 版在此处有一错误，那里用"兄弟"（同父同母）一词代替了此处的"异父（或异母）兄弟". 李和路易斯·沙克斯指出了这一错误，并给出了正确的公式. 用随机矩阵导出了联合分布及亲属之间的关系. 见参考文献 [92].

第 6 章　二项分布与泊松分布

6.1　伯努利试验序列[①]

在重复的独立试验中，如果每次试验仅有两个可能结果，而且其相应的概率在每次试验中都是相同的，则称这一串重复的独立试验是伯努利试验序列. 我们经常以 p, q 表示两个相应的概率，并将具有概率 p 的可能结果称为"**成功**"，记以 S，而另一个可能结果则称为"**失败**"，记以 F. 显然，p 和 q 应该是非负的，并有

$$p + q = 1. \tag{6.1.1}$$

每次试验所对应的样本空间是由两个样本点 S 和 F 组成的，而 n 次伯努利试验的样本空间则含有 2^n 个样本点，它就是由 n 个符号 S 和 F 所组成的排列. 每个排列表示联合试验中的一个可能结果. 因为试验是独立的，所以它们的概率是等于各个概率的乘积. 换言之，每一给定排列的概率可由下面的方法得出，在排列中用 p, q 分别代替 S, F 后，得到的乘积便是所要的概率，因此 $P\{(SSFSF \cdots FFS)\} = ppqpq \cdots qqp.$

例　伯努利试验序列的最为熟悉的例子是连续扔一个均匀的硬币，此时 $p = q = \frac{1}{2}$. 如果硬币是不均匀的，且假设连续扔硬币的试验是独立的，也得到了伯努利试验序列的模型，不过此时成功的概率 p 可以是 0 和 1 之间的任何数值. 每次都从一个包含 r 个红球 b 个黑球的罐子中重复地随机取球，这种取球代表一串具有 $p = \frac{r}{r+b}$ 的伯努利试验. 有时，一个试验会有好几个可能的结果，但我们并不注意各个结果的区别，而是把这些结果简单地区分为两组 A 或非 A. 例如，掷一个均匀的骰子，则幺点出现（S）与非幺点出现（F）的区别便导致一个伯努利试验，此时 $p = \frac{1}{6}$. 偶数点出现与奇数点出现的区别也导致一个成功的概率为 $p = \frac{1}{2}$ 的伯努利试验. 若骰子是不均匀的，则重复掷骰子也组成一串伯努利试验，但是成功的概率 p 可有各种不同的数值. 扑克中的最大同花或掷两颗骰子都出现幺点均可以用成功来表示，而所有其他的可能结果的出现用失败表示，则有成功概率分别为 $p = \frac{1}{649\,740}$ 和 $p = \frac{1}{36}$ 的伯努利试验. 在统计应用中常常把问题化为这种类型来处理. 例如，在大量制造垫螺钉的小铁片时，铁片的厚度可有各种不同的

---

① James Bernoulli (1654—1705)，他的主要著作 *Ars Conjectandi* 于 1713 年出版.

数值, 但是, 在产品检查中, 往往把铁片的厚度分为两类, 即如果厚度在预先规定的范围内, 则称为合格 (S), 反之则称为不合格 (F). ∎

伯努利试验序列是一个理论的模型, 并且, 用它来描述某一指定的实际试验是否合适仅能由经验来判断. 关于连续扔一个硬币是伯努利模型的知识是由实验的证据推导出来的. 普通老百姓相信在连续出现 17 次的 "正面" 后, 出现 "反面" 的可能要大. 哲学家马伯①也支持这一观点. 这个主张并不牵涉硬币完善与否的问题, 而是把记忆力赋予了自然界, 也就是 (用我们的语言来说) 否认了逐次试验的独立性. 马伯的理论不能用逻辑来驳倒, 但是, 由于它缺乏实证支持, 我们还是拒绝接受它.

在抽样实验、工业质量控制等方面, 伯努利试验序列的模型提供了一个理想的标准, 虽然这标准未完全达到. 在上面所讲的制造垫螺钉的铁片的例子中, 有许多理由说明为什么产品不能形成伯努利模型. 例如, 变化使得概率不能保持为常数. 机器的运转有惯性, 因此, 出现类似的长期偏差要比各次动作均为独立的情况下更有可能性. 但是, 从质量控制的观点来看, 我们愿意生产过程符合伯努利模型, 一个重要的发现是, 在一定范围之内, 生产过程是可以达到这个要求的. 这样一来, 连续控制的目的, 就是要及早地发现与理想模型显著的偏离, 并利用它为即将发生的纰漏报警.

6.2 二项分布

在 n 次伯努利试验中, 我们往往只关心成功的总次数而不计较成功的排列次序. 由于成功的总次数可能是 $0, 1, \cdots, n$, 因此, 第一个问题是求出它们相应的概率. 但出现 "n 次试验里有 k 次成功 $n-k$ 次失败" 的方式有多种, 其个数就等于 k 个字母 S 在 n 个位置上的所有可能分配. 换言之, 这一事件共含有 $\binom{n}{k}$ 个样本点, 并且由定义, 每个样本点的概率都是 $p^k q^{n-k}$. 于是我们证明了下面的定理.

定理 令 $b(k; n, p)$ 是具有成功概率 p 失败概率 $q = 1 - p$ 的 n 次伯努利试验有 k 次成功 $n-k$ 次失败的概率, 则

$$b(k; n, p) = \binom{n}{k} p^k q^{n-k}. \tag{6.2.1}$$

特别地, n 次试验全失败的概率是 q^n, 至少有一次成功的概率是 $1 - q^n$. ∎

考虑 p 为常数, 令 S_n 为 n 次试验的成功次数, 则 $b(k; n, p) = P\{S_n = k\}$. 用一般的术语来说, S_n 是**随机变量**, 函数 (6.2.1) 是这个随机变量的 "分布", 我

---

① 见参考文献 [97]. 关于马伯的理论, 有许多批评的文章.

们称这个分布为**二项分布**. 因为 (6.2.1) 是 $(q+p)^n$ 的二项展开式中的第 $k+1$ 项, 所以有 "二项" 的名称. 这个解释还指出

$$b(0;n,p) + b(1;n,p) + \cdots + b(n;n,p) = (q+p)^n = 1.$$

这也正是概率的概念所需要的. 二项分布有表可查. [①]

例 (a) **威尔顿掷骰子记录表.** 设所进行的试验是掷 12 个骰子, 出现点数 5 和 6 视为 "成功". 如果骰子是均匀的, 则成功的概率 $p = \frac{1}{3}$. 于是, 成功次数的概率将由二项分布 $b(k;12,\frac{1}{3})$ 表达. 表 6.1 给出了这些概率以及在 26 306 次实际试验中相应观察到的平均频率. 这两者的相合性看起来似乎是不错的. 但是, 对于如此大量的数据来说, 符合程度其实并不好. 统计学家常常用卡方准则来判断拟合的程度. 根据这个准则, 对于均匀的骰子而言, 像威尔顿观察到的那样大的偏差只有万分之一的发生概率. 因此, 我们有理由认为骰子是有偏的. 当成功的概率改为 $p = 0.3377$ 时, 最符合观察结果[49].

表 6.1　威尔顿掷骰子记录表

k	$b(k;12,\frac{1}{3})$	观察到的频率	$b(k;12,0.3377)$
0	0.007 707	0.007 033	0.007 123
1	0.046 244	0.043 678	0.043 584
2	0.127 171	0.124 116	0.122 225
3	0.211 952	0.208 127	0.207 736
4	0.238 446	0.232 418	0.238 324
5	0.190 757	0.197 445	0.194 429
6	0.111 275	0.116 589	0.115 660
7	0.047 689	0.050 597	0.050 549
8	0.014 903	0.015 320	0.016 109
9	0.003 312	0.003 991	0.003 650
10	0.000 497	0.000 532	0.000 558
11	0.000 045	0.000 152	0.000 052
12	0.000 002	0.000 000	0.000 002

(b) 在 4.4 节考虑牌的猜测问题时, 曾经遇到过二项分布, 其中表 4.3 的诸 b_m 列列出了 $n = 3,4,5,6,10$ 和 $p = n^{-1}$ 时分布中的各项. 在 2.4 节例 (c) 的占位问题中, (2.4.5) 是二项分布的另一个特殊情形.

(c) 如果成功的概率是 0.01, 问需要有多少次试验才能使得至少出现一次成功的概率是 $\frac{1}{2}$ 或更大? 此时是求最小的 n 使得 $1 - 0.99^n \geqslant \frac{1}{2}$, 即 $-n\ln 0.99 \geqslant \ln 2$, 因此 $n \geqslant 69$.

[①] $n \leqslant 50$ 的二项分布表见参考文献 [108], $50 \leqslant n \leqslant 100$ 见参考文献 [122], 范围更广的表见参考文献 [66] 和参考文献 [110].

(d) **能量供应问题**. 假定有 $n = 10$ 个工人间歇性地使用电能, 我们感兴趣的是估计所需要的总负荷. 作为一种粗糙的近似, 设想在任一给定时刻每一个工人以同样的概率 p 需要一个单位电能. 如果他们是独立地进行工作, 则恰有 k 个工人同时需要电能的概率是 $b(k; n; p)$. 如果一个工人在 1 小时内平均有 12 分钟需要电能, 则令 $p = \frac{1}{5}$. 于是, 同时有 7 个或者 7 个以上的工人需要电能的概率为 $b(7; 10; 0.2) + \cdots + b(10; 10, 0.2) = 0.000\,864\,358\,4$. 换句话说, 如果最多只能供应 6 个单位电能, 则超过负荷的概率为 $0.000\,86\ldots$, 即 1157 分钟内约有 1 分钟, 亦即约 20 小时中可能有 1 分钟超过负荷. 8 个或 8 个以上的工人同时需要电能的概率仅仅为 $0.000\,077\,926\,4$, 即比上述概率的 1/11 还要小.

(e) **血清或防疫检验**[131]. 假定某种疾病在牲畜中传染的比例是 25%. 为了检验一种新发现的血清, 我们给 n 个健康的牲畜都注射这种血清. 如何用数字来表示这一试验的结果呢? 如果这种血清完全不起作用, 则 n 个被注射的牲畜中恰有 k 个不感染这种疾病的概率为 $b(k; n, 0.75)$. 当 $k = n = 10$ 时, 这个概率大约为 0.056; 当 $k = n = 12$ 时, 这个概率只有 0.032. 因此, 如果 10 个或者 12 个牲畜中没有一个感染这种疾病, 那么就能说明这种血清是有效的, 虽然这还不能作为最后的论断. 注意: 如果不注射血清, 17 个牲畜中至多只有一个感染这种疾病的概率大约为 0.0501. 因此, 17 个被注射的牲畜中只有一个感染疾病比 10 个被注射的牲畜中没有一个感染疾病更能说明这种血清有效. 当 $n = 23$ 时, 至多有两个牲畜感染疾病的概率大约为 0.0492, 因此, 23 个牲畜中只有两个感染疾病又比 17 个中只有一个感染疾病、10 个中没有一个感染疾病更能说明血清的有效性.

(f) **另一种统计检验**. 假定 n 个人服用某种药后量他们的血压, 不服用药时也量他们的血压. 因此, 得到两组测量结果 $x_1, \cdots, x_n$ 和 $x_1', \cdots, x_n'$. 如果 $x_i < x_i'$, 则我们说第 i 次试验的结果是成功的; 如果 $x_i > x_i'$, 则说第 i 次试验的结果是失败的. (为了简单起见, 假定没有两个测量的结果相等.) 如果这种药没有效果, 则我们的观察对应着具有概率 $p = \frac{1}{2}$ 的 n 次伯努利试验, 成功的次数很多, 就可以作为这种药是有效的一个证据. ■

6.3　中心项及尾项

从 (6.2.1) 看到

$$\frac{b(k; n, p)}{b(k-1; n, p)} = \frac{(n-k+1)p}{kq} = 1 + \frac{(n+1)p - k}{kq}. \tag{6.3.1}$$

因此, 当 $k < (n+1)p$ 时, $b(k; n, p)$ 比 $b(k-1; n, p)$ 大; 当 $k > (n+1)p$ 时, $b(k; n, p)$ 比 $b(k-1; n, p)$ 小. 如果 $(n+1)p = m$ 是整数, 则 $b(m; n, p) = b(m-1; n, p)$.

恰巧存在一个整数 m 满足

$$(n+1)p - 1 < m \leqslant (n+1)p, \tag{6.3.2}$$

因此有以下定理.

定理 当 k 由 0 变到 n 时, $b(k; n, p)$ 先是单调增加, 而后单调下降, 而且在 $k = m$ 处达到它的最大值, 但当 $m = (n+1)p$ 时, $b(m-1; n, p) = b(m; n, p)$.

我们称 $b(m; n, p)$ 为**中心项**. m 通常称为 "成功的最大概然次数", 但是必须了解, 当 n 很大时所有的 $b(k; n, p)$ 都很小. 把一个均匀的硬币扔 100 次, 正面出现的最大概然次数是 50, 但是正面出现 50 次的概率比 0.08 还小. 在下一章里将要证明 $b(m; n, p)$ 近似地等于 $1/\sqrt{2\pi npq}$.

我们对恰巧成功 r 次的概率不大感兴趣, 而感兴趣的是至少成功 r 次的概率

$$P\{S_n \geqslant r\} = \sum_{\nu=0}^{\infty} b(r + \nu; n, p), \tag{6.3.3}$$

(此级数形式上有无穷多项, 其实当 $\nu > n - r$ 时对应之诸项皆为 0.) 我们将推出这个概率的上界, 这很有用, 尽管下一章会找出它的有效估计. 假定 $r > np$. 由 (6.3.1) 易见: 级数 (6.3.3) 下降得比具有公比 $1 - (r - np)/rq$ 的几何级数还要快, 因此

$$P\{S_n \geqslant r\} \leqslant b(r; n, p) \frac{rq}{r - np}. \tag{6.3.4}$$

另一方面, 有多于 $r - np$ 个整数 k 使得 $m \leqslant k \leqslant r$. 二项分布对应的项相加其和小于 1, 而且没有一项小于 $b(r; n, p)$. 由此推出此数至多为 $(r - np) - 1$, 从而

当 $r > np$ 时, $\qquad P\{S_n \geqslant r\} \leqslant \dfrac{rq}{(r - np)^2}. \tag{6.3.5}$

类似的推导可以应用到计算左半部, 但没有必要. 事实上, 说 "至多成功 r 次" 与 "至少失败 $n - r$ 次" 是等价的, 应用 (6.3.5) 的等价形式于 "失败", 得到

当 $r < np$ 时, $\qquad P\{S_n \leqslant r\} \leqslant \dfrac{(n - r)p}{(np - r)^2}. \tag{6.3.6}$

下一节将要说明这些不等式在估计与 "成功的最大概然次数" m 的大偏差的概率中的应用.

6.4 大数定律

我们曾经几次提到过, **概率的直观概念**是基于以下的假定: 如果在 n 次相同的试验中 A 发生 ν 次, 而且 n 很大, 则 ν/n 将接近于 A 的概率 p. 显然, 一种

形式上的数学理论从来不可能与现实的生活直接联系起来，但是它至少应该对我们想要解释的现象提供理论的描述. 因此，需要把刚才说的那句不够清楚的话加以精确化，叙述为定理的形式. 为此，我们理解"相同的试验"为成功概率是 p 的"伯努利试验". 如果 S_n 是 n 次试验中成功的次数，则 S_n/n 是成功的平均次数且接近于 p. 现在可以很容易给它一个精确的意义. 例如，考虑 S_n/n 超过 $p+\varepsilon$（其中 ε 是任意小的固定正常数）的概率. 这个概率就是 $P\{S_n > n(p+\varepsilon)\}$，由 (6.3.5) 知它小于等于 $1/(n\varepsilon^2)$. 因此，当 n 增加时，

$$P\{S_n > n(p+\varepsilon)\} \to 0.$$

用同样的方法可得 $P\{S_n < n(p-\varepsilon)\} \to 0$，因此有

$$P\left\{\left|\frac{S_n}{n} - p\right| < \varepsilon\right\} \to 1. \tag{6.4.1}$$

用文字表示：当 n 增加时，成功的平均数与 p 的偏差超过预先指定的任意 ε 的概率趋于 0. 这是**大数定律**的一种形式，并且是把概率作为相对频率的一个度量的直观概念的基础. 对于实际应用必须以 (6.4.1) 左边的概率的更精确估计来充实. 这样一个估计将在二项分布的正态逼近中给出 [见 7.4 节例 (h)]. 实际上，(6.4.1) 是 7.7 节习题 12 的一个简单的推论.

断言 (6.4.1) 是古典的大数定律. 它的用处非常有限，我们将要用更精确、更有用的强大数定律（见 8.4 节）来代替它.

注意. 人们常常把许多不能从大数定律推出的事件也诉诸大数定律. 如果甲和乙扔一个硬币 10 000 次，常常希望：甲领先的次数大约为一半. 但是，这是不对的. 在多次扔硬币的游戏中，有理由期望：在任一固定的时刻，正面领先的场合粗略地有一半. 这与上一个例子十分相像，期望赢家在整个游戏过程中实际上都领先. 事实与我们普遍的想法相反，单个游戏的时刻平均与给定任一个时刻的整体平均完全不一样. 关于随机起伏的其他意想不到的性质有更进一步的研究，读者可参阅第 3 章，特别是关于反正弦律的讨论.

6.5 泊松逼近[①]

在很多应用问题中，我们常常遇到这样的伯努利试验，相对地说，其中 n 大，p 小，而乘积

$$\lambda = np \tag{6.5.1}$$

---

① Siméon D. Poisson (1781—1840). 见他著的书（参考文献 [116]）.

是大小适中的. 在这种情形下, 采用 $b(k; n, p)$ 的一个近似公式是很方便的, 这个近似式是由泊松得出的, 下面来推导. 对于 $k = 0$ 有

$$b(0; n, p) = (1 - p)^n = \left(1 - \frac{\lambda}{n}\right)^n. \tag{6.5.2}$$

取对数并且利用泰勒展开式 (2.8.10), 我们有

$$\ln b(0; n, p) = n \ln\left(1 - \frac{\lambda}{n}\right) = -\lambda - \frac{\lambda^2}{2n} - \cdots. \tag{6.5.3}$$

因此, 对于充分大的 n 有

$$b(0; n, p) \approx e^{-\lambda}, \tag{6.5.4}$$

其中符号 $\approx$ 表示渐近相等 (在现在这种情形下, 它们相差阶为 n^{-1} 的无穷小量). 此外, 从 (6.3.1) 得知: 对任一个固定的 k 和充分大的 n 有

$$\frac{b(k; n, p)}{b(k-1; n, p)} = \frac{\lambda - (k-1)p}{kq} \approx \frac{\lambda}{k}. \tag{6.5.5}$$

由此相继得出

$$b(1; n, p) \approx \lambda \cdot b(0; n, p) \approx \lambda e^{-\lambda},$$

$$b(2; n, p) \approx \tfrac{1}{2}\lambda \cdot b(1; n, p) \approx \tfrac{1}{2}\lambda^2 e^{-\lambda}.$$

一般地, 由归纳法得到

$$b(k; n, p) \approx \frac{\lambda^k}{k!} e^{-\lambda}. \tag{6.5.6}$$

这就是著名的二项分布的泊松逼近[①]. 由于它的重要性, 我们引入一个记号, 令

$$p(k; \lambda) = e^{-\lambda} \frac{\lambda^k}{k!}. \tag{6.5.7}$$

利用这个记号, 可以说: 当 n 充分大时 $b(k; n, \lambda/n)$ 近似于 $p(k; \lambda)$.

例 (a) 表 4.3 列出了 (6.5.7) 中当 $\lambda = 1$ 时的泊松概率, 并将它与参数为 $p = 1/n\,(n = 3, 4, 5, 6, 10)$ 的二项分布做了比较. 即使 n 很小, 它们的相合性也惊人地好.

(b) **经验解释**. 100 对随机数字中, $(7, 7)$ 出现的次数服从 $n = 100, p = 0.01$ 的二项分布. 表 6.2 列出了, 在 100 组每组含有 100 对随机数的集合中, 恰含 k 对 $(7, 7)$ 的组数[74]. 比率 $N_k/100$ 与理论的二项分布和相应的泊松逼近做比较, 观察到的频率与理论概率相当符合. (如用 χ^2 准则来判断, 100 个类似的个例中有 75 例会因为随机起伏而产生观察频率与理论概率的更大的偏差.)

[①] 关于其逼近的阶, 见 6.10 节习题 33 和习题 34.

表 6.2　泊松逼近的一个例子

k	$b(k; 100, 0.01)$	$p(k; 1)$	N_k
0	0.366 032	0.367 879	41
1	0.369 730	0.367 879	34
2	0.184 865	0.183 940	16
3	0.060 999	0.061 313	8
4	0.014 942	0.015 328	0
5	0.002 898	0.003 066	1
6	0.000 463	0.000 511	0
7	0.000 063	0.000 073	0
8	0.000 007	0.000 009	0
9	0.000 001	0.000 001	0

头三列表明了二项分布的泊松逼近. 最后一列是每组为 100 对随机数字的
100 组中 (7,7) 恰巧出现 k 次的组数的记录.

(c) **生日**. 在 500 人所组成的人群中, 恰有 k 个人的生日是元旦的概率 p_k 是
多少? 如果 500 人是任意选取的, 则可应用成功概率为 $p = \frac{1}{365}$ 的 500 个伯努利
试验的模型. 对于泊松逼近, 设 $\lambda = \frac{500}{365} = 1.3698\ldots$

正确的概率及其泊松逼近如下:

k	0	1	2	3	4	5	6
二项分布	0.2537	0.3484	0.2388	0.1089	0.0372	0.0101	0.0023
泊松逼近	0.2541	0.3481	0.2385	0.1089	0.0373	0.0102	0.0023

(d) **次品**. 螺丝钉的生产是在统计的质量控制下进行的, 因而可应用伯努利试
验的模型. 若一个螺丝钉是次品的概率为 $p = 0.015$, 则装有 100 个螺丝钉的盒中
没有次品的概率是 $0.985^{100} \approx 0.22061$. 对应的泊松逼近是 $e^{-1.5} = 0.22313\ldots$
在大多数的实际问题中, 这样的近似程度已是相当好的. 现在, 我们问: 一盒中应有
多少个螺丝钉才能使得其中含有至少 100 个合格钉的概率大于等于 0.8? 设 $100+x$
是所需要的螺丝钉数, 则 x 必是一个小的整数, 应用泊松逼近于 $n = 100+x$, 应
令 $\lambda = np$, 由于 np 近似于 $100p = 1.5$, 故所求的 x 是满足下面不等式的最小整
数 x:

$$e^{-1.5}\left[1 + \frac{1.5}{1} + \cdots + \frac{1.5^x}{x!}\right] \geqslant 0.8. \tag{6.5.8}$$

查表①知, 当 $x = 1$ 时, (6.5.8) 的左边近似于 0.56, 当 $x = 2$ 时, 则为 0.809. 因
此, 从泊松逼近式可得出如下的结论, 即所需要的螺丝钉是 102 个. 实际上, 在
一盒 102 个螺丝钉中, 含有至少 100 个合格螺丝钉的概率是 $0.8022\ldots$

---

① 见参考文献 [104]. （这是给出数值 $p(k; \lambda)$ 与 $p(k; \lambda) + p(k+1; \lambda) + \cdots$ 的一些表格, 其中 k 从 0 变
到 100. ）

(e) **百岁的人.** 某人活到 100 岁的概率是很小的, 同时, 在一个大的团体中, 一年的出生数却是大的. 由于战争、传染病等, 不同人的寿命不是随机独立的. 不过, 作为初次近似, 我们可将 n 个出生比喻为 n 个伯努利试验, 其中活到 100 岁以后才去世就算"成功". 在一个稳定的团体 (即团体的大小与死亡率认为是不大改变的) 中, 我们有理由期望, 恰有 k 个百岁老人去世的那些年份的频率近似于 $p(k; \lambda)$, 其中 λ 依赖于团体的大小及健康情况. 瑞士的记录证实了这结论[61].

(f) **印错的字、葡萄干, 等等.** 设在一本书的印刷中, 任何一个字印错的概率是固定的, 且印刷的条件保持不变, 则有与字的个数一样多的伯努利试验, 并且恰有 k 个错字的页数的频率将近似地等于 $p(k; \lambda)$, 其中 λ 依赖于印刷者的技术水平. 印刷者的偶然疲倦或困难的章节等都将增加印错的机会, 并且还可能产生成群的错字. 因此, 泊松公式可用来发现对于均匀性或统计控制的过分偏离. 类似的推理可用于许多其他的情形. 例如, 若将许多葡萄干混合到一堆生面团中, 则可期望恰有 k 粒葡萄干的面包的个数的频率近似地等于 $p(k; \lambda)$, 而 λ 是生面团中葡萄干的密度. ∎

6.6　泊松分布

在前一节中, 仅仅用泊松表达式 (6.5.7) 作为 n 大 p 小的二项分布的一个合适的近似式. 关于第 4 章的相合问题与占位问题, 我们曾经研究过各种不同的概率分布, 而这些分布的极限形式也是泊松表达式 $p(k; \lambda)$. 这正是下述值得注意的事实的特殊情形: 有几个具有高度普遍性的分布在极其多种多样的问题中出现. 在概率论中, 常遇到的三个主要分布是二项分布、正态分布 (下一章介绍) 与泊松分布

$$p(k; \lambda) = e^{-\lambda} \frac{\lambda^k}{k!}, \tag{6.6.1}$$

后者我们将加以讨论.

首先注意: 如果将 (6.6.1) 的右边对 $k = 0, 1, 2, \cdots$ 求和, 则得到 e^{λ} 的泰勒级数与 $e^{-\lambda}$ 的乘积. 因此, 对固定的任意 λ, 所有的 $p(k; \lambda)$ 的和是 1. 于是可以设想一个理想的试验, 使得恰有 k 个成功的概率是 $p(k; \lambda)$. 我们将说明: 为什么许多物理试验与统计观察都导致泊松分布 (6.6.1). 下一节的例子阐明了 (6.6.1) 的广泛的、种种重要的应用. 在随机过程的理论中能明显地看出泊松分布的实质 (12.2 节和 17.2 节将给出泊松分布的一个新的描述).

考虑随时间而发生的随机事件序列, 例如放射性分裂、电话总机的来电呼叫等. 每个事件都可由时间轴上的一点来代表, 而我们所关心的是这些点的随机分布. 这一分布有各种不同的类型, 而它们的研究属于连续概率的范围, 我们预备在

第 2 卷再谈. 这里, 我们将满足于说明以下的事实: 在最简单的物理假设下可以得出 $p(k; \lambda)$ 就是"在一个指定长度的固定区间内有 k 个点 (事件)"的概率. 本节中所用的方法是粗糙的, 在第 12 章和第 17 章将以更适当的方法来处理这个问题.

需要把以下两个物理假定用数学语言表达出来: (1) 对时间而言, 试验是在固定不变的情况下进行的; (2) 在不相交的几个时间区间中, 事件的发生次数是随机独立的. 在连续型的概率理论中可以直接地表达这些陈述, 但由于本卷限制在离散型范围内, 只得先用一个近似的有限模型, 然后再过渡到极限.

我们想象把单位时间区间分成 n 等分, 每个子区间的长度是 $1/n$. 该区间中某个由有限个点构成的族, 可视为某随机过程的一个结果, 此过程满足条件: 每个子区间含有该点族中的点数大于等于 1 的概率都是 p_n. 于是一个子区间或者是空的, 或者含有点, 不叠交的时间区间之间独立性假设使我们可以用伯努利试验来处理. 假定一个子区间恰含 k 个点的概率为 $b(k; n, p_n)$. 我们把此离散模型用 $n \to \infty$ 的办法来含糊地连续化. 所有子区间都不含一个点的概率必须趋于一个有限数. 但是, 此事件是"没有一个盒子"被占位的概率, 它应是 $(1 - p_n)^n$. 取对数, 发现欲使此数列趋于一个极限, 只有当 np_n 趋于一个极限才行. $np_n \to \infty$ 这种极端情况要排除, 否则, 即使在极小的区间, 其中所含之点也要有无穷多个. 因此, 我们的模型要求存在一个有限数 λ 使得 $np_n \to \lambda$. 在这种情况下, 恰有 k 个子区间被占位的概率趋于 $p(k; \lambda)$, 因为我们考虑的是单个点, 从而被占位的盒子[①]的个数在极限情况下与包含于单位时间区间的这一族点的个数一致. [②]

在应用中, 需要用任意长度为 t 的区间来取代单位区间, 我们仍将此长度为 t 的区间分成长度为 $1/n$ 的子区间, 且 p_n 的意义仍如前, 但现在子区间的个数由最为靠近 nt 的整数给定. 取极限的过程中, 除了 λ 代之以 λt, 其他过程完全一样, 因此要考虑

$$p(k; \lambda t) = \mathrm{e}^{-\lambda t} \frac{(\lambda t)^k}{k!} \tag{6.6.2}$$

作为长度为 t 的固定区间内恰有 k 点发生的概率. 特别地, 在长度为 t 的区间内没有一点的概率是

$$p(0; \lambda t) = \mathrm{e}^{-\lambda t}, \tag{6.6.3}$$

从而, 有一点或多点的概率是 $1 - \mathrm{e}^{-\lambda t}$.

---

①这里视一个区间为一个盒子. ——译者注

②其他的可能设想. 我们的模型可以作为研究车祸的合理近似, 但不能用于多部车同时撞毁的场合, 因为卷入车祸的车辆数超过 1, 就要考虑单点、两点、三点等. 在极限情况下, 这将导致需要运用在第 12 章才研究的复合泊松分布. 从更一般过程的观点看, 此处仅仅计算跳跃数, 这些已超出我们的研究范围了.

参数 λ 是一个物理常数, 它是由 t 轴上随机点的密度来决定的. λ 愈大, 没有点的概率 (6.6.3) 愈小. 设大量重复进行一个物理试验, 例如 N 次, 并且每次都记录下在长度为 t 的固定区间内事件发生的数目. 又设 N_k 是恰有 k 个事件发生的次数, 则

$$N_0 + N_1 + N_2 + \cdots = N. \tag{6.6.4}$$

于是, 在 N 次试验中所观察到的点的总数是

$$N_1 + 2N_2 + 3N_3 + \cdots = T, \tag{6.6.5}$$

平均数是 T/N. 如果 N 很大, 则可期望

$$N_k \approx Np(k; \lambda t) \tag{6.6.6}$$

(这是概率论所有应用的基础, 我们将在第 10 章中用大数定律给予证明且加以精确化). 将 (6.6.6) 的结果代入 (6.6.5), 得到

$$T \approx N\left[p(1; \lambda t) + 2p(2; \lambda t) + 3p(3; \lambda t) + \cdots\right]$$
$$= Ne^{-\lambda t}\lambda t\left[1 + \frac{\lambda t}{1} + \frac{(\lambda t)^2}{2!} + \cdots\right] = N\lambda t, \tag{6.6.7}$$

于是

$$\lambda t \approx T/N. \tag{6.6.8}$$

这个关系式提供了一个从观察值去估计 λ 以及将理论与试验相比较的方法. 我们将在下一节的例子中说明这点.

空间中的分布

我们已考虑过随机事件或随机点在 t 轴上的分布问题, 同样的推理可以应用到平面或空间上的点的分布. 以面积或体积是 t 的区域来代替长度是 t 的区间, 并且基本假设是任何固定的区域中恰有 k 点的概率仅与区域的面积或体积有关, 而与其形状无关. 此外还有与以前相同的假设: (1) 当 t 很小时, 在体积为 t 的区域中含多于一点的概率与 t 相比较而言是很小的; (2) 不相交的区域是彼此独立的. 为了求出在体积为 t 的区域中恰有 k 点的概率, 将区域分成许多子区域, 并用 n 次试验中恰有 k 次成功的概率来逼近所求的概率. 这就是说忽略了同一子区域中有多于一点的可能性, 但由假设 (1), 当 $n \to \infty$ 时, 其误差趋于零. 于是, 在取极限以后, 又得到泊松分布 (6.6.2). 天空中的星体、蛋糕中的葡萄干、牧草种子中的杂草种子、物质中的瑕疵, 以及原野中动物巢穴等都按照泊松定律来分布. 至于实例, 见 6.7 节例 (b) 与例 (e).

6.7　符合泊松分布的观察结果[①]

(a) **放射性分裂**. 放射性物质放射出 α 粒子并在时间 t 内到达指定区域的粒子数，是随机事件遵从泊松定律的著名例子. 当然，由于物质在不断地放射，时间太长的话，α 粒子的密度就要下降. 但是，就镭而言，不经过许多年，物质的减少是觉察不出来的. 于是，对于较短的时间区间，可考虑为不变情况的. 因此，这现象满足导出泊松分布的理想假设.

在这个著名的放射性物质的试验中[123]，我们观察 $N = 2608$ 次，时间区间是 7.5 秒，并且每次都记录下到达指定区域的粒子数. 表 6.3 给出了有 k 个粒子的区间数 N_k. 粒子总数是 $T = \sum k N_k = 10\,094$，平均数是 $T/N \approx 3.870$. 理论值 $Np(k; 3.870)$ 很靠近观察值 N_k. 要判断两者的拟合程度，我们需要对随机起伏的可能范围进行估计. 统计学家是用 χ^2 检验来判断拟合度的. 由这个准则，人们可预期在理想的条件下，100 个类似的情形中，大约有 17 个的拟合程度比表 6.3 还要差.

表 6.3　例 (a) 放射性分裂

k	N_k	$Np(k; 3.870)$	k	N_k	$Np(k; 3.870)$
0	57	54.399	5	408	393.515
1	203	210.523	6	273	253.817
2	383	407.361	7	139	140.325
3	525	525.496	8	45	67.882
4	532	508.418	9	27	29.189
			$k \geqslant 10$	16	17.075
			总数	2608	2608.000

(b) **投在伦敦的飞弹**. 作为随机点的空间分布的例子，考虑统计第二次世界大战中投在伦敦南部的飞弹. 将整个区域分为 $N = 576$ 块小区域，每个小区域的面积是 1/4 平方公里. 表 6.4 记录了中 k 个飞弹的区域数 N_k.[②]投下飞弹的总数是 $T = \sum k N_k = 537$，平均数是 $\lambda t = T/N \approx 0.9323$. 这个观察结果对泊松分布的拟合程度是很好的. 由 χ^2 检验可知，在理想的条件下，100 次比较中大约有 88 次的拟合度比这个观察结果的拟合度还要差. 我们感兴趣的是，大多数人都相信受弹点有聚结的倾向. 若果真如此，中弹很多的地区与没有中弹的地区岂不是要多些，而中间的情形要少些？然而表 6.4 却明白地表现出完善的随机性与均匀性. 这个例证说明了一个公认的事实：随机性在没有经过训练的人的思维中，就

[①] 泊松分布有时称为小数律或稀有事件律. 但这些称谓难以接受且对泊松分布在实践中的重要性有损. 下面的例子说明确实如是.

[②] 这些数据来源于参考文献 [17].

会存在有规则性或有聚结的倾向.

表 6.4 例 (b) 投在伦敦的飞弹

k	0	1	2	3	4	5 及以上
N_k	229	211	93	35	7	1
$Np(k; 0.9323)$	226.74	211.39	98.54	30.62	7.14	1.57

(c) **细胞中染色体的交换**. X 射线的照射产生了有机细胞中的某种变化过程, 这种过程叫作染色体的交换. 在连续照射的过程中, 发生交换的概率是保持不变的. 按照理论, 恰有 k 个交换发生的细胞数 N_k 服从泊松分布, 而且理论上还可预言参数 λ 与照射强度、温度等的关系. 但是, 我们不打算详细讨论这一内容. 表 6.5 记录了 11 种不同试验的结果[1]. 它们是按照拟合度排列的. 最后一列给出了逼近理想情形的百分比, 在这种理想情形中, 随机起伏使得拟合度更差 (用 χ^2 标准检验). 理论值与观察值的拟合度是令人惊奇的.

表 6.5 例 (c) X 射线照射引起的染色体交换

实验数		有 k 个交换的细胞				总数 N	χ^2 水平的百分比
		0	1	2	$\geqslant 3$		
1	观察值 N_k	753	266	49	5	1073	95
	$Np(k; 0.355\,08)$	752.3	267.1	47.4	6.2		
2	观察值 N_k	434	195	44	9	682	85
	$Np(k; 0.456\,01)$	432.3	197.1	44.9	7.7		
3	观察值 N_k	280	75	12	1	368	65
	$Np(k; 0.277\,17)$	278.9	77.3	10.7	1.1		
4	观察值 N_k	2278	273	15	0	2566	65
	$Np(k; 0.118\,08)$	2280.2	269.2	15.9	0.7		
5	观察值 N_k	593	143	20	3	759	45
	$Np(k; 0.252\,96)$	589.4	149.1	18.8	1.7		
6	观察值 N_k	639	141	13	0	793	45
	$Np(k; 0.210\,59)$	642.4	135.3	14.2	1.1		
7	观察值 N_k	359	109	13	1	482	40
	$Np(k; 0.286\,31)$	362.0	103.6	14.9	1.5		
8	观察值 N_k	493	176	26	2	697	35
	$Np(k; 0.335\,72)$	498.2	167.3	28.1	3.4		
9	观察值 N_k	793	339	62	5	1199	20
	$Np(k; 0.398\,67)$	804.8	320.8	64.0	9.4		
10	观察值 N_k	579	254	47	3	883	20
	$Np(k; 0.405\,44)$	588.7	238.7	48.4	7.2		
11	观察值 N_k	444	252	59	1	756	5
	$Np(k; 0.493\,39)$	461.6	227.7	56.2	10.5		

[1] 见参考文献 [13]. 表 6.5 是这篇论文的表 IX, 除了 χ^2 水平用单自由度重新计算.

(d) **电话接错**. 表 6.6 是电话接错的一个统计①, 其中被观察的电话呼叫次数共有 $N = 267$ 个, N_k 表示恰有 k 次接错的电话数. 我们再一次看到, 泊松分布 $p(k; 8.74)$ 对这个观察结果的拟合程度是很好的（由 χ^2 检验, 偏差靠近于中值）. 在参考文献 [133] 中, 读者可以找到遵从泊松定律的其他电话统计. 在某些情形（例如有分机的团体线及公用电话等）下, 事件之间是有明显的依赖关系的, 此时, 泊松分布就不能适合所观察的结果了.

表 6.6　例 (d) 电话接错

k	N_k	$Np(k; 8.74)$	k	N_k	$Np(k; 8.74)$
0–2	1	2.05	11	20	24.34
3	5	4.76	12	18	17.72
4	11	10.39	13	12	11.92
5	14	18.16	14	7	7.44
6	22	26.45	15	6	4.33
7	43	33.03	$\geqslant 16$	2	4.65
8	31	36.09			
9	40	35.04			
10	35	30.63	总数	267	267.000

(e) **数细菌与数血球**. 图 6.1 是涂上细菌群的培养皿在显微镜下的相片, 细菌群呈现为黑点. 将培养皿分成一些小方块. 对于 8 种不同的细菌进行实验, 表 6.7 记录了恰有 k 个黑点的小方块数[109]. 这里, 我们得到了一个重要的泊松分布应用于随机点空间分布的典型例子.　　■

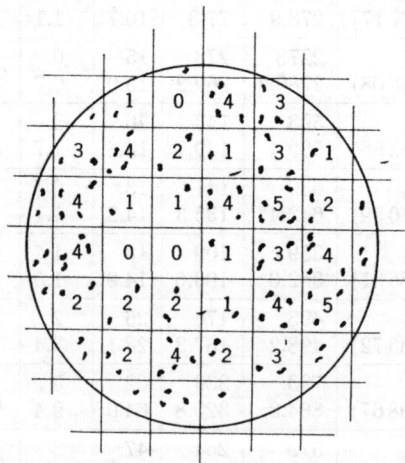

图 6.1　细菌在培养皿上

---

① 这统计表来源于参考文献 [133], 该论文含有 32 种不同统计表的图形分析.

表 6.7 例 (e) 细菌的分布

k	0	1	2	3	4	5	6	7	χ^2 水平
观察值 N_k	5	19	26	26	21	13	8		97
泊松理论值	6.1	18.0	26.7	26.4	19.6	11.7	9.5		
观察值 N_k	26	40	38	17	7				66
泊松理论值	27.5	42.2	32.5	16.7	9.1				
观察值 N_k	59	86	49	30	20				26
泊松理论值	55.6	82.2	60.8	30.0	15.4				
观察值 N_k	83	134	135	101	40	16	7		63
泊松理论值	75.0	144.5	139.4	89.7	43.3	16.7	7.4		
观察值 N_k	8	16	18	15	9	7			97
泊松理论值	6.8	16.2	19.2	15.1	9.0	6.7			
观察值 N_k	7	11	11	11	7	8			53
泊松理论值	3.9	10.4	13.7	12.0	7.9	7.1			
观察值 N_k	3	7	14	21	20	19	7	9	85
泊松理论值	2.1	8.2	15.8	20.2	19.5	15.0	9.6	9.6	
观察值 N_k	60	80	45	16	9				78
泊松理论值	62.6	75.8	45.8	18.5	7.3				

每一行的最后一个数据都包含了更高分组的图形，因而应该标以 "k 或者更多个".

6.8 等待时间、负二项分布

考虑 n 次相继的伯努利试验：一直到出现第 r 次成功为止到底需要做多少次试验? 其中 r 是固定的正整数. 当然，n 次试验的成功次数可以少于 r，但第 r 次成功发生在第 $\nu \leqslant n$ 次试验的概率不依赖于 n 只依赖于 ν, r, p. 因为一定有 $\nu \geqslant r$，所以我们愿意把 ν 写作 $\nu = r + k$. 第 r 次成功发生在第 $r + k$ 次试验（其中 $k = 0, 1, \cdots$）的概率用 $f(k; r, p)$ 表示. 它等于在 r 次成功之前恰有 k 次失败的概率. 而这个事件的发生，当且仅当 $r + k - 1$ 次试验中恰有 k 次失败而下一次（即第 $r + k$ 次）一定成功，它们的概率分别为 $\binom{r+k-1}{k} p^{r-1} q^k$ 和 p，所以

$$f(k; r, p) = \binom{r + k - 1}{k} p^r q^k. \tag{6.8.1}$$

用 (2.12.4) 改写二项式系数，便得另一形式：

$$f(k; r, p) = \binom{-r}{k} p^r (-q)^k, \qquad k = 0, 1, 2, \cdots. \tag{6.8.2}$$

现在假定伯努利试验一直继续，直到出现第 r 次成功. 一个标准的样本点可以用以下序列表示：具有 k 个 F（k 任意）恰有 r 个 S 且序列的最后字母是 S. 由定义，这样的点的概率为 $p^r q^k$. 然而，我们必须问：试验一直做下去，无法结

束的可能性是否存在，也就是说，是否有无穷试验序列，其成功次数少于 r. 因为 $\sum_{k=0}^{\infty} f(k;r,p)$ 是第 r 次成功发生在有限次试验的概率，因此，一个无穷试验序列中包含的成功次数少于 r 这个事件不可能发生当且仅当

$$\sum_{k=0}^{\infty} f(k;r,p) = 1. \tag{6.8.3}$$

这是对的，因为由二项式定理有：

$$\sum_{k=0}^{\infty} \binom{-r}{k}(-q)^k = (1-q)^{-r} = p^{-r}. \tag{6.8.4}$$

将 (6.8.4) 乘以 p^r 我们得到 (6.8.3).

在等待时间问题中，r 必须是固定的正整数，但是由 (6.8.1) 或 (6.8.2) 定义的量是非负的，而且 (6.8.3) 对任何正数 r 都成立. 对于固定的任意实数 $r > 0$ 和 $0 < p < 1$，序列 $\{f(k;r,p)\}$ 叫作负二项分布. 在很多应用中会碰到这一分布.（在 5.8 节习题 24 里，它是作为波利亚分布的极限形式出现的.）当 r 为正整数时，$\{f(k;r,p)\}$ 可以解释为第 r 次成功所需等待时间的概率分布，正由于此，我们也把它叫作帕斯卡分布. 当 $r=1$ 时，它化为几何分布 pq^k.

例 (a) **巴拿赫火柴盒问题**[①]. 某数学家经常在左边口袋放一盒火柴，在右边口袋也放一盒火柴. 当要用火柴的时候，他随机地从一个口袋取火柴，因此连续的抽取构成了一串 $p = 1/2$ 的伯努利试验. 假定最初每盒恰巧包含 N 根火柴，考虑数学家第一次发现空盒子的时刻. 此时，另一盒中可能还有 $0, 1, \cdots, N$ 根火柴，用 u_r 表示对应的概率. 令从左边口袋选取火柴为"成功". "当发现左边口袋的火柴盒空时右边的火柴盒中尚有 r 根火柴"这一事件当且仅当在下列事件发生时才发生：恰有 $N - r$ 次失败发生在第 $N + 1$ 次成功之前. 这个事件的概率为 $f(N-r; N+1, 1/2)$. 同样的推理可以用于右边口袋. 因此，所要求的概率为

$$u_r = 2f(N-r; N+1, \tfrac{1}{2}) = \binom{2N-r}{N}2^{-2N+r}. \tag{6.8.5}$$

表 6.8 给出了 $N = 50$ 时 u_r 的值 [见 6.10 节习题 21 和习题 22 以及 9.9 节习题 11].

(b) **推广：乒乓球**. 如果给这两盒火柴赋予不同的概率，那么上面例子的情况会更清楚. 为了富有变化，在此用很不同的方式来描述. 假定彼得和保罗二人玩

[①] 此例源于斯坦因豪斯在关于巴拿赫的一次演说中，提到巴拿赫抽烟爱好的趣事. 此趣事意想不到地广为转载于诸文献，故此采用此名，不予改变. 这当然是假的，参考巴拿赫的 *Oeuvres complètes*.

表 6.8　火柴盒问题中的概率 (6.8.5)

r	u_r	U_r	r	u_r	U_r
0	0.079 589	0.079 589	15	0.023 171	0.917 941
1	0.079 589	0.159 178	16	0.019 081	0.937 022
2	0.078 785	0.237 963	17	0.015 447	0.952 469
3	0.077 177	0.315 140	18	0.012 283	0.964 752
4	0.074 790	0.389 931	19	0.009 587	0.974 338
5	0.071 674	0.461 605	20	0.007 338	0.981 676
6	0.067 902	0.529 506	21	0.005 504	0.987 180
7	0.063 568	0.593 073	22	0.004 041	0.991 220
8	0.058 783	0.651 855	23	0.002 901	0.944 121
9	0.053 671	0.705 527	24	0.002 034	0.996 155
10	0.048 363	0.753 890	25	0.001 392	0.997 547
11	0.042 989	0.796 879	26	0.000 928	0.998 475
12	0.037 676	0.834 555	27	0.000 602	0.999 077
13	0.032 538	0.867 094	28	0.000 379	0.999 456
14	0.027 676	0.894 770	29	0.000 232	0.999 688

假定开始时，每盒火柴有 50 根，u_r 是发现一盒空时另一盒恰有 r 根火柴的概率.
$U_r = u_0 + u_1 + \cdots + u_r$ 是对应另一盒不多于 r 根火柴的概率.

一个游戏，这可用伯努利试验序列来刻画，其中的概率 p 和 q 是反映他们的技术的两个参数. 在一般的乒乓球比赛中，谁首先累积赢得 21 个球谁就获胜[①]. 为了与前一个例子进行比较. 我们考虑一般情形，要求先累积赢得 $2\nu + 1$ 个球才能获胜. 这场比赛至少要进行 $2\nu + 1$ 次，至多进行 $4\nu + 1$ 次. 令彼得在第 $4\nu + 1 - r$ 次获胜的概率为 a_r. 此事件发生当且仅当前 $4\nu - r$ 次中彼得赢 2ν 个球而此后的一个球又是彼得赢了. 因此

$$a_r = \binom{4\nu - r}{2\nu} p^{2\nu+1} q^{2\nu-r}. \tag{6.8.6}$$

在此游戏中，彼得获胜的概率为 $a_0 + \cdots + a_{2\nu}$. 比赛恰在第 $4\nu + 1 - r$ 次试验结束的概率为 $a_r + b_r$，此处 b_r 是 (6.8.6) 右边把 p 与 q 的位置交换后所得之数.

如果取 $2\nu = N, p = q = 1/2$，概率 $a_r + b_r$ 就是前例中的 u_r. ■

6.9　多项分布

二项分布很容易推广到一般的情形，即每次试验有若干个可能结果的 n 次重复独立试验. 设 $E_1, \cdots, E_r$ 是每次试验的可能结果，且每次试验中 E_i 发生的概率是 p_i ($i = 1, 2, \cdots, r$). 当 $r = 2$ 时，它化为伯努利试验序列. 在一般情况下，

[①] 自 2001 年 9 月 1 日起, 国际乒联规定开始实行 11 分赛制. ——编者注

p_i 应满足条件

$$p_1 + p_2 + \cdots + p_r = 1, \qquad p_i \geqslant 0. \tag{6.9.1}$$

n 次试验的可能结果可表示为形如 $E_3 E_1 E_2 \cdots$ 的 n 元序列. 在 n 次试验中, E_1 出现 k_1 次, E_2 出现 k_2 次, $\cdots\cdots$, E_r 出现 k_r 次的概率是

$$\frac{n!}{k_1! k_2! \cdots k_r!} p_1^{k_1} p_2^{k_2} p_3^{k_3} \cdots p_r^{k_r}, \tag{6.9.2}$$

其中 k_i 是任何非负整数并且满足

$$k_1 + k_2 + \cdots + k_r = n. \tag{6.9.3}$$

当 $r = 2$ 时, (6.9.2) 就化为二项分布, 其中 $p_1 = p, p_2 = q, k_1 = k, k_2 = n - k$. 从 (2.4.7) 出发, 可用证明二项分布的方法来证明这个一般情形的公式.

因公式 (6.9.2) 是 $(p_1 + \cdots + p_r)^n$ 多项式展开中的一般项, 故 (6.9.2) 称为**多项分布**. 这一分布主要应用于个体被区分为多于两类的**有放回抽样**(例如, 按照职业进行分类).

例　(a) 掷 12 个骰子, 问骰子的每面都出现两次的概率是多少? 设 $E_1, E_2, \cdots,$ E_6 表示骰子的 6 个面, 由于对于 $i = 1, 2, \cdots, 6$ 有 $k_i = 2, p_i = 1/6$, 所以答案是 $12! \, 2^{-6} 6^{-12} = 0.0034 \cdots$.

(b) **抽样**. 把具有 N 个元素的总体分为 r 个子类 $E_1, \cdots, E_r$, 子类的大小分别为 $Np_1, \cdots, Np_r$. 多项分布给出了由这个总体中有放回地抽取大小为 n 的随机样本的各种可能组合的概率.

(c) **多重伯努利试验**. 两串伯努利试验合在一起可考虑为具有 4 个可能结果 $(S, S), (S, F), (F, S), (F, F)$ 的联合试验, 其中 p_1, q_1 和 p_2, q_2 分别为这两串伯努利试验的成功与失败概率. 如果这两串试验是独立的, 则联合试验中 4 个可能结果的概率分别为 $p_1 p_2, p_1 q_2, q_1 p_2, q_1 q_2$. 若 k_1, k_2, k_3, k_4 是 4 个整数, 其和为 n, 则 n 次联合试验中 SS 出现 k_1 次, SF 出现 k_2 次, FS 出现 k_3 次, FF 出现 k_4 次的概率是

$$\frac{n!}{k_1! k_2! k_3! k_4!} p_1^{k_1 + k_2} q_1^{k_3 + k_4} p_2^{k_1 + k_3} q_2^{k_2 + k_4}. \tag{6.9.4}$$

抽样检查可作为我们的一个特例. 一个成品是合格品或废品的概率分别为 p 和 q, 成品是否被检查的概率分别为 p' 和 q', 因成品是否被检查与它的质量无关, 所以我们有两串独立试验 [见 6.10 节习题 25 和习题 26 以及 9.9 节习题 12].

6.10　习题

1. 设性别的分布都是等可能的, 问 6 个小孩的家庭中恰有 3 男 3 女的概率是多少?

2. 一名桥牌选手连续 3 次没有得到 A, 他是否有理由埋怨运气不好?

3. 随机数字序列要有多长才能使得序列中数字 7 出现的概率至少是 $\frac{9}{10}$?

4. 设在玩桥牌中每次发牌是独立的, 问需玩多少次才能使得一个事先指定的玩牌者至少有一次得 4 张 A 的概率大于等于 $\frac{1}{2}$? 如果 "将事先指定的玩牌者" 换为 "有一个玩牌者", 则结论又如何?

5. 设中靶的概率是 $\frac{1}{5}$, 问 10 次独立的打靶中至少有 2 次中靶的概率是多少?

6. 在上题中, 如果已知至少有 1 次中靶, 问至少 2 次中靶的条件概率是多少?

7. 一组任意选取的 13 张桥牌中, 恰有两张红牌的概率是多少? 并将这概率与成功概率为 $p = \frac{1}{2}$ 的伯努利试验中相应概率进行比较 (关于桥牌的描述见第 7 页脚注).

8. 6 个人的生日都在 12 个月中的任意 2 个月, 而在其他的 10 个月没有这 6 个人的生日的概率是多少? (假设每个人的生日彼此独立, 生日发生在某个月份是等可能的.)

9. 掷 6 个骰子, 求下列问题概率: (a) 至少有一个幺点出现; (b) 恰有一个幺点出现; (c) 恰有两个幺点出现. 并与相应的泊松逼近值进行比较.

10. 如果左撇子的平均比例是 1%, 计算 200 人中至少有 4 个为左撇子的概率.

11. 设一本 500 页的书中含有 500 个错处, 计算指定的某一页至少有 3 个错处的概率.

12. 如果总体中色盲的比例是 1%, 问有放回的随机样本应该多大才能使样本中有 1 个色盲的概率大于等于 0.95?

13. 在上题中, 如果样本的大小是 100, 求下列问题的概率: (a) 样本中没有色盲; (b) 样本中至少有 2 个色盲.

14. 如果想让蛋糕中至少含有 1 粒葡萄干的概率大于等于 0.99, 计算蛋糕中葡萄干的平均数.

15. 扑克游戏中出现最大同花的概率是 $p = \frac{1}{649\,740}$, 问 n 要多大才能使 n 次扑克游戏中没有最大同花出现的概率小于 $\frac{1}{e} \approx \frac{1}{3}$ (注意: 不用计算便可得出答案).

16. 一本书包含 n 页, 每一页的印错处平均为 λ. 计算至少有 1 页其中印错之处超过 k 的概率.

17. 假定有两类颗粒 (例如点心中不同类的葡萄干, 质料中不同类的杂质). 在给定的体积中, 第一类颗粒恰有 j 个的概率为 $p(j; a)$, 第二类颗粒恰有 k 个的概率为 $p(k; b)$, 假定这两个事件是相互独立的. 证明给定的体积中总共包含 n 个颗粒的概率为 $p(n; a + b)$. (把这一论断和假设加以抽象化.)

18. **交通问题**. 十字路口的交通畅通程度, 是用任意给定的 1 秒钟内有汽车通过的概率 p 来描述的, 而且在不同秒的时刻, 汽车的经过是互不影响的. 把秒作为不可分的时间单位, 于是可以在此应用伯努利试验模型. 假定步行者只能在后 3 秒钟没有汽车通过的情形下才能跨过街道. 求步行者恰巧等待 $k = 0, 1, 2, 3, 4$ 秒的概率. (其一般的公式并不很显然, 在 13.7 节讨论成功的连贯理论时将把它推出来.)

19. 设两个人都扔 n 次硬币. 求硬币出现正面的次数相等的概率.

20. 在成功概率为 p 的伯努利试验序列中, 求 a 个成功出现在 b 个失败以前的概率. (注意: 这个结果至多在 $a + b - 1$ 次试验以后就可决定. 这个问题在博弈的古典理论中起着作用，它和下面的如何分赌注的问题有关：当一方差 a 点获全胜，另一方差 b 点获全胜时博弈中断，如何分配赌注.）

21. 在**巴拿赫火柴盒问题**（6.8 节）中，求一盒恰用完（当拿火柴时发现它是空的）时另一盒尚有 r 根火柴的概率，其中 $r = 1, 2, \cdots, N$.

22. 续上题. 应用上面的结果，求出首先用完的那一盒不是最初拿出而发现它是空的概率 x. 并证明由此所得之表达式可化为 $x = \binom{2N}{N} 2^{-2N-1}$，或者近似地为 $\frac{1}{2}(N\pi)^{-1/2}$.

23. 两个校对者独立地校对某一本书的印样，他们各发现 k_1 和 k_2 个错误，其中有 k_{12} 个错误被这两个人同时发现. 试给出印样的错误个数 n 的一个合理估计.（假定这两个校对者对应于伯努利试验，他们发现一个错误的概率分别为 p_1 和 p_2. 可应用大数定律.）

注意：这个问题是用简单术语来描述卢瑟福的闪烁计数器的.

24. 用陷阱来估计一群野兽的总体的大小. [106] 接连设立 r 次陷阱. 假定每一个野兽陷入的概率都同样为 q. 最初共有 n 个野兽. 只当野兽被捕（拿走）时，两次相继设立的陷阱的情况才会改变. 求设 r 次陷阱所捕获的野兽分别为 $n_1, n_2, \cdots, n_r$ 的概率.

25. 多重伯努利试验. 在 6.9 节例 (c) 中，如果知道 (S, F) 与 (F, S) 中有一个发生，分别求 $(S, F), (F, S)$ 发生的条件概率 p 和 q. 证明当 $p_1 > p_2$ 时 $p > \frac{1}{2}$，当 $p_2 > p_1$ 时 $p < \frac{1}{2}$.

26. 续上题. [①] 如果已知在 n 对试验中 (S, F) 和 (F, S) 共发生 m 次，证明 (S, F) 恰巧发生 k 次的概率是 $b(k; n, p)$.

27. 二项分布与泊松分布的结合. 设一只昆虫生 r 个卵的概率是 $p(r; \lambda)$，而卵能发育为成虫的概率是 p. 又设每个卵是否发育为成虫是彼此独立的. 证明有 k 个后代的概率是遵从参数为 λp 的泊松分布.

注意：同样情况下的另一个例子是：k 个染色体分裂的概率为 $p(k; \lambda)$，一个分裂的染色体恢复原状的概率为 p.（类似的一些其他例子见 9.1 节例 (d) 及 12.1 节.）

---

28. 证明定理[②]：多项分布 (6.9.2) 的最大项满足不等式

$$np_i - 1 < k_i \leqslant (n + r - 1)p_i, \qquad i = 1, 2, \cdots, r. \tag{6.10.1}$$

提示：首先证明最大项的充分必要条件是对每一对 (i, j) 有 $p_i k_j \leqslant p_j(k_i + 1)$. 把这些不等式对全部的 j 加起来，同时也对全部 $i \neq j$ 加起来.

29. 当 k 是不超过 λ 的最大整数时，泊松分布中的项 $p(k; \lambda)$ 达到最大值.

注： 问题 30~34 是关于二项分布的泊松逼近的. 把 np 定义为 λ，m 定义为不超过 $(n + 1)p$ 的最大整数（也就是说，m 是二项分布的中心项的指标）.

30. 证明当 k 从 0 跑到 ∞ 时，$a_k = b(k; n, p)/p(k; \lambda)$ 最初上升而后下降，在 $k = m$ 时达到它的最大值.

31. 当 k 增大时，$b(k; n, p)$ 最初比 $p(k; \lambda)$ 小而后变大最后又变得比 $p(k; \lambda)$ 小.

---

① 见参考文献 [136]. 沃尔德利用这个结果设计了一个实用的方法，用于比较两串由经验给定的试验（例如，两架机器的产品），而选出成功概率较大的一串. 他把这个问题简化为如下的问题：在一串伯努利试验里求成功频率是否显著地不同于 $\frac{1}{2}$.

② 在第 1 版中，只断言 $|k_i - np_i| \leqslant r$. 此处的改进和精练的证明都属于莫兰.

32. 如果 $n \to \infty, p \to 0$ 使得 $np = \lambda$ 保持为常数，则对所有 k 一致地有

$$b(k; n; p) \to p(k; \lambda).$$

33. 证明

$$\frac{\lambda^k}{k!} \left(1 - \frac{\lambda}{n}\right)^{n-k} \geqslant b(k; n, p) \geqslant \frac{\lambda^k}{k!} \left(1 - \frac{k}{n}\right)^k \left(1 - \frac{\lambda}{n}\right)^{n-k}. \tag{6.10.2}$$

34. 从 (6.10.2) 推出

$$p(k; \lambda) e^{k\lambda/n} > b(k; n, p) > p(k; \lambda) e^{-k^2/(n-k) - \lambda^2/(n-\lambda)}. \tag{6.10.3}$$

提示：利用不等式 (2.12.26).

注意：虽然 (6.10.2) 非常粗糙，但 (6.10.3) 给出了较精确的误差估计. 用类似于 2.9 节的计算方法可以很容易地改进 (6.10.3). 附带提一下：应用习题 30 的结果，容易看出 (6.10.3) 左边的指数可以用 $m\lambda/n$ 代替，而后者小于等于 $(p + n - 1)\lambda$.

<hr>

其他的极限定理

35. 超几何分布的二项逼近. 一个包含 N 个元素的总体分为红黑两类元素，其比例为 $p : q$（其中 $p + q = 1$）. 无放回地抽取一个大小为 n 的样本. 其中恰有 k 个红元素的概率由 2.6 节的超几何分布给出. 证明：当 $N \to \infty$ 时这个概率趋于 $b(k; n, p)$.

36. 在前面的问题中，令 p 很小，n 很大，$\lambda = np$ 大小适当. 于是超几何分布可以用泊松分布 $p(k; \lambda)$ 来逼近. 不用二项逼近直接验证这个关系.

37. 在 6.8 节的**负二项分布** $\{f(k; r, p)\}$ 中，令 $q \to 0, r \to \infty$ 使得 $rq = \lambda$ 保持常数. 证明

$$f(k; r, p) \to p(k; \lambda).$$

注意：这道题为**波利亚分布**提供了一个极限理论，见 5.8 节习题 24.

38. 多重泊松分布. 对于 $j = 1, \cdots, r - 1$，当 n 很大、$np_j = \lambda + j$ 大小适当时，多项分布 (6.9.2) 可以用

$$e^{-(\lambda_1 + \cdots + \lambda_{r-1})} \frac{\lambda_1^{k_1} \lambda_2^{k_2} \cdots \lambda_{r-1}^{k_{r-1}}}{k_1! k_2! \cdots k_{r-1}!}$$

来逼近. 证明这些项之和为 1. （注意：问题 17 和二重泊松分布有联系.）

<hr>

39. (a) 应用显然的关系

$$b(k; n, p) = b(n - k; n, q),$$

从 (6.3.5) 直接推出 (6.3.6).

(b) 用归纳法和 (4.3.1) 的一般的求和公式推出二项分布.

40. 证明 $\sum k b(k; n, p) = np$ 和 $\sum k^2 b(k; n, p) = n^2 p^2 + npq$.

41. 证明 $\sum k^2 p(k; \lambda) = \lambda^2 + \lambda$.

42. 验证恒等式

$$\sum_{\nu=0}^{k} b(\nu; n_1, p) b(k - \nu; n_2, p) = b(k; n_1 + n_2, p), \tag{6.10.4}$$

并解释它的概率意义. 提示：利用 (2.6.4).

注意：等式 (6.10.4) 是**卷积**的特殊情形，将在第 11 章提到. 另一种情形是 (6.10.5).

43. 验证恒等式

$$\sum_{\nu=0}^{k} p(\nu; \lambda_1) p(k - \nu; \lambda_2) = p(k; \lambda_1 + \lambda_2). \tag{6.10.5}$$

44. 设

$$B(k; n, p) = \sum_{\nu=0}^{k} b(\nu; n, p) \tag{6.10.6}$$

是 n 次试验中至多有 k 个成功的概率，则

$$B(k; n+1, p) = B(k; n, p) - pb(k; n, p),$$
$$B(k+1; n+1, p) = B(k; n, p) + qb(k+1; n, p). \tag{6.10.7}$$

(a) 由定义出发证明之；(b) 分析证明之.

45. 证明[①]

$$B(k; n, p) = (n - k)\binom{n}{k} \int_0^q t^{n-k-1}(1-t)^k \mathrm{d}t, \tag{6.10.8}$$

$$1 - B(k; n, p) = n\binom{n-1}{k} \int_0^p t^k (1-t)^{n-k-1} \mathrm{d}t. \tag{6.10.9}$$

提示：用分部积分法或将等式的两边对 p 求导数. 这两个结果可以互相推导.

46. 证明

$$p(0; \lambda) + \cdots + p(n; \lambda) = \frac{1}{n!} \int_\lambda^\infty \mathrm{e}^{-x} x^n \mathrm{d}x. \tag{6.10.10}$$

[①] 等式 (6.10.9) 中的积分是**不完全贝塔函数**. 对于 k 和 n 从 0 变到 50 以及 $p = 0.01, 0.02, 0.03, \cdots$，参考文献 [115] 给出了 $1 - B(k; n, p)$ 的 7 位小数的表.

第 7 章 二项分布的正态逼近

二项分布的正态逼近在理论上和实用上都值得关注. 它导出了第一个极限定理, 因此在概率论的发展中扮演了重要角色. 从现代观点看, 它仅仅是**中心极限定理**的一个特殊情形. 中心极限定理在第 10 章中还要讨论, 但全面的详细研究要放在第 2 卷.

我们曾经在第 3 章中应用 $p = \frac{1}{2}$ 的特殊情形得出"初过"和"符号变化数"等的极限定理. 这种情形十分简单, 将在 7.2 节单独处理.

7.1 正态分布

为了以后的方便, 在这里先引进两个重要的函数.

定义 *函数*

$$\mathfrak{n}(x) = \frac{1}{\sqrt{2\pi}} e^{-\frac{1}{2}x^2} \tag{7.1.1}$$

称为正态密度函数, 它的积分

$$\mathfrak{N}(x) = \frac{1}{\sqrt{2\pi}} \int_{-\infty}^{x} e^{-\frac{1}{2}y^2} \mathrm{d}y \tag{7.1.2}$$

称为正态分布函数.

$\mathfrak{n}(x)$ 的图形是对称的钟形曲线（如图 7.1 所示）. 需注意, 图中两个坐标轴的单位是不同的. $\mathfrak{n}(x)$ 的最大值为 $1/\sqrt{2\pi} \approx 0.399$. 所以, 在通常的（同单位的）笛卡儿坐标里, $y = \mathfrak{n}(x)$ 的图形比画出来的要扁平得多.［符号 $\mathfrak{n}$ 和 $\mathfrak{N}$ 不是标准的, 在前 2 版中, 我们用 ϕ 和 Φ, 但是为了与第 2 卷的一些要求符合, 第 3 版中用 $\mathfrak{n}$ 和 $\mathfrak{N}$ 代替 ϕ 和 Φ.］

引理 1 $\mathfrak{n}(x)$ 的图形与 x 轴所围成的区域的面积为 1, 即

$$\int_{-\infty}^{+\infty} \mathfrak{n}(x) \, \mathrm{d}x = 1. \tag{7.1.3}$$

证 显然

$$\left[\int_{-\infty}^{+\infty} \mathfrak{n}(x) \, \mathrm{d}x \right]^2 = \int_{-\infty}^{+\infty} \int_{-\infty}^{+\infty} \mathfrak{n}(x) \mathfrak{n}(y) \, \mathrm{d}x \mathrm{d}y$$

$$= \frac{1}{2\pi} \int_{-\infty}^{+\infty} \int_{-\infty}^{+\infty} e^{-\frac{1}{2}(x^2+y^2)} \, \mathrm{d}x \mathrm{d}y. \tag{7.1.4}$$

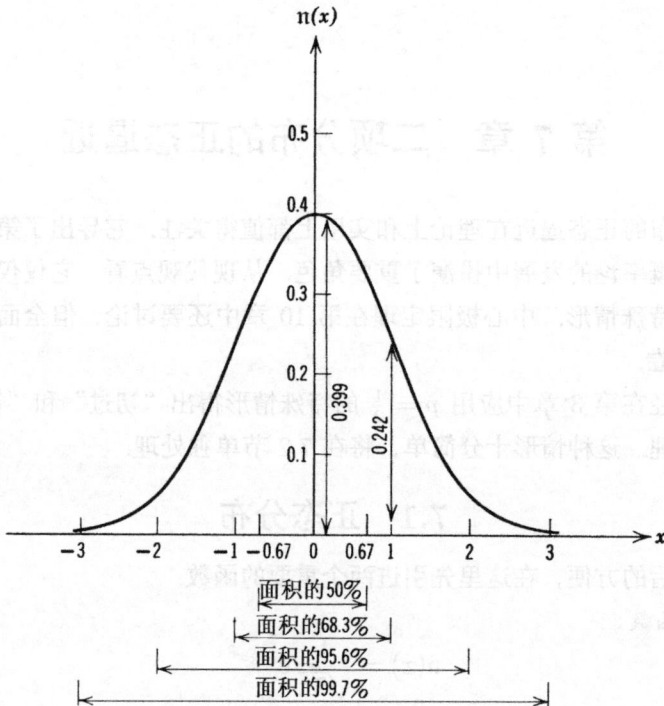

图 7.1　正态密度函数

这个重积分可用极坐标来表达:

$$\frac{1}{2\pi}\int_0^{2\pi}\mathrm{d}\theta\int_0^{+\infty}\mathrm{e}^{-\frac12 r^2}r\,\mathrm{d}r=\int_0^{+\infty}\mathrm{e}^{-\frac12 r^2}r\,\mathrm{d}r=-\mathrm{e}^{-\frac12 r^2}\Big|_0^{+\infty}=1. \qquad (7.1.5)$$

至此, 引理证毕. ∎

从定义及引理可推出: $\mathfrak{N}(x)$ 由 0 单调上升到 1, 它的图形是一个 S 形的曲线 (如图 7.2 所示), 且有

$$\mathfrak{N}(-x)=1-\mathfrak{N}(x). \qquad (7.1.6)$$

表 7.1[①] 给出了当 x 取正数时 $\mathfrak{N}(x)$ 的函数值[②], 从 (7.1.6) 可得出 $\mathfrak{N}(-x)$.

在很多情况下, 当 x 很大时, 对"尾量" $1-\mathfrak{N}(x)$ 有一个初等的估计是合宜的. 下面给出这个估计.

---

① 该表中有些数值有误, 现已纠正. ——编者注

② 至于更大的表, 见参考文献 [107]. 在那个表里当 x 从 0 变到 1 时每隔 0.0001 取一个分点, 当 $x > 1$ 时则每隔 0.001 取一个分点, 在这些分点上给出 $n(x)$ 与 $\mathfrak{N}(x)-\mathfrak{N}(-x)$ 的值直到 15 位小数.

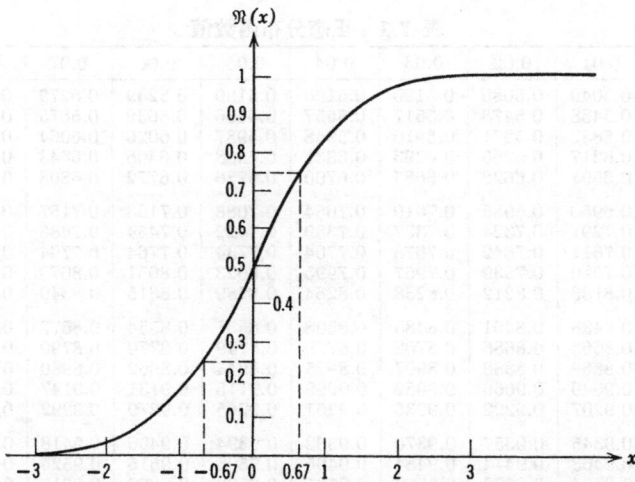

图 7.2 正态分布函数

引理 2 当 $x \to +\infty$ 时[①]

$$1 - \mathfrak{N}(x) \sim x^{-1}\mathfrak{n}(x). \tag{7.1.7}$$

更精确地说，对任意 $x > 0$ 有下面的双重不等式

$$\left(x^{-1} - x^{-3}\right)\mathfrak{n}(x) < 1 - \mathfrak{N}(x) < x^{-1}\mathfrak{n}(x) \tag{7.1.8}$$

成立（见 7.7 节习题 1）.

证 显然，

$$\left(1 - 3x^{-4}\right)\mathfrak{n}(x) < \mathfrak{n}(x) < \left(1 + x^{-2}\right)\mathfrak{n}(x). \tag{7.1.9}$$

而 (7.1.9) 中三项恰是 (7.1.8) 相应的三项的导数乘以 -1，故把 (7.1.9) 中三项分别从 x 到 $+\infty$ 积分即得双重不等式 (7.1.8). ∎

术语注解. 在数学文献中，术语**分布函数**是指这样的非降函数 $F(x)$：当 $x \to -\infty$ 时 $F(x)$ 趋于 0，当 $x \to +\infty$ 时 $F(x)$ 趋于 1. 统计学家常常喜欢把此函数叫作**累积**分布函数. 其实"累积"这一形容词是多余的. 所谓**密度函数**是指这样的非负函数：其在整个 x 轴上的积分为 1，任何密度函数从 $-\infty$ 到 x 的积分是一个分布函数. 旧术语"**频率函数**"是密度函数的同义词.

正态分布也叫作**高斯分布**. 但是，在高斯之前，棣莫弗和拉普拉斯就在概率论中用过这个函数. 如果改变坐标原点与度量单位，则可使 $\mathfrak{N}(x)$ 变为 $\mathfrak{N}((x-a)/b)$，后者称为具有均值 a 方差 b^2（或标准差 $|b|$）的正态分布函数. 函数 $2\mathfrak{N}(x\sqrt{2}) - 1$ 常常称为**误差函数**.

---

① 此处及以后符号"$\sim$"皆表示两边之比趋于 1.

表 7.1　正态分布函数值

	0.00	0.01	0.02	0.03	0.04	0.05	0.06	0.07	0.08	0.09
0.0	0.5000	0.5040	0.5080	0.5120	0.5160	0.5199	0.5239	0.5279	0.5319	0.5359
0.1	0.5398	0.5438	0.5478	0.5517	0.5557	0.5596	0.5636	0.5675	0.5714	0.5753
0.2	0.5793	0.5832	0.5871	0.5910	0.5948	0.5987	0.6026	0.6064	0.6103	0.6141
0.3	0.6179	0.6217	0.6255	0.6293	0.6331	0.6368	0.6406	0.6443	0.6480	0.6517
0.4	0.6554	0.6591	0.6628	0.6664	0.6700	0.6736	0.6772	0.6808	0.6844	0.6879
0.5	0.6915	0.6950	0.6985	0.7019	0.7054	0.7088	0.7123	0.7157	0.7190	0.7224
0.6	0.7257	0.7291	0.7324	0.7357	0.7389	0.7422	0.7454	0.7486	0.7517	0.7549
0.7	0.7580	0.7611	0.7642	0.7673	0.7704	0.7734	0.7764	0.7794	0.7823	0.7852
0.8	0.7881	0.7910	0.7939	0.7967	0.7995	0.8023	0.8051	0.8078	0.8106	0.8133
0.9	0.8159	0.8186	0.8212	0.8238	0.8264	0.8289	0.8315	0.8340	0.8365	0.8389
1.0	0.8413	0.8438	0.8461	0.8485	0.8508	0.8531	0.8554	0.8577	0.8599	0.8621
1.1	0.8643	0.8665	0.8686	0.8708	0.8729	0.8749	0.8770	0.8790	0.8810	0.8830
1.2	0.8849	0.8869	0.8888	0.8907	0.8925	0.8944	0.8962	0.8980	0.8997	0.9015
1.3	0.9032	0.9049	0.9066	0.9082	0.9099	0.9115	0.9131	0.9147	0.9162	0.9177
1.4	0.9192	0.9207	0.9222	0.9236	0.9251	0.9265	0.9279	0.9292	0.9306	0.9319
1.5	0.9332	0.9345	0.9357	0.9370	0.9382	0.9394	0.9406	0.9418	0.9429	0.9441
1.6	0.9452	0.9463	0.9474	0.9484	0.9495	0.9505	0.9515	0.9525	0.9535	0.9545
1.7	0.9554	0.9564	0.9573	0.9582	0.9591	0.9599	0.9608	0.9616	0.9625	0.9633
1.8	0.9641	0.9649	0.9656	0.9664	0.9671	0.9678	0.9686	0.9693	0.9699	0.9706
1.9	0.9713	0.9719	0.9726	0.9732	0.9738	0.9744	0.9750	0.9756	0.9761	0.9767
2.0	0.9772	0.9778	0.9783	0.9788	0.9793	0.9798	0.9803	0.9808	0.9812	0.9817
2.1	0.9821	0.9826	0.9830	0.9834	0.9838	0.9842	0.9846	0.9850	0.9854	0.9857
2.2	0.9861	0.9864	0.9868	0.9871	0.9875	0.9878	0.9881	0.9884	0.9887	0.9890
2.3	0.9893	0.9896	0.9898	0.9901	0.9904	0.9906	0.9909	0.9911	0.9913	0.9916
2.4	0.9918	0.9920	0.9922	0.9925	0.9927	0.9929	0.9931	0.9932	0.9934	0.9936
2.5	0.9938	0.9940	0.9941	0.9943	0.9945	0.9946	0.9948	0.9949	0.9951	0.9952
2.6	0.9953	0.9955	0.9956	0.9957	0.9959	0.9960	0.9961	0.9962	0.9963	0.9964
2.7	0.9965	0.9966	0.9967	0.9968	0.9969	0.9970	0.9971	0.9972	0.9973	0.9974
2.8	0.9974	0.9975	0.9976	0.9977	0.9977	0.9978	0.9979	0.9979	0.9980	0.9981
2.9	0.9981	0.9982	0.9982	0.9983	0.9984	0.9984	0.9985	0.9985	0.9986	0.9986
3.0	0.9987	0.9987	0.9987	0.9988	0.9988	0.9989	0.9989	0.9989	0.9990	0.9990
3.1	0.9990	0.9991	0.9991	0.9991	0.9992	0.9992	0.9992	0.9992	0.9993	0.9993
3.2	0.9993	0.9993	0.9994	0.9994	0.9994	0.9994	0.9994	0.9995	0.9995	0.9995

对于 $x < 0$，应用关系 $\mathfrak{N}(-x) = 1 - \mathfrak{N}(x)$.

7.2　预备知识：对称分布

下面说明正态分布作为具有 $p = \frac{1}{2}$ 的二项分布的逼近的用处.

有两方面的理由说明为何要处理 $p = \frac{1}{2}$ 这一特殊情形，第一，由于计算非常简单，从而为引入正态分布解决问题提供一种好的思路. 第二，这个特殊情况，曾在与随机徘徊的联系中使用过（见 3.2 节），并且值得提供一个证明，该证明不会被非对称分布的技术难点所迷惑.

为确定起见，取 $n = 2\nu$ 为偶数，为简单起见，令

$$a_k = b\left(\nu + k; 2\nu, \tfrac{1}{2}\right), \tag{7.2.1}$$

即，a_k 是对称二项分布中如脚标数所表明的项离中心项之距离，a_0 是中心项，k 的取值从 $-\nu$ 到 ν. 因为 $a_{-k} = a_k$，所以只考虑 $k \geqslant 0$.

（用第 3 章的记号，我们有 $a_k = p_{2\nu,2k}$，下面的证明不依赖 3.2 节以后的概念，可放在 3.2 节。）

为了获得有关序列 $a_0, a_1, a_2, \cdots$ 的性质的启示，用

$$a_k = a_0 \cdot \frac{\nu(\nu-1)\cdots(\nu-k+1)}{(\nu+1)(\nu+2)\cdots(\nu+k)} \tag{7.2.2}$$

比较其一般项与 a_0. (7.2.2) 可由 a_k 的定义直接得到.

我们只对大的 ν 感兴趣，而且下面只需考虑使 k/ν 很小的那些 k，因为其他的 k 使得 a_k 可以忽略不计. 把分子和分母都除以 ν^k，则 (7.2.2) 右边的分数中单个因子都取 $1 + j/\nu$ 的形式，其中 j 从 $-(k-1)$ 跑到 k. 因为

$$1 + \frac{j}{\nu} = e^{j/\nu} + \cdots, \tag{7.2.3}$$

其中省略号表示其和小于 $(j/\nu)^2$ 的一些项. 在这个逼近过程中，(7.2.2) 右端的分数近似于指数为

$$-\frac{2}{\nu}\left[1 + \cdots + (k-1)\right] - \frac{k}{\nu} = -\frac{k^2}{\nu}$$

的指数函数，误差小于 k^3/ν^2. 因此，当 $\nu \to \infty$ 且 $0 < k < K_\nu$ 满足

$$K_\nu^3/\nu^2 \to 0 \tag{7.2.4}$$

时，我们有逼近式：

$$a_k \sim a_0 e^{-k^2/\nu}. \tag{7.2.5}$$

当二项式系数表示为一些因子时，由 (2.9.1) 的斯特林公式[①]有

$$a_0 = \binom{2\nu}{\nu} 2^{-2\nu} \sim \frac{1}{\sqrt{\pi\nu}}. \tag{7.2.6}$$

代入 (7.2.5) 得：

$$a_k \sim h\mathfrak{n}(kh), \quad 其中 \ h = \sqrt{2/\nu} = 2/\sqrt{n}. \tag{7.2.7}$$

[①] 关于斯特林公式中的常数. 回顾 2.9 节，我们并未证明斯特林公式中的常数是 $\sqrt{2\pi}$. 现填补此漏洞如下：代 (7.2.6) 中之 π 以未知常数 c. 这不影响逼近定理，除了把 (7.2.10) 右方乘以 c 以外，必须证明 $c = 1$. 用具有 $z_1 = 0$ 的修正形式. 当 $n \to \infty$ 时两边之比趋于 1. 但是 (6.3.5) 的尾估计证明：左边在 $\frac{1}{2}$ 与 $\frac{1}{2} - 4z_2^{-2}$ 之间，至于右边，由 (7.1.8) 有双重不等式：

$$c > c\left[\mathfrak{N}(z_2) - \tfrac{1}{2}\right] = \tfrac{1}{2}c - c[1 - \mathfrak{N}(z_2)] > \tfrac{1}{2}c - cn(z_2)/z_2$$

当 z_2 充分大时，两边分别可任意接近 $\frac{1}{2}$ 和 $\frac{1}{2}c$. 故 $c = 1$. 证明完毕.

此基本关系对"$\nu \to \infty, k < K_\nu$ 且满足 (7.2.4)"成立. 我们主要对阶为 $\sqrt{\nu}$ 的 k 应用 (7.2.7), 而这种 k 显然满足 (7.2.4).

实际上, 我们要求各类区间具有的概率的逼近式, 即下面形式的部分和[①]:

$$A(x_1, x_2) = \sum_{x_1 \leqslant k \leqslant x_2} a_k, \tag{7.2.8}$$

求和扩及介于 0 和 x（含）之间的所有整数. 现在要说明: $A(x)$ [$A(x) = A(0, x)$] 怎样用 n 的图形下方的面积来逼近, 而 n 又可用积分 $\mathfrak{N}$ 来表示. 由于 n 的单调性, 在 n 的图形下方且界于 kh 和 $(k+1)h$ 之间的面积小于 $hn(kh)$, 但又大于 $hn((k+1)h)$. 由此推出

$$\int_{x_1 h}^{x_2 h + h} n(s)\,\mathrm{d}s < \sum_{x_1 \leqslant k \leqslant x_2} hn(kh) < \int_{x_1 h - h}^{x_2 h} n(s)\,\mathrm{d}s. \tag{7.2.9}$$

上式中间那一项就是 $A(x_1, x_2)$ 的一个逼近, 当 ν 大且 k^2/ν 适中（即 h 小且 xh 适中）时, 此逼近很好. (7.2.9) 左右两端分别等于 $\mathfrak{N}(x_2 h + h) - \mathfrak{N}(x_1 h)$ 和 $\mathfrak{N}(x_2 h) - \mathfrak{N}(x_1 h - h)$, 它们之差随 $h \to 0$ 而趋于 0, 所以可用 $\mathfrak{N}(x_2 h) - \mathfrak{N}(x_1 h)$ 来代替.

我们把这个结果表述为一个极限定理, 但是变量 x 代之以 $z = hx$.

逼近定理 对固定的任意 $z_1 < z_2$ 恒有

$$\sum_{\frac{1}{2} z_1 \sqrt{n} \leqslant k \leqslant \frac{1}{2} z_2 \sqrt{n}} a_k \to \mathfrak{N}(z_2) - \mathfrak{N}(z_1). \tag{7.2.10}$$

我们不久将发现: 此结果可以推广到对 z_1 和 z_2 可随 n 一起变化而不加限制的情景. 注意第 3 章的极限定理, (7.2.7) 是含于 (7.2.10) 的, 而 (7.2.10) 又是下一节更一般的定理的特例.

误差界. 因为 (7.2.9) 包含了上、下界, 所以不必关注由积分代替求和所带来的误差.

为了估计逼近式 (7.2.7) 的误差, 令

$$a_k = a_0 e^{-k^2/\nu + \varepsilon_1} = hn(kh)e^{\varepsilon_1 - \varepsilon_2}, \tag{7.2.11}$$

此处 ε_1 代表略去 (7.2.3) 中高阶项带来的误差, ε_2 来自 (7.2.6). 由上说明, 易见:

$$\varepsilon_1 = \sum_{j=1}^{k-1} \left(\ln \frac{1 + j/\nu}{1 - j/\nu} - \frac{2j}{\nu} \right) + \left(\ln \left(1 + \frac{k}{\nu} \right) - \frac{k}{\nu} \right). \tag{7.2.12}$$

---

① 之所以不用记号 S_n, 是由于此字母在第 3 章和第 6 章有不同的含义. 用随机徘徊的术语, $A(x_1, x_2)$ 是在时刻 $n = 2\nu$ 时, 质点处于 $2x_1$ 和 $2x_2$ 之间的概率, 而用现在的术语, $A(x_1, x_2)$ 是 $n = 2\nu$ 时试验的成功次数介于 $\nu + x_1$ 与 $\nu + x_2$ 之间的概率. 在下一节, 此数再一次用 S_n 表示.

我们对相对小的 ν 的误差估计最感兴趣. 而阐述这种情形, 要假定 $k < \frac{1}{3}\nu$. 把展开式 (2.8.11) 与公比为 1/3 的几何级数比较, 级数 (7.2.12) 中的一般项是正的且小于 $(j/\nu)^3$, 从而整个级数是正的且小于 $k^4/(4\nu^3)$. 类似地, 由 (2.8.9) 可知最后一项是负的且大于 $-3k^2/(4\nu^2)$. 因此

$$-\frac{3k^2}{n^2} < \varepsilon_1 < \frac{2k^4}{n^3}, \qquad 其中 \ k < \frac{n}{6}. \tag{7.2.13}$$

在许多应用中, k 和 $\sqrt{n}$ 的阶的大小差不多, 显然满足 $k < n/6$. 在这种场合下, (7.2.13) 是很强的.

如同 (7.2.6) 一样, 用 (2.9.15) 的改善了的斯特林公式可以得到 a_0 的一个更好的逼近, 只要把右端乘以 $e^{1/(4n)}$ 就行. 此外, 在任何情况下恒有:

$$\frac{1}{4n} - \frac{1}{20n^3} < \varepsilon_2 < \frac{1}{4n} + \frac{1}{360n^3}. \tag{7.2.14}$$

至此, 得到了逼近式 (7.2.7) 和 (7.2.10) 的精确误差限. 甚至对相对小的 n 这也是可用的.

上述研究的主要结果是: (7.2.7) 中的百分误差是 k^2/n^2 或 k^4/n^3 阶的, 有时此误差大了点. 但在实践中, 这种估计常常用于 k^2/n 很大的场合, 在这类场合, 相对误差的阶是 k^4/n^3. 上述估计法也指明了如何用增加相关的项数来改善逼近式 (见 7.7 节习题 14).

7.3 棣莫弗–拉普拉斯极限定理

下面将要把上一节的逼近推广到 $p \neq \frac{1}{2}$ 的一般的二项分布中去. 过程是类似的, 但计算颇复杂. 第一个复杂问题就是关于分布的中心项. 正如在 (6.3.2) 中看到的, 中心项的下标是满足下述条件的唯一整数 m:

$$m = np + \delta, \qquad 其中 \ -q < \delta \leqslant p. \tag{7.3.1}$$

虽然最终可以忽略量 δ, 但是在计算中却不可回避. (在 $p = \frac{1}{2}$ 的场合, 由于假设 $n = 2\nu$ 是偶数而避免了这个麻烦.)

如前节, 把二项分布的项重新编号, 并写为

$$a_k = b(m+k; n, p) = \binom{n}{m+k} p^{m+k} q^{n-m-k}. \tag{7.3.2}$$

为确定起见, 考虑 $k > 0$, 但类似的推理可用于 $k < 0$. (对 $k < 0$ 只需将 p 与 q 易位即可.) 与 (7.2.2) 类似, 我们有

$$a_k = a_0 \frac{(n-m)(n-m-1)\cdots(n-m-k+1)p^k}{(m+1)(m+2)\cdots(m+k)q^k}. \tag{7.3.3}$$

此式可重写成

$$a_k = a_0 \frac{(1-pt_0)(1-pt_1)\cdots(1-pt_{k-1})}{(1+qt_0)(1+qt_1)\cdots(1+qt_{k-1})}. \tag{7.3.4}$$

此处用了下述简单符号:

$$t_j = \frac{j + \delta + q}{(n+1)pq}. \tag{7.3.5}$$

下面仅对使得 t_k 很小 (比如说 $t_k < \frac{1}{2}$) 的 k 应用 (7.3.4). 由 (2.8.9) 关于对数的泰勒展开式易见

$$\frac{1 - pt_j}{1 + qt_j} = \mathrm{e}^{-t_j + \cdots}, \tag{7.3.6}$$

此处略去的量的绝对值小于 t_j^2. 因此

$$a_k = a_0 \mathrm{e}^{-(t_0 + \cdots + t_{k-1}) + \cdots}, \tag{7.3.7}$$

此处省略号表示绝对值小于 $k t_{k-1}^2 < k^3/(npq)^2$ 的量[①]. 易见

$$t_0 + t_1 + \cdots + t_{k-1} = \frac{\frac{1}{2} k(k-1) + k(\delta + q)}{(n+1)pq}. \tag{7.3.8}$$

为简单起见, 用 $k^2/(2npq)$ 代替右边, 从而产生小于 $2k/(npq)$ 的误差. 如果记

$$a_k = a_0 \mathrm{e}^{-k^2/(2npq) + \rho_k}, \tag{7.3.9}$$

则误差项 ρ_k 满足不等式

$$|\rho_k| < \frac{k^3}{(npq)^2} + \frac{2k}{npq}. \tag{7.3.10}$$

其次, 要证明:

$$a_0 = \frac{n!}{m!(n-m)!} p^m q^{n-m} \sim \frac{1}{\sqrt{2\pi npq}}, \tag{7.3.11}$$

这是类似对称情形 (7.2.6) 的推广. 在 $p = m/n$ 这一理想情况下, (7.3.11) 是 (2.9.1) 中斯特林公式的直接推论. 直接求导数可知 (7.3.11) 的中间项在 $p = m/n$ 达到它的最大值. 对于给定的 m, 仅考虑满足 (7.3.1) 的 p, 且 a_0 的最小值在两个端点中的某一个达到, 即 a_0 在 $p = m/(n+1)$ 或 $p = (m+1)/(n+1)$ 中的某一个达到最小值. 对于这些 p 值, 再一次直接利用斯特林公式, 并把 n 代之以 $n+1$ 即可得 (7.3.11). 这就证明了 (7.3.11) 对所有的 p 值都成立. 如果简记

$$h = \frac{1}{\sqrt{npq}}, \tag{7.3.12}$$

[①] 对误差项的非常粗略的界, 但足够用了.

则由 (7.3.9) 可证: 当 k 和 n 的变化满足条件 $\rho_k \to 0$ 时, 有

$$a_k \sim h\mathfrak{n}(kh). \tag{7.3.13}$$

至此, 我们证明了以下定理.

定理 1 如果 $n \to \infty$ 且 k 满足条件 $k < K_n$ 使得 $K_n^3/n^2 \to 0$, 则 (7.3.13) 对 k 一致成立,[①] 即: 对任意 $\varepsilon > 0$ 和充分大的 n 有

$$1 - \varepsilon < \frac{a_k}{h\mathfrak{n}(kh)} < 1 + \varepsilon. \tag{7.3.14}$$

例 图 7.3 说明 $n = 10, p = \frac{1}{5}$ 的情形, 这时 $npq = 1.6$. 当 n 很小时逼近都是惊人地好, 对于 $k = 0, \cdots, 6$, 概率 $b(k; n, p)$ 分别为 0.1074, 0.2684, 0.3020, 0.2013, 0.0880, 0.0264, 0.0055, 而 (7.3.13) 得到的相应逼近值分别为 0.0904, 0.2307, 0.3154, 0.2307, 0.0904, 0.0189, 0.0021. ∎

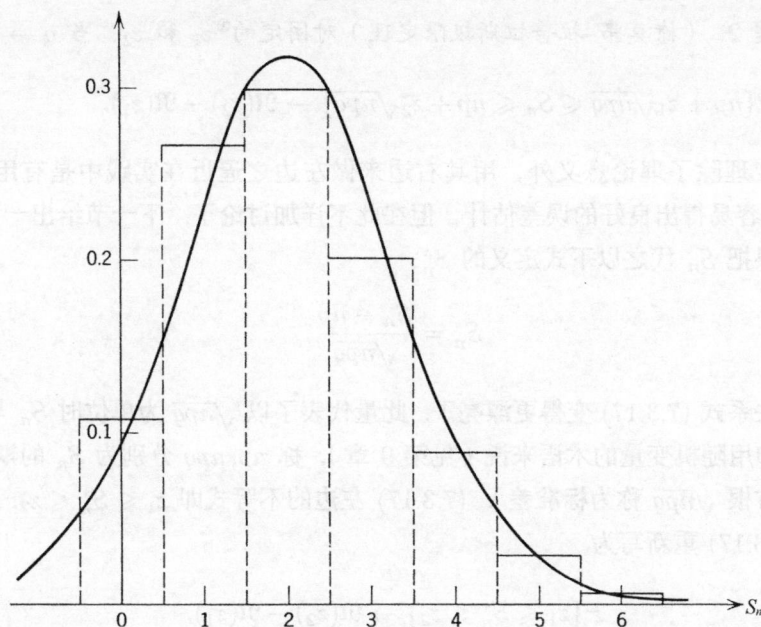

图 7.3 二项分布的正态逼近, 其中的阶梯函数表示具有 $p = \frac{1}{5}$ 的 10 次伯努利试验中 k 次成功的概率 $b(k; 10, \frac{1}{5})$. 连续曲线表示每个整数 k 对应的正态逼近

[①] 当 k 和 n 的变化满足 $k^3/n^2 \to \infty$ 时, 正态逼近将代之以另一种形式的极限定理. (见 7.7 节习题 13 和习题 15.)

定理 1 的主要应用在于获得下述形式的概率的逼近：

$$P\{\alpha \leqslant S_n \leqslant \beta\} = \sum_{\nu=\alpha}^{\beta} b(\nu; n, p) = \sum_{k=\alpha-m}^{\beta-m} a_k. \qquad (7.3.15)$$

在定理 1 的应用范围内，用 $hn(kh)$ 代替 a_k 时，我们获得很好的逼近. 这个量可以解释为：高为 $n(kh)$、底为"中心在 kh 且长为 h"的区间构成的矩形的面积（见图 7.3）. 按常规，我们代矩形之面积以对应的介于 x 轴和 n 的图形之间的面积. 熟知：当 $h \to 0$ 时，此两种面积之误差在极限情况下是可以忽略的. 当 α 和 β 都是整数时，有逼近式：

$$P\{\alpha \leqslant S_n \leqslant \beta\} \approx \mathfrak{N}\left(\left(\alpha - m + \tfrac{1}{2}\right) h\right) - \mathfrak{N}\left(\left(\beta - m - \tfrac{1}{2}\right) h\right). \qquad (7.3.16)$$

当 h 不太小而又希望得到最大的精确度，建议用此逼近式. 然而，最后一个公式的右边的变量最好代之以 $z_1 = (\alpha - np)h$ 和 $z_2 = (\beta - np)h$，由此而产生的误差当 $h \to 0$ 时趋于 0. 因此得到了下面的基本定理.

定理 2 （棣莫弗–拉普拉斯极限定理）对固定的[①] z_1 和 z_2，当 $n \to \infty$ 时有

$$P\{np + z_1\sqrt{npq} \leqslant S_n \leqslant np + z_2\sqrt{npq}\} \to \mathfrak{N}(z_2) - \mathfrak{N}(z_1). \qquad (7.3.17)$$

此定理除了理论意义外，用其右边来做左边之逼近在实践中是有用的. 由 (7.3.10) 容易得出良好的误差估计，但在此不详加讨论了. 下一节给出一些实例.

如果把 S_n 代之以下式定义的 S_n^*，

$$S_n^* = \frac{S_n - np}{\sqrt{npq}}, \qquad (7.3.18)$$

则极限关系式 (7.3.17) 变得更漂亮了. 此量代表了以 $\sqrt{npq}$ 为单位时 S_n 与 np 之偏差. 如用随机变量的术语来说（见第 9 章），称 np, npq 分别为 S_n 的**期望**和**方差**（平方根 $\sqrt{npq}$ 称为标准差）. (7.3.17) 左边的不等式即 $z_1 \leqslant S_n^* \leqslant z_2$. 因此可以把 (7.3.17) 重新写为

$$P\{z_1 \leqslant S_n^* \leqslant z_2\} \to \mathfrak{N}(z_2) - \mathfrak{N}(z_1). \qquad (7.3.19)$$

在多数场合，我们宁愿用这种形式的极限定理. 特别地，当 n 很大时，左边的概率实质上不依赖于 p. 这使我们可以参考标准单位去比较各种不同的伯努利试验序列的起伏.

---

① 显然，由定理 1，此处的条件还可减弱. 见 7.6 节，以及 7.7 节习题 14 和习题 16.

关于任意停止的附注

必须注意：极限定理和逼近定理只有当试验次数 n 不依赖试验的结果而事先固定时才是对的. 如果一个赌徒有权在对他有利的时刻停止赌博，则他的最终的赢得不能由正态逼近来判断，因为这时赌博的持续时间是随机的. 对于每一个固定的 n 来说，S_n^* 很大的可能性很小. 然而，在一个长连贯中，甚至不太可能的事件也可能发生，而且我们将要看到：在一场持续的赌博中，S_n^* 在实际上确有一序列极大值，其阶为 $\sqrt{2\ln\ln n}$（这就是 8.5 节的重对数律）.

7.4 例子

(a) 令 $p = \frac{1}{2}, n = 200$. 考虑 $P\{95 \leqslant S_n \leqslant 105\}$，这是把一枚硬币扔 200 次出现正面的次数与 100 之偏差不超过 5 的概率. 此处 $h = 1/\sqrt{50} = 0.141421\ldots$，相对而言大了一些. 因而在关于区间的极限中要注意. 应用 (7.3.16) 可得逼近值

$$P\{95 \leqslant S_n \leqslant 105\} \approx \mathfrak{N}(5.5h) - \mathfrak{N}(-5.5h) = 2\mathfrak{N}(0.7778\ldots) - 1 = 0.56331.$$

真实值为 $0.56325\ldots$. 这个很小的误差在很大程度上取决于分布的对称性.

(b) 令 $p = \frac{1}{10}, n = 500$. 此处 $h = 1/\sqrt{45} = 0.14907\ldots$. 仿上例，有

$$P\{50 \leqslant S_n \leqslant 55\} \approx \mathfrak{N}(5.5h) - \mathfrak{N}(-0.5h) = \mathfrak{N}(5.5h) + \mathfrak{N}(0.5h) - 1 = 0.3235\ldots.$$

相对于正确值 $0.3176\ldots$ 而言，误差大约是 2%.

(c) S_n 落在以 $np \pm 2\sqrt{npq}$ 为端点的区间的概率大约是 $\mathfrak{N}(2) - \mathfrak{N}(-2) = 0.9545$，落在以 $np \pm 3\sqrt{npq}$ 为端点的区间的概率大约是 0.9973. 随机起伏落在如此狭小的区间令人惊奇. 例如，扔 10^6 次硬币，正面出现的次数与均值 500000 之差大于 1000 的概率小于 0.0455.

(d) 令 $n = 100, p = 0.3$. 表 7.2 用一个典型的例子（对相对小的 n）说明当区间 (α, β) 远离中心项时正态逼近如何变坏.

(e) 让我们找一个数 a，使得对于大的 n 不等式 $|S_n^*| > a$ 的概率接近 $\frac{1}{2}$. 为此，必须保证

$$\mathfrak{N}(a) - \mathfrak{N}(-a) = \frac{1}{2},$$

即 $\mathfrak{N}(a) = \frac{3}{4}$. 由正态分布函数值表可知 $a = 0.6745$，因此不等式

$$|S_n - np| < 0.6745\sqrt{npq} \qquad \text{和} \qquad |S_n - np| > 0.6745\sqrt{npq} \qquad (7.4.1)$$

有相同的概率. 特别地，扔 n 次硬币，正面出现的次数落在以 $\frac{1}{2}n \pm 0.337\sqrt{n}$ 为端点的区间的概率近似地为 $\frac{1}{2}$，类似地，掷 n 次骰子，幺点出现的次数落在以 $\frac{1}{6}n \pm 0.251\sqrt{n}$ 为端点的区间的概率也近似地为 $\frac{1}{2}$.

表 7.2　参数为 $n = 100, p = 0.3$ 的二项分布与正态逼近的比较

成功次数	概率	正态逼近	百分误差
$9 \leqslant S_n \leqslant 11$	0.000 006	0.000 03	+400
$12 \leqslant S_n \leqslant 14$	0.000 15	0.000 33	+100
$15 \leqslant S_n \leqslant 17$	0.002 01	0.002 83	+40
$18 \leqslant S_n \leqslant 20$	0.014 30	0.015 99	+12
$21 \leqslant S_n \leqslant 23$	0.059 07	0.058 95	0
$24 \leqslant S_n \leqslant 26$	0.148 87	0.144 47	−3
$27 \leqslant S_n \leqslant 29$	0.237 94	0.234 05	−2
$31 \leqslant S_n \leqslant 33$	0.230 13	0.234 05	+2
$34 \leqslant S_n \leqslant 36$	0.140 86	0.144 47	+3
$37 \leqslant S_n \leqslant 39$	0.058 89	0.058 95	0
$40 \leqslant S_n \leqslant 42$	0.017 02	0.015 99	−6
$43 \leqslant S_n \leqslant 45$	0.003 43	0.002 83	−18
$46 \leqslant S_n \leqslant 48$	0.000 49	0.000 33	−33
$49 \leqslant S_n \leqslant 51$	0.000 05	0.000 03	−40

(f) **竞争问题**. 这是说明公式 (7.3.17) 的实际应用的一个例子. 在芝加哥与洛杉矶之间有两条竞争的铁路, 它们的火车是同时开出同时到达且具有同样的设备. 假定 n 个旅客乘坐哪一条铁路的火车的选择是互相独立的且又是任意的, 于是每列火车的乘客数目可视为概率为 $p = \frac{1}{2}$ 的 n 次伯努利试验的结果. 如果一列火车设置 $s < n$ 个座位, 那么, 一旦多于 s 个旅客来乘车, 就容纳不下了. 令这个事件的发生概率为 $f(s)$, 且 $f(s) > 0$, 应用渐近公式 (7.3.17) 就有

$$f(s) \approx 1 - \mathfrak{N}\left(\frac{2s - n}{\sqrt{n}}\right). \tag{7.4.2}$$

如果选取 s 使得 $f(s) < 0.01$, 那么在 100 次中有 99 次是有足够的座位的. 一般说来, 公司可以任意规定一个风险水平 α 并决定 s 使得 $f(s) < \alpha$. 为此, 只要令

$$s \geqslant \frac{1}{2}\left(n + t_\alpha \sqrt{n}\right), \tag{7.4.3}$$

其中 t_α 是方程 $\alpha = 1 - \mathfrak{N}(t_\alpha)$ 的根, 可在表中查得. 例如, 如果 $n = 1000, \alpha = 0.01$, 则 $t_\alpha \approx 2.33$, 那么 $s = 537$ 个座位就足够了. 如果两条铁路都规定风险水平为 $\alpha = 0.01$, 则两列火车所有的座位的总数为 1074, 其中有 74 个空座位. 可见由于竞争 (或者随机起伏) 而带来的损失是很小的. 用同样的方法可算出, 若有 514 个座位则在 80% 的情况下是足够的, 若有 549 个座位则在 99.9% 的情况下是足够的.

类似的考虑可以应用到其他有竞争的供应问题上去, 例如对 n 位顾客有 m 个电影院来竞争, 于是每个电影院成功的概率是 $p = 1/m$, 而 (7.4.3) 应该用 $s \geqslant m^{-1}\left[n + t_\alpha \sqrt{n(m-1)}\right]$ 代替. 这时空座位的总数约为 $ms - n \approx t_\alpha \sqrt{n(m-1)}$. 当

$\alpha = 0.01, n = 1000, m = 2, 3, 4, 5$ 时，空座位的数目大约分别是 $74, 105, 126, 147$. 由于竞争带来的使用率的损失是非常小的.

(g) **随机数字**. 在 2.3 节例 (a) 中，曾经考虑 $p = 0.3024$ 的事件，在 $n = 1200$ 次试验中，这个事件的平均频率为 0.3142，它与 p 的离差 $\varepsilon = 0.0118$. 这里，

$$P\left\{ \left| \frac{S_n}{n} - p \right| > \varepsilon \right\} = P\{|S_n - np| > \varepsilon n\}$$
$$\approx P\{|S_n - np| > 0.880\sqrt{npq}\}$$
$$\approx 2(1 - \mathfrak{N}(0.88)) \approx 0.379.$$

这意味着: 成功的平均数与 p 之偏差大于 ε 大约占总情况的 38%.

(h) **抽样**. 在一群居民中，吸烟者的比例是一个未知数 p，想用有放回抽样来决定 p. 要求找出的 p 的误差不超过 0.005. 样本大小 n 究竟要多大?

假定样本中吸烟者的比例是 p'. 显然，无论样本多大，总不能绝对保证 $|p' - p| < 0.005$，因为，由随机性，样本中人人都吸烟也是可能的. 我们能做的最好的是: 给予一个误差超过给定的界限 0.005 的可能性很小的准则. 为此取一个置信水平 α，比方说 $\alpha = 0.95$. 然后选择样本大小 n 使得事件 $|p' - p| < 0.005$ 的概率大于等于 α. 由于 np' 为 n 次试验成功的次数，所以

$$P\{|p' - p| < 0.005\} = P\{|S_n - np| < 0.005n\}, \tag{7.4.4}$$

我们希望找出的 n 大到足以保证上述概率大于等于 α. 查表，首先找出 z_α 满足 $\mathfrak{N}(z_\alpha) - \mathfrak{N}(-z_\alpha) = \alpha$. 用正态逼近，$n$ 需要大到满足 $0.005\sqrt{n}/\sqrt{pq} \geqslant z_\alpha$，即 $n \geqslant 40\,000\,pqz_\alpha^2$. 上述不等式含有未知概率 p，但是无论在何种情况总有 $pq \leqslant \frac{1}{4}$，所以，只要 $n \geqslant 10\,000\,z_\alpha^2$ 就行.

对于置信水平 $\alpha = 0.95$，我们发现 $z_\alpha = 1.960$，因而，样本大小 $n = 40\,000$ 就足够了. 这样大的样本是浪费了一点，但是 $|p' - p| < 0.005$ 也要求太苛刻了. 如果只要求 $|p' - p| < 0.01$，那么样本大小 $n = 10\,000$ 就够了（在同样的置信水平下）. 对所谓的 4 个百分点的精确度，在 $|p' - p| < 0.045$ 的要求下，样本大小为 475 就行. 从平均的意义上看，只有 5% 的随机样本，它们估计的结果的误差大于事先给定的误差限. （实际上，困难通常在于: 获取一个任意大小的有代表性的样本. ） ■

7.5 与泊松逼近的关系

当 npq 相当大时，正态逼近的误差很小. 当 n 大而 p 小时，则 $b(k; n, p)$ 将接近参数为 $\lambda = np$ 的泊松概率 $p(k; \lambda)$. 如果 λ 很小，那么只能用泊松逼近了.

然而当 λ 较大时，则正态逼近与泊松逼近都可以应用. 由此可知，对 λ 较大的值，就可能用正态分布逼近泊松分布，在 10.1 节例 (c) 中将看到确实如此（也见 7.7 节习题 9）. 但在这里，我们只用一个数值的例子和一个实际的例子来说明这一点.

例   (a) 参数为 $\lambda = 100$ 的泊松分布在整数集 $a, a + 1, \cdots, b$ 上的概率为

$$P(a, b) = p(a; 100) + p(a + 1; 100) + \cdots + p(b; 100).$$

此泊松分布可以作为参数为 $n = 100\,000\,000$, $p = 10^{-6}$ 的二项分布的逼近，则 $npq \approx 100$，故正态分布不能用来逼近此二项分布，但至少在中心项 100 的逼近尚可. 但是这意味着 $P(a, b)$ 可用

$$\mathfrak{N}((b - 99.5)/10) - \mathfrak{N}((a - 100.5)/10)$$

来近似. 下面的数值给出逼近程度的轮廓.

	正确的值	正态逼近
$P(85, 90)$	0.113 84	0.110 49
$P(90, 95)$	0.184 85	0.179 50
$P(95, 105)$	0.417 63	0.417 68
$P(90, 110)$	0.706 52	0.706 28
$P(110, 115)$	0.107 38	0.110 49
$P(115, 120)$	0.053 23	0.053 35

(b) **电话占线问题**. 下面的问题是从实践中经过一些简化以后提出来的[①]. 一个电话交换台 A 为靠近交换台 B 的 2000 个用户服务，如果从 A 到 B 安装 2000 条线路，那就太贵太浪费了. 我们只要安装的线路数目 N 足够大，使得在通常情形下，100 次呼唤至多只有 1 次不能立刻接通. 假定在一天最忙的时间里每个用户打到 B 区的电话在一小时内平均占用线路两分钟. 不妨把最忙碌时间里的一个固定时刻的情况比拟为 $p = \frac{1}{30}$ 的 2000 次试验，其中 p 表示每条线路被占用的概率. 在通常的情况下，这些试验可视为相互独立的.（这并不总是正确的. 如果由于意外的大雨或地震，很多人都要叫出租汽车或给本地报馆打电话，线路就会发生"拥挤"，那时，独立性的理论就不能用了.）因而这就得到了具有概率 $p = \frac{1}{30}$ 的 2000 次伯努利试验，所求的最小线路数目 N 使得"成功"的次数超过 N 的概率小于 0.01，用记号表示：$P\{S_{2000} \geqslant N\} < 0.01$.

对**泊松逼近**来说，取 $\lambda = 2000/30 \approx 66.67$. 查表可得，成功次数大于等于 87 的概率约为 0.0097，然而成功次数大于等于 86 的概率约为 0.013. 由此可见安装

---

① 见参考文献 [102] 或 [103]. 在该书中这个问题是用泊松方法来处理的，工程师总是喜欢用泊松方法.

87 条线路就足够了. 对**正态逼近**来说, 首先要找出方程 $1 - \mathfrak{N}(x) = 0.01$ 的根 x, 查表可得 $x = 2.327$. 于是要求

$$\frac{N - \frac{1}{2} - np}{\sqrt{npq}} \geqslant 2.327.$$

由于 $n = 2000, p = \frac{1}{30}$, 所以 $N \geqslant 67.17 + 2.327 \cdot 8.027 \approx 85.8$. 因此, 使用正态逼近的结果是只需安装 86 条线路足够了.

这两个解答可以说是一致的. 这种方法还可以给出另外一些有用的结果. 可以这样设想: 把 2000 个用户分成两组, 每组各 1000 户, 从 A 到 B 的线路也与之对应地分成两组来安装. 用上述方法算一算结果还要多安装 10 条线路, 因此还是第一种方法更好一些. ∎

*7.6 大偏差

棣莫弗–拉普拉斯定理刻画了对固定的 z_1 和 z_2, $P\{z_1 < S_n^* < z_2\}$ 的渐近性质. 但从其推导过程中清楚地看出: 当 z_1 和 z_2 随 n 的变化而变化时, 只要 $z_1 \to \infty$ 的增长速度充分地慢, 此定理仍然成立. 在这种情况下, (7.3.17) 两边都趋于 0, 而只有当两边之比趋于 1 才意义深远. 下一个定理说明在何种条件下, 这个结果是对的. 为简化表述, 代双重不等式 $z_1 < S_n^* < z_2$ 以不等式 $S_n^* > z_1$. 下述引理讨论这一问题, 此引理证明当 $z_1 \to \infty$ 时上界 z_2 不起作用.

引理 当 $x_n \to \infty$ 时, 对任一固定的 $\eta > 0$ 有[①]

$$\frac{P\{S_n^* > x_n + \eta\}}{P\{S_n^* > x_n\}} \to 0, \tag{7.6.1}$$

即

$$P\{x_n < S_n^* \leqslant x_n + \eta\} \sim P\{S_n^* > x_n\}. \tag{7.6.2}$$

换言之, 当 S_n^* 超过 x_n 时, 它非常靠近 x_n 而在极限中更大的值不起作用.

证 对二项分布, 应用 (7.3.2) 中的记号可得

$$P\{S_n^* > x_n\} = \sum_{\nu=0}^{\infty} a_{r_n + \nu}, \quad P\{S_n^* > x_n + \eta\} = \sum_{\nu=0}^{\infty} a_{s_n + \nu}, \tag{7.6.3}$$

此处 r_n 和 s_n 都是整数, 且它们分别与 $x_n \sqrt{npq}$ 和 $(x_n + \eta)\sqrt{npq}$ 之差最多不超过 1. 由 (7.3.4) 可知, 对充分大的 n 显然有

$$\frac{a_{k+1}}{a_k} < 1 - pt_k < 1 - \frac{k}{n} < e^{-kn}, \tag{7.6.4}$$

---

* 本节中的定理具有多方面的意义, 然而在本书中只在 7.3 节和 8.5 节中用到它.

① 在证明中可看出只要 $x_n \eta \to \infty$ 就足够了. 更强更有趣的版本见 7.7 节习题 18.

故

$$\frac{a_{s_n+\nu}}{a_{r_n+\nu}} < e^{-(s_n-r_n)r_n/n} < e^{-\frac{1}{2}\eta x_n pq}. \tag{7.6.5}$$

由于 $x_n \to \infty$, 所以 (7.6.3) 中第二个级数的每一项与第一个级数的相应的项之比是可忽略的. ■

现在推广到下述形式的极限定理.

定理　如果 $x_n \to \infty$ 满足 $x_n^3/\sqrt{n} \to 0$, 则

$$P\{S_n^* > x_n\} \sim 1 - \mathfrak{N}(x_n). \tag{7.6.6}$$

由 (7.1.7), 渐近关系 (7.6.6) 完全等价于:

$$P\{S_n^* > x_n\} \sim \frac{1}{\sqrt{2\pi}} \cdot \frac{1}{x_n} e^{-\frac{1}{2}x_n^2}. \tag{7.6.7}$$

证　由前面的引理及 7.3 节定理 1 有

$$P\{S_n^* > x_n\} \sim \sum_{k=r_n}^{\infty} h\mathfrak{n}(kh). \tag{7.6.8}$$

此处 r_n 是满足 $|r_n h - x_n| < h$ 的整数. 因此右边的和落在 $1 - \mathfrak{N}(x_n - 2h)$ 与 $1 - \mathfrak{N}(x_n + 2h)$ 之间. 利用 (7.1.7) 可得此二数之差

$$\mathfrak{N}(x_n + 2h) - \mathfrak{N}(x_n - 2h) < 4h\mathfrak{n}(x_n - 2h) \to 0, \tag{7.6.9}$$

从而 (7.6.8) 右边的和 $\sim 1 - \mathfrak{N}(x_n)$. 证毕. ■

进一步的推广见 7.7 节习题 14 和习题 16.

7.7　习题

1. 推广 (7.1.7), 证明

$$1 - \mathfrak{N}(x) \sim \frac{1}{\sqrt{2\pi}} e^{-\frac{1}{2}x^2} \left[\frac{1}{x} - \frac{1}{x^3} + \frac{1\cdot3}{x^5} - \frac{1\cdot3\cdot5}{x^7} + \cdots + (-1)^k \frac{1\cdot3\cdots(2k-1)}{x^{2k+1}} \right], \tag{7.7.1}$$

且当 $x > 0$ 时, 若 k 为偶数则高估了 $1 - \mathfrak{N}(x)$, 若 k 为奇数则低估了 $1 - \mathfrak{N}(x)$.

2. 证明: 对于任意常数 $a > 0$, 当 $x \to \infty$ 时

$$\frac{1 - \mathfrak{N}(x + a/x)}{1 - \mathfrak{N}(x)} \to e^{-a}. \tag{7.7.2}$$

3. 求 10 000 个随机数字中数字 7 出现的次数不多于 968 次的概率.

4. 把一颗骰子连续掷 12 000 次, 求出现幺点的次数在 1900 与 2150 之间的概率的近似值.

5. 求数 k 使得扔 1000 次硬币出现正面的次数在 490 与 k 之间的概率约为 0.5.

6. 为了计算出女性居民在居民中所占的比例 f, 进行抽样调查, 问样本要取多大方能使抽样误差小于 0.005 的概率大于等于 0.99?

7. 扔 10 000 次硬币出现 5400 次正面, 我们是否能够断言这个硬币不均匀呢?

_____

8. 求三项分布

$$\frac{n!}{k!r!(n-k-r)!} p_1^k p_2^r (1-p_1-p_2)^{n-k-r}$$

中最大项的近似值.

9. **泊松分布的正态逼近**. 利用斯特林公式证明: 如果 $\lambda \to \infty$, 则对于固定的 $\alpha < \beta$

$$\sum_{\lambda+\alpha\sqrt{\lambda}<k<\lambda+\beta\sqrt{\lambda}} p(k;\lambda) \to \mathfrak{N}(\beta) - \mathfrak{N}(\alpha). \tag{7.7.3}$$

10. **超几何分布的正态逼近**. 令 m, n, k 为正整数且假定它们以

$$\frac{r}{n+m} \to t, \quad \frac{n}{n+m} \to p, \quad \frac{m}{n+m} \to q, \quad h\{k-rp\} \to x \tag{7.7.4}$$

的方式趋向无穷, 其中 $h = 1/\sqrt{(n+m)pqt(1-t)}$. 证明:

$$\binom{n}{k}\binom{m}{r-k} \Big/ \binom{n+m}{r} \sim h\mathfrak{n}(x). \tag{7.7.5}$$

提示: 用二项分布的正态逼近比用斯特林公式好.

11. **正态分布及组合连贯**.[①] 在 (2.11.19) 中我们看到, 在 n 个 α 和 m 个 β 的排列中恰有 k 个 α 连贯的概率为

$$\pi_k = \binom{n-1}{k-1}\binom{m+1}{k} \Big/ \binom{n+m}{n}. \tag{7.7.6}$$

令 $n \to \infty$, $m \to \infty$, 并设 (7.7.4) 成立. 对于固定的 $\alpha < \beta$, α 连贯的个数落在 $nq + \alpha q\sqrt{pn}$ 和 $nq + \beta q\sqrt{pn}$ 之间的概率趋于 $\mathfrak{N}(\beta) - \mathfrak{N}(\alpha)$.

12. **大数定律的一个新证明**. 从棣莫弗–拉普拉斯定理证明 6.4 节中的大数定律.

_____

大偏差的极限定理

13. 应用 7.3 节中的记号, 证明: 若 k 随 n 变化且满足 $k^4/n^3 \to 0$ 则

$$a_k = b(k+m; n, p) \sim h\mathfrak{n}(kh)e^{-(p-q)k^3h^4/6}, \quad h = \frac{1}{\sqrt{npq}}. \tag{7.7.7}$$

这是 7.3 节定理 1 的推广.

14. 应用上题和 7.6 节的引理证明以下定理.

定理 若 $x_n \to \infty$ 且满足 $x_n^4/n \to 0$, 则

$$P\{S_n^* > x_n\} \sim [1 - \mathfrak{N}(x_n)]e^{-(p-q)x_n^3/\sqrt{npq}}. \tag{7.7.8}$$

_____

① 见参考文献 [137], 更一般的结论见参考文献 [105].

15. 推广习题 13. 令

$$f(x) = \sum_{\nu=3}^{\infty} \frac{p^{\nu-1}(-q)^{\nu-1}}{\nu(\nu-1)} h^{\nu-2} x^{\nu} = \frac{p-q}{6} x^3 h + \frac{p^3+q^3}{12} x^4 h^2 + \cdots \tag{7.7.9}$$

其中 $h = 1/\sqrt{npq}$. 若 k 随 n 变化且满足 $k/n \to 0$, 则

$$a_k \sim h\mathfrak{n}(kh)\mathrm{e}^{-f(kh)}. \tag{7.7.10}$$

[当 $k^3/n^2 \to 0$ 时化为 7.3 节定理 1; 当 $k^4/n^3 \to 0$ 时我们得到 (7.7.7); 当 $k^5/n^4 \to 0$ 时我们得到 (7.7.7) 中的指数再加一个 4 阶的项, 等等.]

16. 习题 14 的推广. 若 x_n 随 n 变化且满足 $x_n \to \infty$ 但 $x_n/\sqrt{n} \to 0$, 则

$$P\{S_n^* > x_n\} \sim [1 - \mathfrak{N}(x_n)]\,\mathrm{e}^{-f(x_n)}. \tag{7.7.11}$$

当 $x_n^4/n \to 0$ 时化为 (7.7.8); 当 $x_n^5/n^{3/2} \to 0$ 时我们可以用 (7.7.9) 右边出现的级数的 4 阶多项式来代替 $f(x_n^{3/2})$, 等等.

17. 若 $p > q$, 则对所有大的 x 有 $P\{S_n^* > x\} > P\{S_n^* < -x\}$. 提示: 利用习题 15.

18. 若 $x_n \to \infty$ 且 $x_n/\sqrt{n} \to 0$, 证明

$$P\{x_n < S_n^* < x_n + a/x_n\} \sim (1 - \mathrm{e}^{-a})P\{S_n^* > x_n\}. \tag{7.7.12}$$

若用语言表示即: 事件 $\{S_n^* \geqslant x_n + a/x_n\}$ 关于 $\{S_n^* > x_n\}$ 的条件概率趋于 e^{-a}. (辛钦证明了此定理的一个较弱版本.)

*第 8 章　伯努利试验的无穷序列

本章讨论伯努利试验的随机性的某些性质，以及与之相关的重要的重对数律．伯努利试验的起伏理论（至少对 $p = \frac{1}{2}$）的一个不同方面已包含在第 3 章中．

8.1　试验的无穷序列

在前一章中我们已经详细地讨论了关于 n 次伯努利试验的概率，同时也研究了当 $n \to \infty$ 时它们的渐近性质．现在来研究一类更为一般的问题，其中事件本身在有限的样本空间中并不能定义．

例　连贯问题. 令 α, β 为正整数，我们考虑一个潜在的伯努利试验的无穷序列，譬如扔一枚硬币或者掷一颗骰子．设想甲与乙打这样一个赌：如果接连成功 α 次的连贯发生在接连失败 β 次的连贯之前，就算甲赢．"甲赢"这个事件的概率，它的直观意义是很清楚的，但是要记住，在数学理论中事件这个术语是代表"样本点的集合"的，它只有在适当地定义了样本空间之后才有意义．为此，伯努利试验的有限次模型对现在的情形来说就不够了．但这个问题只需用简单的取极限的办法就可以解决．在 n 次试验以后，甲或者获胜或者失败或者不分胜负．令对应的概率分别为 x_n, y_n, z_n（$x_n + y_n + z_n = 1$）．当试验的次数 n 增加时，不分胜负的概率 z_n 只能下降，而 x_n 和 y_n 一定上升．因此 $x = \lim_{n \to \infty} x_n, y = \lim_{n \to \infty} y_n, z = \lim_{n \to \infty} z_n$ 一定存在．所以可把 x, y, z 作为甲最后获胜、失败或不分胜负的概率．然而，对应的 3 个事件只能定义在试验的无穷序列的样本空间中，而且这个空间并不是离散的．

引进这个例子仅仅为了说明问题，至于 x_n, y_n, z_n 的数值究竟是多少不是我们当前所关心的．我们将在 13.8 节例 (b) 中再来计算它们．然而有一个比较简单的方法可以算出极限 x, y, z，这个方法在更一般的场合也可以应用．由于这个方法很重要，而且也很有意思，我们现在就来讲一讲．

令 A 表示接连成功 α 次的连贯发生在接连失败 β 次的连贯以前这一事件．于是 A 意味着甲获胜，而 $x = P\{A\}$．令 u, v 分别表示在"第一次试验结果为成功"或"失败"的条件下事件 A 的条件概率．于是 $x = pu + qv$ [见 (5.1.8)]．首先设第一次试验的结果为成功．于是事件 A 可以有下面 α 种互不相容的方式发生，分为两类来描述：(1) 紧接在后面的 $\alpha - 1$ 次试验的结果都是成功，对应的概率为 $p^{\alpha - 1}$．(2) 第一次失败发生在第 ν 次试验，其中 $2 \leqslant \nu \leqslant \alpha$．

令这一事件为 H_ν. 于是 $P\{H_\nu\} = p^{\nu-2}q$, 而 $P\{A \mid H_\nu\} = v$. 因此（再度应用复合概率公式）

$$u = p^{\alpha-1} + qv\left(1 + p + \cdots + p^{\alpha-2}\right) = p^{\alpha-1} + v\left(1 - p^{\alpha-1}\right). \tag{8.1.1}$$

在第一次试验的结果为失败的情形下，用类似的讨论可以得到

$$v = pu\left(1 + q + \cdots + q^{\beta-2}\right) = u\left(1 - q^{\beta-1}\right). \tag{8.1.2}$$

这样一来，我们得到了关于未知数 u, v 的两个线性方程，解出 u, v 后再利用 $x = pu + qv$ 即得

$$x = p^{\alpha-1}\frac{1 - q^\beta}{p^{\alpha-1} + q^{\beta-1} - p^{\alpha-1}q^{\beta-1}}. \tag{8.1.3}$$

至于 y 的计算，只需把 (8.1.3) 中的 p 与 q、α 与 β 的位置对换即可，于是

$$y = q^{\beta-1}\frac{1 - p^\alpha}{p^{\alpha-1} + q^{\beta-1} - p^{\alpha-1}q^{\beta-1}}. \tag{8.1.4}$$

由于 $x + y = 1$，所以 $z = 0$，即不分胜负的概率为 0.

　　例如，扔一枚硬币（$p = \frac{1}{2}$），出现 2 次正面的连贯在出现 3 次反面的连贯之前的概率是 0.7，出现 2 次正面的连贯在出现 4 次反面的连贯之前的概率是 $\frac{5}{6}$，出现 3 次正面的连贯在出现 4 次反面的连贯之前的概率是 $\frac{15}{22}$. 在掷骰子时，出现 2 次幺点的连贯在出现 5 次非幺点连贯之前的概率是 0.1753，等等. ■

　　在这一卷里，我们只限于讨论离散的样本空间的理论，这就大大地破坏了数学理论的完美性. 在一般理论中，把 n 次伯努利试验仅仅作为一个无穷试验序列起始的一部分来考虑. 因而一个样本点是由字母 S（成功）和 F（失败）组成的一个无穷序列来代表，而样本空间就是所有这样的序列的总体. 一个有限序列譬如说 SSFS，它表示最初 4 次试验结果分别为 S, S, F, S 的那些样本点的总体. 在无穷的样本空间里，上面关于赌博的那个例子不需要用极限过程就能说明了. 任取一点，也就是一个序列 SSFSFF···. 在它里面，由接连 α 个 S 构成的连贯可以出现，也可以不出现. 如果出现的话，那么在这以前，也可以出现过“接连 β 个 F 构成的连贯”，也可以没有. 这样一来，所有的样本点可以分为三类，分别表示事件“甲获胜”“甲失败”“不分胜负”，它们的概率就是上面算出来的 x, y, z. 在这个样本空间中唯一令人苦恼的是：它不是离散的样本空间，而我们对一般样本空间的概率又没有定义.

　　请注意，我们所讨论的其实并不是真困难，而是一个术语的问题. 拿我们的例子来说，问题不在于数 x 的定义下得适当不适当，及对它的解释给的正确不正确，问题仅仅在于，为了避免自相矛盾，我们要么把 x 说成是“在 n 次试验中甲赢的概率 x_n 的极限”，要么把它说成是“甲赢”的概率，而样本空间不是离散的. 我们打算两种办法都用. 为了语言的简短，我们使用事件这一术语，即使它

们是定义在无穷的样本空间中. 为了理论的精确, 叙述定理时要先用有限的样本空间, 然后过渡到极限. 这一章里所研究的事件都具有上述例子的如下特色: "甲获胜" 这一事件虽然是定义在无穷的样本空间中的, 但它可表示为 "甲在第 n 次 ($n = 1, 2, \cdots$) 试验中获胜" 的那些事件的并, 它们中的每一个只依赖于有限次试验. 我们所要求的 x 是单调序列 x_n 的极限, 这些概率 x_n 只依赖于有限次试验. 我们并不需要比 n 次伯努利试验模型的理论更高的理论, 只不过是简化了累赘的表达[①], 把本来是 "概率的极限" 的一些数叫作概率.

8.2 赌博的长策

从很多赌徒的惨痛经历中可得到这样一个教训: 没有一种赌博长策能成功改善赌徒的机遇. 如果概率论正确反映生活的话, 这个经验就应该对应于一个可以证明的命题.

为了确定起见, 让我们考虑一个潜在的伯努利试验的无穷序列, 而且假定在每一次试验中赌徒都有选择赌或者不赌的自由. 所谓赌博的 "长策", 就是赌徒事先制定的一套规则, 来决定哪一次该赌. 例如, 赌徒可以决定在每个第 7 次赌, 或者在赌一次之后再出现 7 次正面之后的那一次赌. 他也可以只在正面连续出现 13 次以后才赌, 或者在第一次正面出现以后赌第 1 次, 然后在头一回连续出现两次正面以后赌第 2 次, 一般地, 在连续出现 k 次正面以后就赌第 k 次. 在最后一种情况下, 他赌的频次将是越来越少的. 我们并不需要考虑个别试验的赌注, 而是要证明没有一个长策可以改变赌徒的处境, 他们所得到的结果和每次都赌是一样的. 不言而喻, 只能在通常意义下的长策, 即在赌徒不知未来的情况下才能证明这个命题. (至于真正的未卜先知存在与否的问题并不是我们所关心的.) 同时, 像 "输了 3 次以后便回家" 这类规则是可能改变赌徒的处境的, 不过这些没意思的长策已被排除在外.

长策的定义是一套规则, 这套规则在每一轮赌博中唯一地决定赌徒是参加赌还是不参加赌. 在第 k 次试验上, 他的决策可以依赖于以前的 $k - 1$ 次试验的结果, 但是不可以依赖于第 $k, k+1, k+2, \cdots$ 次试验结果. 最后, 这些规则还要求能够保证: 赌博可以无限地继续下去. 因为规则是固定的, 所以 "在 n 次试验中赌徒参加赌的次数超过 r 次" 的事件是有定义的, 而它的概率是可以计算出来的. 上面定义里的最后的条件要求对任何一个 r, 当 $n \to \infty$ 时这个概率趋于 1.

---

① 如果读者对一般测度论较熟悉的话, 那么这个情形可以描述如下. 我们仅仅考虑这样一些事件: 或者它只依赖于有限次试验, 或者它只是这类事件的单调序列的极限. 我们计算这些明显的概率的极限, 显然并不需要测度论. 然而只有在测度论里才能证明: 这样的极限值不依赖于特殊的取极限的过程, 而且是完全可加的.

我们的基本定理是：无论长策是什么，赌徒参加赌博的那些次试验组成的伯努利试验序列成功概率不变．如果措辞方面做适当的修改，这个定理对一切类型的独立试验都成立，在任何情况下，进行赌博的那些次试验都是原来试验的一模一样的仿制品，所以没有一个长策可以改变赌徒的运气．这个命题的重要性首先由冯·米泽斯所发现，他把它作为基本公理引入，即所谓有效的赌博长策的不可能性．这里的陈述及证明都是引用杜布[21] 的，为简单起见，假定 $p = \frac{1}{2}$．

令 A_k 表示"第 1 次赌博发生在第 k 次试验"这一事件．长策的定义要求：当 $n \to \infty$ 时，在第 n 次试验以前进行第 1 次赌博的概率趋于 1．这意味着

$$P\{A_1\} + P\{A_2\} + \cdots + P\{A_n\} \to 1,$$

或

$$\sum P\{A_k\} = 1. \tag{8.2.1}$$

其次，令 B_k 表示"第 k 次试验出正面"的事件．于是"第 1 次参加赌的那次试验里出现正面"的事件 B 是事件 $A_1B_1, A_2B_2, A_3B_3, \cdots$ 的并，而这些事件是互斥的．因为 A_k 只依赖于最初 $k-1$ 次试验的结果，B_k 只依赖于第 k 次试验，所以 A_k 和 B_k 是相互独立的，从而 $P\{A_kB_k\} = P\{A_k\}P\{B_k\} = \frac{1}{2}P\{A_k\}$，所以 $P\{B\} = \sum P\{A_kB_k\} = \frac{1}{2}\sum P\{A_k\} = \frac{1}{2}$．这就说明在这个长策下第 1 次赌博中出现正面的概率为 $\frac{1}{2}$，同理，对于以后的各次赌博这个结果也成立．

还要证明的是：要赌的那一串试验是独立的．这就意味着在第 1 次和第 2 次赌博中硬币都出现正面的概率为 $\frac{1}{4}$（以此类推到其他的组合以及此后的试验）．为了验证这个论断，令 A_k^* 表示"第 2 次赌博发生在第 k 次试验"的事件．令 E 表示"头两次赌博都出现正面"的事件，E 是一切事件 $A_jB_jA_k^*B_k$ 的并，其中 $j < k$（如果 $j \geqslant k$，则 A_j 和 A_k^* 互斥，从而 $A_jA_k^* = 0$）．因此

$$P\{E\} = \sum_{j=1}^{\infty} \sum_{k=j+1}^{\infty} P\{A_jB_jA_k^*B_k\}. \tag{8.2.2}$$

同样，我们可以看出，对于固定的 j 和 $k > j$，事件 B_k（"第 k 次试验出现正面"）与事件 $A_jB_jA_k^*$（它仅依赖于最初 $k-1$ 次试验的结果）是相互独立的．因此

$$P\{E\} = \frac{1}{2}\sum_{j=1}^{\infty} \sum_{k=j+1}^{\infty} P\{A_jB_jA_k^*\} = \frac{1}{2}\sum_{j=1}^{\infty} P\{A_jB_j\} \sum_{k=j+1}^{\infty} P\{A_k^* \mid A_jB_j\} \tag{8.2.3}$$

[见 (5.1.8)]．但是，不管第 1 次赌是在哪次下注的，也不管它的结果如何，赌博总是继续下去的．这就是说：第 2 次赌博迟早会发生的，即对于已知具有 $P\{A_jB_j\} >$

0 的 $A_j B_j$，将"第 2 次赌博在第 k 次试验发生"的条件概率对 k 加起来应为 1. 所以 (8.2.3) 中的第 2 个级数之和为 1，同时我们早已知道 $\sum P\{A_j B_j\} = \frac{1}{2}$，故 $P\{E\} = \frac{1}{4}$. 这就是我们要证明的. 对其他的组合可用类似的论证. ■

注意：如果赌徒可以任意改变赌注的话，情况就不一样了. 对于依赖累积赢得的长策，就存在所谓有利策略，而且赌博与策略有关. 这一点将在 14.2 节里再讨论.

8.3 波雷尔–坎特立引理

有两个关于试验的无穷序列的引理是经常要用到的，所以应该特别加以注意. 我们仅仅对伯努利试验来陈述这两个引理，但是，它们也可以应用到普遍的情况.

我们还是考虑一个无穷的伯努利试验序列. 令 $A_1, A_2, \cdots$ 表示事件的无穷序列，其中每一事件只依赖于有限次试验. 换言之，假定对于每一个 A_k，对应地存在一个整数 n_k，使得 A_k 是在最初的 n_k 次伯努利试验的样本空间中的事件. 令

$$a_k = P\{A_k\}. \tag{8.3.1}$$

（例如，A_k 代表"在 $2k$ 次试验结束时出现一个最少接连 k 次成功的连贯"的事件，则 $n_k = 2k$ 且 $a_k = p^k$.）

对于字母 S 和 F 的某个特定的无穷序列，都可以确定它属于 $\{A_k\}$ 中的 $0, 1, 2, \cdots$ 个或者无穷多个. 这意味着我们可以说事件 U_r 是使得事件族 $\{A_k\}$ 中有多于 r 个发生的无穷试验序列，而 U_∞ 则表示使事件族 $\{A_k\}$ 中有无穷多个发生的无穷试验序列. 事件 U_r 只能在无穷的样本空间中定义，它的概率是 $P\{U_{n,r}\}$ 的极限，此处 $P\{U_{n,r}\}$ 为 n 次试验中有多于 r 个 A_k 发生的概率. 最后，$P\{U_\infty\} = \lim P\{U_r\}$，此极限是存在的，因为当 r 增加时 $P\{U_r\}$ 下降.

引理 1 如果 $\sum a_k$ 收敛，则只有有限个 A_k 发生的概率为 1. 更精确地说就是要求当 r 充分大时 $P\{U_r\} < \varepsilon$. 或者说对每个 $\varepsilon > 0$ 都可以找到一个整数 r，使得对每个 n 都有 n 次试验中 $A_{r+1}, A_{r+2}, \cdots$ 中的一个或多个发生的概率小于 ε.

证 由于级数 $\sum a_k$ 收敛，故可以取定一个 r 使得 $a_{r+1} + a_{r+2} + \cdots \leqslant \varepsilon$. 不失一般性，假设 A_k 的顺序使得 $n_1 \leqslant n_2 \leqslant n_3 \leqslant \cdots$. 令 N 为使得 $n_N \leqslant n$ 成立的最后一个下标. 于是 $A_1, \cdots, A_N$ 都在 n 次试验的样本空间中定义了. 引理要求在 $A_{r+1}, A_{r+2}, \cdots, A_N$ 中有一个或多个发生的概率小于 ε. 这个结论是成立的，因为根据不等式 (1.7.6) 我们有

$$P\{A_{r+1} \cup A_{r+2} \cup \cdots \cup A_N\} \leqslant a_{r+1} + a_{r+2} + \cdots + a_N. \tag{8.3.2}$$

至此，引理证毕. ■

上述引理只有在 A_k 相互独立的条件下才有令人满意的相反的引理. 当试验序列分为一些互不重叠的段落, 而 A_k 只依赖于第 k 个段落中的试验时, 独立性条件就成立了. (例如, A_k 表示"第 k 个千次试验中产生的成功次数多于 600"的事件.)

引理 2　如果 A_k 相互独立, 且 $\sum a_k$ 发散, 则有无穷个 A_k 发生的概率为 1. (换言之, 对任意一个 r, 在 n 次试验中多于 r 个 A_k 发生的概率随 $n \to \infty$ 而趋于 1.)

证　假设引理不成立, 则存在一个 n 使得当 $k > n$ 时没有一个 A_k 发生的概率 $u > 0$. 但是

$$u \leqslant (1 - a_n)(1 - a_{n+1}) \cdots (1 - a_{n+r}), \tag{8.3.3}$$

这是因为是上式右边是 $A_n, A_{n+1}, \cdots, A_{n+r}$ 无一发生的概率. 因为 $1 - x \leqslant \mathrm{e}^{-x}$, 所以 (8.3.3) 右边小于等于 $\mathrm{e}^{-(a_n + \cdots + a_{n+r})}$, 其指数当 r 充分大时可任意大, 故 $u = 0$. 引理得证. ■

例　(a) 在伯努利试验序列中, 序列 SFS 出现无穷多次的概率是多少? 令 A_k 表示在第 $k, k+1, k+2$ 个位置出现序列 SFS. A_k 显然不是独立的, 但是序列 $A_1, A_4, A_7, A_{10}, \cdots$ 只包含相互独立的事件. (因为其中任意两个事件都不依赖于同一次试验的结果.) 由于 $a_k = p^2 q$ 不依赖于 k, 故级数 $a_1 + a_4 + a_7 + \cdots$ 发散, 从而序列 SFS 无穷次地发生的概率为 1. 显然, 类似的论证可以应用到任何一个序列上去.

(b) **扔硬币产生的书**. 考虑一条由点和横线组成的莫尔斯电码信息 "PROB-ABILITY IS FUN". 如果我们用 H 和 T 分别代表点和横线, 那么, 这条信息将以有限长、相继出现的正面与反面构成. 由前一个例子推知: 多次扔一个硬币, 迟早会生成这一信息, 并能无穷多次重复这一信息. 同样地, 取很多次扔硬币游戏中的一段有限长的记录, 它可以包含用莫尔斯电码写成的一部长度可观的书, 例如莎士比亚名剧《哈姆雷特》或 8 位对数表. 有人提议把一群猴子训练成乱击的打字员, 它们迟早会随机地打印出一部伟大的作品. 为了同样的目的, 一枚硬币可以节省喂养和训练费用, 并放任猴子做它们自己的事.

8.4　强大数定律

概率的直观概念是基于下述事实的成立的期望: 若 S_n 是伯努利试验序列中前 n 次试验的成功次数, 则

$$\frac{S_n}{n} \to p. \tag{8.4.1}$$

在抽象理论中，这不能对于**每一个**试验序列都成立. 事实上，在我们的样本空间中包含着这样一个点：它是只由成功构成的无穷序列. 对它来说：$S_n/n = 1$，因此 (8.4.1) 就不成立了. 然而，我们可以证明 (8.4.1) 概率为 1 成立，于是 (8.4.1) 不成立的情形是可以忽略的例外.

注意：在这里所讨论的命题要比弱大数定律 [(6.4.1)] 强得多. 后者只是说，对每个充分大的固定的 n 来说，平均数 S_n/n 与 p 差不多，但它并没说当 n 增加时，S_n/n 一直停留在 p 的固定邻域内. 在 n 次附加的试验中，当 $n < k \leqslant 2n$ 时事件 $S_k/k < p - \varepsilon$ 中至少有一件发生仍是可能的，因为它是很多个小概率之和，而我们只知道每个个别的概率很小而已. 但现在可以证明"$S_n/n - p$ 变得很小并且保持很小"的概率为 1 成立.

强大数定律 对于每个 $\varepsilon > 0$，在事件

$$\left| \frac{S_n}{n} - p \right| > \varepsilon \qquad (8.4.2)$$

中只有有限个发生的概率为 1. 这个结论蕴涵了 "(8.4.1) 成立的概率为 1". 在有限的样本空间中，它断言：对于任意 $\varepsilon > 0, \delta > 0$，有一个 r 使得对于所有 ν，下面 ν 个不等式

$$\left| \frac{S_{r+k}}{r+k} - p \right| < \varepsilon, \qquad k = 1, 2, \cdots, \nu \qquad (8.4.3)$$

同时成立的概率大于 $1 - \delta$.

证 我们将证明一个更强的命题. 令 A_k 表示事件

$$|S_k^*| = \left| \frac{S_k - kp}{\sqrt{kpq}} \right| \geqslant \sqrt{2a \ln k}, \qquad a > 1. \qquad (8.4.4)$$

于是由 (7.6.7)，至少对所有充分大的 k 有

$$P\{A_k\} < \mathrm{e}^{-a \ln k} = \frac{1}{k^a}. \qquad (8.4.5)$$

从而 $\sum P\{A_k\}$ 收敛，因此由前一节的引理 1 可以保证：只有有限个 (8.4.4) 型的不等式成立的概率为 1. 另一方面，若 (8.4.2) 成立，则

$$\left| \frac{S_n - np}{\sqrt{npq}} \right| > \frac{\varepsilon}{\sqrt{pq}} \cdot \sqrt{n}, \qquad (8.4.6)$$

当 n 充分大时，右端大于 $\sqrt{2a \ln n}$. 因此无穷多个 (8.4.2) 型的不等式成立就蕴涵了无穷多个 A_k 发生. 所以它的概率为零. 这就证明了强大数定律. ∎

强大数定律最初为坎特立（1917）所陈述，之前波雷尔和豪司多夫讨论了一些特殊情况. 正如弱大数定律一样，它只是随机变量一般定理中极为特别的情形.

把我们的定理与长策之不可能性联系起来，不仅对原来的试验序列而且对于按照 8.2 节中的规则所得到的一切子序列来说，大数定律都蕴涵了极限 (8.4.1) 的存在性．因而这两个定理一起描述了随机性的基本性质，这些性质都是概率的直观概念所固有的．它们的重要性曾由冯·米泽斯特别强调过．

8.5 重对数律

像第 7 章一样，我们再次引入 n 次试验中正则化的成功次数

$$S_n^* = \frac{S_n - np}{\sqrt{npq}}. \tag{8.5.1}$$

拉普拉斯极限定理断言 $P\{S_n^* > x\} \sim 1 - \mathfrak{N}(x)$．因此对于 n 的每一个特定的值来说，S_n^* 取大值的概率是不大的．但是，直观上看来很清楚：在漫长的试验序列中，S_n^* 或迟或早地会取任意大的值．S_n^* 的中间值是最概然的，但是它的最大值也在缓慢地增长着．增长的速率如何？在强大数定律的证明过程中，我们曾经断言，从 (8.4.5) 可推出对每一个 $a > 1$ 和所有充分大的 n，不等式 $S_n^* < \sqrt{2a \ln n}$ 成立的概率为 1．这就给出了 S_n^* 起伏的上界，但是这个上界不好．为了看出这点，让我们把这个结论应用到子序列 $S_2^*, S_4^*, S_8^*, S_{16}^*, \cdots$ 上．即定义事件 A_k 为 $S_{2^k}^* \geqslant \sqrt{2a \ln k}$．现在因为不等式 (8.4.5) 蕴涵对 $a > 1$ 和所有充分大的 k 有 $S_{2^k}^* < \sqrt{2a \ln k}$．但是，对 $n = 2^k$ 有 $\ln k \sim \ln \ln n$，因此断言：对于每一个 $a > 1$ 和所有形如 $n = 2^k$ 的 n，不等式

$$S_n^* < \sqrt{2a \ln \ln n} \tag{8.5.2}$$

对充分大的 k 成立．所以合理地猜测，应该是 (8.5.2) 对**所有充分大的** n 都成立，事实上，它是重对数律的一部分．这个著名的定理[①]断言：$\sqrt{2 \ln \ln n}$ 是在下述意义下的**精确的**上界：对于每一个 $a < 1$，不等式 (8.5.2) 的反向不等式对无穷多个 n 成立．

定理   下式以概率 1 成立

$$\limsup_{n \to \infty} \frac{S_n^*}{\sqrt{2 \ln \ln n}} = 1. \tag{8.5.3}$$

这意味着：如果 $\lambda > 1$ 则事件

$$S_n > np + \lambda \sqrt{2npq \ln \ln n} \tag{8.5.4}$$

---

① 见参考文献 [80]．此处的结论是由其他一些学者的部分结果得到的．现在的证明可以直接推广到更一般的随机变量．

之中只有有限个发生的概率是 1. 如果 $\lambda < 1$ 则 (8.5.4) 对于无穷多个 n 成立的概率是 1.

由于对称性, 等式 (8.5.3) 蕴涵了

$$\liminf_{n \to \infty} \frac{S_n^*}{\sqrt{2 \ln \ln n}} = -1. \tag{8.5.3a}$$

证 先从以下两个预备性的性质入手.

(1) 存在依赖 p 但不依赖 n 的常数 $c > 0$ 使得对所有 n 都有

$$P\{S_n > np\} > c. \tag{8.5.5}$$

事实上, 考察二项分布可得 (8.5.5) 的左边永不为零, 而且由拉普拉斯极限定理可得当 $n \to \infty$ 时它趋于 $\frac{1}{2}$. 所以它总有大于 0 的下界. 因此这个性质成立.

(2) 我们需要下面的**引理**. 对于给定的 x, 令 A 表示以下事件: 至少有一个小于等于 n 的 k 使得

$$S_k - kp > x. \tag{8.5.6}$$

那么

$$P\{A\} \leqslant c^{-1} P\{S_n - np > x\}. \tag{8.5.7}$$

为了证明这个引理, 对于 $1 \leqslant \nu \leqslant n$, 令 A_ν 表示使得 (8.5.6) 在 $k = \nu$ 时成立但在 $k = 1, 2, \cdots, \nu - 1$ 时不成立的事件. $A_1, A_2, \cdots, A_n$ 是互斥的, 它们的并是 A. 因此有

$$P\{A\} = P\{A_1\} + \cdots + P\{A_n\}. \tag{8.5.8}$$

其次, 对于 $\nu < n$, 令 U_ν 表示 "在第 $\nu + 1, \nu + 2, \cdots, n$ 次试验中成功的总次数超过 $(n - \nu)p$" 的事件. 若事件 A_ν 和 U_ν 都发生, 则 $S_n > S_\nu + (n - \nu)p > np + x$, 又因为 $A_\nu U_\nu$ 是互斥的, 所以

$$P\{S_n - np > x\} \geqslant P\{A_1 U_1\} + \cdots + P\{A_{n-1} U_{n-1}\} + P\{A_n\}. \tag{8.5.9}$$

A_ν 只依赖于最初 ν 次试验, U_ν 只依赖于其后的 $n - \nu$ 次试验. 因此 A_ν 和 U_ν 是相互独立的, 从而 $P\{A_\nu U\nu\} = P\{A_\nu\}P\{U_\nu\}$. 由预备性质 (8.5.5) 我们知道 $P\{U_\nu\} > c > 0$, 故从 (8.5.9) 和 (8.5.8) 可得

$$P\{S_n - np > x\} \geqslant c \sum P\{A_\nu\} = cP\{A\}. \tag{8.5.10}$$

这就证明了 (8.5.7).

(3) 现在来证明定理中 (8.5.4) 关于 $\lambda > 1$ 的那部分. 令 γ 是满足

$$1 < \gamma < \lambda \tag{8.5.11}$$

的数. 令 n_r 是最接近 γ^r 的整数. 令 B_r 表示以下事件: 对满足 $n_r \leqslant n < n_{r+1}$ 的至少一个 n 不等式

$$S_n - np > \lambda \sqrt{2 n_r pq \ln \ln n_r} \tag{8.5.12}$$

成立. 显然只有当无穷多个 B_r 发生时 (8.5.4) 才能对无穷多个 n 成立. 应用第一个波雷尔–坎特立引理, 我们看出只需证明

$$\sum P\{B_r\} \text{ 收敛} \tag{8.5.13}$$

就够了. 由不等式 (8.5.7) 可知

$$
\begin{aligned}
P\{B_r\} &\leqslant c^{-1} P\left\{ S_{n_{r+1}} - n_{r+1}p > \lambda \sqrt{2 n_r pq \ln \ln n_r} \right\} \\
&= c^{-1} P\left\{ S_{n_{r+1}}^* > \lambda \sqrt{2 \frac{n_r}{n_{r+1}} \ln \ln n_r} \right\}.
\end{aligned}
\tag{8.5.14}
$$

因为 $n_{r+1}/n_r \sim \gamma < \lambda$, 所以对充分大的 r 有

$$P\{B_r\} \leqslant c^{-1} P\left\{ S_{n_{r+1}}^* > \sqrt{2\lambda \ln \ln n_r} \right\}. \tag{8.5.15}$$

因此, 由 (7.6.7) 可知, 对充分大的 r 有

$$P\{B_r\} \leqslant c^{-1} e^{-\lambda \ln \ln n_r} = \frac{1}{c(\ln n_r)^\lambda} \sim \frac{1}{c(r \ln \gamma)^\lambda}. \tag{8.5.16}$$

因为 $\lambda > 1$, 所以 (8.5.13) 成立.

(4) 最后证明 (8.5.4) 中关于 $\lambda < 1$ 的那部分. 这时选取 λ 为很大的整数, 使得

$$\frac{\gamma - 1}{\gamma} > \eta > \lambda, \tag{8.5.17}$$

其中 η 是在以后要决定的一个常数. 令 $n_r = \gamma^r$, 由于第二个波雷尔–坎特立引理只能对独立事件应用, 故我们引入

$$D_r = S_{n_r} - S_{n_{r-1}}. \tag{8.5.18}$$

D_r 是从第 n_{r-1} 次以后到第 n_r 次 (含) 试验中成功的总数. 对 D_r 有二项分布 $b(k; n, p)$, 其中 $n = n_r - n_{r-1}$. 令 A_r 为事件

$$D_r - (n_r - n_{r-1})p > \eta \sqrt{2pqn_r \ln \ln n_r}. \tag{8.5.19}$$

现在要证明无穷多个 A_r 概率为 1 地发生. 由于各个不同的 A_r 依赖于互不重叠的试验段落（即 $n_{r-1} < n \leqslant n_r$），故它们相互独立. 因此，根据第二个波雷尔–坎特立引理，只需证明 $\sum P\{A_r\}$ 发散就够了，但

$$P\{A_r\} = P\left\{\frac{D_r - (n_r - n_{r-1})p}{\sqrt{(n_r - n_{r-1})pq}} > \eta\sqrt{2\frac{n_r}{n_r - n_{r-1}}\ln\ln n_r}\right\}. \tag{8.5.20}$$

由 (8.5.17) 可知 $n_r/(n_r - n_{r-1}) = \gamma/(\gamma - 1) < \eta^{-1}$. 因此

$$P\{A_r\} \geqslant P\left\{\frac{D_r - (n_r - n_{r-1})p}{\sqrt{(n_r - n_{r-1})pq}} > \sqrt{2\eta\ln\ln n_r}\right\}. \tag{8.5.21}$$

再次利用 (7.6.7) 的估计，我们发现对充分大的 r 有

$$P\{A_r\} > \frac{1}{\ln\ln n_r}\mathrm{e}^{-\eta\ln\ln n_r} = \frac{1}{(\ln\ln n_r)(\ln n_r)^\eta}. \tag{8.5.22}$$

因为 $n_r = \gamma^r$ 且 $\eta < 1$，故对充分大的 r 有 $P\{A_r\} > 1/r$，这就证明了级数 $\sum P\{A_r\}$ 发散.

证明的最后一步是要验证 (8.5.18) 中的 $S_{n_{r-1}}$ 可以略去. 从已经证明的定理的第一部分可知，对任意 $\varepsilon > 0$ 都可以找到一个 N 使得对所有 $r > N$ 有

$$\left|S_{n_{r-1}} - n_{r-1}p\right| < 2\sqrt{2pqn_{r-1}\ln\ln n_{r-1}} \tag{8.5.23}$$

的概率大于等于 $1 - \varepsilon$. 现在选取 η 非常接近 1，使得

$$1 - \eta < \left(\frac{\eta - \lambda}{2}\right)^2. \tag{8.5.24}$$

于是从 (8.5.17) 可得

$$4n_{r-1} = 4n_r\gamma^{-1} < n_r(\eta - \lambda)^2, \tag{8.5.25}$$

因此 (8.5.23) 蕴涵

$$S_{n_{r-1}} - n_{r-1}p > -(\eta - \lambda)\sqrt{2pqn_r\ln\ln n_r}. \tag{8.5.26}$$

把 (8.5.26) 加到 (8.5.19) 上去，我们得到 (8.5.4) 对 $n = n_r$ 成立. 这就推出这个不等式对无穷多个 r 成立的概率大于等于 $1 - \varepsilon$，这就完成了证明. ∎

伯努利试验的重对数律是柯尔莫哥洛夫[82]首先提出的一个普遍定理的特殊情形，现在有可能提出更强的定理（见 8.7 节习题 7 和习题 8）.

8.6　用数论的语言解释

令 x 为区间 $0 \leqslant x < 1$ 中的一个实数，且令

$$x = 0.a_1 a_2 a_3 \ldots \tag{8.6.1}$$

是它的十进制小数的展开式（于是每个 a_j 代表数字 $0, 1, \cdots, 9$ 中的某一个）. 除了 $a/10^n$ 型的数以外（a 为整数），上面的展开式是唯一的. 因为 $a/10^n$ 既可使其展开式表为有限多位（包含无穷多个 0）又可使其展开式包含无穷多个 9. 为了避免混乱起见，我们决定不用后一种形式.

十进制小数的展开式可以与参数为 $p = \frac{1}{10}$ 的伯努利试验联系起来，数字 0 代表成功，其他的 9 个数字代表失败. 如果在 (8.6.1) 中以 S 代替 0，以 F 代替其他的数字，(8.6.1) 就代表了参数为 $p = \frac{1}{10}$ 的伯努利试验无穷序列的一个可能结果. 反过来，任何一个由字母 S 和 F 组成的序列都可以由某个 x 的十进制小数的展开式按上面的方式得到. 按照这种方法，伯努利试验的样本空间中每个事件都可以用 x 的某个集合来表示. 例如："第 n 次试验为成功"的事件可以用第 n 位小数为 0 的那些 x 来表示. 这些 x 构成了 10^{n-1} 个区间，每个区间的长度 10^{-n}，它们的总长度为 $\frac{1}{10}$，这就是这一事件的概率. 每一个长度为 n 的有限的样本序列对应某些区间的集合，例如，序列 SFS 对应下面 9 个区间：$0.01 \leqslant x < 0.011, \, 0.02 \leqslant x < 0.021, \, \cdots, \, 0.09 \leqslant x < 0.091$. 每一个这样的样本序列的概率等于对应的 x 轴上之区间集合的总长度. 更复杂一些的事件常常可以用有限个样本序列的并来表示，从而计算前者的概率可以按照与 x 轴上常用的勒贝格测度相同的加法律来进行. 因此，我们的概率永远可以与 x 轴上对应的点集的测度一致. 于是可以把参数为 $p = \frac{1}{10}$ 的伯努利试验的一切极限定理翻译成关于十进制小数展开式的定理. 术语"概率为 1 地"等价于"几乎所有 x"或者"几乎处处".

我们曾经考虑过 n 次试验中成功的次数 S_n 这一随机变量. 为了方便起见，在这里着重指出下面的事实：S_n 是样本点的函数，我们用 $S_n(x)$ 代表 x 的前 n 位小数中 0 的个数. 显然，$S_n(x)$ 是 x 的函数，其图形为阶梯多边形，它的不连续点只能在 $a/10^n$ 型的点上，其中 a 为整数. 比值 $S_n(x)/n$ 称为 x 的前 n 位小数中零的频率.

在通常测度论的语言里，弱大数定律断言的是：$S_n(x)/n \to \frac{1}{10}$ 按测度收敛. 强大数定律断言的是：$S_n(x)/n \to \frac{1}{10}$ 几乎处处收敛. 辛钦的重对数律就是说

$$\limsup_{n \to \infty} \frac{S_n(x) - n/10}{\sqrt{n \ln \ln n}} = 0.3\sqrt{2} \tag{8.6.2}$$

对几乎所有 x 成立. 它回答了一系列论文[67][63] 中研究过的一个问题. 这个结果的进一步改善, 见 8.7 节习题 7 和习题 8.

除了数字 0, 也可以考虑用其他数字. 那么强大数定律可以解释为: 对几乎所有 x, 这 10 个数字中每一个数字的频率都趋于 $\frac{1}{10}$. 如果把十进制系统的基 10 换为其他的基, 也可得出类似的定理. 这个事实曾为波雷尔（1909）发现, 且往往表述为: 几乎一切的数都是"正规的".

8.7　习题

1. 求一个整数 β, 使得在掷骰子时"连续出现 3 次幺点的连贯"先于"长度为 β 的非幺点的连贯"出现, 且出现的概率大约为 $\frac{1}{2}$.

2. 考虑具有 3 个可能结果 A,B,C 的相互独立的重复试验, A,B,C 对应的概率分别为 $p,q,r\,(p+q+r=1)$. 求"接连出现 α 个 A 的连贯"在"接连出现 β 个 B 的连贯"之前的概率.

3. **续上题.** 求长度为 α 的 A 连贯发生在长度为 β 的 B 连贯或长度为 γ 的 C 连贯之前的概率.

4. 在伯努利试验序列中, 令 A_n 表示在第 2^n 次到第 2^{n+1} 次试验中接连出现 n 次成功的事件. 如果 $p \geqslant \frac{1}{2}$, 则有无穷多个 A_n 发生的概率为 1; 如果 $p < \frac{1}{2}$, 则只有有限个 A_n 发生的概率为 1.

5. 令 N_n 为在第 n 次试验开始的成功连贯的长度（如果第 n 次试验的结果是 F, 则 $N_n = 0$, 等等）. 证明

$$\limsup_{n \to \infty} \frac{N_n}{\operatorname{Log} n} = 1 \tag{8.7.1}$$

的概率为 1, 其中 Log 表示以 $1/p$ 为底的对数.

提示: 考虑长度超过 $a \operatorname{Log} n$ 的成功连贯在第 n 次试验之后的事件 A_n. 对 $a > 1$, 计算是非常顺利的. 对 $a < 1$, 考虑试验次数的一个子序列 $a_1, a_2, \cdots$, 其中 a_n 是与 $n \operatorname{Log} n$ 非常接近的整数.

6. 从重对数律我们可以推出: 有无穷多个 n 使得 $S_k^*\,(n < k < 17n)$ 全是正数的概率为 1.（注意: 应用第 3 章的结果, 可以证明更强的结论.）

7. 令 $\phi(t)$ 为正的单调上升函数, n_r 为最接近 $\mathrm{e}^{r/\ln r}$ 的整数, 如果

$$\sum \frac{1}{\phi(n_r)} \mathrm{e}^{-\frac{1}{2}\phi^2(n_r)} \tag{8.7.2}$$

收敛, 则概率为 1 地只有有限个 n 使得不等式

$$S_n > np + \sqrt{npq}\,\phi(n) \tag{8.7.3}$$

成立. 注意: 不妨假设 $\phi(n) < 10\sqrt{\ln \ln n}$, 因为对于更大的 $\phi(n)$ 重对数律足以对付.

8. 证明① 级数 (8.7.2) 收敛当且仅当

$$\sum \frac{\phi(n)}{n} e^{-\frac{1}{2}\phi^2(n)} \tag{8.7.4}$$

收敛. 提示：归并对应 $n_{r-1} < n < n_r$ 的那些项，并注意 $n_r - n_{r-1} \sim n_r(1 - 1/\ln r)$.
此外 (8.7.4) 仅当 $\phi^2(n) > 2\ln\ln n$ 时才能收敛.

9. 由前一问题证明：概率为 1 地有

$$\limsup_{n\to\infty} \left(S_n^* - \sqrt{2\ln\ln n}\right) \frac{\sqrt{2\ln\ln n}}{\ln\ln\ln n} = \frac{3}{2}. \tag{8.7.5}$$

---

① 习题 7 和习题 8 合在一起证明了：在不等式 (8.7.4) 收敛的情形下，概率为 1 地只有有限个 n 使得不等
式 (8.7.3) 成立. 反过来，如果 (8.7.4) 发散，则概率为 1 地有无穷多个 n 使得不等式 (8.7.3) 成立. 反面
的情形是很难证明的，见参考文献 [37]，其中证明了对于任意随机变量的更一般定理. 对于参数为 $p = \frac{1}{2}$
的伯努利试验的特殊情形，见参考文献 [29]. 重对数律是从 $\phi(t) = \lambda\sqrt{2\ln\ln t}$ 的特殊情形得出的.

第 9 章　随机变量、期望值

9.1　随机变量

按照微积分教科书上的定义，如果对每一个实数 x 都有唯一值 y 与之对应，则称 y 为实变量 x 的函数. 这个定义可以推广到自变量 x 不是实数的情形. 我们可以称两点间之距离是一对点的函数；三角形之周长为定义在三角形集合上的函数；序列 $\{a_n\}$ 是定义在所有正整数上的函数；二项式系数 $\binom{x}{k}$ 为数对 (x, k)（其中第二个数 k 为非负整数）的函数. 同样，我们可以称 n 次伯努利试验的成功次数 S_n 为样本空间上的函数，这个空间由 2^n 个样本点组成，且每一个点都对应于一个数 S_n.

定义在样本空间上的函数就称为随机变量. 在前面各章里面我们一直用着随机变量的概念，只是没用这个术语罢了. 举几个典型例子：打桥牌时手中 A 的个数是随机变量；n 个人中生日相同的人数是随机变量；n 次伯努利试验中成功的连贯数是随机变量. 在每一种情形都有唯一的规则使得每一个样本点与一个数 X 联系起来. 概率的古典理论主要是致力于赌徒的赢得的研究. 而赌徒所获之赢得是一个随机变量. 事实上，每一个随机变量都可以解释为一个真实的或者假想的赌徒在适当赌博中所获之赢得. 在物理系统中扩散时质点的位置、能量、温度等等都是随机变量，但是它们是定义在非离散的样本空间中，因而，对于它们的研究将放在以后. 在离散的样本空间的情况下，我们真正可以把任一随机变量 X 列表表示，即用某种次序把样本空间中的所有的点列出而且与每一个点相对应的 X 的值也都列出来. 随机变量这一术语有些模糊，而称之为随机函数则更合适一些（其自变量为样本空间中的点，亦即一次实验的结果）.

令 X 为随机变量，$x_1, x_2, x_3, \cdots$ 为 X 所取之值[①]（在下面大多数情形中，x_j 将是整数）. 所有的那些样本点，使得在其上 X 取固定值 x_j 者构成事件 $X = x_j$，它的概率用 $P\{X = x_j\}$ 表示. 函数

$$P\{X = x_j\} = f(x_j) \qquad (j = 1, 2, \cdots) \tag{9.1.1}$$

---

① 在标准的数学术语里，点集 $x_1, x_2, \cdots$ 称为 X 的值域. 不幸的是，在统计的文献里，把 X 的最大值和最小值之差称为值域.

称为随机变量 X 的（概率）分布①. 显然

$$f(x_j) \geqslant 0, \qquad \sum f(x_j) = 1. \tag{9.1.2}$$

应用这些术语，我们可以说伯努利试验中的成功次数 S_n 是具有概率分布 $\{b(k; n, p)\}$ 的随机变量，而一直到第 1 次成功出现（包含这次试验）所需之试验次数是具有概率分布 $\{q^{k-1}p\}$ 的随机变量.

现在我们考虑定义在同一个样本空间中的两个随机变量 X 和 Y，所取之值分别记作 $x_1, x_2, \cdots$ 和 $y_1, y_2, \cdots$，对应的概率分布为 $\{f(x_j)\}$ 和 $\{g(y_k)\}$. 同时满足 $X = x_j$ 和 $Y = y_k$ 这两个条件的点的总体构成一个事件，概率记作 $P\{X = x_j, Y = y_k\}$. 函数

$$P\{X = x_j, Y = y_k\} = p(x_j, y_k) \qquad (j, k = 1, 2, \cdots) \tag{9.1.3}$$

叫作 X 和 Y 的联合概率分布. 最好用如表 9.1 和表 9.2 所示的双重记录表来表示它. 显然

$$p(x_j, y_k) \geqslant 0, \qquad \sum_{j,k} p(x_j, y_k) = 1. \tag{9.1.4}$$

对每一个固定的 j 有

$$p(x_j, y_1) + p(x_j, y_2) + p(x_j, y_3) + \cdots = P\{X = x_j\} = f(x_j), \tag{9.1.5}$$

对每一个固定的 k 有

$$p(x_1, y_k) + p(x_2, y_k) + p(x_3, y_k) + \cdots = P\{Y = y_k\} = g(y_k). \tag{9.1.6}$$

换言之，把每行或每列的概率加起来分别得到 X 或 Y 的概率分布. 这两个分布叫作边缘分布. 它们可以在表上显示出来，像表 9.1 和表 9.2 中那样. "边缘" 这一形容词是从双重记录表的外貌想出来的. 而且当上下文中两个随机变量的联合分布及它们的单个（边缘）分布同时出现时，为了文体上的清晰，也应用 "边缘" 这一形容词以示区别. 严格地说："边缘" 这一形容词总是多余的. 联合分布这一概念完全可以推广到多于两个随机变量的系统上去.

---

① 对一个离散的随机变量 X 来说，其概率分布为定义在 X 之所能取值 x_j 的总体上的函数 $f(x_j)$，这个术语必须要与 "分布函数" 这一术语区别开来. 分布函数是一个非降的函数，当 $x \to -\infty$ 时趋于 0，当 $x \to \infty$ 时趋于 1. X 的分布函数 $F(x)$ 用下式来定义

$$F(x) = P\{X \leqslant x\} = \sum_{x_j \leqslant x} f(x_j),$$

最后的和是跑遍一切不超过 x 的 x_j. 故一个随机变量的分布函数可以从其概率分布计算而得，反过来说也对. 在这一卷里我们不讨论一般的分布函数.

表 9.1 例 (a) 中 (N, X_1) 的联合分布

N \ X_1	0	1	2	3	N 的分布
1	2/27	0	0	1/27	1/9
2	6/27	6/27	6/27	0	2/3
3	0	6/27	0	0	2/9
X_1 的分布	8/27	12/27	6/27	1/27	

$$E(N) = 19/9, \quad E(N^2) = 129/27, \quad \mathrm{Var}(N) = 26/81$$
$$E(X_1) = 1, \quad E(X_1^2) = 45/27, \quad \mathrm{Var}(X_1) = 2/3$$
$$E(NX_1) = 19/9, \quad\quad\quad \mathrm{Cov}(N, X_1) = 0$$

3 个球随机放入 3 个盒中, N 是已放有球的盒的数目, X_1 是第 1 个盒中球的个数.

表 9.2 例 (a) 中 (X_1, X_2) 的联合分布

X_2 \ X_1	0	1	2	3	X_2 的分布
0	1/27	3/27	3/27	1/27	8/27
1	3/27	6/27	3/27	0	12/27
2	3/27	3/27	0	0	6/27
3	1/27	0	0	0	1/27
X_1 的分布	8/27	12/27	6/27	1/27	

$$E(X_i) = 1, \quad E(X_i^2) = 45/27, \quad \mathrm{Var}(X_i) = 2/3$$
$$E(X_1 X_2) = 2/3, \quad\quad\quad \mathrm{Cov}(X_1, X_2) = -1/3$$

3 个球随机放入 3 个盒中, X_i 是第 i 个盒中球的个数.

例 (a) **把 3 个球随机地放入 3 个盒内**. 考虑形式上由表 9.1 和 1.2 节例 (a) 定义的 27 个点构成的样本空间, 对每一个点我们赋以概率 1/27. 令 N 为已放有球的盒的数目, 对于 $i = 1, 2, 3$, 令 X_i 为第 i 个盒中球的个数. 这些都是形象性的描述. 形式上看 N 这个函数在第 1–3 个样本点上取值 1, 在第 4–21 个样本点上取值为 2, 在第 22–27 个样本点上取值为 3. 因此, N 的概率分布为 $P\{N = 1\} = 1/9, P\{N = 2\} = 2/3, P\{N = 3\} = 2/9$. (N, X_1) 和 (X_1, X_2) 的联合分布分别由表 9.1 和表 9.2 给出.

(b) **多项分布**. 在许多场合, 三个随机变量的联合分布由多项分布给出 (见 6.9 节), 即

$$P\{X_1 = k_1, X_2 = k_2, X_3 = k_3\}$$
$$= \frac{n! p_1^{k_1} p_2^{k_2} p_3^{k_3} (1 - p_1 - p_2 - p_3)^{n - k_1 - k_2 - k_3}}{k_1! k_2! k_3! (n - k_1 - k_2 - k_3)!}, \tag{9.1.7}$$

此处 k_1, k_2, k_3 是满足 $k_1 + k_2 + k_3 \leqslant n$ 的非负整数. 例如, 若 X_1, X_2, X_3 分别代

表掷一颗均匀的骰子 n 次出现幺点、两点、三点的次数，则其联合分布由 (9.1.7) 给出，此时 $p_1 = p_2 = p_3 = \frac{1}{6}$. 再考虑一个例子. 假定从由几个子总体构成的总体中有放回地抽出一个样本. 如果 X_j 表此样本中来自第 j 个子总体的元素的个数，则 (X_1, X_2, X_3) 的联合分布也是形如 (9.1.7) 的多项分布.

为了得到 (X_1, X_2) 的（边缘）分布，必须在 (9.1.7) 中固定 k_1 和 k_2 而对所有可能的 k_3 求和，即对 $k3 = 0, \cdots, n - k_1 - k_2$ 求和. 应用二项式定理，得到三项分布

$$P\{X_1 = k_1, X_2 = k_2\} = \frac{n! p_1^{k_1} p_2^{k_2} (1 - p_1 - p_2)^{n - k_1 - k_2}}{k_1! k_2! (n - k_1 - k_2)!}. \tag{9.1.8}$$

再把上式对 $k_2 = 0, \cdots, n - k_1$ 求和，得到单个 X_1 的分布，它就是 $p = p_1$ 的二项分布.

(c) **几何分布**. 考虑至少出现两次成功所需要的次数的伯努利试验序列. 令 X_1 为第 1 次成功出现以前失败出现的次数，X_2 是第 1 次成功到第 2 次成功之间失败出现的次数. (X_1, X_2) 的联合分布由

$$P\{X_1 = j, X_2 = k\} = q^{j+k} p^2 \tag{9.1.9}$$

给出（见 6.8 节）. 对所有的 k 求和，得到 X_1 的分布（几何分布）.（此例说明如何使用随机变量来避免涉及不可数的样本空间带来的困难.）

(d) **随机抽样**. 把例 (b) 作各种变化可以得到奇妙的结果. 现在假定试验的次数事前并不固定，而依赖于一个随机实验的结果，则恰巧做 n 次试验的概率为 $e^{-\lambda} \lambda^n / n!$. 换句话说，试验次数本身就是一个服从泊松分布 $\{e^{-\lambda} \lambda^n / n!\}$ 的随机变量. 给定试验次数 n，事件 $\{X_1 = k_1, X_2 = k_2, X_3 = k_3\}$ 的（条件）概率由 (9.1.7) 右边给出. 为了得到此事件的绝对概率，必须在 (9.1.7) 的右边乘以 $e^{-\lambda} \lambda^n / n!$，再对所有可能的 n 求和. 对于给定的 k_j，当然需要

$$n \geqslant k_1 + k_2 + k_3.$$

引入差值 r 作新的求和指标，得到

$$P\{X_1 = k_1, X_2 = k_2, X_3 = k_3\}$$
$$= e^{-\lambda} \frac{(\lambda p_1)^{k_1} (\lambda p_2)^{k_2} (\lambda p_3)^{k_3}}{k_1! k_2! k_3!} \sum_{r=0}^{\infty} \frac{\lambda^r (1 - p_1 - p_2 - p_3)^r}{r!}. \tag{9.1.10}$$

我们知道上式右边的级数是指数函数，从而上式可重写为

$$P\{X_1 = k_1, X_2 = k_2, X_3 = k_3\}$$
$$= \mathrm{e}^{-\lambda p_1} \frac{(\lambda p_1)^{k_1}}{k_1!} \cdot \mathrm{e}^{-\lambda p_2} \frac{(\lambda p_2)^{k_2}}{k_2!} \cdot \mathrm{e}^{-\lambda p_3} \frac{(\lambda p_3)^{k_3}}{k_3!}. \tag{9.1.11}$$

对所有 k_2 和 k_3 求和消去右边的第 2 个和第 3 个因子，得知 X_1 本身也具有泊松分布. 奇妙的事情是：联合分布是它们各自分布的乘积，以后我们说这就是此三个随机变量 X_j 相互独立.（此例本质上是 6.10 节习题 27 的复述.）■

应用 (9.1.3) 的记号，则在给定 $X = x_j$ 且 $f(x_j) > 0$ 的条件下，事件 $Y = y_k$ 发生的条件概率变为

$$P\{Y = y_k \,|\, X = x_j\} = \frac{p(x_j, y_k)}{f(x_j)}. \tag{9.1.12}$$

这就对 X 的每一个值给出了一个数，故 (9.1.12) 定义了 X 的一个函数，称为给定 X 后 Y 的（条件）分布，记为 $P\{Y = y_k \,|\, X\}$. 从表 9.1 和表 9.2 一看便知：一般地说，条件概率 (9.1.12) 与 $g(y_k)$ 是不同的. 这表明从 X 的值我们可以对 Y 的值作一些推测，反过来说也对. 这两个随机变量是（随机）相关的. 当 Y 是 X 的函数，也就是当 X 的值唯一决定 Y 时，X 与 Y 之间存在着最强的相关性. 例如把一枚硬币扔 n 次，令 X 和 Y 分别为正面和反面所出现的次数，则 $Y = n - X$. 同样，当 $Y = X^2$ 时，我们可以从 X 计算出 Y. 这就意味着，在联合分布中每一行除了一项以外其他的都是 0. 另一方面，如果对所有组合 x_j, y_k 都有 $p(x_j, y_k) = f(x_j)g(y_k)$，则事件 $X = x_j$ 和 $Y = y_k$ 是相互独立的，且联合分布取乘法表的形式. 这时我们称随机变量 X, Y 是相互独立的. 特别地联系于独立的试验就会出现相互独立的随机变量. 例如：把一颗骰子掷两次所得点数是相互独立的随机变量. 不同性质的一个例子可见例 (d).

注意 X 和 Y 的联合分布决定了 X, Y 的分布. 但是从 X, Y 的边缘分布不能算出 X 和 Y 的联合分布. 如果两个随机变量 X, Y 有相同的分布，则它们可能相互独立也可能不相互独立. 例如在表 9.2 中的两个随机变量 X_1 和 X_2 是相关的然而却具有相同的分布.

所有这些概念都可以应用到多于两个随机变量的情形. 我们扼要地重述为如下的形式定义.

定义 随机变量 X 是定义在给定样本空间上的函数，也就是对每一个样本点给予一个实数与之对应. (9.1.1) 定义了 X 的概率分布. 如果两个随机变量 X 和 Y 定义在同一个样本空间中，则联合分布由 (9.1.3) 给出，它给出了 X 和 Y

取所有组合 (x_j, y_k) 的概率. 这个概念可以推广到定义在同一个样本空间中的任意有限个随机变量 $X, Y, \cdots, W$ 的情形. 如果对任意一组值 $(x, y, \cdots, w)$ 都有

$$P\{X = x, Y = y, \cdots, W = w\} = P\{X = x\}P\{Y = y\} \cdots P\{W = w\}, \qquad (9.1.13)$$

则说随机变量 $X, Y, \cdots, W$ 是相互独立的.

在 5.4 节中曾经定义了 n 次相互独立试验的样本空间. 把这个定义与 (9.1.13) 比较可见, 如果 X_k 只依赖于第 k 次试验的结果, 则随机变量 $X_1, \cdots, X_n$ 是相互独立的. 更一般地, 如果随机变量 U 只依赖于前 k 次试验的结果, 另一随机变量 V 只依赖于后面 $n - k$ 次试验的结果, 则 U 和 V 是相互独立的 (见 9.9 节习题 39).

我们可以把随机变量想象为样本空间中的点的一种标记. 这种过程在骰子的例子中是很熟悉的, 给骰子的每一面编号, 把编号说成是单独试验的可能结果. 在传统的数学术语里, 我们说随机变量是由原始样本空间到新空间上的映象, 这个新空间的点是 $x_1, x_2, \cdots$, 因此有:

当 $\{f(x_j)\}$ 满足条件 (9.1.2) 时, 就可以说随机变量 X 以概率 $f(x_1), f(x_2), \cdots$ 取值 $x_1, x_2, \cdots$, 不再涉及原来的样本空间. 新的样本空间由样本点 $x_1, x_2, \cdots$ 构成. 指定一个概率分布等价于指定一个点为实数的样本空间. 谈及两个相互独立的随机变量 X 和 Y 具有分布 $\{f(x_j)\}$ 和 $\{g(y_k)\}$ 等价于谈及一个以数对 (x_j, y_k) 为样本点的样本空间, 其概率由 $P\{(x_j, y_k)\} = f(x_j)g(y_k)$ 确定. 同样, 对一组 n 个随机变量 $(X, Y, \cdots, W)$ 对应的样本空间, 我们可以取 n 维空间中的点 $(x, y, \cdots, w)$ 构成的点集, 其概率由联合分布给出. 如果联合分布由 (9.1.13) 给出, 则说随机变量是相互独立的.

例 (e) **具有可变概率的伯努利试验.** 考虑 n 次相互独立的试验, 每一次试验都只有两个结果 S 和 F, 第 k 次试验出现 S 的概率为 p_k, 出现 F 的概率为 $q_k = 1 - p_k$. 如果 $p_k = p$, 则这个试验就变为伯努利试验. 最简单的描述它的方法是把 S 和 F 分别赋以值 1 和 0. 因此, 这个模型完全可以用下面的语言来描述: 我们有 n 个相互独立的随机变量 X_k, 其分布为 $P\{X_k = 1\} = p_k, P\{X_k = 0\} = q_k$. 这个试验可以理解为**泊松试验** [见 9.5 节例 (b) 和 11.6 节例 (b)]. ■

显然, 同一个分布可以联系不同的样本空间. 如果我们说随机变量 X 各以 $\frac{1}{2}$ 的概率取值 1 和 0, 则我们就默认了一个由 0 和 1 两点构成的样本空间. 然而, 也可以用以下约定来定义随机变量 X: 把一枚硬币扔 10 次, 若第 10 次出现正面, 则 X 取 0; 出现反面, 则取 1. 这时 X 就定义在由所有的序列 (HHT$\cdots$) 构成的样本空间上, 这个样本空间有 2^{10} 个样本点.

原则上,我们能够把概率论限制在由随机变量的概率分布确定的样本空间上. 这样做就避免涉及抽象的样本空间, 也避免涉及 "试验" 和 "实验的结果" 等术语. 把概率论简化为随机变量的理论使得分析知识立刻可以派上用场, 而且也简化了理论的诸多方面. 然而, 它也有美中不足之处, 那就是使得概率背景晦涩不明. 随机变量的概念仍然容易含糊地被当作 "某些以不同的概率取不同的值的东西", 但是随机变量本身是通常的函数, 而函数这个概念并不是概率论特有的.

(f) 令 X 是一个随机变量, 可能的取值为 $x_1, x_2, \cdots$, 对应的概率为 $f(x_1)$, $f(x_2), \cdots$. 为了帮助读者想象, 可以构造一个概念性的实验来导出 X. 例如把轮盘赌的轮盘分成弧 $l_1, l_2, \cdots$, 其长度比为 $f(x_1) : f(x_2) : \cdots$. 如果轮盘赌在弧 l_j 中的某一点停下来, 则我们可假想某一个赌徒获得一笔 (正的或者负的) 款项 x_j. 于是 X 就是那个赌徒所获的利益. 在 n 次试验中所获之利益假定为 n 个具有共同分布 $\{f(x_j)\}$ 的相互独立的随机变量. 如让每一个组合 (x_j, y_k) 都有一段弧与之对应, 且这时想象两个赌徒各获利 x_j 和 y_k, 便得到具有给定的联合分布 $p(x_j, y_k)$ 的两个随机变量. ■

若 $X, Y, Z, \cdots$ 是定义在同一个样本空间上的随机变量, 则任一函数 $F(X, Y, Z, \cdots)$ 仍然是一个随机变量. 其分布可以从 $X, Y, Z, \cdots$ 的联合分布得出, 即简单地把 $F(X, Y, Z, \cdots)$ 取同一值时的所有的组合 $(X, Y, Z, \cdots)$ 的概率加起来.

(g) 在表 9.2 给出例子中, 和 $X_1 + X_2$ 是一个随机变量, 其可能的取值为 $0, 1, 2, 3$, 相应的概率为 $\frac{1}{27}, \frac{6}{27}, \frac{12}{27}, \frac{8}{27}$. 积 $X_1 X_2$ 是另一个随机变量, 可能的取值为 $0, 1, 2$, 相应的概率为 $\frac{15}{27}, \frac{6}{27}, \frac{6}{27}$.

(h) 我们再回到例 (c), 并考虑 X_1 和 X_2 的各种函数, 最有趣的情形是和 $S = X_1 + X_2$. 为了得到 $P\{S = \nu\}$, 我们要把 (9.1.9) 中满足 $j + k = \nu$ 的所有 j 和 k 对应的概率加起来, 共有 $\nu + 1$ 对, 而且在此特殊情况, 全部都具有相同的概率 $q^\nu p^2$. 因此, $P\{S = \nu\} = (\nu + 1) q^\nu p^2$. 这是 (6.8.1) 的一个特殊情形.

其次, 考虑 U 是 X_1 和 X_2 中较小的一个, 换言之, 当 $X_2 \geqslant X_1$ 时 $U = X_1$, 当 $X_2 \leqslant X_1$ 时 $U = X_2$. 为了得到 $P\{U = \nu\}$, 我们需对 (9.1.9) 中满足下列条件的所有 (j, k) 对应的概率加起来: $j = \nu$ 且 $k \geqslant \nu$ 或者 $j > \nu$ 且 $k = \nu$. 这使我们得到两个几何级数, 而且对于 $\nu = 0, 1, \cdots$ 有

$$P\{U = \nu\} = \frac{q^{2\nu} p^2}{1 - q} + \frac{q^{2\nu+1} p^2}{1 - q} = q^{2\nu} (1 + q)^p. \tag{9.1.14}$$

通过类似的计算可得

$$P\{X_1 - X_2 = \nu\} = \frac{q^{|\nu|} p}{1 + q}, \qquad \nu = 0, \pm 1, \pm 2, \cdots. \tag{9.1.15}$$

■

关于两两独立的附注. 在 5.3 节例 (e) 中, 我们曾经指出一个有趣的事实, 那就是: 3 个事件两两独立, 但这 3 个事件并不相互独立. 为了陈述有关随机变量的类似的结果, 我们考虑一个最简单的例子. 假定样本空间由 9 个样本点构成, 每个样本点具有概率 $\frac{1}{9}$. 其中 6 个点由 1, 2, 3 的 6 种排列构成, 其余的 3 个点是 $(1,1,1), (2,2,2), (3,3,3)$. 再引入 3 个随机变量 X_1, X_2, X_3 如下: X_k 在任一样本点上的数值就等于此样本点中第 k 个位置所出现的数值. 这些随机变量可能的取值都是 1, 2, 3, 易见它们的分布及联合分布如下

$$P\{X_j = r\} = \tfrac{1}{3}, \qquad P\{X_j = r, X_k = s\} = \tfrac{1}{9}. \tag{9.1.16}$$

[这与 5.3 节例 (e) 的结论只有符号上的差异.] 由此推出这 3 个随机变量是两两独立的. 另一方面, X_3 由 X_1 和 X_2 唯一决定, 所以 X_1, X_2, X_3 并不相互独立.

我们进而定义另外 3 个随机变量 (X_4, X_5, X_6), 其办法类似于 (X_1, X_2, X_3), 但这两组随机变量之间相互独立. 用此办法, 我们定义了 6 个两两独立的满足 (9.1.16) 的随机变量. 如此继续下去, 我们得到随机变量序列 $X_1, X_2, \cdots, X_n, \cdots$, 其中两两独立且满足 (9.1.16), 但它们全体并不相互独立[①]. 在 15.13 节例 (f) 中我们还要回过来讨论这一问题.

9.2　期望值

为了得到合理的简化, 常常需要用一些 "特征值" 来概要地描述概率分布. 2.7 节等待时间问题中的中位数就是一个例子. 再如, 二项分布的中心项也是. 然而, 在这些特征值中, 期望值或者均值是非常重要的一个. 一则对于它易于作分析处理, 二则它有一个好的性质, 即抽样的稳定性, 使得统计学家们喜欢用它. 它的定义来自习惯上的平均概念. 假定在由家庭构成的总体中, 有 k 个小孩的家庭有 n_k 个, 于是家庭的总数为 $n = n_0 + n_1 + n_2 + \cdots$, 小孩的总数为

$$m = n_1 + 2n_2 + 3n_3 + \cdots.$$

故每个家庭的小孩平均数为 m/n. 概率与频率之间的类似性启发我们:

定义 令 X 是一个随机变量, 其可能的取值为 $x_1, x_2, \cdots$, 对应的概率为 $f(x_1), f(x_2), \cdots$, 如果级数

$$E(X) = \sum x_k f(x_k) \tag{9.2.1}$$

绝对收敛, 则定义 (9.2.1) 右边的级数为 X 的期望值或者均值. 这时我们说 X 有有限的期望值. 如果 $\sum |x_k| f(x_k)$ 发散, 则说 X 没有有限的期望值.

把概率直观地想象为重复实验中观察到的频率的极限, 有时是很方便的. 这导致下面的关于期望的直观解释. 把一实验 "在同等条件下" 重复做 n 次, 并令

[①] 使用类似的构造可以得到许多例子, 其中没有 3 个随机变量是相互独立的. 在随机过程中还可以构造许多不同类型的例子. 见参考文献 [44].

$X_1, \cdots, X_n$ 是 X 的实际观察值. 对充分大的 n, 平均数 $(X_1 + \cdots + X_n)/n$ 应接近 $E(X)$. 大数定律给此含糊的直观描述以精确含义.

一般地, 最常用的随机变量都是有有限的期望值的, 否则这个概念就没有实际意义了. 然而, 与物理学中一些重要的重现问题相联系的随机变量就没有有限的期望值. 均值、平均数、数学期望、期望值这些术语都是同义词. 我们有时也说分布的均值来表示随机变量的均值. 在数学和统计学中一般采用符号 $E(X)$ 来表示 X 的期望值, 而在物理学中则通常用 $\overline{X}, \langle X \rangle, \langle X \rangle_{Av}$ 来代替记号 $E(X)$.

我们希望计算例如说 X^2 的期望值. 这个函数是一个新的随机变量, 其可能的取值为 x_k^2. 一般地说 $X^2 = x_k^2$ 的概率不是 $f(x_k)$ 而是 $f(x_k) + f(-x_k)$. 而且定义 $E(X^2)$ 为 $\sum' x_k^2 \{f(x_k) + f(-x_k)\}$, 求和上一撇表示只对 $x_k \geqslant 0$ 求和. 显然

$$E(X^2) = \sum x_k^2 f(x_k), \tag{9.2.2}$$

如果右边的级数收敛的话. 更一般地, 用同样的方法可得出:

定理 1 任一函数 $\phi(x)$ 定义了一个新的随机变量 $\phi(X)$. 如果 $\phi(X)$ 具有有限期望值, 则

$$E(\phi(X)) = \sum \phi(x_k) f(x_k), \tag{9.2.3}$$

这个级数绝对收敛当且仅当 $E(\phi(X))$ 存在. 对任一常数 a, 我们有 $E(aX) = aE(X)$.

如果随机变量 $X_1, \cdots, X_n$ 定义在同一个样本空间上, 则它们的和 $X_1 + \cdots + X_n$ 是一个新的随机变量. 它的可能值与对应的概率可以从 X_ν 的联合分布找出, 从而 $E(X_1 + \cdots + X_n)$ 可以算出. 下面的重要定理提供了一个简便的计算方法.

定理 2 如果 $X_1, X_2, \cdots, X_n$ 都是具有有限期望值的随机变量, 则它们的和的期望值存在, 且和的期望值就等于期望值的和:

$$E(X_1 + \cdots + X_n) = E(X_1) + \cdots + E(X_n). \tag{9.2.4}$$

证 只需对两个随机变量 X 和 Y 的情形来证明 (9.2.4) 就够了. 应用 (9.1.3) 的记号, 我们能够写出

$$E(X) + E(Y) = \sum_{j,k} x_j p(x_j, y_k) + \sum_{j,k} y_k p(x_j, y_k), \tag{9.2.5}$$

这个求和法跑遍 x_j, y_k 的所有可能值 (它们不需要完全不同). 由于 (9.2.5) 中的两个级数绝对收敛, 故其和可重排次序, 从而得到 $\sum_{j,k} (x_j + y_k) p(x_j, y_k)$. 由期望值的定义得知, 这就是 $X + Y$ 的期望值. 于是我们完成了定理的证明. ∎

显然, 对于随机变量的积, 是没有与上述定理对应的一般定理的. 例如 $E(X^2)$ 一般地并不等于 $E(X)^2$. 如果 X 是掷一颗均匀的骰子所得的点数, 则

$$E(X) = 7/2, \quad \text{但 } E(X^2) = (1 + 4 + 9 + 16 + 25 + 36)/6 = 91/6.$$

然而, 对相互独立的随机变量来说简单的乘法规则是成立的.

定理 3 如果 X 和 Y 是具有有限期望的相互独立的随机变量, 则它们的积也是具有有限期望值的随机变量, 且

$$E(XY) = E(X)E(Y). \tag{9.2.6}$$

证 为了计算 $E(XY)$, 我们对每一个 $x_j y_k$ 的可能值乘上对应的概率. 因此

$$E(XY) = \sum_{j,k} x_j y_k f(x_j) g(y_k) = \left[\sum_j x_j f(x_j) \right] \left[\sum_k y_k g(y_k) \right]. \tag{9.2.7}$$

因为上式中的级数绝对收敛, 所以重排次序是允许的. ■

由归纳法可推出: 对任意有限个相互独立的随机变量类似的乘法规则成立.

为了方便起见, 我们给出条件概率分布的数学期望的概念. 如果 X 和 Y 是服从联合分布 (9.1.3) 的两个随机变量, 给定 X 后 Y 的条件期望 $E(Y \mid X)$ 是 X 的函数, 它在 $X = x_j$ 的函数值由

$$\sum_k y_k P\{Y = y_k \mid X = x_j\} = \frac{\sum_k y_k p(x_j, y_k)}{f(x_j)} \tag{9.2.8}$$

定义, 如果级数绝对收敛且对所有 j 有 $f(x_j) > 0$.

条件期望 $E(Y \mid X)$ 是一个新的随机变量. 要计算它的期望, 就需要把 (9.2.8) 乘以 $f(x_j)$ 再对所有 j 求和, 结果是

$$E(E(Y \mid X)) = E(Y). \tag{9.2.9}$$

9.3 例子及应用

(a) **二项分布**. 令 S_n 是 n 次成功概率为 p 的伯努利试验的成功次数. 我们知道 S_n 具有二项分布 $\{b(k; n, p)\}$. 因此 $E(S_n) = \sum k b(k; n, p) = np \sum b(k-1; n-1, p)$, 最后一个级数包含了对应于 $n - 1$ 的二项分布的所有项, 故其和为 1. 因此二项分布的均值为

$$E(S_n) = np. \tag{9.3.1}$$

不需要计算, 采用一种常用的方便方法仍可得出同样的结果. 令 X_k 为第 k 次试验成功的次数, 则这个随机变量只取值 0 和 1, 且对应的概率为 q 和 p. 因此

$$E(X_k) = 0 \cdot q + 1 \cdot p = p,$$

又因

$$S_n = X_1 + X_2 + \cdots + X_n, \tag{9.3.2}$$

故从 (9.2.4) 便可直接得出 (9.3.1).

(b) **泊松分布**. 如果 X 具有泊松分布 $p(k; \lambda) = e^{-\lambda} \lambda^k / k!\, (k = 0, 1, 2, \cdots)$. 则

$$E(X) = \sum k p(k; \lambda) = \lambda \sum p(k - 1; \lambda),$$

最后一个级数包含了泊松分布的所有项, 故其和为 1. 因此泊松分布 $\{e^{-\lambda} \lambda^k / k!\}$ 的均值为 λ.

(c) **负二项分布**. 令 X 为具有几何分布 $P\{X = k\} = q^k p\, (k = 0, 1, 2, \cdots)$ 的随机变量. 于是 $E(X) = qp(1 + 2q + 3q^2 + \cdots)$. 右边是几何级数的导数, 所以 $E(X) = qp(1 - q)^{-2} = q/p$. 在 6.8 节我们曾经看到 X 可以解释为伯努利试验序列中第 1 次成功以前失败的次数. 更一般地, 我们研究过对应于直到第 n 次成功出现为止的伯努利试验的样本空间. 当 $r < n$ 时, 令 $X_1 = X$, X_r 为从第 $r - 1$ 次成功之后到第 r 成功之前的失败次数. 于是每一个 X_ν 都具有几何分布 $\{q^k p\}$ 且 $E(X_\nu) = q/p$. 和

$$Y_r = X_1 + \cdots + X_r$$

是第 r 次成功以前失败的次数. 换句话说, Y_r 是一个随机变量, 它的分布是 (6.8.1) 或等价的 (6.8.2) 定义的负二项分布. 由此推出, 负二项分布的均值为 rq/p. 这也可以用直接的计算来验证. 显然, 从 (6.8.2) 推出

$$kf(k; r, p) = rp^{-1} q f(k - 1; r + 1, p),$$

这个分布 $\{f(k - 1; r + 1, p)\}$ 的诸项之和为 1. 这个直接的计算有一个好处: 它也可以应用到非整数 r 上去. 另一方面, 第一种推导不需要知道 $X_1 + \cdots + X_r$ 的分布的显式表达式就可以得出结果.

(d) **抽样的等待时间**. 从具有 N 个不同元素的总体中, 做有放回的抽样. 由于重叠性, 大小为 r 的随机样本中所包含的不同的元素一般地小于 r 个. 当样本的大小增加时, 进入样本的新元素就会愈来愈稀少. 在这个试验中有一个很有趣的随机变量, 那就是得到 r 个不同元素时的样本大小 S_r. (例如, 考虑 $N = 365$ 个

可能的生日，这里 S_r 就表示：当样本中包含 r 个不同生日的人时，所抽出来的人的数目. 类似的解释可以用到球放入盒中的例子. 赠券或其他玩物的收集者对我们的问题特别感兴趣，如果他得赠券的情况可以比作随机抽样的话[①].）

为了简化语言，我们称一次抽取是成功的，如果其结果使得样本中增加了一个新元素. 令 S_r 是一直抽取到第 r 次成功时所需的抽取次数（含第 r 次成功那一次抽取）. 令 $X_k = S_{k+1} - S_k$. 则 $X_k - 1$ 是从第 k 次成功到第 $k+1$ 次成功之间的失败次数. 在这些抽取中，总体中还有 $N-k$ 个元素未进入样本，因此 $X_k - 1$ 是具有 $p = (N-k)/N$ 的伯努利试验中第 1 次成功前的失败次数. 根据例 (c) 有 $E(X_k) = 1 + q/p = N/(N-k)$. 又因为 $S_r = 1 + X_1 + \cdots + X_{r-1}$，所以

$$E(S_r) = N\left(\frac{1}{N} + \frac{1}{N-1} + \cdots + \frac{1}{N-r+1}\right). \tag{9.3.3}$$

特别地，$E(S_N)$ 是抽完总体中所有不同元素所需的抽取次数的期望. 如果 $N = 10$，则 $E(S_5) \approx 6.5$ 且 $E(S_{10}) \approx 29.3$. 这意味着，我们可以期望大约以 6 次到 7 次的抽取把总体中的一半元素抽出来，而剩下那一半则需要大约 23 次抽取才能抽出来.

为了得到 (9.3.3) 的逼近，把 $(N-k)^{-1}$ 视为以下矩形的面积：底是以 $N-k$ 为中心的单位区间，高为 x^{-1}. 把此面积代之以在 x^{-1} 的图形下的面积，得到

$$E(S_r) \approx N\int_{N-r+\frac{1}{2}}^{N+\frac{1}{2}} x^{-1}\mathrm{d}x = N\ln\frac{N+\frac{1}{2}}{N-r+\frac{1}{2}}. \tag{9.3.4}$$

作为一个应用，任取 $\alpha < 1$，考虑取得以下样本所需抽取次数的期望值：样本中所含的不同元素的数目与总体中不同元素的数目 N 之比为 α. 此期望值为 $E(S_r)$，其中 r 是大于等于 αN 的最小整数. 当 $N \to \infty$ 时，(9.3.4) 中的误差趋于 0，从而所要求的期望值与 $N\ln(1-\alpha)^{-1}$ 之极限相同. 注意：所有这些结果的获得，都不需要它本身的概率分布. [后者可以容易地从 (4.2.3) 的占位问题中导出.]

(e) **一个估计问题**. 一个碗中装有 N 个标有编号从 1 到 N 的球. 令 X 为采用有放回的随机抽样时 n 次抽取中抽出来的最大的号码. 事件 $X \leqslant k$ 意味着抽出来的 n 个号码中每一个都小于等于 k，因此 $P\{X \leqslant k\} = (k/N)^n$. 所以 X 的概率分布由

$$p_k = P\{X = k\} = P\{X \leqslant k\} - P\{X \leqslant k-1\} = [k^n - (k-1)^n]N^{-n} \tag{9.3.5}$$

---

① 见参考文献 [118]，波利亚用不同的方法处理了一个稍为更一般的问题. 讨论优惠券收集问题的文献是很多的. 见 9.9 节习题 24 和习题 25、11.7 节习题 12~14、2.11 节习题 12.

给出. 故有

$$
\begin{aligned}
E(X) &= \sum_{k=1}^{N} k p_k = N^{-n} \sum_{k=1}^{N} \left[k^{n+1} - (k-1)^{n+1} - (k-1)^n \right] \\
&= N^{-n} \left[N^{n+1} - \sum_{k=1}^{N} (k-1)^n \right].
\end{aligned}
\tag{9.3.6}
$$

对于充分大的 N，最后一个和近似地为曲线 $y = x^n$ 下方从 $x = 0$ 到 $x = N$ 的面积. 也就是说，它等于 $N^{n+1}/(n+1)$. 由此推出，对于充分大的 N 有

$$
E(X) \approx \frac{n}{n+1} N.
\tag{9.3.7}
$$

如果一个城镇有 $N = 1000$ 辆汽车. 观察一个 $n = 10$ 的样本，其车牌号（假定随机性）最大值的期望数大约是 910. 应用统计学家利用由样本中观察到的最大值来估计未知的真实数目 N. 在第二次世界大战期间，曾用此法估计敌人的生产（见 9.9 节习题 8 和习题 9）.

(f) **在统计检验中的应用**. 此例[①]说明期望的实际应用可避免概率分布的繁复计算.

某真菌的孢子是由 8 元链产生的. 链可以断裂成几段，一直到这些孢子生成包含 1 到 8 个孢子的衍生物. 有理由假设联结这 8 个孢子的 7 条线是否断裂是相互独立的，而且每条线断裂的概率为 p. 在这些假设下，从理论上看，计算单体（1 元链）、双体（2 元链）等的联合分布是可能的. 但是，这会涉及冗长的计算. 另一方面，由此假设对实验的检验发现，只需知道单体、双体等的期望值就够了，这是容易计算的. 例如，在链的两端的孢子变成单体的概率是 p，而位于链的其他位置的孢子变成单体的概率是 p^2. 因此，由期望值的加法定理可知：一条链断裂后产生的单体的个数的期望值为 $\varepsilon_1 = 2p + 6p^2$. 类似的推理可知：产生的双体的个数的期望值 $\varepsilon_2 = 2qp + 5qp^2$，此处 $q = 1 - p$. 类似地，$\varepsilon_3 = 2q^2 p + 4q^2 p^2, \cdots, \varepsilon_8 = q^7$. 衍生物总数的期望值为 $\varepsilon_1 + \cdots + \varepsilon_8 = 1 + 7p$.（这不需计算就可显然看出，因为断裂的期望值是 $7p$，而每断裂一次就增加一个衍生物.）

从总数为 $N = 907$ 条链中实际观察到 7251 个孢子（其中有 5 个孢子未发现）. 如果我们的概率模型可用，就近似地有：$(1 + 7p)N = 1975$ 或 $p = 0.168$.（这个推理依赖于期望的直观意义，它已被大数定律证实.）衍生物的观察值 f_k 应该接近于期望值 $N\varepsilon_k$. 如表 9.3 所示，不相符的情况没有出现，因此没有理由否定我们的模型. ∎

---

① 取自考克斯 1961 年在伦敦大学伯克贝克学院的受职演说，见参考文献 [70].

表 9.3　例 (f) 中大小为 k 的衍生物的观察值 f_k 和期望值 $N\varepsilon_k$

k	f_k	$N\varepsilon_k$	k	f_k	$N\varepsilon_k$
1	490	458.3	5	200	170.6
2	343	360.8	6	134	131.7
3	265	281.8	7	72	101.1
4	199	219.7	8	272	250.3

9.4　方差

令 X 是分布为 $\{f(x_j)\}$ 的随机变量，r 是非负整数. 如果随机变量 X^r 的期望值即

$$E(X^r) = \sum x_j^r f(x_j) \tag{9.4.1}$$

存在，则称它为 X 的 r 阶矩. 如果级数 (9.4.1) 不绝对收敛，则说 X 的 r 阶矩不存在. 因为 $|X|^{r-1} \leqslant |X|^r + 1$，故 r 阶矩存在时 $r-1$ 阶矩也存在，从而前面的各阶矩都存在.

在一般理论中，矩有重要的意义，然而在现在这一卷里，我们仅仅用到 2 阶矩. 如果 2 阶矩存在，均值

$$\mu = E(X) \tag{9.4.2}$$

当然也存在. 于是，我们很自然地引入随机变量与其均值之差 $X - \mu$ 来代替随机变量 X. 因为 $(x - \mu)^2 \leqslant 2(x^2 + \mu^2)$，故 $E(X^2)$ 存在时 $X - \mu$ 的 2 阶矩也存在. 它由下式给出

$$E\left((X - \mu)^2\right) = \sum_j \left(x_j^2 - 2\mu x_j + \mu^2\right) f(x_j). \tag{9.4.3}$$

把右边分为三个单独的和，我们发现它等于 $E(X^2) - 2\mu E(X) + \mu^2 = E(X^2) - \mu^2$.

定义　设 X 为具有 2 阶矩 $E(X^2)$ 的随机变量，令 $\mu = E(X)$ 为其均值. 定义数

$$\mathrm{Var}(X) = E\left((X - \mu)^2\right) = E(X^2) - \mu^2 \tag{9.4.4}$$

为 X 的方差. 其正的平方根（或者 0）称为 X 的标准差.

为简单记，我们常常说一个分布的方差，而不提及随机变量. "离差"是现在通常采用的术语"方差"的同义词.

例　(a) 若 X 各以 $\frac{1}{2}$ 的概率取值 $\pm c$，则 $\mathrm{Var}(X) = c^2$.

(b) 若 X 为均匀的骰子的点数，则 $\mathrm{Var}(X) = \frac{1}{6}(1^2 + 2^2 + \cdots + 6^2) - \left(\frac{7}{2}\right)^2 = \frac{35}{12}$.

(c) 对于**泊松分布** $p(k; \lambda)$，均值为 λ [见 9.3 节例 (b)]，因此方差为 $\sum k^2 p(k; \lambda) - \lambda^2 = \lambda \sum k p(k-1; \lambda) - \lambda^2 = \lambda \sum (k-1) p(k-1; \lambda) + \lambda \sum p(k-1; \lambda) - \lambda^2 = \lambda^2 + \lambda - \lambda^2 = \lambda$. 在这个例子中，均值与方差相等.

(d) 对于**二项分布** [见 9.3 节例 (a)]，经过类似的计算得出方差为

$$\sum k^2 b(k; n, p) - (np)^2 = np \sum k b(k-1; n-1, p) - (np)^2$$
$$= np[(n-1)p + 1] - (np)^2 = npq. \qquad \blacksquare$$

方差这一概念的用处是会逐渐地显现出来的，特别是与第 10 章的极限定理联系起来的时候. 在这里我们会看到：方差是*松散度*的粗略度量. 事实上，如果 $\mathrm{Var}(X) = \sum (x_j - \mu)^2 f(x_j)$ 较小，则和中每一项都较小，从而对应于使得 $|x_j - \mu|$ 较大的 x_j 的概率 $f(x_j)$ 较小. 换言之，方差较小时，X 与 μ 的大偏差是不概然的. 反过来，方差较大时，则 X 的可能值不会完全落在其均值附近.

读者们可以用下面的力学解释来帮助了解. 假定一个单位的质量分布在 x 轴上，使得在点 x_j 集中了质量 $f(x_j)$，于是均值 μ 就是**重心的横坐标**，方差就是**转动惯量**. 显然，不同的质量分布可以有相同的重心和相同的转动惯量，然而众所周知，很多重要的力学性质可以用这两个量来描述.

如果 X 代表一个可测量的量，例如长度或者温度，则其数值依赖于原点及测量单位. 而原点与单位的改变就意味着把 X 变换到一个新变量 $aX + b$，此处 a 和 b 都是常数. 显然，$\mathrm{Var}(X + b) = \mathrm{Var}(X)$，因而

$$\mathrm{Var}(aX + b) = a^2 \mathrm{Var}(X). \qquad (9.4.5)$$

原点及测量单位的选取有很大的任意性，不过通常选取均值为原点、标准差为测量单位是较方便的. 在 7.3 节中已经这样做了，当时引入了正则化成功次数 $S_n^* = (S_n - np)/\sqrt{npq}$. 一般地，如果 X 有均值 μ 和方差 σ^2，则 $X - \mu$ 有均值 0 和方差 σ^2，因此随机变量

$$X^* = (X - \mu)/\sigma, \qquad \sigma > 0 \qquad (9.4.6)$$

有均值 0 和方差 1，称为 X 的正则化随机变量. 在物理学家的语言中，从 X 变换到 X^* 解释为引入无量纲量.

9.5 协方差、和的方差

设 X 和 Y 是同一样本空间中的两个随机变量，则 $X + Y$ 和 XY 仍然是随机变量. 它们的分布可以从 X 和 Y 的联合分布经过一些简单的运算得出. 现在

的目的是计算 $\mathrm{Var}(X+Y)$，为此引入协方差的概念，将在 9.8 节进行详细分析. 如果 X 和 Y 的联合分布为 $\{p(x_j, y_k)\}$，则 XY 的期望值由

$$E(XY) = \sum x_j y_k p(x_j, y_k) \tag{9.5.1}$$

给出. 当然，假定右边的级数绝对收敛. 由于 $|x_j y_k| \leqslant (x_j^2 + y_k^2)/2$，因此当 $E(X^2)$ 和 $E(Y^2)$ 存在时，$E(XY)$ 也存在. 这时，期望值

$$\mu_x = E(X), \qquad \mu_y = E(Y) \tag{9.5.2}$$

当然也存在，且 $X - \mu_x$ 和 $Y - \mu_y$ 的均值都是 0. 至于它们的积，由 9.2 节的加法规则，有

$$\begin{aligned} E((X - \mu_x)(Y - \mu_y)) &= E(XY) - \mu_x E(Y) - \mu_y E(X) + \mu_x \mu_y \\ &= E(XY) - \mu_x \mu_y. \end{aligned} \tag{9.5.3}$$

定义　X 和 Y 的协方差定义为

$$\mathrm{Cov}(X, Y) = E((X - \mu_x)(Y - \mu_y)) = E(XY) - \mu_x \mu_y. \tag{9.5.4}$$

当 X 和 Y 有有限的方差时，这个定义是有意义的.

从 9.2 节知道，对相互独立的随机变量来说，有 $E(XY) = E(X)E(Y)$，因此由 (9.5.4) 有

定理 1　如果 X 和 Y 相互独立，则 $\mathrm{Cov}(X, Y) = 0$.

注意其逆不真. 例如，查看表 9.1 便知，那两个随机变量是不独立的，但是它们的协方差为 0. 在 9.8 节我们还要回过来讨论这一点. 下面的定理是很重要的，对独立的随机变量来说，加法规则 (9.5.6) 仍然成立.

定理 2　如果 $X_1, \cdots, X_n$ 是具有有限方差 $\sigma_1^2, \cdots, \sigma_n^2$ 的 n 个随机变量，令 $S_n = X_1 + \cdots + X_n$，则

$$\mathrm{Var}(S_n) = \sum_{k=1}^{n} \sigma_k^2 + 2 \sum_{j,k} \mathrm{Cov}(X_j, X_k), \tag{9.5.5}$$

此处最后一个求和包括 $\binom{n}{2}$ 对满足 $j < k$ 的 (X_j, X_k).

特别地，如果 X_j 相互独立，则给出了加法规则

$$\mathrm{Var}(S_n) = \sigma_1^2 + \sigma_2^2 + \cdots + \sigma_n^2. \tag{9.5.6}$$

证 令 $\mu_k = E(X_k), m_n = \mu_1 + \cdots + \mu_n = E(S_n)$, 则 $S_n - m_n = \sum(X_k - \mu_k)$ 且

$$(S_n - m_n)^2 = \sum(X_k - \mu_k)^2 + 2\sum(X_j - \mu_j)(X_k - \mu_k). \tag{9.5.7}$$

对 (9.5.7) 两边取期望值, 然后应用加法规则即可得出 (9.5.5). ∎

例 (a) **二项分布 $b(k; n, p)$**. 在 9.3 节例 (a) 中, X_k 是相互独立的. 我们有

$$E(X_k^2) = 0^2 \cdot q + 1^2 \cdot p = p$$

和 $E(X_k) = p$, 因此, $\sigma_k^2 = p - p^2 = pq$. 由 (9.5.6) 可知二项分布的方差是 npq. 在 9.4 节例 (d) 中, 通过直接计算已经得到同样的结果.

(b) **具有可变概率的伯努利试验**. 令 $X_1, X_2, \cdots, X_n$ 是相互独立的随机变量, X_k 分别以概率 p_k 和 $q_k = 1 - p_k$ 取值 1 和 0. 于是 $E(X_k) = p_k$, $\mathrm{Var}(X_k) = p_k - p_k^2 = p_k q_k$. 再令

$$S_n = X_1 + \cdots + X_n,$$

由 (9.5.6) 可得

$$\mathrm{Var}(S_n) = \sum_{k=1}^{n} p_k q_k. \tag{9.5.8}$$

如 9.1 节例 (e) 一样, 随机变量 S_n 可以解释为 n 次独立的试验的成功次数, 其中每一次试验的结果或者成功或者失败. 于是 $p = (p_1 + \cdots + p_n)/n$ 是成功的平均概率, 很自然地, 我们要把现在的情形和具有固定成功概率 p 的伯努利试验比较. 这样的比较可以得出很好的结果. 可以把 (9.5.8) 写为

$$\mathrm{Var}(S_n) = np - \sum p_k^2.$$

其次, 容易看出 (用初等的计算或者简单的归纳法), 在满足 $\sum p_k = np$ 的所有组合 $\{p_k\}$ 中, 当所有 p_k 相等时 $\sum p_k^2$ 达到它的最小值. 由此推出, 如果成功的平均概率 p 固定, 则当 $p_1 = p_2 = \cdots = p_k = p$ 时, $\mathrm{Var}(S_n)$ 达到最大值. 因此, 我们得到了一个很好的结果: p_k 的可变性或者缺少一致性减小了其随机起伏性[①] (用方差来衡量的). 例如, 一个城市中一年的火灾可以考虑为一个随机变量, 对于给定的平均数, 如果每一户发生火灾的概率都一样, 则火灾的变化性达到最大. 给定 n 个机器的某一质量平均值 p, 如果全部机器都一样, 则产品最不一致. (把它应用到近代教育中去是明显的但是没有什么用处.)

(c) **合牌**. 一副有编号的 n 张纸牌随机地排列, 于是 $n!$ 种排列都是等概率的. 相合 (牌在它们自然的位置) 的数目是取值为 $0, 1, \cdots, n$ 的随机变量 S_n, 其概率

---

① 更强的结果见参考文献 [69]. 关于泊松分布的逼近见 11.6 节例 (b).

分布已经在 4.4 节中推导过. 由它的分布可以得出 S_n 的均值与方差. 不过下面的方法较简单而且很有启发性.

定义一个取值为 1 或 0 的随机变量 X_k, 当编号为 k 的牌在第 k 个位置时 X_k 为 1 反之为 0. 于是 $S_n = X_1 + \cdots + X_n$. 每一张牌都以概率 $1/n$ 出现在第 k 个位置. 故 $P\{X_k = 1\} = 1/n$ 且 $P\{X_k = 0\} = (n-1)/n$, 因此 $E(X_k) = 1/n$. 由此可知 $E(S_n) = 1$, 即一副纸牌中相合数目的均值为 1. 为了计算 S_n 的方差, 我们首先计算 X_k 的方差 σ_k^2:

$$\sigma_k^2 = \frac{1}{n} - \left(\frac{1}{n}\right)^2 = \frac{n-1}{n^2}. \tag{9.5.9}$$

其次计算 $E(X_j X_k)$. 积 $X_j X_k$ 或者为 0 或者为 1, 且只有当编号为 j 的牌在第 j 个位置、编号为 k 的牌在第 k 个位置时, $X_j X_k$ 才为 1. 这个事件的概率为 $1/n(n-1)$. 因此

$$
\begin{aligned}
E(X_j X_k) &= \frac{1}{n(n-1)}, \\
\mathrm{Cov}(X_j, X_k) &= \frac{1}{n(n-1)} - \frac{1}{n^2} = \frac{1}{n^2(n-1)}.
\end{aligned}
\tag{9.5.10}
$$

因此最后有

$$\mathrm{Var}(S_n) = n\frac{n-1}{n^2} + 2\binom{n}{2}\frac{1}{n^2(n-1)} = 1. \tag{9.5.11}$$

从上面我们看到了相合数目的均值与方差都等于 1. 这个结果可以应用到 4.4 节中讨论的**牌的猜测问题**上去. 那里考虑三种猜测的方法, 其中之一就对应于合牌. 第二种可描述为概率 $p = 1/n$ 的 n 次伯努利试验序列. 在这种情形下, 猜对的期望数为 $np = 1$, 方差为 $npq = (n-1)/n$. 上述两种情形中期望数都是一样的. 但是第一种方法具有较大的方差, 这就表示围绕着均值有较大的偶然起伏, 从而游戏可能较为紧张些. (对于较复杂的纸牌来说这两种方差之间的差别稍为大一点, 但并不怎么大.) 对最后一个猜测模型来说, 猜的人保持猜测同一张牌, 猜对次数永远是 1, 而偶然性的起伏完全消失 (方差为 0). 我们看到, 猜测的策略不会影响猜对的期望数. 但是它对偶然性的起伏的大小却有一些影响.

(d) **无放回的抽样**. 假定总体由 b 个黑元素和 g 个绿元素组成, 而且假定抽取大小为 r 的随机样本 (不重复). 样本中黑元素的个数 S_r 是具有超几何分布 (见 2.6 节) 的随机变量. 均值和方差可以由直接计算而得, 但是下面的方法是较好的. 定义一个只取值 1 或 0 的随机变量 X_k, 对于 $k \leqslant r$, 当样本中第 k 个元

素是黑元素时 X_k 为 1 否则为 0. 由于对称性, $X_k = 1$ 的概率为 $b/(b+g)$, 从而

$$E(X_k) = \frac{b}{b+g}, \qquad \mathrm{Var}(X_k) = \frac{bg}{(b+g)^2}. \qquad (9.5.12)$$

其次, 如果 $j \neq k$, 则当样本中第 j 个和第 k 个元素都是黑色的时 $X_j X_k = 1$ 否则 $X_j X_k = 0$. 于是 $X_j X_k = 1$ 的概率为 $b(b-1)/(b+g)(b+g-1)$. 因此

$$E(X_j X_k) = \frac{b(b-1)}{(b+g)(b+g-1)},$$
$$\mathrm{Cov}(X_j, X_k) = \frac{-bg}{(b+g)^2(b+g-1)}. \qquad (9.5.13)$$

所以

$$E(S_r) = \frac{rb}{b+g}, \qquad \mathrm{Var}(S_r) = \frac{rbg}{(b+g)^2}\left(1 - \frac{r-1}{b+g-1}\right). \qquad (9.5.14)$$

在有放回的抽样中, 我们有同样的均值, 但方差稍为大一点, 为 $rbg/(b+g)^2$. ■

9.6 切比雪夫[①]不等式

曾经指出过, 小的方差表示与均值的大偏差是不概然的. 这一事实由切比雪夫不等式而变得更精确了. 这个不等式是一个很有用而且很方便的工具. 它预先假定 2 阶矩存在.

定理 对任何 $t > 0$ 有

$$P\{|X| \geqslant t\} \leqslant t^{-2} E\left(X^2\right). \qquad (9.6.1)$$

特别地, 若 $E(X) = \mu$ 则

$$P\{|X - \mu| \geqslant t\} \leqslant t^{-2}\mathrm{Var}(X). \qquad (9.6.2)$$

证 第二个不等式可由第一个不等式通过将 X 替换为 $X - \mu$ 得到. 利用 9.4 节记号可得

$$P\{|X| \geqslant t\} = \sum_{|x_j| \geqslant t} f(x_j) \leqslant t^{-2} \sum_{|x_j| \geqslant t} x_j^2 f(x_j), \qquad (9.6.3)$$

最后一个和式小于等于 $E\left(X^2\right)$, 于是 (9.6.1) 得证. ■

---

① P.L. Chebyshev (1821—1894).

把切比雪夫不等式作为一个理论工具比作为估计的实际方法要恰当一些. 其重要性在于它的应用普遍性. 但是不能希望很普遍的命题会对一些个别情况给出深刻的结果.

例 (a) 令 X 为掷一颗均匀的骰子得到的点数，则 $\mu = 7/2, \sigma^2 = 35/12$ [见 9.4 节例 (b)]. X 与 μ 之最大偏差为 $2.5 \approx 3\sigma/2$. $|X - \mu|$ 大于这个偏差的概率为 0, 然而切比雪夫不等式仅仅断定这个概率小于 0.47.

(b) 对二项分布 $\{b(k; n, p)\}$ 来说，我们有 $\mu = np, \sigma^2 = npq$ [见 9.5 节例 (a)]. 对于大的 n 我们知道

$$P\{|S_n - np| > x\sqrt{npq}\} \approx 1 - \mathfrak{N}(x) + \mathfrak{N}(-x). \tag{9.6.4}$$

然而切比雪夫不等式只指出：左边小于 x^{-2}. 显然，这较之 (9.6.4) 来说是一个多么粗糙的估计.

*9.7 柯尔莫哥洛夫不等式

作为更精湛的方法的一个例子，我们证明：

设 $X_1, \cdots, X_n$ 是具有期望值 $\mu_k = E(X_k)$ 和方差 σ_k^2 的相互独立的随机变量. 令

$$S_k = X_1 + \cdots + X_k, \tag{9.7.1}$$

$$m_k = E(S_k) = \mu_1 + \cdots + \mu_k, \tag{9.7.2}$$

$$s_k^2 = \mathrm{Var}(S_k) = \sigma_1^2 + \cdots + \sigma_k^2.$$

对每一个 $t > 0$, 下面 n 个不等式

$$|S_k - m_k| < ts_n, \qquad k = 1, 2, \cdots, n \tag{9.7.3}$$

同时成立的概率至少为 $1 - t^{-2}$.

当 $n = 1$ 时，这个定理化为切比雪夫不等式. 对于 $n > 1$ 的情形，切比雪夫不等式只对每个单独的关系 $|S_n - m_n| < ts_n$ 的概率给出一样的界. 故柯尔莫哥洛夫不等式是比较强的.

证 我们要估计不等式 (9.7.3) 中有一个不成立的概率 x. 定理断言 $x \leqslant t^{-2}$. 定义 n 个随机变量 Y_ν 如下. 如果

$$|S_\nu - m_\nu| \geqslant ts_n, \tag{9.7.4}$$

$$|S_k - m_k| < ts_n, \qquad k = 1, 2, \cdots, \nu - 1, \tag{9.7.5}$$

则 $Y_\nu = 1$, 在所有其他样本点上 $Y_\nu = 0$. 换言之, Y_ν 在那些使得不等式 (9.7.3) 中第 ν 个不等式为**首次**不成立的样本点上为 1. 于是在任一特定的样本点上, 诸 Y_k 中最多只有一个为 1, 从而 $Y_1 + Y_2 + \cdots + Y_n$ 只能取值 0 或者 1, 当且仅当 (9.7.3) 中的不等式至少有一个不成立时它才为 1. 因此

$$x = P\{Y_1 + \cdots + Y_n = 1\}. \tag{9.7.6}$$

因为 $Y_1 + \cdots + Y_n$ 为 0 或 1, 所以 $\sum Y_k \leqslant 1$. 两边乘以 $(S_n - m_n)^2$ 以后再取期望值, 得到

$$\sum_{k=1}^{n} E\left(Y_k(S_n - m_n)^2\right) \leqslant s_n^2. \tag{9.7.7}$$

为了计算左边每一项的值, 令

$$U_k = (S_n - m_n) - (S_k - m_k) = \sum_{\nu=k+1}^{n} (X_\nu - \mu_\nu). \tag{9.7.8}$$

于是

$$E\left(Y_k(S_n - m_n)^2\right) = E\left(Y_k(S_k - m_k)^2\right) + 2E\left(Y_k U_k(S_k - m_k)\right) + E\left(Y_k U_k^2\right). \tag{9.7.9}$$

然而 U_k 只依赖于 $X_{k+1}, \cdots, X_n$, 而 Y_k 和 S_k 只依赖于 $X_1, \cdots, X_k$. 故 U_k 与 $Y_k(S_k - m_k)$ 相互独立. 因而 $E(Y_k U_k(S_k - m_k)) = E(Y_k(S_k - m_k))E(U_k) = 0$ [因为 $E(U_k) = 0$]. 故由 (9.7.9) 推出

$$E\left(Y_k(S_n - m_n)^2\right) \geqslant E\left(Y_k(S_k - m_k)^2\right). \tag{9.7.10}$$

但是只有当 $|S_k - m_k| \geqslant t s_n$ 时 $Y_k \neq 0$. 因此 $Y_k(S_k - m_k)^2 \geqslant t^2 s_n^2 Y_k$. 从而综合 (9.7.7) 和 (9.7.10) 得出

$$s_n^2 \geqslant t^2 s_n^2 E(Y_1 + \cdots + Y_n). \tag{9.7.11}$$

因为 $Y_1 + \cdots + Y_n$ 为 0 或 1, 故右边的那一个期望值等于 (9.7.6) 中定义的概率 x. 因此 $xt^2 \leqslant 1$. 这就完成了证明. ∎

*9.8 相关系数

令 X, Y 为任意两个具有均值 μ_x, μ_y 和正的方差 σ_x^2, σ_y^2 的随机变量. 引入如 (9.4.6) 中定义的对应的正则化随机变量 X^*, Y^*. X^*, Y^* 的协方差称为 X, Y 的

相关系数, 以符号 $\rho(X, Y)$ 表示. 利用 (9.5.4), 得到

$$\rho(X, Y) = \text{Cov}(X^*, Y^*) = \frac{\text{Cov}(X, Y)}{\sigma_x \sigma_y}. \tag{9.8.1}$$

显然, 相关系数不依赖于原点和测量单位, 也就是说, 对于任意常数 $a_1, a_2, b_1,$ b_2 (其中 $a_1 > 0, a_2 > 0$) 都有 $\rho(a_1 X + b_1, a_2 Y + b_2) = \rho(X, Y)$.

使用相关系数, 无非是给协方差的书写来一个花样罢了[①]. 但相关系数并没有 "相关" 这个词儿所暗示的含义. 从 9.5 节可知, 当 X, Y 相互独立时, $\rho(X, Y) = 0$. 但是应该知道, 其逆命题是不成立的. 事实上, 甚至当 Y 是 X 的函数时相关系数 $\rho(X, Y)$ 也可能为 0.

例 (a) 令 X 各以 $\frac{1}{4}$ 的概率取值 $\pm 1, \pm 2$, 且令 $Y = X^2$. 联合分布为 $p(-1, 1) =$ $p(1, 1) = p(2, 4) = p(-2, 4) = \frac{1}{4}$. 虽然 Y 对 X 有直接的函数依赖性, 可是由于对称性的缘故仍然有 $\rho(X, Y) = 0$.

(b) 令 U, V 为相互独立的具有共同分布的随机变量, 且令 $X = U + V, Y =$ $U - V$. 于是 $E(XY) = E(U^2) - E(V^2), E(Y) = 0$, 故 $\text{Cov}(X, Y) = 0$, 从而 $\rho(X, Y) = 0$. 例如 X, Y 可以分别为两颗骰子的点数之和与差, 则 X, Y 或者同时为奇数或者同时为偶数, 所以 X, Y 不是相互独立的.

由此推出, 相关系数并不是表示 X 和 Y 之间的依赖性的一般度量. 然而 $\rho(X, Y)$ 与 X 和 Y 的线性依赖性是有关的.

定理 我们总有 $|\rho(X, Y)| \leqslant 1$. 此外, 仅当存在常数 a 和 b 使得 $Y = aX + b$ 恒成立, 或稍弱一点, 除去 X 的一个零概率集此式成立时, 有 $\rho(X, Y) = \pm 1$.

证 令 X^*, Y^* 为正则化随机变量, 则

$$\text{Var}(X^* \pm Y^*) = \text{Var}(X^*) \pm 2\text{Cov}(X^*, Y^*) + \text{Var}(Y^*) = 2(1 \pm \rho(X, Y)). \tag{9.8.2}$$

左边不可能为负, 所以 $|\rho(X, Y)| \leqslant 1$. 若 $\rho(X, Y) = 1$, 则必有 $\text{Var}(X^* - Y^*) = 0$, 这意味着差 $X^* - Y^*$ 只能取一个值. 这就是说 $X^* - Y^* =$ 常数. 故 $Y = aX +$ 常数, 此处 $a = \sigma_y / \sigma_x$. 用同样的推理可以证明 $\rho(X, Y) = -1$ 的情形. ■

9.9　习题

1. 7 个球随机地分布在 7 个盒中. 令 X_i 为恰好包含 i 个球的盒数. 应用 2.5 节中列出的概率, 写出 (X_2, X_3) 的联合分布.

2. 掷两颗均匀的骰子. 令 X 为第一颗骰子的点数, Y 为两颗骰子中较大的点数. (a) 写出 (X, Y) 的联合分布. (b) 求均值、方差、协方差.

[①] 物理学家把相关系数定义作 "无量纲的协方差".

3. 把一枚硬币扔 5 次，令 X, Y, Z 分别为正面出现的次数、正面连贯的个数和最长的正面连贯的长度. 把 32 个样本点和对应的 X, Y, Z 值一起列一个表，且用简单计算导出 $(X, Y), (X, Z), (Y, Z)$ 之联合分布及 $X + Y, XY$ 之分布. 求这些随机变量之均值、方差、协方差.

4. 设随机变量 X, Y, Z 相互独立且具有共同的几何分布 $\{q^k p\}$. 求 (a) $P\{X = Y\}$, (b) $P\{X \geqslant 2Y\}$, (c) $P\{X + Y \leqslant Z\}$.

5. **续上题.** 令 U 为 X 和 Y 中较小者, $V = X - Y$. 证明 U 和 V 相互独立①.

6. 令 X_1 和 X_2 是分别具有泊松分布 $\{p(k; \lambda_1)\}$ 和 $\{p(k; \lambda_2)\}$ 的相互独立的随机变量.

   (a) 证明 $X_1 + X_2$ 具有泊松分布 $\{p(k; \lambda_1 + \lambda_2)\}$.

   (b) 证明：在给定 $X_1 + X_2$ 的条件下, X_1 的条件分布是二项分布, 即

$$P\{X_1 = k \mid X_1 + X_2 = n\} = b\left(k; n, \frac{\lambda_1}{\lambda_1 + \lambda_2}\right). \tag{9.9.1}$$

7. 令 X_1 和 X_2 相互独立且具有共同的几何分布 $\{q^k p\}$ (见习题 4). 不计算直接证明：在给定 $X_1 + X_2$ 的条件下, X_1 的条件分布是均匀分布, 即

$$P\{X_1 = k \mid X_1 + X_2 = n\} = \frac{1}{n+1}, \qquad k = 0, 1, \cdots, n. \tag{9.9.2}$$

8. 令 $X_1, \cdots, X_n$ 为相互独立的随机变量, 对于 $k = 1, 2, \cdots, N$, 每一个都具有均匀分布 $P\{X_i = k\} = 1/N$. 令 U_n 和 V_n 分别 $X_1, \cdots, X_n$ 中最小者和最大者. 求 U_n 和 V_n 的分布. 它和 9.3 节例 (e) **估计问题**的联系是什么?

9. **9.3 节例 (e) 估计问题的继续.**

   (a) 求最大和最小观察值的联合分布. 特别是 $n = 2$. (提示：先计算 $P\{X \leqslant r, Y \geqslant s\}$.)

   (b) 求在条件 $X = r$ 下最初两个观察值为 j 和 k 的条件概率.

   (c) 求 $E(X^2)$, 从而找出当 $N \to \infty$ 时 $\mathrm{Var}(X)$ 的一个渐近表达式 (n 固定).

10. **模拟均匀硬币.** 给定出现正面的概率为 α 的不均匀硬币. 模拟均匀硬币如下：扔此不均匀硬币两次, 把出现 HT 或 TH 视为出现正面或反面. 如果此两事件都未出现, 则一直扔下去直到出现为止. (a) 证明此模型导出具有 $p = \frac{1}{2}$ 的伯努利试验列. (b) 求出现 HT 或 TH 所需的扔硬币次数的分布与期望.

11. **6.8 节例 (a) 的巴拿赫火柴盒问题.** 证明分布 $\{u_r\}$ 的期望为 $\mu = (2N + 1)u_0 - 1$. 用斯特林公式证明它近似地为 $2\sqrt{N/\pi} - 1$. (当 $N = 50$ 时期望大约为 7.04.)

    提示：从等式

$$(N - r)u_r = \frac{1}{2}(2N + 1)u_{r+1} - \frac{1}{2}(r + 1)u_{r+1}.$$

    开始, 运用事实② $\sum u_r = 1$.

12. **抽样验收.** 假定一批产品的良品率为 p, 而每一件被抽出来受检验的概率为 p'. 因此, 我们可以把全部产品分成四类, 即"合格而且进行过检验""合格但是没有进行过检验"等等. 对应的概率分别为 $pp', pq', p'q, qq'$, 其中 $q = 1 - p, q' = 1 - p'$. 因此我们得到一串

---

① 几何分布是取整数值的概率分布中唯一一个具有上述性质的分布. 见参考文献 [46].

② 这个事实并不明显, 它可以对 N 用归纳法进行验证.

双重伯努利试验 [见 6.9 节例 (c)]. 令 N 为发现第一件废品以前通过检验台的产品的件数（可以是真正检验过的，也可能是没有检验过的），K 为其中没有被发现（没有检验）的废品的件数. 求出 N 和 K 的联合分布及边缘分布.

13. **续上题**. 求 $E\left(\frac{K}{N+1}\right)$ 和 $\mathrm{Cov}(K, N)$. [在实际工业生产中，被发现的废品要用合格产品去代替，因此，$K/(N+1)$ 是其中废品的比例，它测量了这一批产品的质量. 注意：$E\left(\frac{K}{N+1}\right)$ 与 $E(K)/E(N+1)$ 不一样.]

14. 在一串伯努利试验序列中，令 X 为从第一次试验开始的（成功或失败的）连贯的长度. (a) 求 X 的分布和 $E(X), \mathrm{Var}(X)$. (b) 令 Y 为第二个连贯的长度，求 Y 的分布和 $E(Y), \mathrm{Var}(Y)$ 以及 X, Y 的联合分布.

15. 令 X, Y 有公共的负二项分布，求条件概率 $P\{X = j \,|\, X + Y = k\}$，并证明: (2.12.16) 现在不用计算而显然可得 [①].

16. 如果 X, Y 这两个随机变量中的每一个都只取两个值，且 $\mathrm{Cov}(X, Y) = 0$，则 X 和 Y 是相互独立的.

───────────

17. **生日**. 对拥有 n 个人的人群，求一年中恰有 k 个人出生的那些天数的期望值.（一年取 365 天，而且一切排列都是等概率的. ）

18. **续上题**. 求重复生日的天数的期望值. 问 n 为多大时才能使这个期望值超过 1.

19. 有一个人想开门. 他共有 n 把钥匙，可以这样设想，他用它们去试开门时所抽取的钥匙是相互独立的而且是随机的. 求出试验次数的均值与方差. (a) 如果以前选出来的开不开门的钥匙不除去. (b) 与 (a) 相反.（假定只有一把钥匙能打开这扇门. 精确分布在 2.7 节中给出，但现在这个问题并不要求精确分布. ）

20. 令 (X, Y) 为随机变量，其分布为 (9.1.8) 给出的多项分布. 求 $E(X), \mathrm{Var}(X), \mathrm{Cov}(X, Y)$. (a) 直接计算. (b) 把 X 和 Y 都视为 n 个随机变量之和，并应用 9.5 节的方法.

21. 把一颗骰子掷 n 次，求幺点出现的次数和 6 点出现的次数的协方差.

22. 在 6.10 节习题 24 的关于野兽陷阱的问题中，证明在第 ν 次才陷入陷阱的野兽的个数的期望值为 $nqp^{\nu-1}$.

23. 如果 X 具有几何分布 $P\{X = k\} = q^k p$（其中 $k = 0, 1, \cdots$），证明 $\mathrm{Var}(X) = qp^{-2}$. 当 r 为正整数时，推出负二项分布 $\{f(k; r, p)\}$ 具有方差 rqp^{-2}. 通过直接计算证明上述事实对所有 $r > 0$ 都成立.

24. 在 9.3 节例 (d) 的**等待时间问题**中，证明

$$\mathrm{Var}(S_r) = N\left[\frac{1}{(N-1)^2} + \frac{2}{(N-2)^2} + \cdots + \frac{r-1}{(N-r+1)^2}\right].$$

因此 $N^{-2}E(S_N) \sim \sum k^{-2}$（附带指出: 此级数之值为 $\pi^2/6$）. 提示: 应用习题 23 中得到的几何分布的方差.

25. **续上题**. 令 Y_r 为要求样本中包含 r 个指定的元素 [不同于 9.3 节例 (d) 中的任意 r 个不同的元素] 所需的抽取次数. 求 $E(Y_r)$ 和 $\mathrm{Var}(Y_r)$.（注意: Y_r 的分布在 2.11 节习题 12 中曾求出，不过现在这个问题并不要求用其分布. ）

───────────

① 这个推理可以推广到二元以上. 见参考文献 [143].

26. 验血问题. [①]相当大的数目的 N 个人都去验血. 这可以用两种办法去进行. (i) 每一个人都分别地去验. 这时,要求试验 N 次. (ii) 把从 k 个人中抽出来的血混在一起进行分析. 如果试验结果是**阴性**的,这 k 个人只需一次试验. 如果试验结果是**阳性**的,那么必须对这 k 个人再逐个地分别试验. 这时对这 k 个人就需要做 $k+1$ 次试验了.

假定对所有的人来说,试验结果是阳性的概率都是 p,而且这些结果都是统计独立的.

(a) 从 k 个人中抽出来的混合样本的试验是阳性的概率是多少?

(b) 在方案 (ii) 下,需要进行的试验的次数 X 的期望值是多少?

(c) 为了使得方案 (ii) 需要进行的试验的次数 X 的期望值最小,k 究竟应该怎样?(不必对 k 进行数值的计算.)

(d) 证明此 k 值近似于 $1/\sqrt{p}$,因此试验的最小期望值约为 $2N\sqrt{p}$.(此附注来自 M.S. 拉夫.)

27. 样本结构. 由 r 类元素构成的总体,其中各类的元素的个数之比为 $p_1 : p_2 : \cdots : p_r$. 有放回地从这个总体中抽取一个大小为 n 的随机样本. 求不包含在样本中的那些类的数量的期望值.

28. 令 X 为 r_1 个 α 和 r_2 个 β 的随机排列中 α 连贯的个数. 在 2.11 节习题 23 给出了 X 的分布. 求 $E(X)$ 和 $\mathrm{Var}(X)$.

29. 在**波利亚罐子模型**中 [5.2 节例 (c)],当第 n 次试验的结果是黑时 X_n 为 1,结果是红时 X_n 为 0. 对于 $m \neq n$,证明 $\rho(X_n, X_m) = c/(b + r + c)$.

30. 续上题. 令 S_n 是前 n 次抽取中黑球的总数(即 $S_n = X_1 + \cdots + X_n$). 求 $E(S_n)$ 和 $\mathrm{Var}(S_n)$. 证明这个结果可通过运用 5.8 节习题 22 的递推公式得到. 提示:利用 5.8 节习题 19 和习题 20.

31. 分层抽样. 一个城市有 n 个区,其中住有 x_j 个居民的区共有 n_j 个($n_1 + n_2 + \cdots = n$). 令 $m = \sum n_j x_j / n$ 为每一区居民的平均数,且令 $a^2 = \sum(n_j x_j^2 / n) - m^2$. 随机地无放回地选取 r 个区,然后把样本中每一区的居民的数目调查出来. 令 $X_1, \cdots, X_r$ 分别为这 r 个区的居民数. 证明

$$E(X_1 + \cdots + X_r) = mr, \qquad \mathrm{Var}(X_1 + \cdots + X_r) = \frac{a^2 r(n-r)}{n-1}.$$

(注意:有放回的抽样的方差较大,其方差为 $a^2 r$.)

32. 随机链的长度. [②]在 xy 平面上,有一个由 n 条线段所构成的链(每一线段长一个单位). 相邻两线段之间的夹角各以 $1/2$ 的概率取值 $\pm\alpha$,其中 α 是正常数. 又假定各夹角是相互独立的. 从链的起点到终点的距离 L_n 是一个随机变量. 我们要证明

$$E(L_n^2) = n \frac{1 + \cos\alpha}{1 - \cos\alpha} - 2\cos^n\alpha \frac{1 - \cos^n\alpha}{(1 - \cos\alpha)^2}. \tag{9.9.3}$$

不失一般性,假设第 1 条线段落在正 x 轴的方向,第 k 条线段和正 x 轴的夹角为一随机变量 S_{k-1},其中 $S_0 = 0, S_k = S_{k-1} + X_k \alpha$,且 X_k 是以 $1/2$ 的概率取值 ± 1 的相互

[①] 这个问题的来源是在第二次世界大战中由道夫曼发展出来的一种新技术. 在军队中实行方案 (ii) 能节省 80%. 见参考文献 [128]、[139]、[47].

[②] 这是化学中长聚合物分子长度问题的二维类比. 这道习题说明了不可表示为简单变量之和的随机变量.

独立的随机变量. 第 k 条线段在两个坐标轴上的投影分别为 $\cos S_{k-1}$ 和 $\sin S_{k-1}$. 所以对 $n \geqslant 1$ 有

$$L_n^2 = \left(\sum_{k=0}^{n-1} \cos S_k\right)^2 + \left(\sum_{k=0}^{n-1} \sin S_k\right)^2. \tag{9.9.4}$$

对 $m < n$ 用归纳法依次证明

$$E(\cos S_n) = \cos^n \alpha, \qquad E(\sin S_n) = 0, \tag{9.9.5}$$

$$E((\cos S_m) \cdot (\cos S_n)) = \cos^{n-m} \alpha \cdot E(\cos^2 S_m), \tag{9.9.6}$$

$$E((\sin S_m) \cdot (\sin S_n)) = \cos^{n-m} \alpha \cdot E(\sin^2 S_m), \tag{9.9.7}$$

$$E(L_n^2) - E(L_{n-1}^2) = 1 + 2\cos\alpha \cdot \frac{1 - \cos^{n-1}\alpha}{1 - \cos\alpha}. \tag{9.9.8}$$

（$L_0 = 0$）从而最后得出 (9.9.3).

─────────────────

33. 给定整数 r, 一串伯努利试验序列一直继续到出现 r 次成功为止. 令 X 为需要的试验次数. 求[①]$E(r/X)$.（定义导出一个无穷级数, 但它有有限的表达式.）

34. 在把 r 个球放入 n 个盒的随机排列中, 恰巧发现 m 个盒是空的概率满足递推公式 (2.11.8). 令 m_r 为空盒的个数的数学期望值. 从递推公式证明

$$m_{r+1} = (1 - n^{-1})m_r, \qquad 并且推出 \qquad m_r = n\left(1 - \frac{1}{n}\right)^r.$$

35. 令 S_n 为 n 次伯努利试验的成功次数. 证明

$$E(|S_n - np|) = 2\nu q b(\nu; n, p),$$

其中 ν 为满足 $np < \nu \leqslant np + 1$ 的整数.

提示：左边 $= \sum_{k=0}^{\nu-1}(np - k)\binom{n}{k}p^k q^{n-k}$. 再利用 (6.10.7).

36. 令 $\{X_k\}$ 为具有共同分布的相互独立的随机变量序列. 假定 X_k 取正值且 $E(X_k) = a$ 和 $E(X_k^{-1}) = b$ 存在. 令 $S_n = X_1 + \cdots + X_n$. 证明 $E(S_n^{-1})$ 是有限的, 且对于 $k = 1, 2, \cdots, n$ 有 $E(X_k S_n^{-1}) = n^{-1}$.

37. 续上题. [②]证明

$$E\left(\frac{S_m}{S_n}\right) = \frac{m}{n}, \qquad\qquad\qquad 如果 m \leqslant n,$$

$$E\left(\frac{S_m}{S_n}\right) = 1 + (m - n)aE(S_n^{-1}), \qquad 如果 m \geqslant n.$$

─────────────────

[①] 这个例子说明随意停止与不随意停止的区别. 如果试验的次数 n 固定, 则成功数 N 与试验次数 n 之比是一个随机变量, 其期望值为 p. 然而, 在我们的例子中, 当成功次数 r 固定, 而所需之试验次数 X 依赖于偶然性时, r 与 X 之比的期望值就不一定是 p 了. 例如, 当 $p = 1/2$ 时, 对 $r = 2$ 我们有 $E(2/X) = 0.614$ 而不是 0.5, 对 $r = 3$ 我们有 $E(3/X) = 0.579$.

[②] 习题 37 可由习题 36 推出的意见是由钟开莱提出的.

38. 令 $X_1, \cdots, X_n$ 为具有共同分布的相互独立的随机变量, 令其均值为 m 方差为 σ^2. 令 $\overline{X} = (X_1 + \cdots + X_n)/n$. 证明[①]

$$\frac{1}{n-1} E\left(\sum_{k=1}^{n} \left(X_k - \overline{X}\right)^2\right) = \sigma^2.$$

39. 令 $X_1, \cdots, X_n$ 是相互独立的随机变量. 对于 $k < n$, 令 U 为 $X_1, \cdots, X_k$ 的函数, V 为 $X_{k+1}, \cdots, X_n$ 的函数. 证明 U, V 是相互独立的随机变量.

---

40. 切比雪夫不等式的推广. 对于 $x > 0$ 令 $\phi(x)$ 是单调上升的正函数, 并且假定存在 $E(\phi(|X|)) = M$. 证明

$$P\{|X| \geqslant t\} \leqslant \frac{M}{\phi(t)}.$$

41. 施瓦兹不等式. 对于具有有限方差的任何两个随机变量 X 和 Y 来说都有 $E^2(XY) \leqslant E\left(X^2\right) E\left(Y^2\right)$. 由二次多项式 $E\left((tX + Y)^2\right)$ 非负这一事实证明上述不等式.

---

① 这可解释为: $\sum (X_k - \overline{X})^2/(n-1)$ 是 σ^2 之无偏估计量.

第 10 章 大数定律

10.1 同分布的随机变量列

在第 7 章和第 8 章中得到的有关伯努利试验的极限定理是一般的极限定理的特殊情况, 后者不可能在本卷中讨论. 但是, 为了揭示随机变量的期望的新特征, 我们在此处还是略为讨论一下大数定律的一些个例.

当考虑 n 次伯努利试验的成功次数 S_n 依赖于这 n 次试验时, 就较清楚地看出伯努利试验与随机变量理论之间的关系. 对于每次试验 (例如第 n 次), S_n 较 S_{n-1} 增加 1 或 0, 故可把 S_n 写成

$$S_n = X_1 + \cdots + X_n, \tag{10.1.1}$$

其中当第 k 次试验成功时 X_k 为 1 否则为 0. 所以, S_n 是 n 个相互独立的随机变量之和, 其中每一个随机变量分别以概率 p 和 $q = 1 - p$ 取值 1 和 0. 对形如 (10.1.1) 的和, 可以直接推广到 X_k ($k = 1, \cdots, n$) 是具有公共分布的相互独立的随机变量列的场合. 6.4 节的 (弱) 大数定律说: 当 n 很大时, 平均数 S_n/n 倾向于接近 p. 这是下述定理的特例.

大数定律 设 $\{X_k\}$ 是相互独立且具有公共分布的随机变量序列. 如果其期望 $\mu = E(X_k)$ 存在, 则对每个 $\varepsilon > 0$, 当 $n \to \infty$ 总有

$$P\left\{\left|\frac{X_1 + \cdots + X_n}{n} - \mu\right| > \varepsilon\right\} \to 0, \tag{10.1.2}$$

即: 平均数 S_n/n 与期望 μ 的差小于任意给定的 ε 的概率趋于 1.

最先对上述一般情景证明此定理的是辛钦[①]. 该证明加了方差 $\mathrm{Var}(X_k)$ 有限这个不必要的条件[②]. 而在方差有限这个条件下, 我们有下述更精确的结果. 它是伯努利试验的棣莫弗–拉普拉斯极限定理的推广.

中心极限定理 设 $\{X_k\}$ 是相互独立且具有公共分布的随机变量序列. 假定 $\mu = E(X_k)$ 和 $\sigma^2 = \mathrm{Var}(X_k)$ 都存在, 并令 $S_n = X_1 + \cdots + X_n$, 则对每个固定的 β 均有

$$P\left\{\frac{S_n - n\mu}{\sigma\sqrt{n}} < \beta\right\} \to \mathfrak{N}(\beta), \tag{10.1.3}$$

---

① 见参考文献 [81]. 读者还应注意 6.4 节末尾提醒的大数定律与伯努利试验的关系.
② 马尔可夫证明: 对某个 $a > 0$ 有 $E\left(|X_k|^{1+a}\right)$ 存在就够了.

此处 $\mathfrak{N}(x)$ 是 7.1 节中引入的正态分布函数. 此定理是林德伯格[93] 证明的. 此前, 李雅普诺夫和其他作者在更强的条件下证明过此结果. 必须理解此定理只不过是更一般的定理的特例. 这些更一般的定理表述和证明, 我们在第 2 卷中才讨论. 注意此处 (10.1.3) 结论比 (10.1.2) 强. 这是因为 (10.1.3) 给出了偏差 $|n^{-1}S_n - \mu|$ 大于 $\sigma/\sqrt{n}$ 的概率的估计值. 另一方面也须注意: 大数定律 (10.1.2) 并不要求 X_k 具有有限方差, 从这种意义上讲, 它比中心极限定理更一般. 正因为这样, 我们将给出大数定律的独立证明. 不过, 还是先举几个例子来说明这两个极限定理.

例 (a) 在独立抛掷一颗对称的骰子的试验序列中, 令 X_k 是第 k 次掷出的点数. 则

$$E(X_k) = (1 + 2 + 3 + 4 + 5 + 6)/6 = 3.5$$

且 $\mathrm{Var}(X_k) = (1^2 + 2^2 + 3^2 + 4^2 + 5^2 + 6^2)/6 - 3.5^2 = \frac{35}{12}$. 大数定律的结论是: 当 n 很大时, 平均点数 S_n/n 倾向于接近 3.5, 但中心极限定理的结论是:

$$P\left\{|S_n - 3.5n| < \alpha\sqrt{35n/12}\right\} \approx \mathfrak{N}(\alpha) - \mathfrak{N}(-\alpha). \tag{10.1.4}$$

当 $n = 1000, \alpha = 1$ 时, $P\{3450 < S_n < 3550\} \approx 0.68$. 当 $\alpha = 0.6744\ldots$ 时, (10.1.4) 的右边等于 $\frac{1}{2}$. 所以, 粗略地说, S_n 落在区间 3500 ± 36 以外和以内是等可能的.

(b) **抽样**. 设一社区有 N 个家庭, 其中恰有 k 个小孩的家庭有 $N + k$ 个 ($k = 0, 1, \cdots, \sum N_k = N$). 随机选取一个家庭, 其小孩的个数是一个随机变量, 它取值 ν 的概率是 $p_\nu = N_\nu/N$. 一个有放回抽样的大小为 n 的样本, 就是 n 个相互独立的随机变量, 或 "观察值" $X_1, \cdots, X_n$, 它们具有相同的分布. S_n/n 是**样本均值**. 大数定律告诉我们: 对充分大的随机样本而言, 样本均值很接近 $\mu = \sum \nu p_\nu = \sum \nu N_\nu/N$, 这是总体的均值. 中心极限定理使我们能够估计偏差可能的大小, 并能决定可靠的估计所需的样本的大小. 在实际中, μ 和 σ^2 都是未知的, 但是, 通常易于获得 σ^2 的初步的估计, 且总能使估计较安全. 如果我们希望以不小于 0.99 的概率使得样本均值 S_n/n 与未知的总体均值 μ 之间的差异小于 $\frac{1}{10}$, 那么, 样本的大小 n 必须满足

$$P\left\{\left|\frac{S_n - n\mu}{n}\right| < \frac{1}{10}\right\} \geqslant 0.99. \tag{10.1.5}$$

方程 $\mathfrak{N}(x) - \mathfrak{N}(-x) = 0.99$ 的根是 $x = 2.57\ldots$, 因此 n 必须满足 $\sqrt{n}/10\sigma \geqslant 2.57$, 即 $n \geqslant 660\sigma^2$. 因此, 样本的大小大致可从 σ^2 的审慎的估计来导出. 类似的情况经常发生. 基于对大数定律的信赖, 实验者才把 n 次测量值的平均当作未知的理

论的期望值的估计. 这种估计的可靠性, 只能用 σ^2 来判断, 而对 σ^2 的估计通常是粗略的.

(c) **泊松分布**. 在 7.5 节中曾发现: 当 λ 很大时, 泊松分布 $\{p(k;\lambda)\}$ 可以用正态分布来逼近. 实际上, 这是中心极限定理的一个直接推论. 假定 X_k 具有泊松分布 $\{p(k;\gamma)\}$, 则 S_n 具有均值和方差都是 $n\gamma$ 的泊松分布 $\{p(k;n\gamma)\}$. 把 $n\gamma$ 写作 λ, 当 $n \to \infty$ 有

$$\sum_{k < \lambda + \beta\sqrt{\lambda}} \mathrm{e}^{-\lambda}\lambda^k/k! \to \mathfrak{N}(\beta), \tag{10.1.6}$$

此处的求和是对小于 $\lambda + \beta\sqrt{\lambda}$ 的所有 k 进行的. 显然, λ 按任意方式趋于 ∞ (10.1.6) 都成立. 这是一个有广泛意义的定理, 它在发散级数求和的理论中也有应用, 也可用于估计 (10.1.6) 左右两边的差异. ∎

关于期望不存在的随机变量的附注

如果期望 μ 不存在, 则大数定律和中心极限定理都没有意义, 但是, 它们可用更一般的定理来替代, 这些定理仍然可以提供一些信息. 在近代理论中, 无期望 (期望不存在) 的随机变量扮演着重要的角色, 物理中的等待时间和再现时间就是这种类型. 甚至在简单的扔硬币游戏中都会出现这种情况.

假定——抛掷 n 枚硬币. 设 X_k 为第 k 枚硬币掷出累积的正面数与累积的反面数第一次相等时的等待时间. 则 $\{X_k\}$ 是相互独立且具有同分布的随机变量: $P\{X_k = 2r\} = f_{2r}$, 其中概率分布由 (3.3.7) 定义. 和 $S_n = X_1 + \cdots + X_n$ 的分布与第 n 次 "累积的正面次数等于累积的反面次数" 出现时的等待时间的分布相同. 3.7 节定理 4 求出了 S_n 的分布, 并且还证明了

$$P\{S_n < n^2 x\} \to 2\left[1 - \mathfrak{N}\left(1/\sqrt{x}\right)\right]. \tag{10.1.7}$$

此处, 我们得到了一个与中心极限定理有相同的特征的极限定理, 但此处有极限分布的随机变量是 S_n/n^2 而不是 S_n/n. 用物理学家的语言来说, X_k 代表同一个物理量的独立测量值, 定理断言: 平均值

$$(X_1 + \cdots + X_n)/n$$

随 n 的增加而概率地线性增加. 此反常的结果不能作病态情况而除去, 因为此处的 X_k 就是许多物理过程和经济过程中的典型的等待时间. 极限定理 (10.1.7) 也是许多无期望的随机变量的近代极限定理的典型. [①]

---

① 类似的无期望的随机变量的大数定律, 见 10.4 节和 10.8 节习题 13. 第 3 章曾详细讨论过 (10.1.7) 的一些令人惊奇的推论.

*10.2 大数定律的证明

不失一般性可设 $\mu = E(X_k) = 0$, 否则, 代 X_k 以 $X_k - \mu$, 这只不过是改变一下记号而已. 对 $\sigma^2 = \mathrm{Var}(X_k)$ 存在的特殊情形, 由切比雪夫不等式 (9.6.2) 有

$$P\{|S_n| > t\} \leqslant \frac{n\sigma^2}{t^2}. \tag{10.2.1}$$

取 $t = \varepsilon n$, 则上式右边当 $n \to \infty$ 时趋于 0. (10.1.2) 得证.

对二阶矩不存在的情形, 证明较难. 此时, 可用**截尾法**而化为前述情形. 此法在证明各种极限定理时是一种标准方法. 令 δ 为即将要定义的正常数. 对每个 n, 定义一对随机变量如下:

$$\begin{array}{llll} U_k = X_k, & V_k = 0, & \text{如果 } |X_k| \leqslant \delta n, \\ U_k = 0, & V_k = X_k, & \text{如果 } |X_k| > \delta n. \end{array} \tag{10.2.2}$$

此处 $k = 1, \cdots, n$. 记住 U_k 和 V_k 对 n 的依赖性. 由此定义有

$$X_k = U_k + V_k, \tag{10.2.3}$$

为证大数定律, 只需证明任给 $\varepsilon > 0$, 可取常数 δ 使得当 $n \to \infty$ 时有

$$P\{|U_1 + \cdots + U_n| > \tfrac{1}{2}\varepsilon n\} \to 0, \tag{10.2.4}$$

$$P\{|V_1 + \cdots + V_n| > \tfrac{1}{2}\varepsilon n\} \to 0. \tag{10.2.5}$$

令 X_j 可能取的值为 $x_1, x_2, \cdots$, 对应的概率为 $f(x_j)$. 令 $a = E(|X_j|)$, 即

$$a = \sum_j |x_j| f(x_j). \tag{10.2.6}$$

随机变量 U_1 上界是 δn, 因此显然有

$$E(U_1^2) < a\delta n. \tag{10.2.7}$$

又因为 $U_1, \cdots, U_n$ 相互独立且具有同分布 (以后简称独立同分布), 所以

$$\mathrm{Var}(U_1 + \cdots + U_n) = n\mathrm{Var}(U_1) \leqslant nE(U_1^2) \leqslant a\delta n^2. \tag{10.2.8}$$

另一方面, 由 U_1 的特殊定义, 当 $n \to \infty$ 时

$$E(U_1) \to E(X_1) = 0. \tag{10.2.9}$$

由此推出：当 n 充分大时

$$E\left((U_1 + \cdots + U_n)^2\right) \leqslant 2a\delta n^2. \tag{10.2.10}$$

由于

$$P\left\{|U_1 + \cdots + U_n| > \tfrac{1}{2}\varepsilon n\right\} \geqslant \frac{8a\delta}{\varepsilon^2}, \tag{10.2.11}$$

所以 (10.2.4) 为切比雪夫不等式 (9.6.1) 的直接变形．取 δ 充分小使得上式右边达到我们所需要的那样小．所以 (10.2.4) 成立．

至于 (10.2.5)，注意到由基本不等式 (1.7.6) 有

$$P\{V_1 + \cdots + V_n \neq 0\} \leqslant nP\{V_1 \neq 0\}. \tag{10.2.12}$$

对任意的 $\delta > 0$ 有

$$P\{V_1 \neq 0\} = P\{|X_1| > \delta n\} = \sum_{|x_j| > \delta n} f(x_j) \leqslant \frac{1}{\delta n} \sum_{|x_j| > \delta n} |x_j| f(x_j). \tag{10.2.13}$$

而上式右边的级数当 $n \to \infty$ 时趋于 0，因此 (10.2.12) 左边当 $n \to \infty$ 时也趋于 0．此结论比 (10.2.5) 还强．定理得证．∎

10.3　"公平" 博弈论

为了进一步分析大数定律的含义，我们将使用人们久已习惯的赌博中的术语，但此讨论可以用到许多有意义的问题中去，而且两条基本假设在统计和物理中较之在赌场中更有实际意义．第一，我们假定赌徒的**赌本无穷**，因而不论输掉多少，赌博仍能不休止地进行下去．如无此假设，则要考虑赌徒的"**破产（输光）**"问题．概率论的研究者早就对此问题很感兴趣．在沃尔德的序贯分析中，在本书第 14 章的随机过程的理论中，此问题都极具重要性．第二，我们假定赌徒无权随意终止赌博．试验的次数 n 必须事先固定而不依赖于赌博的进程．（实际上，一个拥有无穷赌本的赌徒，能够等得到一个幸运的连贯并在有利的时刻退出赌博．他感兴趣的不是指定的时刻的不确定的状态，而是发生在长连贯中的最大的起伏．处理此类问题，与其用大数定律不如用重对数律更为有效．有关内容见 8.5 节．）

设某赌徒参加同一种方式的赌博，X_k（可正可负）是他第 k 次试验中获得的赢利．则和 $S_n = X_1 + \cdots + X_n$ 是他在 n 次独立试验中获得的累积赢利．设赌徒在每次试验中均需付入场费 μ'（不一定是正的），则 $n\mu'$ 是累积入场费，而 $S_n - n\mu'$ 则表示净累积赢利．当 $\mu = E(X_k)$ 存在时可以应用大数定律．粗略地说，对于充分大的 n，差 $S_n - n\mu$ 多半要比 n 小得多．因此，若入场费 μ' 比 μ

小，则当 n 很大时，该赌徒大约有其阶为 $n(\mu - \mu')$ 的正的赢利. 同理，若入场费 $\mu' > \mu$，该赌徒实际上最终会输. 简言之，$\mu' < \mu$ 对赌徒有利，而 $\mu' > \mu$ 对赌徒不利.

注意：上述讨论并未涉及 $\mu' = \mu$ 的情况. 对此情况，唯一可能的结论是：对充分大的 n，累积赢利或损失 $S_n - n\mu$ 相对于 n 来说要小的概率非常大，但并没有说 $S_n - n\mu$ 多半为正还是多半为负. 也就是没有说此赌博究竟是有利还是不利. 在古典理论中，称 $\mu' = \mu$ 为"公平"价格，称满足 $\mu' = \mu$ 的博弈为"公平"博弈. 此名称并不妥当，且由它造成了许多错觉. 必须了解：一个"公平"博弈，可能对博弈一方有利也可能不利. ∎

在赌博游戏和其他简单场合，随机变量 X_k 的二阶矩是存在的，"公平"性的概念可以验证，但是，当方差是无穷大时，"公平博弈"变得毫无意义. 没有理由相信：净累积赢利 $S_n - n\mu'$ 会围绕着 0 起伏. 事实上，有这样的"公平"博弈的例子[39]，博弈一直净输的概率趋于 1. 大数定律断言：此净输的大小的阶大约比 n 的阶小. 然而，其他结论就没有了. 假设 a_n 是任意一个满足 $a_n/n \to 0$ 的序列，可以构造一个"公平"博弈，在第 n 次试验其净累积输款超过 a_n 的概率趋于 1. 10.8 节习题 15 中包含了一个例子，在那个例子中，博弈者事实上必输无疑而且其输款超过 $n/\ln n$. 此博弈是"公平"的而且入场费是 1. 很难想象，一个博弈者，其输款实际上稳定上升时，他还会认为博弈是公平的.

如果把这种现象作为病态的或没有现实重要性的个例而排除之，那就错了. 把期望不存在的随机变量排除掉，已经在应用中造成了很大的危害，因为这类随机变量即使在最简单的随机过程中，都扮演着必不可少的角色. 例如，在第 3 章讨论的简单的随机徘徊（或扔硬币游戏）就作为物理学和经济学中许多随机过程的原型. 如第 3 章中所证明的，对此类随机徘徊，其等待与初过的期望就不存在，因此，关于随机起伏的课题中就有病态和与直观不符的现象. 这类错误的直观，与许多近代概率论的应用中受下列两种错误观念的强烈影响是一样的：一是传统的不当理解大数定律，二是关于所谓"平均律"的似是而非的解释. 在古典理论中，数学分析不可避免地掺杂着经验主义与形而上学的考虑，而且某些东西坚持用各种极限定理来处理[①]，这也变成了一种传统.

现在，让我们回到"正常"的情形：不仅 $E(X_k)$ 存在，而且 $\mathrm{Var}(X_k)$ 也存在. 在这种情况下，大数定律是中心极限定理的一个附属推论. 中心极限定理告诉我们：对"公平"博弈而言，长连贯的纯赢利 $S_n - n\mu$ 的大小的阶与 $\sqrt{n}$ 差不

---

① 近代概率论的研究者，或许会对下述趋势大感惊奇：1934 年以后，专家们用纯分析的术语来表达概率论中的基本极限定理.

多，而对充分大的 n，此纯赢利是正的和负的差额大致相等. 因此，当应用中心极限定理时，"公平"被证实了，但是，即使在这种场合，我们还是用强调"长连贯"一词的方法来用极限定理处理它.

为了直观起见，考虑一台"吃角子的老虎机". 赌徒每赌一次要付出 $\mu' = 1$ 元的入场费，但也有 10^{-6} 的概率赢得 $10^6 - 1$ 元. 此处，我们有一个伯努利试验，而且是"公平"的博弈. 在 1 000 000 次试验中，赌徒付出的仅仅是这 1 000 000 次的入场费，而他可能博得 $0, 1, 2, \cdots$ 次"红彩". 由二项分布的泊松逼近可知：具有好几位小数的精确度，他博得 k 次"红彩"的概率为 $e^{-1}/k!$. 因此，赌徒有 0.368 的概率输掉 1 000 000 元；有同样的概率略赢一点点；有 0.184 的概率恰赢 1 000 000 元，等等. 此处，10^6 次试验等价于一个赌博中的一次单独的试验，其赢利服从泊松分布. 这种赌博在实际中是可行的，例如，像 4.4 节中所描述的，两副很多的牌的相合的问题. 没有人相信，在三四次相合之后，大数定律具有实际的可操作性. 同样的道理，除非进行了数百万次赌博，把大数定律应用到"吃角子的老虎机"中去也是没有意义的. 目前，火灾、车祸和其他类似的保险，都属于这种类型. 赔偿费非常大，但相应的概率非常小. 此外，投保者每年只涉及一次试验，所以试验次数 n 不可能变得很大. 对他而言，博弈必然是"不公平"的，然而通常在经济上有好处. 大数定律与他毫无关系. 而对保险公司来说，它却要进行很多次交易. 由于方差很大，随机起伏是必然的. 保险费必须定得恰当，以使每一年的巨额赔偿费能抵消掉. 保险公司关心的，与其说是大数定律不如说是"破产"问题.

*10.4   彼得堡博弈

在古典理论中，期望这一概念并未从概率的定义中明显地分离出来，也没有关于它的数学陈述. 因此，期望为无穷大的随机变量引起了很大的麻烦，甚至近代概率论的研究者，讨论非常近代化的问题时对它都很陌生. 期望为无穷大的随机变量的重要性，我们已经在前一节强调过了，在此，给出一个关于这类随机变量的大数定律的例子是适宜的. 为此，我们引用历史上著名的所谓彼得堡悖论. [①]

彼得堡博弈的一次单个试验是指：扔一枚均匀的硬币直到出现正面为止. 如果此事件发生在第 r 次抛掷，赌徒获得 2^r 元收益. 换言之，处理一列相互独立的随机变量，其可能取的值为 $2^1, 2^2, 2^3, \cdots$，相应的概率为 $2^{-1}, 2^{-2}, 2^{-3}, \cdots$. 它们的期望形式上定义为 $\sum x_r f(x_r)$，其中 $x_r = 2^r, f(x_r) = 2^{-r}$，所以此级数中每一

[①] 此悖论丹尼尔·伯努利（Daniel Bernoulli, 1700—1782）曾经讨论过，注意，伯努利试验是以雅各布·伯努利（Jacob Bernoulli 或 James Bernoulli, 1654—1705）命名的.

项都是 1. 所以其赢利没有有限的期望, 从而不能应用大数定律. 现在我们修改
博弈规则如下: 如果扔到第 N 次还不能做决定 (即前 N 次都出现反面), 那么
赌徒什么也得不到. 新规则显然对赌徒较为不利. 但在新的规则下, 赢利的期望
是有限的, 从而可以应用大数定律. 由此推出: 在老的规则下, 即使赌徒在每一
局都付 N 元入场费, 仍然比新规则更为有利于赌徒. 这对任意一个 N 都对, 但
是, N 愈大, 他获得正的收入所需之时间愈长, 因此, 说 "有利" 的博弈是没有
意义的. 古典理论断言: 入场费 $\mu' = \infty$ 是 "公平" 的入场费, 但近代的研究者
很难理解这个 "悖论" 的含混的讨论.

适当确定入场费, 使彼得堡博弈具有古典意义下的 "公平" 博弈的一切性质
是完全可能的, 只是这时入场费不能定为常数, 而依赖试验的次数. 在赌场中,
入场费是不能改的, 由于本金总是有限, 彼得堡博弈也是不可能的. 在期望 $\mu =
E(X_k) > 0$ 且有限的场合, 如果当 n 很大时, 累积赢利 S_n 与累积入场费 $e_n = n\mu'$
之比大约为 1 (即 $S_n - e_n$ 的大小的阶大致比 $e_n = n\mu'$ 的阶更小), 则称此博弈
是 "公平" 的. 如果 $E(X_k)$ 不存在, 则我们不能令 $e_n = n\mu'$ 而必须用其他的方
法来定义 e_n. 如果对每个 $\varepsilon > 0$ 有

$$P\left\{\left|\frac{S_n}{e_n} - 1\right| > \varepsilon\right\} \to 0, \tag{10.4.1}$$

则称累积入场费为 e_n 的博弈在古典意义下是 "公平" 的. 这与大数定律完全类
似, 此处 $e_n = n\mu'$. 后者被物理学家的解释为 n 次独立测量的平均值界于 μ 附
近. 在上例中 n 次试验的平均值界于 e_n/n 附近. 当极限定理 (10.4.1) 成立时, 它
在数学上和实际应用中的意义, 与大数定律无异.

现在证明[①], 如果取 $e_n = n \operatorname{lb} n$, 此处 $\operatorname{lb} n$ 是以 2 为底的对数, 即 $2^{\operatorname{lb} n} = n$,
则彼得堡博弈成为古典意义下的 "公平" 博弈.

证 用 10.2 节中曾用过的截尾法. 对于 $k = 1, 2, \cdots, n$, 定义随机变量 U_k 和
V_k 如下:

$$\begin{aligned} U_k &= X_k, \quad V_k = 0, \quad \text{如果 } X_k \leqslant n \operatorname{lb} n, \\ U_k &= 0, \quad V_k = X_k, \quad \text{如果 } X_k > n \operatorname{lb} n. \end{aligned} \tag{10.4.2}$$

则

$$P\left\{\left|e_n^{-1} S_n - 1\right| > \varepsilon\right\} \leqslant P\left\{\left|U_1 + \cdots + U_n - e_n\right| > \varepsilon e_n\right\} + P\left\{V_1 + \cdots + V_n \neq 0\right\}, \tag{10.4.3}$$

---

① 这是广义大数定律的一个特殊情形, 用此定理很容易推出 (10.4.1) 成立的充分必要条件, 见参考文献 [33].

这是因为，除非右边的事件至少有一个发生，左边的事件不会发生. 又因为

$$P\{V_1 + \cdots + V_n \neq 0\} \leqslant nP\{X_1 > n\,\mathrm{lb}\,n\} \leqslant \frac{2}{\mathrm{lb}\,n} \to 0, \tag{10.4.4}$$

所以，为了证明 (10.4.3)，只需证明

$$P\{|U_1 + \cdots + U_n - n\,\mathrm{lb}\,n| > \varepsilon n\,\mathrm{lb}\,n\} \to 0. \tag{10.4.5}$$

令 $\mu_n = E(U_k), \sigma_n^2 = \mathrm{Var}(U_k)$，虽然这些量依赖于 n，但对 $U_1, U_2, \cdots, U_n$ 来说，却是一样的. 设 r 为满足 $2^r \leqslant n\,\mathrm{lb}\,n$ 的最大整数，则 $\mu_n = r$，从而对充分大的 n 有

$$\mathrm{lb}\,n < \mu_n \leqslant \mathrm{lb}\,n + \mathrm{lb}\,\mathrm{lb}\,n. \tag{10.4.6}$$

类似地，

$$\sigma_n^2 < E\left(U_k^2\right) = 2 + 2^2 + \cdots + 2^r < 2^{r+1} \leqslant 2n\,\mathrm{lb}\,n. \tag{10.4.7}$$

因为和 $U_1 + \cdots + U_n$ 具有均值 $n\mu_n$ 方差 $n\sigma_n^2$，由切比雪夫不等式可得

$$P\{|U_1 + \cdots + U_n - n\mu_n| > \varepsilon n\mu_n\} \leqslant \frac{n\sigma_n^2}{\varepsilon^2 n^2 \mu_n^2} < \frac{2}{\varepsilon^2\,\mathrm{lb}\,n} \to 0. \tag{10.4.8}$$

由 (10.4.6) 有 $\mu_n \sim \mathrm{lb}\,n$，所以 (10.4.8) 等价于 (10.4.5). ∎

10.5　不同分布的情况

到现在为止，我们只考虑同分布的随机变量序列 X_k 的情况. 这种情况对应同一个随机博弈的重复施行. 但是，如果随机博弈在每一步都改变博弈的类型，那么会发生什么情况呢? 这是很有趣的问题. 现在没有必要使用赌博的语言了，统计学家在应用统计检验时就会遇到这类随机变量的分布随情况不同而变化的问题.

为确定起见，设想给定一列（无穷多个）概率分布，对每个 n，总存在 n 个具有给定的分布的相互独立的随机变量 $X_1, \cdots, X_n$. 假定它们的均值与方差都存在，并令

$$\mu_k = E(X_k), \qquad \sigma_k^2 = \mathrm{Var}(X_k). \tag{10.5.1}$$

和 $S_n = X_1 + \cdots + X_n$ 具有均值 m_n 方差 s_n^2 如下

$$m_n = \mu_1 + \cdots + \mu_n, \qquad s_n^2 = \sigma_1^2 + \cdots + \sigma_n^2. \tag{10.5.2}$$

[见 (9.2.4) 和 (9.5.6).] 在相同分布的特殊场合下我们曾有 $m_n = n\mu, s_n^2 = n\sigma^2$.

如果对任何 $\varepsilon > 0$ 都有

$$P\left\{\frac{|S_n - m_n|}{n} > \varepsilon\right\} \to 0, \tag{10.5.3}$$

则称序列 $\{X_k\}$ 服从（弱）大数定律.

如果对任何固定的 $\alpha < \beta$ 都有

$$P\left\{\alpha < \frac{S_n - m_n}{s_n} < \beta\right\} \to \mathfrak{N}(\beta) - \mathfrak{N}(\alpha), \tag{10.5.4}$$

则称序列 $\{X_k\}$ 服从中心极限定理.

概率论的一个突出的特征是：很多随机变量序列 $\{X_k\}$ 都服从大数定律和中心极限定理. 特别地，当 X_k 一致有界时（即存在一个常数 A 使得 $|X_k| < A$ 对一切 k 都成立），则大数定律成立. 更一般地，大数定律成立的充分条件是：

$$\frac{s_n}{n} \to 0. \tag{10.5.5}$$

这是切比雪夫不等式的直接推论，并可用 10.2 节第一段中的方法来证明. 注意：条件 (10.5.5) 并不是必要的. [见 10.8 节习题 14.]

关于中心极限定理，已经得到了各种各样的充分条件，但是这许多充分条件下的中心极限定理，都被林德伯格定理[93]淘汰了. 该定理为：对任何 $\varepsilon > 0$，考虑截尾随机变量 U_k 如下：

$$\begin{aligned} U_k &= X_k - \mu_k, \quad \text{如果 } |X_k - \mu_k| \leqslant \varepsilon s_n, \\ U_k &= 0, \quad\quad\quad\ \text{如果 } |X_k - \mu_k| > \varepsilon s_n. \end{aligned} \tag{10.5.6}$$

如果 $s_n \to \infty$ 且

$$\frac{1}{s_n^2} \sum_{k=1}^{n} E\left(U_k^2\right) \to 1, \tag{10.5.7}$$

则中心极限定理成立.

如果 X_k 是一致有界的，即 $|X_k| < A$，则 $U_k = X_k - \mu_k$ 对满足条件 $s_k > 2A\varepsilon^{-1}$ 的所有 k 成立，从而 (10.5.7) 的左端为 1. 因此，林德伯格定理蕴涵了下述定理：对相互独立的一致有界的随机变量序列 $\{X_k\}$，只要 $s_n \to \infty$，那么中心极限定理成立. 已经证明：林德伯格条件也是 (10.5.4) 成立的必要条件[①]. 证明将在第 2 卷中给出，那里我们还将估计 (10.5.4) 两边之差.

---

① 见参考文献 [32]. 在此文中，还导出了：无期望的随机变量也成立的广义中心极限定理. 注意：我们此处仅考虑独立随机变量. 对于非独立随机变量，林德伯格条件既不必要，也不充分.

当随机变量列 X_k 具有同分布时，我们曾经证明中心极限定理比大数定律强. 对一般情况，这并不对. 我们将要看到：满足中心极限定理的随机变量序列并不服从大数定律的例子.

例 (a) 令 $\lambda > 0$ 为固定的常数，$X_k = \pm k^\lambda$，且取每个值的概率都是 $\frac{1}{2}$（例如，扔一枚硬币，第 k 次的赌注为 k^λ）此时 $\mu_k = 0, \sigma_k^2 = k^{2\lambda}$ 且

$$s_n^2 = 1^{2\lambda} + 2^{2\lambda} + 3^{2\lambda} + \cdots + n^{2\lambda} \sim \frac{n^{2\lambda+1}}{2\lambda+1}. \tag{10.5.8}$$

当 $\lambda < \frac{1}{2}$ 时，条件 (10.5.5) 成立. 因此当 $\lambda < \frac{1}{2}$ 时大数定律成立. 我们将要证明对 $\lambda \geqslant \frac{1}{2}$ 它不成立.

对 $k = 1, 2, \cdots, n$ 有 $|X_k| = k^\lambda \leqslant n^\lambda$，所以，当 $n > (2\lambda+1)\varepsilon^{-2}$ 时，截尾随机变量 U_k 与 X_k 恒等，因此林德柏格条件成立，从而

$$P\left\{\alpha < \sqrt{\frac{2\lambda+1}{n^{2\lambda+1}}}\, S_n < \beta\right\} \to \mathfrak{N}(\beta) - \mathfrak{N}(\alpha). \tag{10.5.9}$$

由此可知 S_n 的大小的阶大约为 $n^{\lambda+\frac{1}{2}}$，故当 $\lambda \geqslant \frac{1}{2}$ 时大数定律不成立. 在此例中，我们看到了中心极限定理对 $\lambda > 0$ 都成立，而大数定律只对 $\lambda < \frac{1}{2}$ 成立.

(b) 考虑两个各扔 1000 次硬币的独立试验序列（或掏空两个各装有 1000 枚硬币的袋子），我们考察两个试验中出现的正面次数的差 D. 将这两个试验序列的各次抛掷依次从 1 到 1000 和 1001 到 2000 加以编号，并定义 2000 个随机变量 X_k 如下：如果第 k 次抛掷出现反面则令 $X_k = 0$，如果出现正面，则当 $k \leqslant 1000$ 时令 $X_k = 1$，当 $k > 1000$ 时令 $X_k = -1$. 则 $D = X_1 + \cdots + X_{2000}$，而且，当 $k \leqslant 1000$ 时 $\mu_k = \frac{1}{2}$；当 $k > 1000$ 时 $\mu_k = -\frac{1}{2}$；而 σ_k^2 恒等于 $\frac{1}{4}$. 所以 $E(D) = 0, \mathrm{Var}(D) = 500$，从而 D 落在范围 $\pm\sqrt{500}\alpha$ 之内的概率大约为 $\mathfrak{N}(\alpha) - \mathfrak{N}(-\alpha)$，且 D 与 "在 2000 次抛掷中正面出现的次数与其期望 1000 的偏差 $S_{2000} - 1000$" 是同一数量级.

(c) 通过下面关于中心极限定理在**遗传理论**中的一个应用，说明中心极限定理应用的广泛性. 在 5.5 节中，我们曾研究过：本质上只依赖一对基因（等位基因）的性状. 其他一些性状（例如身高），可以认为是很多对基因的总效果. 为简单起见，假定对于每对特殊的基因存在三种遗传型：AA, Aa, aa. 设它们对身高的贡献相应为 x_1, x_2, x_3. 一个个体的基因型是一个随机事件，一对特定的基因对身高的贡献则是以一定的概率取值 x_1, x_2, x_3 的随机变量，身高是很多这样的随机变量 $X_1, X_2, \cdots, X_n$ 的总体效果. 由于每个贡献皆微小，我们可以假定身高是和数 $X_1 + \cdots + X_n$，但 X_k 不一定相互独立. 然而，中心极限定理对很大一类非

独立的随机变量序列也是成立的，而且也有一定的理由把许多随机变量序列 X_k 粗略地作为相互独立的来处理. 这些考虑可以进一步精确化，此处仅仅用以说明：利用中心极限定理来解释许多生物统计性状的经验分布与正态分布很接近. 这种理论也可以对遗传性状，例如子女的平均身高对其双亲的身高的依赖性做出预测. 这类生物统计的研究，始于高尔顿与皮尔逊.[1] ■

*10.6　在组合分析中的应用

我们将给出中心极限定理在两个与概率论并无直接联系的例子中的应用. 这两个应用都与 n 个元素 $a_1, a_2, \cdots, a_n$ 的 $n!$ 个排列有关，对每个排列我们都赋以概率 $1/n!$.

(a) 逆序. 在给定的排列中，如果元素 a_k 恰有 r 个下标比它的下标小的元素（即按自然顺序在 a_k 之前的元素）在它之后，称元素 a_k 产生 r 个逆序. 例如在 $(a_3 a_6 a_1 a_5 a_2 a_4)$ 中，元素 a_1 和 a_2 都不产生逆序，a_3 产生 2 个逆序，a_4 不产生逆序，a_5 产生 2 个逆序，a_6 产生 4 个逆序. 在 $(a_6 a_5 a_4 a_3 a_2 a_1)$ 中，元素 a_k 产生 $k-1$ 个逆序，逆序的总数为 15. a_k 产生的逆序数 X_k 是一个随机变量，而 $S_n = X_1 + \cdots + X_n$ 则是逆序的总数. 此处 X_k 取 $0, 1, \cdots, k-1$ 的概率都是 $1/k$. 因此

$$
\begin{aligned}
\mu_k &= \frac{k-1}{2}, \\
\sigma_k^2 &= \frac{1^2 + 2^2 + \cdots + (k-1)^2}{k} - \left(\frac{k-1}{2}\right)^2 = \frac{k^2-1}{12}.
\end{aligned}
\tag{10.6.1}
$$

a_k 产生的逆序数并不依赖于 $a_1, a_2, \cdots, a_{k-1}$ 的相对次序，所以 X_k 是相互独立的. 由 (10.6.1) 有

$$
m_n = \frac{1 + 2 + \cdots + (n-1)}{2} = \frac{n(n-1)}{4} \sim \frac{n^2}{4},
\tag{10.6.2}
$$

$$
s_n^2 = \frac{1}{12} \sum_{k=1}^{n} (k^2 - 1) = \frac{2n^3 + 3n^2 - 5n}{72} \sim \frac{n^3}{36}.
\tag{10.6.3}
$$

当 n 充分大时 $\varepsilon s_n > n \geqslant U_k$，所以林德伯格条件中的随机变量 U_k 恒等于 X_k，从而中心极限定理成立，我们得到下述结论：逆序数落在范围 $\frac{n^2}{4} \pm \frac{\alpha}{6}\sqrt{n^3}$ 之内的排列数渐近地为 $n![\mathfrak{N}(\alpha) - \mathfrak{N}(-\alpha)]$. 特别地，全体排列中约有一半其逆序数落在范围 $\frac{n^2}{4} \pm 0.11\sqrt{n^3}$ 之内.

---

[1] Sir Francis Galton(1822—1911); Karl Pearson (1857—1936).

(b) **循环**. 每个排列均可分裂成若干个循环, 所谓循环是在其内部进行排列的一个元素组. 例如, 在 $(a_3a_6a_1a_5a_2a_4)$ 中, 我们发现 a_1 和 a_3 互换了位置, 剩下的 4 个元素在其内部进行排列, 故此排列包含 2 个循环. 如果一个元素位于其自然位置, 则它构成一个循环, 故按自然顺序的排列 $(a_1, a_2, \cdots, a_n)$ 包含的循环的个数与其元素的个数相同. 另一方面, 形如 $(a_2, a_3, \cdots, a_n, a_1)$ 和 $(a_3, a_4, \cdots, a_n, a_1, a_2)$ 的循环排列, 其循环的个数都是 1. 为了研究循环, 用箭头来指示元素所占据的位置以表示排列. 例如, $1 \to 3 \to 4 \to 1$ 表示: 元素 a_1 占据第 3 个位置, 元素 a_3 占据第 4 个位置, 元素 a_4 占据第 1 个位置. 因此 3 步就完成了这个循环, 这个描述暗示 a_2 在其自然位置, 即第 2 个位置. 按照这种记号, 排列 $(a_4, a_8, a_1, a_3, a_2, a_5, a_7, a_6)$ 应表示为 $1 \to 3 \to 4 \to 1; 2 \to 5 \to 6 \to 8 \to 2; 7 \to 7$. 换句话说, 我们用连续 n 个决定来构造一个排列 $(a_1, \cdots, a_n)$. 首先选择位置 i 由 a_1 来占据, 第二步, 在剩下的位置中任选一个给 a_i, 如此继续往下做. 在第 $1, 2, \cdots, n$ 步各有 $n, n-1, \cdots, 1$ 种选择, 而且它们中恰有一个元素完成一个循环.

在此结构中, 若第 k 步完成一个循环, 则令 $X_k = 1$, 否则令 $X_k = 0$. (在最后一个例子中, $X_3 = X_7 = X_8 = 1$, $X_1 = X_2 = X_4 = X_5 = X_6 = 0$.) 显然, $X_1 = 1$ 当且仅当 a_1 在第 1 个位置. 由构造可知: $P\{X_k = 1\} = \frac{1}{n-k+1}$, $P\{X_k = 0\} = \frac{n-k}{n-k+1}$, 而且 X_k 是相互独立的随机变量列[①]. 它们的均值与方差为

$$\mu_k = \frac{1}{n-k+1}, \qquad \sigma_k^2 = \frac{n-k}{(n-k+1)^2}, \tag{10.6.4}$$

因此

$$m_n = 1 + \tfrac{1}{2} + \tfrac{1}{3} + \cdots + \tfrac{1}{n} \sim \ln n, \tag{10.6.5}$$

$$s_n^2 = \sum_{k=1}^n \frac{n-k}{(n-k+1)^2} \sim \ln n. \tag{10.6.6}$$

$S_n = X_1 + \cdots + X_n$ 是总循环数. 它的均值是 m_n, 循环的个数介于 $\ln n + \alpha\sqrt{\ln n}$ 与 $\ln n + \beta\sqrt{\ln n}$ 之间的排列的个数近似地为 $n![\mathfrak{N}(\beta) - \mathfrak{N}(\alpha)]$. 改进的中心极限定理给出的估计更为精确[②].

[①] 形式上看, X_k 的分布不仅依赖 k 也依赖 n. 只要把 X_k 从 n 降到 1 重新编序, 就会发现其分布仅依赖于其下标. [见 11.2 节例 (e).]

[②] 组合分析中的许多渐近估计是用其他方法导出的, 见参考文献 [57]. 现在的方法较简单, 但应用的范围较小, 见参考文献 [38].

*10.7 强大数定律

（弱）大数定律 (10.5.3) 断言：对每个充分大的 n, 偏差 $|S_n - m_n|$ 大致上比 n 小得多. 对于伯努利试验, 我们曾经指出过（第 8 章）：大数定律不能保证对所有充分大的 n, $|S_n - m_n|/n$ 始终很小. 可能有这种情况：大数定律成立, 但 $|S_n - m_n|/n$ 一直在有限或无穷的范围内摆动. 大数定律仅仅断言：$|S_n - m_n|/n$ 并不经常取很大的值.

我们称序列 $\{X_k\}$ 服从强大数定律, 如果对每个 $\varepsilon > 0$ 和 $\delta > 0$, 都存在一个 N 与之对应, 使得对每个 $r > 0$, 下列 $r+1$ 个不等式成立的概率大于等于 $1 - \delta$:

$$\frac{|S_n - m_n|}{n} < \varepsilon, \qquad n = N, N+1, \cdots, N+r. \tag{10.7.1}$$

(10.7.1) 可以粗略地解释为：对于所有 $n > N$, $|S_n - m_n|/n$ 始终很小[①]的概率非常大.

柯尔莫哥洛夫准则. 级数

$$\sum \sigma_k^2/k^2 \tag{10.7.2}$$

收敛是相互独立的随机变量序列 X_k 服从强大数定律的一个充分条件, 此处 σ_k^2 是 X_k 的方差.

证 令 A_ν 表下述事件：至少存在一个满足 $2^{\nu-1} < n \leqslant 2^\nu$ 的 n 使得不等式 (10.7.1) 不成立. 为证此准则, 只需证明：对于充分大的所有 $\nu (\nu > \ln N)$ 及所有 r 有

$$P\{A_\nu\} + P\{A_{\nu+1}\} + \cdots + P\{A_{\nu+r}\} < \delta,$$

即 $\sum P\{A_\nu\}$ 收敛. 因为事件 A_ν 蕴涵了下述事件：对满足 $2^{\nu-1} < n \leqslant 2^\nu$ 的某个 n 有

$$|S_n - m_n| \geqslant \varepsilon \cdot 2^{\nu-1}. \tag{10.7.3}$$

由 9.7 节的柯尔莫哥洛夫不等式, 有

$$P\{A_\nu\} \leqslant 4\varepsilon^{-2} \cdot s_{2^\nu}^2 \cdot 2^{-2\nu}, \tag{10.7.4}$$

因此

$$\sum_{\nu=1}^\infty P\{A_\nu\} \leqslant 4\varepsilon^{-2} \sum_{\nu=1}^\infty 2^{-2\nu} \sum_{k=1}^{2^\nu} \sigma_k^2 = 4\varepsilon^{-2} \sum_{k=1}^\infty \sigma_k^2 \sum_{2^\nu \geqslant k} 2^{-2\nu} \leqslant 8\varepsilon^{-2} \sum_{k=1}^\infty \frac{\sigma_k^2}{k^2}. \tag{10.7.5}$$

这就证明了该准则. ∎

---

① 在一般理论中, 引入对应于 $\{X_k\}$ 的样本空间后, 强大数定律可解释为：$|S_n - m_n|/n$ 概率为 1 地趋于 0. 用实变函数的语言来说, 强大数定律的论断是几乎处处收敛, 而弱大数定律则等价于依测度收敛.

作为一个典型的应用, 我们来证明以下定理.

定理 如果相互独立的随机变量序列 X_k 具有同分布 $\{f(x_j)\}$, 而且 $\mu = E(X_k)$ 存在, 则 $\{X_k\}$ 服从强大数定律.

此定理显然比 10.1 节中的弱大数定律强. 由于各自的证明方法均具代表性, 我们独立地讨论之. 本定理的逆定理见 10.8 节习题 17 和习题 18.

证 再次应用截尾法, 引进两个新的随机变量序列如下:

$$U_k = X_k, \quad V_k = 0, \qquad \text{如果 } |X_k| < k,$$
$$U_k = 0, \quad V_k = X_k, \qquad \text{如果 } |X_k| \geqslant k. \tag{10.7.6}$$

显然 U_k 相互独立. 下面证明它满足柯尔莫哥洛夫准则. 令 $\sigma_k^2 = \mathrm{Var}(U_k)$ 则

$$\sigma_k^2 \leqslant E\left(U_k^2\right) = \sum_{|x_j| < k} x_j^2 f(x_j). \tag{10.7.7}$$

简记

$$a_\nu = \sum_{\nu-1 \leqslant |x_j| < \nu} |x_j| f(x_j), \tag{10.7.8}$$

则由 $E(X_k)$ 存在可知级数 $\sum a_\nu$ 收敛. 此外由 (10.7.7) 还有

$$\sigma_k^2 \leqslant a_1 + 2a_2 + 3a_3 + \cdots + ka_k, \tag{10.7.9}$$

$$\sum_{k=1}^{\infty} \frac{\sigma_k^2}{k^2} \leqslant \sum_{k=1}^{\infty} \frac{1}{k^2} \sum_{\nu=1}^{k} \nu a_\nu = \sum_{\nu=1}^{\infty} \nu a_\nu \sum_{k=\nu}^{\infty} \frac{1}{k^2} < 2 \sum_{\nu=1}^{\infty} a_\nu < \infty. \tag{10.7.10}$$

所以 (10.7.2) 对 $\{U_k\}$ 成立. 因为

$$E(U_k) = \mu_k = \sum_{|x_j| < k} x_j f(x_j), \tag{10.7.11}$$

所以 $\mu_k \to \mu$, 从而 $(\mu_1 + \mu_2 + \cdots + \mu_n)/n \to \mu$. 因此, 由 $\{U_k\}$ 服从强大数定律推知, 只要 N 充分大, 对于所有 $n > N$ 下列事件的概率大于等于 $1 - \delta$:

$$\left| n^{-1} \sum_{k=1}^{n} U_k - \mu \right| < \varepsilon. \tag{10.7.12}$$

剩下的需要证明: 代 U_k 以 X_k 以后, 同样的结论也成立. 显然, 为此只需证明: 只要 N 充分大, 对于所有 $k > N$ 事件 $U_k = X_k$ 的概率就可以任意地接近于 1. 这就是说: V_k 只有有限多个不为 0 的概率为 1. 由 8.3 节的波雷尔–坎特立引理, 只需证明级数 $\sum P\{V_k \neq 0\}$ 收敛. 现在来证明此级数收敛. 显然

$$P\{V_n \neq 0\} = \sum_{|x_j| \geqslant n} f(x_j) \leqslant \frac{a_{n+1}}{n} + \frac{a_{n+2}}{n+1} + \frac{a_{n+3}}{n+2} + \cdots, \tag{10.7.13}$$

因此

$$\sum P\{V_n \neq 0\} \leqslant \sum_{n=1}^{\infty} \sum_{\nu=n}^{\infty} \frac{a_{\nu+1}}{\nu} = \sum_{\nu=1}^{\infty} \frac{a_{\nu+1}}{\nu} \sum_{n=1}^{\nu} 1 = \sum_{\nu} a_{\nu+1} < \infty. \qquad (10.7.14)$$

定理证毕. ∎

10.8 习题

1. 证明: 在 10.5 节例 (a) 中当 $\lambda \leqslant 0$ 时大数定律也成立. 当 $\lambda \geqslant -\frac{1}{2}$ 时中心极限定理成立.

2. 对于下列相互独立的随机变量序列 X_k ($k \geqslant 1$), 判断大数定律与中心极限定律是否成立? 其中 X_k 的分布定义如下:
   (a) $P\{X_k = \pm 2^k\} = \frac{1}{2}$;
   (b) $P\{X_k = \pm 2^k\} = 2^{-(2k+1)}$, $P\{X_k = 0\} = 1 - 2^{-2k}$;
   (c) $P\{X_k = \pm k\} = 1/(2\sqrt{k})$, $P\{X_k = 0\} = 1 - 1/\sqrt{k}$.

3. **李雅普诺夫条件** (1901). 设对某个固定的 $\delta > 0$ 有

   $$\frac{1}{s_n^{2+\delta}} \sum_{k=1}^{n} E\left(|X_k|^{2+\delta}\right) \to 0,$$

   证明林德伯格条件成立.

4. 设 X_k 为相互独立的随机变量序列, 可取的值共 $2k+1$ 个: $0, \pm L_k, \pm 2L_k, \cdots, \pm kL_k$, 且取每个值的概率均为 $1/(2k+1)$. 找出 L_k 满足什么条件方可保证 $\{X_k\}$ 服从大数定律和 (或) 中心极限定理.

5. 设 X_k 分别以概率 $p_k, p_k, 1 - 2p_k$ 取值 $a_k, -a_k, 0$, 讨论同样的问题.

注: 下面 7 个问题都是处理非独立随机变量的弱大数定律.

6. 在 5.8 节的习题 13 中, 如果第 k 次扔出的结果是红的, 则令 $X_k = 1$ 否则令 $X_k = 0$. 证明大数定律不成立.

7. 设 $\{X_k\}$ 是相互独立的具有同分布的随机变量序列, 且有均值 μ 和有限的方差. 令 $S_n = X_1 + \cdots + X_n$, 证明大数定律对随机变量序列 $\{S_n\}$ 不成立. 但是, 如果 $na_n \to 0$, 则 $\{a_n S_n\}$ 服从大数定律. 提示: 计算 $\mathrm{Var}(S_1, \cdots, S_n)/n$.

8. 设 $\{X_k\}$ 是随机变量序列, 其中 X_k 只依赖于 X_{k-1} 和 X_{k+1} 而与其他的 X_j 相互独立, 且 $\mathrm{Var}(X_k)$ 有界, 证明 $\{X_k\}$ 服从大数定律.

9. 如果对每个 n, $(X_1, \cdots, X_n)$ 的联合分布使得方差有界而所有的协方差为负, 则大数定律成立.

10. 续上题. 把上题中的条件 $\mathrm{Cov}(X_j, X_k) < 0$ 代之以: 当 $|j-k| \to \infty$ 时 $\mathrm{Cov}(X_j, X_k) \to 0$ 一致成立, 则大数定律仍然成立.

11. 如果 $|S_n| < cn$ 且 $\mathrm{Var}(S_n) > \alpha n^2$, 则 $\{X_k\}$ 不服从大数定律.

12. 在波利亚罐子模型 [5.2 节例 (c)] 中, 如果第 k 次抽到黑球则令 $X_k = 1$, 如果抽到红球则令 $X_k = 0$. 则 S_n 是 n 次抽取中抽得黑球的总数. 证明: 对 $\{X_k\}$ 而言, 大数定律不成立. 提示: 利用上一题和 9.9 节习题 30.

13. 设 $\{X_k\}$ 是相互独立的随机变量序列，其中 X_k 可能取的值为 $r = 2, 3, 4, \cdots$，相应的概率为 $p_r = c/(r^2 \ln r)$，常数 c 取值使 $\sum p_r = 1$. 证明：如果令 $e_n = c \cdot n \ln \ln n$，则广义大数定律 (10.4.1) 成立.

14. 设 $\{X_n\}$ 是相互独立的随机变量序列，$X_n = \pm 1$ 的概率为 $(1 - 2^{-n})/2$，$X_n = \pm 2^n$ 的概率为 2^{-n-1}. 证明：对 $\{X_k\}$ 而言，弱、强大数定律都成立. [注意：这说明条件 (10.5.5) 不是必要的.]

15. 不利于赌徒的"公平"博弈的例子. 设在每次试验中赢利的可能值为 $0, 2, 2^2, 2^3, \cdots$，赢利为 2^k 的概率为

$$p_k = \frac{1}{2^k k(k+1)}, \qquad k \geqslant 1, \tag{10.8.1}$$

赢利为 0 的概率为 $p_0 = 1 - (p_1 + p_2 + \cdots)$. 赢利的期望为

$$\mu = \sum 2^k p_k = \left(1 - \tfrac{1}{2}\right) + \left(\tfrac{1}{2} - \tfrac{1}{3}\right) + \left(\tfrac{1}{3} - \tfrac{1}{4}\right) + \cdots = 1. \tag{10.8.2}$$

规定每次试验赌徒需付的入场费为 1. 于是 n 次试验后，他所得的净赢利（或损失）为 $S_n - n$. 证明：对每个 $\varepsilon > 0$，n 次试验后，赌徒的损失超过 $(1 - \varepsilon)n/\mathrm{lb}\,n$ 的概率趋于 1，此处 $\mathrm{lb}\,n$ 表示以 2 为底的对数. 即要证

$$P\left\{ S_n - n < -\frac{(1 - \varepsilon)n}{\mathrm{lb}\,n} \right\} \to 1. \tag{10.8.3}$$

提示：利用 10.4 节中的截尾法，不过要用 $n/\mathrm{lb}\,n$ 来代替 (10.4.2) 中的界 $n \,\mathrm{lb}\,n$. 证明 $U_k = X_k$ 对所有 $k \leqslant n$ 成立的概率趋于 1，并证明

$$P\left\{ |U_1 + \cdots + U_n - nE(U_1)| < \frac{\varepsilon n}{\mathrm{lb}\,n} \right\} \to 1, \tag{10.8.4}$$

$$1 - \frac{1}{\mathrm{lb}\,n} \geqslant E(U_1) \geqslant 1 - \frac{1 + \varepsilon}{\mathrm{lb}\,n}. \tag{10.8.5}$$

详情见参考文献 [39].

16. 设 $\{X_n\}$ 是相互独立且具有同分布的随机变量序列，但 X_n 不具有有限的期望. 令 A 为正常数. 证明在事件序列 $|X_n| > An$ 中有无穷多个发生的概率为 1.

17. 强大数定理之逆. 在习题 16 的假定下，$|S_n| > A_n$ 对无穷多个 n 成立的概率为 1.

18. 柯尔莫哥洛夫准则之逆. 如果 $\sum \sigma_k^2/k^2$ 发散，则存在方差为 $\mathrm{Var}(X_k) = \sigma_k^2$ 的相互独立的随机变量序列 $\{X_k\}$ 使得对此序列强大数定律不成立. 提示：先证明级数 $\sum P\{|X_n| > \varepsilon n\}$ 收敛是强大数定律成立的必要条件.

第 11 章   取整数值的随机变量、母函数

11.1   概论

在离散随机变量中，只取整数值 $k = 0, 1, 2, \cdots$ 的随机变量特别重要. 母函数方法促进了对它们的研究. 我们将会看到，此方法系特征函数方法的特殊情形，后者在概率论中起着重要作用. 更一般地说，母函数方法属于在微分方程与积分方程中广为应用的算子方法的领域. 自棣莫弗和拉普拉斯以来，母函数方法在概率中就有应用，但其功效和潜力远未充分发挥.

定义   令 $a_0, a_1, a_2, \cdots$ 是实数序列. 如果

$$A(s) = a_0 + a_1 s + a_2 s^2 + \cdots \tag{11.1.1}$$

在某个区间 $-s_0 < s < s_0$ 内收敛，则称 $A(s)$ 是序列 $\{a_j\}$ 的母函数.

变量 s 本身并无意义. 如果 $\{a_j\}$ 有界，与几何级数比较可知 (11.1.1) 至少在 $|s| < 1$ 内收敛.

例   如果对所有 j 都有 $a_j = 1$，则 $A(s) = 1/(1-s)$. 序列 $(0, 0, 1, 1, 1, \cdots)$ 的母函数为 $s^2/(1-s)$. 序列 $a_j = 1/j!$ 的母函数是 e^s. 固定 n，序列 $a_j = \binom{n}{j}$ 的母函数是 $(1+s)^n$. 如果 X 是掷一颗均匀的骰子出现的点数，则其概率分布的母函数是 $(s + s^2 + s^3 + s^4 + s^5 + s^6)/6$. ∎

假设 X 是取值为 $0, 1, 2, \cdots$ 的随机变量. 为方便起见，引入 X 的分布和 X 的尾概率分布的记号如下：

$$P\{X = j\} = p_j, \qquad P\{X > j\} = q_j. \tag{11.1.2}$$

则

$$q_k = p_{k+1} + p_{k+2} + \cdots, \qquad k \geqslant 0. \tag{11.1.3}$$

$\{p_j\}$ 和 $\{q_k\}$ 的母函数分别为

$$P(s) = p_0 + p_1 s + p_2 s^2 + p_3 s^3 + \cdots, \tag{11.1.4}$$

$$Q(s) = q_0 + q_1 s + q_2 s^2 + q_3 s^3 + \cdots. \tag{11.1.5}$$

由于 $P(1) = 1$，所以 $P(s)$ 至少在 $-1 \leqslant s \leqslant 1$ 上绝对收敛. $Q(s)$ 的系数都小于 1，所以 $Q(s)$ 至少在开区间 $-1 < s < 1$ 内收敛.

定理 1 对于 $-1 < s < 1$ 有

$$Q(s) = \frac{1 - P(s)}{1 - s}. \tag{11.1.6}$$

证 $(1 - s)Q(s)$ 中 s^n 的系数当 $n \geqslant 1$ 时为 $q_n - q_{n-1} = -p_n$，当 $n = 0$ 时为 $q_0 = p_1 + p_2 + \cdots = 1 - p_0$. 故 $(1 - s)Q(s) = 1 - P(s)$. 定理证毕. ∎

下面研究导数

$$P'(s) = \sum_{k=1}^{\infty} k p_k s^{k-1}. \tag{11.1.7}$$

此级数至少在 $-1 < s < 1$ 内收敛. 对于 $s = 1$，右边化为 $\sum k p_k = E(X)$. 当此期望存在时，导数 $P'(s)$ 在 $-1 \leqslant s \leqslant 1$ 上连续. 如果 $\sum k p_k$ 发散，则当 $s \to 1$ 时 $P'(s) \to \infty$. 在这种情况下，我们说 X 具有无穷的期望值并写作 $P'(1) = E(X) = \infty$. （因为所有的数都是正的，使用符号 ∞ 不会出问题.）在 (11.1.6) 右边的分子上应用中值定理可得 $Q(s) = P'(\sigma)$，其中 σ 是 s 和 1 之间的一个点. 由于这两函数都是单调的，所以它们有相同的有限或无穷的极限，记之为 $P'(1)$ 或 $Q(1)$. 这就证明了：

定理 2 期望 $E(X)$ 满足下列关系：

$$E(X) = \sum_{j=1}^{\infty} j p_j = \sum_{k=0}^{\infty} q_k, \tag{11.1.8}$$

若用母函数来表示，上述关系即

$$E(X) = P'(1) = Q(1). \tag{11.1.9}$$

微分 (11.1.7) 和关系式 $P'(s) = Q(s) - (1 - s)Q'(s)$，用同样的方法可得：

$$E(X(X - 1)) = \sum k(k - 1) p_k = P''(1) = 2Q'(1). \tag{11.1.10}$$

为了得到 $\mathrm{Var}(X)$，把上式两边同时加上 $E(X) - E^2(X)$，得到：

定理 3 我们恒有

$$\mathrm{Var}(X) = P''(1) + P'(1) - P'^2(1) = 2Q'(1) + Q(1) - Q^2(1). \tag{11.1.11}$$

如果方差无穷，则当 $s \to 1$ 时 $P''(s) \to \infty$.

关系式 (11.1.9) 和 (11.1.11) 经常提供计算 $E(X)$ 和 $\mathrm{Var}(X)$ 的最简单方法.

11.2 卷积

设 X 是仅取非负整数值的随机变量，则 s^X 是一个有定义的新的随机变量，而且 X 的分布的母函数可简写为 $E(s^X)$. 若 X 和 Y 是相互独立的随机变量，则 s^X 和 s^Y 也是相互独立的，所以

$$E(s^{X+Y}) = E(s^X)E(s^Y).$$

我们再给此重要结果以另一证明，因为它可引出一个非常有用的推广.

设 X 和 Y 是取非负整数值的相互独立的随机变量，它们的概率分布分别为 $P\{X = j\} = a_j, P\{Y = j\} = b_j$. 事件 $(X = j, Y = k)$ 的概率为 $a_j b_k$. 和 $S = X + Y$ 是一个新的随机变量，而且 $S = r$ 是下列互斥事件之并:

$$(X = 0, Y = r), \quad (X = 1, Y = r - 1), \quad \cdots, \quad (X = r, Y = 0).$$

所以，分布 $c_r = P\{S = r\}$ 由下式给出:

$$c_r = a_0 b_r + a_1 b_{r-1} + a_2 b_{r-2} + \cdots + a_{r-1} b_1 + a_r b_0. \tag{11.2.1}$$

由两个序列 $\{a_k\}$ 和 $\{b_k\}$ 导出的新序列 $\{c_k\}$ 的运算 (11.2.1) 经常出现，所以，为了方便起见，给它一个特殊的名称与记号.

定义 设 $\{a_k\}$ 和 $\{b_k\}$ 是两个数列（不一定是概率分布）. 由 (11.2.1) 定义的新序列 $\{c_k\}$ 称为 $\{a_k\}$ 和 $\{b_k\}$ 的卷积[①]，并表之为:

$$\{c_k\} = \{a_k\} * \{b_k\}. \tag{11.2.2}$$

例 (a) 如果对所有 $k \geqslant 0$ 都有 $a_k = b_k = 1$，则 $c_k = k+1$. 如果 $a_k = k, b_k = 1$，则 $c_k = 1 + 2 + \cdots + k = k(k+1)/2$. 最后，如果 $a_0 = a_1 = \frac{1}{2}$，且对 $k \geqslant 2$ 有 $a_k = 0$，则 $c_k = (b_k + b_{k-1})/2$，等等. ∎

序列 $\{a_k\}$ 和 $\{b_k\}$ 的母函数分别为 $A(s) = \sum a_k s^k$ 和 $B(s) = \sum b_k s^k$. 乘积 $A(s)B(s)$ 可以由 $A(s)$ 和 $B(s)$ 的幂级数逐项相乘得到. 合并 s 的幂次相同的各项，我们发现: 在 $A(s)B(s)$ 的展开式中，s_r 的系数 c_r 由 (11.2.1) 给出. 因此有下述定理.

定理 若序列 $\{a_k\}$ 和 $\{b_k\}$ 的母函数分别为 $A(s)$ 和 $B(s)$，$\{c_k\}$ 是它们的卷积，则母函数 $C(s) = \sum c_k s^k$ 是乘积

$$C(s) = A(s)B(s). \tag{11.2.3}$$

---

① 英文为 convolution, 有些作者喜欢用德文 faltung, 在法语中，与之等价的词是 composition.

若 X 和 Y 是取非负整数值的相互独立的随机变量，它们的母函数分别为 $A(s)$ 和 $B(s)$，则其和 $X + Y$ 的母函数为 $A(s)B(s)$.

现在令 $\{a_k\}, \{b_k\}, \{c_k\}, \{d_k\}, \cdots$ 是任意多个序列. 我们可以先作卷积 $\{a_k\} * \{b_k\}$，然后把这个新序列再与 $\{c_k\}$ 作卷积，等等. $\{a_k\} * \{b_k\} * \{c_k\} * \{d_k\}$ 的母函数为 $A(s)B(s)C(s)D(s)$，这表明产生卷积与次序无关. 例如，$\{a_k\} * \{b_k\} * \{c_k\} = \{c_k\} * \{b_k\} * \{a_k\}$，等等. 因此，卷积是一种可结合可交换的运算（与随机变量的求和完全一样）.

在研究独立随机变量 X_n 的和时，X_n 具有同分布的特殊情况特别重要. 如果 $\{a_j\}$ 是 X_n 的同概率分布，$S_n = X_1 + \cdots + X_n$ 的分布用 $\{a_j\}^{n*}$ 表示的话，则有

$$\{a_j\}^{2*} = \{a_j\} * \{a_j\}, \qquad \{a_j\}^{3*} = \{a_j\}^{2*} * \{a_j\}, \qquad \cdots \tag{11.2.4}$$

一般地

$$\{a_j\}^{n*} = \{a_j\}^{(n-1)*} * \{a_j\}. \tag{11.2.5}$$

用语言表示，$\{a_j\}^{n*}$ 是母函数为 $A^n(s)$ 的数列. 特别地，$\{a_j\}^{1*}$ 就是 $\{a_j\}$，$\{a_j\}^{0*}$ 定义为母函数为 $A^0(s) = 1$ 的数列，即序列 $(1, 0, 0, 0, \cdots)$.

(b) **二项分布**. 二项分布 $b(k; n, p) = \binom{n}{k}p^k q^{n-k}$ 的母函数为

$$\sum_{k=0}^{n} \binom{n}{k}(ps)^k q^{n-k} = (q + ps)^n. \tag{11.2.6}$$

上述母函数是 $q + ps$ 的 n 次方表明：$\{b(k; n, p)\}$ 是 n 个相互独立的具有同分布的随机变量之和 $S_n = X_1 + \cdots + X_n$ 的分布，其中每个随机变量 X_j 均以概率 q 和 p 取值 0 和 1，其母函数为 $q + ps$. 所以

$$\{b(k; n, p)\} = \{b(k; 1, p)\}^{n*}. \tag{11.2.7}$$

表示式 $S_n = X_1 + \cdots + X_n$ 曾经应用过. [即 9.3 节例 (a) 和 9.5 节例 (a).] 上述推理反过来用可得二项分布的另一推导方法. 由可乘性 $(q + ps)^m (q + ps)^n = (q + ps)^{m+n}$ 推出

$$\{b(k; m, p)\} * \{b(k; n, p)\} = \{b(k; m + n, p)\}. \tag{11.2.8}$$

这就是 (6.10.4). 微分 $(q + ps)^n$ 可得到 $E(S_n) = np$ 和 $\mathrm{Var}(S_n) = npq$ 的一种简单证明.

(c) **泊松分布**. 分布 $p(k;\lambda) = e^{-\lambda}\lambda^k/k!$ 的母函数为

$$\sum_{k=0}^{\infty} e^{-\lambda}\frac{(\lambda s)^k}{k!} = e^{-\lambda+\lambda s}. \tag{11.2.9}$$

由此推出

$$\{p(k;\lambda)\} * \{p(k;\mu)\} = \{p(k;\lambda+\mu)\}. \tag{11.2.10}$$

这就是 (6.10.5). 微分之，我们再一次发现泊松分布的均值和方差都是 λ. ［见 9.4 节例 (c). ］

(d) **几何分布与负二项分布**. 令 X 为具有下述几何分布的随机变量：

$$P\{X=k\} = q^k p, \qquad k = 0,1,2,\cdots, \tag{11.2.11}$$

此处 p 和 q 是满足 $p+q=1$ 的正常数. X 的母函数为

$$p\sum_{k=0}^{\infty}(qs)^k = \frac{p}{1-qs}. \tag{11.2.12}$$

利用 11.1 节的结果容易求得 $E(X) = q/p, \mathrm{Var}(X) = q/p^2$. 这与 9.3 节例 (c) 推得的结果一致.

在伯努利试验序列中，恰在 k 次失败后第 1 次出现成功（即第 $k+1$ 次试验出现第 1 次成功）的概率是 $q^k p$. 故 X 可以解释为第 1 次成功出现所需之等待时间. 严格地说，这种解释需要参考一个无穷的样本空间，形式地定义 (11.2.11) 和随机变量的概念的优点在于，我们不必担心原始的样本空间的构造. 以上所述，对第 r 次成功所需之等待时间也对. 设 X_k 表示第 $k-1$ 次成功到第 k 次成功之间失败的次数，则 $S_r = X_1 + X_2 + \cdots + X_r$ 是第 r 次成功前失败的总次数（从而 $S_r + r$ 是直到出现第 r 次成功时所需的试验次数）. 伯努利试验的定义要求 X_k 相互独立且具有同分布 (11.2.11)，并且我们可以用此性质定义 X_k. 所以 S_r 的母函数为

$$\left(\frac{p}{1-qs}\right)^r. \tag{11.2.13}$$

二项展开式 (2.8.7) 表明 s_k 的系数等于

$$f(k;r,p) = \binom{-r}{k}p^r(-q)^k, \qquad k = 0,1,2,\cdots. \tag{11.2.14}$$

由此推出 $P\{S_r = k\} = f(k;r,p)$，这与 6.8 节推出的第 r 次成功之前失败次数的分布是一致的. 此结果可复述如下：$\{f(k;r,p)\}$ 是几何分布本身的 r 重卷积，用符号表示即

$$\{f(k;r,p)\} = \{q^k p\}^{r*}. \tag{11.2.15}$$

到目前为止，我们讨论的 r 都是整数，但是，在 6.8 节中就曾指出，当 $r > 0$ 不是整数时，$\{f(k; r, p)\}$ 定义了**负二项分布**. 其母函数仍然由 (11.2.13) 定义，而且对任何 $r > 0$，负二项分布的均值与方差分别为 rq/p 和 rq/p^2，此外还有

$$\{f(k; r_1, p)\} * \{f(k; r_2, p)\} = \{f(k; r_1 + r_2, p)\}. \tag{11.2.16}$$

(e) **循环**. 在 10.6 节例 (b) 中，我们曾经研究过 n 个元素的随机排列中的循环的个数 S_n. 曾经证明过：此随机变量可以表示为 n 个相互独立的随机变量之和 $S_n = X_1 + \cdots + X_n$，其中每个 X_k 都只能取两个值 1 和 0，对应的概率分别为 $(n-k+1)^{-1}$ 和 $(n-k)(n-k+1)^{-1}$. 由此立得 S_n 的母函数是下述乘积：

$$\frac{n-1+s}{n} \cdot \frac{n-2+s}{n-1} \cdots \cdots \frac{1+s}{2} \cdot \frac{s}{1} = (-1)^n \binom{-s}{n}. \tag{11.2.17}$$

此多项式的系数决定了 S_n 的概率分布，但其精确表示要求斯特林数的知识. 此处我们得到一个例子，其母函数比其概率分布简单得多. 由此可见：从母函数中可以获取许多重要信息. ∎

11.3 伯努利试验序列中的等待时与均等

现在，暂不讨论母函数方法的有效性和灵活性，转而讨论几个具有方法论意义的重要问题. 其结果在随机徘徊中扮演着极突出的角色，并可考虑为扩散理论中相关结果的原型. 它们将在第 14 章中用不同的方法导出（特别地，见 14.4 节和 14.9 节）. 对于 $p = \frac{1}{2}$ 的特殊情形，在第 3 章中曾用组合方法的不同形式导出过其结果. 不同方法的比较是有启发的. [①]

下面考虑成功概率为 p 的伯努利试验. 如果第 k 次试验的结果是成功则令 $X_k = +1$ 否则 $X_k = -1$. 换句话说，我们研究的对象是一列相互独立的随机变量，其中每个随机变量都只能取 $+1$ 或 -1，相应的概率分别是 p 或 q. 这种描述既简单又自然，但是，由于它参考着一个无终止的试验序列，形式上导出一个无限的样本空间. 实质上，仅仅要计算那些涉及有限次试验的概率，所以，实际上不会产生问题. 我们可以说：固定试验的次数 N，然后令 $N \to \infty$，但这有点故弄玄虚，而且不利于概率直观.

像往常一样，令

$$S_n = X_1 + \cdots + X_n, \qquad S_0 = 0. \tag{11.3.1}$$

用习惯的赌博语言，甲、乙两方参加一场赌博，每次赌注为 1，且令 S_n 是甲在第 n 次试验后所获的累积赢利. 用随机徘徊的术语来说，当一个"质点"每隔一

[①] 显然，诚如所述，此节插进来的目的是为了展示其内在的意义，而不是为本书后半部分做准备.

个单位时间就向右或向左移动一步，S_n 就是该质点在时刻 n 所处的位置. 如果 $p \neq \frac{1}{2}$，那么此随机徘徊是不对称的.

(a) **一个单位的赢利所需的等待时间.** 用赌博的语言来说，事件

$$S_1 \leqslant 0, \cdots, S_{n-1} \leqslant 0, S_n = 1 \tag{11.3.2}$$

表示赌徒甲在第 n 次试验第 1 次获得正的累积赢利. 用随机徘徊的术语来说，第 n 步初访 $+1$. 用更专业的物理中的扩散理论的语言来说，称 (11.3.2) 初过 1. 下面要求此事件的概率 ϕ_n，更精确的说，求它们的母函数

$$\Phi(s) = \sum_{n=0}^{\infty} \phi_n s^n, \tag{11.3.3}$$

为方便起见，令 $\phi_0 = 0$. ①由定义可知 $\phi_1 = p$. 如果 (11.3.2) 对某个 $n > 1$ 成立，则 $S_1 = -1$，而且存在一个最小的下标 $\nu < n$ 使得 $S_\nu = 0$. 最初 n 次试验的结果可以用赌博的语言描述如下：(1) 第 1 次试验，赌徒甲输了 1 个单位，(2) 紧接着的 $\nu - 1$ 次试验，甲一直处于输的状态，(3) 接下来的 $n - \nu$ 次试验，甲获得正的净赢利. 这 3 个事件依赖的试验次数落在的区域是不叠交的，所以这 3 个事件是相互独立的. 由定义易知：事件 (2) 和 (3) 的概率分别为 $\phi_{\nu-1}$ 和 $\phi_{n-\nu}$，所有 3 个事件同时发生的概率是乘积 $q\phi_{\nu-1}\phi_{n-\nu}$. 因为事件 (11.3.2) 发生当且仅当事件 (1)-(3) 对某个 $\nu < n$ 都发生. 对所有可能的 ν 求和得

$$\phi_n = q(\phi_1\phi_{n-2} + \phi_2\phi_{n-3} + \cdots + \phi_{n-2}\phi_1). \tag{11.3.4}$$

注意：此式仅对 $n > 1$ 成立，且 $\phi_1 = p, \phi_0 = 0$. 把 (11.3.4) 乘以 s^n，再对 $n = 2, 3, \cdots$ 求和，左边等于 $\Phi(s) - ps$. 右边圆括号内的量是卷积 $\{\phi_n\} * \{\phi_n\}$ 的第 $n-1$ 项，由 11.2 节的定理知右边等于 $qs \cdot \Phi^2(s)$. 所以母函数 Φ 满足二次方程

$$\Phi(s) - ps = qs\Phi^2(s). \tag{11.3.5}$$

其两个根中的一个在 $s = 0$ 附近是无界的，故母函数是下述的唯一的有界解：

$$\Phi(s) = \frac{1 - \sqrt{1 - 4pqs^2}}{2qs}. \tag{11.3.6}$$

此处 $\sqrt{}$ 表示正根. 由的二项展开式 (2.8.7)，其系数可以写成下述形式：

$$\phi_{2k-1} = \frac{(-1)^{k-1}}{2q}\binom{\frac{1}{2}}{k}(4pq)^k, \qquad \phi_{2k} = 0. \tag{11.3.7}$$

---

① 正如下面我们见到的，母函数 Φ 可以通过一段简单的概率推理来得到. 下面给出一个不很典范的推导，因为它对处理卷积方程提供了一个很好的练习，此法在许多概率论以外的学科中也出现（见 11.7 节习题 6）.

因此，我们得到了所要求的概率 ϕ_k 的显式表达式，但是，这是第二位的，而最感兴趣的是直接从母函数获取信息.

首先注意 $\sum \phi_n$ 由下式给出：

$$\Phi(1) = \frac{1 - |p - q|}{2q}, \tag{11.3.8}$$

从而

$$\sum \phi_n = \begin{cases} p/q, & \text{如果 } p < q, \\ 1, & \text{如果 } p \geqslant q. \end{cases} \tag{11.3.9}$$

换句话说，如果 $p \leqslant q$ 和 S_n 永远为负的概率为 $(q-p)/q$，如果 $p \geqslant q$ 此概率为 0，所以 S_n 迟早要变为正的概率为 1. 时间到底要多长？简单的计算可得：如果 $p > q$ 则 $\Phi'(1) = (p-q)^{-1}$，如果 $p = q = \frac{1}{2}$ 则 $\Phi'(1) = \infty$. 由此得出结论：当 $p = \frac{1}{2}$ 时和 S_n 初次为正的试验次数的期望为 ∞.

再用赌博语言来复述这一漂亮的结果是值得的. 此结果揭示：在掷一枚均匀的硬币的赌博中，理论上说赌徒甲迟早总会获得正的净赢利，但是要达此目的，所需试验次数的期望是 ∞. 一个只有有限赌本的赌徒，理论上说不一定能获得正的净赢利. 在第 14 章的破产问题中，我们还要回过头来联系此问题进行讨论.

关于 Φ 的二次方程 (11.3.5) 的推导，可以用下述更概率化的术语来叙述. 令 N 是使 $S_N > 0$ 的第 1 个下标，则 N 是一个稍为广义的随机变量，此 N 在 $S_n \leqslant 0$ 对所有 n 成立时没有定义. （用第 13 章的术语，我们称 N 为定义不全的随机变量. ）母函数 Φ 可以写作 $\Phi(s) = E\left(s^N\right)$. 如果 $X_1 = -1$ 则 $N = 1 + N_1 + N_2$，此处 N_1 是使得部分和 S_n 由 -1 上升到 0 所需的试验的次数，而 N_2 是后续的使之由 0 上升到 1 所需的试验的次数. 这些随机变量是相互独立的，而且它们的分布与 N 的分布相同. 因此，s^N 的条件期望为

$$E\left(s^N \mid X_1 = -1\right) = E\left(s^{1+N_1+N_2} \mid X_1 = -1\right) = s\Phi^2(s),$$
$$E\left(s^N \mid X_1 = 1\right) = s.$$

但是

$$E\left(s^N\right) = pE\left(s^N \mid X_1 = 1\right) + qE\left(s^N \mid X_1 = -1\right), \tag{11.3.10}$$

由此可得 $\Phi(s) = E\left(s^N\right)$ 满足二次方程 (11.3.5).

(b) **返回平衡**. 当 $S_k = 0$ 时，累积成功次数与累积失败次数在第 k 次试验出现了一次均等. 借用扩散理论中一个术语，此事件可描述为一次返回平衡，这要求试验的次数必须为偶数，而且在第 $2n$ 次返回平衡的概率为

$$u_{2n} = \binom{2n}{n} p^n q^n = (-1)^n \binom{-\frac{1}{2}}{n} (4pq)^n. \tag{11.3.11}$$

由二项展开式 (2.8.7) 得其母函数为

$$U(s) = \sum_{n=0}^{\infty} u_{2n}s^{2n} = \frac{1}{1 - \sqrt{4pqs^2}}.$$ (11.3.12)

注意 $\{u_n\}$ 不是概率分布，因为返回平衡是可能多次重复出现的.

(c) 初次返回平衡发生在第 $2n$ 次试验，当且仅当 $S_{2n} = 0$ 但对于 $k = 1, 2, \cdots, 2n-1$ 有 $S_k \neq 0$. 令此事件的概率为 f_{2n}. （当然 $f_{2n-1} = 0$.）考虑分别满足 $X_1 = 1$ 和 $X_1 = -1$ 的两个子事件，并记它们的相应的概率为 f_{2n}^+ 和 f_{2n}^-. 因为前面 $2n-2$ 个部分和 $X_2 + X_3 + \cdots + X_k$ 小于等于 0，而其后的部分和是正的，如前面的 (a) 中所述，显然有 $f_{2n}^- = q\phi_{2n-1}$. 因此，应用 (11.3.6) 可得

$$F^-(s) = \sum_{n=1}^{\infty} f_{2n}^- s^{2n} = qs\Phi(s) = \frac{1 - \sqrt{1 - 4pqs^2}}{2}.$$ (11.3.13)

由对称性，$\{f_n^+\}$ 的母函数只需把上述母函数中 p 和 q 的位置互换一下就可得到. 由此推出 $F^+ = F^-$，从而最后有[①]

$$F(s) = \sum_{n=1}^{\infty} f_n s^n = 1 - \sqrt{1 - 4pqs^2}.$$ (11.3.14)

有些有趣的结论可以不用 f_n 的显式表达式来得到. 显然，$F(1)$ 是一次返回平衡迟早要发生的概率. 因为 $F(1) = 1 - |p - q|$，所以 $|p - q|$ 是平衡永不出现的概率，即对所有 $k > 0$ 有 $S_k \neq 0$. 只有在 $p = \frac{1}{2}$ 的对称情形，返回平衡一定要发生. 在这种情况下，$\{f_n\}$ 代表初返的等待时的概率分布. 此等待时的期望为 ∞.

在 $p = \frac{1}{2}$ 的对称的情形下有

$$U(s) = \frac{1 - F(s)}{1 - s^2}.$$ (11.3.15)

由于 U 和 F 都是 s^2 的幂级数，此关系与 (11.1.6) 仅仅是符号上的差异，由 11.1 节定理 1 还有

$$u_{2n} = f_{2n+2} + f_{2n+4} + \cdots$$ (11.3.16)

用语言表述，即当 $p = \frac{1}{2}$ 时，$S_{2n} = 0$ 的概率等于 $2n$ 个部分和 $S_1, \cdots, S_{2n}$ 都不是 0 的概率. 此结果曾在 3.3 节用不同的方法推出过，并在扔硬币的随机起伏中的反常性质的分析中起过基本的作用.

---

① 另一种推导将在 13.4 节例 (b) 中给出.

(d) **初过与后返**. 如果对所有 $k < n$ 都有 $S_k < r$ 但 $S_n = r$, 则说在第 n 次试验初过 $r > 0$. 用 $\phi_n^{(r)}$ 表此事件的概率. 初过 $\nu > 0$ 以后的试验, 构成了整个试验序列的一个概率拷贝, 因此, 初过 ν 以后到初过 $\nu + 1$ 的试验次数 (包含到 $\nu + 1$ 的那一次试验) 的分布与初过 1 的分布 $\{\phi_n\}$ 一样. 当 $p < q$ 时, 把 ϕ_n 加起来不等于 1, 但是, 我们说初过的等待时是一个具有 (可能是定义不全的) 分布 $\{\phi_n\}$ 的随机变量仍然是有意义的. 接连的几个初过的等待时是相互独立的, 所以初过 r 的总等待时, 是 r 个相互独立的具有同分布 $\{\phi_n\}$ 的随机变量之和. 初过 r 的概率分布 $\phi_n^{(r)}$ 的母函数为 Φ^r. [为验证此结论, 首先直接推出 $\phi_n^{(2)}$ 满足类似 (11.2.4) 的卷积方程, 然后用归纳法.]

对于第 r 次返回平衡发生在第 n 次试验的概率 $f_n^{(r)}$, 类似的推导也对. $\{f_n^{(r)}\}$ 的母函数为 F^r. 比较 (11.3.6) 和 (11.3.14) 立即可发现

$$f_n^{(r)} = (2q)^r \phi_{n-r}^{(r)}. \tag{11.3.17}$$

对 $p = q = \frac{1}{2}$ 的特殊情形, 此结果包含在 3.7 节定理 4 中.

由母函数出发, 很容易推得逼近式和极限定理, 但这依赖拉普拉斯变换, 而拉普拉斯变换要在第 2 卷第 13 章才讨论. 没有系统的方法从母函数 F^r 推出 $f_n^{(r)}$ 的显式表达式, 但是, 由母函数很容易验证对 $f_n^{(r)}$ 的好猜测. 由 3.7 节定理 4, 我们猜测

$$f_{2n}^{(r)} = \frac{r}{2n-r} \binom{2n-r}{n} 2^r (pq)^n. \tag{11.3.18}$$

为了验证这一猜想, 只需注意恒等式

$$F^r(s) = 2F^{r-1}(s) - 4pqs^2 F^{r-2}(s)$$

蕴涵递推关系

$$f_{2n}^{(r)} = 2f_{2n}^{(r-1)} - 4pq f_{2n-2}^{(r-2)}, \tag{11.3.19}$$

(11.3.18) 右边也满足此关系. 因此, 由归纳法可知 (11.3.18) 正确. 一个外表不同的实质等价的表达式将在 14.9 节习题 13 中给出.

11.4　部分分式展开

给定母函数 $P(s) = \sum_{k=0}^{\infty} p_k s^k$, 其系数 p_k 可以从显式公式 $p_k = P^{(k)}(0)/k!$ 通过微分得到. 在实际中, 不大可能得到其精确的表达式, 不管怎样, 这类通常很复杂的表达式, 找出其合理的逼近也是可取的. 获得此类逼近的最常用的方法是部分分式展开. 由复变函数知识可知, 有一大类函数可以这样展开, 但是, 我们仅用于一类较简单的函数——**有理函数**.

因此，假定母函数形如

$$P(s) = \frac{U(s)}{V(s)}, \qquad (11.4.1)$$

此处 U 和 V 是两个没有公共根的多项式. 为了简单起见，首先假定 U 的阶比 V 的阶低，记 V 的阶为 m. 进一步，再假定 $V(s) = 0$ 有 m 个不同的实根或虚根 $s_1, s_2, \cdots, s_m$. 则

$$V(s) = (s - s_1)(s - s_2) \cdots (s - s_m), \qquad (11.4.2)$$

由代数可知 $P(s)$ 可分解成部分分式

$$P(s) = \frac{\rho_1}{s_1 - s} + \frac{\rho_2}{s_2 - s} + \cdots + \frac{\rho_m}{s_m - s}, \qquad (11.4.3)$$

此处 $\rho_1, \rho_2, \cdots, \rho_m$ 都是常数. 为了得到 ρ_1, 把 (11.4.3) 乘以 $s_1 - s$, 再令 $s \to s_1$, 则乘积 $(s_1 - s)P(s) \to \rho_1$, 另一方面，从 (11.4.1) 和 (11.4.2) 有

$$(s_1 - s)P(s) = \frac{-U(s)}{(s - s_2)(s - s_3) \cdots (s - s_m)}. \qquad (11.4.4)$$

令 $s \to s_1$, 右边的分子趋于 $-U(s_1)$, 分母趋于 $(s_1 - s_2)(s_1 - s_3) \cdots (s_1 - s_m)$, 这就是 $V'(s_1)$. 因此 $\rho_1 = -U(s_1)/V'(s_1)$. 对其余所有的根，亦可应用类似推理，所以对一切 $k \leqslant m$ 有

$$\rho_k = \frac{-U(s_k)}{V'(s_k)}. \qquad (11.4.5)$$

给定 ρ_k, 可以容易地推出 $P(s)$ 中的 s^n 的系数的精确表达式. 记

$$\frac{1}{s_k - s} = \frac{1}{s_k} \cdot \frac{1}{1 - s/s_k}. \qquad (11.4.6)$$

对于 $|s| < |s_k|$, 把上式中最后一个分式展开成几何级数

$$\frac{1}{1 - s/s_k} = 1 + \frac{s}{s_k} + \left(\frac{s}{s_k}\right)^2 + \left(\frac{s}{s_k}\right)^3 + \cdots. \qquad (11.4.7)$$

把此展开式引入 (11.4.3) 可得 s^n 的**系数** p_n 如下

$$p_n = \frac{\rho_1}{s_1^{n+1}} + \frac{\rho_2}{s_2^{n+1}} + \cdots + \frac{\rho_m}{s_m^{n+1}}. \qquad (11.4.8)$$

因此，为了获得 p_n, 首先必须找出分母的根 $s_1, \cdots, s_m$, 然后再由 (11.4.5) 决定系数 $\rho_1, \cdots, \rho_m$.

我们在 (11.4.8) 中得到了概率 p_n 的精确表达式. 算出全部 m 个根的工作量通常是很大的, 因此公式 (11.4.8) 实际上只有理论价值, 幸运的是, (11.4.8) 中的一项经常就提供了满意的逼近. 事实上, 假定 s_1 是按绝对值来说最小的根, 那么 (11.4.8) 的第一个分母就是最小的. 显然, 当 n 增加时, 其他各项所占的比例递减, 而第一项起主要作用. 换言之, 如果 s_1 是 $V(s) = 0$ 的根中按绝对值来说是最小的, 则当 $n \to \infty$ 时

$$p_n \sim \frac{\rho_1}{s_1^{n+1}}, \tag{11.4.9}$$

(符号 $\sim$ 表示两边之比趋于 1). 甚至对相对而言较小的 n, 上式提供的逼近都是很好的. 上式的主要好处在于: 它只需计算代数方程的一个根.

容易去掉在获得近似公式 (11.4.9) 时所加的限制. 首先, 允许 (11.4.1) 中分子的阶可以超过分母的阶 m. 假定 $U(s)$ 的阶为 $m + r (r \geqslant 0)$. 用除法, 可以把 $P(s)$ 化为一个 r 阶多项式加一个分式 $U_1(s)/V(s)$, 其中 $U_1(s)$ 是低于 m 阶的多项式. 此 r 阶多项式仅仅影响分布 $\{p_n\}$ 的前面的 $r+1$ 项, 而 $U_1(s)/V(s)$ 可以如前展开成部分分式. 因此 (11.4.9) 还是对的. 其次, 关于 $V(s)$ 只能有单根的限制也是不必要的. 由代数学知识知道每个有理函数都可以展成部分分式. 如果 s_k 是 $V(s)$ 的一个重根, 那么, 部分分式展开式 (11.4.3) 将包含一个形如 $a/(s - s_k)^2$ 的附加项, 而此项将在关于 p_n 的确切展开式 (11.4.8) 中增加形如 $a(n+1)s_k^{-(n+2)}$ 的一项. 然而, 这并不影响渐近式 (11.4.9) (只要 s_1 是单根). 我们将此结果写成如下定理以备将来参考.

定理　假定 $P(s)$ 是有理函数, 其分母有一个单根 s_1, 而且 s_1 按绝对值来说是所有的根中的最小者, 则 s^n 的系数 p_n 由渐近式 $p_n \sim \rho_1 s_1^{-(n+1)}$ 给出, 此处 ρ_1 由 (11.4.5) 定义.

当 s_1 是重根的时候, 类似的渐近式仍然存在. (见 11.7 节习题 25.)

例[①]　(a) 令 a_n 是 n 次伯努利试验中共出现偶数次成功的概率. 此事件的发生有两种可能: 第 1 次试验失败而其后的 $n - 1$ 次试验出现成功的次数为偶数; 第 1 次试验成功而其后的 $n-1$ 次试验出现成功的次数为奇数. 因此, 对 $n \geqslant 1$ 有

$$a_n = q a_{n-1} + p(1 - a_{n-1}), \qquad a_0 = 1. \tag{11.4.10}$$

把上式乘以 s^n 再对 $n = 1, 2, \cdots$ 求和, 得到母函数关系式

$$A(s) - 1 = qsA(s) + ps(1 - s)^{-1} - psA(s),$$

[①] 在 13.7 节的成功连贯的理论中, 将对部分分式在数字逼近中的应用作一个很好的解释. 14.5 节连贯概率的显式表达式, 16.1 节的转移概率, 都依赖于部分分式方法.

从而

$$2A(s) = (1-s)^{-1} + [1-(q-p)s]^{-1}.$$

展开成几何级数，最后得到 a_n 的显式表达式

$$2a_n = 1 + (q-p)^n. \tag{11.4.11}$$

此公式无论从哪方面来说，都比下面的显而易见的公式更可取：

$$a_n = b(0;n,p) + b(2;n,p) + \cdots.$$

(b) 令 q_n 是掷一枚均匀的硬币 n 次而不出现长为 3 的正面连贯的概率.（注意：$\{q_n\}$ 并不是概率分布，如果 p_n 是第 1 个长为 3 的正面连贯出现在第 n 次试验的概率，则 $\{p_n\}$ 是一个概率分布，而 q_n 则表示其“尾部”，即 $q_n = p_{n+1} + p_{n+2} + \cdots$.）

易证 q_n 满足递推公式

$$q_n = \tfrac{1}{2}q_{n-1} + \tfrac{1}{4}q_{n-2} + \tfrac{1}{8}q_{n-3}, \qquad n \geqslant 3. \tag{11.4.12}$$

事实上，只有试验以 T、HT 或 HHT 开始时，才有可能在 n 次试验中不出现序列 HHH. 其后的试验仍不出现连贯 HHH 的概率分别为 $q_{n-1}, q_{n-2}, q_{n-3}$，所以 (11.4.12) 右边的 3 项正是使“无连贯 HHH”出现的 3 个互不相容的事件的概率.

显然，$q_0 = q_1 = q_2 = 1$，因此，q_n 能够由 (11.4.12) 依次算出. 以 s^n 乘两边并对 $n \geqslant 3$ 相加，得母函数 $Q(s) = \sum q_n s^n$. 其结果是

$$Q(s) - 1 - s - s^2 = \tfrac{1}{2}s[Q(s) - 1 - s] + \tfrac{1}{4}s^2[Q(s) - 1] + \tfrac{1}{8}s^3 Q(s),$$

从而

$$Q(s) = \frac{2s^2 + 4s + 8}{8 - 4s - 2s^2 - s^3}. \tag{11.4.13}$$

分母有一个根 $s_1 = 1.0873778\ldots$ 和两个复根. 对于 $|s| < s_1$ 时有 $|4s+2s^2+s^3| < 4s_1 + 2s_1^2 + s_1^3 = 8$，当 $|s| = s_1$ 且 $s \neq s_1$ 时，此不等式仍然成立. 故其他两个根的绝对值超过 s_1，从而由 (11.4.9) 有

$$q_n \sim \frac{1.236840}{1.0873778^{\,n+1}}, \tag{11.4.14}$$

其中分子等于 $(2s_1^2 + 4s_1 + 8)/(4 + 4s_1 + 3s_1^2)$. 甚至当 n 较小时，此公式给出的近似值也很好. 例如，对 $q_3 = 0.875$ 和 $q_4 = 0.8125$，此公式给出的相应的近似值分别为 0.8847 和 0.81360. 随着 n 的增大，百分误差很快地逐渐减小，例如，由此式算得的 $q_{12} = 0.41626\ldots$ 精确到小数点后第 5 位. ■

11.5　二元母函数

设两个取整数值的随机变量 X, Y 的联合分布如下:

$$P\{X = j, Y = k\} = p_{jk}, \qquad j, k = 0, 1, 2, \cdots, \tag{11.5.1}$$

称二元函数

$$P(s_1, s_2) = \sum_{j,k} p_{jk} s_1^j s_2^k \tag{11.5.2}$$

为其母函数, 此类母函数简称为二元母函数.

无须作本质性修正, 最初两节的考虑仍然适用此处, 仅指出可由 (11.5.2) 直接得出的下列三条性质就够了.

(a) 边缘分布 $P\{X = j\}$ 和 $P\{Y = k\}$ 的母函数分别为 $A(s) = P(s, 1)$ 和 $B(s) = P(1, s)$.

(b) $X + Y$ 的母函数为 $P(s, s)$.

(c) 随机变量 X 和 Y 相互独立的充分必要条件是 $P(s_1, s_2) = A(s_1)B(s_2)$ 对一切 s_1, s_2 成立.

例 (a) 二元泊松分布. 显然,

$$P(s_1, s_2) = e^{-a_1 - a_2 - b + a_1 s_1 + a_2 s_2 + b s_1 s_2}, \qquad a_i > 0, b > 0 \tag{11.5.3}$$

可展开成幂级数, 其系数为正且和为 1. 故 $P(s_1, s_2)$ 是某个二元概率分布的母函数, 其边缘分布分别为具有均值 $a_1 + b$ 和 $a_2 + b$ 的泊松分布, 但和 $X + Y$ 具有母函数 $e^{-a_1 - a_2 - b + (a_1 + a_2)s + b s^2}$, 故它不具有泊松分布. (它是复合泊松分布, 见 12.2 节.)

(b) **多项分布.** 考虑一个 n 次独立试验序列, 每次试验分别以概率 p_0, p_1, p_2 出现结果 E_0, E_1, E_2. 设 X_i 是 E_i 出现的次数, 则 (X_1, X_2) 具有母函数为 $(p_0 + p_1 s_1 + p_2 s_2)^n$ 的三项分布. ∎

*11.6　连续性定理

第 6 章曾证明泊松分布 $\{e^{-\lambda} \lambda^k / k!\}$ 是具有概率 p 的二项分布的极限形式, 其中 p 依赖于 n 使得当 $n \to \infty$ 时 $np \to \lambda$. 即

$$b(k; n, p) \to e^{-\lambda} \lambda^k / k!.$$

---

* 连续性定理仅用于 12.2 节中无穷可分律的一般形式的推导和 12.5 节的分支过程的总后代.

$\{b(k; n, p)\}$ 的母函数为 $(q + ps)^n = [1 - \lambda(1-s)/n]^n$. 取对数，立即可见此母函数趋于 $e^{-\lambda(1-s)}$，后者是泊松分布的母函数. 我们将证明此结果可推广到一般场合，即：概率分布收敛于一个极限分布的充分必要条件是对应的母函数收敛. 不幸的是，此定理的应用范围不广，因为最有用的离散分布的极限是连续分布（例如正态分布是二项分布的极限形式）.

连续性定理 假定对每个固定的 n，序列 $a_{0,n}, a_{1,n}, a_{2,n}, \cdots$ 是一个概率分布，即

$$a_{k,n} \geqslant 0, \qquad \sum_{k=0}^{\infty} a_{k,n} = 1. \tag{11.6.1}$$

极限

$$a_k = \lim_{n \to \infty} a_{k,n} \tag{11.6.2}$$

对每个 $k \geqslant 0$ 都存在的充分必要条件是：极限

$$A(s) = \lim_{n \to \infty} \sum_{k=0}^{\infty} a_{k,n} s^k \tag{11.6.3}$$

对每个 $s \in (0,1)$ 都存在. 在此情况下，自动地有

$$A(s) = \sum_{k=0}^{\infty} a_k s^k. \tag{11.6.4}$$

显然 $a_k \geqslant 0$ 且 $\sum a_k \leqslant 1$. 注意：此处的和可以严格地小于 1. 例如当 $a_{k,n} = f_{k+n}$ 时，对所有 k 有 $a_k = 0$.

证[①] 令 $A_n(s)$ 为 (11.6.3) 右边的级数.

(i) 假定 (11.6.2) 成立，且 $A(s)$ 由 (11.6.4) 定义. 因为 $|a_{k,n} - a_k| \leqslant 1$，所以当 $0 < s < 1$ 时有

$$|A_n(s) - A(s)| \leqslant \sum_{k=0}^{r} |a_{k,n} - a_k| + \frac{s^r}{1-s}, \tag{11.6.5}$$

取 r 如此之大使得 $s^r < \varepsilon(1-s)$，则对所有充分大的 n，(11.6.5) 的右边小于 2ε. 因此左边可以小于我们所希望的值，所以 (11.6.3) 成立.

(ii) 假定 (11.6.3) 成立. 显然 $A(s)$ 是 s 的单调函数，所以当 $s \to 0$ 时 $A(s)$ 的极限 $A(0)$ 存在. 因为

$$a_{0,n} \leqslant A_n(s) \leqslant a_{0,n} + s/(1-s), \tag{11.6.6}$$

[①] 此定理是拉普拉斯–斯蒂尔切斯变换的连续性定理的特例，此连续性定理是在一般框架下证明的. 在文献中，母函数的连续性定理的叙述和证明，通常加了一些不必要的限制.

所以, 当 $n \to \infty$ 时, $a_{0,n}$ 的所有极限值都落在 $A(0)$ 和 $A(s) - s/(1-s)$ 之间. 令 $s \to 0$, 我们发现 $a_{0,n} \to A(0)$. 这就证明了: 当 $k = 0$ 时 (11.6.2) 成立.

　　此推理可以依次推广到所有 k. 确实, 当 $0 < s < 1$ 时

$$\frac{A_n(s) - a_{0,n}}{s} \to \frac{A(s) - A(0)}{s}. \tag{11.6.7}$$

上式左边是系数非负的幂级数, 因此, 从各方面看 (11.6.7) 都类似于 (11.6.3). 如前推理, 我们首先发现: 导数 $A'(0)$ 存在, 从而 $a_{1,n} \to A'(0)$. 用归纳法可证 (11.6.2) 对所有 k 都成立. ∎

　　例 (a) **负二项分布**. 在 11.2 节例 (d) 中, 曾证明分布 $\{f(k; r, p)\}$ 的母函数是 $p^r(1 - qs)^{-r}$. 现在固定 λ, 并令 $p \to 1, q \to 0$, 且 $r \to \infty$ 满足 $q \sim \lambda/r$. 则

$$\left(\frac{p}{1 - qs}\right)^r = \left(\frac{1 - \lambda/r}{1 - \lambda s/r}\right)^r. \tag{11.6.8}$$

取对数, 我们发现上式右边趋于 $e^{-\lambda + \lambda s}$, 而这是泊松分布 $\{e^{-\lambda} \lambda^k / k!\}$ 的母函数. 因此当 $r \to \infty$ 且 $rq \to \lambda$ 时有

$$f(k; r, p) \to e^{-\lambda} \frac{\lambda^k}{k!}. \tag{11.6.9}$$

　　(b) **具有变动概率的伯努利试验**. [①] 考虑 n 次独立试验, 第 k 次试验结果为成功的概率为 p_k, 失败的概率为 $q_k = 1 - p_k$. 总成功次数 S_n 可以写成 n 个相互独立的随机变量之和: $S_n = X_1 + \cdots + X_n$, 其中 X_k 的分布为

$$P\{X_k = 0\} = q_k, \qquad P\{X_k = 1\} = p_k.$$

X_k 的母函数为 $q_k + p_k s$, 从而 S_n 的母函数为

$$P(s) = (q_1 + p_1 s)(q_2 + p_2 s) \cdots (q_n + p_n s). \tag{11.6.10}$$

　　作为此模型的一个应用, 假设某城市在给定的一天中一个住户发生火灾具有小概率 p_k, 则和 $p_1 + p_2 + \cdots + p_n$ 是该城市发生火灾数目的期望值, 其中 n 是该城市的住户数. 在第 6 章中我们曾经看到: 当 p_k 相同且各住户是否发生火灾是相互独立的, 则发生火灾的数目是一个近似地服从泊松分布的随机变量. 现在我们证明: 当 p_k 不同时, 此结论仍然成立. 此结果将提升下述论断的可信度: 泊松分布是许多不太可能 ("成功") 的事件的累积效果所形成的现象的适当的刻画. 事故和电话呼入都是典型的例子.

---

① 也见 9.1 节例 (e) 和 9.5 节例 (b).

现在考虑一个熟悉的模型: 随机变量的个数 n 的增加, p_k 按下述方式依赖 n, p_k 中最大的趋于 0, 但 $p_1 + p_2 + \cdots + p_n = \lambda$ 是一个常数. 则由 (11.6.10) 有

$$\ln P(s) = \sum_{k=1}^{n} \ln[1 - p_k(1-s)]. \tag{11.6.11}$$

因为 $p_k \to 0$, 应用下列事实: $\ln(1-x) = -x - \theta x$, 其中当 $x \to 0$ 时 $\theta \to 0$, 可得

$$\ln P(s) = -(1-s) \sum_{k=1}^{n} (p_k + \theta_k p_k) \to -\lambda(1-s), \tag{11.6.12}$$

所以 $P(s)$ 趋于泊松分布的母函数, 从而 S_n 的极限分布是泊松分布. 由此得出结论: 当 n 很大而 $\lambda = p_1 + p_2 + \cdots + p_n$ 大小适当, 则 S_n 的分布可以用泊松分布来逼近. ∎

11.7 习题

1. 设 X 是具有母函数 $P(s)$ 的随机变量, 求 $X+1$ 和 $2X$ 的母函数.

2. 求下列分布的母函数: (a) $P\{X \leqslant n\}$, (b) $P\{X < n\}$, (c) $P\{X \geqslant n\}$, (d) $P\{X > n+1\}$, (e) $P\{X = 2n\}$.

3. 在一个伯努利试验序列中, 令 u_n 是组合 SF 第一次出现在第 $n-1$ 次和第 n 次试验的概率. 求其母函数、均值与方差.

4. 讨论在 2.12 节中, 哪个公式表示卷积, 何处用到了母函数?

5. 将一颗骰子掷任意多次. 设 a_n 为使得点数之和为 n 的所有可能的方式的数目, 证明: $\{a_n\}$ 的母函数为 $(1 - s - s^2 - s^3 - s^4 - s^5 - s^6)^{-1} - 1$.

6. 令 a_n 是 "在 $n+1$ 条边的凸多边形 $P_0 P_1 \cdots P_n$ 中, 用 $n-2$ 条 (不相交的) 对角线划分为三角形" 的所有可能的方式的数目[①]. 令 $a_1 = 1$. 证明对 $n \geqslant 2$ 有

$$a_n = a_1 a_{n-1} + a_2 a_{n-2} + \cdots + a_{n-1} a_1.$$

找出其母函数, 并求出 a_n 的显式表达式.

提示: 假定一条对角线通过 P_0, 并令 k 是使得 $P_0 P_k$ 出现在对角线中的最小下标.

注: 习题 7~11 参见 11.3 节. Φ, U, F 分别为初过 1、返回平衡、初返的母函数, 见 (11.3.6) (11.3.12) (11.3.14). 没有必要再计算.

7. (a) 返回平衡发生在第 n 次试验或第 n 次以前的概率 (分布) 的母函数为 $(1-s)^{-1} F(s)$.
   (b) 证明: 事件 $\{S_j \neq 0, j = 1, 2, \cdots, n\}$ 的概率的母函数为

$$\sqrt{\frac{1+s}{1-s}} = (1+s) U(s).$$

   (c) 证明这等价于 (11.3.16) 导出的命题.

8. 没有 "返回平衡" 发生在第 n 次 (不含此次) 试验以后的概率的母函数为 $(1-s)^{-1} U(s)$ $|p - q|$.

---

① 此问题出自参考文献 [119].

9. (a) 固定 $r > 0$. $P\{S_n = r\}$ 的母函数为 $\Phi^r(s)U(s)$.

(b) 当 $p = \frac{1}{2}$ 时，事件 "恰有一个 $k \leqslant n$ 使得 $S_k = r$" 的概率的母函数也是 (a) 中给出的母函数.

10. (a) 固定 $r > 0$ 和 $k > 0$. 求事件 "$S_n = r$" 恰巧发生 k 次的概率的母函数.

(b) 把 (a) 中的 "恰巧发生 k 次" 改为 "至多发生 k 次"，做同样的问题.

11. (a) 求下列事件的概率的母函数：初过 $r > 0$ 之后第 1 次返回平衡发生在第 r 次试验.

(b) 把 (a) 中的事件的 "第 1 次" 三字去掉，做同样的问题.

12. 固定 r. 在 9.3 节例 (d) 的**等待时的问题**中，求 S_r 的母函数. 验证 (9.3.3) 中的期望，并求其方差.

13. 续上题. 下面是推导上述结果的另一种方法. 令 $p_n(r) = P\{S_r = n\}$. 证明递推公式

$$p_{n+1}(r) = \frac{r-1}{N} p_n(r) + \frac{N-r+1}{N} p_n(r-1). \tag{11.7.1}$$

直接从 (11.7.1) 推导母函数.

14. 对 r 个事先标号的元素（而不是任意 r 个），解决前面两个问题.

15. 在伯努利试验序列中，试验到第 1 次失败出现为止，叫作一 "轮". 求 r 轮中累积的成功次数 S_r 的概率分布及其母函数.[①]

16. 续上题. (a) 令 R 是到第 ν 次成功时接连的轮数（即第 ν 次成功发生在第 R 轮). 求 $E(R), \mathrm{Var}(R)$，并证明

$$P\{R = r\} = p^\nu q^{r-1} \binom{r + \nu - 2}{\nu - 1}.$$

(b) 考虑两个分别具有 p_1, q_1 和 p_2, q_2 的伯努利试验序列. 求相同的轮数之后是第 N 次成功的概率.

————————————

17. 设 X 以相同的概率 $1/r$ 分别取值 $0, 1, \cdots, r-1$. 当 r 是一个合数，例如说 $r = ab$, X 可表为两个独立的取整数值的随机变量之和.

18. 设 $S_n = X_1 + \cdots + X_n$ 是 n 个相互独立的随机变量之和，其中每个随机变量以相同的概率 $1/a$ 取值 $1, 2, \cdots, a$. 证明其母函数为

$$P(s) = \left[\frac{s(1 - s^a)}{a(1 - s)} \right]^n,$$

当 $j \geqslant n$ 时

$$P\{S_n = j\} = a^{-n} \sum_{\nu=0}^{\infty} (-1)^{\nu+j-n-a\nu} \binom{n}{\nu} \binom{-n}{j - n - a\nu}$$

$$= a^{-n} \sum_{\nu=0}^{\infty} (-1)^{\nu} \binom{n}{\nu} \binom{j - a\nu - 1}{n - 1}.$$

（上述级数只有有限项非零.）

————————————

[①] 习题 15~16 与台球游戏有直接关系. 成功概率 p 衡量游戏者的技术. 游戏者一直玩到他失败为止. 因此，他累积的成功次数是他这一轮的长度. 游戏持续到一个游戏者获得 N 次成功为止. 因此，习题 15 给出一个游戏者获得 r 次成功所需要的轮数的概率分布，而习题 16 是关于两个游戏者不分胜负的概率和平均持续时间. 进一步的详情见参考文献 [8].

注意：当 $a = 6$ 时，我们得到掷几颗骰子出现点数之和为 $j + n$ 的概率. 此问题之解，曾由棣莫弗所给出.

19. 续上题. 概率 $P\{S_n \leqslant j\}$ 的母函数为 $P(s)/(1-s)$，从而

$$P\{S_n \leqslant j\} = \frac{1}{a^n} \sum_\nu (-1)^\nu \binom{n}{\nu} \binom{j - a\nu}{n}.$$

20. 续上题：极限形式. 若 $a \to \infty, j \to \infty$ 满足 $j/a \to x$，则

$$P\{S_n \leqslant j\} \to \frac{1}{n!} \sum_\nu (-1)^\nu \binom{n}{\nu} (x - \nu)^n,$$

其中求和号中的 ν 满足 $0 \leqslant \nu < x$.

注意：此结果是由拉格朗日得到的. 在几何概率论中，右边表示在区间 $(0,1)$ 上均匀分布的 n 个相互独立的随机变量之和的分布.

21. 设 u_n 是 n 次伯努利试验中成功次数能被 3 整除的概率. 求 u_n 的递推公式，并由此求出其母函数.

22. 续上题：另一种方法. 令 v_n 和 w_n 分别为 S_n 具有形式 $3v + 1$ 与 $3v + 2$ 的概率（故 $u_n + v_n + w_n = 1$）. 试求三个联立递推关系，并由此求出母函数所满足的三个方程.

23. 设 X 和 Y 是分别具有母函数 $U(s)$ 和 $V(s)$ 的相互独立的随机变量. 证明：$P\{X-Y = j\}$ 是 $U(s)V(1/s)$ 中的 s^j 的系数，其中 $j = 0, \pm 1, \pm 2, \cdots$.

24. 矩母函数. 令 X 是具有母函数 $P(s)$ 的随机变量，假设 $\sum p_n s^n$ 对某个 $s_0 > 1$ 收敛. 则所有的矩 $m_r = E(X^r)$ 存在，且序列 $m_r/r!$ 的母函数 $F(s)$ 在 $|s| < \ln s_0$ 收敛. 此外

$$F(s) = \sum_{r=0}^\infty \frac{m_r}{r!} s^r = P(e^s).$$

注意：通常称 $F(s)$ 为**矩母函数**，虽然实际上它所产生的系数是 $m_r/r!$.

25. 假定 $A(s) = \sum a_n s^n$ 是有理函数 $U(s)/V(s)$，且 s_1 是 $V(s)$ 的按绝对值来说最小的一个根. 如果 s_1 是 r 重根，证明

$$a_n \sim \frac{\rho_1}{s_1^{n+r}} \binom{n + r - 1}{r - 1},$$

此处 $\rho_1 = (-1)^r r! U(s_1)/V^{(r)}(s_1)$.

26. 二元负二项分布. 证明：当参数值为正时，$p_0^a\{1 - p_1 s_1 - p_2 s_2\}^{-a}$ 为 (X,Y) 的母函数，其中 X, Y 的边缘分布和 $X + Y$ 的分布都是负二项分布. [①]

---

① 贝茨和内曼在研究意外偏斜中曾使用过这类分布. 见参考文献 [6].

*第 12 章　复合分布、分支过程

概率论的一个重要部分是关于独立随机变量之和，而且在许多情况下，此和的项数本身就是一个随机变量. 此处，我们只考虑取整数值的随机变量这一特殊情形，这部分是为了说明母函数的用处，部分是为研究无穷可分律和第 2 卷中的具有独立增量的随机过程作准备.

作为一个特别诱人的应用，我们来描述分支过程的漂亮的理论的要素.

12.1　随机个随机变量之和

设 $\{X_k\}$ 是具有共同分布的相互独立的随机变量序列，公共分布为 $P\{X_k = j\} = f_j$，母函数为 $f(s) = \sum f_i s^i$. 我们经常对和

$$S_N = X_1 + X_2 + \cdots + X_N$$

感兴趣，其中项数 N 是与 $\{X_k\}$ 相互独立的随机变量. 令 N 的分布为 $P\{N = n\} = g_n$，母函数为 $g(s) = \sum g_n s^n$. S_N 的分布 $\{h_j\}$ 可以用条件概率的基本公式得到

$$h_j = P\{S_N = j\} = \sum_{n=0}^{\infty} P\{N = n\} P\{X_1 + \cdots + X_n = j\}. \tag{12.1.1}$$

如果 N 只取有限多个值，则 S_N 定义在有限多个 X_k 的样本空间上. 否则，作为和的 S_N 的概率定义就涉及无穷序列 $\{X_k\}$ 的样本空间，但是，我们仅涉及 S_N 的分布，为此目的，我们就取分布 (12.1.1) 作为 S_N 在具有点 $0, 1, 2, \cdots$ 的样本空间上的定义.

对于固定的 n，$X_1 + X_2 + \cdots + X_n$ 的分布为 $\{f_j\}$ 与其本身的 n 重卷积，因此 (12.1.1) 可以写成下列更紧凑的形式：

$$\{h_j\} = \sum_{n=0}^{\infty} g_n \{f_j\}^{n*}. \tag{12.1.2}$$

此公式可用母函数来简化. $\{f_j\}^{n*}$ 的母函数为 $f^n(s)$，因此，由 (12.1.2)，S_N 的

---
* 此章内容在以后没有用到.

母函数显然为

$$h(s) = \sum_{j=0}^{\infty} h_j s^j = \sum_{n=0}^{\infty} g_n f^n(s). \tag{12.1.3}$$

上式右边是 $g(s)$ 的幂级数中以 $f(s)$ 代 s 所得到的函数，因此等于 $g(f(s))$. 这就证明了以下定理.

定理 和 $S_N = X_1 + \cdots + X_N$ 的母函数是复合函数 $g(f(s))$.

其证明还可用条件期望的方法复述如下：由定义

$$E(s^S N \mid N = n) = f^n(s), \tag{12.1.4}$$

为了得到 $h(s) = E(s^S N)$, 上式两边乘以 $P\{N = n\}$ 再对 n 求和即得. [见 (9.2.9).]

下面介绍两个有趣的特例.

(a) 如果 X_i 都是伯努利随机变量，且 $P\{X_i = 1\} = p, P\{X_i = 0\} = q$, 则 $f(s) = q + ps$, 因此 $h(s) = g(q + ps)$.

(b) 如果 N 具有均值为 t 的泊松分布，则 $h(s) = \mathrm{e}^{-t + tf(s)}$. 以此为母函数的分布称为**复合泊松分布**. 特别地，如果 X_i 是伯努利随机变量，且 N 具有泊松分布，则 $h(s) = \mathrm{e}^{-tp + tps}$, 和 S_N 具有均值为 tp 的泊松分布.

例 (a) 在 6.7 节例 (c) 中，我们曾经见到：X 射线引起细胞中染色体的分裂. 在一定的剂量和曝光时间下，分裂的细胞数 N 具有泊松分布. 一个分裂的染色体恢复原状的概率为 q, 细胞死亡的概率为 $p = 1 - q$. 此处 S_N 是观察到的分裂个数[12], 它具有均值为 tp 的泊松分布.

(b) 在陷阱实验[76] 中，g_n 表示某种野兽有 n 只的概率，再设每只野兽落入陷阱的概率为 p（假定各种野兽是随机独立的），则这类野兽中被捕获的个数 S_N 是一个随机变量，它的母函数为 $g(q + ps)$. 上面的描述可用多种方式加以改变. 例如，令 g_n 为一只昆虫产 n 只卵的概率，p 为一只卵成活的概率，则 S_N 是成活的卵的个数. 又如，令 g_n 为一个家庭有 n 个小孩的概率，再设小孩的男女性别比为 $p:q$, 则 S_N 是一个家庭男孩的个数.

(c) 每棵树都结大量的种子，但每粒种子成活的概率很小，故有理由假设每棵树成活种子的粒数服从泊松分布. 如果 $\{g_n\}$ 表示种树的棵数的分布，则 $g\left(\mathrm{e}^{-\lambda + \lambda s}\right)$ 是成活种子的个数的母函数.

(d) **要求服务的时间.** 考虑一个电话的中继线，一个柜台，或任何一个服务设施. 接连到来的顾客要求的服务时间为 $X_1, X_2, \cdots$ 可视为具有共同分布的相互独立的随机变量. 在一天中来到的顾客（或电话呼叫）数是一个随机变量 N, 因而他们要求服务的总时间是随机和 $X_1 + X_2 + \cdots + X_N$. ■

12.2　复合泊松分布

在随机和 $S_N = X_1 + \cdots + X_N$ 中，最重要的是 N 具有泊松分布. 由于今后会凸显出的理由，令 N 的期望为 λt. 如果 X_j 具有同分布 $\{f_i\}$，则 S_N 具有复合泊松分布

$$\{h_i\}_t = \mathrm{e}^{-\lambda t} \sum_{n=0}^{\infty} \frac{(\lambda t)^n}{n!} \{f_i\}^{n*}, \tag{12.2.1}$$

其母函数为

$$h_t(s) = \mathrm{e}^{-\lambda t + \lambda t f(s)}. \tag{12.2.2}$$

例　(a) **累积损失**. 假设在长为 t 的时段内被闪电击中的次数是期望为 λt 的泊松随机变量. 如果 $\{f_n\}$ 是一次电击所造成的损失的概率分布，则（假定随机独立性）在长为 t 的时段内的总损失服从形如 (12.2.1) 的复合泊松分布.

(b) **宇宙射线雨**. 一般假定在长为 t 的时段内宇宙射线雨的数目 N 服从期望为 λt 的泊松分布. 对于任何一个计数器来说，每一次宇宙射线雨被记录的数目是一个具有分布 $\{f_i\}$ 的随机变量. 在时段 t 内被记录的总数 S_N 也具有形如 (12.2.1) 的复合泊松分布.

(c) 在**生态学**中，假定一个小区域内动物窝的个数服从泊松分布，其期望与该区域之面积成比例. 假定一窝中动物的个数的概率分布为 $\{f_i\}$，且各窝中的动物数是相互独立的. 在这些假定下，该区域内动物的总数也具有形如 (12.2.1) 的复合泊松分布. 此方法在实际中广为应用. ■

注意：上述三例均与 6.6 节中讨论的泊松分布有密切的关联. 在前两个例子中，随机变量 S_N 与每一个时间区间都有关联. ［如果我们把面积转化为时间，例 (c) 也是一样的. ］显然，在上述模型中，如果把时间区间分割成两个不变的子区间，它们的贡献是相互独立的并把它们一起加到 S_N 中去，若用母函数 (12.2.2) 的概念，这就有

$$h_{t+\tau}(s) = h_t(s) h_\tau(s). \tag{12.2.3}$$

每个复合泊松母函数 (12.2.2) 都满足 (12.2.3). 现在证明逆命题也成立. 一族满足 (12.2.3) 的概率母函数 h_t 必定是形如 (12.2.2) 的函数. ［此处必须这样理解：结论只对整数值随机变量才成立. 复合泊松分布的概念，当 X_j 服从任何分布时，都是有意义的. 在具有独立增量的随机过程的一般理论中，类似于 (12.2.3) 的方程，扮演着重要角色. 然而，此类随机过程，不必受复合泊松分布的限制. ］

下面的定义和定理，实质上参考着在 $0, 1, \cdots$ 上的概率分布，但是为了简单起见，它们用相应的母函数来陈述.

定义 称概率母函数 h 是无穷可分的, 如果对每个正整数 n, $\sqrt[n]{h}$ 仍然是一个概率母函数.

从下面的定理可以看出: 如果 $n > 0$ 不是整数, 结论仍然成立. 如果一族概率母函数满足 (12.2.3) 则 $\sqrt[n]{h_t} = h_{t/n}$, 所以 h_t 是无穷可分的. 此结论的逆命题包含在下面的定理中.

定理[①] 无穷可分的概率母函数可表为形如 (12.2.2) 的函数, 其中 $\{f_i\}$ 是 $0, 1, \cdots$ 上的概率分布.

证 令 $h(s) = \sum h_k s^k$, 并假定对每个整数 $n \geqslant 1$, $\sqrt[n]{h}$ 都是一个概率母函数. 所以 $h_0 > 0$, 否则 $\sqrt[n]{h}$ 的幂级数中的绝对项为 0, 这时 $h_0 = h_1 = \cdots = h_{n-1} = 0$. 由此推出对任何 $0 \leqslant s \leqslant 1$ 有 $\sqrt[n]{h(s)} \to 1$, 从而

$$\ln \sqrt[n]{h(s)/h_0} = \ln \left[1 + \left(\sqrt[n]{h(s)/h_0} - 1 \right) \right] \sim \sqrt[n]{h(s)/h_0} - 1, \tag{12.2.4}$$

此处符号 $\sim$ 表示两边之比趋于 1. 把此关系式与 $s = 1$ 的特殊情形结合起来, 得到 [因为 $h(1) = 1$]

$$\frac{\ln h(s) - \ln h_0}{-\ln h_0} = \frac{\ln \sqrt[n]{h(s)/h_0}}{\ln \sqrt[n]{1/h_0}} \sim \frac{\sqrt[n]{h(s)} - \sqrt[n]{h_0}}{1 - \sqrt[n]{h_0}}. \tag{12.2.5}$$

右边是一个具有正系数的幂级数, 而且当 $s = 1$ 时, 这些系数之和为 1. 因此, 对每个 n, 右边是一个概率母函数. 由 6.6 节的连续性定理, 这蕴涵了左边是非负序列 $\{f_i\}$ 的母函数. 令 $s = 1$, 我们发现 $\sum f_i = 1$. 这意味着 h 可以表成形如 (12.2.2) 的函数, 其中 $\lambda t = -\ln h_0$. ■

此定理可复述为如下形式.

准则 函数 h 是无穷可分的概率母函数的充分必要条件是: $h(1) = 1$ 且

$$\ln \frac{h(s)}{h(0)} = \sum_{k=1}^{\infty} a_k s^k, \qquad \text{其中 } a_k \geqslant 0, \ \sum a_k = \lambda < \infty. \tag{12.2.6}$$

确实, 在 (12.2.6) 中令 $f_k = a_k/\lambda$, 则 h 化为标准的 (12.2.2) 的形式 (取 $t = 1$), 而且这是如 (12.2.1) 定义的复合泊松分布的母函数.

(d) 比较 (12.2.2) 和前一节的定理, 我们发现: 如果 N 的分布是无穷可分的, 则随机和 S_N 的分布也是无穷可分的.

(e) **负二项分布的母函数**

$$h_t(s) = \left(\frac{p}{1 - qs} \right)^t, \qquad p + q = 1 \tag{12.2.7}$$

---

① 这是重要的莱维定理的一个特例.

具有性质 (12.2.3)，因此它是无穷可分的. 取对数，立即发现，它是形如 (12.2.2) 的函数，对应的

$$f_n = q^n/\lambda n, \qquad \lambda = \ln p^{-1}. \tag{12.2.8}$$

$\{f_n\}$ 是熟知的**对数分布**，它被统计学家广泛地应用.

(f) 由 (2.8.9) 和 (2.8.10) 易知：当 $q = 1 - p > p$ 时，函数

$$f(s) = \sqrt{q - p}\sqrt{\frac{q + ps}{q - ps}}, \qquad g(s) = \frac{\sqrt{q - p}}{\sqrt{q^2 - p^2 s^2}} \tag{12.2.9}$$

满足条件 (12.2.6)，从而 f 和 g 都是无穷可分的概率母函数. 有趣的是：

$$f(s) = g(s)(q + ps). \tag{12.2.10}$$

此处，我们把一个无穷可分的概率母函数分成了两个概率母函数的乘积，而其中只有一个是无穷可分的概率母函数. 这种分解的可能性开始使人很惊奇，而后这一课题引起了广泛的关注. ∎

复合泊松分布的一个值得注意的性质，曾经是人们仔细思索的一个课题. 为简短起见，令 $\lambda_i = \lambda f_i$，则形如 (12.2.2) 的母函数 h_t 分解为下述形式：

$$h_t(s) = e^{\lambda_1 t(s-1)} e^{\lambda_2 t(s^2-1)} e^{\lambda_3 t(s^3-1)} \cdots. \tag{12.2.11}$$

乘积可以是无穷多项，但这不会给我们的讨论带来麻烦，我们可以假定只有有限多个 λ_i 是正的. 第 1 个因子是通常的具有均值 $\lambda_1 t$ 的泊松分布的母函数. 第 2 个因子是 2 乘一个泊松随机变量的母函数，即 $e^{-\lambda_2 t}(\lambda_2 t)^n/n!$ 不是 n 所对应的概率，而是 $2n$ 所对应的概率. 类似地，第 k 个因子是 k 乘一个泊松随机变量的母函数. 因此，(12.2.11) 给出了 S_N 一个新的表示，S_N 是相互独立的随机变量 $Y_1, Y_2, \cdots$ 的和，其中 Y_k 仅取值 $0, k, 2k, \cdots$，但对应的概率仍构成泊松分布. (12.2.11) 的内涵可描述如下：令 N_j 是 $X_1, \cdots, X_N$ 中等于 j 的随机变量的个数，则 $N = N_1 + N_2 + \cdots$，而且 (12.2.11) 说，$\{N_k\}$ 是相互独立的，且它们都涉及泊松分布.

(g) **汽车事故**. 把 X_k 解释为卷入第 k 次事故汽车的辆数. 标准的假设是：X_n 是相互独立的，而且事故发生的次数 N 服从泊松分布. 卷入事故中的汽车的总辆数为 $X_1 + \cdots + X_N$，它具有复合泊松分布 (12.2.1). 令 N_k 是恰有 k 辆汽车卷进去的事故的次数. 根据 (12.2.11)，N_k 是相互独立的，而且它们都具有泊松分布. 此结果的实际意义无须解释. ∎

[对复合泊松分布的一个推广见 17.9 节例 (a).]

具有独立增量的过程

前面的结果, 通过它们与一类重要的随机过程的密切联系, 引起了人们的兴趣. 尽管这部分理论已超出本书的范围, 但我们还是作一点非正式的介绍.

从一个简单的例子开始. 考虑来到一个电话局的呼叫次数, 它是时间的函数. 作为一个电话局的业务, 要求对每个 t 记录在时段 0 到 t 进入电话局的呼叫次数 $Z(t)$. 假定依次来到的呼叫在时刻 $t_1, t_2, \cdots$, 则当 $0 < t < t_1$ 时 $Z(t) = 0$, 一般地, 当 $t_k < t < t_{k+1}$ 时 $Z(t) = k$. 反之, 每一个只取值 $0, 1, 2, \cdots$ 的非降函数代表了来到该电话局的呼叫次数的一种发展过程. 因此, 这类问题的概率模型必须建立在样本点为函数 $Z(t)$ 的样本空间上 (在离散的试验序列中, 样本点是一个序列). 用某种方式赋予的概率, 必须使我们能够处理诸如下面这些复杂的事件: $Z(t+1) - Z(t)$ 超过 17, 或者 $Z(t)$ 在某个时刻超过 $at + b$ (后面这一事件是综合风险理论中的破产问题的主要对象). 下面我们将认为这种赋以概率的方法当然是可能的. 我们的主要目的是证明, 关于这类过程的一组简单而自然的假设会保证: 对于每个固定的 t, 随机变量 $Z(t)$ 必须具有复合泊松分布.

类似的考虑可用到一大类经验的现象中去. 确实如此, 电话呼叫次数的随机变量 $Z(t)$, 可以代表接连的会话的累积长度 (花费), 或卷入事故的汽车总数, 或雷击造成的累积损失, 或电力的总消耗量, 或累积的降雨量, 等等. 在这一章的框架内, 必须假定 $Z(t)$ 只取非负整数值, 但其理论可以抽象到任意的随机变量. 我们把注意力集中到满足下述两个基本假设的随机过程上来, 这些假设在许多应用中似乎是自然的.

(a) 过程是**时齐的**, 即增量 $Z(t+h) - Z(t)$ 的分布只依赖时间区间的长度而不依赖其位置 (即时间起点 t).[①]

(b) 在相邻的两个时间区间上的增量 $Z(t_2) - Z(t_1)$ 与 $Z(t_1) - Z(t_0)$ 是相互独立的. 上一节的结果现在可以复述如下: 如果存在一个满足假设 (a) 和 (b) 的过程, 则增量 $Z(t+h) - Z(t)$ 具有复合泊松分布. 特别地, 当 $Z(t)$ 仅仅改变单位数量, 此随机变量具有相同的泊松分布 [见 (12.2.11)].

因此, 我们找到了简单和复合泊松分布的本质特性. 与第 6 章的推导对比, 泊松分布不再作为一个逼近值的面貌出现了, 它本身有其独立的地位 (人们可能说, 作为一个自然规律的表示). 当然, 我们现在面对着一个反问题: 是否每一族复合泊松分布确实对应着一个随机过程? 回答是肯定的, 但是, 事实 (令人惊奇的) 是上述两个假设不能充分地描述唯一的过程. 为了对一类有趣的过程能唯一描述, 需要把假设 (b) 加强为: 对每个 n, 对应于有限分划 $t_0 < t_1 < \cdots < t_n$ 的 n 个增量是相互独立的. 这是**具有独立增量的过程**的定义. 任何一族复合泊松分布决定唯一一个具有独立增量的随机过程, 因此, 理论上不会产生困难了. 但是, 我们曾经假定独立性仅限于两个区间. 这种有限制的假定, 能充分地决定增量的分布的形式, 但是可以构造出很病态的过程也具有此性质.[②] 此例说明构造随机过程的完整模型的固有的困难.

[①] 此条件并不如初见时那么苛刻. 例如, 在白天"忙时", 来到电话局的呼叫次数远比在午夜 1 点钟来到的呼叫次数多, 所以过程不是时齐的. 然而, 显而易见, 电话工程师主要关心的是白天中的"忙时". 在这一个时段, 过程可以考虑为时齐的. 经验也证明: 在"忙时"内, 来到电话局的电话呼叫次数惊人地近似服从泊松分布.

[②] 在这个过程中, 增量 $Z(t_3) - Z(t_2)$ 与 $Z(t_2) - Z(t_1)$ 相互独立, 也与 $Z(t_1) - Z(t_0)$ 相互独立, 而且它由后面这两个增量完全确定. 见参考文献 [44].

12.3　分支过程的例子

我们将描绘一类能作为许多经验过程的简单模型的随机过程，并说明母函数的用处. 用语言来说，这类过程可描述如下.

考虑一些质点，它们可以产生同一类型的新的质点. 起始或第 0 代有 1 个质点. 每一个质点以概率 p_k 产生 k 个新质点（$k = 0, 1, 2, \cdots$），第 n 代的直接后代构成第 $n+1$ 代. 每一代的各质点之间的行为是相互独立的. 我们感兴趣的是各代的质点数目.

在使用严格的随机变量的术语之前，先给出一点简单的说明.

(a) **核链式反应**. 这个与原子弹有关的应用是众所周知的.[①]质点是中子，它总有机会被其他中子撞到. 设 p 是一个质点迟早会与其他质点发生碰撞而产生 m 个质点的概率，$q = 1 - p$ 是一个质点无后代的概率，即此质点始终不活动（换言之，即消亡或被吸收）的概率. 在此模型中，后代只能为 m 或 0，相应的概率分别为 p 和 q.（即 $p_0 = q, p_m = p$，而对所有 $j \neq 0$ 或 m 有 $p_j = 0$.）最坏的情况是：初始质点始终不活动，从而过程没有启动. 最好的情况是：第 1 代有 m 个质点，第 2 代有 m^2 个质点，等等. 如果 p 接近于 1，则质点数异常迅速地增加. 从数学上看，这个数目可以无限增大；而从物理上看，质点数目很大时，裂变的概率不可能保持为常数，统计独立性也不复成立. 不过，对通常的链式反应来说，可将"质点数无限增大"的数学描述翻译成"爆炸".

(b) **姓氏的存亡**. 此处（如现实生活中一样）仅考虑男性后代，他们扮演着 (a) 中质点的角色. p_k 为一个新生男孩会成为 k 个男孩先辈的概率. 我们的模型中做了两个人为的简化：第一，受世俗的影响，生育多少后代会有观念上的变化，因而分布 $\{p_k\}$ 实际上是逐代改变的；第二，共同的遗传和相似的环境，必定引起亲兄弟之间的某种相似性，这与随机独立也是矛盾的. 我们可以将模型加以改进以消除这些缺点，但又不影响其本质特征. 我们将推出某家族第 n 代有 k 个子孙的概率，特别是家族灭绝的概率. 姓氏存亡问题似乎是用概率方法研究链式反应的第一例. 首先讨论这个问题的是高尔顿（1889），有关此问题的详情见参考文献 [94]. 洛特卡在此书中证明了：美国的历史资料很符合下述分布，$p_0 = 0.4825$，$p_k = 0.2126 \cdot 0.5893^{k-1}$（$k \geqslant 1$）. 此分布除去第 1 项后就是几何分布.

(c) **基因与突变**. 有机体中的每个基因（见 5.5 节）都有可能在 $1, 2, 3, \cdots$ 个直接后代中再现. 当然，我们的模型在描述此过程时，忽略了总体随时间的变化. 此模型在研究突变或基因内部的变化中很有用. 一个自发的突变产生一个新型基

---

① 见参考文献 [127]. 那里去掉了空间同质性假设.

因, 这个基因起着 "第 0 代质点" 的作用. 这种理论可以用来估计突变基因的生存与传播的机会. 为确定起见, 考虑 (按照费希尔) 一株玉米, 它是某 100 颗种子的父体又是另 100 颗种子的母体. 如果总体的大小保持不变, 则这 200 颗种子中平均有 2 颗长成玉米. 每颗种子得到一个特定基因的概率是 $\frac{1}{2}$. 所以, 一个突变基因恰巧在 k 棵新玉米中表现出来的概率等于: 成功概率为 $p = \frac{1}{200}$ 的 200 次伯努利试验中恰巧出现 k 次成功的概率. 于是有理由假定 $\{p_k\}$ 近似地是均值为 1 的泊松分布. 如果基因带有某种生物学上的优势, 我们会得到均值大于 1 的泊松分布.

(d) **等待队列**. [78] 分支过程的有趣的应用出现在排队论中. 粗略地说, 在服务设施空着时来到的因而可以立即得到服务的顾客称为祖先. 在他接受服务期间来到的顾客称为他的直接后代, 这些顾客加入等待队列. 此过程持续到队伍消失为止. 我们将在 12.5 节例 (b) 中详细讨论, 并在 12.5 节例 (c) 中讨论更有趣的变化了的问题. ■

12.4 分支过程的灭绝概率

令 Z_n 是第 n 代成员的个数, P_n 是其概率分布的母函数, 由假设 $Z_0 = 1$ 且

$$P_1(s) = P(s) = \sum_{k=0}^{\infty} p_k s^k. \tag{12.4.1}$$

第 n 代可以据第 1 代的祖宗来划分为 Z_1 族. 这意味着: Z_n 是 Z_1 个随机变量 $Z_n^{(k)}$ 之和, 其中每一个随机变量都代表第 1 代中的一个成员的后代个数. 由假设, 每个 $Z_n^{(k)}$ 的分布都与 Z_{n-1} 的分布相同 (此处固定 n) 而且随机变量 $Z_n^{(k)}$ 是相互独立的. 因此, 母函数 P_n 是复合函数

$$P_n(s) = P(P_{n-1}(s)). \tag{12.4.2}$$

用此公式能够递归地计算出所有的母函数. 由 (12.4.2), 我们有: $P_2(s) = P(P(s))$, $P_3(s) = P(P_2(s))$, 等等. 虽然 P_n 的精确表示式难于得到, 但计算是直接的. 尽管如此, 仍然可以从 (12.4.2) 得出许多重要的结论.

例 (a) 假定直接后代的个数服从几何分布 $\{qp^k\}$, 此处 $p \neq q$. 则 $P(s) = q/(1-ps)$. 对 P_2, P_3 等进行精确计算 (要耐心) 可得一般公式

$$P_n(s) = q \cdot \frac{p^n - q^n - (p^{n-1} - q^{n-1})ps}{p^{n+1} - q^{n+1} - (p^n - q^n)ps}. \tag{12.4.3}$$

容易验证: (12.4.3) 确实满足 (12.4.2).

如果 $p = q$, 在 (12.4.3) 中令 $p \to \frac{1}{2}$ 得

$$P_n(s) = \frac{n - (n-1)s}{n + 1 - ns}. \tag{12.4.4}$$

注意: 当 $p > q$ 时 $P_n(0) \to q/p$, 但当 $p \leqslant q$ 时 $P_n(0) \to 1$. 我们将要解释这一结果, 并对任意分布 $\{p_k\}$ 找出类似的结果. ∎

关于分支过程的第一个问题是: 分支过程是否永远继续下去, 或者在有限代以后其子孙死光. 令

$$x_n = P\{Z_n = 0\} = P_n(0). \tag{12.4.5}$$

这是过程在第 n 代或之前终止的概率. 由定义 $x_1 = p_0$, 且由 (12.4.2), 易见

$$x_n = P(x_{n-1}). \tag{12.4.6}$$

极端情形 $p_0 = 0$ 或 $p_0 = 1$ 是不足道的. 所以假设 $0 < p_0 < 1$. 那么, 由 P 的单调性断言 $x_2 = P(p_0) > P(0) = x_1$, 从而用归纳法可证 $x_1 < x_2 < x_3 < \cdots$. 因此存在极限 $x \leqslant 1$, 且由 (12.4.6), 易见

$$x = P(x). \tag{12.4.7}$$

当 $0 \leqslant s \leqslant 1$ 时, $P(s)$ 的图形是: 从分角线[①]上方的点 $(0, p_0)$ 开始而终于分角线上的点 $(1, 1)$ 的一条凸曲线. 因此, 只有两种可能的情形:

情形 (i). 图形完全在分角线上方. 在此情形, $x = 1$ 是 (12.4.7) 的唯一的根, 所以 $x_n \to 1$. 此外, 在这种情形下, 对所有 s 有 $1 - P(s) \leqslant 1 - s$, 令 $s \to 1$, 我们发现导数 $P'(1)$ 满足不等式 $P'(1) \leqslant 1$.

情形 (ii). P 的图形与分角线交于某一点 $\sigma < 1$. 因为一条凸曲线与直线最多交于两点, 在这种情形下, 当 $s < \sigma$ 时 $P(s) > s$, 当 $\sigma < s < 1$ 时 $P(s) < s$. 所以 $x_1 = P(0) < P(\sigma) = \sigma$. 由归纳法可得 $x_n = P(x_{n-1}) < P(\sigma) = \sigma$. 由此推出 $x_n \to \sigma$, 从而 $x = \sigma$. 另一方面, 由中值定理, 在 σ 与 1 之间存在一点, 在这一点上, P' 等于 1. 此导数是单调的, 所以 $P'(1) > 1$.

因此, 这两种情形的特征分别是 $P'(1) \leqslant 1$ 和 $P'(1) > 1$. 但是

$$\mu = P'(1) = \sum_{k=0}^{\infty} k p_k \leqslant \infty \tag{12.4.8}$$

是直接后代的期望值, 因此, 我们有下述有趣的定理.

---

① 此处 "分角线" 是指第一象限的角平分线 $y = x$. ——编者注

定理 如果 $\mu \leqslant 1$，则过程概率为 1 地死亡. 然而当 $\mu > 1$ 时，过程在第 n 代或之前终止的概率 x_n 趋于方程 (12.4.7) 的唯一的根 $x < 1$.

在实际中，$x_n \to x$ 通常收敛得很快，因此，要么过程以很大的概率很快就终止了，要么过程一直持续下去. 第 n 代成员的个数的期望值为 $E(Z_n) = P_n'(1)$. 从 (12.4.2) 得到链式规则 $P_n'(1) = P'(1)P_{n-1}'(1) = \mu E(Z_{n-1})$，从而[65]

$$E(Z_n) = \mu^n. \tag{12.4.9}$$

当 $\mu < 1$ 时过程会灭绝的事实不足为奇，但是，甚至当 $\mu = 1$ 时都达不到稳定却不甚显然. 当 $\mu > 1$ 时，根据 (12.4.9)，可以期望后代个数会呈几何级数增长. 在平均意义上这是对的，但不管 μ 多大，灭绝概率都是有限的. 易见: 对所有 $s < 1$ 都有 $P_n(s) \to x$，这意味着 $s, s^2, s^3, \cdots$ 的系数趋于 0. 因此，经过充分大的代数以后，大致上说，或者没有后代子孙了，或者有非常多的后代子孙 (对应的概率分别为 x 和 $1 - x$).

12.5 分支过程的总后代

现在，我们把注意力转向随机变量[①]

$$Y_n = 1 + Z_1 + \cdots + Z_n, \tag{12.5.1}$$

这是第 n 代以前 [含第 n 代和第 0 代 (始祖)] 的后代的总数. 令 $n \to \infty$，得到了后代的总数目，它可以是有限数也可以是无穷大. 显然，对每个 n，随机变量 Y_n 都有定义，令其母函数为 R_n. 因为 $Y_1 = 1 + Z_1$，所以 $R_1(s) = sP(s)$. 可以应用上一节的推理导出 R_n 的递推公式，唯一的不同之处在于: 必须把始祖加进第 1 代的 Z_1 个成员的求和中去. 因此

$$R_n(s) = sP(R_{n-1}(s)). \tag{12.5.2}$$

从这个递推公式，理论上可以逐次计算 $R_1, R_2, \cdots$，但是工作量大. 幸运的是，可以用上一节在推导灭绝概率 x 时曾经使用过的几何推理来讨论 R_n 的渐近性质.

首先注意: 对于每个 $s < 1$ 有

$$R_2(s) = sP(R_1(s)) < sP(s) = R_1(s), \tag{12.5.3}$$

用归纳法可推出 $R_n(s) < R_{n-1}(s)$. 所以 $R_n(s)$ 单调下降到一个极限 $\rho(s)$，而后者满足

$$\rho(s) = sP(\rho(s)), \qquad 0 < s < 1. \tag{12.5.4}$$

---

① 此节吸收了参考文献 [58] 的内容.

由 11.6 节连续性定理可知：作为概率母函数的极限的 ρ 必定是某个满足 $\sum \rho_k \leqslant 1$ 的非负数列 ρ_k 的母函数.

由 (12.5.4) 可知：对每个固定的 $s < 1$，$\rho(s)$ 是方程

$$t = sP(t) \tag{12.5.5}$$

的一个根. 现在证明此根是唯一的. 为此目的，令 x 是 $x = P(x)$ 的最小正根（故 $x \leqslant 1$）. 注意 $y = sP(t)$（s 固定）是 t 的凸函数，所以其图形与直线 $y = t$ 至多交于两点. 但是，当 $t = 0$ 时，(12.5.5) 的右边大于左边，而当 $t = x$ 时，(12.5.5) 的右边小于左边，$t = 1$ 亦然. 所以 (12.5.5) 在 0 与 x 之间恰有唯一的一个根，而在 x 与 1 之间没有根. 因此 $\rho(s)$ 是它的唯一的一个根，且 $\rho(s) < x$. 但是，显然 $\rho(1)$ 是 $t = P(t)$ 的一个根，又因为 x 是此方程的最小的根，从而 $\rho(1) = x$. 换言之，ρ 是一个"诚实的"概率母函数当且仅当 $x = 1$. 现在，我们可以总结上述结果如下.

令 ρ_k 是总后代恰含 k 个成员的概率.

(a) $\sum \rho_k$ 等于灭绝概率 x（而 $1 - x$ 等于具有无穷个总后代的概率）.

(b) 母函数 $\rho(s) = \sum \rho_k s^k$ 由方程 (12.5.5) 的唯一的那个根给出，且 $\rho(s) \leqslant x$.

我们已经知道：当 $\mu \leqslant 1$ 时，概率为 1 地使总后代的个数有限. 微分 (12.5.4) 得到：当 $\mu < 1$ 时，其期望等于 $1/(1 - \mu)$；当 $\mu = 1$ 时，其期望为 ∞.

例 (a) 在 12.4 节例 (a) 中，我们已经知道 $P(s) = q/(1 - ps)$，从而 (12.5.5) 化为二次方程 $pt^2 - t + qs = 0$，由此得到

$$\rho(s) = \frac{1 - \sqrt{1 - 4pqs}}{2p}. \tag{12.5.6}$$

（此母函数在 11.3 节中讨论初过时曾经遇到过.）

(b) 忙期. 现在，转而详细分析 12.3 节例 (d) 中提及的排队问题. 为简单起见，假定在任一瞬间只能来一个顾客，而且只在整数值的时刻[①]到来. 假定顾客的到来依伯努利试验而行，在时刻 n，一个顾客到来的概率为 p，没有顾客到来的概率为 $q = 1 - p$. 当服务设施空闲时，一个到来的顾客立刻得到服务，否则他加入队列（等待队列）. 只要队列中有顾客要求服务，此服务设施就不会中断服务. 最后我们假定：每个顾客的服务时间是相互独立的（整值的）随机变量，它们具有公共的分布 $\{\beta_k\}$，对应的母函数为 $\beta(s) = \sum_k \beta_k s^k$.

---

① 沿用赖尔登的术语，时间轴上的点用时艺 (epoch) 表示，其他的术语，如时间 (time)、时刻 (moment) 等，有许多其他的含义（见第 60 页脚注①）.

假定时刻 0 到来的顾客发现服务设施是空闲的. 他的服务时间立即开始. 如果服务时间长为 n, 而在时刻 $1, 2, \cdots, n$ 又没有新的顾客到来, 则在时刻 n, 服务设施又变成空闲了. 否则服务将不中断的继续下去. 所谓**忙期**, 就是从时刻 0 开始一直继续服务而未中断的那一段期间. 现在证明: 分支过程理论可以用于分析忙期.

在时刻 0 到来的顾客开始了忙期, 因此我们称之为始祖. 在始祖服务终止的时刻和此前的时刻到来的顾客可视为第 1 代. 如果没有这种直接后代, 则过程结束. 否则, 这些直接后代相继地去接受服务, 在他们服务时间内, 他们的直接后代又加入队列. 我们此处得到的分支过程的灭绝概率等于: 一个忙期结束的概率, 而且总后代个数等于在忙期内来到的顾客 (包含始祖) 个数. 无须说, 只有对 $x = 1$ 的队列, 在实际中才是适宜的.

为了应用我们的结果, 需要用到直接后代的个数的母函数 $P(s)$. 根据定义, 直接后代的个数由随机和 $X_1 + \cdots + X_N$ 决定, 其中 X_j 是相互独立的随机变量且 X_j 分别以概率 p 和 q 取值 1 和 0, 而 N 是始祖的服务时间的长度. 因此, 在现在的情况下, $P(s) = \beta(ps + q)$, 从而 $\mu = p\sigma$, 此处 $\sigma = \beta'(1)$ 是服务时间的期望值. 由此推出: 只有当 $p\sigma \leqslant 1$ 时, 忙期才一定会结束. 只有当 $p\sigma < 1$ 时, 一个忙期内到来的顾客数目的期望值才是有限的. 换句话说, 当 $p\sigma = 1$ 时, 保证很拥挤, 除非 $p\sigma$ 适当地小于 1, 整天排长队是必然规律.

(c) **忙期的持续时间.** 上例仅考虑了一个忙期内的顾客数, 但实际上, 忙期究竟要持续多长是一个很有趣的问题. 为解决此问题, 可采取下述方法[①]: 把一个时间单位看作分支过程的一个元素. 当时刻 n 没有顾客到来时, 称时刻 n 没有后代. 如果时刻 n 到来的顾客的服务时间持续了 r 个时间单位, 则时刻 $n+1, \cdots, n+r$ 视为此时刻 n 的直接后代. 假定在时刻 0 服务设施是空闲的. 略为考虑一下就会发现: 从时刻 0 开始的分支过程, 或者一直进行下去, 或者其持续时间恰恰等于从一个新顾客到来时开始的不间断的服务时间的持续时间. 其直接后代的数目的母函数为

$$P(s) = q + p\beta(s). \tag{12.5.7}$$

其根 x 是忙期结束的概率. 总后代的个数为 1 的概率是 q, 而 p 是 "其总后代的个数等于从时刻 0 开始的一个忙期的持续时间的长度" 的概率. 显然, 忙期的持续时间的长度的母函数为 $\beta(\rho(s))$. ∎

[①] 此法源自古德, 见 12.3 节例 (d) 中的引文 (参考文献 [78]).

12.6　习题

1. 分布 (12.1.1) 具有均值 $E(N)E(X)$ 方差 $E(N)\mathrm{Var}(X) + \mathrm{Var}(N)E^2(X)$. 用下述两种方法验证之：(a) 母函数法；(b) 直接用定义和条件期望的概念.

2. **陷兽阱** [12.1 节例 (b)]. 如果 $\{g_n\}$ 是几何分布，则结果分布亦然；如果 $\{g_n\}$ 是对数分布 [见 (12.2.8)]，则结果分布为具有附加项的对数分布.

3. 设 N 是服从泊松分布的随机变量，则在 N 次伯努利试验中，成功次数与失败次数是两个相互独立的随机变量. 试将此结果推广到多项分布中去. (a) 直接推广；(b) 用多元母函数的方法. [见 9.1 节例 (d).]

4. **随机化**. 设 N 具有均值为 λ 的泊松分布，将 N 个球随机放入 n 个盒中. 不用计算证明：恰有 m 个空盒的概率为 $\binom{n}{m}\mathrm{e}^{-\lambda m/n}\left(1 - \mathrm{e}^{-\lambda/n}\right)^{n-m}$.

5. **续上题**. [1]证明：对于固定的正整数 r，r 个球随机放入 n 个盒中，恰有 m 个盒空着的概率是上述表达式中 $\mathrm{e}^{-\lambda}\lambda^r/r$ 的系数. (a) 讨论与矩母函数的联系（11.7 节习题 24）. (b) 应用本题结论对 (2.11.7) 给出一个不费力的推导.

6. **概率分布的混合**. 设 $\{f_i\}$ 和 $\{g_i\}$ 是两个概率分布，$\alpha > 0, \beta > 0, \alpha + \beta = 1$，则 $\{\alpha f_i + \beta g_i\}$ 仍然是一个概率分布. 讨论它的意义及与 5.2 节罐子模型的联系. 推广到两个以上的分布的情况. 证明此种混合能组成复合泊松分布.

7. 用母函数法证明分支过程满足 $\mathrm{Var}(X_{n+1}) = \mu\mathrm{Var}(X_n) + \mu^{2n}\sigma^2$. 用条件期望证明等价的关系 $\mathrm{Var}(X_{n+1}) = \mu^2\mathrm{Var}(X_n) + \mu^n\sigma^2$. 用这两个关系之一证明 $\mathrm{Var}(X_n) = \sigma^2(\mu^{2n-2} + \mu^{2n-3} + \cdots + \mu^{n-1})$.

8. **续上题**. 如果 $n > m$，证明 $E(X_nX_m) = \mu^{n-m}E(X_m^2)$.

9. **续上题**. 证明 (X_m, X_n) 的二元母函数为 $P_m(s_1P_{n-m}(s_2))$，并以此证明上题之论断.

10. **具有两类质点的分支过程**. 假定每个质点均能产生各种类型的质点. 两种类型的后代的个数由两个二元母函数 $P_1(s_1, s_2)$ 和 $P_2(s_1, s_2)$ 决定. 于是，有两个依赖于质点类型的灭绝概率 x 和 y. 证明数对 (x, y) 满足方程组

$$x = P_1(x, y), \qquad y = P_2(x, y). \tag{12.6.1}$$

证明上述方程组在 $0 \leqslant x \leqslant 1, 0 \leqslant y \leqslant 1$ 上至多只有一个异于 $(1, 1)$ 的根，而且 $(1, 1)$ 是方程组 (12.6.1) 的唯一的一组根的充分必要条件是

$$\mu_{11} \leqslant 1, \quad \mu_{22} \leqslant 1, \quad (1 - \mu_{11})(1 - \mu_{22}) \geqslant \mu_{12}\mu_{21}, \quad \text{其中 } \mu_{ij} = \frac{\partial P_i(1, 1)}{\partial s_j}.$$

---

[1] 此处用随机化一个参数的方法，导出各种漂亮的组合公式，源自参考文献 [20].

第 13 章　循环事件、更新理论

13.1　直观导引与例子

我们将要研究与重复试验有关的能够重复（或循环）出现的事件样型. 粗略地说，下面的理论研究的是具有下述性质的样型 $\mathcal{E}$：在 $\mathcal{E}$ 每次出现以后，试验重新开始，且 $\mathcal{E}$ 出现以后重新开始的试验是整个实验的重复. 诸次 $\mathcal{E}$ 出现的等待时间序列是一个具有共同分布的相互独立的随机变量序列.

最简单的特例是：$\mathcal{E}$ 代表伯努利试验序列中"出现一个成功". 一直到第 1 次成功为止的等待时间服从几何分布. 当第 1 次成功出现后，试验重新开始，第 r 次成功到第 $r+1$ 次成功之间的等待时间服从相同的几何分布. 一直到第 r 次成功为止，所需的等待时间是 r 个相互独立的随机变量之和 [见 9.3 节例 (c)]. 当 $\mathcal{E}$ 代表"出现一个成功且紧随之出现一个失败"时，上述讨论亦然有效. 样型 SF 发生以后，实验像最初一样重新启动，到下一次样型 SF 出现时所需的等待时间与前面那些试验独立. 反例，在某一人群中，一个一个地选取并考察其生日，令 $\mathcal{E}$ 代表"样本中有两个人有相同的生日"，则不是重复，因为它一旦发生，以后就一直保持下去. 如果我们把 $\mathcal{E}$ 的定义改为"新加进样本的人的生日已经在原样本中出现过"，则 $\mathcal{E}$ 可以发生任意多次，但是，当 $\mathcal{E}$ 发生以后，过程不是从原始的情况开始. 这是因为样本大小的增加，使出现重复生日更容易，第 1 次出现重复生日的等待时间愈长，第 2 次出现重复生日的等待时间就愈短. 所以等待时间序列既不相互独立也没有共同分布.

循环样型理论的重要性，源于这种样型经常出现在各种随机变量序列（随机过程）中. 控制随机变量序列的规律，可能很复杂，也不易进行完整的分析. 但是，循环样型的存在，却往往可以讨论其本质性质和某些极限的存在性，等等. 这种手段给许多理论很好地提供了简单的统一的处理方法.

下面给出几个典型的例子，其中有些是非常有趣的. 第一个例子是关于熟知的伯努利试验序列，而其后三个例子涉及较复杂的模型. 在它们的描述中，我们用到了"服务""顾客"等术语，但是在每个例子中，都给相应的随机变量序列以精确完整的数学定义，它们能唯一地决定所有可能的事情的概率. 实际上，不仅基本概率可以精确计算，而且还可以导出有关重复样型的一些有意义的结果.

例　(a) **返回平衡**. 在一个伯努利试验序列中，$\mathcal{E}$ 表示"成功的累积次数等于失败的累积次数"，正像我们以前做过的，我们用相互独立的分别以概率 p 和 q 取值 1 和 -1 的随机变量序列 $X_1, X_2, \cdots$ 来描述试验序列. 和通常一样，令

$$S_0 = 0, \qquad S_n = X_1 + \cdots + X_n. \tag{13.1.1}$$

则 S_n 是累积的成功超过失败的次数，而且 $\mathcal{E}$ 当且仅当 $S_n = 0$ 时发生. 无须多说即可见：此事件发生以后，重建原始状态，即：部分和子序列 $S_{n+1}, S_{n+2}, \cdots$ 是整个序列 $S_1, S_2, \cdots$ 的一个概率的复制. [13.4 节例 (b) 还将继续讨论.]

(b) **从负值返回平衡**. 把上例进行修改，如果

$$S_n = 0, \qquad \text{但 } S_1 < 0, \cdots, S_{n-1} < 0, \tag{13.1.2}$$

则称 $\mathcal{E}$ 在第 n 次试验发生. 再次，易见：发生以后，过程再从头开始. [13.4 节例 (c) 还将继续讨论.]

(c) 例 (a) 的另一个变例是：事件 $\mathcal{E}$ 代表成功的累积次数是失败的累积次数的 λ 倍. （此处 λ 是任意一个固定的常数.）如果 $\mathcal{E}$ 在第 n 次试验发生，它再在第 $n + m$ 次试验发生，只有在第 $n + 1, \cdots, n + m$ 次试验中，成功次数是失败次数的 λ 倍才行. 因此，$\mathcal{E}$ 接连两次发生之间的等待时间是独立同分布的. 作为一个特例，考虑掷一颗均匀的骰子 $6n$ 次恰巧出现 n 次幺点这一事件. （13.12 节习题 4 和习题 5 还要继续讨论. ）

(d) **阶梯随机变量**. 沿用例 (a) 的符号，定义一个新的样型 $\mathcal{E}$ 如下：如果 S_n 超过前面所有的和，即

$$S_n > 0, \; S_n > S_1, \; \cdots, \; S_n > S_{n-1}, \tag{13.1.3}$$

则说 $\mathcal{E}$ 在第 n 次试验发生.

如果 $\mathcal{E}$ 在第 n 次试验发生，则过程按下述意义重新开始. 假定 (13.1.3) 成立，$\mathcal{E}$ 在第 $n + m$ 次试验发生当且仅当

$$S_{n+m} > S_n, \; \cdots, \; S_{n+m} > S_{n+m-1}. \tag{13.1.4}$$

但是，差 $S_{n+k} - S_n$ 是剩余序列 $X_{n+1}, X_{n+2}, \cdots$ 的部分和，从而 $\mathcal{E}$ 由剩余序列定义的循环性与由全序列定义的循环性是完全一样的. 换句话说，对 $\mathcal{E}$ 的研究，与它每次发生的时刻以前的全部过去的历史是无关的. [13.4 节例 (d) 还将继续讨论.]

(e) **伯努利试验序列中的成功连贯**. 在前面的例子中, $\mathcal{E}$ 是直接定义的, 现在我们转而研究另一种情况下, 即给循环样型以严谨的定义, 使这种理论更便于应用. 在古典文献中, "长为 r 的成功连贯"的意思是: 恰有或至少有 r 个不间断的成功序列. 这两种表述都不能导出循环样型. 譬如, 如果要求恰有 r 次成功, 那么, 在第 $n+1$ 试验出现成功时, 就会把在第 n 次试验就已完成的那个连贯破坏掉; 另一方面, 如果要求至少有 r 次成功, 那么, 每一个连贯可以无限制的延长. 显然, 一个连贯发生后, 不可能重建初始状态. 古典连贯理论比较混乱, 引进较系统的处理方法是可能的, 这就是定义长为 r 的连贯为循环样型. 第 1 个长为 r 的连贯是唯一定义的, 我们约定: 从每个连贯发生的时刻以后重新计数. 按照这种约定, 在序列 SSS|SFSSS|SSS|F 中, 恰含 3 个长为 3 的成功连贯 (它们发生在第 3, 8, 11 次试验). 恰含 5 个长为 2 的成功连贯 (它们发生在第 2, 4, 7, 9, 11 次试验). 正式的定义如下: 由 n 个字母 S 和 F 构成的序列, 包含的长为 r 的 S 连贯的个数, 等于这样一些既不间断又不重叠的区段的个数, 其中每个区段内恰含 r 个 S. 根据这种定义, 如果一个长为 r 的连贯在第 n 次试验时加入该序列, 我们说 $\mathcal{E}$ 发生在第 n 次试验. 这就定义了循环样型而且在不影响其基本面貌的前提下大大地简化了理论. (13.7 节还将继续讨论.)

(f) **续上例: 相关的样型**. 显然, 上一个例子中考虑的问题, 可以应用到更一般的样型中去, 例如 SFSF 的发生. 有趣的是: 无须限制给定的样型. 因此, "两次成功和三次失败"的发生定义了一个重复事件, "或者一个长为 r 的成功连贯, 或者一个长为 ρ 的失败连贯"的发生, 也定义了一个重复事件. (13.8 节还将继续讨论.)

(g) **盖革计数器**. 用于宇宙射线和 α 粒子的计数器的型号可以用下列简单模型[①]来描述. 按一致的速率来进行伯努利试验. 一台计数器用来记录成功, 但是每次记录以后, 机器要对 $r-1$ 次试验锁住. 换句话说, 在第 n 次试验记录了一个成功当且仅当前 $r-1$ 次试验未予记录. 计数器在 $n+1, \cdots, n+r-1$ 次试验是锁住的, 而且当第 $n+r$ 次试验的结果为失败时, 计数器重新开启. 计数器的输入量依赖于试验. 每次记录都有后效, 但是, 当计数器开着 (不是锁着) 的时候, 情况是完全一样的, 并且试验重新开始. 令 $\mathcal{E}$ 表示"试验的结果使计数器开启", 则 $\mathcal{E}$ 是一个典型的循环事件. [13.4 节例 (e) 将继续讨论.]

(h) **最简单的排队过程**由一个伯努利试验序列和一个只取正整数值的随机变量序列 $X_1, X_2, \cdots$ 定义. X_k 具有公共分布 $\{\beta_k\}$, 它们彼此相互独立且与伯努利

---

① 这是 I 型计数器的离散模式. II 型计数器在 13.12 节习题 8 中讨论.

试验序列也相互独立. 我们把第 n 次试验成功解释在时刻① n 有一个顾客来到服务设施（或者一次呼叫来到电话交换机）. X_n 代表来到服务设施的第 n 个顾客的服务时间. 在每一个时刻，服务设施或者是"空闲的"或者是"忙碌的"，而且过程依据下述规则进行: 开始（在时刻 0），服务设施是空闲的，在服务设施空闲时到来的顾客立即被服务，但是在此顾客的被服务期间到来的顾客，服务设施处于忙期. 在服务设施处于忙期到来的顾客构成一条等待队列. 服务设施不间断地为顾客服务，一直到没有顾客为止.

此规则唯一地决定了这个过程，对于给定的顾客到来的过程的样本序列 $(S, F, S, S, S, F, F, \cdots)$，和相继的服务时间的样本序列 $(3, 1, 17, 2, \cdots)$，不难求出: 每一个时刻的队列长度是多少，第 n 个到来的顾客的等待时间是多少. 理论上讲应算出所有相关的概率，但是找到实际可行的方法并不容易. 显然，服务设施的每一个空闲时间，其情况与时刻 0 完全一样. 因此用术语来说，"服务设施空闲"这种偶然事件构成一个循环样型. 我们将要看到，这样一个经常有的循环样型具有重要的结果，例如，它蕴涵时刻 n 的队列长度的概率分布；第 n 个到来的顾客的等待时间；相应的随机变量序列当 $n \to \infty$ 时趋于的确定的极限（13.5 节定理 2）. 换句话说，循环事件的存在，使我们能够证明稳定状态的存在和分析它最本质的性质.

(i) 机器维修. 现在用循环样型来处理另一个与上例不同的例子，此例中来到的"顾客"不再遵从伯努利试验所固有的规律. 为确定起见，在此例中，把"顾客"理解为同一类的机器出现损毁，而"服务"理解为修理. 我们仍然沿用服务与队列结构的习语，但是在机器损毁时（或"顾客到来"），引入新的机器设备. 假定共有 N 台机器，并考虑两个极端的情形.

- 首先假定一直处于工作状态的机器，在下一个时刻损毁的概率为 p，当它损毁时，就用一台同一类型的新机器来替代，而服务时间理解为安装一台新机器所需要的时间. 我们假定这 N 台机器是相互独立的，而且它们的损毁由 N 次独立伯努利试验序列来控制. 注意: 有愈多的机器在队列中，就有愈少的机器处于工作状态，因此，任何一个时刻的队列长度都影响新损毁的发生（或要求服务的呼唤）的概率. 这与前一个例子明显不一样，但是，"服务设施空闲着"仍然构成一个循环样型，因为当它发生以后，我们面对的是完全一样的情形.

- 现在假定每次修理后都有后效，其后效是将来损毁的概率增大了. 这意味

---

① 用时刻（epoch）表示时间轴上的一个点. 术语等待时间考虑为一个时段（duration）. 这些习语是由赖尔登引入的，因为在排队论中，时间（time）、时刻 (moment) 等的各种含义容易引起误会.

着：机器经过修理后性能变坏了，它再也不能恢复到开始时的状态了．在这种情况下，就没有循环样型来帮我们分析问题了． ∎

13.2 定义

考虑一个具有结果 E_j $(j = 1, 2, \cdots)$ 的重复试验序列．它们不必独立（在马尔可夫链中的应用特别有趣）．和通常一样，原则上假定试验可以进行无穷多次，而且概率 $P\{E_{j_1}, E_{j_2}, \cdots, E_{j_n}\}$ 可以相容地对一切有限序列给予定义．设 $\mathcal{E}$ 是有限序列的一个属性，即假定对每个有限序列 $(E_{j_1}, E_{j_2}, \cdots, E_{j_n})$ 可以唯一地判定它是否具有属性 $\mathcal{E}$．我们约定，语句 "$\mathcal{E}$ 在（有限或无穷）序列 $E_{j_1}, E_{j_2}, \cdots$ 中的第 n 个位置处出现" 是 "子序列 $E_{j_1}, E_{j_2}, \cdots, E_{j_n}$ 具有属性 $\mathcal{E}$" 的另一种说法，据此，$\mathcal{E}$ 在第 n 次试验中出现仅仅依赖于前 n 次试验的结果．易见，当说 "循环事件 $\mathcal{E}$" 的时候，实际上指的是一类用 $\mathcal{E}$ 的出现这一性质定义的事件．所以，与其说 $\mathcal{E}$ 本身是一个事件，倒不如说它是一个符号．我们在此处滥用了一句话，但是这应该能接受，正如问题本来没有维数，但是 "一个二维问题" 的说法，人们通常还是能够接受的．

定义 1 属性 $\mathcal{E}$ 定义了一个循环事件，如果：

(a) 为使 $\mathcal{E}$ 在序列 $(E_{j_1}, E_{j_2}, \cdots, E_{j_{n+m}})$ 的第 n 个和第 $n+m$ 个位置出现，其充分必要条件是 $\mathcal{E}$ 在两个子序列 $(E_{j_1}, E_{j_2}, \cdots, E_{j_n})$ 和 $(E_{j_{n+1}}, E_{j_{n+2}}, \cdots, E_{j_{n+m}})$ 的最后的位置出现．

(b) 如果 $\mathcal{E}$ 在第 n 个位置出现，则有恒等式

$$P\{E_{j_1}, \cdots, E_{j_{n+m}}\} = P\{E_{j_1}, \cdots, E_{j_n}\} P\{E_{j_{n+1}}, \cdots, E_{j_{n+m}}\}.$$

现在说 "在序列 $(E_{j_1}, E_{j_2}, \cdots)$ 中，$\mathcal{E}$ 第 1 次出现在第 n 个位置" 就有意义了．显然，每个循环事件 $\mathcal{E}$，对于 $n = 1, 2, \cdots$ 有如下定义的两个数列：

$$u_n = P\{\mathcal{E}出现在第 \ n \ 次试验\},$$
$$f_n = P\{\mathcal{E}第 \ 1 \ 次出现在第 \ n \ 次试验\}. \tag{13.2.1}$$

为方便起见，定义

$$f_0 = 0, \qquad u_0 = 1, \tag{13.2.2}$$

并引入母函数

$$F(s) = \sum_{k=1}^{\infty} f_k s^k, \qquad U(s) = \sum_{k=0}^{\infty} u_k s^k. \tag{13.2.3}$$

注意 $\{u_k\}$ 不是概率分布. 事实上, 在现在这种情况下, $\sum u_k = \infty$. 然而, 事件 "$\mathcal{E}$ 第 1 次出现在第 n 次试验" 是互斥的, 从而

$$f = F(1) = \sum_{n=1}^{\infty} f_n \leqslant 1. \tag{13.2.4}$$

显然, $1 - f$ 应解释为在无限延续的试验序列中 $\mathcal{E}$ 不出现的概率. 如果 $f = 1$, 我们可以引入具有下述分布的随机变量 T:

$$P\{T = n\} = f_n. \tag{13.2.5}$$

甚至当 $f < 1$ 时, 我们也用同样的符号 (13.2.5). 因此 T 是一个不规范的或有缺欠的随机变量, 它有 $1 - f$ 的概率不取数字值. (为此赋 T 以符号 ∞, 显然, 这不需要什么新规则.)

$\mathcal{E}$ 的**等待时间**, 即 $\mathcal{E}$ 第 1 次出现时所需要的试验次数 (含出现的那一次试验) 是一个具有分布 (13.2.5) 的随机变量, 然而此随机变量确实只能定义无穷序列 $(E_{j_1}, E_{j_2}, \cdots)$ 的样本空间上.

由循环事件的定义可知: $\mathcal{E}$ 第 1 次出现在第 k 个试验而第 2 次出现在第 n 次试验的概率为 $f_k f_{n-k}$. 因此 $\mathcal{E}$ 第 2 次出现在第 n 次试验的概率 $f_n^{(2)}$ 等于

$$f_n^{(2)} = f_1 f_{n-1} + f_2 f_{n-2} + \cdots + f_{n-1} f_1. \tag{13.2.6}$$

上式右端是 $\{f_n\}$ 与它自己的卷积, 因此 $\{f_n^{(2)}\}$ 是两个独立随机变量之和的分布, 其中每个随机变量的分布都是 (13.2.5). 更一般地, 如果 $\mathcal{E}$ 第 r 次出现在第 n 次试验的概率用 $f_n^{(r)}$ 表示, 则

$$f_n^{(r)} = f_1 f_{n-1}^{(r-1)} + f_2 f_{n-2}^{(r-1)} + \cdots + f_{n-1} f_1^{(r-1)}. \tag{13.2.7}$$

这个简单的事实可以用下面的定理表述.

定理　令 $f_n^{(r)}$ 是 $\mathcal{E}$ 第 r 次出现在第 n 次试验的概率. 则 $\{f_n^{(r)}\}$ 是 r 个具有共同分布 (13.2.5) 的相互独立的随机变量 $T_1, \cdots, T_r$ 的和

$$T^{(r)} = T_1 + T_2 + \cdots + T_r \tag{13.2.8}$$

的分布. 换句话说, 对固定的 r, $\{f_n^{(r)}\}$ 具有母函数 $F^r(s)$.

特别地, 由此推出

$$\sum_{n=1}^{\infty} f_n^{(r)} = F^r(1) = f^r. \tag{13.2.9}$$

用语言来表示，$\mathcal{E}$ 至少出现 r 次的概率为 f^r（这是早已料到的事实）. 现在引入定义.

定义 2 如果 $f = 1$，称循环事件 $\mathcal{E}$ 是常返[①]的；如果 $f < 1$，称 $\mathcal{E}$ 是暂留的.

对于暂留的 $\mathcal{E}$，$\mathcal{E}$ 至少出现 r 次的概率 f^r 趋于 0，对于常返的 $\mathcal{E}$，此概率永远是 1. 用语言来说，常返的 $\mathcal{E}$ 概率为 1 地发生无穷多次，暂留的 $\mathcal{E}$ 只能发生有限次.（此陈述不仅是描述性的，如果在无穷序列 $E_{j_1}, E_{j_2}, \cdots$ 的样本空间中考虑问题，还是完全正确的命题.）

我们还要一个定义，在伯努利试验序列中，返回平衡 [13.1 节例 (a)] 只能在偶数次试验发生. 在此情况下，$f_{2n+1} = u_{2n+1} = 0$，且母函数 $F(s)$ 和 $U(s)$ 视为 s 的幂级还不如视为 s^2 的幂级数. 类似地，在 13.1 节例 (c) 中，如果 λ 是整数，只有当 n 是 $\lambda + 1$ 的倍数时，$\mathcal{E}$ 才能在第 n 次试验出现. 我们把这种情况称为 $\mathcal{E}$ 是周期的. 本质上，周期的循环事件与非周期的循环事件只是符号上的差异，但是，每个定理都要求特别注意周期的这一例外情况. 换句话说，周期的循环事件有许多无法弥补的麻烦的性质.

定义 3 如果存在 $\lambda > 1$ 使得 $\mathcal{E}$ 只能在第 $\lambda, 2\lambda, 3\lambda, \cdots$ 次试验才可能出现（即当 n 不能被 λ 整除时 $u_n = 0$），则称循环事件 $\mathcal{E}$ 是周期的. 具有上述性质的最大整数 λ 称为 $\mathcal{E}$ 的周期.

最后要注意：在无穷序列 $E_{j_1}, E_{j_2}, \cdots$ 的样本空间中，$\mathcal{E}$ 第 $r-1$ 次出现到第 r 次出现之间的试验次数是一个有定义的随机变量（可能是有缺欠的随机变量），它具有 T_r 的概率分布. 换句话说，随机变量 T_r 确实代表 $\mathcal{E}$ 的接连两次出现之间等待时间（循环时间）. 为了不超出本卷的样本空间的范围，我们曾分析地定义过 T_r，但是，仍希望在其直观解释中展现出它的概率背景. 利用循环事件的概念，可以把一类比较一般的随机变量化为独立随机变量之和. 反之，任一分布 $\{f_n\}, n = 1, 2, \cdots$ 可以用来定义一个循环事件. 下述例子用来证明这一论断.

例 自我更新体. 考虑一个电灯泡，或一段保险丝，或任意一种寿命有限的零件. 当第 1 个用坏时，马上换上同一种类型的第 2 个零件；第 2 个坏了时，第 3 个又立刻换上；等等. 我们假定零件的寿命是只取某一时间单位（一年、一天或一秒）的整数倍的随机变量. 于是，每一时间单位可视为一次试验，其结果可能是"更换"或"不更换". 可以把接连的更换看作是循环事件. 如果一个新零件恰好能用 n 个时间单位的概率为 f_n，则 $\{f_n\}$ 为循环时间的分布. 零件的寿命必然是有限的，则 $\sum f_n = 1$，此时循环事件是常返的. 通常，事先能断定零件的寿命不

[①] 第 1 版用不同的术语，但现在这一术语用到马尔可夫链中去更好些.

能超过某个值 m, 此时, 母函数 $F(s)$ 是一个次数不超过 m 的多项式. 在应用中, 我们希望求出: 在时刻 n 要换新零件的概率 u_n, 它可由 (13.3.1) 算出. 此处, 我们得到了一类由任意分布 $\{f_n\}$ 定义的循环事件. $f < 1$ 的情形并不排除, 此时 $1 - f$ 可以解释为零件永不坏的概率.   ■

13.3   基本关系

沿用 (13.2.1) ~ (13.2.4) 中的记号. 下面研究 $\{f_n\}$ 与 $\{u_n\}$ 之间的关系. 根据定义, 对于 $n > \nu$, $\mathcal{E}$ 在第 ν 次试验中第 1 次出现且又在第 n 次试验中第 2 次出现的概率为 $f_\nu u_{n-\nu}$, $\mathcal{E}$ 在第 n 次试验中第 1 次出现的概率为 $f_n = f_n u_0$. 因为这些事件是互斥的, 所以

$$u_n = f_1 u_{n-1} + f_2 u_{n-2} + \cdots + f_n u_0, \qquad n \geqslant 1. \tag{13.3.1}$$

容易发现, 上式右边是卷积 $\{f_k\} * \{u_k\}$, 其母函数为 $F(s)U(s)$; 上式左边是缺 u_0 这一项的数列 $\{u_n\}$, 所以其母函数为 $U(s) - 1$. 于是由 (13.3.1) 可得 $U(s) - 1 = F(s)U(s)$. 所以, 我们证明了下述定理.

定理 1 $\{u_n\}$ 与 $\{f_n\}$ 的母函数有下列关系:

$$U(s) = \frac{1}{1 - F(s)}. \tag{13.3.2}$$

注意: 当 $|s| < 1$ 时, (13.3.2) 的右边可以展开成收敛的几何级数 $\sum F^r(s)$. $F^r(s)$ 中对应于 s^n 的系数为 $f_n^{(r)}$, 它是 $\mathcal{E}$ 在第 n 次试验中第 r 次出现的概率. (13.3.2) 等价于

$$u_n = f_n^{(1)} + f_n^{(2)} + \cdots. \tag{13.3.3}$$

此式说明了下述明显的事实: 如果 $\mathcal{E}$ 在第 n 次中试验出现, 则它在前面出现了 $0, 1, 2, \cdots, n-1$ 次. (显然当 $r > n$ 时 $f_n^{(r)} = 0$.)

定理 2 $\mathcal{E}$ 为暂留的充分必要条件是

$$u = \sum_{j=0}^{\infty} u_j \tag{13.3.4}$$

为有限数. 当此条件成立时, $\mathcal{E}$ 迟早总会出现的概率 f 为

$$f = \frac{u - 1}{u}. \tag{13.3.5}$$

注意: 我们可以把 u_j 解释为随机变量的期望, 当 $\mathcal{E}$ 在第 j 次试验中出现时此随机变量取值 1, 否则取值 0, 于是 $u_1 + u_2 + \cdots + u_n$ 是在 n 次试验中 $\mathcal{E}$ 出

现的次数的期望值. 所以, $u-1$ 可以解释为无穷多次试验中 $\mathcal{E}$ 出现的次数的期望值.

证 由于系数 u_k 是非负的, 故当 $s \to 1$ 时 $U(s)$ 单调增加, 因此, 对每个 N 都有

$$\sum_{n=0}^{N} u_n \leqslant \lim_{s \to 1} U(s) \leqslant \sum_{n=0}^{\infty} u_n = u.$$

因为当 $f < 1$ 时 $U(s) \to (1-f)^{-1}$, 当 $f = 1$ 时 $U(s) \to \infty$. 定理得证. ∎

下面的定理特别重要.[①]证明的方法是初等的, 由于它对理解问题的概率意义并未多大帮助, 所以我们把其证明放在本章的最后.

定理 3 设 $\mathcal{E}$ 是常返的非周期的, 令 μ 是循环时间 T_ν 的均值, 即

$$\mu = \sum j f_j = F'(1) \tag{13.3.6}$$

(μ 可能为 ∞), 则当 $n \to \infty$ 时有

$$u_n \to \mu^{-1}. \tag{13.3.7}$$

(如果平均循环时间为 ∞ 则 $u_n \to 0$.)

$\mathcal{E}$ 为非周期的这一限制很容易移去. 实际上, 当 $\mathcal{E}$ 有周期 λ 时级数 $\sum f_n s^n$ 只包含 s^λ 的指数幂. 对任意整数 $\lambda > 1$, 如果上述情况不满足, 我们称此级数诚实. 定理 3 可表述如下: 若 F 为诚实的概率母函数, U 由 (13.3.2) 定义, 则 $u_n \to 1/F'(1)$. 现在如果 $\mathcal{E}$ 有周期 λ, 则 $F(s^{1/\lambda})$ 为诚实的概率母函数, 因此 $U(s^{1/\lambda})$ 的系数趋于 $\lambda/F'(1)$.

定理 4 对于大于 1 的任意整数 λ, 如果 $\mathcal{E}$ 是常返的且具有周期 λ, 则

$$u_{n\lambda} \to \lambda/\mu, \tag{13.3.8}$$

对于不能被 λ 整除的任意整数 k 有 $u_k = 0$.

[①] 特殊情况容易证明 (见 13.12 节习题 1) 而且早为人知. 大量的论文都致力于改善条件, 但一般都认为有的条件是必需的. 定理 3 的最一般的情形的证明见参考文献 [30]. 本书第 1 版出版后, 钟开莱发现, 定理 3 可以从柯尔莫哥洛夫关于马尔可夫链的渐近性质的定理推出来. 许多数学家对各种不同的概率分布类来对此定理作各种形式的推广. 这些研究对近代概率论提供了许多有效的研究方法. 最后, 得到了类似定理 3 的结果对任意的概率分布都成立. 一个初等的 (但并不简单) 的证明见第 2 卷 11.9 节.

13.4　例子

(a) **伯努利试验序列中的成功**. 作为一个平凡的例子，令 $\mathcal{E}$ 为伯努利试验序列中的"成功". 则 $u_n = p$ 对所有 $n \geqslant 1$ 成立，因此由 (13.3.2) 有

$$U(s) = \frac{1-qs}{1-s}, \qquad F(s) = \frac{ps}{1-qs}. \tag{13.4.1}$$

在此特殊情形，定理 2 确认了一个显然的事实，接连两次成功之间的等待时间服从期望为 $1/p$ 的几何分布.

(b) **返回平衡** [**13.1 节例 (a)**]. 如果在第 k 次试验中正面出现的累积次数等于反面出现的累积次数，则必有 $k = 2n$ 是偶数，此时，一次平衡的概率等于

$$u_{2n} = \binom{2n}{n} p^n q^n = \binom{-\frac{1}{2}}{n} (-4pq)^n. \tag{13.4.2}$$

因此，由二项展开式 (2.8.7) 有

$$U(s) = \frac{1}{\sqrt{1-4pqs^2}}, \tag{13.4.3}$$

从而由 (13.3.2) 可得

$$F(s) = 1 - \sqrt{1-4pqs^2}. \tag{13.4.4}$$

二项展开式的第二个应用是导出 f_{2n} 的显式表达式. （当 $p = \frac{1}{2}$ 时，u_{2n} 和 f_{2n} 的显式表达式在 3.2 节和 3.3 节中已经用组合方法导出了，母函数 U 和 F 已经在 11.3 节中用另外的方法导出了. 下面将会看到，只有现在的方法不需要其他技巧. ）

当 $s = 1$ 时，(13.4.4) 中的平方根等于 $|p-q|$，所以

$$f = 1 - |p-q|. \tag{13.4.5}$$

因此，返回平衡是一个周期为 2 的循环事件，当 $p \neq q$ 时它是暂留的，当 $p = q$ 时它是常返的. 至少 r 次返回平衡的概率为 f^r.

当 $p = q = \frac{1}{2}$ 时，初返平衡的等待时间是一个完好的随机变量，然而 $F'(1) = \infty$，所以平均循环时间是 ∞. （这也可以从定理 4 及 $u_n \to 0$ 推出. ）平均循环时间是 ∞ 蕴涵了：在无限制地扔一个硬币的游戏中，随机起伏与服从正态分布的熟知的样型相差甚远. 这种起伏的较为反常的但却是真实的现象，在第 3 章已经讨论过了.

(c) **从负值返回平衡**. 在 13.1 节例 (b) 中, 返回平衡时, 限制了其前面的部分和 S_j 都不能为正的. 这种循环事件的循环时间的分布由下式定义:

$$f_{2n}^- = P\{S_{2n} = 0, S_1 < 0, \cdots, S_{2n-1} < 0\}. \tag{13.4.6}$$

当然, $f_{2n-1}^- = 0$. 似乎不大可能找到直接导出此概率的推理, 但是却可从上面的例子推出. 确实如此, 在满足 (13.4.6) 中的条件的样本 $(X_1, \cdots, X_{2n})$ 中, 均含 n 个正的和 n 个负的, 所以, 它与 $(-X_1, \cdots, -X_{2n})$ 的概率是一样的. 因为初返平衡发生时, 它必须经过正的或经过负的, 而且两种情形也具有相同的概率. 所以 $f_{2n}^- = \frac{1}{2} f_{2n}$, 此处 $\{f_n\}$ 是返回平衡的分布, 它在上一个例子中已经得出. 因此, 循环时间的母函数为

$$F^-(s) = \frac{1}{2} - \frac{1}{2}\sqrt{1 - 4pqs^2}, \tag{13.4.7}$$

从而

$$U^-(s) = \frac{2}{1 + \sqrt{1 - 4pqs^2}} = \frac{1 - \sqrt{1 - 4pqs^2}}{2pqs^2}. \tag{13.4.8}$$

事件 $\mathcal{E}$ 是暂留的, 它迟早要发生的概率为 $\frac{1}{2} - \frac{1}{2}|p - q|$.

(d) **阶梯随机变量**. 只有当 $k = 2n + 1$ 是奇数时, 第一个正的部分和才能出现在第 k 次试验. 其对应的概率记为

$$\phi_{2n+1} = P\{S_1 < 0, \cdots, S_{2n} = 0, S_{2n+1} = 1\}. \tag{13.4.9}$$

因此 $\{\phi_k\}$ 是 13.1 节例 (d) 中的循环事件的概率分布. 因为 (13.4.9) 中的条件要求 $X_{2n+1} = +1$, 所以前一个例子中的循环事件出现在第 $2n$ 次试验. 由此推出 $\phi_{2n+1} = p \cdot u_{2n}^-$. 因此, 用明显的符号, 有

$$\Phi(s) = psU^-(s) = \frac{1 - \sqrt{1 - 4pqs^2}}{2qs}. \tag{13.4.10}$$

这是已经在 (11.3.6) 中求出的 "初过时" 的母函数. 应用二项展开式 (2.8.7), 由 (13.4.10) 可推出 ϕ_{2n+1} 的显式表达式. 此表达式与 3.7 节定理 2 中用组合方法找出的表达式是一样的.

(e) **盖革计数器**. 在 13.1 节例 (g) 中, 如果在时刻 1 没有记录, 它仍然是开启的. 否则它锁住, 而且在时刻 $r+1$ 没有粒子出现时, 它又开启, 如果在时刻 $r+1$ 有粒子出现而在 $2r+1$ 没有粒子出现, 则计数器在时刻 $2r+1$ 开启, ……. 因此, 循环时间的母函数为

$$qs + qps^{r+1} + qp^2s^{2r+1} + \cdots = \frac{qs}{1 - ps^r}. \tag{13.4.11}$$

(也见 13.12 节习题 7 至习题 9.)

(f) **最简单的排队问题** [**13.1 节例 (h)**]. 这里, 当时刻 1 无顾客到来时, 服务设施空闲着. 如果到来一个顾客, 就会产生一个所谓的 "忙期", 此忙期要持续到服务设施第 1 次空闲时才终止. 忙期的母函数 $\rho(s)$ 已经在 12.5 节例 (c) 中用分支过程的方法推出过. 在现在的情形, 循环时间的母函数为 $qs + ps\rho(s)$, 这与 (12.5.7) 一样.

(g) **扔多个硬币游戏中的平局**. 我们用一个简单的例子来说明: 无须有关母函数的确切知识, 就可推出一些确切的结论的可能性. 令 $r \geqslant 2$ 是任意一个整数, 并考虑一个同时独立地扔 r 个硬币的试验序列. 令 $\mathcal{E}$ 为这样一个循环事件: 全部 r 个硬币都处于同一个位相 (即 r 个硬币扔出的累积的正面次数都相同). 此事件出现在第 n 次试验的概率为

$$u_n = 2^{-rn} \left[\binom{n}{0}^r + \binom{n}{1}^r + \cdots + \binom{n}{n}^r \right]. \tag{13.4.12}$$

右边诸项是 $p = \frac{1}{2}$ 的二项分布, 由正态逼近易见: 对每个固定的 r, 当 $n \to \infty$ 时有

$$u_n \sim \left(\frac{2}{\pi n} \right)^{\frac{1}{2} r} \sum_j \mathrm{e}^{-2rj^2/n} \tag{13.4.13}$$

(求和号中的 j 取遍从 $-\frac{1}{2}n$ 到 $\frac{1}{2}n$ 的一切整数). 由积分的定义有

$$2\sqrt{\frac{r}{n}} \sum_j \mathrm{e}^{-2rj^2/n} \to \int_{-\infty}^{\infty} \mathrm{e}^{-\frac{1}{2}x^2} \mathrm{d}x = \sqrt{2\pi}, \tag{13.4.14}$$

因此,

$$u_n \sim \frac{1}{\sqrt{r}} \left(\frac{2}{\pi n} \right)^{\frac{1}{2}(r-1)}. \tag{13.4.15}$$

这蕴涵了当 $r \leqslant 3$ 时 $\sum u_n$ 发散, 但此级数在 $r \geqslant 4$ 时收敛. 由此推出: 当 $r \leqslant 3$ 时 $\mathcal{E}$ 是常返的, 当 $r \geqslant 4$ 时 $\mathcal{E}$ 是暂留的. 因为当 $r \leqslant 3$ 时 $u_n \to 0$, 所以平均循环时间是 ∞. (比较 13.12 节习题 2 和习题 3.) ∎

13.5 迟延循环事件、一般性极限定理

我们现在引进一个比循环事件稍为广一点概念, 除了术语和关于记录的基本方程以外, 不需要作什么特别的说明.

也许, 关于迟延循环事件的最好的非正式描述是: 在它们对应的试验序列中, 我们 "遗失了开头而在中间开始". 到 $\mathcal{E}$ 第 1 次出现时的等待时间服从分布 $\{b_n\}$, 它与 $\mathcal{E}$ 下一次出现的等待时间的分布 $\{f_n\}$ 不一样. 所有的理论, 均无须改变就

可应用，除了下面一点：$\mathcal{E}$ 第 1 次出现以后的试验的样本空间与起始的样本空间不同，而 $\mathcal{E}$ 每次出现以后的样本空间完全是重复的.

情况很简单. 我们按常规而行，并约定：当说及一个迟延循环事件 $\mathcal{E}$ 时，就用循环事件的定义只是不考虑直到 $\mathcal{E}$ 第 1 次出现时那些试验而已. 这样来理解迟延循环事件，$\mathcal{E}$ 第 1 次出现的等待时间是一个随机变量，它与其后诸循环时间相互独立，但其分布 $\{b_n\}$ 可能与其他诸循环时间的公共分布 $\{f_n\}$ 不一样.

令 v_n 是 $\mathcal{E}$ 在第 n 次试验出现的概率. 为了推导 v_n 的表达式，我们进行如下推理. 假定 $\mathcal{E}$ 在第 $k < n$ 次试验出现，关于其后的子试验序列，$\mathcal{E}$ 就变成了一个通常的循环事件，所以 $\mathcal{E}$ 重新出现在第 n 次试验的（条件）概率为 u_{n-k}. 因为，$\mathcal{E}$ 在第 n 次试验出现有两种可能，或者它在第 n 次试验第 1 次出现；或者它第 1 次出现在第 $k < n$ 次试验. 把所有的概率加起来，得到

$$v_n = b_n + b_{n-1}u_1 + b_{n-2}u_2 + \cdots + b_1 u_{n-1} + b_0 u_n. \tag{13.5.1}$$

于是我们得到了 v_n 的显式表达式. [另一个证明见 13.10 节例 (a).] 关系 (13.5.1) 可以用卷积方程写得更紧凑一些

$$\{v_n\} = \{b_n\} * \{u_n\}. \tag{13.5.2}$$

这蕴涵了对应的母函数满足恒等式

$$V(s) = B(s)U(s) = \frac{B(s)}{1 - F(s)}. \tag{13.5.3}$$

例 (a) 在 13.4 节例 (a) 至例 (d) 考虑的伯努利试验序列中，事件 $S_n = 1$ 是迟延循环事件. 其第 1 次出现的等待时间的母函数是如 (13.4.10) 定义的 Φ. 接连两次出现 $\{S_n = 1\}$ 之间的循环时间的母函数是 F，它是返回平衡的母函数 [见 (13.4.4)]. 因此，在现在的情形，$V = \Phi/(1 - F)$. ■

容易证明：v_n 的渐近性质本质上与 u_n 的渐近性质一样. 为了避免一些不足道的麻烦，假定 $\mathcal{E}$ 是非周期的.[①] 由 13.3 节可知，在此假设下，u_n 趋于有限的极限，而且 $\sum u_n < \infty$ 的充分必要条件是：$\mathcal{E}$ 是暂留的.

定理 1 如果 $u_n \to \omega$，则

$$v_n \to b\omega, \qquad 其中 \ b = \sum b_k = B(1). \tag{13.5.4}$$

如果 $\sum u_n = u < \infty$，则

$$\sum v_n = bu. \tag{13.5.5}$$

特别地，若 $\mathcal{E}$ 是常返的，则 $v_n \to \mu^{-1}$.

---

① 周期循环事件在 13.10 节定理 2 中讨论. 定理 1 的另一证明见 13.10 节例 (a).

证　令 $r_k = b_{k+1} + b_{k+2} + \cdots$. 因为 $u_n \leqslant 1$, 显然, 由 (13.5.1) 可知: 当 $n > k$ 时

$$b_0 u_n + \cdots + b_k u_{n-k} \leqslant v_n \leqslant b_0 u_n + \cdots + b_k u_{n-k} + r_k. \tag{13.5.6}$$

选择充分大的 k 使得 $r_k < \varepsilon$. 对充分大的 n, (13.5.6) 中最左边的和数大于 $b\omega - 2\varepsilon$, 而最右边的和数小于 $b\omega + 2\varepsilon$. 因此 (13.5.4) 成立. 结论 (13.5.5) 可由把 (13.5.1) 对所有 n 求和而得, 也可在 (13.5.3) 中令 $s = 1$ 而得. ■

下面转而研究一个广为应用的一般性极限定理, 假定对某一特定的系统有可数多个可能的状态 $E_0, E_1, \cdots$, 而且从一个状态转移到另一个状态依赖于一个某种类型的随机机构. 例如, 在简单的排队过程 [13.1 节例 (h)] 中, 如果有 k 个顾客在队列中 (包括正在接受服务的那个顾客), 则说此系统处于状态 E_k. 一个包含 17 个服务的问题可能要求 18 个数去区别系统的状态, 但是, 一切可能的状态可以在序列 $E_1, E_2, \cdots$ 中标序. 我们不需要考虑如何做得最好, 因为下面的定理并不导出一种计算概率的实用方法. 它是一个纯存在性定理, 它证明了对实际中经常遇到的情形, 稳定状态都是存在的. 这具有抽象意义, 也有实际价值, 因为按常规, 一个稳定状态的数学分析远比研究依时过程简单.

假定对 $n = 1, 2, \cdots$, 对每一个 n 元组 $(r_1, \cdots, r_n)$, 系统在时刻 $0, 1, \cdots, n-1$ 处于状态 $(E_{r_1}, \cdots, E_{r_n})$ 都有完全确定的概率. 我们不再引入关于这些事件相互依赖的假设, 也不引入关于一个状态转移到另一个状态的概率的假设. 为简单起见, 我们仅仅考虑在时刻 n 系统处于状态 E_r 的概率 $p_n^{(r)}$. (定理推广到二元组、三元组等都是很容易的.) 最苛刻的假设是: 存在一个联系我们的过程的循环事件 $\mathcal{E}$, 例如, 在排队过程 [13.1 节例 (h)] 中, E_0 就是这样一个循环事件. 在这种情况下, 如果 $\mathcal{E}$ 是暂留的, 则存在一个正概率使队列不终结. 这蕴涵了: 我们迟早要遇到一个没有结尾的队列, 也就是说, 队列无穷地增加其长度. 这是一个某种类型的极限定理, 它说明在实际中这种服务是不可能的. 这个例子, 将说明 "$\mathcal{E}$ 是常返的" 这一条件所起的作用. (引进非周期性是为了避免一些不足道的情形.)

定理 2　假定在我们的过程中, 有一个非周期的常返的 (可能是迟延的) 循环事件 $\mathcal{E}$, 则当 $n \to \infty$ 时有

$$p_n^{(r)} \to p^{(r)}, \tag{13.5.7}$$

而且当平均循环时间 μ 有限时, 有

$$\sum p^{(r)} = 1, \tag{13.5.8}$$

否则, $p^{(r)} = 0$.

证 对任何时刻而言, 只有 $\mathcal{E}$ 一出现, 则过程重新开始. 因此, 在 $\mathcal{E}$ 于某一时刻出现的条件下, E_r 在此后 n 个时间单位却又在 $\mathcal{E}$ 下一次出现以前发生的条件概率 $g_n^{(r)}$ 是完全确定的. 对于迟延循环事件而言, 我们还要求引进概率 $\gamma_n^{(r)}$, 它是 E_r 发生在时刻 n 却又在 $\mathcal{E}$ 第 1 次出现以前的概率. (显然, 对非迟延的循环事件 $\mathcal{E}$ 而言, $\gamma_n^{(r)} = g_n^{(r)}$.)

现在把 "E_r 在时刻 n 发生" 的方法根据时刻 n 以前 $\mathcal{E}$ 最后一次出现的情况来进行分类. 第一类, $\mathcal{E}$ 未出现, 相应的概率为 $\gamma_n^{(r)}$; 第二类, 存在 $k \leqslant n$, $\mathcal{E}$ 在时刻 k 出现过但在时刻 k 和 n 之间未出现, 相应的概率为 $v_k g_{n-k}^{(r)}$. 把这些互斥的事件的概率加起来得到

$$p_n^{(r)} = \gamma_n^{(r)} + g_{n-1}^{(r)} v_1 + g_{n-2}^{(r)} v_2 + \cdots + g_0^{(r)} v_n. \tag{13.5.9}$$

(此处沿用定理 1 的符号. 对于迟延循环事件 $v_0 = 0$, 对于非迟延循环事件 $v_k = u_k$ 且 $\gamma_n^{(r)} = g_n^{(r)}$.)

除了右边出现 $\gamma_n^{(r)}$ 以外, (13.5.9) 与 (13.5.1) 是类似的. 显然, 此数小于 $\mathcal{E}$ 在时刻 n 以前不出现的概率, 又因为 $\mathcal{E}$ 是常返的, 所以当 $n \to \infty$ 时 $\gamma_n^{(r)} \to 0$. 对于其余的项, 我们可以应用定理 1, 只不过把符号 u_k 用 v_k 代替, b_k 用 $g_k^{(r)}$ 代替而已. 因为 $\mathcal{E}$ 是常返的, 所以 $v_n \to \mu^{-1}$, 由此推出

$$p_n^{(r)} \to \mu^{-1} \sum_{k=0}^{\infty} g_k^{(r)}. \tag{13.5.10}$$

这就证明了极限 (13.5.7) 的存在性. 为了证明它们加起来等于 1, 注意到在每一个时刻, 系统总是处于某一个状态, 所以

$$\sum_{r=0}^{\infty} g_n^{(r)} = g_n \tag{13.5.11}$$

是循环时间大于等于 n 的概率, 即

$$g_n = f_n + f_{n+1} + \cdots.$$

因此, 由 (11.1.8) 有

$$\sum_{r=0}^{\infty} p^{(r)} = \frac{1}{\mu} \sum_{n=0}^{\infty} g_n = 1. \tag{13.5.12}$$

■

[13.10 节例 (b) 中的极限定理是现在的定理的特例.]

13.6　$\mathcal{E}$ 出现的次数

到现在为止，我们用接连两次出现的等待时间研究了循环事件 $\mathcal{E}$. 下面的处理常常会更好：给定试验次数 n，取前 n 次试验 $\mathcal{E}$ 出现的次数 N_n 作为基本的随机变量. 下面将研究 n 充分大时，N_n 的分布的渐近性质. 为简单起见，假定 $\mathcal{E}$ 是非迟延的.

像 (13.2.8) 中一样，令 $T^{(r)}$ 为 $\mathcal{E}$ 第 r 次出现时所需的试验次数（含第 r 次出现那次试验）. $T^{(r)}$ 和 N_n 的概率分布有下列关系：

$$P\{N_n \geqslant r\} = P\{T^{(r)} \leqslant n\}. \tag{13.6.1}$$

从下面的简单情形开始：$\mathcal{E}$ 是常返的，其循环时间的分布 $\{f_n\}$ 有有限的均值 μ 和方差 σ^2. 因为 $T^{(r)}$ 是 r 个相互独立的随机变量的和，10.1 节的中心极限定理断言：对每个固定的 x，当 $r \to \infty$ 时

$$P\left\{ \frac{T^{(r)} - r\mu}{\sigma\sqrt{r}} < x \right\} \to \mathfrak{N}(x), \tag{13.6.2}$$

此处，$\mathfrak{N}(x)$ 是正态分布函数. 令 $n \to \infty$ 和 $r \to \infty$ 满足条件

$$\frac{n - r\mu}{\sigma\sqrt{r}} \to x, \tag{13.6.3}$$

则由 (13.6.1) 和 (13.6.2) 推出

$$P\{N_n \geqslant r\} \to \mathfrak{N}(x). \tag{13.6.4}$$

为了把这一关系写成更熟悉的形式，引入简化的随机变量

$$N_n^* = (\mu N_n - n)\sqrt{\frac{\mu}{\sigma^2 n}}. \tag{13.6.5}$$

不等式 $N_n \geqslant r$ 等价于

$$N_n^* \geqslant \frac{r\mu - n}{\sigma\sqrt{r}} \cdot \sqrt{\frac{r\mu}{n}} = -x\sqrt{\frac{r\mu}{n}}. \tag{13.6.6}$$

把 (13.6.3) 除以 r，易见 $n/r \to \mu$，所以 (13.6.6) 的右边趋于 $-x$. 因为 $\mathfrak{N}(-x) = 1 - \mathfrak{N}(x)$，所以

$$P\{N_n^* \geqslant -x\} \to \mathfrak{N}(x) \quad 或 \quad P\{N_n^* < -x\} \to 1 - \mathfrak{N}(x), \tag{13.6.7}$$

因此我们证明了下述定理：

定理 正态逼近. 如果循环事件 $\mathcal{E}$ 是常返的, 而且其循环时间具有有限的均值 μ 和方差 σ^2, 则 $\mathcal{E}$ 在第 r 次出现时所需的试验次数 $T^{(r)}$ 与前 n 次试验出现的次数 N_n 都渐近地服从正态分布, 如 (13.6.2) 和 (13.6.7) 所示.

注意: (13.6.7) 是关于**相依随机变量序列** N_n 的中心极限定理. 它的用处将会在下一节关于连贯理论的应用中展现出来.

关系式 (13.6.7) 使得下述估计是合理的:

$$E(N_n) \sim n/\mu, \qquad \mathrm{Var}(N_n) \sim n\sigma^2/\mu^3. \tag{13.6.8}$$

此处符号 $\sim$ 表示两边之比趋于 1. 为了证明 (13.6.8), 注意 N_n 是 n 个（相依的）随机变量 Y_k 之和, 而每个 Y_k 当 $\mathcal{E}$ 在第 k 次试验出现时为 1 否则为 0. 因此 $E(Y_k) = u_k$, 从而

$$E(N_n) = u_1 + u_2 + \cdots + u_n. \tag{13.6.9}$$

因为 $u_n \to \mu^{-1}$, 这蕴涵了 (13.6.8) 的第一个关系式. 类似的推理可证 (13.6.8) 的第二个关系式.（见 13.12 节习题 20.）

不幸的是, 许多随机过程和一些应用中出现的循环时间的期望都是无穷大. 在这种情况下, 正态逼近要代之以具有完全不同的性质的更一般的极限定理[40], 而随机起伏显示出想象不到的特性. 例如, 人们直观地想象 $E(N_n)$ 随 n 的增加而线性地增加,"因为试验次数变为两倍时 $\mathcal{E}$ 出现的次数平均来说也是原来的次数的两倍." 事实并非如此. 如果平均循环时间是无穷大的话, 那么 $u_n \to 0$, 从而由 (13.6.9) 可知 $E(N_n)/n \to 0$. 这意味着在长连贯中, $\mathcal{E}$ 的出现变得非常稀少, 只有某些循环时间是不可思议的长, $\mathcal{E}$ 才可能出现. 下述二例, 将要说明此等现象是容易的.

例 (a) 令 $\mathcal{E}$ 为扔硬币的游戏 [13.4 节例 (b), 其中 $p = \frac{1}{2}$] 中"返回平衡"这一事件, 则 $u_{2n} \sim 1/\sqrt{\pi n}$, 且 (13.6.9) 逼近 $(\pi x)^{-\frac{1}{2}}$ 的积分, 而这蕴涵了 $E(N_{2n}) \sim 2\sqrt{n/\pi}$. 因此, 到时刻 n 的平均循环时间依 $\sqrt{n}$ 的速度增加. 而此结果的一些难懂的推论在第 3 章中花了很长的篇幅加以讨论.

(b) 返回 13.4 节例 (g), 考虑重复掷 $r = 3$ 个硬币, 令 $\mathcal{E}$ 表示 3 个硬币都处于相同的位相. 我们曾经证明: $\mathcal{E}$ 是常返的循环事件, 且 $u_n \sim \frac{2}{\sqrt{3}\cdot\pi n}$. 因此, 粗略地说, $E(N_n)$ 增加的速度与 $\ln n$ 差不多, 所以到时刻 n 的平均循环时间与 $n/\ln n$ 的大小的阶差不多. ∎

*13.7　在成功连贯中的应用

下面将用 r 表示固定的正整数，$\mathcal{E}$ 表示伯努利试验序列中长为 r 的成功连贯的出现．13.1 节例 (e) 中对连贯长度的定义是重要的，否则连贯就不是循环事件了，并且计算变得很复杂了．如在 (13.2.1) 和 (13.2.2) 中一样，u_n 是 $\mathcal{E}$ 在第 n 次试验中出现的概率，f_n 是第 1 个长为 r 的连贯出现在第 n 次试验的概率．

第 $n, n-1, n-2, \cdots, n-r+1$ 这 r 次试验都出现成功的概率是 p^r．在这种情况下，$\mathcal{E}$ 在第 $n-k$（$k = 0, 1, \cdots, r-1$）次试验出现且其他 k 次试验出现 k 次成功的概率是 $u_{n-k} p^k$．因为这 r 个事件[①]是互斥的，所以对 $n \geqslant r$ 有循环关系[②]

$$u_n + u_{n-1}p + \cdots + u_{n-r+1}p^{r-1} = p^r. \tag{13.7.1}$$

显然

$$u_1 = u_2 = \cdots = u_{r-1} = 0, \qquad u_0 = 1. \tag{13.7.2}$$

乘 (13.7.1) 两边以 s^n，且对 $n = r, r+1, r+2, \cdots$ 求和，得到其左边为

$$\{U(s) - 1\} \left(1 + ps + p^2 s^2 + \cdots + p^{r-1} s^{r-1}\right), \tag{13.7.3}$$

而其右边为 $p^r (s^r + s^{r+1} + \cdots)$．这二个级数都是几何级数，故有

$$[U(s) - 1] \cdot \frac{1 - (ps)^r}{1 - ps} = \frac{p^r s^r}{1 - s}, \tag{13.7.4}$$

因此

$$U(s) = \frac{1 - s + qp^r s^{r+1}}{(1 - s)(1 - p^r s^r)}. \tag{13.7.5}$$

由 (13.3.2)，可得循环时间的母函数为

$$F(s) = \frac{p^r s^r (1 - ps)}{1 - s + qp^r s^{r+1}} = \frac{p^r s^r}{1 - qs(1 + ps + \cdots + p^{r-1} s^{r-1})}. \tag{13.7.6}$$

由 $F(1) = 1$ 这一事实可知：试验序列很长时，任意长的连贯出现的次数可以越过任意上界．因为 $u_n \to \mu^{-1}$，所以平均循环时间 μ 可以由 (13.7.1) 直接得到．因为也要求知道方差，最好去计算 $F(s)$ 的导数．最好先整理 (13.7.6) 的分母再求导数．经过简单的计算，得到长为 r 的连贯的循环时间的均值与方差是

$$\mu = \frac{1 - p^r}{qp^r}, \qquad \sigma^2 = \frac{1}{(qp^r)^2} - \frac{2r+1}{qp^r} - \frac{p}{q^2}. \tag{13.7.7}$$

[①] 原著在此处是"概率"，因并无"概率是互斥"的定义，故把"概率"一词改为"事件"．——译者注

[②] 古典办法包含在推导 f_n 的循环关系中，但其方法较复杂，而且也不能用到其他类型的连贯或者样型 SSFFSS 中去，而我们在此处却可以不加改变地应用到这些问题上去［见 13.8 节例 (c)］．

由前一节的定理可知：对于充分大的 n，n 次试验中产生的长为 r 的连贯的个数 N_n 是渐近正态分布的，这就是说，对任意固定的 $\alpha < \beta$，概率

$$\frac{n}{\mu} + \alpha\sigma\sqrt{\frac{n}{\mu^3}} < N_n < \frac{n}{\mu} + \beta\sigma\sqrt{\frac{n}{\mu^3}} \tag{13.7.8}$$

趋于 $\mathfrak{N}(\beta) - \mathfrak{N}(\alpha)$. 此结果首先由冯·米泽斯证明，但其计算很长. 表 13.1 给出了几个典型的循环时间的均值.

表 13.1 假定每秒进行一次试验，成功连贯的平均循环时间

连贯的长度	$p = 0.6$	$p = 0.5$（硬币）	$p = \frac{1}{6}$（骰子）
$r = 5$	30.7 秒	1 分	2.6 小时
10	6.9 分	34.1 分	28.0 月
15	1.5 小时	18.2 小时	18 098 年
20	19 小时	24.3 天	140.7 百万年

11.4 节中的部分分式法，使我们能推出一些很精确的逼近. 容易看出：(13.7.6) 中的第二个表示式的分母有唯一的正根 $s = x$. 对于每个满足 $|s| \leqslant x$ 的实数或复数 s，总有

$$|qs(1 + ps + \cdots + p^{r-1}s^{r-1})| \leqslant qx(1 + px + \cdots + p^{r-1}x^{r-1}) = 1, \tag{13.7.9}$$

其中的等号只有当左边所有项均具有相同的幅角（即 $s = x$）时才能成立. 故 x 的绝对值小于 (13.7.6) 中的分母的其他的根的绝对值. 因此，可对 $s_1 = x$ 用 (11.4.5) 和 (11.4.9)，令 $U(s) = p^r s^r(1 - ps)$，$V(s) = 1 - s + qp^r s^{r+1}$. 利用 $V(x) = 0$ 可得

$$f_n \sim \frac{(x-1)(1-px)}{(r+1-rx)q} \cdot \frac{1}{x^{n+1}}. \tag{13.7.10}$$

在 n 次试验中没有连贯的概率为 $q_n = f_{n+1} + f_{n+2} + f_{n+3} + \cdots$，把 (13.7.10) 中的几何级数求和得

$$q_n \sim \frac{1-px}{(r+1-rx)q} \cdot \frac{1}{x^{n+1}}. \tag{13.7.11}$$

这样就得到 n 次试验中没有长为 r 的成功连贯的概率满足 (13.7.11). 表 13.2 说明，即使对很小的 n，(13.7.11) 右边的逼近都是非常精确的，而且逼近的精度随 n 的增加而迅速改善. 这说明了母函数法与部分分式法的威力.

数值计算. 为了照顾做实际工作的读者的需要，借此机会，介绍一点部分分式展开中的数值计算，但不会像第一次见到那样详细阐述，然而其误差的精确估计还是可能得到的.

渐近展开式 (13.7.11) 中有两个问题. 第一，那 $r-1$ 个被忽略了的根的贡献必须估计；第二，起支配作用的那个根 x 必须计算.

表 13.2   具有 $p = \frac{1}{2}$ 的 n 次试验中没有长为 $r = 2$ 的成功连贯的概率

n	q_n 的确切值	由 (13.7.11) 得到的值	误差
2	0.75	0.766 31	0.0163
3	0.625	0.619 96	0.0080
4	0.500	0.501 56	0.0016
5	0.406 25	0.405 77	0.0005

(13.7.6) 中第一个表示式说明, $F(s)$ 的分母的所有根都满足方程

$$s = 1 + qp^r s^{r+1}, \tag{13.7.12}$$

但 (13.7.12) 有一个额外的不相关的根 $s = p^{-1}$. 对于正的 s, $f(s) = 1 + qp^r s^{r+1}$ 是凸函数, 它与分角线 $y = s$ 交于 x 和 p^{-1}, 而且在区间 (x, p^{-1}) 内它的图形在分角线下方. 幸好有 $f'(p^{-1}) = (r+1)q$. 如果此数大于 1, 则 $f(s)$ 的图形在点 $s = p$ 由下方穿越分角线, 因此 $p^{-1} > x$. 为确定起见, 假定

$$(r+1)q > 1, \tag{13.7.13}$$

在此场合, $x < p^{-1}$, 并且当 $x < s < p^{-1}$ 时 $f(s) < s$. 由此推出: 对满足 $x < |s| < p^{-1}$ 的所有复数 s 都有 $|f(s)| \leqslant f(|s|) < |s|$, 所以没有根 s_k 落在圆环 $x < |s| < p^{-1}$ 之内. 因为 x 是按绝对值而言的最小的根, 所以

$$当 s_k \neq x 时 \qquad |s_k| > p^{-1}. \tag{13.7.14}$$

微分 (13.7.12) 可知一切根都是单根.

每一个根对 q_n 的贡献都与起支配作用的根 x 在 (13.7.11) 中所做的贡献在形式上是一样的, 因此, 在 (13.7.11) 中被略去的那 $r - 1$ 项都有下列形式:

$$A_k = \frac{ps_k - 1}{rs_k - (r+1)} \cdot \frac{1}{qs_k^{n+1}}. \tag{13.7.15}$$

我们要找出右边第一个因子的上界. 为此, 首先注意, 对固定的 $s > p^{-1} > (r+1)r^{-1}$ 有

$$\left| \frac{pse^{i\theta} - 1}{rse^{i\theta} - (r+1)} \right| \leqslant \frac{ps + 1}{rs + r + 1}. \tag{13.7.16}$$

事实上, 左边的量分别在 $\theta = 0$ 和 $\theta = \pi$ 时取最大值和最小值, 直接把 0 和 π 代进去一算便知 0 对应极小值而 π 对应极大值. 于是, 由 (13.7.13) 和 (13.7.14) 可得

$$|A_k| < \frac{2p^{n+1}}{(r+1+rp^{-1})q} < \frac{2p^{n+2}}{rq(1+p)}. \tag{13.7.17}$$

由此推出, 在 (13.7.11) 中, 忽略异于 x 的 $r - 1$ 个根引起的误差的绝对值小于

$$\frac{2(r-1)p}{rq(1+p)}. \tag{13.7.18}$$

令 $x_0 = 1, x_{\nu+1} = f(x_\nu)$, 用逐次逼近法, 由 (13.7.12) 容易算出根 x. 此序列会单调收敛到 x, 其中每一项都是 x 的下界, 而每一个满足 $s > f(s)$ 的 s 都是 x 的上界. 易见

$$x = 1 + qp^r + (r+1)(qp^r)^2 + \cdots. \tag{13.7.19}$$

*13.8 更一般的样型

我们前面所使用的方法可以用到更一般的问题中去，这些问题以前曾经考虑过，它们比简单连贯更难一些.

例 (a) **各种类型的连贯**. 令 $\mathcal{E}$ 为"或者一个长为 r 的成功连贯，或者一个长为 ρ 的失败连贯" [见 13.1 节例 (f)]. 研究两个循环事件 $\mathcal{E}_1$ 和 $\mathcal{E}_2$，此处 $\mathcal{E}_1$ 代表"长为 r 的成功连贯"；$\mathcal{E}_2$ 代表"长为 ρ 的失败连贯"；而 $\mathcal{E}$ 代表"或者 $\mathcal{E}_1$ 或者 $\mathcal{E}_2$". 对于 $\mathcal{E}_1$，其对应的母函数为 (13.7.5)，现在用 $U_1(s)$ 表示. $\mathcal{E}_2$ 对应的母函数用 $U_2(s)$ 表示，它也可以从 (13.7.5) 得到，只不过把 p 和 q 互相交换位置并且以 ρ 代替 r 而已. 除了 $u_0 = 1$ 这一点以外，$\mathcal{E}$ 在第 n 次试验中出现的概率 u_n 等于 $\mathcal{E}_1$ 和 $\mathcal{E}_2$ 的相应的概率的和. 由此推出

$$U(s) = U_1(s) + U_2(s) - 1. \tag{13.8.1}$$

$\mathcal{E}$ 的循环时间的母函数 $F(s)$ 还是 $F(s) = 1 - U^{-1}(s)$，也就是

$$F(s) = \frac{(1-ps)p^r s^r (1 - q^\rho s^\rho) + (1-qs)q^\rho s^\rho (1 - p^r s^r)}{1 - s + qp^r s^{r+1} + pq^\rho s^{\rho+1} - p^r q^\rho s^{r+\rho}}. \tag{13.8.2}$$

微分之可得平均循环时间

$$\mu = \frac{(1-p^r)(1-q^\rho)}{qp^r + pq^\rho - p^r q^\rho}. \tag{13.8.3}$$

当 $\rho \to \infty$ 时，这个表达式趋于 (13.7.7) 给出的成功连贯的平均循环时间.

(b) 在 8.1 节中，我们计算过长为 r 的成功连贯出现在长为 ρ 的失败连贯之前的概率 x. 利用例 (a) 定义的两个循环事件 $\mathcal{E}_1$ 和 $\mathcal{E}_2$. 令 x_n 为 $\mathcal{E}_1$ 第一次出现在第 n 次试验而此前未出现 $\mathcal{E}_2$ 的概率；f_n 为 $\mathcal{E}_1$ 第一次出现在第 n 次试验（对 $\mathcal{E}_2$ 没有任何要求）的概率. 类似 x_n 和 f_n 分别定义 y_n 和 g_n，只不过把前面的 $\mathcal{E}_1$ 和 $\mathcal{E}_2$ 的地位互换而已.

f_n 的母函数由 (13.7.6) 给出，再把 p 和 q 互换并以 ρ 代替 r 即可得到 $G(s)$. 对于 x_n 和 y_n 有显而易见的循环关系

$$\begin{aligned} x_n &= f_n - (y_1 f_{n-1} + y_2 f_{n-2} + \cdots + y_{n-1} f_1), \\ y_n &= g_n - (x_1 g_{n-1} + x_2 g_{n-2} + \cdots + x_{n-1} g_1). \end{aligned} \tag{13.8.4}$$

它们都是卷积型的，因此，对应的母函数有下列关系：

$$\begin{aligned} X(s) &= F(s) - Y(s)F(s), \\ Y(s) &= G(s) - X(s)G(s). \end{aligned} \tag{13.8.5}$$

由这两个线性方程可得

$$X(s) = \frac{F(s)[1-G(s)]}{1-F(s)G(s)}, \qquad Y(s) = \frac{G(s)[1-F(s)]}{1-F(s)G(s)}. \tag{13.8.6}$$

用部分分式法可得 x_n 和 y_n 的表达式. 对于 $s=1$ 有 $X(1) = \sum x_n = x$, 这是 $\mathcal{E}_1$ 出现在 $\mathcal{E}_2$ 之前的概率. 当 $s=1$ 时 (13.8.6) 中第一式的右方的分子和分母都为 0, 所以计算 $X(1)$ 得用洛必达法则, 即对分子和分母求导: $X(1) = G'(1)/[F'(1)+G'(1)]$. 由 (13.7.7) 有 $F'(1) = (1-p^r)/qp^r$ 和 $G'(1) = (1-q\rho)/pq^\rho$, 由此得到 (8.1.3) 中给出的 $X(1)$.

(c) 考虑形如 SSFFSS 的样型定义的循环事件. 重复 13.7 节的推理, 易见

$$p^4q^2 = u_n + p^2q^2u_{n-4} + p^3q^2u_{n-5}. \tag{13.8.7}$$

因为已知 $u_n \to \mu^{-1}$, 所以平均循环时间为 $\mu = p^{-4}q^{-2}+p^{-2}+p^{-1}$. 当 $p=q=\frac{1}{2}$ 时 $\mu = 70$, 然而长为 6 的成功连贯的平均循环时间为 126. 这表明与希望不一样, 在扔硬币中, 成功连贯与其他具有相同长度的其他连贯有着本质的不同. ■

13.9　几何等待时间的记忆缺损

等待时间的几何分布, 具有一个其他分布并不具备的一个有趣而重要的性质. 考虑一个伯努利试验序列, 设 T 是直到第一次出现成功的试验 (包括出现成功那次试验在内) 的次数, 则 $P\{T > k\} = q^k$. 假定前 m 次试验中未出现成功, 从这 m 次失败以后, 出现第一次成功所需的等待时间的分布还是 $\{q^k\}$, 它与前面失败的次数无关. 换句话说, 等待时间再延长 k 的概率与等待时间总长度超过 k 的初始概率是一样的. 如果一个原子或某个零件的寿命服从几何分布, 则不会发生老化现象. 一个现存的原子, 它在下一次试验中衰变的概率总是一样的. 放射性原子就具有这种性质 (只是在连续时间的场合, 应以指数分布代替几何分布). 反之, 如果一种现象完全无记忆 (或者说不会老化), 则其持续时间服从几何分布或指数分布. 一个熟知的典型的例子是电话的会话, 它经常作为不连贯的完全依赖瞬时冲动的模型. 会话的结束是一种瞬时的偶然结果, 而与此前会话已持续多长无关. 与此相反, 如果已经有 5 分钟没来公共汽车了, 则很快就要来公共汽车的希望大增. 在扔硬币的游戏中, 正面和反面出现的累积次数相等发生在第 2 次试验的概率是 $\frac{1}{2}$, 然而, 在已知它们不相等的条件下, 再经过 2 次试验而出现相等的概率是 $\frac{1}{4}$. 这些都是有后效的例子.

为了严格地表述上面的论断, 假定等待时间 T 分别以概率 $p_0, p_1, p_2, \cdots$ 取值 $0, 1, 2, \cdots$. 令 T 的分布具有下列性质: 在第 k 次试验之前等待时间尚未结束

的条件下，而在第 k 次试验等待时间结束的条件概率为 p_0（即在第 1 次试验结束的概率），则 $p_k = (1 - p_0)^k p_0$，因此 T 服从几何分布.

为证明这个论断，再一次引进尾概率

$$q_k = p_{k+1} + p_{k+2} + p_{k+3} + \cdots = P\{T > k\}.$$

我们的假设条件是 $T > k-1$，其概率为 q_{k-1}. 因此 $T = k$ 的条件概率为 p_k/q_{k-1}. 由前面的假设，对所有 $k \geqslant 1$ 有

$$\frac{p_k}{q_{k-1}} = p_0. \tag{13.9.1}$$

因为 $p_k = q_{k-1} - q_k$，所以 (13.9.1) 化为

$$\frac{q_k}{q_{k-1}} = 1 - p_0. \tag{13.9.2}$$

因为 $q_0 = p_1 + p_2 + \cdots = 1 - p_0$，所以 $q_k = (1 - p_0)^{k+1}$，从而 $p_k = q_{k-1} - q_k = (1 - p_0)^k p_0$. 证毕. ■

在随机过程论中，记忆缺损是与马尔可夫性相联系的. 在 15.13 节中还要回过来讨论这类问题.

13.10　更新理论

作为循环事件的理论基础的卷积方程，具有比以前章节中所见到的更为广泛的应用. 因此还要重新论述它们更一般的分析内容，并且描述其概率更新理论及其在各种总体的研究中的应用.

首先从两个任意的实数序列[①]$f_1, f_2, \cdots$ 和 $b_0, b_1, \cdots$ 开始. 用卷积方程

$$v_n = b_n + f_1 v_{n-1} + f_2 v_{n-2} + \cdots + f_n v_0 \tag{13.10.1}$$

可定义一个新的序列 $v_0, v_1, \cdots$，它们是由 (13.10.1) 递归地定义的，并且在任何情况下，它们都是唯一地定义的. 然而，我们只考虑满足下列条件的序列[②]：

$$f_n \geqslant 0, \quad f = \sum_{n=1}^{\infty} f_n < \infty; \qquad b_n \geqslant 0, \quad b = \sum_{n=0}^{\infty} b_n < \infty. \tag{13.10.2}$$

---

① 取 $f_0 = 0$. 由 (13.10.1) 易见，对 $0 < f_0 < 1$ 的情形只是记号的变化：以 $f_k/(1 - f_0)$ 代替 f_k，以 $b_k/(1 - f_0)$ 代替 b_k.

② f_n 的非负性是本质的，但两个级数的收敛性只是为了方便. 如果 $b = \infty$ 且 $f = \infty$，一般结论也不会丧失. 当 $f = \infty$ 时 (13.10.7) 仍然对，只不过这时 $F'(\xi)$ 不一定有限. 当 $b = \infty$ 且 $F'(\xi) = \infty$ 时 (13.10.7) 也就失去意义了.

在这种情况下，v_n 是非负的，而且其母函数必须满足

$$V(s) = \frac{B(s)}{1 - F(s)}. \tag{13.10.3}$$

母函数 F 和 B 至少在 $0 \leqslant s < 1$ 内收敛，从而 (13.10.3) 在 $F(s) < 1$ 时定义了一个收敛的幂级数. 关系式 (13.10.1) 和 (13.10.3) 是完全等价的. 在 13.3 节中曾考虑过 $B(s) = 1$（对所有 n 有 $v_n = u_n$）的特殊情况. 13.5 节涵盖了限制 $f \leqslant 1$ 的一般情形. 为了能应用到总体理论中去，我们将允许 $f > 1$. 幸好，这种情形很容易化为标准情形 $f = 1$.

对于 $\lambda > 1$，如果除了 $n = k\lambda$ 是 λ 的倍数以外，其他的 $f_n = 0$，且 λ 是满足上述性质的最大整数，则称序列 $\{f_n\}$ 具有周期 λ. 这就是说，$F(s) = F_1(s^\lambda)$ 是 s^λ 的幂级数，但是对任何 $r > 1$，$F(s)$ 不是 $s^{r\lambda}$ 的幂级数. 再令

$$\mu = \sum n f_n \leqslant \infty, \tag{13.10.4}$$

为方便起见，当 $\mu = \infty$ 时，μ^{-1} 解释为 0.

定理 1（**更新定理**）假定 (13.10.2) 成立且 $\{f_n\}$ 是非周期的.

(i) 如果 $f < 1$ 则 $v_n \to 0$ 且

$$\sum_{n=0}^{\infty} v_n = \frac{b}{1 - f}. \tag{13.10.5}$$

(ii) 如果 $f = 1$ 则

$$v_n \to b\mu^{-1}. \tag{13.10.6}$$

(iii) 如果 $f > 1$ 则方程 $F(\xi) = 1$ 有唯一的正根且满足

$$\xi^n v_n \to \frac{B(\xi)}{\xi F'(\xi)}. \tag{13.10.7}$$

显然 $\xi < 1$，因此导数 $F'(\xi)$ 是有限的. (13.10.7) 表明序列 $\{v_n\}$ 最终会具有公比为 $\xi^{-1} > 1$ 的几何序列的性质.

证　结论 (i) 和 (ii) 已经在 13.5 节中证明了. 为了证明 (iii)，只需把结果 (ii) 应用到序列 $\{f_n\xi^n\}$, $\{b_n\xi^n\}$, $\{v_n\xi^n\}$ 中去即可，这 3 个序列的母函数分别为 $F(\xi s)$, $B(\xi s)$, $V(\xi s)$. ∎

上面把序列 $\{f_n\}$ 是周期的情形排除了，因为我们对这种情况兴趣较小. 实际上，它们并不提供多少新的东西. 确实，如果 $\{b_n\}$ 和 $\{f_n\}$ 具有相同的周期 λ，那么 $B(s)$ 和 $F(s)$ 都是 s^λ 的幂级数，因此 $V(s)$ 也具有周期 λ. 因此，定理 1 可以应用到序列 $\{f_{n\lambda}\}$, $\{b_{n\lambda}\}$ $\{v_{n\lambda}\}$ 上

去, 它们分别具有母函数 $F(s^{1/\lambda})$, $B(s^{1/\lambda})$, $V(s^{1/\lambda})$. 当 $F(1) = 1$ 时有 $v_{n\lambda} \to b\lambda/\mu$. 因为一般的幂级数 B 能够写成下述 λ 个幂级数 B_j 的线性组合:

$$B(s) = B_0(s) + sB_1(s) + \cdots + s^{\lambda-1}B_{\lambda-1}(s), \tag{13.10.8}$$

其中每个 B_j 都仅仅包含形如 s^λ 的幂. 将此引入 (13.10.3) 并应用刚才陈述的结果, 我们得到下面的定理.

定理 2 假定 (13.10.2) 成立且 $\{f_n\}$ 具有周期 $\lambda > 1$.

(i) 如果 $f < 1$ 则 (13.10.5) 成立.

(ii) 如果 $f = 1$ 则当 $n \to \infty$ 时对 $j = 0, 1, \cdots, \lambda - 1$ 有

$$u_{n\lambda+j} \to \lambda B_j(1)/\mu. \tag{13.10.9}$$

(iii) 如果 $f > 1$ 则当 $n \to \infty$ 时对 $j = 0, 1, \cdots, \lambda - 1$ 有

$$\xi^{n\lambda} u_{n\lambda+j} \to \lambda B_j(\xi)/(\xi\mu). \tag{13.10.10}$$

在循环事件中使用过的, 证明某些概率满足形如 (13.10.1) 的卷积方程的推理, 也可应用到许多随机过程. 许多以这种方式出现的重要的极限定理, 都可以作为定理 1 的简单推论. 这种方法现在已经取代了古老笨拙的方法而变为广为人知的**更新理论**. 只有用于具有连续时间参数的过程, 其威力才能充分显现, 但最初的两个例子 [例 (a) 和例 (b)] 仍可做一些直观说明. 进一步的例子见 13.12 节习题 8 和习题 9. 定理 1 对非概率的极限定理的应用见例 (c). 最后两个例子 [例 (d) 和例 (e)] 是为实际应用而提供的.

例 (a) **迟延循环事件**. 我们将给出 13.5 节中关于迟延循环事件的结果一个新的推导, $\mathcal{E}$ 的循环时间的分布为 $\{f_n\}$ 且第 1 次出现的分布为 $\{b_j\}$. 令 v_n 是 $\mathcal{E}$ 在第 n 次试验出现的概率. 我们证明 (13.10.1) 成立. $\mathcal{E}$ 在第 n 次试验出现有两种方法. 此次出现是第 1 次, 那么其概率为 b_n. 否则, 在第 n 次试验以前, $\mathcal{E}$ 存在一次最后出现, 所以存在一个数 $1 \leqslant j < n$ 使得 $\mathcal{E}$ 在第 j 次试验出现且下一次出现在第 n 次试验. 此事件的概率为 $v_j f_{n-j}$. 上述两种情形是互斥的, 所以

$$v_n = b_n + v_1 f_{n-1} + v_2 f_{n-2} + \cdots + v_{n-1} f_1, \tag{13.10.11}$$

这与 (13.10.1) 完全一样. 因此, 其母函数 V 由 (13.10.3) 所给出, 这与 13.5 节的结果也完全一样. (虽然结果形式上是一样的, 但推理不同, 在 13.5 节中, 是根据 $\mathcal{E}$ 的第 1 次出现来列举推导的, 而现在的推理则用了最后一次出现. 两种推导都用于其他情形, 而且有时还导出了形式上不同的方程.)

(b) **击中概率**. 考虑一个具有完全 (非迟延的) 常返的循环事件 $\mathcal{E}$ 的试验序列. 令 $\nu \geqslant 0$ 是整数. 假定我们开始仅仅观察第 ν 次试验以后的过程, 而

且只对 $\mathcal{E}$ 下一次出现的等待时间感兴趣. 更形式化地说, 对 $r = 1, 2, \cdots$, 令 $w_\nu(r)$ 表示在第 ν 次试验以后, $\mathcal{E}$ 在第 $\nu+r$ 次试验第 1 次出现的概率. 因此 $w_0(r) = f_r, w_\nu(0) = 0$. [因其在随机徘徊中的意义称 $w_\nu(r)$ 为击中概率. 在其他的主题中, 更自然地是称它为始于第 ν 次试验的剩余等待时间的分布. 见 15.2 节例 (k).]

为了确定这些概率, 应用下面的标准的更新理论的推理. $\mathcal{E}$ 可能最初一次出现在第 $\nu+r$ 次试验, 对应的概率是 $f_{\nu+r}$. 否则, 存在整数 $k \leqslant \nu$ 使得 $\mathcal{E}$ 第 1 次出现在第 k 次试验. 第 k 次试验以后继续进行的过程是整个过程的概率复制, 除了原始的第 ν 次试验现在变为第 $\nu-k$ 次试验以外. 因此, 此事件的概率为 $f_k w_{\nu-k}(r)$, 从而对每个 $r > 0$ 有

$$w_\nu(r) = f_{\nu+r} + \sum_{k=1}^\nu f_k w_{\nu-k}(r). \tag{13.10.12}$$

此方程就是 (13.10.1) 的标准形式, 只不过其中的 $b_n = f_{n+r}$ 而已. 在此, 我们对母函数不感兴趣, 只希望对非常大的 ν, 描述击中概率的渐近性质. 这可由定理 1 来完成. 令

$$\rho_k = f_{k+1} + f_{k+2} + \cdots, \tag{13.10.13}$$

回顾 (11.1.8), 平均循环时间满足

$$\mu = \rho_1 + \rho_2 + \cdots. \tag{13.10.14}$$

如果是 $\mathcal{E}$ 非周期的, 从定理 1 可知当 $\nu \to \infty$ 时有

$$w_\nu(r) \to \begin{cases} \rho_r/\mu, & \text{如果 } \mu < \infty, \\ 0, & \text{如果 } \mu = \infty. \end{cases} \tag{13.10.15}$$

这个结果非常有趣. 平均循环时间有限蕴涵了 $\{\rho_r/\mu\}$ 是一个概率分布, 从而有一个标准形式的极限定理. 然而, 当 $\mu = \infty$ 时, 等待时间超过任一事先给定的整数 r 的概率趋于 1. 换句话说, 等待时间比循环时间本身的性质差许多. 在第 2 卷中将要详细讨论此意外现象具有的重要推论.（也见 13.12 节习题 10.）

(c) 重复平均. 下面的问题是一个分析性质, 并曾在各种主题中用许多精巧的方法处理过. 假定 $f_j \geqslant 0$ 且 $f_1 + \cdots + f_r = 1$. 任意给定 r 个数 $v_1, \cdots, v_r$, 定义它们的加权平均为 $f_1 v_r + \cdots + f_r v_1$. 现在定义无穷序列 $v_1, v_2, \cdots$ 如下: 从给定的 r 个 $v_1, \cdots, v_r$ 开始, 用之前的 r 项的加权平均来定义 v_n. 换句话说, 对任何 $n > r$ 定义

$$v_n = f_1 v_{n-1} + \cdots + f_r v_{n-r}. \tag{13.10.16}$$

因为序列 $f_1, f_2, \cdots$ 在第 r 项终止, 所以这些等式都是形如 (13.10.1) 的. 再定义 b_k 使得 (13.10.1) 对所有 n 都成立. 这就是说, 令 $b_0 = v_0 = 0$ 且

$$b_k = v_k - f_1 v_{k-1} - \cdots - f_{k-1} v_1, \qquad k \leqslant r. \tag{13.10.17}$$

(对于 $k > r$, 定义 $b_k = 0$.) 不用任何计算, 由定理 1 推出: 用这种重复平均法得到的 v_n 趋于有限的极限. 为了计算此极限, 我们必须估计 $b = b_1 + \cdots + b_r$. 用 (13.10.13) 中的记号来表示 $\sum f_k$ 的残部, 由 (13.10.17) 和 (13.10.6) 易见

$$v_n \to \frac{v_1 \rho_{r-1} + \cdots + v_r \rho_0}{f_1 + 2f_2 + \cdots + r f_r}. \tag{13.10.18}$$

例如, 如果 $r = 3$ 且取算术平均, 则 $f_1 = f_2 = f_3 = \frac{1}{3}$ 且

$$v_n \to \frac{1}{6}(v_1 + 2v_2 + 3v_3). \tag{13.10.19}$$

我们如此容易地推出这个结果, 并不能掩盖下列事实: 离开现在这一主题问题将是很难的. (另外的处理见 15.14 节习题 15.)

(d) **自我更新集合**. 我们回到 13.2 节中的例子, 那儿, 一个在时刻 n 安装的零件的寿命具有概率分布 $\{f_n\}$. 当它坏损时, 立刻用一个同一类型的新的零件替换, 因此, 连续的替换构成了一个相依的试验序列中的常返的循环事件. (其结果决定于是否替换.)

假定有一个在时刻 0 已有 k 岁的零件被安装上 (这比新的更有意义). 这只影响第一个等待时间, 所以 $\mathcal{E}$ 变为迟延循环事件. 为了得到第一个等待时间的分布 $\{b_n\}$, 首先注意: b_n 是 "已知某零件已活 k 岁, 它将在 $n + k$ 岁坏损" 的 (条件) 期望. 因此, 当 $k \geqslant 1$ 时

$$b_n = f_{n+k} / r_k, \qquad \text{其中 } r_k = f_{k+1} + f_{k+2} + \cdots. \tag{13.10.20}$$

在实际中, 不是安装某设备的一个零件, 而是一个整个的总体 (譬如说, 某城市的街灯), (在时刻 0) 它由 N 个零件构成, 其中有 β_k 个的年龄是 k 岁 (其中 $\sum \beta_k = N$). 每一个零件生成一条在时刻 n 要求替换的后代线. 在时刻 n 要求替换的总数的期望值 v_n 显然满足 (13.10.1), 其中

$$b_n = \sum \beta_k f_{n+k} / r_k. \tag{13.10.21}$$

这是 v_n 是**期望** (而不是概率) 的第一个例子, 我们仅仅知道 $v_n < N$.

简单计算可以证明 $b = \sum b_n = N$, 因此当替换是非周期的时候, 由定理 1 可以证明 $v_n \to N/\mu$. 此结果蕴涵了年龄分布的稳定的极限的存在性. 事实上, 对

一个在时刻 n 恰为 k 岁的零件, 其充分必要条件是它在时刻 $n-k$ 安装上且它能继续存在 k 岁. 因此, 这种零件的期望数为 $v_{n-k}r_k$ 且当 $n \to \infty$ 时趋于 Nr_k/μ. 换句话说, 当时间继续下去的时候, 总体中年龄为 k 岁的比例趋于 r_k/μ. 因此, 极限的年龄分布与初始的年龄分布独立 且只依赖于死亡率 f_n. 在很广泛的条件下, 类似的结果也成立. 关于数值说明, 见表 13.3. 它显示出一个值得注意的事实: 它并不单调地逼近极限. (见 13.12 节习题 16 至习题 18.)

表 13.3　13.10 节例 (d) 中描述的总体中的年龄分布的分解的说明

n:	0	1	2	3	4	5	6	7	∞
$k=0$	500	397	411.4	412	423.8	414.3	417.0	416.0	416.7
1	320	400	317.6	329.1	329.6	339.0	331.5	333.6	333.3
2	74	148	185	146.9	152.2	152.4	156.8	153.3	154.2
3	100	40	80	100	79.4	82.3	82.4	84.8	83.3
4	6	15	6	12	15	11.9	12.3	12.4	12.5

这些列给出了有 $N = 1000$ 个元素的总体在时刻 $n = 0, 1, \cdots, 7$ 的年龄的分布, 以及极限分布, 假定死亡率为[①]

$$f_1 = 0.20, \qquad f_2 = 0.43, \qquad f_3 = 0.17, \qquad f_4 = 0.17, \qquad f_5 = 0.03,$$

因此, 没有一个零件有效地达到 5 岁.

(e) **人群总体**. 我们用最简单的人群总体模型来作为一个例子, 此时 $f = \sum f_n > 1$. 此模型与上面的例子中的模型除下面几点不同外是类似的: 总体大小是变化的, "女性出生"代替"替换零件". 新的特色是: 一位母亲可能有任意多个女儿, 因此, 她的后代可能灭绝也可能在数量上增加. 定义 f_n 是一位母亲在 n 岁还存活并且生出一个女孩的概率 (忽略对前一代小孩的个数及年龄的依赖性). 则 $f = \sum f_n$ 是女儿个数的期望值, 从而在健康的人群中有 $f > 1$. 因此, 定理 1 断言: 总体的大小粗略地说按常数 ξ 的比例增加, 而且总体的年龄分布按前一个例子所描述的那样趋于一个极限. 此模型是粗糙了一些, 然而仍然提供一些实际用途. 没有完善的数学分析, ξ 的极限性质的严格依赖性是不能预测的. ∎

*13.11　基本极限定理的证明

在 13.3 节中, 我们略去了定理 3 的证明. 现在复述如下: 令 $f_1, f_2, \cdots$ 是满足 $\sum f_n = 1$ 的非负实数序列, 且满足 $f_n > 0$ 的所有 n 的最大公因子是 1. 令 $u_0 = 1$ 且

$$u_n = f_1 u_{n-1} + f_2 u_{n-2} + \cdots + f_n u_0, \qquad n \geqslant 1, \tag{13.11.1}$$

---

① 方程 $1 - F(s) = 0$ 的根为 $1, -\frac{5}{3}, -5, \pm 2i$. 平均循环时间是 2.40.

* 此节内容在以后没有用到.

则

$$u_n \to \mu^{-1}, \qquad \text{其中 } \mu = \sum_{n=1}^{\infty} nf_n. \tag{13.11.2}$$

（当 $\mu = \infty$ 时，μ^{-1} 理解为 0.）

我们先给出几个在概率论以外广泛应用的引理. 它们并不完全为了证明基本定理.

令 A 为满足 $f_n > 0$ 的全体整数 n 构成的集合，并令 A^+ 是全部下述正的线性组合构成的集合：

$$p_1 a_1 + \cdots + p_r a_r, \tag{13.11.3}$$

其中 $a_1, \cdots, a_r$ 属于 A，p_j 都是正整数.

引理 1 存在整数 N 使得 A^+ 包含满足条件 $n > N$ 的所有整数 n.

证 从欧几里得定理知道：集合 A 中的数的最大公因子是 1 意味着，可以选取 A 中的整数 $a_1, \cdots, a_r$ 和（不一定是正的）整数 c_j 使得

$$c_1 a_1 + \cdots + c_r a_r = 1. \tag{13.11.4}$$

令 $s = a_1 + \cdots + a_r$. 每一个整数 n 具有唯一的表示 $n = xs + y$，其中 x 和 y 都是整数且 $0 \leqslant y < s$. 因此

$$n = \sum_{k=1}^{r} (x + c_k y) a_k, \tag{13.11.5}$$

而且当 x 大于 y 乘 $|c_k|$ 中的最大者时，上式右边所有的系数都是正的. ■

引理 2 （选择原理）假定对每个 $\nu > 0$，给定数列 $z_1^{(\nu)}, z_2^{(\nu)}, \cdots$ 满足 $0 \leqslant z_k^{(\nu)} \leqslant 1$. 则存在序列 $\nu^{(1)}, \nu^{(2)}, \cdots \to \infty$，使得 ν 跑遍此序列时，对每个固定的 k，$z_k^{(\nu)}$ 存在极限.

证[①] 选择一个递增序列 $\nu_1^{(1)}, \nu_2^{(1)}, \cdots$，使得 ν 跑遍它时 $z_1^{(\nu)}$ 收敛到极限 z_1. 在此序列中选出一个子序列 $\nu_1^{(2)}, \nu_2^{(2)}, \cdots$，使得 ν 跑遍它时 $z_2^{(\nu)} \to z_2$. 如此继续下去，对每个 n，我们得到一个整数序列 $\nu_j^{(n)} \to \infty$，使得 ν 跑遍此序列时 $z_n^{(\nu)} \to z_n$ 且 $\nu_j^{(n)}$ 的每个元素都属于前一个序列 $\{\nu_j^{(n-1)}\}$. 最后，令 $\nu^{(r)} = \nu_r^{(r)}$. 令 $r > n$. 除了前面 n 项以外，每一个元素 $\nu^{(r)}$ 都出现在 $\nu_1^{(n)}, \nu_2^{(n)}, \cdots$ 中，从而当 ν 跑遍序列 $\nu^{(1)}, \nu^{(2)}, \cdots$ 时 $z_n^{(\nu)} \to z_n$. ■

---

① 证明基于康托尔（1845—1918）的对角线方法，它已变成一种标准工具，但在康托尔时代，却是非常新颖的方法.

引理 3 令 $\{w_n\}$ $(n = 0, \pm 1, \pm 2, \cdots)$ 是满足 $0 \leqslant w_n \leqslant 1$ 的双无穷数列且对所有 n 有

$$w_n = \sum_{k=1}^{\infty} f_k w_{n-k}. \tag{13.11.6}$$

如果 $w_0 = 1$, 则对所有 n 都有 $w_n = 1$.

证 因为

$$w_0 = \sum_{k=1}^{\infty} f_k w_{-k} \leqslant \sum_{k=1}^{\infty} f_k = 1, \tag{13.11.7}$$

条件 $w_0 = 1$ 要求上述两个级数逐项相等, 从而对每个 k, 要么 $f_k = 0$, 要么 $w_{-k} = 1$. 这意味着对每个整数 $a \in A$ 有 $w_{-a} = 1$. 但是, 对 $n = 0$ 的论证对 $n = -a$ 也可应用, 因此当整数 a 和 b 都属于 A 时 $w_{-a-b} = 1$. 用归纳法可证, 对每个整数 $m \in A^+$ 都有 $w_{-m} = 1$. 因此, 只要 $m > N$ 就有 $w_{-m} = 1$. 但是, 这蕴涵了当 $n = -N$ 时 (13.11.6) 右边等于 1, 所以 $w_{-N} = 1$. 令 $n = -N + 1$, 用类似的方法可得 $w_{-N+1} = 1$, 如此继续下去, 用归纳法可以证明对所有 n 都有 $w_n = 1$. ∎

定理的证明. 令

$$\eta = \limsup_{n \to \infty} u_n. \tag{13.11.8}$$

由 (13.11.1) 易见 $0 \leqslant \eta \leqslant 1$, 从而存在趋于 ∞ 的序列 $r_1, r_2, \cdots$ 使得当 $\nu \to \infty$ 时有

$$u_{r_\nu} \to \eta. \tag{13.11.9}$$

对每个正整数 ν, 定义双无穷序列 $\{u_n^{(\nu)}\}$ 如下:

$$u_n^{(\nu)} = \begin{cases} u_{r_\nu + n}, & \text{如果 } n \geqslant -r_\nu, \\ 0, & \text{如果 } n < -r_\nu. \end{cases} \tag{13.11.10}$$

为了表述简单起见, 引理 2 对简单序列来陈述, 但显然它也可以用于双无穷序列. 因此, 可以选取一个递增的整数序列 $\nu_1, \nu_2, \cdots$, 使得当 ν 跑遍它时每个 n 有 $u_n^{(\nu)}$ 趋于极限 w_n. 由它们的构造, 有 $0 \leqslant w_n \leqslant \eta$ 且 $w_0 = \eta$. 此外, 对每个 ν 和 $n > -\nu$, 定义 (13.11.1) 化为

$$u_n^{(\nu)} = \sum_{k=1}^{\infty} f_k u_{n-k}^{(\nu)}, \tag{13.11.11}$$

取极限, 得 (13.11.6). 因此, 由引理 3, 对所有 n 有 $w_n = \eta$.

现在，进行最后一段推理. 像以前一样，令

$$\rho_k = f_{k+1} + f_{k+2} + \cdots, \tag{13.11.12}$$

于是 $r_0 = 1$ 且 $\sum \rho_k = \mu$ [见 (11.1.8)]. 把定义的关系式 (13.11.1) 对 $n = 1, 2, \cdots, N$ 求和并合并同类项可得等式

$$\rho_0 u_N + \rho_1 u_{N-1} + \cdots + \rho_N u_0 = 1. \tag{13.11.13}$$

我们对 $N = \nu_1, \nu_2, \cdots$ 依次利用上述关系式. 当 N 跑遍这一序列时，对每个 k 都有 $u_{N-k} \to w_{-k} = \eta$. 如果 $\sum \rho_k = \infty$ 则 $\eta = 0$，因此 $u_N \to 0$，定理成立. 当 $\mu = \sum \rho_k < \infty$ 时 $\eta = \mu^{-1}$，剩下需要证明这蕴涵 $u_N \to \eta$ 对 N 以任何方向趋于 ∞ 都成立. 由上极限的定义有 $u_{N-k} < \eta + \varepsilon$ 对每个固定的 k 和充分大的 N 都成立. 此外，对所有 n 有 $u_n \leqslant 1$. 因此，假定 N 以某种方式趋于 ∞ 使得 $u_N \to \eta_0$. 由 (13.11.13) 显然有

$$\rho_0 \eta_0 + (\rho_1 + \cdots + \rho_r)(\eta + \varepsilon) + (\rho_{r+1} + \rho_{r+2} + \cdots) \geqslant 1, \tag{13.11.14}$$

从而

$$\rho_0 (\eta_0 - \eta) + \mu(\eta + \varepsilon) \geqslant 1. \tag{13.11.15}$$

但是，由 η 的定义可知 $\mu\eta = 1$ 且 $\eta_0 \leqslant \eta$. 由于 (13.11.15) 对任意 $\varepsilon > 0$ 都成立，因此 $\eta_0 = \eta$. 所以不管 N 以任何方式趋于 ∞，总有 $u_N \to \mu^{-1}$. ∎

13.12　习题

1. 设 $F(s)$ 是多项式. 用 11.4 节的部分分式法证明 13.3 节的所有定理.

2. 重复拋 r 枚硬币，设 $\mathcal{E}$ 表示下述循环事件：r 枚硬币中的每一枚出现正面的累积数与出现反面的累积数相等. $\mathcal{E}$ 是常返的或暂留的？估计 $\mathcal{E}$ 迟早要出现的概率.

3. 在独立拋掷一颗均匀的骰子的试验序列中，令 $\mathcal{E}$ 代表幺点、两点、……、六点出现的累积次数相等这一事件. 证明 $\mathcal{E}$ 是暂留的 (周期的) 循环事件，并估计 $\mathcal{E}$ 迟早要出现的概率.

4. 在一个伯努利试验序列中，当成功的累积次数是失败的累积次数的 λ 倍时 $\mathcal{E}$ 出现，此处 λ 是正整数. [见 13.1 节例 (c).] 证明 $\mathcal{E}$ 是常返的当且仅当 $p/q = \lambda$，即 $p = \lambda/(\lambda+1)$. 提示：利用正态逼近.

5. 在一个伯努利试验序列中，我们说 $\mathcal{E}$ 出现，如果累积成功次数是累积失败次数的两倍但又从未超过两倍. 证明 $\mathcal{E}$ 是暂留的周期的. 其母函数由三次方程 $F(s) = qs[U(s)ps]^2$ 决定. (提示：$U(s)ps$ 是成功次数超过失败次数两倍的等待时间的母函数.)

6. 令 X_j 是具有共同分布的相互独立的整数值随机变量序列. 假定它们只取 $+1$ 或 -1. 证明：事件 "$S_n = 0, S_1 \leqslant 0, \cdots, S_{n-1} \leqslant 0$" 是循环的暂留的.

7. **盖革计数器.** [见 13.1 节例 (g) 和 13.4 节例 (e).] 令 N_n 和 Z_n 分别为到时刻 n（含）为止 $\mathcal{E}$ 出现的次数和被记录的次数. 讨论这两个随机变量的关系并求出 $E(Z_n)$ 和 $\mathrm{Var}(Z_n)$ 的渐近表达式.

8. 在 **II 型盖革计数器**中，每一个到来的粒子（不管它被记录与否）都锁住计数器恰巧 r 个时间单位（即在到来以后还要锁 $r-1$ 次试验）. 因此，记录一次以后的锁住时间长度是一个随机变量. 求出其母函数 G. 如果 $\mathcal{E}$ 还代表计数器处开启状态这一循环事件，用 G 表示 $\mathcal{E}$ 的循环时间的母函数 F. 最后，找出平均循环时间.

9. **一类更一般的盖革计数器.** 如在习题 8 中假设：如果每一个到来的粒子完全消除前一个粒子的影响，但是一个粒子锁住计数器的时间长度是一个具有母函数 $B(s)$ 的随机变量 [在前一个问题中，$B(s) = s^r$]. 在此一般条件下，再做习题 8 中事情.

10. 对迟延循环事件 $\mathcal{E}$ 而言，只有当 $\mathcal{E}$ 的第 1 次出现的母函数为 $B(s) = [1 - F(s)]/\mu(1-s)$ 时，即 $b_n = f_{n+1} + f_{n+2} + \cdots$ 时，概率 v_n 才是常数. 讨论与 13.10 节例 (b) 中的击中概率的极限定理的关系.

11. 找出扔 10 000 次硬币中长为 3 的成功连贯次数落在 700 和 730 之间的概率的近似值.

12. 在扔硬币的试验序列中，令 $\mathcal{E}$ 代表样型 HTH. 令 r_n 为 $\mathcal{E}$ 在前 n 次试验中不出现的概率. 找出其母函数，并用部分分式法求出其渐近展开式.

13. 在 13.8 节例 (a) 中，游戏的时间长度的期望值为

$$\mu_1\mu_2/(\mu_1 + \mu_2),$$

此处 μ_1 和 μ_2 分别为长为 r 的成功连贯的平均循环时间和长为 ρ 的失败连贯的平均循环时间.

14. 假定每次试验的可能结果为 A, B, C，对应的概率为 $\alpha, \beta, \gamma\,(\alpha + \beta + \gamma = 1)$. 找出下列事件的概率的母函数：

   (a) n 次试验没有长为 r 的 A 连贯；

   (b) n 次试验没有长为 r 的 A 连贯或 B 连贯；

   (c) n 次试验没有长为 r 的任何连贯.

15. **续上题.** 找出第 1 个长为 r 的 A 连贯在第 1 个长为 ρ 的 B 连贯之前，且终止于第 n 次试验的概率. （提示：其母函数形如 (13.8.6) 中的 $X(s)$，除了用 α 代替 F 中的 ρ，β 代替 G 中的 ρ. ）

16. **自我更新集合.** 在 13.10 节例 (d) 中，假定寿命分布为几何分布 $f_k = q^{k-1}p$，找出年龄的极限分布.

17. **续上题.** 如果初始的年龄分布 $\{\beta_k\}$ 在所有时间都不变，则称 $\{\beta_k\}$ 是**平稳的.** 证明（不必计算）只有当 $\beta_k = r_k/\mu$ 时 $\{\beta_k\}$ 才是平稳的.

18. **续上题.** 令 $w_k(n)$ 表在时刻 n 恰为 k 岁的元素的个数的期望值. 找出确定方程，并用它们验证总体大小保持为常数，此外，证明期望数 $w_0(n)$ 满足

$$w_0(n) = w_0(n-1)f_1/r_0 + w_1(n-1)f_2/r_1 + \cdots.$$

19. 令 $\mathcal{E}$ 为常返的周期的循环事件. 假定: 循环时间具有有限的均值 μ 和方差 σ^2. 记 $q_n = f_{n+1} + f_{n+2} + \cdots, r_n = q_{n+1} + q_{n+2} + \cdots$. 证明母函数 $Q(s)$ 和 $R(s)$ 在 $s = 1$ 处收敛. 再证明

$$u_0 + \sum_{n=1}^{\infty}\left(u_n - \frac{1}{\mu}\right)s^n = \frac{R(s)}{\mu Q(s)}, \tag{13.12.1}$$

因此

$$u_0 + \sum_{n=1}^{\infty}\left(u_n - \frac{1}{\mu}\right) = \frac{\sigma^2 - \mu + \mu^2}{2\mu^2}. \tag{13.12.2}$$

20. 令 $\mathcal{E}$ 为常返的循环事件, N_r 是 $\mathcal{E}$ 在 r 次试验中出现的次数. 证明

$$E\left(N_r^2\right) = u_1 + \cdots + u_r + 2\sum_{j=1}^{r-1} u_j(u_1 + \cdots + u_{r-j}), \tag{13.12.3}$$

从而 $E\left(N_r^2\right)$ 是下述函数的 s^r 项的系数:

$$\frac{F^2(s) + F(s)}{(1-s)[1-F(s)]^2}. \tag{13.12.4}$$

（注意: 这个可以用二元母函数表述得更漂亮. ）

21. 令 $q_{k,n} = P\{N_k = n\}$. 证明 $q_{k,n}$ 是下列函数的 s^k 项的系数:

$$F^n(s)\frac{1-F(s)}{1-s}. \tag{13.12.5}$$

推出 $E(N_r)$ 和 $E\left(N_r^2\right)$ 分别为

$$\frac{F(s)}{(1-s)[1-F(s)]} \tag{13.12.6}$$

和 (13.12.4) 的 s^r 项的系数.

22. 利用习题 19 的记号, 证明

$$\frac{F(s)}{(1-s)[1-F(s)]} = -\frac{1}{1-s} + \frac{1}{\mu(1-s)^2} + \frac{R(s)}{\mu[1-F(s)]}. \tag{13.12.7}$$

因此, 利用上一题可以证明

$$E(N_r) = \frac{r}{\mu} + \frac{\sigma^2 + \mu - \mu^2}{2\mu^2} + \varepsilon_r, \tag{13.12.8}$$

此处 $\varepsilon_r \to 0$.

23. 续上题. 利用类似的推理证明

$$E\left(N_r^2\right) = \frac{r^2}{\mu^2} + \frac{2\sigma^2 + \mu - \mu^2}{\mu^3}r + \alpha_r, \tag{13.12.9}$$

此处 $\alpha_r/r \to 0$. 因此

$$\mathrm{Var}(N_r) \sim \frac{\sigma^2}{\mu^3}r. \tag{13.12.10}$$

[提示: 把 (13.12.4) 与 (13.12.7) 之差分解成 3 个分式, 它们的分母分别包含因子 $(1-s)^k$, $k = 1, 2, 3$.]

24. 在一个伯努利试验序列中，令 $q_{k,n}$ 是恰有长为 r 的 n 个成功连贯出现在第 k 次试验的概率. 利用习题 21, 证明母函数 $Q_k(x) = \sum q_{k,n} x^n$ 是下列函数的 s^k 项的系数:

$$\frac{1 - p^r s^r}{1 - s + q p^r s^{r+1} - (1 - ps) p^r s^r x}.$$

此外接着证明: 分母的按绝对值最小的根 $s_1 \approx 1 + q p^r (1 - x)$.

25. 续上题. **长连贯的泊松分布.** [①]当试验次数 k 与连贯长度 r 都趋于 ∞ 且使得 $k q p^r \to \lambda$, 则恰有 n 个长为 r 的连贯的概率趋于 $e^{-\lambda} \lambda^n / n!$.

提示: 利用前一个习题. 证明其母函数渐近地为 $[1 + q p^r (1 - x)]^{-k} \sim e^{-\lambda(1-x)}$. 利用 11.6 节的**连续性定理**.

----

① 此定理由冯 · 米泽斯证明. 但现在的方法比他的方法简单.

第 14 章　随机徘徊与破产问题

14.1　一般讨论

此章第一部分讨论伯努利试验. 为叙述生动, 再次使用赌博和随机徘徊中的形象语言.

考虑一个赌徒, 在每次试验中, 他分别以概率 p 和 q 赢一元或输一元. 设他的初始赌本为 z, 对手的初始赌本为 $a-z$, 故双方赌本共为 a. 赌博一直进行到某个赌徒的赌本减少到 0 或增加到 a 为止, 也就是说, 进行到两个赌徒中有一个破产 (输光) 为止. 我们关心的问题是赌徒破产的概率及赌博持续的时间的概率分布. 这就是**古典破产 (输光) 问题**.

物理中的各种应用与模拟促使我们采取 "质点" 在 x 轴上的运动这种更易掌握的解释. 质点从**原始位置** z 开始, 根据试验的结果是成功或失败, 它沿 x 轴的正方向或负方向移动一个单位. 质点在 n 步以后的位置代表 n 次试验后该赌徒的赌本. 当质点第一次到达 0 或 a 时试验结束. 称质点的这种运动为在 0 和 a 处置有吸收壁的随机徘徊. 这种随机徘徊被限制在 $1, 2, \cdots, a-1$ 这些可能位置. 如果没有吸收壁, 则称随机徘徊是**无限制的** (自由的). 物理学家用随机徘徊作为一维扩散或布朗运动的粗糙近似, 其中物理质点由于受到大量分子的碰撞而产生随机运动, $p > q$ 的情况对应于向右**漂移**, 这时质点受到来自左方的冲击的可能较大. 如果 $p = q = \frac{1}{2}$, 则称随机徘徊是**对称的**.

在 $a \to \infty$ 的极限情形, 得到在半无穷直线上的随机徘徊. 质点从 $z > 0$ 出发作随机徘徊, 直到它第一次到达原点时为止. 在这种陈述中, 我们遇到了**初过时间问题**, 在第 3 章中曾给出它的初等解法 (至少是对称情形), 在 11.3 节中又利用母函数的工具给出了它的另一种解法. 我们将要看到, 本章中有些公式以前曾得到过, 不过, 现在的方法是自封的.

本章中将使用差分方程的方法. 此种方法可作为扩散理论的微分方程的导引. 这种模拟自然地导致古典破产问题的各种修改和推广. 一个富有教益的典型例子是用**反射壁**和**弹性壁**代替吸收壁. 为了描述反射壁, 把如前定义的随机徘徊作下面的修改: 当质点位于点 1 时, 它以概率 p 运动到位置 2, 以概率 q 留在点 1. 用赌博的语言来说, 这对应于下面的规定: 当赌徒输掉他最后一元赌本时, 他的对手慷慨地把这一元还给他, 因而赌博可以继续进行下去. 物理学家想象在 x 轴的 $\frac{1}{2}$ 处置有如下性质的一面墙, 由 1 向 0 运动的质点被墙反射, 故质点回到 1 而不能到达 0. 吸收壁和反射壁都是弹性壁的特例. 我们用下面的规则来定义在原点处的弹性壁: 质点从位置 1 以概率 p 运动到 2, 以概率 δq 停留在 1 处, 以概率 $(1-\delta)q$ 运动到 0 而被吸收 (即过程结束). 当 $\delta = 0$ 时, 得到古典破产问题或吸收壁, 当 $\delta = 1$ 时, 则得到反射壁. 当 δ 由 0 变到 1 时, 我们得到一系列的中间情形. δ 越大, 过程持续下去的可能性越大. 如果有两个反射壁, 则过程永远不会结束.

在 14.2 节和 14.3 节中将给出古典破产问题及其推论的初等讨论. 其后的三节比较专业 (因而可以略去). 在 14.4 节和 14.5 节中, 我们导出相关的母函数并由此推出赌博持续时间的分布的明显表达式, 等等. 14.6 节讨论随机徘徊取极限转化为扩散过程的概要 (扩散方程式的形式解是随机徘徊的极限分布).

在 14.7 节中, 又回到初等讨论, 其内容是**二维或多维随机徘徊**, 在这一节中, 会遇到一些新的东西. 14.8 节讨论一种完全不同的推广, 即一种每次移动不限于一个单位的一维随机徘徊, 它可以跳跃地改变其位置, 每次可以移动单位长度的任意倍. 这种广义的随机徘徊与沃尔德的**序贯抽样**之间的关系已受到普遍的注意.

最后一节 (习题) 中包含了正文中必不可少的补充以及其他方法的概要. 我们希望比较不同的方法会获取极大的教益.

最后还必须强调指出: 每个随机徘徊都是一个特殊的马尔可夫链. 所以本章可以作为下一章的导论. 有几个随机徘徊的问题 (如弹性壁) 将在下一章重新讨论.

14.2　古典破产问题

在这一节中, 将讨论本章开头所陈述的问题. 设 q_z 为赌徒最终[①]破产的概率, p_z 为他获胜的概率. 用随机徘徊的语言来说, q_z 与 p_z 分别为从 z 出发的质点将在 0 处与 a 处被吸收的概率. 我们将证明 $p_z + q_z = 1$, 所以我们不必考虑赌博永不终止的可能性.

在第一次试验后, 该赌徒的资本为 $z-1$ 或 $z+1$, 故当 $1 < z < a-1$ 时必有

$$q_z = pq_{z+1} + qq_{z-1}. \tag{14.2.1}$$

[①] 严格地说, 破产的概率是在无限延长的赌博的样本空间中定义的, 但我们能在 n 次试验的样本空间中来讨论. 在 n 次试验之前破产的概率随着 n 增加, 因而其极限存在. 我们称此极限为 "破产概率". 本章中, 所有概率都可以用这种方法来解释. 而不必参考无穷样本空间 (见 8.1 节).

如果 $z = 1$，则第一次试验后就有可能破产，故此时须用 $q_1 = pq_2 + q$ 代替 (14.2.1)．如果 $z = a - 1$，则第一次试验后就有可能获胜，故 $q_{a-1} = qq_{a-2}$．为把这些方程统一起来，我们定义

$$q_0 = 1, \qquad q_a = 0. \tag{14.2.2}$$

在此约定下，对所有 $z = 1, 2, \cdots, a - 1$ 破产概率都满足 (14.2.1)．

形如 (14.2.1) 的方程组是**差分方程**，(14.2.2) 是关于 q_z 的**边界条件**．我们将用**特解法**推出 q_z 的显式表达式，这种方法也可用于更一般的情况．

首先假定 $p \neq q$．易证差分方程组 (14.2.1) 有两个特解：$q_z = 1$ 和 $q_z = (q/p)^z$．因此对任意两个常数 A 和 B，序列

$$q_z = A + B \left(\frac{q}{p} \right)^z \tag{14.2.3}$$

是 (14.2.1) 的形式解．边界条件 (14.2.2) 成立的充分必要条件是 A 和 B 满足线性方程组 $A + B = 1$ 和 $A + B(q/p)^a = 0$．因此

$$q_z = \frac{(q/p)^a - (q/p)^z}{(q/p)^a - 1} \tag{14.2.4}$$

是满足边界条件 (14.2.2) 的差分方程组 (14.2.1) 的形式解．为了证明 (14.2.4) 确实是破产概率的解，只需证明解的唯一性，即 (14.2.1) 的一切解都具有 (14.2.3) 的形式．易见，给定 (14.2.1) 的任一解，可取常数 A 和 B 使得当 $z = 0$ 和 $z = 1$ 时，(14.2.3) 与此解一样．由这两个值出发，依次以 $z = 1, 2, 3, \cdots$ 代入 (14.2.1) 可求出其他所有值．因此，两个解只要在 $z = 0$ 和 $z = 1$ 一样，则此两个解恒等，从而每个解都具有 (14.2.3) 的形式．

当 $p = q = \frac{1}{2}$ 时，上述推理是行不通的，因为此时两个形式特解 $q_z = 1$ 和 $q_z = (q/p)^z$ 恒等，从而 (14.2.4) 没有意义．然而，当 $p = q = \frac{1}{2}$ 时，有另一形式解 $q_z = z$，从而 $q_z = A + Bz$ 是 (14.2.1) 的依赖两个常数 A 和 B 的解．为了满足边界条件 (14.2.2)，取 $A = 1$ 和 $A + Ba = 0$．因此

$$q_z = 1 - \frac{z}{a}. \tag{14.2.5}$$

（形式上，在 (14.2.4) 中令 $p \to \frac{1}{2}$ 并应用洛必达法则，仍可得同一数．）

因此证明了：当 $p \neq q$ 时赌徒的破产概率由 (14.2.4) 给出，当 $p = q = \frac{1}{2}$ 时由 (14.2.5) 给出．赌徒获胜的概率等于对手破产的概率，故此概率可在前面算出的概率中分别以 $q, p, a - z$ 代替 p, q, z 得到．如前所述，易见 $p_z + q_z = 1$．

现在把前面的赌博规则改变如下：设赌徒甲有初始赌本 z，其对手拥有无穷赌本. 赌徒甲有权在任意时刻停止赌博，而对手则愿意奉陪. 赌徒甲采取如下策略，当他输光全部赌本（破产）或者赌本增值到 a（净赢 $a-z$）时停止赌博. 则 q_z 是他输光的概率，而 $1-q_z$ 是他获胜的概率.

在这种赌博规则下，赌徒甲最终赢利或输光可用随机变量 G 来描述，G 分别以概率 $1-q_z$ 和 q_z 取值 $a-z$ 和 $-z$. 赌徒甲赢利的期望值为

$$E(G) = a(1-q_z) - z. \tag{14.2.6}$$

显然，当 $p=q$ 时 $E(G)=0$. 这意味着，在"公平"博弈中，赌徒甲采取上述策略，并未改变博弈的"公平"性，而且也不能把"不公平"博弈变成"公平"博弈.

由 (14.2.5) 可知：在 $p=q$ 的情形，一个初始赌本为 999 元的赌徒，他在输光赌本以前赢得 1 元的概率为 0.999. 如果 $q=0.6, p=0.4$，则博弈确实是不公平的. 但由 (14.2.4) 可知：赌徒输光以前赢得 1 元的概率仍然约有 $\frac{2}{3}$. 一般地，若赌徒的初始赌本 z 很多，则在他输光前赢得少量金钱 $a-z$ 的可能性很大. [①]

[此结果的一个意外的推论见 14.9 节习题 4.]

下面研究**改变赌注**的影响. 每一注由 1 元改为 0.5 元与将初始赌本由 z 元改为 $2z$ 元等价. 对应的破产概率 q_z^* 可由在 (14.2.4) 中用 $2z$ 代替 z、$2a$ 代替 a 得到

$$q_z^* = \frac{(q/p)^{2a} - (q/p)^{2z}}{(q/p)^{2a} - 1} = q_z \cdot \frac{(q/p)^a + (q/p)^z}{(q/p)^a + 1}. \tag{14.2.7}$$

当 $q > p$ 时 (14.2.7) 最右边的分式大于 1，故 $q_z^* > q_z$. 此结论可改述如下：如果赌注加倍而初始赌本不变，则破产概率对于成功概率 $p < \frac{1}{2}$ 的赌徒来说是减小的，对其对手（赌博对他有利）来说则是增加的. [②]例如，设赌徒甲初始赌本为 90 元，其对手只有 10 元，且 $p=0.45$，赌博对甲不利. 如果每次赌注为 1 元，表 14.1 说明，甲输光的概率约有 0.866，而把每次赌注改为 10 元时，则甲输光的概率下降到原先的概率的 $\frac{1}{4}$ 以下，此概率约为 0.210. 由此可见，增加赌注的影响比我们预料的要显著得多. 一般地，如果每次赌注为 k 元，则在 (14.2.4) 中以 z/k 代替 z、以 a/k 代替 a 即得输光概率，此概率随 k 值增加而减小. 所以，在每次赌注都不变的赌博中，赌徒可以适当选择与其事先确定的赢利金额相一致的赌注，

---

① 某人每年都去蒙特卡罗赌钱，而且总能赢回他的旅费. 因此他坚信有某种超机遇的魔力. 其实他的经历并不奇怪. 假定他带的赌本是他的赢利的 10 倍，每年赌赢的概率是 0.9. 连赢 10 年的概率大约为 $(1-\frac{1}{10})^{10} \approx e^{-1} \approx 0.37$. 因此连赢的可能性也不是小到不可能的地步. 此外，如有一次赌输，则当然会归咎于疏忽或意外.

② 其他可能的策略在 L. E. Dubbins 和 L. J. Savage 的（非初等的）书（参考文献 [24]）中有详细分析.

以使其输光概率降到最小. 这个结论的实际有效性，通常会受到那些认为"不公平"的博弈本来就不合理的人的质疑. 如果认真探讨，那么，保险事业就不会存在，因为参加保险的而又驾车谨慎的司机显然与保险公司进行的博弈是"不公平"的. 实际上，没有一条概率论的定理能把这样一位司机从保险人群中拉出来.

表 14.1 破产问题的举例说明

p	q	z	a	破产概率	获胜概率	赢利期望值	持续时间期望值
0.5	0.5	9	10	0.1	0.9	0	9
0.5	0.5	90	100	0.1	0.9	0	900
0.5	0.5	900	1 000	0.1	0.9	0	90 000
0.5	0.5	950	1 000	0.05	0.95	0	47 500
0.5	0.5	8 000	10 000	0.2	0.8	0	16 000 000
0.45	0.55	9	10	0.210	0.790	−1.1	11
0.45	0.55	90	100	0.866	0.134	−76.6	765.6
0.45	0.55	99	100	0.182	0.818	−17.2	171.8
0.4	0.6	90	100	0.983	0.017	−88.3	441.3
0.4	0.6	99	100	0.333	0.667	−32.3	161.7

初始赌本为 z，当赌本输光（输 z 元即破产）或增至 a（赢 $a-z$ 元即获胜）时赌博结束.

极限情形 $a = \infty$ 对应着这样一类赌博：其对手是一个拥有无穷资产的富翁. 在 (14.2.4) 和 (14.2.5) 中令 $a \to \infty$ 得

$$q_z = \begin{cases} 1, & \text{如果 } p \leqslant q, \\ (q/p)^z, & \text{如果 } p > q. \end{cases} \tag{14.2.8}$$

我们把 q_z 解释为：一个拥有 z 元初始赌本的赌徒跟一个拥有无穷资产的富翁进行赌博，他输光的概率. [①]用随机徘徊的术语来说，q_z 是一个从 $z > 0$ 出发的质点迟早要到达原点的概率. 很自然地，可以把此结果改述如下：一个从原点出发的随机徘徊，当 $p \geqslant q$ 时它迟早要到达 $z > 0$ 的概率为 1，当 $p < q$ 时相应的概率为 $(p/q)^z$.

14.3　博弈持续时间的期望值

博弈持续时间的概率分布将在下一节推导，然而，其期望值却可以在这一节用一种简单的广为应用的方法推出来，在此不惜笔墨地说明此法.

仍然考虑本章开头所讨论的问题. 假定博弈持续时间的期望 D_z 有限为已知事实. 此事实将在下一节中严格证明.

---

① 易见 q_z 是满足边界条件（现在只有一个）$q_0 = 1$ 的差分方程组 (14.2.1) 的一个解. 当 $p > q$ 时解不唯一. 实际上，我们的结果包含在 (11.3.9) 中，而且将在 14.4 节中独立地推出来（用一种更强的形式）.

如果第一次试验的结果为成功, 则博弈就像初始位置在 $z+1$ 那样继续下去. 故在第一次试验的结果为成功的条件下, 持续时间的条件期望为 $D_{z+1}+1$. 这表明持续时间的期望值 D_z 满足差分方程组

$$D_z = pD_{z+1} + qD_{z-1} + 1, \qquad 0 < z < a, \tag{14.3.1}$$

边界条件为

$$D_0 = 0, \qquad D_a = 0. \tag{14.3.2}$$

由于 (14.3.1) 中有常数项 1, 故差分方程组 (14.3.1) 是非齐次的. 如果 $p \neq q$ 则 $D_z = z/(q-p)$ 是 (14.3.1) 的形式解. (14.3.1) 的任何两个解之差 Δ_z 满足齐次方程 $\Delta_z = p\Delta_{z+1} + q\Delta_{z-1}$, 而我们又知此方程的所有解都具有 $A + B(q/p)^z$ 的形式. 因此, 当 $p \neq q$ 时 (14.3.1) 的一切解都具有形式

$$D_z = \frac{z}{q-p} + A + B\left(\frac{q}{p}\right)^z. \tag{14.3.3}$$

边界条件 (14.3.2) 要求

$$A + B = 0, \qquad A + B(q/p)^a = -a/(q-p).$$

解出 A 和 B 得到

$$D_z = \frac{z}{q-p} - \frac{a}{q-p} \cdot \frac{1 - (q/p)^z}{1 - (q/p)^a}. \tag{14.3.4}$$

当 $p = q = \frac{1}{2}$ 时上述方法不适用. 此时, 我们用 (14.3.1) 的一个解 $-z^2$ 来代替 $z/(q-p)$. 由此可知, 当 $p = q = \frac{1}{2}$ 时 (14.3.1) 的所有解都具有 $D_z = -z^2 + A + Bz$ 的形式. 满足边界条件 (14.3.2) 的解为

$$D_z = z(a-z). \tag{14.3.5}$$

在古典破产问题中, 博弈持续时间的期望值按 $p \neq q$ 或 $p = q = \frac{1}{2}$ 分别由 (14.3.4) 或 (14.3.5) 给出.

应当指出, 持续时间比我们想象的要长得多. 设两个各有 500 元赌本的赌徒, 以扔硬币赌博, 直到有一个输光为止, 其持续时间的期望值是 250 000 次试验. 如果一个赌徒只有 1 元赌本而对手有 1000 元, 则持续时间的期望值是 1000 次试验. 更多的例子见表 14.1.

如前一节所指出的, 我们可以过渡到 $a \to \infty$ 的极限情形, 即考虑一个赌徒与具有无穷赌本的富翁进行赌博. 当 $p > q$ 时赌博可以一直进行下去, 此时

谈论持续时间的期望值是没有意义的. 当 $p < q$ 时我们得到持续时间的期望值是 $z(q-p)^{-1}$, 但是当 $p = q$ 时持续时间的期望值是 ∞. (同样的结果在 11.3 节中已经建立, 并将独立地在下一节中证明.)

*14.4 博弈持续时间和初过时的母函数

我们将用母函数方法来研究古典的破产问题中的博弈持续时间, 即在 0 和 a 具有吸收壁的随机徘徊中的相应的问题. 初始位置在 z (满足 $0 < z < a$). 令 $u_{z,n}$ 表示过程于第 n 步被吸收壁 0 吸收而结束 (即破产) 的概率. 第一步后质点所处之位置为 $z+1$ 或 $z-1$, 故当 $1 < z < a-1$ 且 $n \geqslant 1$ 时有

$$u_{z,n+1} = pu_{z+1,n} + qu_{z-1,n}. \tag{14.4.1}$$

这与差分方程组 (14.2.1) 类似, 但现在 (14.4.1) 依赖两个变数 z 和 n. 和 14.2 节类似, 定义边界值 $u_{0,n}, u_{a,n}, u_{z,0}$ 使得 (14.4.1) 对 $z = 1, z = a-1, n = 0$ 仍然成立. 为此, 令

$$u_{0,n} = u_{a,n} = 0, \qquad n \geqslant 1, \tag{14.4.2}$$

$$u_{0,0} = 1, \quad u_{z,0} = 0, \qquad 0 < z \leqslant a. \tag{14.4.3}$$

则 (14.4.1) 对满足 $0 < z < a$ 的所有 z 和所有 $n \geqslant 0$ 都成立.

现在引入母函数

$$U_z(s) = \sum_{n=0}^{\infty} u_{z,n} s^n. \tag{14.4.4}$$

把 (14.4.1) 两边乘以 s^{n+1} 并对 $n = 0, 1, 2, \cdots$ 求和得

$$U_z(s) = psU_{z+1}(s) + qsU_{z-1}(s), \qquad 0 < z < a, \tag{14.4.5}$$

由边界条件 (14.4.2) 和 (14.4.3) 推出

$$U_0(s) = 1, \qquad U_a(s) = 0. \tag{14.4.6}$$

差分方程组 (14.4.5) 与 (14.2.1) 类似, 而边界条件 (14.4.6) 对应着 (14.2.2). 现在的情况是方程组中的系数与未知函数 $U_z(s)$ 都依赖于 s, 但就差分方程组而言, s 仅仅是一个任意常数. 如果我们能求出 (14.4.5) 的两个特解, 则 14.2 节中的方法仍然可以应用. 自然地, 我们会猜想是否有形如 $U_z(s) = \lambda^z(s)$ 的两个解? 以此代入 (14.4.5) 可知 $\lambda(s)$ 必须满足二次方程

$$\lambda(s) = ps\lambda^2(s) + qs, \tag{14.4.7}$$

其根为

$$\lambda_1(s) = \frac{1 + \sqrt{1 - 4pqs^2}}{2ps}, \qquad \lambda_2(s) = \frac{1 - \sqrt{1 - 4pqs^2}}{2ps}. \tag{14.4.8}$$

（取 $0 < s < 1$，并取正的平方根.）

现在已经求出 (14.4.5) 的两个特解. 仿 14.2 节，可以断言，(14.4.5) 的每个解都具有形式

$$U_z(s) = A(s)\lambda_1^z(s) + B(s)\lambda_2^z(s), \tag{14.4.9}$$

其中 $A(s)$ 和 $B(s)$ 可为任何函数. 为使 (14.4.9) 满足边界条件 (14.4.6)，必须有 $A(s) + B(s) = 1$ 和 $A(s)\lambda_1^a(s) + B(s)\lambda_2^a(s) = 0$，故

$$U_z(s) = \frac{\lambda_1^a(s)\lambda_2^z(s) - \lambda_1^z(s)\lambda_2^a(s)}{\lambda_1^a(s) - \lambda_2^a(s)}. \tag{14.4.10}$$

利用明显的关系 $\lambda_1(s)\lambda_2(s) = q/p$，上式可简化为

$$U_z(s) = \left(\frac{q}{p}\right)^z \frac{\lambda_1^{a-z}(s) - \lambda_2^{a-z}(s)}{\lambda_1^a(s) - \lambda_2^a(s)}. \tag{14.4.11}$$

这就是所要求的在第 n 次试验破产（在 0 处被吸收）的概率的母函数. 用类似的方法，可以证明在 a 处被吸收的概率的母函数为

$$\frac{\lambda_1^z(s) - \lambda_2^z(s)}{\lambda_1^a(s) - \lambda_2^a(s)}. \tag{14.4.12}$$

当然，博弈持续时间的母函数是母函数 (14.4.11) 和 (14.4.12) 之和.

无穷区间与初过

前面的讨论可以平行地用到在 0 点具有吸收壁的在区间 $(0, \infty)$ 内的随机徘徊中去. 一个质点从 $z > 0$ 出发，最终被 0 吸收或者此随机徘徊一直继续下去. 被吸收对应于：一个初始赌本为 z 的赌徒甲与一个拥有无穷赌本的赌徒乙博弈，赌徒甲破产. 恰在第 n 次试验被吸收的概率 $u_{z,n}$ 的母函数 $U_z(s)$ 也满足差分方程组 (14.4.5)，因而也可化为 (14.4.9) 的形式，但是，除非 $A(s) = 0$ 此解是无界的. 现在另一个边界条件是 $U_0(s) = 1$，从而 $B(s) = 1$，所以

$$U_z(s) = \lambda_2^z(s). \tag{14.4.13}$$

[回忆 $\lambda_1(s)\lambda_2(s) = q/p$，在 (14.4.11) 中令 $a \to \infty$ 可得同样的结果.]

以 $s = 1$ 代入 (14.4.13) 可得：当 $p \leqslant q$ 时最终一定会被吸收，当 $p > q$ 时被吸收的概率为 $(q/p)^z$. 14.2 节中已得到过同样的结论.

在 0 点被吸收，给无限制的随机徘徊的初过以另一种重要的解释. 确实，把原点移至 z 会发现: $u_{z,n}$ 是 "从原点出发的在全直线上的随机徘徊在第 n 次试验初访 $-z < 0$" 的概率, 对应的母函数 (14.4.13) 是 λ_2 的 z 次幂反映了这样一个明显的事实: 初过 $-z$ 的等待时间是相继初过 $-1, -2, \cdots, -z$ 的 z 个独立的等待时间之和.

对 $p = \frac{1}{2}$ 的特殊情形, $u_{z,n}$ 的显式公式在 (3.7.5) 中已经用初等方法推导出来过. 注意, 必须有 $(n+z)/2$ 步向左 $(n-z)/2$ 步向右才能到达 $-z$. 在目前的一般情况下, 除了每条路径的概率是 $p^{(n-z)/2}q^{(n+z)/2}$ 而不是 2^{-n} 以外, 其他公式都成立, 所以

$$u_{z,n} = \frac{z}{n}\binom{n}{(n+z)/2}p^{(n-z)/2}q^{(n+z)/2}, \tag{14.4.14}$$

当 n 和 z 的奇偶性不同时, 此处的二项式系数理解为 0. （关于以母函数导出此公式见 11.3 节的结尾. 另一种完全不同形式的显式公式含于 14.9 节习题 13.）

*14.5 显式表达式

(14.4.11) 中的母函数 $U_z(s)$ 形式上依赖于一个平方根, 但是, 实质上它是一个有理函数. 事实上, 利用二项式定理, 可以将其分母化为

$$\lambda_1^a(s) - \lambda_2^a(s) = s^{-a}\sqrt{1 - 4pqs^2}\, P_a(s), \tag{14.5.1}$$

此处 P_a 当 a 是奇数时是 $a-1$ 阶的偶多项式, 当 a 是偶数时是 $a-2$ 阶的偶多项式. (14.4.11) 的分子除了用 $a-z$ 代替 a 以外, 与分母具有同样的形式. 因此, U_z 是两个多项式之比, 且分母和分子的阶数至多差 1. 因此, 利用 11.4 节的部分分式法, 可以推出破产概率 $u_{z,n}$ 的显式表达式. 结果很有趣, 因为它与扩散理论有联系, 而且其推导对部分分式的实际应用技巧提供了一种示范.

应用如下定义的辅助变量 ϕ, 可以极大地简化计算

$$\cos\phi = \frac{1}{2\sqrt{pq}\, s}. \tag{14.5.2}$$

（对 $0 < s < 1$, 对应于 ϕ 的复值, 但这不影响正式的计算. ）由 (14.4.8) 有

$$\lambda_1(s) = \sqrt{q/p}\,(\cos\phi + \mathrm{i}\sin\phi) = \sqrt{q/p}\,\mathrm{e}^{\mathrm{i}\phi}, \tag{14.5.3}$$

把上式右边的 i 代以 $-\mathrm{i}$, 则得到 $\lambda_2(s)$. 所以

$$U_z(s) = \left(\sqrt{q/p}\right)^z \frac{\sin(a-z)\phi}{\sin a\phi}. \tag{14.5.4}$$

分母的根 $s_1, s_2, \cdots$ 都是单根, 所以, 可用部分分式法展开为

$$\left(\sqrt{q/p}\right)^z \frac{\sin(a-z)\phi}{\sin a\phi} = A + Bs + \frac{\rho_1}{s_1 - s} + \cdots + \frac{\rho_{a-1}}{s_{a-1} - s}. \qquad (14.5.5)$$

原则上只需考虑这些根 s_ν, 它不是分子的根, 但是, 若 s_ν 也是分子的根, 则 $U_z(s)$ 在 $s = s_\nu$ 连续, 从而 $\rho_\nu = 0$. 因此, 这类根不会对右边贡献任何量, 从而没有必要单独处理它们.

显然, 根 $s_1, \cdots, s_{a-1}$ 对应于 $\phi_\nu = \pi\nu/a$, 其中 $\nu = 1, \cdots, a-1$. 所以

$$s_\nu = \frac{1}{2\sqrt{pq}\,\cos\pi\nu/a}. \qquad (14.5.6)$$

当 $\nu = a/2$ 且 a 又是偶数时此表达式没有意义, 但是这时 ϕ_ν 也是分子的根, 如上解释, 它是可以抛掉的, 因为它对应的项在最后的结果中为 0.

为了计算 ρ_ν, 把 (14.5.5) 两边乘以 $s_\nu - s$ 再令 $s \to s_\nu$. 回忆一下 $\sin a\phi_\nu = 0$, $\cos a\phi_\nu = 1$, 得到

$$\rho_\nu = \left(\sqrt{q/p}\right)^z \sin z\phi_\nu \cdot \lim_{s \to s_\nu} \frac{s - s_\nu}{\sin a\phi}.$$

微分 (14.5.2), 用洛必达法则可算出上式右边最后一项, 结果是

$$\rho_\nu = a^{-1} \cdot 2\sqrt{pq} \left(\sqrt{q/p}\right)^z \sin z\phi_\nu \cdot \sin\phi_\nu \cdot s_\nu^2.$$

把 (14.5.5) 的右边展开成几何级数可得, 对 $n > 1$ 总有

$$u_{z,n} = \sum_{\nu=1}^{a-1} \rho_\nu s_\nu^{-n-1} = a^{-1} 2\sqrt{pq} \left(\sqrt{q/p}\right)^z \sum_{\nu=1}^{a-1} s_\nu^{-n+1} \cdot \sin\phi_\nu \cdot \sin z\phi_\nu,$$

最后得到

$$u_{z,n} = a^{-1} 2^n p^{(n-z)/2} q^{(n+z)/2} \sum_{\nu=1}^{a-1} \cos^{n-1}\frac{\pi\nu}{a} \sin\frac{\pi\nu}{a} \sin\frac{\pi z\nu}{a}. \qquad (14.5.7)$$

这就是在第 n 次试验破产概率的显式表达式. 这个公式曾经由拉格朗日和其他作者用各种不同的方法推出过,[①]但是在许多近代文献中还可重新见到. 有趣的是, 映像方法（或重复反射）可推出 $u_{z,n}$ 的另一种用二项式系数表示的显式表达式（见 14.9 节习题 21）. 在 16.3 节给出了 (14.5.7) 的另一种推导方法.

---

① 埃利斯用三角插值法给出过一个初等的推导. 见参考文献 [27] 或 [28].

当 $a \to \infty$ 时，我们得到了一个初始赌本为 z 的赌徒甲与一个拥有无穷赌本的富翁博弈时，赌徒甲在第 n 次试验破产的概率.（见 14.9 节习题 13.）

一眼就可看出：(14.5.7) 中对应于求和指标为 $\nu = k$ 和 $\nu = a-k$ 的两项的绝对值是一样的，当 n 和 z 的奇偶性相同时它们的符号是一样的，奇偶性相反时它们相互抵消掉. 因此，当 $n-z$ 为奇数时 $u_{z,n} = 0$，当 $n-z$ 为偶数且 $n > 1$ 时有

$$u_{z,n} = a^{-1} 2^{n+1} p^{(n-z)/2} q^{(n+z)/2} \sum_{\nu < a/2} \cos^{n-1} \frac{\pi\nu}{a} \sin \frac{\pi\nu}{a} \sin \frac{\pi z \nu}{a}. \tag{14.5.8}$$

其中求和号是对一切小于 $a/2$ 的正整数求和. 此表示式比 (14.5.7) 更自然，因为现在系数 $\cos \pi\nu/a$ 构成一个单调下降序列，所以 n 充分大后，实质上仅仅第 1 项需要计算.

*14.6 与扩散过程的关系

在这一节中，非正式地讨论一种随机徘徊，每一步的长度 δ 都非常小，两步之间的时间间隔非常短以至于好像质点在作连续运动. 极限情况就引出维纳过程（布朗运动）或其他的扩散过程. 弄清这些过程与随机徘徊的紧密联系，对理解这两者都有很大的好处.[①] 这个问题曾用物理术语描述过，亦可用数学术语描述.

最好是从由原点出发的无限制随机徘徊开始. 第 n 步使质点处于位置 S_n，其中 $S_n = X_1 + \cdots + X_n$ 是 n 个相互独立的随机变量之和，而且每个 X_k 分别以概率 p 和 q 取值 $+1$ 和 -1. 因此

$$E(S_n) = (p-q)n, \qquad \mathrm{Var}(S_n) = 4pqn. \tag{14.6.1}$$

3.6 节图 3.4 提供了这种随机徘徊当 $p = q = \frac{1}{2}$ 时前 10 000 步的图像. 要把此图像适当地放入书的一页中去，需要选好两个坐标轴的尺度. 现在进一步关注随机徘徊的运动图像. 假定取 1000 秒（约 16 到 17 分钟），这期间随机徘徊要运动 1 000 000 步，也就是每一步只花 1/1000 秒，这就固定了时间尺度. 为确保记录与给定高度的栅隔相匹配，选取什么单位是合理的呢？对此问题，我们用一个固定的测量单位，比如说英寸或英尺[②]来作为栅隔和每一步长的单位. 于是，我们不再关心随机变量 S_n，转而研究 δS_n，其中 δ 代表每一步的长度. 因为

$$E(\delta S_n) = (p-q)\delta n, \qquad \mathrm{Var}(\delta S_n) = 4pq\delta^2 n, \tag{14.6.2}$$

[①] 此法有深厚的历史. 巴舍利耶作了开创性的工作（尽管是探索性的）. 他的工作鼓舞了柯尔哥洛夫去奠定马尔可夫过程的严谨的数学基础. 特别地，可见参考文献 [3].

[②] 1 英尺 = 12 英寸 $\approx$ 0.3048 米. ——编者注

由中心极限定理易知：对于 $n = 1\,000\,000$，只有 (14.6.2) 中的两个数都比栅隔的宽度小，才可能有观察得到的影像. 但是，若 $p \neq q$ 且 δn 与栅隔的宽度差不多，则 $\delta^2 n$ 与 0 几乎一样，从而影像呈直线运动而无明显的随机起伏. 只有当 $\delta^2 n$ 是一个适度大小的正数，随机徘徊的性质才能显现出来，为此，只有当 $p - q$ 与 δ 的大小差不多才行.

如果问题是纯数学的，我们断言：除非 $p = q$，所要求的图像表示是不可能的. 但是，从物理观点着眼，情况就完全不同了. 在布朗运动中，我们发现悬浮在液体中的质点以随机的方式运动，自然会产生这样的问题：这种运动是否可解释为少量质点在液体中多次猛烈碰撞的结果？当然，下面的假设过于简单：碰撞的时间间隔是一致的而且每次碰撞引起的位移都精确地为 $\pm\delta$. 不管怎么说，作为初步的探讨，我们用伯努利试验观其效应，并问观察到的质点的运动是否与此图形一致. 在单位时间内的实际观察中，我们得到平均位移 c 和方差 D. 令 r 是（未知的）单位时间内的碰撞次数. 则渐近地有

$$(p - q)\delta r = c, \qquad 4pq\delta^2 r = D. \tag{14.6.3}$$

除非 (14.6.3) 中的两个条件对 $D > 0$ 都满足，模拟实验观察不到随机起伏. 一个具有 $p = 0.6$ 和 $\delta r = 1$ 的实验是可以想象的，但是其中的方差是如此之小以至于运动呈现出决定性的（而非随机的）现象：一团最初紧靠在一起的质点，一直紧靠在一起，犹如一个稳定体.

本质上看，把一个系统中状态的缓慢起伏解释为随机碰撞引起的一系列的微小变化时，前面的讨论可以类似地应用到许多物理、经济、教育学、进化理论等现象中去. 简单随机徘徊模型实际上不会出现在任何特定场合，但幸好其情况与在中心极限定理中出现的类似. 在非常宽松的条件下，单个变化的性质并不重要，因为观察到的效果只依赖它们的期望和方差. 在这种情况下，自然拿简单随机徘徊模型做万能原型.

总而言之，作为更深入研究各类随机过程的准备，自然要考虑这样的随机徘徊，其中每一步的长度 δ 是很小的，单位时间运动的步数 r 是很大的，而且 $p - q$ 很小，平衡条件 (14.6.3) 也成立（那儿 c 和 $D > 0$ 都是给定的常数）. 词"大""小"是含糊的、有伸缩性的，这取决于实际应用中的需要. [1]

---

[1] 单位时间内分子的碰撞次数是超出想象的. 另一个极端是进化理论，一代到下一代的变化是小的，而且两代之间的间隔不能小到用天来作为标准. 考虑代数也不是没有根据的. 但是可能进行数千代. 要点是：过程在这样一种时间尺度下进行，使得在实际中出现的变化是连续的. 具有连续时间参数的扩散模型要比随机徘徊模型好.

问题的分析表述如下：对 δ, r, p 的每一种选择对应着一个随机徘徊. 我们问，当 $\delta \to 0, r \to \infty, p \to \frac{1}{2}$ 且满足下列条件时

$$(p - q)\delta r \to c, \qquad 4pq\delta^2 r \to D, \tag{14.6.4}$$

随机徘徊的极限情况会发生什么？

有两种可取的办法. 当我们拥有相关概率的显式表达式的时候，可以直接取极限. 我们将用此法来论证，因为它会给第 3 章中得出的极限定理和正态逼近以新的光彩. 此法应用范围有限，因为它本身不易推广. 更有效的方法是：从随机徘徊决定的差分方程组开始，进而导出其极限形式的微分方程组. 由此得出，由这些微分方程组决定的完全定义了的依赖连续时间参数的随机过程. 对这些微分方程组的各种明显的推广，类似的结果也成立，因此，第二种方法可以推出许多种类重要的扩散过程.

为了描述最简单情形的直接法，仍然令 $\{S_n\}$ 是单位步长的标准随机徘徊，并且令

$$v_{k,n} = P\{S_n = k\}. \tag{14.6.5}$$

在加速的随机徘徊中，第 n 步在时刻 n/r 发生，其位置是 $S_n\delta = k\delta$. 我们感兴趣的是：在给定的时刻 t，质点处于给定的点 x 的某邻域的概率，因此必须研究当 $k \to \infty, n \to \infty$ 且满足 $n/r \to t$ 和 $k\delta \to x$ 时 $v_{k,n}$ 的极限性质. 事件 $\{S_n = k\}$ 要求 n 和 k 具有相同的奇偶性，并且在前 n 步中恰有 $(n+k)/2$ 步向右运动. 因此，由棣莫弗–拉普拉斯逼近可知在极限情形有

$$v_{k,n} \sim \frac{1}{\sqrt{2\pi npq}} \mathrm{e}^{-\left[\frac{1}{2}(n+k)-np\right]^2/(2npq)} = \frac{1}{\sqrt{2\pi npq}} \mathrm{e}^{-[k-n(p-q)]^2/(8npq)}$$

$$\sim \frac{2\delta}{\sqrt{2\pi Dt}} \mathrm{e}^{-(x-ct)^2/(2Dt)}, \tag{14.6.6}$$

此处 $\sim$ 表示两边之比趋于 1. 因为 $v_{k,n}$ 是 $S_n\delta$ 落在 $k\delta$ 和 $(k+2)\delta$ 之间的概率，又因为此区间的长度为 2δ，所以可以说：比值 $v_{k,n}/(2\delta)$ 局部地度量了单位长度的概率，亦即概率密度. (14.6.6) 中的最后一个关系蕴涵了 $v_{k,n}/(2\delta)$ 趋于

$$v(t, x) = \frac{1}{\sqrt{2\pi Dt}} \mathrm{e}^{-\frac{1}{2}(x-ct)^2/Dt}. \tag{14.6.7}$$

因此，概率 $v_{k,n}$ 的和可以用 $v(t, x)$ 的积分来逼近，并且可以把结果用极限重写成更有用的形式

$$P\{\alpha < S_n\delta < \beta\} \to \frac{1}{\sqrt{2\pi Dt}} \int_\alpha^\beta \mathrm{e}^{-\frac{1}{2}(x-ct)^2/Dt} \mathrm{d}x. \tag{14.6.8}$$

右边的积分可以用正态分布函数 $\mathfrak{N}$ 来表示，而且 (14.6.8) 事实上是二项分布的棣莫弗–拉普拉斯极限定理，做了一点记号变化而已.

基于适当的差分方程组的方法是很有趣的. 考虑第 n 次和第 $n+1$ 次试验质点的位置，显然概率 $v_{k,n}$ 满足差分方程组

$$v_{k,n+1} = pv_{k-1,n} + qv_{k+1,n}. \tag{14.6.9}$$

乘以 2δ，再利用上面的结果可知极限 $v(t,x)$ 是差分方程

$$v(t+r^{-1},x) = pv(t,x-\delta) + qv(t,x+\delta) \tag{14.6.10}$$

的渐近解. 因为 v 有连续导数，所以可根据泰勒定理将其展开. 在左边用一阶逼近而在右边用二阶逼近得到（去掉后面的项以后）

$$\frac{\partial v(t,x)}{\partial t} = (q-p)\delta r \cdot \frac{\partial v(t,x)}{\partial x} + \frac{1}{2}\delta^2 r \frac{\partial^2 v(t,x)}{\partial x^2} + \cdots. \tag{14.6.11}$$

取极限，略去的项趋于 0，于是 (14.6.11) 变为极限形式

$$\frac{\partial v(t,x)}{\partial t} = -c\frac{\partial v(t,x)}{\partial x} + \frac{1}{2}D\frac{\partial^2 v(t,x)}{\partial x^2}. \tag{14.6.12}$$

这就是一个特殊的扩散方程——所谓的福克–普朗克扩散方程式. 计算是正规的且富有探索性，(14.6.7) 中的函数 v 满足微分方程 (14.6.12) 并不令人惊奇. 此外还可证明，(14.6.7) 是具有概率解释的某些性质的扩散方程的唯一解.

扩散方程 (14.6.12) 可以推广到 c 和 D 依赖于 x 和 t 的情形. 此外，在高维的情形，可以进行类似的推导，而且所有这些推广都可以从一般的概率要求直接推出. 这个主题将在第 2 卷第 10 章中讨论，此处必须简要地陈述随机徘徊与一般的扩散理论的联系.

作为第二个例子，考虑前两节中讨论的破产概率 $u_{z,n}$. 基本差分方程组 (14.4.1) 与 (14.6.9) 的差异仅仅是系数 p 和 q 交换了一下位置. [①]正式计算显示，(14.6.11) 导出一个扩散方程，它就是把 (14.6.12) 中的 $-c$ 代之以 c 得到的方程. 取极限可以由 $u_{z,n}$ 导出函数 $u(t,\xi)$，它满足修正的扩散方程，而且它还有类似于 $u_{z,n}$ 的概率意义. 在由点 $\xi > 0$ 开始的扩散过程中，"质点在到达 $\alpha > \xi$ 以前到达原点"这一事件发生在时间区间 $t_1 < t < t_2$ 内的概率为 $u(t,\xi)$ 在此时间区间上的积分.

[①] 理由是：在 $u_{z,n}$ 中 z 代表初始位置，而 $v_{k,n}$ 是破产时所处的位置. 用第 2 卷中的术语来说，依赖于初始位置的概率满足倒退（回顾的）方程组，另一个则满足前进（或福克普朗克）方程组. 在物理中，某些时候称后者为连续性方程组. 类似的情形将在第 17 章中遇到.

正式的计算如下. 对 $u_{z,n}$, 有显式表达式 (14.5.8). 因为 z 和 n 必须有相同的奇偶性, $u_{z,n}$ 对应于 n/r 和 $(n+2)/r$ 之间的区间, 我们要计算 $r \to \infty$ 和 $\delta \to 0$ 且满足 (14.6.4) 时比值 $u_{z,n}r/z$ 的极限. 区间长度 a 和初始位置 z 必须调整到能得到极限 α 和 ξ. 因此 $z \sim \xi/\delta$, $a \sim \alpha/\delta$. 现在很容易求出 (14.5.8) 中单个因子的极限.

从 (14.6.4) 可得 $2p \sim 1 + c\delta/D$, 且

$$2q \sim 1 - c\delta/D,$$

从 (14.6.4) 的第二个关系式易见 $\delta^2 r \to D$. 因此

$$(4pq)^{\frac{1}{2}n}(q/p)^{\frac{1}{2}z} \sim (1 - c^2\delta^2/D^2)^{\frac{1}{2}(rt)}(1 - 2c\delta/D)^{\frac{1}{2}\xi/\delta}$$
$$\sim e^{-\frac{1}{2}c^2t/D} \cdot e^{-c\xi/D}. \tag{14.6.13}$$

类似地, 对固定的 ν 有

$$\left(\cos\frac{\nu\pi\delta}{\alpha}\right)^n \sim \left(1 - \frac{\nu^2\pi^2\delta^2}{2\alpha^2}\right)^{tr} \sim e^{-\frac{1}{2}\nu^2\pi^2Dt/\alpha^2}. \tag{14.6.14}$$

最后, $\sin\nu\pi\delta/\alpha \sim \nu\pi\delta/\alpha$. 代入 (14.5.8), 正式导出

$$u(t,\xi) = \pi D\alpha^{-2}e^{-\frac{1}{2}(ct+2\xi)c/D}\sum_{\nu=1}^{\infty}\nu e^{-\frac{1}{2}\nu^2\pi^2Dt/\alpha^2}\sin\frac{\pi\xi\nu}{\alpha}. \tag{14.6.15}$$

（因为级数一致收敛, 不难验证上述正式的计算.）在物理的扩散理论中, (14.6.15) 称作初过的弗思公式. [对 $\alpha = \infty$ 的极限情形见 14.9 节习题 14. (14.6.15) 的另一种形式见 14.9 节习题 22.]

*14.7　平面和空间中的随机徘徊

在二维随机徘徊中, 质点沿平行于 x 轴或平行于 y 轴的 4 个方向之一移动一个单位距离. 对于从原点出发的质点来说, 其可能位置是平面上所有坐标为整数的点. 每一个位置有 4 个**邻近位置**. 类似地, 对三维情形, 每一个位置有 6 个邻近位置. 为了定义随机徘徊, 必须给定对应的 4 个或 6 个概率. 为简单起见, 我们只考虑所有方向都具有相同概率的**对称情形**. 问题的复杂性比一维的情形大得多, 因为现在限制质点运动的区域可以具有任意形状, 故复杂的边界取代了一维情形的单点壁.

我们从波利亚的一个有趣的定理开始. [1]

---

[1] 见参考文献 [117]. 数值 0.35 是由麦克雷和惠普尔算出的, 见参考文献 [99].

定理　在对称的一维或二维随机徘徊中，质点迟早要返回初始位置的概率为 1（因而返回其初始位置无穷多次的概率亦为 1）. 然而，在三维的情形，这个概率 < 1（约为 0.35. 返回次数的期望值为 $0.65 \sum k(0.35)^k = 0.35/0.65 \approx 0.54$）.

在证明此定理之前，先给出波利亚所做的两种说明. 首先，由这个定理容易推出：在一维和二维的情形下，质点经过每一个可能的位置无穷多次的概率为 1. 然而，在三维的情形下，上述结论不成立. 所以，此定理在某种意义下，就二维情形而言，为"条条道路通罗马"这一谚语提供了根据.

此外，考虑独立地作对称的随机徘徊的两个质点. 假定它们每次移动都同时发生. 它们是否迟早会相遇？为叙述简单起见，定义两个可能的位置的距离为从一个位置到另一个位置的最小步数.（于是，此距离是对应的坐标之差的绝对值之和.）如果两个质点各移动一步，则它们之间的距离或者保持不变，或者改变两个单位. 所以，它们的距离或者在所有的时刻都是偶数，或者在所有的时刻都是奇数. 在第二种情况下，这两个质点永远不会占据同一个位置，在第一种情况下容易发现，它们在第 n 步相遇的概率等于第一个质点在 $2n$ 步内到达第二个质点的初始位置的概率. 因此由定理可知，在二维的情况下（在三维的情况下不成立），两个质点必有无穷多次占据同一个位置. 如果两个质点的初始距离为奇数，则用类似的方法可以证明，它们将无穷多次地占据相邻的位置. 如果把这两种情况都叫作相遇，则定理断言：在一维和二维的情况下，两个质点必定相遇无穷多次. 但是，在三维的情况下，两个质点永不相遇的概率大于 0.

证　对于一维的情形，此定理已在 13.4 节例 (b) 中用循环事件方法证明过了. 对二维和三维的情形，可根据同一思路来证明. 设 u_n 为质点在第 n 次试验返回初始位置的概率. 根据 13.3 节定理 2，我们要证明在二维的情况下 $\sum u_n$ 发散，在三维的情况下 $\sum u_n \approx 0.53$. 对二维情形，仅当沿 x 轴与 y 轴的正向移动的步数分别等于沿 x 轴与 y 轴的负向移动的步数时，质点才可能回到初始位置. 所以，若 n 为奇数则 $u_n = 0$，再利用多项分布公式 (6.9.2) 有

$$u_{2n} = \frac{1}{4^{2n}} \sum_{k=0}^{n} \frac{(2n)!}{k!k!(n-k)!(n-k)!} = \frac{1}{4^{2n}} \binom{2n}{n} \sum_{k=0}^{n} \binom{n}{k}^2, \tag{14.7.1}$$

根据 (2.12.11)，上式右边等于 $4^{-2n} \binom{2n}{n}^2$. 由斯特林公式可知 u_{2n} 的大小与 $1/n$ 同阶，所以 $\sum u_{2n}$ 发散.

在三维的情形，用类似的方法可求得

$$u_{2n} = \frac{1}{6^{2n}} \sum_{j,k} \frac{(2n)!}{j!j!k!k!(n-j-k)!(n-j-k)!}, \tag{14.7.2}$$

其中的和是对一切满足 $j + k \leqslant n$ 的 j 与 k 来求的. 易证

$$u_{2n} = \frac{1}{2^{2n}} \binom{2n}{n} \sum_{j,k} \left[\frac{1}{3^n} \frac{n!}{j!k!(n-j-k)!} \right]^2. \tag{14.7.3}$$

中括号内的项表示三项分布, 我们知道, 其和为 1. 故其平方和小于该括号内的最大项, 而后者在 j 与 k 最接近 $n/3$ 时达到. 由斯特林公式可知: 这个最大项的大小与 $1/n$ 同阶, 故 u_{2n} 的大小与 $n^{-3/2}$ 同阶, 所以 $\sum u_{2n}$ 收敛. 证毕. ■

最后讨论推广**收壁**概念的另一问题. 考虑二维的情形, 这时, 代替区间 $0 \leqslant x \leqslant a$ 的是平面区域 D, 即坐标为整数的集合. 每个点都有 4 个邻近的位置, 但对于 D 中的某些点, 有一个或多个邻近的位置在 D 之外, 这种点构成 D 的边界, 其余的点都称为内点. 在一维情形下, 边界由两个壁构成, 我们的问题是要求出从 z 出发的质点到达 a 之前到达边界点 0 的概率. 类似地, 现在要求出质点在到达某段边界之外的任何边界点之前到达这段边界的概率. 这意味着把边界点分成 B' 与 B'' 两个集合. 设 (x, y) 是内点, 要求出从 (x, y) 出发的质点在到达 B'' 中的点之前到达 B' 中的一个点的概率 $u(x, y)$. 特别地, 如果 B' 由一个点构成, 则 $u(x, y)$ 是质点迟早要被这一个特殊的点吸收的概率.

设 (x, y) 是内点. 在第一步以后, 质点从 (x, y) 移到 4 个邻近位置 $(x \pm 1, y)$, $(x, y \pm 1)$ 中的某一个, 如果这 4 个邻近的位置都是内点, 则有

$$u(x, y) = \tfrac{1}{4} \left[u(x+1, y) + u(x-1, y) + u(x, y+1) + u(x, y-1) \right]. \tag{14.7.4}$$

这是一个偏差分方程, 它对应于一维情况下的方程 (14.2.1) (其中 $p = q = \frac{1}{2}$). 如果 $(x+1, y)$ 是边界点, 则对应于它的项 $u(x+1, y)$ 必须按 $(x+1, y)$ 属于 B' 或属于 B'' 而分别以 1 或 0 代之. 因此, 当边界点 (ξ, η) 在 B' 中时我们令 $u(\xi, \eta) = 1$, 当 (ξ, η) 在 B'' 中时令 $u(\xi, \eta) = 0$, 则 (14.7.4) 对所有的内点都成立. 这个约定相应于一维情形的边界条件 (14.2.2).

(14.7.4) 是关于未知数 $u(x, y)$ 的一组方程, 每个内点对应于一个未知数和一个方程. 此线性方程组是非齐次的, 因为在其中至少出现 B' 中的一个边界点 (ξ, η), 而这个点使得方程的右边出现一项 $\frac{1}{4}$. 如果区域 D 是有限的, 则方程的个数与未知数的个数一样, 所以, 这个方程组有唯一解的充分必要条件是对应的齐次方程组 (对于所有边界点令 $u(\xi, \eta) = 0$) 只有恒等于 0 的解. 由于 $u(x, y)$ 是 4 个邻近值 $u(x \pm 1, y), u(x, y \pm 1)$ 的平均, 所以它不可能比这 4 个值都大, 也不可能比它们都小. 换句话说, $u(x, y)$ 既不可能是严格意义下的极大值, 也不可能是严格意义下的极小值. 所以最大值与最小值只能在边界上达到. 因此, 若所有的边界值为 0, 则 $u(x, y)$ 在所有的内点亦为 0. 这就证明了 (14.7.4) 的解存在

且唯一. 因为边界值为 0 或 1, 故一切 $u(x, y)$ 的值均在 0 与 1 之间, 这正是它们作为概率所应满足的条件. 根据无穷马尔可夫链的一个一般定理, 我们将要看到以上陈述对于无穷区域的情形也成立. [①]

*14.8　广义一维随机徘徊 (序贯抽样)

现在再回来讨论一维的情形, 但抛弃质点每次只移动单位步长的限制. 假定: 质点每一步由 x 移动到 $x + k$ 的概率为 p_k, 其中整数 k 可以是零、正数或负数. 研究如下的破产问题: 质点从位置 $z\,(0 < z < a)$ 出发, 我们要求出质点在到达任何大于等于 a 的位置之前到达小于等于 0 的某个位置的概率 u_z. 换句话说, 质点在第 n 次试验后的位置是 x 轴上的点 $z + X_1 + X_2 + \cdots + X_n$, 其中 X_k 是具有公共分布 $\{p_\nu\}$ 的相互独立的随机变量序列. 当 $X_1 + \cdots + X_n \leqslant -z$ 或 $X_1 + \cdots + X_n \geqslant a - z$ 第一次出现时过程停止.

此问题由于它与**序贯抽样**有关而受到普遍的注意. 那里 X_k 表示样本或观察的某种特征. 测量一直进行到 $X_1 + \cdots + X_n$ 落在两个事先给定的界限 (即 $-z$ 和 $a - z$) 之外为止. 出现第一种情况就**拒绝**, 出现第二种情况就**接受**. [②]

例　(a) 取巴特基的双重抽样检查方案来说明. 检验一种货品, 抽取一个大小为 N 的样本进行全面检查. 假定样本是统计独立的并且每组样本中有缺陷的货品的件数服从二项分布. 在每组样本中, 用一件货品去替补一件有缺陷的货品, 于是可令 $X_k + 1$ 是第 k 个样本中有缺陷的货品的件数. 因此, 对 $k \geqslant 0$ 有

$$p_k = \binom{N}{k+1} p^{k+1} q^{N-k-1},$$

且对所有 $x < -1$ 有 $p_{-1} = q^N$, $p_x = 0$. 操作规则可描述如下: 抽取一组原始的样本, 如果没有有缺陷的货品则接收整个货品, 如果有缺陷的货品的件数超过 a 则拒收整个货品. 因此, 出现这两种情况中的任何一种, 抽样过程就停止. 如果有缺陷的货品的件数 z 落在区间 $1 \leqslant z \leqslant a$ 中, 则抽样按上述方法继续进行, $1 \leqslant z \leqslant a$ 持续多久, 抽样就持续多久. z 迟早会变为 0 (这时接收全部货物) 或大于 a (这时拒收全部货物). ■

不失一般性, 可设既可沿正方向也可沿负方向移动. 否则对所有 z 有 $u_z = 0$

---

① 只有在少数情况下才知道显式解, 而且总是很复杂. 对于矩形区域和无限条形区域等的解见参考文献 [99].

*　这一节以后用不到.

② 序贯分析是沃尔德在第二次世界大战期间联系一些重要的实际问题而发展起来的. 近代的处理方法可以在数理统计的教科书中找到. 巴特基方案是用 1943 年的例子来描述的, 这或许是最早见诸文献的序贯抽样方法.

或 $u_z = 1$. 显然，在第一步就破产的概率为

$$r_z = p_{-z} + p_{-z-1} + p_{-z-2} + \cdots \tag{14.8.1}$$

（此数可能为 0）. 只有当质点移动到位置 x 满足 $0 < x < a$ 时，随机徘徊才继续进行下去. 从 z 跳到 x 去的概率为 p_{x-z}，而此后破产的概率为 u_x. 所以

$$u_z = \sum_{x=1}^{a-1} u_x p_{x-z} + r_z. \tag{14.8.2}$$

我们再次得到具有 $a-1$ 个未知数 u_z 的 $a-1$ 个线性方程. 这个方程组是非齐次的，因为至少对 $z=1$ 概率 r_1 不为 0（因为允许沿负方向移动）. 为了证明线性方程组 (14.8.2) 具有唯一的一组解，必须证明相应的齐次方程组

$$u_z = \sum_{x=1}^{a-1} u_x p_{x-z} \tag{14.8.3}$$

只有 0 解. 为了减少在证明中出现的下标的个数，令 $p_{-1} \neq 0$（但是，对具有负下标的正项，推理一样适用）. 于是假定 u_z 满足 (14.8.3) 并令 M 是这些 u_z 的最大值. 令 $u_r = M$. 因为 (14.8.3) 中的系数 p_{x-z} 加起来小于等于 1，所以只有当 (14.8.3) 右边确实出现的 u_x（具有正系数）都等于 M 且它们的系数之和为 1 才可能使得 (14.8.3) 对 $z = r$ 成立. 所以 $u_{r-1} = M$，用类似的推理可得 $u_{r-2} = u_{r-3} = \cdots = u_1 = M$. 然而，当 $z = 1$ 时 (14.8.3) 中的系数 p_{x-r} 之和小于 1，所以 $M = 0$.

由此推知，(14.8.2) 有唯一解，从而问题得解. 引入边界条件

$$\begin{aligned} u_x &= 1, && \text{如果 } x \leqslant 0, \\ u_x &= 0, && \text{如果 } x \geqslant a \end{aligned} \tag{14.8.4}$$

来简化 (14.8.2) 的书写. 于是 (14.8.2) 可写为下述形式

$$u_z = \sum u_x p_{x-z}, \tag{14.8.5}$$

此处求和跑遍所有 x. ［对 $x \geqslant a$ 由 (14.8.4) 中的第二个条件，它对 (14.8.5) 中的和没有贡献；对 $x \leqslant 0$ 由 (14.8.4) 中的第一个条件，其贡献加到 r_z 中去了. ］

对于很大的 a，直接解 $a-1$ 个线性方程是很麻烦的，而用类似于 14.2 节中使用的**特解法**较好. 当概率分布 $\{p_k\}$ 的正项数相对小时此法可行. 假定只有当

$-\nu \leqslant k \leqslant \mu$ 时 p_k 不为 0, 那么, 在正方向和负方向的可能的最大跃度分别为 μ 和 ν. 特征方程

$$\sum p_k \sigma^k = 1 \tag{14.8.6}$$

等价于 $\nu + \mu$ 阶代数方程. 如果 σ 是 (14.8.6) 的一个根, 则对所有 z 有 $u_z = \sigma^z$ 是 (14.8.5) 的一个形式解, 但是, 此解不满足边界条件 (14.8.4). 如果 (14.8.6) 有 $\mu + \nu$ 个不同的根 $\sigma_1, \sigma_2, \cdots$, 则对所有 z, 线性组合

$$u_z = \sum A_k \sigma_k^z \tag{14.8.7}$$

也是 (14.8.5) 的一个形式解, 我们必须适当选取常数 A_k 以满足边界条件. 对 $0 < z < a$ 只有满足 $-\nu + 1 \leqslant x \leqslant a + \mu - 1$ 的 x 值才出现于 (14.8.5). 因此, 只要对 $x = 0, -1, -2, \cdots, -\nu + 1$ 和 $x = a, a+1, \cdots, a+\mu-1$ 满足边界条件 (14.8.4) 就够了, 所以总共有 $\mu + \nu$ 个条件. 如果 σ_k 是 (14.8.6) 的一个重根, 我们就丧失一个条件, 但是在此情况下, 易见 $u_z = z\sigma_k^z$ 是另一个形式解. 在任何一种情况下, $\mu + \nu$ 个边界条件决定了 $\mu + \nu$ 个任意常数.

例 (b) 假定每一步都使该质点移至 4 个邻近位置之一, 并令 $p_{-2} = p_{-1} = p_1 = p_2 = \frac{1}{4}$. 特征方程 (14.8.6) 是 $\sigma^{-2} + \sigma^{-1} + \sigma + \sigma^2 = 4$. 为解此方程, 令 $t = \sigma + \sigma^{-1}$, 代入后得到 $t^2 + t = 6$, 其根为 $t = 2, -3$. 再对 σ 解 $t = \sigma + \sigma^{-1}$ 得到 4 个根

$$\sigma_1 = \sigma_2 = 1, \quad \sigma_3 = \frac{-3 + \sqrt{5}}{2} = \sigma_4^{-1}, \quad \sigma_4 = \frac{-3 - \sqrt{5}}{2} = \sigma_3^{-1}. \tag{14.8.8}$$

因为 σ_1 是重根, 所以 (14.8.5) 的通解为

$$u_z = A_1 + A_2 z + A_3 \sigma_3^z + A_4 \sigma_4^z. \tag{14.8.9}$$

由边界条件 $u_0 = u_{-1} = 1$ 和 $u_a = u_{a+1} = 0$ 推出系数 A_j 的 4 个线性方程, 最终得到解

$$u_z = 1 - \frac{z}{a} + \frac{(2z-a)(\sigma_3^a - \sigma_4^a) - a(\sigma_3^{2z-a} - \sigma_4^{2z-a})}{a(a+2)(\sigma_3^a - \sigma_4^a) - a(\sigma_3^{a+2} - \sigma_4^{a+2})}. \tag{14.8.10}$$

■

数值逼近 要算出所有的根通常是很麻烦的, 但是如果只是要求出相当满意的近似值, 则可以用极简单的方法得到. 首先考虑概率分布 $\{p_k\}$ 的均值为 0 的情形. 这时 $\sigma = 1$ 是特征方程 (14.8.6) 的二重根, 而 $A + Bz$ 是 (14.8.5) 的一个形式解. 当然, 这二个常数 A 和 B 还不足以保证 $\mu + \nu$ 个边界条件 (14.8.4) 成立. 然而, 如果选择 A 和 B 使得对于 $z = a + \mu - 1$ 有 $A + Bz = 0$ 对于 $z = 0$ 有 $A + Bz = 1$, 则对于所有 $x \leqslant 0$ 有 $A + Bx \geqslant 1$ 对于所有

$a \leqslant x < a + \mu$ 有 $A + Bx \geqslant 0$. 所以, 把边界条件 (14.8.4) 中的等号换成大于等于, 则 $A + Bz$ 满足新的边界条件. 因此, 差 $A + Bz - u_z$ 是具有非负边界值的 (14.8.5) 的一个形式解, 从而 $A + Bz - u_z \geqslant 0$. 类似地, 如果选择 A 和 B 使得对于 $z = a$ 有 $A + Bz = 0$ 对于 $z = -\nu + 1$ 有 $A + Bz = 1$, 则可得出 u_z 的下界. 因此

$$\frac{a - z}{a + \nu - 1} \leqslant u_z \leqslant \frac{a + \mu - z - 1}{a + \mu - 1}. \tag{14.8.11}$$

如果 a 相对于 $\mu + \nu$ 而言很大, 则此估值是很好的 [当然, $u_z \approx (1 - z/a)$ 是更好的估值, 但未给出误差限].

其次, 考虑概率分布 $\{p_k\}$ 的均值不为 0 的一般情形. 这时, 特征方程 (14.8.6) 有单根 $\sigma = 1$. 当 $\sigma \to 0$ 和 $\sigma \to \infty$ 时 (14.8.6) 式的左边趋于 ∞. 当 σ 为正时, 曲线 $y = \sum p_k \sigma^k$ 是连续的凸函数, 又因为它与直线 $y = 1$ 交于 $\sigma = 1$, 故必定恰好还有一个交点. 所以, 特征方程 (14.8.6) 有两个正根 1 和 σ_1. 如前一样, 易见 $A + B\sigma_1^z$ 是方程 (14.8.5) 的一个形式解, 应用前述推理 (以 $A + B\sigma_1^z$ 代替 $A + Bz$) 可知在目前的情况下有

$$\frac{\sigma_1^a - \sigma_1^z}{\sigma_1^a - \sigma_1^{-\nu+1}} \leqslant u_z \leqslant \frac{\sigma_1^{a+\mu-1} - \sigma_1^z}{\sigma_1^{a+\mu-1} - 1}. \tag{14.8.12}$$

总之, 我们有:

定理 如果 $\{p_k\}$ 的均值为 0 则破产问题的解满足不等式 (14.8.11), 否则满足不等式 (14.8.12). 其中 σ_1 为 (14.8.6) 的唯一的不等于 1 的正根, 而 μ 与 $-\nu$ 分别为使得 $p_k \neq 0$ 的最大与最小的下标.

令 $m = \sum k p_k$ 为一次试验中的**赢利的期望值** (或一步的长度的期望值). 由 (14.8.6) 易见当 $m < 0$ 时 $\sigma_1 > 1$, 当 $m > 0$ 时 $\sigma_1 < 1$. 令 $a \to \infty$, 由上述定理推出: 与具有无穷赌本的富翁进行博弈时, 最终破产的概率为 1 的充分必要条件是 $m \leqslant 0$.

博弈的**持续时间**可用类似的方法来进行讨论 (见 14.9 节习题 9).

14.9 习题

注: 习题 1~4 只需参考 14.2 节, 并且不需要计算.

1. 在从原点出发的随机徘徊中, 找出质点在到达 $-b < 0$ 以前到达 $a > 0$ 的概率.

2. 用 14.2 节的记号与概念, 证明下列诸命题.

   (a) 在由原点出发的随机徘徊中, 在返回原点以前到达点 $a > 0$ 的概率为 $p(1 - q_1)$.

   (b) 在由 $a > 0$ 出发的随机徘徊中, 在返回出发点以前到达原点的概率为 qq_{a-1}.

3. 设 $q \geqslant p$. 由上一题证明: 在由原点出发的随机徘徊中, 在第一次返回原点以前, 访问点 $a > 0$ 的次数服从具有公比 $1 - qq_{a-1}$ 的几何分布. (为什么 $q \geqslant p$ 的条件是必要的?)

4. 用前两题证明定理[①]: 在第一次返回原点以前, 访问点 $a > 0$ 的次数的期望, 当 $p < q$ 时为 $(p/q)^a$, 当 $p = q$ 时为 1.

[①] 此结果用公平博弈的语言来表达更为精彩, 一枚均匀的硬币一直扔到第一次出现正、反面的累积次数相等时为止. 赌徒每当出现正面的累积次数比出现反面的累计次数多 m 时, 就赢得 1 元. "公平的入场费" 是 1, 与 m 无关. 不同的 (初等) 证明见第 2 卷 12.10 节习题 1~2.

5. 修改随机徘徊的模型如下：假定质点向右移动一步、向左移动一步、原地不动的概率分别为 $\alpha,\beta,\gamma\,(\alpha+\beta+\gamma=1)$.（用博弈论的术语来说，结果可能是平局.）考虑 14.2 节和 14.3 节中破产问题.

6. 考虑 14.2 节和 14.3 节中的破产问题当原点置有弹性壁的场合（如 14.1 节定义）. 破产概率（吸收到原点）的差分方程和持续时间的期望都是一样的，但具有新的边界条件.

7. 一个质点每移动一次，或者以概率 p 向右移动二个单位长度，或者以概率 q 向左移动一个单位长度（$p+q=1$）. 如果出发的位置是 $z>0$，试求该质点迟早要到达原点的概率 q_z.（这是一个"对抗拥有无穷赌本的富翁"的赌徒的破产问题.）

   提示：类似于 (14.2.1)，导出一个有特解 $q_z=1$ 和两个形如 λ^z 的特解的三次方程. 此处 λ 满足一个二次方程.

8. 续上题. [1] 证明：在伯努利试验序列中，失败的累积次数两次超过成功的累积次数迟早要出现的概率为 q_1. [当 $p=q$ 时此概率为 $(\sqrt{5}-1)/2$.]

9. 在 14.8 节的广义的随机徘徊中，令 [类似于 (14.8.1)] $\rho_z=p_{a-z}+p_{a+1-z}+p_{a+2-z}+\cdots$，并令 $d_{z,n}$ 是此随机徘徊恰巧持续 n 步的概率. 证明对 $n\geqslant 1$ 有

$$d_{z,n+1}=\sum_{x=1}^{a-1}d_{x,n}p_{x-z},$$

   其中 $d_{z,1}=r_z+\rho_z$. 并由此证明母函数 $d_z(\sigma)=\sum d_{z,n}\sigma^n$ 是以下线性方程组的解

$$\sigma^{-1}d_z(\sigma)-\sum_{x=1}^{a-1}d_x(\sigma)p_{x-z}=r_z+\rho_z.$$

   微分之，可推出期望持续时间 e_z 是以下线性方程组的解

$$e_z-\sum_{x=1}^{a-1}e_xp_{x-z}=1.$$

10. 在点 0 和 a 都置有**吸收壁**的初始位置为 z 的随机徘徊中，令 $w_{z,n}(x)$ 是第 n 步质点处于 x 的概率. 找出决定 $w_{z,n}(x)$ 的差分方程组和边界条件.

11. 续上题. 对具有两个反射壁（即具有 $\delta=1$ 的弹性壁）的情形，修正其边界条件.

12. 在具有可能位置为 $1,2,\cdots,a-1$ 的对称（$p=q$）随机徘徊中，在 0 置有吸收壁而在另一端点置有反射壁. 找出被 0 点吸收的等待时间的母函数.

13. **初过概率的另一形式.** 在破产概率的显式表达式 (14.5.7) 中令 $a\to\infty$. 证明结果是

$$u_{z,n}=2^np^{(n-z)/2}q^{(n+z)/2}\int_0^1\cos^{n-1}\pi x\cdot\sin\pi x\cdot\sin\pi xz\,\mathrm{d}x.$$

   因此这个公式必定等价于 (14.4.14). 用证明其相应的差分方程组和边界条件都是一样的办法来验证上述事实.

---

[1] 此问题是由纽曼提出来的. 其解是前一题（在第 2 版中）的简单推论. 读者可试着用同样的方法处理以一个有理数代替 2 的情形. 参考文献 [50] 沿另一不同路线去解此问题.

14. **续上题: 扩散中的初过.** 证明: 按 14.6 节描述的方法取极限, 将把上一题中的 $u_{z,n}$ 的公式化为表达式

$$\frac{z}{\sqrt{2\pi D t^3}}\, \mathrm{e}^{-(z+ct)^2/(2Dt)},$$

此式是从点 $z > 0$ 开始的扩散被 0 吸收的等待时间的概率密度. 当 $p = q$ 时此结果等价于 3.7 节的极限定理 3.

───────────

注: 在下面的问题中, $v_{x,n}$ 是 (14.6.1) 中的概率, 即从原点开始的无限制的随机徘徊, 质点在第 n 步到达位置 x 的概率. 3.1 节的反射原理导出另一种处理方法.

15. **映象方法.** [①] 设 $p = q = \frac{1}{2}$. 考虑在原点具有吸收壁且初始位置为 $z > 0$ 的 $(0, \infty)$ 中的随机徘徊. 设 $u_{z,n}(x)$ 是质点于第 n 步到达位置 $x > 0$ 的概率. 证明 $u_{z,n}(x) = v_{x-z,n} - v_{x+z,n}$. [提示: 证明对应于 (14.4.1) 的差分方程组与适当的边界条件得以满足.]

16. **续上题.** 如果在原点具有**反射壁**, 则

$$u_{z,n}(x) = v_{x-z,n} + v_{x+z-1,n}.$$

17. **续上题.** 如果随机徘徊限制在 $(0, a)$ 内而且两端都是**吸收壁**, 则

$$u_{z,n}(x) = \sum_k (v_{x-z-2ka,n} - v_{x+z-2ka,n}), \qquad (14.9.1)$$

其中的和是对所有 k (正的或负的) 来求的 (但只有有限项非 0). 如果两个壁都是**反射壁**, 则用**加号代替减号**且用 $x + z - 1$ 代替 $x + z$ 后 (14.9.1) 仍然成立.

18. **最大坐标的分布.** 在从原点开始的对称无限制随机徘徊中, 令 M_n 是质点在前 n 步中所处位置的最大的横坐标. 利用习题 15 证明

$$P\{M_n = z\} = v_{z,n} + v_{z+1,n}. \qquad (14.9.2)$$

19. 设 $V_x(s) = \sum v_{x,n} s^n$ (见习题 15 前的 "注"). 证明: 当 $x \leqslant 0$ 时 $V_x(s) = V_0(s)\lambda_2^{-x}(s)$, 当 $x \geqslant 0$ 时 $V_x(s) = V_0(s)\lambda_1^{-x}(s)$, 其中 $\lambda_1(s)$ 与 $\lambda_2(s)$ 由 (14.4.8) 定义, 此外, $V_0(s) = (1 - 4pqs^2)^{-\frac{1}{2}}$.

注意: 这些关系可以**直接**从下述事实推出: 14.4 节曾证明 $\lambda_1(s)$ 和 $\lambda_2(s)$ 都是初过时的母函数.

20. 在初始位置为 z 且原点置有吸收壁且在 $(0, \infty)$ 内的随机徘徊中, 令 $u_{z,n}(x)$ 是质点在第 n 步到达位置 x 的概率, 再令

$$U_z(s; x) = \sum_{n=0}^{\infty} u_{z,n}(x) s^n. \qquad (14.9.3)$$

───────────

① 习题 15~17 是**映象方法**的例子. 项 $v_{x-z,n}$ 对应于无限制的随机徘徊中的一个质点, $v_{x+z,n}$ 对应于一个 "象点". 在 (14.9.1) 中, 我们发现从不同位置出发的象点可以从在两个边界处的重复反射得到. 在习题 20~21 中, 我们利用母函数方法得到了关于非对称随机徘徊的一般结果. 在差分方程论中, 总是把映象方法归功于开尔文勋爵. 在概率论文献中, 等价的反射原理通常认为是安德烈的贡献. 见第 59 页脚注①.

应用习题 19, 证明 $U_z(s;x) = V_{x-z}(s) - \lambda_2^z(s)V_x(s)$. 由此推出

$$u_{z,n}(x) = v_{x-z,n} - (q/p)^z \cdot v_{x+z,n}. \tag{14.9.4}$$

试与习题 15 中的结果比较, 并用组合方法由后者推出 (14.9.4).

21. 破产概率 (14.5.7) **的另一公式**. 将 (14.4.11) 展开成几何级数, 由此证明

$$u_{z,n} = \sum_{k=0}^{\infty} \left(\frac{p}{q}\right)^{ka} w_{z+2ka,n} - \sum_{k=1}^{\infty} \left(\frac{p}{q}\right)^{ka-z} w_{2ka-z,n},$$

此处 $w_{z,n}$ 是由 (14.4.14) 定义的初过概率.

22. 如果将 14.6 节中取极限的方法用于前一题中给出的 $u_{z,n}$ 的表达式, 证明: 吸收时间的概率密度为[①]

$$\frac{1}{\sqrt{2\pi Dt^3}} e^{-(ct+2\xi)c/(2D)} \sum_{k=-\infty}^{\infty} (\xi + 2k\alpha)e^{-(\xi+2k\alpha)^2/(2Dt)}.$$

(提示: 应用二项分布的正态逼近.)

23. 破产问题的更新方法.[②] 在具有两个吸收壁的随机徘徊中, 令 $u_{z,n}$ 和 $u_{z,n}^*$ 分别为吸收于左壁和右壁的概率. 用适当的解释证明下列两个方程成立

$$V_{-z}(s) = U_z(s)V_0(s) + U_z^*(s)V_{-a}(s),$$

$$V_{a-z}(s) = U_z(s)V_a(s) + U_z^*(s)V_0(s).$$

通过解此方程组求 $U_z(s)$ 来推导出 (14.4.11).

24. 设 $u_{z,n}(x)$ 是从 z 出发的质点在第 n 步未触及吸收壁以前到达 x 的概率. 利用习题 23 的符号, 证明对母函数 $U_z(s;x) = \sum u_{z,n}(x)s^n$ 有

$$U_z(s;x) = V_{x-z}(s) - U_z(s)V_x(s) - U_z^*(s)V_{x-a}(s).$$

(无须计算.)

25. 续上题. 上一题中的母函数 $U_z(s;x)$ 可以用下述方法得到: 令 $U_z(s;x) = V_{x-z}(s) - A\lambda_1^z(s) - B\lambda_2^z(s)$, 并选择适当的常数 A 和 B, 使得当 $z = 0$ 和 $z = a$ 时边界条件 $U_z(s;x) = 0$ 成立. 对于**反射壁**, 边界条件是 $U_0(s;x) = U_1(s;x)$ 和 $U_a(s;x) = U_{a-1}(s;x)$.

26. 用解适当的差分方程证明

$$v_{x,n} = (2\pi)^{-1} 2^n p^{(n+x)/2} q^{(n-x)/2} \int_{-\pi}^{\pi} \cos^n t \cdot \cos tx \, dt,$$

并推出

$$V_x(s) = (2\pi)^{-1} \left(\frac{p}{q}\right)^{x/2} \int_{-\pi}^{\pi} \frac{\cos tx}{1 - 2\sqrt{pq} \cdot s \cdot \cos t} \, dt.$$

---

① 这个新公式与极限形式 (14.6.15) 的一致性是 θ 函数论中一个熟知的事实. 见第 2 卷 (19.5.8).
② 习题 23~25 包含有关于一维随机徘徊的一些主要结果的独立的新推导.

27. 在三维对称的随机徘徊中，质点经过任何特定的直线 $x = m, y = n$ 无穷多次的概率为 1.（提示：见习题 5.）

28. 在从原点出发的对称的二维随机徘徊中，质点在第 n 步到达点 (x, y) 的概率为

$$(2\pi)^{-2} 2^{-n} \int_{-\pi}^{\pi} \int_{-\pi}^{\pi} (\cos\alpha + \cos\beta)^n \cdot \cos x\alpha \cdot \cos y\beta \, \mathrm{d}\alpha \, \mathrm{d}\beta.$$

证明此公式，并求出三维情况下的类似公式.（提示：检验此表达式满足适当的差分方程式.）

29. 在对称的二维随机徘徊中，令 $D_n^2 = x^2 + y^2$ 为在时刻 n 质点与原点距离的平方. 证明 $E\left(D_n^2\right) = n$. [提示：计算 $E\left(D_{n-1}^2 - D_n^2\right)$.]

30. 在对称的 d 维随机徘徊中，质点无穷多次返回它先前曾占据过的位置的概率为 1. 提示：在每一步移动到新位置的概率最多为 $(2d-1)/(2d)$.

31. 证明在 14.8 节中描述的方法对破产的等待时间的母函数 $U_z(s)$ 仍然可以使用.

第 15 章　马尔可夫链

15.1　定义

到现在为止，我们主要讨论如下描述的独立试验序列：其可能结果是由 E_1, $E_2, \cdots$ 构成的（有限或无穷）集合，对每个 E_k，有对应的概率 p_k，样本序列的概率由乘法性质确定，$P\{(E_{j_0}, E_{j_1}, \cdots, E_{j_n})\} = p_{j_0} p_{j_1} \cdots p_{j_n}$。在马尔可夫链理论中，考虑下述最简单的推广：允许每次试验的结果依赖（仅依赖）最邻近的前一次试验的结果。此时结果 E_k 不再对应于一个固定的概率 p_k，但是对每一对结果 (E_j, E_k) 有一个**条件概率** p_{jk} 与之对应，即已知在某次试验出现 E_j 的条件下，下次试验出现 E_k 的（条件）概率为 p_{jk}。除 p_{jk} 以外，还必须给出初始试验中出现结果 E_k 的概率 a_k。根据 p_{jk} 的意义，对应于二次、三次或四次试验的样本序列的概率必须定义如下

$$P\{(E_j, E_k)\} = a_j p_{jk},$$
$$P\{(E_j, E_k, E_r)\} = a_j p_{jk} p_{kr},$$
$$P\{(E_j, E_k, E_r, E_s)\} = a_j p_{jk} p_{kr} p_{rs}.$$

一般地

$$P\{(E_{j_0}, E_{j_1}, \cdots, E_{j_n})\} = a_{j_0} p_{j_0 j_1} p_{j_1 j_2} \cdots p_{j_{n-2} j_{n-1}} p_{j_{n-1} j_n}. \tag{15.1.1}$$

此处初始试验用 0 来标号，所以标号为 1 的试验实为第 2 次试验。（此约定是方便的，上一章就隐性地引入了这一约定。）

其实上一章讨论的几个过程就是马尔可夫链，只不过对不同的特殊情况常常用不同的记号和模型来处理罢了。本章的主要结果是某些极限和平衡分布的存在性，当然，它们与记号无关而且可用于一切马尔可夫链。

例　(a) **随机徘徊**．直线上的随机徘徊是一个马尔可夫链，不过，自然地要把其可能位置用双无穷序列 $\cdots, -2, -1, 0, 1, 2, \cdots$ 来标序。用这种标序法，只有往邻近的位置转移才是可能的，即除非 $k = j \pm 1$，$p_{jk} = 0$。用现在的记号，必须把整数排成简单序列 $0, 1, -1, 2, -2, \cdots$，而这会导致概率 p_{jk} 的公式不好看。对高维随机徘徊此附注亦适用。在实际计算中把点用其坐标来表示较为方便，但是，本章的符号系统能用于理论研究。

(b) **分支过程**. 在 12.3 节中, 与其说 "第 n 次试验的结果是 E_k", 不如说 "第 n 代的成员有 k 个". 否则就考虑一个标准的马尔可夫链, 其转移概率 p_{jk} 是给定的母函数的 j 次方 $p^j(s)$ 的 s^k 的系数.

(c) **罐子模型**. 显然, 5.2 节中的几个罐子模型都是马尔可夫链. 反之, 每一个马尔可夫链等价于一个如下的罐子模型. 每一个出现的下标用一个罐子来代表, 每个罐子内装有标有记号 $E_1, E_2, \cdots$ 的球. 每个罐的成分是固定的, 但各个罐的成分可以不同, 在第 j 个罐中任取一球取到标有记号 E_k 的概率为 p_{jk}. 在初始 (即第 0 次) 试验中, 按概率分布 $\{a_j\}$ 任取一个罐子, 并从该罐中随机地取出一球, 如果该球的记号为 E_j, 则下次从第 j 个罐中取球, 依此类推. 显然, 按这种手续, 序列 $(E_{j_0}, E_{j_1}, \cdots, E_{j_n})$ 的概率由 (15.1.1) 给出. 可见, 马尔可夫链的概念并不比罐子模型更一般, 但新的符号系统更实用、更直观.   ■

如果 a_k 是初始 (即第 0 次) 试验出现 E_k 的概率, 则必有 $a_k \geqslant 0$ 且 $\sum a_k = 1$. 此外, E_j 出现后, 下次试验必然出现某个 E_k, 所以对所有 j 和 k 必有

$$p_{j1} + p_{j2} + p_{j3} + \cdots = 1, \qquad p_{jk} \geqslant 0. \tag{15.1.2}$$

现在要证明: 对于满足这些条件的任何数 a_k 和 p_{jk}, (15.1.1) 的赋以概率的方法对 $n+1$ 次试验中的样本空间的概率的定义是合理的. 因为由 (15.1.1) 定义的数是非负的, 所以只需证明其和为 1. 首先固定 $j_0, j_1, \cdots, j_{n-1}$, 并将 (15.1.1) 中的数对所有可能的 j_n 求和. 对 $j = j_{n-1}$ 利用 (15.1.2), 立刻发现其和为 $a_{j_0} p_{j_0 j_1} \cdots p_{j_{n-2} j_{n-1}}$. 因此, (15.1.1) 中的所有数的和不依赖于 n. 又因为 $\sum a_{j_0} = 1$, 故对所有 n 而言此和等于 1.

定义 (15.1.1) 形式上依赖于试验次数, 但上述论证说明定义 (15.1.1) 对所有 n 具有相容性. 例如, 为了得到事件 "头两次试验的结果为 (E_j, E_k)" 的概率, 必须固定 $j_0 = j, j_1 = k$ 而把 (15.1.1) 的概率对一切可能的 $j_2, j_3, \cdots, j_n$ 求和. 刚才已经证明此和为 $a_j p_{jk}$, 它不依赖 n. 这意味着: 通常没有必要明确地指出试验的次数, 事件 $(E_{j_0}, E_{j_1}, \cdots, E_{j_r})$ 在所有多于 r 次试验的样本空间中的概率都是一样的. 关于独立试验序列, 曾多次指出: 从数学观点来看, 最好只引进唯一的无穷试验序列的样本空间, 而把有限次试验的结果看成是一个无穷序列的开头部分, 此叙述对马尔可夫链也对. 可惜, 无穷多次试验的样本空间超出了本卷只限于讨论的离散概率论的范围.

综上所述，我们的出发点是：

定义   可能结果为 $E_1, E_2, \cdots$ 的试验序列称为马尔可夫链[①]，如果其样本序列的概率由 (15.1.1) 定义，其中 $\{a_k\}$ 为状态 E_k 在初始（即或第 0 次）试验的概率分布，而 p_{jk} 是上次试验出现 E_j 的条件下，下次试验出现 E_k 的条件概率.

为适应马尔可夫链的应用，把术语略加改变. 把可能结果 E_k 说成是**系统的可能状态**，把第 n 次试验出现结果 E_k 说成是第 n 步到达 E_k 或第 n 步进入 E_k. 最后，称 p_{jk} 为由 E_j 到 E_k 的**转移概率**. 如通常一样，我们设想试验是按一致的速度进行的，所以步数可视为时间参数.

转移概率 p_{jk} 可以排成**转移概率矩阵**

$$P = \begin{bmatrix} p_{11} & p_{12} & p_{13} & \cdots \\ p_{21} & p_{22} & p_{23} & \cdots \\ p_{31} & p_{32} & p_{33} & \cdots \\ \vdots & \vdots & \vdots & \ddots \end{bmatrix}, \tag{15.1.3}$$

此处第 1 个下标代表行、第 2 个下标代表列. 显然，P 是一个方阵，其元素非负且每行之和为 1. 这种（有限或无穷）矩阵称为**随机矩阵**. 每一个随机矩阵都可作为转移概率矩阵，连同初始分布 a_k，完全决定了一个具有状态 $E_1, E_2, \cdots$ 的马尔可夫链.

在某些特殊场合，把状态数从 0 开始编号比从 1 开始好. 这时要把第 0 行和第 0 列添加到 P 中去.

历史附注. 古典文献中用罐子模型处理的各种问题，现在都以马尔可夫链的形式出现，但是，其原始方法却完全不同. 进一步地，许多罐子模型由于其具有后效而有不同的特性，而且这些本质差异并没有被完全了解. 事实上，在马尔可夫的奠基性的工作发表很久以后，这些东西还含混不清. 马尔可夫（1856—1922）建立了有限马尔可夫链的基础. 但其具体应用仍然大量地局限在洗牌和语言学等问题上，而理论处理往往应用代数方法，此类方法在下一章中将要描述. 弗雷谢曾发表专论综述这一方法[51].

具有无穷多个状态的马尔可夫链的理论是柯尔莫哥洛夫引进的[87]. 本书第一版曾用新方法讲述这一理论使之易于被广大的公众接受，并引起人们对各种可能的应用的关注. 现在马尔可夫链已经变成概率论中的标准的专题，并成为许多应用的熟知的工具. 关于它的更多的当今的理论发展见 15.11 节、15.12 节的附注.

---

① 这不是标准术语. 此处考虑的只是一类特殊的马尔可夫链，严格地说，此处及以后诸节，术语马尔可夫链前应加上定语"具有平稳转移概率". 实际上，很少研究一般的马尔可夫链，其定义将在 15.13 节中给出，那里的马尔可夫性将联系一般的随机过程来讨论. 在那里，读者还会找到不是马尔可夫链的相依的试验序列的例子.

15.2 直观例子

（关于在古典洗牌问题中的应用见 15.10 节.）

(a) 当可能状态只有 E_1 和 E_2 时，转移概率矩阵必形如

$$P = \begin{bmatrix} 1-p & p \\ \alpha & 1-\alpha \end{bmatrix}.$$

这种链可以由下述形式的实验来生成. 一个质点沿着 x 轴按下述方法运动：绝对速度保持常数，但方向可以相反. 如果质点向右移动，则说系统处于状态 E_1；如果向左移动，则说系统处于状态 E_2. p 是当质点向右移动时改变方向的概率，α 是当质点向左移动时改变方向的概率. [此链在 16.2 节例 (a) 中有完整的分析.]

(b) **具有吸收壁的随机徘徊**. 令可能状态为 $E_0, E_1, \cdots, E_\rho$，考虑转移概率矩阵

$$P = \begin{bmatrix} 1 & 0 & 0 & 0 & \cdots & 0 & 0 & 0 \\ q & 0 & p & 0 & \cdots & 0 & 0 & 0 \\ 0 & q & 0 & p & \cdots & 0 & 0 & 0 \\ \vdots & \vdots & \vdots & \vdots & \ddots & \vdots & \vdots & \vdots \\ 0 & 0 & 0 & 0 & \cdots & q & 0 & p \\ 0 & 0 & 0 & 0 & \cdots & 0 & 0 & 1 \end{bmatrix}.$$

从每一个"内"状态 $E_1, \cdots, E_{\rho-1}$ 出发，向右邻域和向左邻域转移都是可能的（分别具有转移概率 $p_{i,i+1} = p$ 和 $p_{i,i-1} = q$）. 然而，对状态 E_0 或 E_ρ 来说，不能转移到其他任何状态. 系统可以由一个状态转移到其他状态，但一旦到达 E_0 或 E_ρ，则系统永远固定在这个状态上. 显然，此马尔可夫链与上一章讨论的在 0 和 ρ 具有吸收壁的随机徘徊模型只有术语上的差异. 那里的随机徘徊从区间中固定的点 z 出发. 用马尔可夫链的术语来说，这意味着选择初始分布使得 $a_z = 1$（从而对所有 $x \neq z$ 有 $a_x = 0$）. 随机地选取一个初始状态，对应的初始分布为 $a_k = 1/(\rho+1)$.

　　(c) **反射壁**. 上一个例子的有趣的变化是链的可能状态改为 $E_1, \cdots, E_\rho$, 相应的转移概率矩阵为

$$P = \begin{bmatrix} q & p & 0 & 0 & \cdots & 0 & 0 & 0 \\ q & 0 & p & 0 & \cdots & 0 & 0 & 0 \\ 0 & q & 0 & p & \cdots & 0 & 0 & 0 \\ \vdots & \vdots & \vdots & \vdots & \ddots & \vdots & \vdots & \vdots \\ 0 & 0 & 0 & 0 & \cdots & q & 0 & p \\ 0 & 0 & 0 & 0 & \cdots & 0 & q & p \end{bmatrix}.$$

此链可以用博弈的语言来解释: 两个赌徒进行博弈, 每次赌注一元, 而且约定当一个赌徒输掉他所有的赌本后, 对手退回他一元, 这样博弈可以一直继续下去. 假定两个赌徒共有 $\rho + 1$ 元赌本, 如果这两个赌徒分别拥有 k 元和 $\rho + 1 - k$ 元本金, 就说系统处于状态 E_k. 其转移概率矩阵就是上面的 P. 用 14.1 节中引入的术语来说, 上面的链就是一个在点 $\frac{1}{2}$ 和 $\rho + \frac{1}{2}$ 具有反射壁的随机徘徊. 具有弹性壁的随机徘徊可以用类似的方法处理. 具有弹性壁的链的完整的分析可在 16.3 节找到. [亦见 15.7 节例 (c).]

　　(d) **循环随机徘徊**. 仍设可能状态为 $E_1, E_2, \cdots, E_\rho$, 但对它们循环标序, 从而 E_ρ 有邻域 $E_{\rho-1}$ 和 E_1. 如前, 仍设此系统总是往右或左邻域运动. 则矩阵 P 的第 1 行 $(0, p, 0, 0, \cdots, 0, 0, q)$, 最后一行为 $(p, 0, 0, 0, \cdots, 0, q, 0)$, 其余各行与例 (b) 中的一样.

　　更一般地, 可以允许在任何两个状态之间转移. 令 $q_0, q_1, \cdots, q_{\rho-1}$ 分别是停止不动或向右移动 $1, 2, \cdots, \rho - 1$ 个单位的概率 (此处, 向右移动 k 个单位与向左移动 $\rho - k$ 个单位是一样的). 则 P 是循环矩阵

$$P = \begin{bmatrix} q_0 & q_1 & q_2 & \cdots & q_{\rho-2} & q_{\rho-1} \\ q_{\rho-1} & q_0 & q_1 & \cdots & q_{\rho-3} & q_{\rho-2} \\ q_{\rho-2} & q_{\rho-1} & q_0 & \cdots & q_{\rho-4} & q_{\rho-3} \\ \vdots & \vdots & \vdots & \ddots & \vdots & \vdots \\ q_1 & q_2 & q_3 & \cdots & q_{\rho-1} & q_0 \end{bmatrix}.$$

对此链的完整分析见 16.2 节例 (d).

　　(e) **扩散的爱伦费斯特模型**. 再一次考虑具有 $\rho + 1$ 个状态 $E_0, E_1, \cdots, E_\rho$ 且只可能向右或向左邻域转移的链, 此时我们令 $p_{j,j+1} = 1 - j/\rho$ 且 $p_{j,j-1} = j/\rho$,

从而

$$P = \begin{bmatrix} 0 & 1 & 0 & 0 & \cdots & 0 & 0 \\ \rho^{-1} & 0 & 1-\rho^{-1} & 0 & \cdots & 0 & 0 \\ 0 & 2\rho^{-1} & 0 & 1-2\rho^{-1} & \cdots & 0 & 0 \\ \vdots & \vdots & \vdots & \vdots & \ddots & \vdots & \vdots \\ 0 & 0 & 0 & 0 & \cdots & 0 & \rho^{-1} \\ 0 & 0 & 0 & 0 & \cdots & 1 & 0 \end{bmatrix}.$$

此链具有两个有趣的物理解释. 为了讨论统计力学中的各种循环问题, 爱伦费斯特[1]考虑了一个想象的罐子实验, ρ 个分子分布在两个容器 A 和 B 中. 每一次试验, 随机地选取一个分子由其原来所在的容器转到另一容器, 系统的状态由 A 中的分子的个数决定. 假定在某一时刻恰有 k 个分子在容器 A 中, 在下一次试验中, 系统进入状态 E_{k-1} 或 E_{k+1} 视分子由 A 中选出或 B 中选出而定, 相应的概率为 k/ρ 或 $(\rho-k)/\rho$. 因此, 此链描述了爱伦费斯特的实验. 然而, 此链也可解释为在中心力作用下的扩散, 即一个向右移动的概率随质点位置而变化的随机徘徊. 当 $x=j$ 时, 若 $j < \rho/2$ 则质点向右移的可能性较大, 若 $j > \rho/2$ 则质点向左移的可能性较大. 这意味着: 质点有着向 $x = \rho/2$ 运动的趋势, 伴随着一种与距离成正比增加的吸引弹性力. [爱伦费斯特模型在 5.2 节例 (c) 中曾经讨论过, 还可见 15.7 节例 (d) 和 15.14 节习题 12.]

(f) 伯努利–拉普拉斯扩散模型.[2]对两个容器内的不可压缩的液体的流动, 伯努利曾经对爱伦费斯特模型作过概率类比. 现在假定有 2ρ 个质点, 其中有 ρ 个白的也有 ρ 个黑的. 由于假定了质点代表不可压缩的液体, 所以其密度不变, 从而每个罐子中的质点的个数保持为常数 ρ. 如果第 1 个罐子中恰有 k 个白质点 (这蕴涵了此罐中还有 $\rho-k$ 个黑质点, 第 2 个罐子中恰有 $\rho-k$ 个白质点和 k 个黑质点), 则说系统处于状态 E_k ($k = 0, 1, \cdots, \rho$). 每一次试验从每一个罐子中各取一质点互换. 于是转移概率为

$$p_{j,j-1} = \left(\frac{j}{\rho}\right)^2, \quad p_{j,j+1} = \left(\frac{\rho-j}{\rho}\right)^2, \quad p_{jj} = 2\frac{j(\rho-j)}{\rho^2}, \tag{15.2.1}$$

当 $|j-k| > 1$ 时 $p_{jk} = 0$, 其中 $j = 0, \cdots, \rho$. [对于稳定的状态分布见 15.7 节例 (e), 对于模型的推广见 15.14 节习题 10.]

---

[1] 见参考文献 [26] [138] [71] [53].

[2] 罐子模型这个问题, 是丹尼尔·伯努利于 1769 年提出的, 1782 年马尔费梯评论过, 1812 年拉普拉斯分析过, 见参考文献 [134].

(g) **随机投球**. 考虑一个独立试验序列, 每次试验把一个球随机地放入给定的 ρ 个盒 (或者罐子) 中的一个中. 如果恰有 k 个盒被占, 则说系统处于状态 E_k. 这决定了一个具有状态 $E_0, \cdots, E_\rho$ 的马尔可夫链, 其转移概率为

$$p_{jj} = \frac{j}{\rho}, \qquad p_{j,j+1} = \frac{\rho - j}{\rho}, \tag{15.2.2}$$

当然, 对 j 和 k 的其他组合必有 $p_{jk} = 0$. 如果开始时所有的盒子都是空的, 则分布 $\{a_k\}$ 确定如下: $a_0 = 1$ 且对所有 $k > 0$ 有 $a_k = 0$. [此链还要在 16.2 节例 (e) 中进一步分析. 随机投球曾用不同的观点在 2.5 节和 4.2 节中处理过.]

(h) **细胞遗传学中的一个例子**. [①]具有状态 $E_0, \cdots, E_N$ 和转移概率

$$p_{jk} = \binom{2j}{k}\binom{2N - 2j}{N - k} \bigg/ \binom{2N}{N} \tag{15.2.3}$$

的马尔可夫链会出现在生物学的问题中, 它可粗略地描述如下. 某有机体中每一个细胞中包含 N 个质点, 一些是 A 型的另一些是 B 型的. 如果某细胞恰含 j 个 A 型的质点, 则说此细胞处于状态 E_j. 下一代细胞由细胞分裂所产生, 但是在分裂以前, 细胞进行自我复制, 而下一代细胞继承的 N 个质点随机地来自上一代细胞的 $2j$ 个 A 型质点和 $2N - 2j$ 个 B 型质点. 因此, 下一代细胞处于状态 E_k 的概率服从超几何分布 (15.2.3).

将在 15.8 节例 (b) 中证明: 在充分多代以后, 所有的细胞都将处于 (并一直停留在) "纯" 状态 E_0 或 E_N. 这两个偶然事件的概率分别为 $1 - j/N$ 和 j/N, 此处 E_j 是初始状态.

(i) **总体遗传学中的一个例子**. [②]考虑一个代代相传的总体 (例如庄稼地里的植株), 在每一代中都选取 N 个植株, 从而总体的大小 N 保持为常数, 一个特殊的基因取 A 和 a 两种形式, 从而有 $2N$ 个代表. 如果在第 n 代中 A 出现 j 次而 a 出现 $2N - j$ 次, 则说此总体处于状态 E_j ($0 \leqslant j \leqslant 2N$). 假定交配是随机的, 则下一代的成分由 $2N$ 次伯努利试验决定, 其中 A 型基因出现的概率为 $j/(2N)$. 因此我们得到一个具有转移概率

$$p_{jk} = \binom{2N}{k}\left(\frac{j}{2N}\right)^k \left(1 - \frac{j}{2N}\right)^{2N-k} \tag{15.2.4}$$

的马尔可夫链. 在状态 E_0 和 E_{2N}, 所有基因都是同一种类型的, 从这两个状态不能转移 (流出) 到其他状态. (称它们为纯合子体的.) 在 15.8 节例 (b) 中将要

---

① 见参考文献 [126]. 此作者本质上用了第 16 章的方法, 但并未注意到马尔可夫链. 我们的叙述在数学上是等价的, 但在生物方面过分简单化了.

② 费希尔与赖特曾用不同的方法讨论过这个问题, 用马尔可夫方法来阐述此问题的是马兰考脱, 见参考文献 [96].

证明: 总体最终会固定到纯合子体状态 E_0 或 E_{2N} 中的一个. 如果总体从初始状态 E_j 出发, 对应的概率为 $1 - j/(2N)$ 或 $j/(2N)$.

此模型可以修改以说明基因的变异和优选.

(j) **繁殖问题**. 在生物遗传控制实验中, 对同胞兄妹进行交配. 在他们的直接后代中再随机地选取两个异性个体进行交配. 此过程如此无限地进行下去. 当每一个父 (或母) 有三种遗传型 AA, Aa, aa 时, 我们必须区分父母双方的下述 6 种组合: $E_1 = AA \times AA, E_2 = AA \times Aa, E_3 = Aa \times Aa, E_4 = Aa \times aa,$ $E_5 = aa \times aa, E_6 = AA \times aa$. 应用 5.5 节中的法则, 易见此时的转移概率矩阵为

$$
\begin{bmatrix}
1 & 0 & 0 & 0 & 0 & 0 \\
\frac{1}{4} & \frac{1}{2} & \frac{1}{4} & 0 & 0 & 0 \\
\frac{1}{16} & \frac{1}{4} & \frac{1}{4} & \frac{1}{4} & \frac{1}{16} & \frac{1}{8} \\
0 & 0 & \frac{1}{4} & \frac{1}{2} & \frac{1}{4} & 0 \\
0 & 0 & 0 & 0 & 1 & 0 \\
0 & 0 & 1 & 0 & 0 & 0
\end{bmatrix}.
$$

[在 15.14 节习题 4 中还将讨论, 16.4 节例 (b) 中将给出完整的论述.]

(k) **循环事件与剩余等待时间**. 具有状态 $E_0, E_1, \cdots$ 和转移概率矩阵

$$
P = \begin{bmatrix}
f_1 & f_2 & f_3 & f_4 & \cdots \\
1 & 0 & 0 & 0 & \cdots \\
0 & 1 & 0 & 0 & \cdots \\
0 & 0 & 1 & 0 & \cdots \\
0 & 0 & 0 & 1 & \cdots \\
\vdots & \vdots & \vdots & \vdots & \ddots
\end{bmatrix}
$$

的链曾反复地用作例证, 概率 f_k 除了其和为 1 以外可以任意. 为了使过程更形象化, 假定它从初始状态 E_0 出发. 如果第 1 步到达 E_{k-1}, 那么系统接连经过 $E_{k-2}, E_{k-3}, \cdots$ 于第 k 步才返回 E_0, 此时过程又完全重新开始. 因此, 接连返回 E_0 构成一个循环时间具有分布 $\{f_k\}$ 的循环事件 $\mathcal{E}$. 此系统在任一时刻所处的状态由下一次经过 E_0 的等待时间所决定. 在循环事件的许多具体的实例中, 下一次出现的等待时间依赖于将来的发展, 所以, 马尔可夫链没有操作意义. 但是, 当我们能够想象: 每一次 $\mathcal{E}$ 的出现, 同时有一个其结果决定下一次等待时间的长度的随机实验时, 链还是有意义的. 这种情形虽然条件苛刻, 但在实践中还是时有发生的. 例如, 在自我更新集合的理论中 [13.10 节例 (d)], 某些时候假定某设备

新装置的零件的寿命依赖于此零件的选取，但是一旦选定，寿命就被完全决定了. 再如，在排队论或电话的中继线中，顾客的接连的离去常常构成循环事件. 现在假定有许多类型的顾客，但每一类顾客要求服务的时间长度是已知的. 两个接连离开的顾客之间的等待时间，完全取决于他们加入等待队列的时刻. [见 15.7 节例 (g).]

(l) **与循环事件相关联的另一个链**. 再考虑具有状态 $E_0, E_1, \cdots$ 和转移概率矩阵

$$P = \begin{bmatrix} q_1 & p_1 & 0 & 0 & 0 & \cdots \\ q_2 & 0 & p_2 & 0 & 0 & \cdots \\ q_3 & 0 & 0 & p_3 & 0 & \cdots \\ q_4 & 0 & 0 & 0 & p_4 & \cdots \\ \vdots & \vdots & \vdots & \vdots & \vdots & \ddots \end{bmatrix}$$

的链，其中 $p_k + q_k = 1$. 为了形象的描述，我们把 E_k 解释为一个系统的 "年龄". 当一个系统到达 k 岁时，它以概率 p_{k+1} 继续存活而以概率 q_{k+1} 返老还童并从 0 岁开始新生活. 接连通过状态 E_0 也构成一个循环事件，而且循环时间等于 k 的概率由乘积 $p_1 p_2 \cdots p_{k-1} q_k$ 给出. 可以选取 p_k 使得指定的分布 $\{f_k\}$ 为循环时间的分布，只需令 $q_1 = f + 1$，则 $q_2 = f_2/p_1$，等等. 一般地取

$$p_k = \frac{1 - f_1 - \cdots - f_k}{1 - f_1 - \cdots - f_{k-1}}. \tag{15.2.5}$$

用这种方法，任何一个具有循环时间分布 $\{f_k\}$ 的循环事件 $\mathcal{E}$，对应着一个由 (15.2.5) 决定的转移概率矩阵为 P 的马尔可夫链. 对于 $k = 0, 1, \cdots$，系统在第 n 次试验处于状态 E_k 的充分必要条件是 $\mathcal{E}$ 最后一次出现在第 $n-k$ 试验. 此状态经常称作 "耗费的等待时间". [在 15.5 节例 (b)、15.7 节例 (f) 和 15.8 节例 (e) 中还将继续讨论.]

(m) **成功连贯**. 作为上一个例子的特殊情形，考虑一个伯努利试验序列，约定：系统在第 n 次试验处于状态 E_k 的充分必要条件是最后一次失败出现在第 $n-k$ 次试验. 此处 $k = 0, 1, \cdots$，而且约定第 0 次试验总是失败. 换句话说，下标 k 等于终止在第 n 次试验的不间断的成功区段的长度. 其转移概率如上例，只不过对所有 k 都有 $p_k = p$, $q_k = q$.

15.3　高阶转移概率

令 $p_{jk}^{(n)}$ 为恰巧经过 n 步由 E_j 转移到 E_k 的概率. 换句话说，$p_{jk}^{(n)}$ 是初始状态为 E_j 在第 n 步进入 E_k 的条件概率，这是从 E_j 开始而终于 E_k 的长为 n 的

所有可能路径 $E_j E_{j_1} \cdots E_{j_{n-1}} E_k$ 的概率的和. 特别地, $p_{jk}^{(1)} = p_{jk}$ 且

$$p_{jk}^{(2)} = \sum_{\nu} p_{j\nu} p_{\nu k}. \tag{15.3.1}$$

用归纳法可得一般的递归公式

$$p_{jk}^{(n+1)} = \sum_{\nu} p_{j\nu} p_{\nu k}^{(n)}, \tag{15.3.2}$$

进一步, 对 m 作归纳法可得基本恒等式

$$p_{jk}^{(m+n)} = \sum_{\nu} p_{j\nu}^{(m)} p_{\nu k}^{(n)}. \tag{15.3.3}$$

(这是查普曼–柯尔莫哥洛夫恒等式的特殊情形.) 它反映了一个简单的事实: 最初 m 步由 E_j 转移到中间状态 E_ν, 而从 E_ν 到 E_k 的子序列的概率不依赖到达 E_ν 的方式.[①]

如像把 p_{jk} 排成矩阵一样, 我们把 $p_{jk}^{(n)}$ 排成矩阵形式并用 P^n 记之. 那么 (15.3.2) 的意思是: 可以把 P 的第 j 行元素乘以 P^n 的第 k 列对应元素的乘积全部加起来得到 P^{n+1} 的元素 $p_{jk}^{(n+1)}$. 此运算称为矩阵 P 和 P^n 的行到列的乘法, 并用符号表示为等式 $P^{n+1} = PP^n$. 这提示我们称 P^n 为 P 的 n 次方, 等式 (15.3.3) 代表著名的定律 $P^{m+n} = P^m P^n$.

为了使 (15.3.3) 对所有 $n \geqslant 0$ 都成立, 我们自然地定义 $p_{jk}^{(0)}$ 如下: $p_{jj}^{(0)} = 1$ 且对所有 $j \neq k$ 有 $p_{jk}^{(0)} = 0$.

例 (a) **独立试验序列**. 高阶转移概率的显式表达式通常很难算出, 但是, 幸而对它兴趣不大. 作为一个重要的 (或许不足道的) 例外, 我们注意独立试验序列这一特殊情况. 当 P 的一切行都等于同一个概率分布时就会出现这种情况. 不需计算, 立刻发现此时对所有 $n \geqslant 1$ 有 $P^n = P$.

(b) **成功连贯**. 在 15.2 节例 (m) 中易见 [或者从递归公式 (15.3.2) 出发, 或者从过程的定义出发]

$$p_{jk}^{(n)} = \begin{cases} qp^k, & \text{如果 } k = 0, 1, \cdots, n-1, \\ p^k, & \text{如果 } k = n, \\ 0, & \text{其他.} \end{cases}$$

显然, P^n 收敛到第 k 列中的每个元素都是 qp^k 的矩阵.

[①] 后面这一性质是将在 15.13 节定义的马尔可夫过程的特征. 长时间以来, 都假定把 (15.3.3) 作为马尔可夫链的定义, 但是, 奇怪的是, 它却不能作为马尔可夫链的定义 [见 15.13 节例 (f)].

绝对概率

令 a_j 是初始（即第 0 次）试验处于状态 E_j 的概率. 则第 n 步进入状态 E_k 的（无条件）概率为

$$a_k^{(n)} = \sum_j a_j p_{jk}^{(n)}. \qquad (15.3.4)$$

通常，我们令过程从固定的状态 E_i 出发，也就是令 $a_i = 1$，此时 $a_k^{(n)} = p_{ik}^{(n)}$.

直观上，我们感到初始状态的影响会逐渐消退，所以当 n 很大时分布 (15.3.4) 与初始分布 $\{a_j\}$ 无关，当 $p_{jk}^{(n)}$ 收敛到一个与 j 无关的极限时（如在最后一个例子中），即 P^n 收敛到一个行行都一样的矩阵时，就是这种情况. 我们将看到往往如此，但不总是如此，我们也必须给出由周期引起的繁杂的例外.

15.4 闭包与闭集

如果存在某个 $n \geqslant 0$ 使得 $p_{jk}^{(n)} > 0$（即由 E_j 到达 E_k 的概率为正，其中包括 $E_j = E_k$ 的情况），则称 E_j 能到达 E_k. 例如，在无限制的随机徘徊中，每一个状态都能到达其他任何状态，但在有吸收壁的随机徘徊中，由吸收壁不能到达其他任何状态.

定义 设 C 是状态的一个集合. 如果从 C 内的任何一个状态 E_j 不能到达 C 以外的任何状态，则称 C 是闭的.（对任意的状态集合 C）包含 C 的最小闭集称为 C 的闭包.

如果单个状态 E_i 构成一个闭集，则称 E_i 是吸收状态.

如果一个马尔可夫链除了所有状态构成的集合以外没有任何其他闭集，则称这个马尔可夫链是不可约的.

显然 C 为闭集的充分必要条件是当 j 在 C 中而 k 在 C 外时总有 $p_{jk} = 0$. 在这种情况下，由 (15.3.2) 可知对所有 n 总有 $p_{jk}^{(n)} = 0$. 因此显然有下面的定理.

定理 如果在 P^n 中删去闭集 C 以外的状态对应的行和列，则剩下的还是一个随机矩阵，而且基本关系 (15.3.2) 和 (15.3.3) 仍然成立.

这意味着我们得到一个定义在 C 上的马尔可夫链，而且可以不涉及其他任何状态独立地研究这个子链.

E_k 是吸收状态当且仅当 $p_{kk} = 1$，在此情况下，上述定理中的矩阵退化成一个单一的元素. 一般地，从一个给定的状态 E_j 所能到达的状态的全体构成一个闭集.（因为 E_j 的闭包不能小于这些状态构成的集合.）一个不可约的链不能包含真闭子集，因此，有下面简单但有用的准则.

准则 一个链是不可约的充分必要条件是每一个状态都可以到达其他任何一个状态.

例 (a) 为了找出所有闭集, 只需知道 p_{jk} 中哪些为 0 哪些大于 0. 因此, 我们用 * 代表正元素, 并考虑下面的典型矩阵

$$P = \begin{bmatrix} 0 & 0 & 0 & * & 0 & 0 & 0 & 0 & * \\ 0 & * & * & 0 & * & 0 & 0 & * & 0 \\ 0 & 0 & 0 & 0 & 0 & 0 & 0 & * & 0 \\ * & 0 & 0 & 0 & 0 & 0 & 0 & 0 & 0 \\ 0 & 0 & 0 & 0 & * & 0 & 0 & 0 & 0 \\ 0 & * & 0 & 0 & 0 & 0 & 0 & 0 & 0 \\ * & 0 & 0 & 0 & 0 & * & * & 0 & 0 \\ 0 & 0 & * & 0 & 0 & 0 & 0 & 0 & 0 \\ 0 & 0 & 0 & * & 0 & 0 & 0 & 0 & * \end{bmatrix}.$$

我们把状态从 1 到 9 标号. 在第 5 行, 只在第 5 个位置出现 *, 所以 $p_{55} = 1$, 从而 E_5 是**吸收状态**. 在第 3 行和第 8 行, 各有一个 *, 显然 E_3 和 E_8 构成一个闭集. 从 E_1 出发可以到达 E_4 和 E_9, 而且从这 3 个状态出发也只能到达 E_1, E_4, E_9, 所以这 3 个状态 E_1, E_4, E_9 构成另外一个闭集.

从 E_2 出发, 可以直接到达 E_2, E_3, E_5, E_8. 状态对 (E_3, E_8) 构成一个闭集, 而 E_5 是吸收状态, 因此, E_2 的闭包是由 E_2, E_3, E_5, E_8 构成的集合. 剩下的两个状态 E_6 和 E_7 的闭包显然是由所有 9 个状态构成的集合.

把状态按下述方式重新编号

$$E_5 E_3 E_8 E_1 E_4 E_9 E_2 E_6 E_7.$$

则上述矩阵的面貌和闭集的决定, 就要简单得多, 闭集仅包含邻近的状态, 而且一看新的矩阵, 就能显示状态的分组.

(b) 在 15.2 节例 (j) 的矩阵中, 状态 E_1 和 E_5 都是吸收状态, 而且没有其他闭集.

(c) 在遗传学的 15.2 节例 (i) 中, E_0 和 E_{2N} 是吸收状态. 当 $0 < j < 2N$ 时, E_j 的闭包包含了所有状态. 在 15.2 节例 (h) 中, E_0 和 E_N 都是吸收状态. ∎

考虑具有状态 $E_1, \cdots, E_\rho$ 的链, 其中 $E_1, \cdots, E_r$ 构成一个闭集 ($r < \rho$). P 的左上角的 r 行 r 列构成一个矩阵, 它是随机矩阵. 这样, 我们可以把 P 表示成

下列分块矩阵的形式

$$P = \begin{bmatrix} Q & 0 \\ U & V \end{bmatrix}. \tag{15.4.1}$$

右上角的 r 行 $\rho - r$ 列的子矩阵的每一个元素都是 0，类似地，U 是一个 $\rho - r$ 行 r 列的矩阵，V 是一个方阵. 当闭集 C 和它的补集 C' 包含无穷多个状态时，我们也可以用上述分块表示法. 分块清楚地显示状态的分组和下述事实：当 E_j 在 C 中而 E_k 在补集 C' 中时 $p_{jk} = 0$. 由递归公式 (15.3.2)，显然，高阶转移概率矩阵也有类似的分块表示法

$$P^n = \begin{bmatrix} Q^n & 0 \\ U_n & V^n \end{bmatrix}. \tag{15.4.2}$$

现在对左下角出现的矩阵 U_n 暂不感兴趣. 感兴趣的是 (15.4.2) 显示出的三个明显的事实. 第一，当 $E_j \in C$，$E_k \in C'$ 时 $p_{jk}^{(n)} = 0$. 第二，Q^n 表明 C 中的两个状态 E_j 和 E_k 的转移概率在利用递归公式 (15.3.2) 求和而得时，其参与求和的状态只限于 C 内. 最后，V^n 的出现表明上述论证以 C' 代替 C 时仍然成立. 作为一个推论，分别考虑闭集 C 中的状态和其补集 C' 中的状态，可能简化马尔可夫链的进一步的研究.

注意：我们并未假定 Q 是不可约的. 如果 C 能分解成几个闭子集，那么 Q 还可以进一步分块. 有无穷多个闭子集的链是存在的.

(d) 如前所提及的，平面上的随机徘徊是一个特殊的马尔可夫链，尽管用简单序列来给其状态标序在实用中不方便. 现在把随机徘徊的运动规则修改一下，当质点到达 x 轴以后，它一直在 x 轴上运动而永不离开，于是 x 轴上的全部的点构成一个无穷闭集. 另一方面，如果我们约定质点一旦到达 x 轴上某一点以后，就永远停留在这个击中的点上，则 x 轴上的每一个点都是吸收状态. ■

15.5   状态的分类

在一个从初始状态 E_j 出发的过程中，接连返回 E_j 构成一个循环事件，而接连到达其他任何一个状态 E_i 构成一个迟延循环事件（如 13.5 节定义）. 因此，马尔可夫链理论只不过是同时研究多个循环事件而已. 循环事件的一般理论不需修改即可应用，但是，为了避免过多地参考第 13 章，我们还是重述一些基本定义. 因此，这一章本质上是自封的，独立于第 13 章，只是 (15.5.8) 的困难的证明不再完全重复而已.

马尔可夫链的状态将要从两种不同的观点独立地进行分类. 把状态分成常返的和暂留的是基本分类法，然而涉及技术细节时，还把状态分成周期的和非周期

的. 讨厌的是, 这些问题经常涉及一些琐碎的事情, 开始时, 我们把注意力集中在没有周期状态的场合. 这一节的所有定义只涉及转移概率矩阵而与初始分布 $\{a_j\}$ 无关.

定义 1 如果当 $n \neq \nu t$ 时 $p_{jj}^{(n)} = 0$ 且 t 是具有此性质的最大整数, 称状态 E_j 具有周期 $t > 1$. 如果不存在这样的 $t > 1$, 则称 E_j 是非周期的. ①

研究周期状态 E_j 只需考虑链在第 $t, 2t, 3t, \cdots$ 次试验的情况就够了. 用这种方法, 我们得到了一个具有转移概率 $p_{ik}^{(t)}$ 的新的马尔可夫链, 在此新链中 E_j 是非周期的. 用这种方法, 非周期状态的结果可以转化到周期状态中去. 15.9 节将要详细讨论, 而（除了下面的例子以外）现在我们把注意力集中到非周期链.

例 (a) 在无限制的随机徘徊中每个状态都具有周期 2. 在 0 和 ρ 都具有吸收壁的随机徘徊中 [15.2 节例 (b)] 内部的状态具有周期 2, 但是, 吸收状态 E_0 和 E_ρ 都是闭包且为非周期的. 如果两个壁中至少有一个是反射壁 [15.2 节例 (c)], 所有状态都是非周期的. ∎

记号. 在这一整章中, $f_{jk}^{(n)}$ 代表过程从 E_j 出发在第 n 步第 1 次到达状态 E_k 的概率. 记 $f_{jk}^{(0)} = 0$ 且

$$f_{jk} = \sum_{n=1}^{\infty} f_{jk}^{(n)}, \tag{15.5.1}$$

$$\mu_j = \sum_{n=1}^{\infty} n f_{jj}^{(n)}. \tag{15.5.2}$$

显然, f_{jk} 是从 E_j 出发, 系统迟早要经过 E_k 的概率. 所以 $f_{jk} \leqslant 1$. 当 $f_{jk} = 1$ 时 $\{f_{jk}^{(n)}\}$ 是一个完全的概率分布, 且视之为初过 E_k 的分布. 特别地, $\{f_{jj}^{(n)}\}$ 是 E_j 的循环时间的分布. 只有当 $f_{jj} = 1$ 时, 即 E_j 必然能返回, 定义 (15.5.2) 才是有意义的. 在这种情况下, $\mu_j \leqslant \infty$ 是 E_j 的平均循环时间.

为了现在的目的, 不要求对概率 $f_{jk}^{(n)}$ 进行实际计算, 但是, 为了形式上的清晰, 要指出如何决定 $f_{jk}^{(n)}$（用标准的更新推理）. 如果 E_k 在第 ν 次试验第 1 次出现（$1 \leqslant \nu \leqslant n-1$）, 则 E_k 在第 n 次试验出现的（条件）概率为 $p_{kk}^{(n-\nu)}$. 回忆 $p_{kk}^{(0)} = 1$ 的约定, 我们有

$$p_{jk}^{(n)} = \sum_{\nu=1}^{n} f_{jk}^{(\nu)} p_{kk}^{(n-\nu)}. \tag{15.5.3}$$

接连地令 $n = 1, 2, \cdots$, 递归地得到 $f_{jk}^{(1)}, f_{jk}^{(2)}, \cdots$. 反之, 当对固定的 (j, k) 和所有 n 都知道 $f_{jk}^{(n)}$ 以后, 则 (15.5.3) 决定了所有转移概率 $p_{jk}^{(n)}$.

---

① 永不返回的状态 E_j 是存在的（例如对所有 $n > 0$ 有 $p_{jj}^{(n)} = 0$）, 这种状态也称为非周期的.

第一个问题是：对任一状态 E_j 而言，是否必然返回到它自己. 如果必然返回，进一步问平均循环时间 μ_j 是有限或无穷. 下面的定义使用的术语与第 13 章是一样的.

定义 2 若 $f_{jj} = 1$ 则称状态 E_j 是常返的，若 $f_{jj} < 1$ 则称 E_j 是暂留的.

如果平均循环时间 $\mu_j = \infty$ 则称常返状态 E_j 是零状态.

此定义也可用到周期状态中去. 把全部常返状态分成了零状态和非零状态. 后者特别有趣，因为我们经常把焦点集中到非周期状态，对非周期的常返的非零状态，称作遍历状态是方便的. [①] 这导出下列定义.

定义 3 如果 $\mu_j < \infty$ 则称非周期常返状态 E_j 是遍历的.

下面的定理表述了转移概率 $p_{jj}^{(n)}$ 的各种不同类型的条件. 虽然定理中的准则很难应用，但仍然非常重要. 较好的准则可在 15.7 节和 15.8 节中找到，但遗憾的是，那里没有这里的简单且通用的准则.

定理 (i) E_j 是暂留状态的充分必要条件是

$$\sum_{n=0}^{\infty} p_{jj}^{(n)} < \infty. \tag{15.5.4}$$

此时，对所有 i 均有

$$\sum_{n=1}^{\infty} p_{ij}^{(n)} < \infty. \tag{15.5.5}$$

(ii) E_j 是（常返的）零状态的充分必要条件是

$$\sum_{n=0}^{\infty} p_{jj}^{(n)} = \infty, \quad \text{但当 } n \to \infty \text{ 有 } p_{jj}^{(n)} \to 0. \tag{15.5.6}$$

此时，对所有 i 均有

$$p_{ij}^{(n)} \to 0. \tag{15.5.7}$$

(iii) 非周期（常返的）状态 E_j 是遍历的充分必要条件是 $\mu_j < \infty$. 此时，当 $n \to \infty$ 时有

$$p_{ij}^{(n)} \to f_{ij} \mu_j^{-1}. \tag{15.5.8}$$

---

① 遗憾的是，这些术语并不是普遍地被接受的. 在柯尔莫哥洛夫的术语中，暂留状态（transient state）被称作"非本质的"（unessential），但是，这一章中，理论和实际的兴趣都集中在暂留状态.（近代位势理论也支持这种观点.）遍历状态（ergodic state）有时称作"正状态"（positive state），而"遍历状态"有时又用作我们此处的"常返状态". [遗憾的是，在本书的第 1 版中把"常返的"E_j 称作"循环的"（recurrent）.]

推论 如果 E_j 是非周期的, 则 $p_{ij}^{(n)}$ 趋于 0 或者趋于 (15.5.8) 给出的极限.

证 论断 (15.5.4) 含于 13.3 节定理 2 中. 论断 (15.5.5) 是 (15.5.4) 和 (15.5.3) 的直接推论, 同时它也含于 13.5 节定理 1 中.

对于非周期的常返状态 E_j, 13.3 节定理 3 断言 $p_{jj}^{(n)} \to \mu_j^{-1}$, 此处当 $\mu_j = \infty$ 时右方理解为 0. 论断 (15.5.7) 和 (15.5.8) 可由此结论和 (15.5.3) 直接推出, 或者从 13.5 节定理 1 推出.

令 E_j 是常返的且 $\mu_j = \infty$. 由 13.3 节定理 4, 在此情况下 $p_{jj}^{(n)} \to 0$, 而此结论也蕴涵了 (15.5.7). ■

例 (b) 考虑 15.2 节例 (l) 中的链的状态 E_0. 转移概率矩阵的奇特形状表明第 1 次返回出现在第 n 次试验只有沿下列序列进行才有可能

$$E_0 \to E_1 \to E_2 \to \cdots \to E_{n-1} \to E_0,$$

因此, 对 $n \geqslant 1$ 有

$$f_{00}^{(n)} = p_1 p_2 \cdots p_{n-1} q_n \tag{15.5.9}$$

且 $f_{00}^{(1)} = q_1$. 在 p_k 如 (15.2.5) 定义的特殊情况下, (15.5.9) 化为 $f_{00}^{(n)} = f_n$. 因此, 当 $\sum f_n < 1$ 时 E_0 是暂留的. 对于常返状态 E_0, E_0 的平均循环时间 μ_0 是分布 $\{f_n\}$ 的期望. 最后, 如果 E_0 有周期 t, 则当 n 不是 t 的倍数时总有 $f_n = 0$. 简而言之, 正如人们所期望的那样, 如果 $\mathcal{E}$ 是与马尔可夫链相联系的循环事件, 那么 E_0 在 $\mathcal{E}$ 中的类型与在马尔可夫链中的类型是一样的.

(c) 在 15.4 节例 (a) 中, 一旦系统离开状态 E_2, 就再也不可能返回到 E_2, 所以 E_2 是暂留的. 将此推理略为精细化, 就可知 E_6 和 E_7 都是暂留的. 由 15.6 节定理 4, 易见所有其他状态都是遍历的. ■

15.6 不可约链、分解

为了简单起见, 如果两个状态的上一节定义的所有特性都一样, 则称这两个状态是同一个类型的. 换句话说, 同一类型的两个状态或者具有相同的周期或者都是非周期的; 或者两个都是常返的或者两个都是暂留的; 如果两个都是常返的, 那么它们的平均循环时间或者都是有限的或者都是无穷大.

我们的分类的有用性, 很大程度上依赖于下列事实: 对于一切实际需要, 经常可以把注意力集中到一类特殊的状态. 下面的定理将要证明, 对不可约链而言, 这是严格成立的.

定理 1 不可约链的所有状态都属于同一个类型.

证　令 E_j 和 E_k 是不可约链的任意两个状态. 根据 15.4 节的准则, 每一个状态都可以到达其他任一状态, 所以存在整数 r 和 s 使得 $p_{jk}^{(r)} = \alpha > 0$ 且 $p_{kj}^{(s)} = \beta > 0$. 显然

$$p_{jj}^{(n+r+s)} \geqslant p_{jk}^{(r)} p_{kk}^{(n)} p_{kj}^{(s)} = \alpha\beta p_{kk}^{(n)}. \tag{15.6.1}$$

此处 j, k, r, s 都是固定的而 n 是任意的. 对暂留状态 E_j 而言, 左边是收敛级数中的一项, 从而 $p_{kk}^{(n)}$ 也是收敛级数中的一项. 此外, 若 $p_{jj}^{(n)} \to 0$ 则 $p_{kk}^{(n)} \to 0$. 当 j 和 k 地位互换时上述类似的论述也对. 因此, 或者 E_j 和 E_k 两个都是暂留状态或者都不是. 如果有一个是零状态, 另一个也是.

最后, 假定 E_j 具有周期 t. 当 $n = 0$ 时 (15.6.1) 右边是正的, 因此 $r + s$ 必为 t 的整数倍. 但当 n 不是 t 的整数倍时左边为 0, 所以 E_k 是周期的且其周期为 t 的整数倍. 把 j 和 k 的地位互换即可见 E_j 和 E_k 具有相同的周期. ∎

与下述定理 2 联系起来, 定理 1 的重要性就显而易见了.

定理 2　对于常返状态 E_j 而言总存在唯一一个不可约的闭集 C 包含 E_j 且对 C 中每一对状态 E_i, E_k 都有

$$f_{ik} = 1 \qquad 且 \qquad f_{ki} = 1. \tag{15.6.2}$$

换句话说, 从 C 中的任何一个状态出发, 系统必然要经过 C 中任何一个其他状态. 由闭包的定义, 从 C 流出是不可能的.

证　令 E_k 是一个能由 E_j 到达的状态. 显然, 在返回 E_j 以前到达 E_k 是可能的, 令此事件的概率为 α. 一旦到达 E_k 以后, 再也不返回 E_j 的概率是 $1 - f_{kj}$. 因此, 从 E_j 出发系统从未返回 E_j 的概率至少是 $\alpha(1 - f_{kj})$. 但是对常返状态 E_j 而言, 从不返回的概率是 0, 所以对从 E_j 能到达的所有 E_k 都有 $f_{kj} = 1$.

令 C 为能从 E_j 到达的所有状态. 如果 E_i 和 E_k 都在 C 中, 我们已知 E_k 能到达 E_j, 因此 E_k 也能到达 E_i. 所以 C 中每一个状态都可以到达 C 中的任一个其他状态, 从而用 15.4 节的准则得知 C 是不可约的. 由此推出 C 中所有状态都是常返的, 从而每一个状态 E_i 都可以起到推理的第一部分中 E_j 这一角色的作用. 这意味着对 C 中所有 E_k 都有 $f_{ki} = 1$, 故 (15.6.2) 成立. ∎

上述定理蕴涵了以下结论: 每一个常返状态的闭包都是不可约的. 但对暂留状态而言, 此结论不一定正确.

例　假定对所有 $k \leqslant j$ 有 $p_{jk} = 0$ 但 $p_{j,j+1} > 0$, 即只能转移到较高的状态, 所以任何一个状态都无返回的可能. 每一个 E_j 都是暂留的, 且 E_j 的闭包由

$E_j, E_{j+1}, E_{j+2}, \cdots$ 构成, 它包含除去 E_j 后所得之闭子集. 由此推出, 不存在不可约集. ■

上面的定理蕴涵了下述命题: 从常返状态不能到达暂留状态. 如果某链包含了两类状态, 这意味着 P 表示成如 (15.4.1) 的分块形式, 其中 Q 对应着常返状态. 不消说, Q 可能进一步分解. 但是每一个常返状态属于唯一一个不可约子集, 而在这些子集之间的转移是不可能的. 我们扼要说明如下:

定理 3 马尔可夫链的状态可用唯一的方式分化如下列不叠交集合 $T, C_1, C_2, \cdots$ 使得

(i) T 由全部暂留状态构成.

(ii) 如果 $E_j \in C_\nu$, 则对一切 $E_k \in C_\nu$ 有 $f_{jk} = 1$, 对一切 $E_k \notin C_\nu$ 有 $f_{jk} = 0$.

由此定理可以推出 C_ν 是不可约的而且只包含同一类型的状态. 上面的例子说明可能一切状态都是暂留的, 而 15.4 节例 (d) 又证明了有无穷多个 C_ν 也是可能的.

我们把下面的定理作为定理 2 的一个简单的推论而推出, 但是也可以用其他的简单办法来证明 (见 15.14 节习题 18~20).

定理 4 对有限链而言不存在零状态, 而且所有状态都是暂留的情形也是不可能的.

证 P^n 的每一行之和都是 1, 而当其元素个数是一个固定的数时, 不可能对所有 j, k 都有 $p_{jk}^{(n)} \to 0$. 因此不可能所有的状态都是暂留的. 若一个常返状态属于不可约集 C, 则 C 中所有状态属于同一个类型. 因此, 由 C 包含了一个常返状态而且至少有一个非零状态得知: 它不含零状态. ■

15.7 不变分布

因为每一个常返状态属于一个不可约集合, 且其渐近性质可以独立地研究而不依赖其余的状态, 所以我们集中研究不可约链. 此种链的所有状态都是同一种类型的, 我们从最简单的情形开始, 即链具有有限的平均循环时间 μ_j. 为了避免一些琐碎的事情, 我们把周期链推迟到 15.9 节讨论. 换句话说, 我们现在考虑的链都是遍历的 (即其状态都是非周期的常返的而且具有有限的平均循环时间. 见 15.5 节定义 3).

定理 在一个不可约的其所有状态都是遍历的链中, 极限

$$u_k = \lim_{n \to \infty} p_{jk}^{(n)} \tag{15.7.1}$$

恒存在而且不依赖初始状态 j. 此外 $u_k > 0$,

$$\sum u_k = 1 \tag{15.7.2}$$

且[①]

$$u_j = \sum_i u_i p_{ij}. \tag{15.7.3}$$

反之, 假定链是不可约的非周期的, 而且存在数列 $u_k \geqslant 0$ 满足 (15.7.2) 和 (15.7.3), 则所有状态都是遍历的, u_k 均由 (15.7.1) 所给出且

$$u_k = 1/\mu_k, \tag{15.7.4}$$

其中 μ_k 是 E_k 的平均循环时间.

证 (i) 假定链是不可约的遍历的, 并定义 u_k 如 (15.7.4). 15.6 节定理 2 保证对所有 i, j 有 $f_{ij} = 1$, 且论断 (15.7.1) 化为 (15.5.8). 我们有

$$p_{ik}^{(n+1)} = \sum_j p_{ij}^{(n)} p_{jk}. \tag{15.7.5}$$

当 $n \to \infty$ 时, 左边趋于 u_k, 右边的和的一般项趋于 $u_j p_{jk}$. 仅取有限项得到

$$u_k \geqslant \sum_j u_j p_{jk}. \tag{15.7.6}$$

对固定的 i 和 n, (15.7.5) 左边加起来等于 1, 因此

$$s = \sum u_k \leqslant 1. \tag{15.7.7}$$

在 (15.7.6) 中对所有 k 求和得到关系式 $s \geqslant s$, 在此式中不等号是不可能成立的. 由此断言: 对所有 k, (15.7.6) 中的等号成立, 从而定理的第一部分成立.

(ii) 假定 $u_k \geqslant 0$ 且 (15.7.2) 和 (15.7.3) 成立. 由归纳法可得对所有 $n > 1$ 有

$$u_k = \sum_i u_i p_{ik}^{(n)}. \tag{15.7.8}$$

因为链是不可约的, 所有状态属于同一种类型. 如果它们都是暂留状态或零状态, 则 (15.7.8) 右边当 $n \to \infty$ 时趋于 0, 而此事实不可能对所有 k 都成立, 因为 u_k 加起来等于 1. 周期链是排除掉的, 所以一切状态都是遍历的, 从而定理的第一部分可以应用. 因此, 令 $n \to \infty$ 得

$$u_k = \sum_i u_i \mu_k^{-1}. \tag{15.7.9}$$

所以概率分布 $\{u_k\}$ 与概率分布 $\{\mu_k^{-1}\}$ 完全一样, 故 $u_k = \mu_k^{-1}$ 得证. ∎

---

① 如果把 u_j 想象为行向量, (15.7.3) 可写为矩阵形式 $u = uP$.

为了欣赏此定理的意义, 考虑过程由初始分布 $\{a_j\}$ 的发展进程. 状态 E_k 在第 n 步出现的概率为

$$a_k^{(n)} = \sum_j a_j p_{jk}^{(n)} \tag{15.7.10}$$

[见 (15.3.4).] 因此, 由 (15.7.1) 当 $n \to \infty$ 时有

$$a_k^{(n)} \to u_k. \tag{15.7.11}$$

换句话说, 不管初始分布如何, E_k 的概率趋于 u_k. 另外, 当 $\{u_k\}$ 是初始分布时 (即 $a_k = u_k$), 则 (15.7.3) 蕴涵了 $a_k^{(1)} = u_k$, 用归纳法可得对所有 n 有 $a_k^{(n)} = u_k$. 因此, 满足 (15.7.3) 的初始分布使之对一切时刻都成立. 由于这个理由, 故称之为不变的.

定义 满足 (15.7.3) 的概率分布 $\{u_k\}$ 称为不变的或平稳的 (对给定的马尔可夫链而言).

上述定理的主要部分可复述如下:

不可约的非周期的链产生不变的概率分布 $\{u_k\}$ 的充分必要条件是: 此链是遍历的. 在此情况下, 对所有 k 都有 $u_k > 0$, 而且绝对概率 $a_k^{(n)}$ 趋于 u_k, 与初始分布无关.

如果我们想象有很多个过程在同时进行, 则平稳性的物理意义变得非常明显. 为确定起见, 考虑 N 个质点独立地进行同一种类型的随机徘徊. 在第 n 步, 处于状态 E_k 的质点的个数的期望值是 $Na_k^{(n)}$, 它趋于 Nu_k. 充分长的时间以后, 分布是渐近地不变的, 物理学家就说他观察到质点处于平衡态. 因此, 分布 $\{u_k\}$ 也称为平衡分布. 不幸的是, 此术语分散了对一类重要的情况的注意力, 即所谓的**宏观平衡**, 也即大量反向转移维持的平衡. 单个质点显示不出趋向平衡, 而且极限定理对单个过程也没有什么内涵. 这方面的典型是第 3 章中讨论的对称的随机徘徊. 如果大批的质点从原点出发独立地作这种随机徘徊, 那么, 粗略地说, 在任一时刻有一半质点在原点的右边, 而另一半在原点的左边. 但是, 这并不意味着大多数质点有一半时间在原点右边. 相反, 反正弦律证明, 大多数质点在大部分时间里都处于原点的一个方向, 从这种意义上讲, 大量性并不代表本质. 此例是一个极端情形, 其平均循环时间是 ∞. 对于遍历链而言, 随机起伏比较平和, 但是, 当循环时间具有很大的 (或无穷的) 方差时, 从实用的目的看, 它仍然显示出上述性质. 许多进一步的讨论和对 "趋于平衡" 的统计意义的正确理解, 可以避免一些错误的结论.

在前面的定理中, 我们假定链是不可约的和非周期的, 自然要问, 在多大的程度上这些假设是本质的. 仔细研究证明就会发现, 我们证明的东西比定理中陈述

的要多. 特别是通过下面的准则可以应用到任意的链（包括周期的和可约的链）的事实可以看出上述结论正确.

准则 如果一个链具有不变概率分布 $\{u_k\}$，又若 E_k 是暂留状态或零状态，则 $u_k = 0$.

换句话说，$u_k > 0$ 蕴涵了 E_k 是常返的且有有限的平均循环时间，但 E_k 可以是周期的.

证 我们已经看到 u_k 的平稳性蕴涵了 (15.7.8)，如果 E_k 是暂留的或者是零状态，则对所有 j 有 $p_{jk}^{(n)} \to 0$，从而 $u_k = 0$. 准则证毕. ∎

对于周期链，15.9 节中将要证明的预期的结果是：对每一个不可约的其状态具有有限的平均循环时间的链，存在唯一一个不变的概率分布 $\{u_k\}$. 周期链之所以排除在定理之外，仅仅是因为简单的极限关系 (15.7.1) 和 (15.7.11) 采用了较为隐晦的形式，这种形式掩盖了实际上不需要它的作用的本质点.

例 (a) 具有几个不可约成分的链可能有几个平稳解. 一个平凡的但又典型的例子是具有两个吸收壁 E_0 和 E_ρ 的随机徘徊 [见 15.2 节例 (b)]. 任何一个仅在 E_0 和 E_ρ 上有正的权数的形如 $(\alpha, 0, 0, \cdots, 0, 1-\alpha)$ 的概率分布都是平稳的.

(b) 给定一个由转移概率 p_{jk} 构成的矩阵，经常能容易地决定不变分布 $\{u_k\}$ 是否存在. 一个明显的例外是

$$p_{jk} = 0 \qquad \text{对所有 } |k-j| > 1 \text{ 成立,} \qquad (15.7.12)$$

即非零元素只能在主对角及其紧邻的线上，把其状态从 0 开始标起，(15.7.3) 确定的关系变为下列形式

$$
\begin{aligned}
u_0 &= p_{00}u_0 + p_{10}u_1, \\
u_1 &= p_{01}u_0 + p_{11}u_1 + p_{21}u_2,
\end{aligned}
\qquad (15.7.13)
$$

等等. 为了避免琐碎的事情，假定对所有 j 有 $p_{j,j+1} > 0, p_{j,j-1} > 0$，但对主对角线上的元素 p_{jj} 不作任何假设. 由 (15.7.13) 可以逐项解出 $u_1, u_2, \cdots$. 回忆一下，P 的每一行之和为 1，可得

$$u_1 = \frac{p_{01}}{p_{10}} u_0, \quad u_2 = \frac{p_{01}p_{12}}{p_{10}p_{21}} u_0, \quad u_3 = \frac{p_{01}p_{12}p_{23}}{p_{10}p_{21}p_{32}} u_0, \qquad (15.7.14)$$

等等. 得到的（有限或无穷）序列 $u_0, u_1, \cdots$ 是 (15.7.13) 的唯一解. 为了使它是一个概率分布，必须选取正则化因子 u_0 使得 $\sum u_k = 1$，这种选取是可能的充分必要条件为

$$\sum \frac{p_{01}p_{12}p_{23} \cdots p_{k-1,k}}{p_{10}p_{21}p_{32} \cdots p_{k,k-1}} < \infty. \qquad (15.7.15)$$

因此，这是不变的概率分布存在的充分必要条件，如果它存在，必然唯一.［如果 (15.7.15) 不成立，(15.7.12) 也称为不变测度. 见 15.11 节.］

在 15.8 节例 (d) 中，我们将推出一个类似的准则以检验状态是否常返的. 下面三个例子说明上述准则的应用.

(c) **反射壁**. 15.2 节例 (c)（其中 $\rho \leqslant \infty$）是前面例子的特殊情形，其特点是对所有 $j < \rho$ 有 $p_{j,j+1} = p$，对所有 $j > 1$ 有 $p_{j,j-1} = q$. 当状态的个数有限时，存在不变分布 $\{u_k\}$，其中 u_k 与 $(p/q)^k$ 成比例. 当状态的个数为无穷大时，(15.7.15) 的收敛性要求 $p < q$，而且在这种情况下 $u_k = (1 - p/q)(p/q)^k$. 由随机徘徊的一般理论易见：当 $p > q$ 时状态都是暂留的，当 $p = q$ 时状态都是常返的零状态. 这些结果也可从 15.8 节例 (d) 中的准则推出.

(d) **爱伦费斯特的扩散模型**. 对 15.2 节例 (e) 中的矩阵来说，解 (15.7.14) 化为

$$u_k = \binom{\rho}{k} u_0, \qquad k = 0, \cdots, \rho. \tag{15.7.16}$$

二项式系数是 $(1+1)^\rho$ 的二项展开式中的项，因此，为了得到一个概率分布，必须令 $u_0 = 2^{-\rho}$. 链的周期是 2，状态具有有限的平均循环时间，不变分布是具有 $p = \frac{1}{2}$ 的二项分布.

此结果可以作如下解释：不论第一个容器中的分子的初始数目是多少，经过一段相当长的时间以后，在第一个容器中找到 k 个分子的概率，近似地等于 a 个分子随机地分布时恰有 k 个分子放入了第一个容器中的概率（假定每个分子放入第一个容器中的概率为 $\frac{1}{2}$）. 这是赋予结果以物理意义的一个典型例子.

当 a 很大时，二项分布的正态逼近表明：一旦极限分布渐近地建立，我们实际上一定能在每个容器中找到一半的分子. 对物理学家来说，$a = 10^6$ 是一个很小的数. 即使当分子数目 $a = 10^6$ 时，在一个容器中找到多于 $505\,000$ 个分子（密度起伏为百分之一）的概率的数量级也只有 10^{-23}. 当 $a = 10^8$ 时，千分之一的密度起伏，类似的概率也是同样的可忽略的概率. 虽然系统也偶然到达可能性极小的状态，但它们的循环时间和接近平衡状态的循环时间比较起来要大得惊人. 物理中的不可逆性，在下列事实中显现出来：当系统处于远离平衡的状态时，它向平衡态转移要比反向转移的可能性大得多.

(e) **伯努利–拉普拉斯扩散模型**. 对具有形如 (15.2.1) 的元素的矩阵来说，由 (15.7.14) 得

$$u_k = \binom{\rho}{k}^2 u_0, \qquad k = 0, \cdots, \rho. \tag{15.7.17}$$

二项式系数加起来为 $\binom{2\rho}{\rho}$ [见 (2.12.11)], 所以

$$u_k = \binom{\rho}{k}^2 \Big/ \binom{2\rho}{\rho} \tag{15.7.18}$$

是**不变分布**. 这是超几何分布 (见 2.6 节). 这意味着在平衡状态时, 每个容器内的颜色的分布与下列分布是一样的: 从具有 ρ 个黑质点和 ρ 个白质点的集合中随机地取 ρ 个质点的颜色的分布.

(f) 在 15.2 节例 (l) 中, 不变概率分布满足关系

$$u_k = p_k u_{k-1}, \qquad k = 1, 2, \cdots \tag{15.7.19a}$$

$$u_0 = q_1 u_0 + q_2 u_1 + q_3 u_2 + \cdots. \tag{15.7.19b}$$

由 (15.7.19a) 得

$$u_k = p_1 \cdots p_k u_0, \tag{15.7.20}$$

易见 (15.7.19b) 右边的前 k 项之和为 $u_0 - u_k$. 因此, 当 $u_k \to 0$ 时 (15.7.19b) 自动满足, 所以不变概率分布存在的充分必要条件是

$$\sum_k p_1 p_2 \cdots p_k < \infty. \tag{15.7.21}$$

[也见 15.8 节例 (e) 和 15.11 节例 (c).]

(g) **循环事件**. 在 15.2 节例 (k) 中, 不变概率分布的条件化为

$$u_k = u_{k+1} + f_{k+1} u_0, \qquad k = 0, 1, \cdots. \tag{15.7.22}$$

对 $k = 0, 1, \cdots$ 求和得

$$u_n = r_n u_0, \qquad \text{其中} \quad r_n = f_{n+1} + f_{n+2} + \cdots. \tag{15.7.23}$$

因为 $r_0 + r_1 + \cdots = \mu$ 是分布的期望. 因此, 当 $\mu < \infty$ 时不变概率分布由 $u_n = r_n/\mu$ 给出, 当 $\mu = \infty$ 时不变概率分布不存在.

再回忆一下, 马尔可夫链是与具有循环时间分布 $\{f_k\}$ 的循环事件 $\mathcal{E}$ 相联系的. 在特殊情况 $p_k = r_k/r_{k-1}$ 下, 前一个例子中的链与同一个循环事件 $\mathcal{E}$ 相联系, 而且这时 (15.7.20) 与 (15.7.23) 是等价的. 因此, 不变分布是一样的. 在排队论的语言中, 人们说耗损的等待时间与剩余的等待时间趋于相同的分布, 即 r_n/μ.

我们曾经从循环事件理论推导出马尔可夫链的基本极限定理. 现在将要看到反面情况, 即循环事件可以作为特殊的马尔可夫链来处理. [15.11 节例 (d).]

(h) **二重随机矩阵**. 如果随机矩阵 P 不仅每一行的和为 1, 而且每一列的和也是 1, 则称 P 是二重随机矩阵. 如果这样的链只含有有限个, 譬如说 a 个状态, 则 $u_k = a^{-1}$ 是不变分布. 这意味着在宏观平衡中, 所有状态出现的可能性都是一样的.

15.8 暂留链

在 15.6 节中我们曾经看到: 任何马尔可夫链的常返状态都可以分解为一些不相交的闭的不可约的集合 $C_1, C_2, \cdots$. 一般地, 还有一个非空的暂留状态类 T. 当系统从一个暂留状态出发时, 可能出现两种情况: 第一, 系统最终进入闭集 C_ν 并永远留在其中; 第二, 系统始终留在暂留集 T 中. 我们主要的目的是决定相应的概率. 其解将提供一个准则以判断一个状态是常返的还是暂留的.

例 (a) **鞅**. 如果对每个 j, 概率分布 $\{p_{jk}\}$ 的期望都等于 j, 即

$$\sum_k p_{jk} k = j, \tag{15.8.1}$$

则称一个链是鞅. 考虑一个具有有限状态 $E_0, \cdots, E_a$ 的链. 在 (15.8.1) 中令 $j = 0$ 和 $j = a$ 得 $p_{00} = p_{aa} = 1$, 所以 E_0 和 E_a 都是吸收状态. 为了避免琐碎的事情, 假定链不再含有更多的闭集. 由此推出, 内状态 $E_1, \cdots, E_{a-1}$ 都是暂留的, 所以过程最终会终止于 E_0 或 E_a. 由 (15.8.1), 对 n 做归纳法可知

$$\sum_{k=0}^a p_{ik}^{(n)} k = i. \tag{15.8.2}$$

但是对每个暂留状态 E_k 有 $p_{ik}^{(n)} \to 0$, 从而 (15.8.2) 蕴涵了对所有 $i > 0$ 有

$$p_{ia}^{(n)} \to i/a. \tag{15.8.3}$$

换句话说, 如果过程从 E_i 出发, 最终被吸收在 E_0 或 E_a 的概率分别为 $1 - i/a$ 或 i/a.

(b) **特殊情形**. 遗传学中的 15.2 节例 (h) 和例 (i) 涉及的链, 分别是上面讨论的例子的特殊情况: $a = N$ 和 $a = 2N$. 给定初始状态 E_i, 则最终固定在 E_0 的概率为 $1 - i/a$.

(c) 考虑一个具有状态 $E_0, E_1, \cdots$ 的链, 其中 E_0 是吸收状态, 而从其他状态 E_j 出发, 只能转移到右邻状态 E_{j+1} 和 E_0, 而不能转移到其他任何状态. 对于 $j \geqslant 1$ 令

$$p_{j0} = \varepsilon_j, \qquad p_{j,j+1} = 1 - \varepsilon_j. \tag{15.8.4}$$

此处 $\varepsilon_j > 0$. 选定初始状态 E_j, 在 n 次试验中不被 E_0 吸收的概率为

$$(1 - \varepsilon_j)(1 - \varepsilon_{j+1}) \cdots (1 - \varepsilon_{j+n-1}). \tag{15.8.5}$$

当 n 上升时此乘积下降, 所以它趋于极限 λ_j. 因此最终被吸收的概率为 $1 - \lambda_j$, 而系统始终留在暂留状态的概率为 λ_j. $\lambda_j > 0$ 的充分必要条件是 $\sum \varepsilon_k < \infty$. ■

暂留状态的研究依赖于 P 的下述子矩阵, 删去 P 中对应于常返状态的一切行和一切列, 而仅仅剩下这样一些元素 p_{jk}, 其中 E_j 和 E_k 都是暂留状态. 此子矩阵的行和不一定是 1, 而它对引进下述定义是方便的.

定义 如果方阵 Q 的所有元素 $q_{ik} \geqslant 0$ 且每一行之和都小于等于 1, 则称 Q 是准随机的.

据此定义, 每个随机矩阵都是准随机的, 反之, 每个准随机矩阵都可以添加一个吸收状态而扩大成随机矩阵. (换句话说, 我们在顶端加一行 $1, 0, 0, \cdots$, 再加一列, 其元素是 Q 的相应的行的和与 1 的差额.) 因此, 显然, 关于随机矩阵的论断可以不需本质性的修改就可应用到准随机矩阵中去. 特别地, 递归关系式 (15.3.2) 定义了 n 次方 Q^n 的元素满足下述关系

$$q_{ik}^{(n+1)} = \sum_\nu q_{i\nu} q_{\nu k}^{(n)}. \tag{15.8.6}$$

定义 $\sigma_i^{(n)}$ 为 Q^n 的第 i 行的和, 则对所有 $n \geqslant 1$ 有

$$\sigma_i^{(n+1)} = \sum_\nu q_{i\nu} \sigma_\nu^{(n)}. \tag{15.8.7}$$

当我们对所有 ν 定义 $\sigma_\nu^{(0)} = 1$ 时, (15.8.7) 对 $n = 0$ 也成立. 由 Q 是准随机矩阵可推出 $\sigma_i^{(1)} \leqslant \sigma_i^{(0)}$, 再用 (15.8.7) 和归纳法可推出 $\sigma_i^{(n+1)} \leqslant \sigma_i^{(n)}$. 因此, 对固定的 i, 序列 $\{\sigma_i^{(n)}\}$ 单调下降到极限 $\sigma_i \geqslant 0$, 显然还有

$$\sigma_i = \sum_\nu q_{i\nu} \sigma_\nu. \tag{15.8.8}$$

暂留状态的全部理论依赖于上述方程组的解. 在某些情况下, 它没有非零解 (即对所有 i 有 $\sigma_i = 0$). 在另一些情况下, 存在着无穷多组线性无关的解, 即存在不同的数列满足

$$x_i = \sum_\nu q_{i\nu} x_\nu. \tag{15.8.9}$$

第一个问题是找出特解 $\{\sigma_i\}$. 对所有 i, 我们只对满足条件 $0 \leqslant x_i \leqslant 1$ 的解 $\{x_i\}$ 感兴趣. 这可重新写成下述形式 $0 \leqslant x_i \leqslant \sigma_i^{(0)}$, 归纳地比较 (15.8.9) 和 (15.8.7)

可得 $x_i \leqslant \sigma_i^{(n)}$ 对所有 n 成立，从而

$$0 \leqslant x_i \leqslant 1 \qquad \textbf{蕴涵} \qquad x_i \leqslant \sigma_i \leqslant 1. \tag{15.8.10}$$

称解 $\{\sigma_i\}$ 为**最大解**，但必须记住：在许多情况下，对所有 i 有 $\sigma_i = 0$. 我们把这些结果综述成下面的引理.

引理 对准随机矩阵 Q 而言，线性方程组 (15.8.9) 给出了一组具有性质 (15.8.10) 的最大解 $\{\sigma_i\}$. 这些 σ_i 是 Q^n 的行的和的极限.

现在，把 Q 视为 P 的这样一些元素 p_{jk} 构成的子矩阵：其中 E_j 和 E_k 都是暂留状态. 这样，线性方程组 (15.8.9) 可以写成

$$x_i = \sum_T p_{i\nu} x_\nu, \qquad E_i \in T, \tag{15.8.11}$$

其中的求和号是对使得 E_ν 为暂留状态（类 T）的所有 ν 来求和. 在这种辨识下，$\sigma_i^{(n)}$ 是从初始状态 E_i 出发在前 n 次试验中未转移到常返状态的概率. 因此，极限 σ_i 是由 E_i 出发从未转移到常返状态的概率. 所以，有如下定理.

定理 1 从 E_i 出发，系统永远停留在暂留状态中的概率 x_i 是方程组 (15.8.11) 的最大解.

用同样的推理可得：

准则 在具有状态 $E_0, E_1, \cdots$ 的不可约的[①]马尔可夫链中，状态 E_0 是常返状态的充分必要条件是对所有 i 线性方程组

$$x_i = \sum_{\nu=1}^{\infty} p_{i\nu} x_\nu, \qquad i \geqslant 1, \tag{15.8.12}$$

除了零解 $x_i = 0$ 以外，没有满足条件 $0 \leqslant x_i \leqslant 1$ 的解.

证 令 Q 是引理中的把 P 的对应于 E_0 的行和列都去掉而得的子矩阵. 定理 1 中的推导表明，σ_i（从初始状态 E_i 出发）是系统永远留在状态 $E_1, E_2, \cdots$ 中的概率. 但是，如果 E_0 是常返状态，则到达 E_0 的概率 $f_{i0} = 1$，从而对所有 i 有 $\sigma_i = 0$. ∎

例 (d) 和 15.7 节例 (b) 一样，考虑具有状态 $E_0, E_1, \cdots$ 的满足条件

$$当 \ |k - j| > 1 \ 时 \ \ p_{ik} = 0 \tag{15.8.13}$$

---

① 不可约性的假设是为了避免记号的复杂，并不造成任何限制，因为只需考虑 E_0 的闭包即可. 顺便指出：准则对周期链也成立.

的链. 为了避免一些琐碎的事情, 假定 $p_{j,j+1} \neq 0, p_{j,j-1} \neq 0$. 因为由任一状态都可以从其他任一状态到达, 所以链是不可约的, 从而所有状态都是同一种类型的, 故只需检验 E_0 这一个状态的性质就够了. 方程组 (15.8.12) 化为递归方程组

$$x_1 = p_{11}x_1 + p_{12}x_2,$$
$$p_{j,j-1}(x_j - x_{j-1}) = p_{j,j+1}(x_{j+1} - x_j), \qquad j \geqslant 2. \tag{15.8.14}$$

因此

$$x_j - x_{j+1} = \frac{p_{21}p_{32}\cdots p_{j,j-1}}{p_{23}p_{34}\cdots p_{j,j+1}}(x_1 - x_2). \tag{15.8.15}$$

因为 $p_{10} > 0$, 所以 $x_2 - x_1 > 0$, 从而存在有界非负解 $\{x_i\}$ 的充分必要条件是

$$\sum \frac{p_{21}\cdots p_{j,j-1}}{p_{23}\cdots p_{j,j+1}} < \infty. \tag{15.8.16}$$

链是常返的充分必要条件是上述级数发散. 在随机徘徊的特殊情况下, 我们有 $p_{j,j+1} = p, p_{j,j-1} = q$ 对所有 $j > 1$ 成立, 从而再一次看到: 状态是常返的充分必要条件是 $p \leqslant q$.

（此链可解释为直线上的随机徘徊, 但其从一个位置转移到另一个位置的概率随位置而变化.）

(e) 对 15.2 节例 (l) 中的矩阵, 方程组 (15.8.12) 化为

$$x_j = p_{j+1}x_{j+1}, \tag{15.8.17}$$

而且存在有界的正解的充分必要条件为: 无穷乘积 $p_1p_2\cdots$ 收敛. 如果此链联系于一个循环事件 $\mathcal{E}$, 且 p_k 由 (15.2.5) 给出, 则上述无穷乘积收敛的充分必要条件是 $\sum f_j < \infty$. 因此（正如期望的那样）链和 $\mathcal{E}$ 或者两者都是常返的, 或者两者都是暂留的.

为了回答本节开始时提出的最后一个问题, 再一次令 T 为全体暂留状态构成的集合, C 是任意一个由常返状态构成的闭集.（不要求 C 不可约.）令 y_i 是从初始状态 E_i 出发最终被吸收到 C 内的概率. 我们要证明 y_i 满足非齐次方程组

$$y_i = \sum_T p_{i\nu}y_\nu + \sum_C p_{i\nu}, \qquad E_i \in T, \tag{15.8.18}$$

上述两个求和号分别是对满足 $E_\nu \in T$ 和 $E_\nu \in C$ 的 ν 求和. 方程组 (15.8.18) 可能有几组独立的解, 但是, 下面的证明将揭示在这些解中, 存在一组类似于 (15.8.10) 定义的最小解.

定理 2 最终被吸引到闭的常返状态集合 C 的概率 y_i 是 (15.8.18) 的最小非负解.

证 令 $y_i^{(n)}$ 是第 n 步（含）以前被吸收到 C 的概率，则对所有 $n \geqslant 1$ 显然有

$$y_i^{(n+1)} = \sum_T p_{i\nu} y_\nu^{(n)} + \sum_C p_{i\nu}. \tag{15.8.19}$$

如果对所有 ν 令 $y_\nu^{(0)} = 0$，则 (15.8.19) 对 $n = 0$ 也成立. 对固定的 i，$\{y_i^{(n)}\}$ 是非降的，且界于 1. 其极限显然满足 (15.8.18). 反之，若 $\{y_i\}$ 是 (15.8.18) 的任意一组非负解，由于 (15.8.18) 的第二个和等于 $y_i^{(1)}$，所以 $y_i \geqslant y_i^{(1)}$. 用归纳法可证 $y_i \geqslant y_i^{(n)}$ 对所有 n 成立，从而 $y_i^{(n)}$ 的极限是一组最小解. ∎

解释见本节例 (c).

*15.9 周期链

周期链不难处理，也不会提供一些想象不到的新特色. 它们之所以被排除在 15.7 节的主要定理的表述之外，仅仅是因为对它们不太感兴趣，而且描述起来又颇费笔墨. 这一节对它们的讨论，与其说对它们感兴趣，倒不如说是为了完整性. 这一节的结果以后也不会用到.

最简单的具有周期为 3 的链的例子是：此链具有 3 个状态，而且仅仅对 $E_1 \to E_2 \to E_3 \to E_1$ 这样的转移才是可能的. 这时有

$$P = \begin{bmatrix} 0 & 1 & 0 \\ 0 & 0 & 1 \\ 1 & 0 & 0 \end{bmatrix}, \quad P^2 = \begin{bmatrix} 0 & 0 & 1 \\ 1 & 0 & 0 \\ 0 & 1 & 0 \end{bmatrix}, \quad P^3 = \begin{bmatrix} 1 & 0 & 0 \\ 0 & 1 & 0 \\ 0 & 0 & 1 \end{bmatrix}.$$

我们将证明这个例子在许多方面都具有典型意义.

考虑具有有限或无穷多个状态 $E_1, E_2, \cdots$ 的不可约的链. 由 15.6 节定理 1 可知所有状态都具有相同的周期 t（假定 $t > 1$）. 因为从不可约链的任何状态可以到达任何一个其他的状态，所以对每一个状态 E_k，存在两个整数 a 和 b 使得 $p_{1k}^{(a)} > 0$ 且 $p_{k1}^{(b)} > 0$. 但是 $p_{11}^{(a+b)} \geqslant p_{1k}^{(a)} p_{k1}^{(b)}$，从而 $a + b$ 一定能被 t 整除. 固定 b，我们断言：使得 $p_{1k}^{(a)} > 0$ 的每一个整数 a 都能表成 $\alpha + \nu t$ 的形式，其中 α 是满足 $0 \leqslant \alpha < t$ 的固定的整数. 整数 α 是状态 E_k 的特征，所以全部状态可以划分为 t 个互不相交的类 $G_0, \cdots, G_{t-1}$ 使得

$$\text{对所有 } n \neq \alpha + \nu t \text{ 有 } E_k \in G_\alpha \Rightarrow p_{1k}^{(n)} = 0. \tag{15.9.1}$$

如果我们想象 $G_0, \cdots, G_{t-1}$ 循环排序，则 G_{t-1} 是 G_0 的左邻域.

　　显然, 通过**一步**, 只能转移到其右边的与之相邻的类中一个状态, 因此, 一个 t 步构成的路径总是把一个状态转移到同一类的一个状态. 此事实蕴涵了: 对具有转移矩阵 P^t 的马尔可夫链来说, 每一个 G_α 都构成一个闭集. [①]此集合是不可约的, 因为原始链的每一个状态能到其所在的类的任一状态所要求的步数必须能够被 t 整除. 因此, 证明了以下定理.

　　定理　对周期为 t 的不可约的链来说, 其全部状态能分解成 t 个互不相交的满足 (15.9.1) 的类 $G_0, \cdots, G_{t-1}$, 而且一步转移只能把一个状态转移到其右边的邻类中的一个状态 (特别地, 从 G_{t-1} 到 G_0). 对于具转移矩阵 P^t 的链来说, 每一个类 G_α 都对应着一个不可约的闭集.

　　应用这个定理, 很容易描述转移概率 $p_{jk}^{(n)}$ 的渐近性质. 我们知道, 当 E_k 是暂留状态或常返的零状态时 $p_{jk}^{(n)} \to 0$, 而且全部状态都是同一类型的 (见 15.6 节). 因此, 我们只需要考虑每个状态 E_k 都有有限的平均循环时间 μ_k 的情形. 对于具有转移矩阵 P^t 的链, E_k 具有平均循环时间 μ_k/t, 且相对于此链来说, G_α 是遍历的. 因此, 当 E_j 属于 G_α 时有

$$\lim_{n \to \infty} p_{jk}^{(nt)} = \begin{cases} t/\mu_k, & \text{如果 } E_k \in G_\alpha, \\ 0 & \text{其他.} \end{cases} \tag{15.9.2}$$

对类 G_α 的状态来说, 权 t/μ_k 定义出一个概率分布 (见 15.7 节中的定理). 因为有 t 个这样的类, 与非周期链一样, **数列** $k = 1/\mu_k$ 在整数上定义出一个概率分布. 下面证明此分布是不变分布. 为此目的, 我们需要当指数不能被周期 t 整除时 (15.9.2) 对应的关系式.

　　从基本关系式

$$p_{jk}^{(nt+\beta)} = \sum_\nu p_{j\nu}^{(\beta)} p_{\nu k}^{(nt)} \tag{15.9.3}$$

开始. 除了 $E_\nu \in G_{\alpha+\beta}$ 以外 (当 $\alpha + \beta \geqslant t$ 时, 把 $G_{\alpha+\beta}$ 视为 $G_{\alpha+\beta-t}$), 因子 $p_{j\nu}^{(\beta)} = 0$. 而当 $E_\nu \in G_{\alpha+\beta}$ 时, 若 $E_k \notin G_{\alpha+\beta}$ 必有 $p_{\nu k}^{(nt)} = 0$. 所以, 对固定

---

① 当 $t = 3$ 时, 有三个类, 若用 15.4 节引进的矩阵分块表示法, P 有下列形式

$$\begin{bmatrix} 0 & A & 0 \\ 0 & 0 & B \\ C & 0 & 0 \end{bmatrix},$$

此处 A 表示由 G_0 到 G_1 的转移概率矩阵, 等等.

的 β 和 G_α 中的状态 E_j 总有

$$\lim_{n\to\infty} p_{jk}^{(nt+\beta)} = \begin{cases} t/\mu_k, & \text{如果 } E_k \in G_{\alpha+\beta}, \\ 0, & \text{其他}. \end{cases} \tag{15.9.4}$$

现在，把 (15.9.3) 重写为

$$p_{ik}^{(nt+1)} = \sum_\nu p_{i\nu}^{(nt)} p_{\nu k}. \tag{15.9.5}$$

考虑任意一个状态 E_k，且令 G_ρ 是含 E_k 的那个类. 除了 $E_\nu \in G_{\rho-1}$ 以外，总有 $p_{\nu k} = 0$. 所以当 $E_i \notin G_{\rho-1}$ 时，(15.9.5) 两边都等于 0. 当 $E_i \in G_{\rho-1}$ 时有 $p_{ik}^{(nt+1)} \to tu_k$，由此得到

$$u_k = \sum_\nu u_\nu p_{\nu k}. \tag{15.9.6}$$

由于 E_k 是任意一个状态，所以我们证明了概率分布 $\{u_k\}$ 是不变的.

15.10 在洗牌中的应用

一副编号为 $1, 2, \cdots, N$ 的 N 张牌，能排成 $N!$ 种不同的次序，每一种次序表示系统的一个状态，每次洗牌把现存的状态转移到某个其他状态. 例如，"切牌" 把次序 $(1, 2, \cdots, N)$ 变成形如 $(r, r+1, \cdots, N, 1, 2, r-1)$ 的循环等价次序之一，而逆序 $(N, N-1, \cdots, 1)$ 经切牌后则变成 $(N-r+1, N-r, \cdots, 1, N, N-1, \cdots, N-r+2)$. 换句话说，把洗牌看成是转移 $E_j \to E_k$. 如果同一种洗牌方式重复进行，则系统（从给定的状态 E_j 出发）依次经过一系列状态以后，在有限步后还原为原来的次序. 从那时以后，同一系列接连的状态将周期地重复出现. 对大多数洗牌方式来说，周期是相当小的，并且没有一种洗牌方法能达到所有的状态. [①] 例如，一次精确的 "插牌" 把 $2m$ 张牌 $(1, \cdots, 2m)$ 变成 $(1, m+1, 2, m+2, \cdots, m, 2m)$. 对于 6 张牌来说，4 次精确的插牌就能恢复原来的次序. 对于 10 张牌来说，6 次精确的插牌就能恢复原来的次序. 所以，对 10 张牌，重复地进行精确的插牌，仅能得到 $10! = 3\,628\,800$ 种可能次序中的 6 种.

实践中，玩牌者或许会希望改变洗牌方式，但无论如何，随机性总会导致偶然变化. 假定能够通过每种特殊的洗牌方式有特定的概率（可能为 0）来说明玩牌者的习惯和随机性的影响. 关于这些概率的数值无须作任何假定，但假定玩牌

---

① 用群论的语言来说，这相当于说置换群不是循环的，因而不能由一个简单运算产生.

者洗牌时不考虑过去的情况，也不知道牌的次序.① 这意味着，接连的洗牌对应着一串具有固定概率的独立试验. 因此，对一副牌我们可以导出一个马尔可夫链.

　　现在我们来证明转移概率矩阵 P 是一个二重随机矩阵 [15.7 节例 (h)]. 事实上，如果一次洗牌把状态 E_j（牌的次序）变为状态 E_k，则存在另一状态 E_r，由它可以变为 E_j. 这意味着，除了次序不同以外，P 的第 j 列的元素与第 j 行的元素是一样的，所以 P 的每一列的元素的和为 1.

　　由此推出不可能有暂留状态. 如果链是不可约的和非周期的，则在极限情形所有状态都是等可能的. 换句话说，任何一种洗牌方式，只要它产生的链是不可约的和非周期的，都是可行的. 可以假定通常情况如是. 不过，若设牌共有偶数张，并约定洗牌的方式是：先把它们等分为两组，再用任意方法分别地洗这两组牌，最后把这两组牌按它们的原来的次序并在一起，则得到的马尔可夫链是可约的.（因为，不是每一个状态都能由每一个其他状态到达.）如果两组的次序颠倒，则链有周期 2. 因此，理论上，这两种偶然情况都可能发生，但在实践中却罕有发生，因为随机性阻碍了完美的规则性.

　　已经看到：期望连续不断地洗牌，会生成完全的"随机性"并消除原始次序的痕迹. 然而，应当指出：为此所需的洗牌次数是极大的.②

*15.11　不变测度、比率极限定理

　　在这一节中，我们将研究具有常返的零状态的不可约的链. 主要的目标是推出类似于 15.7 节中得到的关于具有有限平均循环时间的链的结果. 此类链的一个显著性质是存在不变（或平稳）概率分布

$$u_k = \sum_\nu u_\nu p_{\nu k}. \tag{15.11.1}$$

我们知道，当平均循环时间是 ∞ 时，这种不变概率分布不存在，但是，我们将要证明，线性方程组 (15.11.1) 还是有满足 $\sum u_k = \infty$ 的正的解 $\{u_k\}$. 这样的 $\{u_k\}$ 称为不变（或平稳）测度. 如果链是不可约的常返的，则除了任意一个正则化常数因子以外，不变测度是唯一的.

---

① 这个假设对应于桥牌中的通常情况. 容易设计出更复杂的洗牌方式，使每次洗牌的方式依赖于以前的洗牌方式. 在这种情况下，最后得到的不是马尔可夫链 [见 15.13 节例 (e)].

② 关于洗牌问题的有关实验记录中的一个极为初等的结果的分析见参考文献 [36]. 在参考文献 [36] 所在的杂志（见参考文献 [59]）的第 299~319 页中，格林伍德和斯图尔特试图证明这些结果是由随机因素引起的. 他们的数学和实验都有不同的超然的味道.

* 以下两节研究的主题在当代研究中很重要，但本书以后不会应用这个结果.

例 (a) 假定转移概率矩阵 P 是二重随机的，即每一列之和也如每一行之和一样都等于 1. 则对所有 k, (15.11.1) 有解 $u_k = 1$. 这个事实可表述为：一致（均匀）测度是不变的.

(b) **随机徘徊.** 直线上的无限制的随机徘徊是一个有趣的特例. 我们将其状态按其自然次序从 $-\infty$ 到 ∞ 标号. 这虽然妨害展示转移概率矩阵的标准形式，但是，改变一下记号就行. 如果质点向右和向左邻域转移的概率分别为 p 和 q, 则 (15.11.1) 化为下述形式

$$u_k = pu_{k-1} + qu_{k+1}, \qquad -\infty < k < \infty.$$

只有当 $p = q = \frac{1}{2}$ 时，其状态才是常返的，而这时 $u_k = 1$ 是唯一的正的解. 当 $p \neq q$ 时，前述 u_k 还是 (15.11.1) 的解，只不过这时解不唯一而已，$u_k = (p/q)^k$ 是它的第二组非负解. 这个例子说明：对暂留链，不变测度也是存在的，只不过不一定唯一而已. 在下一节中，我们还将回到这一有趣的问题.

不变测度 $\{u_j\}$ 可作如下直观解释：同时考虑无穷多个具有相同的转移概率矩阵 P 的过程. 对每个 j, 定义一个服从具有均值 u_j 的泊松分布的随机变量 N_j, 并考虑 N_j 个从 E_j 出发的独立的过程. 对一切状态，均仿上构造过程，并设所有这些过程都是相互独立的. 不难证明：在每个给定的时刻，只有有限个过程处于任一给定的状态 E_k 的概率为 1. 因此，在第 n 步处于状态 E_k 的过程的个数是随机变量 $X_k^{(n)}$, 而且 $\{u_k\}$ 的不变性蕴涵了对所有 n 有 $E\left(X_k^{(n)}\right) = u_k$. （见 15.14 节习题 29.）

(c) 在 15.7 节例 (f) 中，我们发现只有当级数 (15.7.21) 收敛时，不变概率分布才存在. 对发散的情形，只要 $u_k \to 0$, 即 $p_1 p_2 \cdots p_k \to 0$, (15.7.20) 仍然是不变测度. 当乘积 $p_1 \cdots p_k$ 始终大于某个正数时，例如当 $p_k = 1 - (k+1)^{-2}$ 时，不变测度不存在. 在此情况下，链是暂留的.

(d) 在 15.7 节例 (g) 中，甚至当 $\mu = \infty$ 时，关系式 (15.7.23) 仍然定义出一个不变测度. ∎

对遍历链而言，概率 $p_{jk}^{(n)}$ 趋于不变概率分布中的项 u_k. 对常返的零链而言，我们将证明此结果的一个较弱的形式，即当 $N \to \infty$ 时，对所有 E_α 和 E_β 有

$$\frac{\sum_{n=0}^{N} p_{\alpha i}^{(n)}}{\sum_{n=0}^{N} p_{\beta j}^{(n)}} \to \frac{u_i}{u_j}. \tag{15.11.2}$$

左边的两个和分别表示前 N 次试验中经过 E_i 和 E_j 的次数的期望值. 粗略地说，(15.11.2) 表示这些期望值与初始状态 E_α 和 E_β 独立，而且与不变测度中的对应

的项的比例也一样. 因此, 一些显著的事实与遍历链的场合是一样的, 只不过形式较为复杂一些. 此外, 周期链不需要特殊考虑. [事实上, (15.11.2) 涵盖了所有的常返链. 对于遍历链, 左边的分子 $\sim N u_i$.]

形如 (15.11.2) 的关系式统称为**比率极限定理**. 我们将从一个更强的结果推出 (15.11.2), 此结果的更复杂更精密的推广现在还有人在研究. 证明将基于考察不经过特定状态 E_r 的路径. 按照钟开莱的说法, 禁止经过的状态 E_r 是禁忌的, 并称到它的转移概率为禁忌概率.

定义 令 E_r 是任意一个固定的状态, 对于任何 $E_k \neq E_r$ 和 $n \geqslant 1$, 定义 $_r p_{jk}^{(n)}$ 是从 E_j 出发于第 n 步到达 E_k 而在第 n 步以前从未到达 E_r 的概率.

此处 E_j 允许与 E_r 相同. 我们用下述自然的方法把此定义延拓到 $E_k = E_r$ 和 $n = 0$:

$$_r p_{jr}^{(n)} = 0, \qquad n \geqslant 1, \tag{15.11.3}$$

$$_r p_{jk}^{(0)} = \begin{cases} 1, & \text{如果 } E_j = E_k, \\ 0, & \text{其他.} \end{cases} \tag{15.11.4}$$

分析诸项, 对 $n \geqslant 0$ 和 $E_k \neq E_r$ 有

$$_r p_{jk}^{(n+1)} = \sum_\nu {}_r p_{j\nu}^{(n)} p_{\nu k}. \tag{15.11.5}$$

事实上, 当 $n = 0$ 时, 右边的和化为一项 p_{jk}. 当 $n \geqslant 1$ 时, 由 (15.11.3), 对应于 $\nu = r$ 的项为 0, 所以 (15.11.5) 等价于原始定义.

将 E_r 作为禁忌状态引进来, 等于我们仅考虑原始的马尔可夫过程到第 1 次进入 E_r 为止. 对不可约常返链而言, 从任何一个初始状态 E_j 迟早要进入 E_r 的概率为 1. 由此推出, 对具有禁忌状态 E_r 的链, 接连地经过初始状态 E_j 构成了一个暂留的循环事件, 而经过任何其他状态 $E_k \neq E_r$ 构成一个迟延的暂留的循环事件. 因此, 当 $E_k \neq E_r$ 时, 由 13.3 节基本定理 2 有

$$\sum_{n=0}^\infty {}_r p_{jk}^{(n)} = {}_r \pi_{jk} < \infty. \tag{15.11.6}$$

对于 $E_k = E_r$, 上式左边的加项当 $n \geqslant 1$ 时为 0, 从而和化为 1 或 0 由 $j = r$ 或 $j \neq r$ 而定.

现在我们该证明不变测度的存在性了, 即证明满足 (15.11.1) 的数 u_k 的存在性. 这在定理 2 的证明中并不用到.

定理 1 *如果链是不可约的而且是常返的, 则数列*

$$u_k = {}_r\pi_{rk} \tag{15.11.7}$$

构成不变测度, 此外, 对所有 k 有 $u_k > 0$ 且 $u_r = 1$.

反之, 如果对所有 k 有 $u_k \geqslant 0$ 且满足 (15.11.1), 则存在常数 λ 使得 $u_k = \lambda \cdot {}_r\pi_{rk}$.

此处 E_r 是任意的, 但唯一性的论断蕴涵了对各种不同的 r 所得到的序列 $\{u_k\}$ 只差一个常数倍. 注意: 此定理及其证明涵盖了具有有限平均循环时间的链.

证 如果 $k \neq r$, 对 $j = r$ 用 (15.11.5). 对 $n = 0, 1, \cdots$ 求和得到

$$_r\pi_{rk} = \sum_\nu {}_r\pi_{r\nu} p_{\nu k}, \tag{15.11.8}$$

所以, 数列 (15.11.7) 至少对 $k \neq r$ 满足 (15.11.1). 对于 $j = k = r$, 显然

$$\sum_\nu {}_r p_{r\nu}^{(n)} p_{\nu r} = f_{rr}^{(n+1)} \tag{15.11.9}$$

等于 (原始链) 在第 $n+1$ 步第 1 次返回 E_r 的概率. 因为链是不可约而且是常返的, 这些概率加起来等于 1. 把 (15.11.9) 对 $n = 0, 1, \cdots$ 求和得到

$$\sum_\nu {}_r\pi_{r\nu} p_{\nu r} = 1. \tag{15.11.10}$$

但是, 由定义可知 $_r\pi_{rr} = 1$, 从而 (15.11.8) 对 $k = r$ 成立. 因此 (15.11.7) 是不变测度.

其次, 考虑任意一个非负不变测度 $\{u_k\}$. 由定义 (15.11.1) 显然可知: 如果对某个 k 有 $u_k = 0$, 则对满足 $p_{\nu k} > 0$ 的所有 ν 都有 $u_\nu = 0$. 用归纳法可证, 对能从 E_ν 到达 E_k 的所有 ν 都有 $u_\nu = 0$. 当链是不可约的时, 这蕴涵了对所有 ν 都有 $u_\nu = 0$. 因此, 不变测度是严格正的 (或者恒为 0).

因此, 对于定理的逆部分, 可以假设给定的不变测度满足正则化条件 $u_r = 1$, 其中 r 是事先规定的. 所以

$$u_k = p_{kr} + \sum_{j \neq r} u_j p_{jk}. \tag{15.11.11}$$

假定 $k \neq r$. 我们把求和号中的 u_j 按定义关系式 (15.11.1) 表示, 并再一次在二重求和号中将含有 u_r 的项分离开来, 这样就得到了

$$u_k = p_{rk} + {}_r p_{rk}^{(2)} + \sum_{\nu \neq r} u_\nu \cdot {}_r p_{\nu k}^{(2)}. \tag{15.11.12}$$

按此方式继续施行，易知对任何 n 有

$$u_k = p_{rk} + {}_rp_{rk}^{(2)} + \cdots + {}_rp_{rk}^{(n)} + \sum_{\nu \neq r} u_\nu \cdot {}_rp_{\nu k}^{(n)}. \tag{15.11.13}$$

令 $n \to \infty$ 可得 $u_k \geqslant {}_r\pi_{rk}$. 由此推出 $\{u_k - {}_r\pi_{rk}\}$ 定义了一个不变测度，它在 $k = r$ 时为 0. 但是，这种测度恒为 0，所以 (15.11.7) 成立. ∎

我们马上要看到，下面的定理比比率极限定理更有用.

定理 2　对不可约的常返的链而言，对所有 N 有

$$0 \leqslant \sum_{n=0}^{N} p_{kk}^{(n)} - \sum_{n=0}^{N} p_{\alpha k}^{(n)} \leqslant {}_\alpha\pi_{kk}, \tag{15.11.14}$$

$$-1 \leqslant \frac{1}{{}_j\pi_{ii}} \sum_{n=0}^{N} p_{ii}^{(n)} - \frac{1}{{}_i\pi_{jj}} \sum_{n=0}^{N} p_{jj}^{(n)} \leqslant 1. \tag{15.11.15}$$

证　先证 (15.11.14). 考虑第 1 次进入 E_k，易见当 $\alpha \neq k$ 时有

$$p_{\alpha k}^{(n)} = \sum_{\nu=1}^{n} f_{\alpha k}^{(\nu)} p_{kk}^{(n-\nu)}. \tag{15.11.16}$$

[这与 (15.5.3) 是一样的.] 对 n 求和得

$$\sum_{n=0}^{N} p_{\alpha k}^{(n)} \leqslant \sum_{n=0}^{N} p_{kk}^{(n)} \cdot \sum_{\nu=1}^{\infty} f_{\alpha k}^{(\nu)} = \sum_{n=0}^{N} p_{kk}^{(n)}, \tag{15.11.17}$$

这就证明了 (15.11.14) 的第 1 个不等式.

注意：从 E_k 出发，返回 E_k 有两种方式：一种是返回 E_k 前从未经过 E_α，另一种是第 ν 步（$1 \leqslant \nu < n$）第 1 次经过 E_α. 因此

$$p_{kk}^{(n)} = {}_\alpha p_{kk}^{(n)} + \sum_{\nu=1}^{n} f_{k\alpha}^{(\nu)} p_{\alpha k}^{(n-\nu)}. \tag{15.11.18}$$

对 n 求和即得 (15.11.14) 的第 2 个不等式.

再证 (15.11.15).　由于 i 和 j 的地位对称，故只需证明第 2 个不等式. 我们从下面的等式开始：

$$p_{ii}^{(n)} = {}_j p_{ii}^{(n)} + \sum_{\nu=1}^{n-1} p_{ij}^{(n-\nu)} \cdot {}_j p_{ji}^{(\nu)}. \tag{15.11.19}$$

此等式表示：从 E_i 返回 E_i，或者中间不经过 E_j，或者最后一次进入 E_j 出现在第 $n - \nu$ 步而其后的 ν 步由 E_j 到 E_i 且中间不经过 E_j. 对 n 求和并应用

(15.11.14) 得

$$\sum_{n=0}^{N} p_{ii}^{(n)} \leqslant {}_j\pi_{ii} + {}_j\pi_{ji} \sum_{n=0}^{N} p_{ij}^{(n)}$$

$$\leqslant {}_j\pi_{ii} + {}_j\pi_{ji} \sum_{n=0}^{N} p_{jj}^{(n)}.$$

(15.11.20)

把此不等式与 (15.11.15) 的第 2 个不等式对比可知只需证明

$${}_j\pi_{ji} = \frac{{}_j\pi_{ii}}{{}_i\pi_{jj}}$$

(15.11.21)

则定理得证. 事实上, 用类似于 (15.11.16) 的表示可得

$${}_j\pi_{ji} = {}_jf_{ji} \cdot {}_j\pi_{ii},$$

(15.11.22)

其中 ${}_jf_{ji}$ 是从 E_j 出发中间未返回 E_j 而到达 E_i 的概率. 此事件的逆事件是: 返回 E_j 发生在到达 E_i 以前, 所以

$${}_jf_{ji} = 1 - {}_if_{jj} = \frac{1}{{}_i\pi_{jj}}.$$

(15.11.23)

（最后这个方程是返回 E_j 但中间不经过 E_i 的暂留循环事件的基本恒等式. ）把 (15.11.23) 代入 (15.11.22) 即得 (15.11.21), 这就完成了定理的证明. ■

由关系式 (15.11.21) 可推出一个有趣的推论.

推论 1 如果 $\{u_k\}$ 是不变测度, 则

$$\frac{{}_j\pi_{ii}}{{}_i\pi_{jj}} = \frac{u_i}{u_j}.$$

(15.11.24)

证 因为不变测度除一个常数倍外是唯一决定的, 所以 (15.11.24) 右边的数是唯一决定的. 因此, 当禁忌状态 $E_r = E_j$ 时, 可以假设 $\{u_k\}$ 是由 (15.11.7) 定义的不变测度. 但是 $u_j = 1$ 且 ${}_j\pi_{ji} = u_i$, 故由 (15.11.21) 可推出 (15.11.24). ■

推论 2 （**比率极限定理**）对任何不可约的且常返的链来说, 比率极限定理 (15.11.2) 成立.

证 当 $N \to \infty$ 时, 定理 2 的和都趋于 ∞. 因此, (15.11.14) 中的两个和之比趋于 1, 所以为了证明 (15.11.2), 只需取 $\alpha = i$ 和 $\beta = j$ 的特殊情况就够了. 但是在这个特殊情况下, 立即可以从 (15.11.15) 和 (15.11.24) 得到 (15.11.2). ■

常返链的不变测度的存在性最早是由德曼在 1954 年证明的. 杜勃林在 1938 年论证了 (15.11.2) 中的极限的存在性. 禁忌概率, 作为马尔可夫链理论的一个有力的工具, 是由钟开

莱在 1953 年引入的. 进一步的详细讨论, 可参见他的重要的专著 [16] 的第一部分. [①]部分和 $\sum_{n=0}^{N} \left(p_{kk}^{(n)} - p_{ii}^{(n)} \right)$ 的有界性是奥来依证明的, 他还研究了收敛性问题, 见 [111].

*15.12　逆链、边界

在研究系统的发展趋势时, 我们通常只对可能的未来事件的概率感兴趣, 但是, 研究过去偶尔也有必要. 对马尔可夫链来说, 在一些特殊情况下我们可以问: 给定现在的状态 E_j, 在过去某一时刻系统处于状态 E_i 的（条件）概率是多少?

首先考虑具有严格正的不变概率分布 $\{u_k\}$ 的链, 即假定 $u_k > 0$ 且 $\sum u_k = 1$, 此处

$$u_k = \sum_{\nu} u_{\nu} p_{\nu k}. \tag{15.12.1}$$

[记住: 由 15.7 节的定理可知不可约链的不变概率分布自然是严格正的.]

如果过程以 $\{u_k\}$ 作初始分布出发, 则在任一时刻系统处于状态 E_i 的概率都是 u_i. 给定这一事件, n 个时间单位以前系统曾经处于状态 E_j 的条件概率等于

$$q_{ij}^{(n)} = \frac{u_j p_{ji}^{(n)}}{u_i}. \tag{15.12.2}$$

对 $n = 1$ 有

$$q_{ij} = \frac{u_j p_{ji}}{u_i}. \tag{15.12.3}$$

由 (15.12.1) 易见, q_{ij} 是随机矩阵 Q 的元素. 此外, 概率 $q_{ij}^{(n)}$ 是 n 次方 Q^n 的元素（换句话说, 用由 p_{ji} 算出 $p_{ji}^{(n)}$ 的同样的方法, 可以由 q_{ij} 算出 $q_{ij}^{(n)}$）. 现在, 把原来的马尔可夫链的过去的研究, 化为以 q_{ij} 为转移概率的新的马尔可夫链的研究. 当然, 新链以不变概率分布 $\{u_k\}$ 作为绝对概率分布. 称概率 q_{ij} 为逆概率（相对于原来的链）, 此程序把一个链变为另一个叫作逆时的链. 在 $q_{ij} = p_{ij}$ 的特殊情形下, 称此链是**可逆的**, 对此类链, 其概率关系关于时间是对称的.

我们知道, 对不可约链而言, 只有当其一切状态都具有有限的平均循环时间时, 才存在不变概率分布. 如果所有的状态都是常返的零状态, 则除了一个常数倍以外, 存在唯一一个不变测度. 对于暂留链, 一切情况都是可能的: 某些链没有不变测度, 另一些有无穷多个. [15.11 节例 (b) 和例 (c).] 在这些情况下, 值得注意的是, 当 $\{u_k\}$ 是严格正的不变测度时, 变换 (15.12.3) 定义了一个随机矩阵 Q. Q 的方幂由 (15.12.2) 给出. 在这种意义上, 每一个严格正的不变测度定

---

① 该专著的修订版还包含了边界理论.（我们的记号与参考文献 [16] 中所使用的记号不尽相同.）

义了一个逆马尔可夫链. 遗憾的是，新的转移概率 q_{ij} 不能直接解释为原来的过程的条件概率. [1]

考察一下 (15.12.3)，立刻发现 $\{u_j\}$ 也是逆链的不变测度. 此外，由 (15.12.2) 易见，级数 $\sum_n q_{ij}^{(n)}$ 和 $\sum_n p_{ji}^{(n)}$，或者都收敛，或者都发散. 由此推出：这两个链的状态属于同一种类型，只要一个链是暂留的或常返的，则另一个链也一样.

例 (a) 对应于**爱伦费斯特模型** [15.2 节例 (e)] 的不变概率分布由 (15.7.16) 给出. 简单计算表明：爱伦费斯特模型在 $q_{ij} = p_{ij}$ 的意义下是可逆的.

(b) 在 15.11 节例 (b) 中，我们找出了对应于直线上的随机徘徊（它向右和向左邻域转移的概率分别为 p 和 q）的不变测度. 如果对所有整数 k 都取 $u_k = 1$，则 $q_{ij} = p_{ji}$，从而得到一个新的随机徘徊，其中 p 和 q 所处的地位与在原随机徘徊的地位互换. 另一方面，逆链与原链的不变测度都是 $u_k = (p/q)^k$.

(c) 在 15.2 节例 (k) 和例 (l) 中，关于循环事件 $\mathcal{E}$，引入了两个马尔可夫链. 对于常返的具有有限平均循环时间 μ 的 $\mathcal{E}$，在 15.7 节例 (g) 中发现：这两个链具有由 (15.7.23) 给出的相同的不变概率分布. 当 $\mu = \infty$ 时，这些关系式给出了这两个链的公共不变测度 [见 15.11 节例 (c) 和例 (d)]. 简单计算表明：这两个链可以由时间反向而从一个得到另一个. 这并不令人惊奇，15.2 节例 (k) 中的链是关于在下一次出现所需的等待时间，而 15.2 节例 (l) 中的链则参考从最后一次出现开始的时间的流逝. ■

现在考虑任意一个具有不变测度 $\{u_k\}$ 的不可约的暂留的链. 方程组 (15.12.1) 定义的不变测度可能还有其他的解. 唯一性的问题与附加线性方程组[2]

$$\xi_i = \sum_\nu p_{i\nu}\xi_\nu \tag{15.12.4}$$

的唯一性问题有紧密的联系，此方程组在 15.8 节中扮演了重要角色. 对所有 i，此方程组有平凡解 $\xi_i = c$. 任何非负解自然是严格正的（确实如是，$\xi_i = 0$ 蕴涵了满足条件 $p_{i\nu} > 0$ 的所有 ν 都有 $\xi_\nu = 0$. 此事实又可推出满足 $p_{i\nu}^{(2)} > 0$ 的所有 ν 都有 $\xi_\nu = 0$. 一般地，只要 E_i 能到达 E_ν，都有 $\xi_\nu = 0$. 由于链是不可约的，所以对所有 ν 都有 $\xi_\nu = 0$. ）如果 $\{\xi_i\}$ 是一组非常数解，则由 (15.12.3) 易证

$$v_i = u_i\xi_i \tag{15.12.5}$$

定义了逆向矩阵 Q 的一个不变测度. 反之，若 $\{v_i\}$ 是这样一个测度，则 (15.12.5)

---

[1] 为了给出 q_{ij} 一个可行的解释，需要考虑无穷多个同时进行的过程，如 15.11 节例 (b) 所指出的那样.

[2] 若 ξ 代表由 ξ_i 组成的列向量，则方程组 (15.12.4) 对应矩阵方程 $\xi = P\xi$. 方程组 (15.12.1) 对应 $u = uP$，其中 u 为行向量.

决定了 (15.12.4) 的一个正的解. 换句话说, (15.12.4) 的正的解与具有矩阵 Q 的逆链①的不变测度之间存在一一对应.

在近代马尔可夫链理论和位势理论中, 正的解 $\{\xi_i\}$ 和 $\{u_k\}$ 定义为边界. 如何描述它们的问题, 已超出了本书所讨论的范围, 但是, 下面的例子可能给出一些关于**流出边界**会产生什么问题的想法.

例 (a) 考虑无穷直线上的满足下列条件的随机徘徊: 当质点处于位置 $j \neq 0$ 时, 它以概率 p 向远离原点的方向移动一步, 以概率 q 向靠近原点的方向移动一步. 当质点处于原点时, 它移至 $+1$ 或 -1 的概率相等. 假定 $p > q$.

相应的马尔可夫链的状态空间的标号从 $-\infty$ 至 $+\infty$, 且方程组 (15.12.4) 变为下列形式

$$\xi_i = p\xi_{i+1} + q\xi_{i-1}, \quad i > 0,$$
$$\xi_0 = \tfrac{1}{2}\xi_1 + \tfrac{1}{2}\xi_{-1}, \quad (15.12.6)$$
$$\xi_i = q\xi_{i+1} + p\xi_{i-1}, \quad i < 0.$$

令

$$\eta_i = 1 - \frac{1}{2}\left(\frac{q}{p}\right)^i, \quad i \geqslant 0, \qquad \eta_i = \frac{1}{2}\left(\frac{q}{p}\right)^{-i}, \quad i \leqslant 0. \quad (15.12.7)$$

易见 $\xi_i = \eta_i$ 和 $\xi_i = 1 - \eta_i$ 定义了方程组 (15.12.6) 的两组②非平凡解. 由此推出, 链是暂留的, 从而质点的位置必须趋于 $+\infty$ 或 $-\infty$.

此结论也可以从随机徘徊理论直接得到. 事实上, 从 14.2 节可知: 当质点从 $i > 0$ 出发时, 迟早要到达原点的概率等于 $(q/p)^i$. 由对称性可知: 质点从原点出发漂移至 $+\infty$ 或 $-\infty$ 的概率相同, 从而最终漂移至 $-\infty$ 的概率为 $\frac{1}{2}(q/p)^i$. 由此断言: η_i 是质点从 i 出发最终漂移至 $+\infty$ 的概率, $1 - \eta_i$ 是质点从 i 出发最终漂移至 $-\infty$ 的概率. 在近代理论中, 这些情况, 将用引入 "流出边界点" $+\infty$ 和 $-\infty$ 来描述.

---

① 对于不可约的常返的链而言, 其不变测度差一个常数倍唯一, 由于具有矩阵 P 或 Q 的链是同一种类型的, 所以, 我们证明了以下定理.

    定理 对于不可约的常返的链而言, (15.12.4) 的唯一的非负解为 $\xi_i = $ 常数.

    几乎逐字逐句地重复 15.11 节定理 1 的后半部分的证明, 也可证明此定理. 确实如此, 用归纳法可证: 对任何 i, r, n 有

$$\xi_i = \left(f_{ir}^{(1)} + \cdots + f_{ir}^{(n)}\right)\xi_r + \sum_\nu {}_r p_{i\nu}^{(n)} \xi_\nu.$$

对于常返的链来说, 括号内的表示式趋于 1, 而级数趋于 0. 所以, $\xi_i = \xi_r$. 定理证毕.

② 通解是 $\xi_i = A + B\eta_i$, 其中 A 和 B 是任意常数. 确实, 这些常数可以取得使之能给出 ξ_1 和 ξ_{-1} 规定的值, 显然, 由 (15.12.6) 还知: ξ_1 和 ξ_{-1} 的值唯一地决定了所有 ξ_i 的值.

(b) 上一个例子过于简单，容易使人迷惑而不得要领，因此，构造一个其边界由无穷多个点构成的例子可能是有用的．为此，考虑一个在 x, y 平面上的随机徘徊如下：其 x 坐标做通常的随机徘徊，一步移动 $+1$ 或 -1 的概率分别为 p 和 $q < p$．除了 x 坐标是 0 以外，y 坐标保持固定，而当 x 坐标为 0 时，y 坐标下降 1．更精确地说，当 $j \neq 0$ 时，只有两种可能的转移：$(j, k) \to (j+1, k)$ 和 $(j, k) \to (j-1, k)$，它们的概率分别为 p 和 $q < p$．从 $(0, k)$ 出发，以概率 p 转移到 $(1, k-1)$，以概率 q 转移到 $(-1, k-1)$．

由随机徘徊理论得知，x 坐标一定趋于 $+\infty$，而且（具有概率 1）它仅仅有限次经过 0．由此推出（除了一个零概率事件以外）y 坐标只改变有限多次．这意味着 y 坐标改变有限多次以后，质点将固定在某条直线 $y = r$ 上．在此意义上，有无穷多条"逃逸到 ∞ 的路线"，而且对每一个初始位置 (j, k)，可以算出[①]质点最终要在直线 $y = r$ 安家的概率 $\xi_{j,k}^{(r)}$．易见，对于每一个固定的 r，$\xi_{j,k}^{(r)}$ 是方程组 (15.12.4) 的一组解，而且通解是这些特解的线性组合．此外，特解 $\xi_{j,k}^{(r)}$ 具有下述直观的明显的"边界条件"的特征：当 $k \neq r, j \to \infty$ 时 $\xi_{j,k}^{(r)} \to 0$，当 $k = r, j \to \infty$ 时 $\xi_{j,k}^{(r)} \to 1$．■

在下述意义下，这些例子是典型的．给定一个不可约的暂留的马尔可夫链，总是可以定义一个如下的"边界"：系统的状态概率为 1 地趋于边界上的某一点．给定边界上的某一子集 Γ，我们可以问：从初始状态 E_i 出发，系统收敛到 Γ 中的一个点的概率 η_i 是多少？我们把 $\{\eta_i\}$ 视为被 Γ 吸收的概率．由此，这些吸收概率总是线性方程组 (15.12.4) 的解；反之，(15.12.4) 的所有有界解都是吸收概率的线性组合．此外，若给定 (15.12.4) 的边界值如下：在 Γ 上取边界值 1，在边界与 Γ 之差集上取边界值 0，则吸收概率就是 (15.12.4) 的唯一解．现在，我们可以构造一个具有元素

$$\hat{P}_{ik} = p_{ik} \frac{\eta_k}{\eta_i} \tag{15.12.8}$$

的新随机矩阵 $\hat{P}$．这是在给定条件"状态最终要趋于 Γ 上的一个点"下，系统从

[①] $\xi_{j,k}^{(r)}$ 的更精确的表示式，可以由 14.2 节中关于一维随机徘徊的结果得到．对于初始位置 $i \leqslant 0$，恰巧 ρ 次触及原点的概率为 $(2q)^{\rho-1}(p-q)$，而当 $i \geqslant 0$ 时，对应的概率为 $(q/p)^i (2q)^{\rho-1}(p-q)$．从未触及原点的概率为 0 或 $1 - (q/p)^i$ 由 $i \leqslant 0$ 或 $i \geqslant 0$ 而定．由此容易推出，当 $i \leqslant 0$ 时有

$$\xi_{i,k}^{(r)} = (2q)^{k-r-1}(p-q), \qquad k > r.$$

当 $i > 0$ 时有

$$\xi_{i,k}^{(r)} = (q/p)^i (2q)^{k-r-1}(p-q), \qquad k > r,$$
$$\xi_{i,r}^{(r)} = 1 - (q/p)^i.$$

当然，当 $k < r$ 时，$\xi_{i,k}^{(r)} = 0$．（原著在此处把 $\xi_{i,k}^{(r)} = 0$ 误写成了 $\xi_{i,r}^{(k)} = 0$．——译者注）

E_i 转移到 E_k 的条件概率. 具有矩阵的马尔可夫过程, 可以由原过程在条件"最终要被吸收到 Γ"下得到. 因为将来的发展趋势在行进中是不知道的, 这种条件初看是没有意义的. 它仍然是一个强有力的分析工具, 甚至对那些已经进行了一段长时间的过程, 它还有实际操作意义.

边界也可以对逆向矩阵 Q 来定义. 因此, 一般地, 对应于一个给定的链, 有两个不同的边界. 它们分别称为流出边界和流入边界. 粗略地说, 前者参考遥远的将来, 而后者参考遥远的过去.

逆时马尔可夫链, 首先是由柯尔莫哥洛夫考虑的 (见参考文献 [86]). 在本书的前两版中, 曾强调过 (15.12.4) 的解的重要性. 流出和流入边界是由费勒提出的 (见参考文献 [41]). 当只有有限个边界点时, 他的构造是令人满意的, 但一般地, 由马丁引进的调和函数的构造易于为人们接受. 这是由杜布指出的 (见参考文献 [23]. 相对关系式 (15.12.8) 是由费勒引入的 (见参考文献 [41]), 同时, 布雷劳特在经典的调和函数论中定义了类似的算子 (见参考文献 [9]).

15.13 一般的马尔可夫过程

在应用中, 用随机变量的术语来描述马尔可夫链通常更为方便. 这可按下列简单手法施行: 把上一节的记号 E_k 用整数 k 替换. 于是系统在时刻 n 的状态是一个随机变量 $X^{(n)}$, 它取 k 的概率是 $a_k^{(n)}$, $X^{(n)}$ 和 $X^{(n+1)}$ 的联合分布为 $P\{X^{(n)} = j, X^{(n+1)} = k\} = a_j^{(n)} p_{jk}$, $(X^{(0)}, \cdots, X^{(n)})$ 的联合分布由 (15.1.1) 给出. 有时也可能赋予 E_k 以数值 e_k 而不是 k. 用这些记号, 马尔可夫链变成了一个特殊的随机过程[1], 换句话说, 一个 (相依的) 随机变量序列[2] $(X^{(0)}, X^{(1)}, \cdots)$. 上标 n 表示时间. 在第 17 章中, 我们将获得允许时间参数连续变化的一般随机过程的粗略印象. 马尔可夫过程具有广泛的应用而且是一类重要的随机过程 (不管是离散的或连续的时间参数). 甚至在离散的场合, 也还有许多比以往研究过的简单的链更一般的马尔可夫过程. 因此, 给出马尔可夫性的定义, 指出刻画马尔可夫链的特殊条件, 最后给出几个非马尔可夫过程的例子, 所有这些都是有用的和必要的.

在概念上, 马尔可夫过程是经典力学过程的概率模型, 力学过程中将来的发展完全决定于现在的状态, 而与现在的状态是怎样由过去发展而来的无关. 这些过程与有后效的过程 (遗传过程) 有本质差异. 如可塑性理论中产生的过程就是有后效的, 系统的整个过去的历史都影响将来. 在随机过程中, 将来的情况不是唯一决定的, 但至少有概率关系使我们做出预测. 对于本章所研究的马尔可夫链

---

[1] "随机过程"(stochastic process, random process) 实质上涵盖了全部概率论, 从扔硬币到调和分析. 在实际中, 术语"随机过程"(stochastic process) 用得最多的是引入了时间参数以后.

[2] 这种表述, 要参考一个无穷乘积空间, 但实际上, 我们只关心有限个随机变量的联合分布.

而言, 有关将来的概率关系显然仅依赖于现在的状态, 而与现在的状态是怎样从过去变来的无关. 换句话说, 如果两个具有相同转移概率的独立系统转移到相同的状态, 那么与它们将来的发展相关的所有概率都是恒等的. 上述描述较为含糊, 下面给出精确定义.

定义 如果任意整数 $n_1 < n_2 < \cdots < n_r < n$, $(X^{(n_1)}, X^{(n_2)}, \cdots, X^{(n_r)}, X^{(n)})$ 的联合分布由下述方式来定义: 在假设 $X^{(n_1)} = x_1, \cdots, X^{(n_r)} = x_r$ 下事件 $X^{(n)} = x$ 的条件概率恒等于在单独的假设 $X^{(n_r)} = x_r$ 下事件 $X^{(n)} = x$ 的条件概率. 此处 $x_1, \cdots, x_r$ 是使假设具有正概率的任意数, 则称这个取离散值的随机变量序列是一个马尔可夫过程.

此定义可用较简洁的语言表述如下: 给定现在的状态 x_r, 则系统过去的状态的任何附加的数据, 都不会改变系统在将来处于状态 x 的 (条件) 概率.

本章以前研究过的马尔可夫链显然都是马尔可夫过程, 但它们都具有附加的性质: 转移概率 $p_{jk} = P\left\{X^{(m+1)} = k \mid X^{(m)} = j\right\}$ 不依赖于 m, 更一般的转移概率

$$p_{jk}^{(n-m)} = P\left\{X^{(n)} = k \mid X^{(m)} = j\right\}, \qquad m < n \tag{15.13.1}$$

仅依赖于 $(n-m)$. 这种转移概率称为**平稳的** (或**时齐的**). 对一般的整数值的马尔可夫链, (15.13.1) 的右边依赖于 m 和 n, 我们用 $p_{jk}(m, n)$ 表之, 从而 $p_{jk}(n, n+1)$ 定义了一步转移概率. 现在得到了路径 $(j_0, j_1, \cdots, j_n)$ 的概率的下述表示式 [替代 (15.1.1)]:

$$a_{j_0}^{(0)} p_{j_0 j_1}(0, 1) p_{j_1 j_2}(1, 2) \cdots p_{j_{n-1} j_n}(n-1, n). \tag{15.13.2}$$

显然, (15.3.3) 的适当的推广是对满足 $m < r < n$ 的所有 r 成立的等式

$$p_{jk}(m, n) = \sum_{\nu} p_{j\nu}(m, r) p_{\nu k}(r, n). \tag{15.13.3}$$

此等式可以从马尔可夫过程的定义推出, 也可以从 (15.13.2) 推出, 称为**查普曼–柯尔莫哥洛夫方程式**. [对离散的非马尔可夫过程也可定义转移概率 $p_{jk}(m, n)$, 不过对它们而言, (15.13.3) 中的因子 $p_{\nu k}(r, n)$ 必须代之以一个不仅依赖 ν 和 k 而且也依赖 j 的因子.]

这一章研究的马尔可夫链是一般的时齐的离散的马尔可夫过程. 我们不详细讨论非时齐的马尔可夫过程. 下面的例子对了解马尔可夫性和说明查普曼–柯尔莫哥洛夫方程式不成立时的情况是有益的.

非马尔可夫过程的例子

(a) **波利亚罐子模型**［5.2 节例 (c)］. 令 $X^{(n)}$ 等于 1 或 0 由第 n 次抽出的球是黑球或红球而定. 序列 $\{X^{(n)}\}$ 不是马尔可夫过程. 例如

$$P\{X^{(3)} = 1 \,|\, X^{(2)} = 1\} = (b+c)/(b+r+c),$$

但是

$$P\{X^{(3)} = 1 \,|\, X^{(2)} = 1, X^{(1)} = 1\} = (b+2c)/(b+r+2c).$$

（见 5.8 节习题 19~20.）另外，如果 $Y^{(n)}$ 是时刻 n 罐中的黑球的个数，则 $\{Y^{(n)}\}$ 是具有常数转移概率的通常的马尔可夫链.

(b) **高阶和**. 令 $Y_0, Y_1, \cdots$ 是相互独立的随机变量，$S_n = Y_0 + \cdots + Y_n$. 当 $m < n$ 时差 $S_n - S_m$ 仅依赖于 $Y_{m+1}, \cdots, Y_n$，从而易见序列 $\{S_n\}$ 是一个马尔可夫过程. 现在我们进一步定义一个新的随机变量 U_n 如下

$$U_n = S_0 + S_1 + \cdots + S_n = Y_n + 2Y_{n-1} + 3Y_{n-2} + \cdots + (n+1)Y_0.$$

序列 $\{U_n\}$ 构成一个随机过程，原则上，其概率关系能够由 Y_k 的分布表示. 过程 $\{U_n\}$ 一般不是马尔可夫型的，因为，例如，没有理由断言 $P\{U_n = 0 \,|\, U_{n-1} = a\}$ 与 $P\{U_n = 0 \,|\, U_{n-1} = a, U_{n-2} = b\}$ 一样. 根据 U_{n-1} 与 U_{n-2} 的知识来预测比仅根据 U_{n-1} 的知识来预测要好一些.

在时间参数连续的场合，前面的求和可用积分来代替. 在扩散理论中，Y_n 起着加速度的作用，而 S_n 则为速度，U_n 是位置. 如果仅仅是位置可以测量，则我们只好研究一个非马尔可夫过程，虽然它间接地用一个马尔可夫过程来定义.

(c) **滑动平均**. 再次令 $\{Y_n\}$ 为相互独立的随机变量序列. r 阶滑动平均定义为 $X^{(n)} = (Y_n + Y_{n+1} + \cdots + Y_{n+r-1})/r$. 易见 $X^{(n)}$ 不是马尔可夫过程. 此类过程在许多应用问题中都会遇到（见 15.14 节习题 25）.

(d) **交通问题**. 为了得到一个非马尔可夫过程的实际例子，弗思[56] 对街上某一段的行人进行了广泛的观察. 此过程的理想化的数学模型可用下述方法得到. 为简单起见，假定所有的行人以同一速度 v 前进，并且只考虑沿同一方向行进的行人. 我们把 x 轴分成具有固定长度 d 的一些区间 $I_1, I_2, \cdots$，并且规则地每隔 d/v 个时间单位就观察一次行人分布情况. 定义 Y_k 是初始时刻在 I_k 中的行人的个数. 在第 n 次观察时，这批行人将在 I_{k-n} 中被发现，而区间 I_k 中将包含 Y_{k+n} 个行人. 因此，在区间 $0 < x < Nd$ 内的行人的总数为 $X^{(n)} = Y_{n+1} + \cdots + Y_{n+N}$. 所以，我们得到的过程实质上是一个滑动平均过程. 随机变量 Y_k 的最简单的模型

是伯努利试验. 在 $d \to 0$ 的极限情况下，这导出一个连续模型，在此模型中，泊松分布取代二项分布.

(e) **马尔可夫过程的叠加（合成洗牌）.** 有很多专门设备（如电话局里的选择器群，计数器，过滤器），其行为可用两个马尔可夫过程的叠加而其输出又不是马尔可夫过程来描述. 从下面的洗牌的方法的研究，可以得到这类设备的功能的一个清晰的认识.

对一副有 N 张的牌，再附加一副同样的牌. 洗牌通常只对附加的这副进行. 如果它的各张牌的次序是 $(a_1, a_2, \cdots, a_N)$，则把原来那副牌按下列次序排列：把第 $1, 2, \cdots, N$ 张牌分别调到第 $a_1, a_2, \cdots, a_N$ 个位置. 于是洗附加的那副牌就间接地决定了原来那副牌的次序. 后者构成了一个非马尔可夫型的随机过程. 为了证明这一点，只需证明：原来那副牌的两次接连的次序的知识能提供的线索，比最后一次提供的线索一般要多. 我们对一个简单的特例来证明这一论断.

设 $N = 4$，并设附加的那副牌的初始次序是 (2431). 此外，采取"切牌"的方式来洗牌，即次序 (a_1, a_2, a_3, a_4) 变成 (a_2, a_3, a_4, a_1), (a_3, a_4, a_1, a_2), (a_4, a_1, a_2, a_3) 中的某一个，而且假定出现这三种中任一种的概率都是 $\frac{1}{3}$. 在这些约定下，在任何时刻，附加的那副牌的次序总是 $(2431), (4312), (3124), (1243)$ 这四种次序之一. 另一方面，简单的实验表明：原来那副牌将逐步经历全部 24 种可能的次序，而且其中每一种可能都结合附加的那副牌的四种可能次序之一而出现. 这意味着：原来那副牌将无穷多次地出现次序 (1234)，而在它之后，总是出现 $(4132), (3421), (2314)$, (1243) 这四种次序之一. 因为，附加的那副牌绝不能在切牌中保持原次序不变，故原来那副牌不可能接连两次碰到同一种排列. 如果在时刻 $n-1$ 和 n，原来那副牌的次序分别为 (1234) 和 (1243)，则在时刻 $n+1$，状态 (1234) 是绝对不可能的. 由此可见，接连两次观察比一次观察所传递的信息要多.

(f) **一个满足查普曼–柯尔莫哥洛夫方程式的非马尔可夫过程.** 在 E_ν 到 E_k 的转移不依赖到达 E_ν 的方式的假设下，我们曾经推出过等式 (15.3.3). 因此，开始直觉以为似乎没有非马尔可夫过程满足此等式. 下面的事实似乎支持这一猜想：这种过程的 n 步转移概率必须满足一大群精细的等式. 仍然可能有例外存在（至少在理论上）. 事实上，在 9.1 节中，我们曾经遇到过两两独立的而且同分布的以概率 $\frac{1}{3}$ 分别取值 $1, 2, 3$ 的随机变量无穷序列. 因此，我们得到了一个可能状态是 $1, 2, 3$ 的具有 $p_{jk} = \frac{1}{3}$（对所有 j 和 k 的组合）的过程. 因此等式 (15.3.3) 显然成立（因为 $p_{jk}^{(n)} = \frac{1}{3}$）. 但此过程仍然是非马尔可夫过程. 为了证明这一点，假定第 1 步把系统转移到状态 2. 下一步转移到 3 是可能的充分必要条件是初始状态为 1. 因此，第 1 步转移以后的转移不仅依赖现在的状态而且也依赖于初始状态（对于各种修正，见第 182 页脚注①）.

15.14　习题

1. 在伯努利试验序列中，如果第 $n-1$ 和第 n 次试验的结果是 SS，则说在时刻 n 观察到状态 E_1. 类似地，E_2, E_3, E_4 分别代表 SF, FS, FF. 求矩阵 P 和 P 的所有方幂. 把此方案一般化.

2. 将下列 4 个链的状态加以分类，它们的矩阵 P 的各行分别如下，对每一种情况，都求 P^2 及 $p_{jk}^{(n)}$ 的渐近式.

   (a) $(0, \frac{1}{2}, \frac{1}{2}), (\frac{1}{2}, 0, \frac{1}{2}), (\frac{1}{2}, \frac{1}{2}, 0)$;

   (b) $(0,0,0,1), (0,0,0,1), (\frac{1}{2}, \frac{1}{2}, 0, 0), (0,0,1,0)$;

   (c) $(\frac{1}{2}, 0, \frac{1}{2}, 0, 0), (\frac{1}{4}, \frac{1}{2}, \frac{1}{4}, 0, 0), (\frac{1}{2}, 0, \frac{1}{2}, 0, 0), (0,0,0, \frac{1}{2}, \frac{1}{2}), (0,0,0, \frac{1}{2}, \frac{1}{2})$;

   (d) $(0, \frac{1}{2}, \frac{1}{2}, 0, 0, 0), (0,0,0, \frac{1}{3}, \frac{1}{3}, \frac{1}{3}), (0,0,0, \frac{1}{3}, \frac{1}{3}, \frac{1}{3}), (1,0,0,0,0,0), (1,0,0,0,0,0), (1,0,0,0,0,0)$.

3. 掷一颗均匀的骰子，如果 j 是前 n 次掷出的最大点数，则说系统在时刻 n 处于状态 E_j. 求矩阵 P^n 并验证 (15.3.3) 成立.

4. 在 15.2 节例 (j) 中，试求：系统从 E_k 出发，分别在 E_1 和 E_5 结束的（吸收）概率 x_k 和 y_k（$k = 2,3,4,6$）.（直接从基本定义来解此问题而无须参考 15.8 节.）

5. 利用马尔可夫链来处理 1.5 节例 (b). 计算每个赌徒获胜的概率.

6. 令 E_0 是吸收状态（即 $p_{00} = 1$）. 对 $j > 0$ 令 $p_{jj} = p, p_{j,j-1} = q, p + q = 1$. 求恰在第 n 步被 E_0 吸收的概率 $f_{j0}^{(n)}$，并求出此分布的期望.

7. 设矩阵 P 的第 1 行为 $v_0, v_1, \cdots$. 对 $j > 0$，如上一个问题一样令 $p_{jj} = p, p_{j,j-1} = q$. 求 E_0 的循环时间的分布.

8. 对 $j = 0, 1, \cdots$ 令 $p_{j,j+2} = v_j$ 且 $p_{j0} = 1 - v_j$，讨论状态的性质.

9. **两个反射壁**. 设一个链具有状态 $1, 2, \cdots, \rho$，且其转移概率矩阵 P 的第 1 行和最后一行分别为 $(q, p, 0, \cdots, 0)$ 和 $(0, \cdots, 0, q, p)$. 在其余的行中有 $p_{k,k+1} = p, p_{k,k-1} = q$. 求平稳分布. 此链有可能是周期的吗？

10. 推广伯努利–拉普拉斯扩散模型 [15.2 节例 (f)]，假定有 $b \geqslant \rho$ 个黑质点和 $w = 2\rho - b$ 个白质点. 每个容器内的质点的个数为常数 ρ.

11. 一个具有状态 $E_0, E_1, \cdots$ 的链，其转移概率为

$$p_{jk} = \mathrm{e}^{-\lambda} \sum_{\nu=0}^{j} \binom{j}{\nu} p^{\nu} q^{j-\nu} \frac{\lambda^{k-\nu}}{(k-\nu)!}.$$

当 $\nu > k$ 时和式中相应的项理解为 0. 证明

$$p_{jk}^{(n)} \to \mathrm{e}^{-\lambda/q} \frac{(\lambda/q)^k}{k!}.$$

注意：此链在统计力学[14] 中出现并可解释如下：系统的状态由空间中某个区域中的质点数来确定. 在每个单位长的时间间隔中，每个质点离开该区域的概率为 q，而且各质点是随机独立的. 此外，新质点可以进入该区域，而且有 r 个新质点进入该区域的概率由泊松表达式 $\mathrm{e}^{-\lambda} \lambda^r / r!$ 给出. 于是，其平稳分布是参数为 λ/q 的泊松分布.

12. **爱伦费斯特模型**. 在 15.2 节例 (e) 中, 设初始时第一个容器内有 j 个分子. 如果在第 n 步系统处于状态 k, 则令 $X^{(n)} = 2k - a$ (所以 $X^{(n)}$ 是两个容器中的分子个数之差). 令 $e_n = E\left(X^{(n)}\right)$. 证明 $e_{n+1} = (a-2)e_n/a$, 因而 $e_n = (1-2/a)^n(2j-a)$. (注意: 当 $n \to \infty$ 时, $e_n \to 0$.)

13. 把 13.1 节例 (g) 中的计数器问题作为马尔可夫链来处理.

14. **具有反射壁的平面随机徘徊**. 考虑平面上的有界区域中的对称的随机徘徊. 边界按下述意义设置反射壁: 每当质点在无限制的随机徘徊中离开该区域时, 它被强制地回到最后的位置. 证明: 如果区域中的每一个点都能由区域中的每一个其他的点所到达, 则存在平稳分布 $u_k = 1/a$, 此处 a 是该区域中的位置的个数. (如果区域是无界的, 则状态都是常返的零状态, $u_k = 1$ 是一个不变测度.)

15. **重复平均**. 设 $\{x_1, x_2, \cdots\}$ 为界数列, P 是遍历链的转移概率矩阵. 证明 $\sum_j p_{ij}^{(n)} x_j \to \sum u_j x_j$, 并证明 13.10 节例 (c) 的重复平均程序是一个特例.

16. 在等待队列理论中, 遇到链矩阵

$$
\begin{bmatrix}
p_0 & p_1 & p_2 & p_3 & \cdots \\
p_0 & p_1 & p_2 & p_3 & \cdots \\
0 & p_0 & p_1 & p_2 & \cdots \\
0 & 0 & p_0 & p_1 & \cdots \\
\vdots & \vdots & \vdots & \vdots & \ddots
\end{bmatrix},
$$

此处 $\{p_k\}$ 是一个概率分布. 利用母函数来讨论状态的性质. 如果平稳分布存在的话, 求其母函数.

17. **吸收的等待时间**. 对于暂留状态 E_j, 令 Y_j 为系统第 1 次进入常返状态的时刻. 假定永远停留在暂留状态的概率为 0. 证明 $d_j = E(Y_j)$ 是线性方程组

$$
d_j = \sum_T p_{j\nu} d_\nu + 1
$$

的唯一解, 其中求和是对使得 E_ν 为暂留状态的所有 ν 来求的. 然而 d_ν 不必有限.

18. 如果状态的个数 $a < \infty$, 而且对于 $j \neq k$, 从 E_j 能到达 E_k, 则用小于等于 $a-1$ 步能到达 E_k.

19. 设链包含 a 个状态且 E_j 是常返的. 证明存在一个数 $q < 1$ 使得当 $n \geqslant a$ 时 E_j 的循环时间超过 n 的概率小于 q^n. (提示: 应用习题 18.)

20. 在有限链中, E_j 为暂留状态的充分必要条件是: 存在 E_k 使得 E_j 能到达 E_k 而 E_k 不能到达 E_j. (对无穷链来说, 此事实不成立, 在随机徘徊已经证明.)

21. 对角线上有一个元素 p_{ii} 是正数的不可约链不可能是周期的.

22. 有限的不可约链是非周期链的充分必要条件是: 存在 n 使得 $p_{jk}^{(n)} > 0$ 对所有 j 和 k 都成立.

23. 在具有 a 个状态的链中, 设 $(x_1, \cdots, x_a)$ 是线性方程组 $x_j = \sum p_{j\nu} x_\nu$ 的一组解. 证明: (a) 如果对所有 j 都有 $x_j \leqslant 1$, 则使得 $x_r = 1$ 的所有状态构成一个闭集; (b) 如果 E_j

和 E_k 属于同一个不可约集, 则 $x_j = x_k$; (c) 对有限的不可约链而言, $\{x_j\}$ 化为一个常数. 提示: 考虑方程组在一个闭集上的限制.

24. **续上题**. 如果 $(x_1, \cdots, x_a)$ 是 $x_j = s \sum p_{j\nu} x_\nu$ ($|s| = 1$ 且 $s \neq 1$) 的一组 (复值) 解, 则存在整数 $t > 1$ 使得 $s^t = 1$. 如果链是不可约的, 则满足上述条件的最小整数是此链的周期.

    提示: 不失一般性可设 $x_1 = 1 \geqslant |x_\nu|$. 逐次考虑 1 步、2 步、$\cdots\cdots$到达的状态集合.

25. **滑动平均**. 令 $\{Y_k\}$ 是一列相互独立的随机变量, 每个均取值 $+1$ 或 -1, 相应的概率都是 $\frac{1}{2}$. 令 $X^{(n)} = (Y_n + Y_{n+1})/2$. 求转移概率

$$p_{jk}(m, n) = P\left\{ X^{(n)} = k \,\middle|\, X^{(m)} = j \right\},$$

其中 $m < n$ 且 $j, k = -1, 0, 1$. 证明 $\left\{ X^{(n)} \right\}$ 不是马尔可夫过程且 (15.13.3) 不成立.

26. 在一串伯努利试验中, 如果第 $n-1$ 次和第 n 次试验结果均为成功, 则说观察到了状态 E_1, 否则说系统处于 E_2. 求 n 步转移概率, 并讨论它的非马尔可夫性.

    注意: 此过程可以由习题 1 中的链通过将三个状态合并为一个状态获得. 这种合并程序可以应用于任何马尔可夫链, 而使其马尔可夫性遭到破坏, 在哈里斯的论文[64] 中研究过这类过程.

27. **马尔可夫链的混合**. 给定两个状态的个数相同的马尔可夫链, 它们的转移概率矩阵分别为 P_1 和 P_2. 由一个初始分布和 n 步转移概率矩阵 $\frac{1}{2} P_1^n + \frac{1}{2} P_2^n$ 定义出一个新过程. 讨论新过程的非马尔可夫性及其与 5.2 节罐子模型之间的关系.

28. 令 N 是期望为 λ 的泊松随机变量. 考虑 N 个相互独立的从 E_0 开始的具有相同的转移概率矩阵 P 的马尔可夫过程. 令 $Z_k^{(n)}$ 是第 n 步以后系统处于状态 E_k 的次数. 证明 $Z_k^{(n)}$ 具有期望为 $\lambda \cdot p_{0k}^{(n)}$ 的泊松分布.

    提示: 应用 12.1 节例 (b) 的结果.

29. 应用上一题, 证明 15.11 节例 (b) 中的随机变量 $X_k^{(n)}$ 具有期望为 $\sum_j u_j p_{jk}^{(n)} = u_k$ 的泊松分布.

*第 16 章　有限马尔可夫链的代数处理

本章讨论具有有限个状态 $E_1, \cdots, E_\rho$ 及给定的转移概率 p_{jk} 的马尔可夫链，主要目的是推出 n 步转移概率 $p_{jk}^{(n)}$ 的显式表达式. 除了 15.3 节中的记号和概念以外，并不需要上一章中其他的结果.

我们将利用母函数方法，再由 11.4 节中的部分分式展开来得到所要求的结果. 结果也能直接由矩阵的标准分解理论来得到（反之，由我们的结果也能推出矩阵论中的相应结果）. 此外，对于有限链，第 15 章中所证明的遍历性质，亦可由本章的结果推出. 然而，为简单起见，对普遍性稍加限制，而不考虑那些使一般理论复杂化而在实际中出现不多的场合.

在 16.1 节，概述一般方法；例子则在 16.2 和 16.3 两节中给出；16.4 节着重讨论暂留状态和吸收概率；而在 16.5 节中，则将所得之理论用于找出状态 E_j 的循环时间的方差.

16.1　一般理论

对固定的 j 和 k，引进母函数[①]

$$P_{jk}(s) = \sum_{n=0}^{\infty} p_{jk}^{(n)} s^n. \tag{16.1.1}$$

把上式两边乘以 sp_{ij} 再对 $j = 1, \cdots, \rho$ 求和得

$$s \sum_{j=1}^{\rho} p_{ij} P_{jk}(s) = P_{ik}(s) - p_{ik}^{(0)}. \tag{16.1.2}$$

这意味着，固定 k 和 s，$z_j = P_{jk}(s)$ 满足线性方程组

$$z_i - s \sum_{j=1}^{\rho} p_{ij} z_j = b_i. \tag{16.1.3}$$

显然，(16.1.3) 的解 z_j 是 s 的有理函数，且它们具有公共的分母 $D(s)$，其中 $D(s)$ 是该线性方程组的行列式. 为了与线性代数的标准记号一致，令 $s = t^{-1}$.

[①] 回忆一下：$p_{jk}^{(0)}$ 等于 0 或 1 由 $j \neq k$ 或 $j = k$ 而定.（$p_{jk}^{(0)}$ 理解为 Kronecker 符号.）

则 $t^\rho D(t^{-1})$ 是 ρ 阶多项式（称之为转移概率 p_{jk} 构成的矩阵 P 的特征多项式）. 称其根 $t_1, \cdots, t_\rho$ 为矩阵 P 的特征根（或特征值）.

现在我们引进简化假设：特征根 $t_1, \cdots, t_\rho$ 都是（不同的）单根，而且[1]不等于 0. 这对一般性略有限制，但是，其理论仍可涵盖实际中的绝大部分情形.

如前所指出的，对固定的 k，$P_{jk}(s)$ 是 ρ 个 s 的有理函数，且它们有公共的分母 $D(s)$，$D(s)$ 的根由非零特征根 t_ν 的倒数给出. 因此，由 11.4 节的结果推出：存在常数 $b_{jk}^{(\nu)}$ 使得[2]

$$P_{jk}(s) = \frac{b_{jk}^{(1)}}{1 - st_1} + \cdots + \frac{b_{jk}^{(\rho)}}{1 - st_\rho}. \tag{16.1.4}$$

把诸分式展成几何级数可知，对所有整数 $n \geqslant 0$ 有

$$p_{jk}^{(n)} = b_{jk}^{(1)} t_1^n + \cdots + b_{jk}^{(\rho)} t_\rho^n. \tag{16.1.5}$$

下面来证明，系数 $b_{jk}^{(\nu)}$ 由某个线性方程组的解唯一决定. 数 $p_{ik}^{(n+1)}$ 可在 (16.1.5) 中把 j 代之以 i 且 n 代之以 $n+1$ 得到，而把 (16.1.5) 乘以 p_{ij} 再对 $j = 1, \cdots, \rho$ 求和也可以得到 $p_{ik}^{(n+1)}$. 把这两个表示式构成等式得到：对所有 n 都有恒等式

$$C_1 t_1^n + \cdots + C_\rho t_\rho^n = 0. \tag{16.1.6}$$

除了所有系数都是 0，这是不可能的，所以

$$\sum_{j=1}^{\rho} p_{ij} b_{jk}^{(\nu)} = t_\nu b_{ik}^{(\nu)} \tag{16.1.7}$$

对所有 i, k, ν 的组合都成立. 把 (16.1.5) 乘以 p_{kr} 并对 k 求和得到类似的等式

$$\sum_{k=1}^{\rho} b_{jk}^{(\nu)} p_{kr} = t_\nu b_{jr}^{(\nu)}. \tag{16.1.8}$$

考虑 ρ 行 ρ 列的以 $b_{ik}^{(\nu)}$ 为元素的矩阵 $b^{(\nu)}$. 关系式 (16.1.7)[3]断言 $b^{(\nu)}$ 的第 k 列是下述 ρ 个线性方程组当 $t = t_\nu$ 时的一组解

$$\sum_{j=1}^{\rho} p_{ij} x_j - t x_i = 0. \tag{16.1.9}$$

---

[1] $t_r \neq 0$ 的假设将立即放弃. 16.4 节例 (b) 中讨论了具有重根的链的数值问题.

[2] 从理论上看，应该略去抵消分子一个根的那些根 t_ν. 对于这样的根，我们取 $b_{jk}^{(\nu)} = 0$，从而 (16.1.4) 和 (16.1.5) 在任何情况下都成立.

[3] 方程组 (16.1.7) 和 (16.1.8) 可写成紧凑的矩阵形式：$P b^{(\nu)} = t_\nu b^{(\nu)}$ 和 $b^{(\nu)} P = t_\nu b^{(\nu)}$.

类似地, (16.1.8) 断言 $b^{(\nu)}$ 的第 j 行满足

$$\sum_{k=1}^{\rho} y_k p_{kr} - ty_r = 0, \tag{16.1.10}$$

其中 $t = t_\nu$. 方程组 (16.1.10) 可由 (16.1.9) 行列互换得到, 所以它们的行列式是一样的. (16.1.9) 的行列式只有当 t 是不同的特征值 $t_1, \cdots, t_\rho$ 中的一个时才为 0. 换句话说, 方程组 (16.1.9) 和 (16.1.10) 有非平凡解的充分必要条件是对某个 ν 有 $t = t_\nu$. 用 $\left(x_1^{(\nu)}, \cdots, x_\rho^{(\nu)}\right)$ 和 $\left(y_1^{(\nu)}, \cdots, y_\rho^{(\nu)}\right)$ 表示这两个线性方程组的对应的一对解. 它们差一个常数因子, 所以

$$b_{jk}^{(\nu)} = c^{(\nu)} x_j^{(\nu)} y_k^{(\nu)}, \tag{16.1.11}$$

此处 $c^{(\nu)}$ 是不依赖 j 和 k 的常数. 为了求出这个未知常数, 注意到, 用归纳法由 (16.1.9) 可推出: 对所有 n 有

$$\sum_{j=1}^{\rho} p_{ij}^{(n)} x_j = t^n x_i. \tag{16.1.12}$$

对 $t = t_\lambda$ 应用此关系式 (λ 是 1 和 ρ 之间的任一整数). 当 $p_{ij}^{(n)}$ 按 (16.1.5) 表示时, 有

$$t_\lambda^n x_i = t_1^n c^{(1)} x_i^{(1)} \sum_{k=1}^{\rho} y_k^{(1)} x_k^{(\lambda)} + \cdots + t_\rho^n c^{(\rho)} x_i^{(\rho)} \sum_{k=1}^{\rho} y_k^{(\rho)} x_k^{(\lambda)}. \tag{16.1.13}$$

这是一个形如 (16.1.6) 的等式, 它只有当全部系数为 0 时才能成立. 把两边的 t_λ^n 的系数构成等式最终得到[①]

$$c^{(\lambda)} \sum_{k=1}^{\rho} y_k^{(\lambda)} x_k^{(\lambda)} = 1. \tag{16.1.14}$$

这个关系式决定了 (16.1.11) 中的系数 $b_{jk}^{(\lambda)}$. 由于 $x_j^{(\lambda)}$ 和 $y_k^{(\lambda)}$ 都是差一个常数因子而唯一决定, 但是以 $Ax_j^{(\lambda)}$ 代替 $x_j^{(\lambda)}$ 且以 $By_k^{(\lambda)}$ 代替 $y_k^{(\lambda)}$, 使得 $c^{(\lambda)}$ 变成 $c^{(\lambda)}/AB$, 系数 $b_{jk}^{(\lambda)}$ 仍然不变.

现在, 把上述结果综述如下. 两个线性方程组 (16.1.9) 和 (16.1.10) 最多对 ρ 个不同的 t 值 (对两个方程组来说是一样的) 有非平凡解. 我们假定恰有 ρ 个这样的值 $t_1, \cdots, t_\rho$, 而且它们都不等于 0. 对每个 t_λ, 选取 (16.1.9) 的一组非零

---

① 其他系数为 0 意味着当 $\lambda \neq \nu$ 时 $\sum_{k=1}^{\rho} y_k^{(\lambda)} x_k^{(\nu)} = 0$.

解 $\left(x_1^{(\lambda)}, \cdots, x_\rho^{(\lambda)}\right)$ 和 (16.1.10) 的一组非零解 $\left(y_1^{(\lambda)}, \cdots, y_\rho^{(\lambda)}\right)$. $c^{(\lambda)}$ 由 (16.1.14) 决定. 于是, 对 $n = 0, 1, \cdots$ 有

$$p_{jk}^{(n)} = \sum_{\lambda=1}^{\rho} c^{(\lambda)} x_j^{(\lambda)} y_k^{(\lambda)} t_\lambda^n. \tag{16.1.15}$$

因此得到了所有转移概率的显式表示式. [①]

除了对可分解的链以外, 在大多数实际问题中, 特征根均不相等的假设是满足的, 即使对可分解的链, 也只需作一点小改动即可 (见 16.4 节). 然而, 0 在特征根中的情况并不少见, 在这种情况下, 取 $t_\rho = 0$. 由线性方程组 (16.1.3) 的行列式 $D(s)$ 仅有 $\rho - 1$ 个根 $t_1^{-1}, \cdots, t_{\rho-1}^{-1}$, 从而母函数 $P_{jk}(s)$ 是两个 $\rho - 1$ 阶多项式之比, 可以推出新的结果. 部分分式展开要求分子的阶小于分母的阶, 为此, 必须首先从 $P_{jk}(s)$ 中减去一个适当的常数. 用这种方法, 我们得到了 $P_{jk}(s)$ 的一个不同于 (16.1.4) 的部分分式展开, 在此展开式中, 要用一个常数代替 (16.1.4) 中的最后一项. 观察一下 (16.1.15) 立即发现, 此程序只有当 $n = 0$ 时才影响右边. 换句话说, 对 $n \geqslant 1$, 甚至当 $t_\rho = 0$ (根 $t_1, \cdots, t_{\rho-1}$ 都不是 0) 时, $p_{jk}^{(n)}$ 的显式表示式 (16.1.15) 仍成立.

只有当 $|t_\lambda| \leqslant 1$ 对所有 λ 都成立时, (16.1.15) 的左边才是有界的. 对 $t = 1$, 方程组 (16.1.9) 有解 $x_j = 1$, 从而有一个特征根等于 1. 不失一般性可令 $t_1 = 1$. 如果链是非周期的, 对所有其他的根都有 $|t_\lambda| < 1$, 从而由 (16.1.15) 可知, 当 $n \to \infty$ 时

$$p_{jk}^{(n)} \to c^{(1)} y_k^{(1)}. \tag{16.1.16}$$

换句话说, 不变概率分布由 (16.1.10) (取 $t = 1$) 的一组解刻画.

16.2　例子

(a) 首先考虑只有两个状态的链. 转移概率矩阵具有下列简单形式

$$P = \begin{bmatrix} 1-p & p \\ \alpha & 1-\alpha \end{bmatrix},$$

[①] 如用矩阵形式, 最后的公式 (16.1.15) 会变得更漂亮. 令 $X^{(\lambda)}$ 表示具有元素 $x_j^{(\lambda)}$ 的列向量 (即 $\rho \times 1$ 阶矩阵), $Y^{(\lambda)}$ 表示具有元素 $y_k^{(\lambda)}$ 的行向量 (即 $1 \times \rho$ 阶矩阵). 则 (16.1.15) 化为

$$P^n = \sum_{\lambda=1}^{\rho} c^{(\lambda)} X^{(\lambda)} Y^{(\lambda)} t_\lambda^n,$$

其中 $c^{(\lambda)}$ 由标量方程 $c^{(\lambda)} Y^{(\lambda)} X^{(\lambda)} = 1$ 决定.

其中 $0 < p < 1, 0 < \alpha < 1$. 因方程组只包含两个方程, 所以计算量很小. 特征根是 $t_1 = 1, t_2 = (1 - \alpha - p)$. $p_{jk}^{(n)}$ 的显式表达式 (16.1.15) 可写成矩阵形式

$$P^n = \frac{1}{\alpha + p} \begin{bmatrix} \alpha & p \\ \alpha & p \end{bmatrix} + \frac{(1 - \alpha - p)^n}{\alpha + p} \begin{bmatrix} p & -p \\ -\alpha & \alpha \end{bmatrix}$$

(此处 4 个元素的公因子已经提到矩阵外面来了). 这个公式对 $n \geqslant 0$ 都成立.

(b) 令

$$P = \begin{bmatrix} 0 & 0 & 0 & 1 \\ 0 & 0 & 0 & 1 \\ \frac{1}{2} & \frac{1}{2} & 0 & 0 \\ 0 & 0 & 1 & 0 \end{bmatrix} \tag{16.2.1}$$

[这是 15.14 节习题 2 中的 (b) 的矩阵.] 方程组 (16.1.9) 化为

$$x_4 = tx_1, \quad x_4 = tx_2, \quad \tfrac{1}{2}(x_1 + x_2) = tx_3, \quad x_3 = tx_4. \tag{16.2.2}$$

对 $t = 0$, 对应的解为 $(1, -1, 0, 0)$, 但是, 当 $n \geqslant 1$ 时, $p_{jk}^{(n)}$ 的显式表示式并不要求特征根为 0. 标准的消去变量法表明: 其他的特征根满足三次方程 $t^3 = 1$. 如果我们记

$$\theta = \mathrm{e}^{\frac{2}{3}\pi \mathrm{i}} = \cos \tfrac{2}{3}\pi + \mathrm{i} \sin \tfrac{2}{3}\pi \tag{16.2.3}$$

(此处 $\mathrm{i}^2 = -1$), 则三个特征根分别为 $t_1 = 1, t_2 = \theta, t_3 = \theta^2$ (这与 $t_3 = \theta^{-1}$ 是一样的). 现在要对这些 t 值来解方程组 (16.1.9) 和 (16.1.10). 因为可乘任意常数, 故可令 $x_1^{(\nu)} = y_1^{(\nu)} = 1$. 所以, 它们的解分别是下面三个显式表示出来了的矩阵的第一列和第一行

$$P^n = \frac{1}{6} \begin{bmatrix} 1 & 1 & 2 & 2 \\ 1 & 1 & 2 & 2 \\ 1 & 1 & 2 & 2 \\ 1 & 1 & 2 & 2 \end{bmatrix} + \frac{\theta^n}{6} \begin{bmatrix} 1 & 1 & 2\theta & 2\theta^2 \\ 1 & 1 & 2\theta & 2\theta^2 \\ \theta^2 & \theta^2 & 2 & 2\theta \\ \theta & \theta & 2\theta^2 & 2 \end{bmatrix} + \frac{\theta^{2n}}{6} \begin{bmatrix} 1 & 1 & 2\theta^2 & 2\theta \\ 1 & 1 & 2\theta^2 & 2\theta \\ \theta & \theta & 2 & 2\theta^2 \\ \theta^2 & \theta^2 & 2\theta & 2 \end{bmatrix}. \tag{16.2.4}$$

因为我们删去了特征根 $t = 0$, 所以此公式仅对 $n \geqslant 1$ 成立.

由 (16.2.4) 易见此链具有周期 3. 为了看清 P^n 的渐近性质, 注意 $1 + \theta + \theta^2 = 0$. 由此关系易见, 当 n 沿着 $n = 3k$ 趋于 ∞ 时, P^n 的行趋于 $(\frac{1}{2}, \frac{1}{2}, 0, 0)$. 对于 $n = 3k + 1$ 和 $n = 3k + 2$, 对应的极限为 $(0, 0, 0, 1)$ 和 $(0, 0, 1, 0)$. 由此推出不变概率分布为 $(\frac{1}{6}, \frac{1}{6}, \frac{1}{3}, \frac{1}{3})$.

(c) 令 $p + q = 1$ 且

$$P = \begin{bmatrix} 0 & p & 0 & q \\ q & 0 & p & 0 \\ 0 & q & 0 & p \\ p & 0 & q & 0 \end{bmatrix}. \tag{16.2.5}$$

此链是下一个例子的特殊情况，由于其简单性，故单独处理. 易见方程组 (16.1.9) 化为含 2 个未知数 $x_1 + x_3$ 和 $x_2 + x_4$ 的两个线性方程，因此，4 个特征根为

$$t_1 = 1, \quad t_2 = -1, \quad t_3 = \mathrm{i}(q - p), \quad t_4 = -\mathrm{i}(q - p). \tag{16.2.6}$$

对应的解为 $(1, 1, 1, 1), (-1, 1, -1, 1), (-\mathrm{i}, -1, \mathrm{i}, 1), (\mathrm{i}, -1, -\mathrm{i}, 1)$. ［下面将要指出，它们都具有 $(\theta, \theta^2, \theta^3, \theta^4)$ 的形式，其中 θ 是一个 4 次单位根.］方程组 (16.1.10) 与 (16.1.9) 不同之处仅在于 p 和 q 互换了位置，因此，无须进一步的计算即可得

$$p_{jk}^{(n)} = \tfrac{1}{4} \left[1 + (q - p)^n \mathrm{i}^{j-k-n} \right] \left[1 + (-1)^{k+j-n} \right]. \tag{16.2.7}$$

(d) 在 15.2 节例 (d) 的一般的循环随机徘徊中，矩阵 P 的第 1 行为 $q_0, \cdots, q_{\rho-1}$，其他诸行由循环排列可得. 对 $\rho = 4$ 的特殊情形，在上一个例子中已经证明：$x_j^{(\nu)}$ 和 $y_k^{(\nu)}$ 都可表为 4 次单位根的方幂. 因此，自然地想尝试把类似的程序用之于 ρ 次单位根，即

$$\theta = \mathrm{e}^{2\mathrm{i}\pi/\rho}. \tag{16.2.8}$$

所有 ρ 次单位根为 $1, \theta, \theta^2, \cdots, \theta^{\rho-1}$. 对 $r = 1, \cdots$ 令

$$t_r = \sum_{\nu=0}^{\rho-1} q_\nu \theta^{\nu r}. \tag{16.2.9}$$

容易验证，对 $t = t_r$，方程组 (16.1.9) 和 (16.1.10) 分别具有解

$$x_j^{(r)} = \theta^{rj}, \qquad y_k^{(r)} = \theta^{-rk}, \tag{16.2.10}$$

而且在任何情况下，对应的系数 $c^{(r)} = 1/\rho$. 因此，最终得到[①]

$$p_{jk}^{(n)} = \rho^{-1} \sum_{r=1}^{\rho-1} \theta^{r(j-k)} t_r^n. \qquad (16.2.11)$$

(e) **占位问题**. 15.2 节例 (g) 表明古典的占位问题可以用马尔可夫链的方法来处理. 如果有 j 个盒被占而另外 $\rho - j$ 个盒空着，则称系统处于状态 j. 如果这就是初始情形，并随机地再把 n 个球投入盒中，则 $p_{jk}^{(n)}$ 是有 k 个盒被占而另外 $\rho - k$ 个盒空着的概率（所以当 $k < j$ 时 $p_{jk}^{(n)} = 0$). 对于 $j = 0$，此概率可由 (2.11.7) 推出. 现在要推出 $p_{jk}^{(n)}$ 的公式，它是第 2 章的结果的推广.

因为 $p_{jj} = j/\rho$, $p_{j,j+1} = (\rho-j)/\rho$，所以方程组 (16.1.9) 化为

$$(\rho t - j)x_j = (\rho - j)x_{j+1}. \qquad (16.2.12)$$

对于 $t = 1$，此方程组推出对所有 j 均有 $x_j = 1$. 当 $t \neq 1$ 时必有 $x_\rho = 0$. 因此，存在某个下标 r 使得 $x_{r+1} = 0$ 而 $x_r \neq 0$. 所以由 (16.2.12) 推出 $\rho t = r$，从而特征根为

$$t_r = r/\rho, \qquad r = 1, \cdots, \rho. \qquad (16.2.13)$$

(16.2.12) 的对应的解为

$$x_j^{(r)} = \binom{r}{j} \bigg/ \binom{\rho}{j}, \qquad (16.2.14)$$

所以当 $j > r$ 时 $x_j^{(r)} = 0$. 对于 $t = t_r$，方程组 (16.1.10) 化为

$$(r - j)y_j^{(r)} = (\rho - j + 1)y_{j-1}^{(r)}, \qquad (16.2.15)$$

它有解

$$y_j^{(r)} = \binom{\rho - r}{j - r}(-1)^{j-r}, \qquad (16.2.16)$$

[①] 对于 $n = 0$, (16.2.11) 只有当所有 t_r 都非零才有定义. 实际上，我们已经证明了在所有的根 t_r 都不相同的情况下 (16.2.11) 对 $n \geq 1$ 成立，但是在现在的情况下它不一定成立. 例如，若 $q_k = \rho^{-1}$ 对所有 k 成立，则 $t_0 = 1$，但 $t_1 = \cdots = t_{\rho-1} = 0$. 甚至在这种极端的情形下，(16.2.11) 仍然成立，因为右边对所有 j, k 和 $n \geq 1$ 仍有确切的数. 幸好，不难对 n 作归纳法来验证 (16.2.11). 特别地，当 $n = 1$ 时，(16.2.9) 中的因子 q_ν 化为

$$\sum_{r=0}^{\rho-1} \theta^{r(j-k+\nu)}.$$

除了 $j - k + \nu = 0$ 或 ρ 以外，此和为 0，而在这两种特殊情况下，此和中每一项都等于 1. 因此，当 $k \geq j$ 时 $p_{jk}^{(1)}$ 化为 q_{k-j}，当 $k < j$ 时 $p_{jk}^{(1)}$ 化为 $q_{\rho+k-j}$，这就给出了矩阵 (p_{jk}).

当然, 当 $j < r$ 时 $y_j^{(r)} = 0$. 因为当 $j > r$ 时 $x_j^{(r)} = 0$, 当 $j < r$ 时 $y_j^{(r)} = 0$, 所以

$$c^{(r)} = x_r^{(r)} y_r^{(r)} = \binom{\rho}{r},$$

因此

$$p_{jk}^{(n)} = \sum_{r=j}^{k} \left(\frac{r}{\rho}\right)^n \binom{\rho}{r} \binom{r}{j} \binom{\rho - r}{k - r} (-1)^{k-r} \bigg/ \binom{\rho}{j}. \tag{16.2.17}$$

把上述诸因子用二项式系数表示, 上式可简化为

$$p_{jk}^{(n)} = \binom{\rho - j}{\rho - k} \sum_{\nu=0}^{k-j} \left(\frac{\nu + j}{\rho}\right)^n (-1)^{k-j-\nu} \binom{k - j}{\nu}, \tag{16.2.18}$$

而当 $k < j$ 时 $p_{jk}^{(n)} = 0$. ■

[关于数值解释, 见 16.4 节例 (b).]

16.3　具有反射壁的随机徘徊

现在通过全面讨论具有状态 $1, 2, \cdots, \rho$ 和两个反射壁的随机徘徊来说明马尔可夫链的应用.[①]矩阵 P 在 15.2 节例 (c) 中出现过. 对 $2 \leqslant k \leqslant \rho-1$ 有 $p_{k,k+1} = p$, $p_{k,k-1} = q$, 而第 1 行和最后一行分别为 $(q, p, 0, \cdots, 0)$ 和 $(0, \cdots, 0, q, p)$.

为了与第 14 章的进程对比的方便, 我们抛弃变量 $t = s^{-1}$, 而把特征根写成 s_r^{-1} (这比 t^r 好), 把它们从 0 到 $\rho - 1$ 标号将为今后的讨论带来方便. 利用变量 s, 线性方程组 (16.1.9) 变成了

$$\begin{aligned} x_1 &= s(qx_1 + px_2), \\ x_j &= s(qx_{j-1} + px_{j+1}), \qquad (j = 2, 3, \cdots, \rho - 1), \\ x_\rho &= s(qx_{\rho-1} + px_\rho). \end{aligned} \tag{16.3.1}$$

对应于 $s = 1$, 此方程组之解为 $x_j = 1$. 为了求出全部其他的解, 用特解方法 (此法在 14.4 节中对类似的方程组已经用过). 当 λ 是二次方程 $\lambda = qs + \lambda^2 ps$ 的根时, $x_j = \lambda^j$ 满足 (16.3.1) 的中间那些方程. 上述二次方程的两个根为

$$\lambda_1(s) = \frac{1 + \sqrt{1 - 4pqs^2}}{2ps}, \qquad \lambda_2(s) = \frac{1 - \sqrt{1 - 4pqs^2}}{2ps}, \tag{16.3.2}$$

---

① 下述部分讨论是第 14 章的理论的复述. 我们的二次方程式在那儿以 (14.4.7) 出现. 量 $\lambda_1(s)$ 和 $\lambda_2(s)$ 由 (14.4.8) 给出, 通解 (16.3.3) 在第 14 章中以 (14.4.9) 的形式出现. 这两种方法是有关联的, 但在许多场合, 其详细的计算却是完全不同的.

因此，(16.3.1) 的中间那些方程的通解为

$$x_j = A(s)\lambda_1^j(s) + B(s)\lambda_2^j(s), \tag{16.3.3}$$

此处 $A(s)$ 和 $B(s)$ 是任意的．(16.3.3) 满足 (16.3.1) 的第 1 个和最后一个方程的充分必要条件是 $x_0 = x_1$ 且 $x_\rho = x_{\rho+1}$．这要求 $A(s)$ 和 $B(s)$ 满足下列条件

$$A(s)\left[1 - \lambda_1(s)\right] + B(s)\left[1 - \lambda_2(s)\right] = 0,$$
$$A(s)\lambda_1^\rho(s)\left[1 - \lambda_1(s)\right] + B(s)\lambda_2^\rho(s)\left[1 - \lambda_2(s)\right] = 0. \tag{16.3.4}$$

反之，如果这两个方程对某个 s 成立，则 (16.3.3) 是线性方程组 (16.3.1) 的一组解，而且此解只有当 $\lambda_1(s) = \lambda_2(s)$ 时才恒为 0．因此，我们的问题是找出 s 的值使得

$$\lambda_1^\rho(s) = \lambda_2^\rho(s), \qquad \text{但} \quad \lambda_1(s) \neq \lambda_2(s). \tag{16.3.5}$$

因为 $\lambda_1(s)\lambda_2(s) = q/p$，所以第一个关系蕴涵了 $\lambda_1(s)\sqrt{p/q}$ 必须是一个 2ρ 次单位根，即

$$\lambda_1(s) = \sqrt{q/p}\,\mathrm{e}^{\mathrm{i}\pi r/\rho}, \tag{16.3.6}$$

其中 r 是一个满足 $0 \leqslant r < 2\rho$ 的整数．由定义 (16.3.2) 容易推出只有当 $s = s_r$ 时 (16.3.6) 才能成立，其中

$$s_r^{-1} = 2\sqrt{pq} \cdot \cos \pi r/\rho. \tag{16.3.7}$$

值 $s = s_\rho$ 违背了 (16.3.5) 中的第 2 个条件．此外，$s_r = s_{2\rho-r}$，从而 ρ 个不同的特征值由 (16.3.7) 对 $r = 0, 1, \cdots, \rho - 1$ 给出．

对 $s = s_r$ 解 (16.3.4) 并将结果代入 (16.3.3) 得

$$x_j^{(r)} = \left(\frac{q}{p}\right)^{j/2} \sin \frac{\pi r j}{\rho} - \left(\frac{q}{p}\right)^{(j+1)/2} \sin \frac{\pi r(j-1)}{\rho}, \tag{16.3.8}$$

其中 $r = 1, \cdots, \rho - 1$，而当 $r = 0$ 时有

$$x_j^{(0)} = 1. \tag{16.3.9}$$

另一组方程 (16.1.10) 现在化为

$$y_1 = sq(y_1 + y_2),$$
$$y_k = s(py_{k-1} + qy_{k+1}), \qquad k = 2, \cdots, \rho - 1, \tag{16.3.10}$$
$$y_\rho = sp(y_{\rho-1} + y_\rho).$$

中间那些方程与 (16.3.1) 相应的方程的差别仅在于把 p 与 q 的位置互换了一下, 故在 (16.3.3) 中把 p 与 q 的位置互换一下就可得到它的通解. 当 $s = s_r$ 时, 第 1 个和最后一个方程是成立的, 经过简单的计算可以证明: 对于 $r = 1, 2, \cdots, \rho - 1$, (16.3.10) 的解为

$$y_k^{(r)} = \left(\frac{p}{q}\right)^{k/2} \sin \frac{\pi r k}{\rho} - \left(\frac{p}{q}\right)^{(k-1)/2} \sin \frac{\pi r (k-1)}{\rho}. \tag{16.3.11}$$

对 $s_0 = 1$, 类似地有

$$y_k^{(0)} = (p/q)^k. \tag{16.3.12}$$

剩下的问题是找出由

$$c^{(r)} \sum_{k=0}^{\rho-1} x_k^{(r)} y_k^{(r)} = 1 \tag{16.3.13}$$

定义的系数 $c^{(r)}$. 当 $r = 0$ 时, 和式中的第 k 项为 $(p/q)^k$, 所以当 $p \neq q$ 时

$$c^{(0)} = \frac{q}{p} \cdot \frac{(p/q) - 1}{(p/q)^\rho - 1}, \tag{16.3.14}$$

当 $p = q$ 时 $c^{(0)} = 1/\rho$. 当 $r \geqslant 1$ 时, 经过冗长的初等计算① 可以推出

$$c^{(r)} = \frac{2p}{\rho} \left(1 - 2\sqrt{pq} \cos \frac{\pi r}{\rho}\right)^{-1}. \tag{16.3.15}$$

因此, 高阶转移概率的一般表示式 (16.1.15) 最终化为②

$$p_{jk}^{(n)} = \frac{(p/q) - 1}{(p/q)^\rho - 1} \left(\frac{p}{q}\right)^{k-1} + \frac{2p}{\rho} \sum_{r=1}^{\rho-1} \frac{x_j^{(r)} y_k^{(r)} \left(2\sqrt{pq} \cos \pi r/\rho\right)^n}{1 - 2\sqrt{pq} \cos \pi r/\rho}, \tag{16.3.16}$$

此处 $x_j^{(r)}$ 和 $y_k^{(r)}$ 分别由 (16.3.8) 和 (16.3.11) 定义. 当 $p = q$ 时右边第 1 项理解为 $1/\rho$.

---

① 在计算中应用 $\sin v = \left(e^{iv} - e^{-iv}\right) / (2i)$, 可把一些复杂的记号简化. (16.3.13) 中的和化为下述形式的和的 (具有复系数的) 线性组合

$$\sum_{j=0}^{\rho-1} e^{2j\pi i m/\rho},$$

其中 $m = 0$ 或者 $m = \pm 1$. 在第一种情况下此和等于 ρ, 在第二种情况下此和为 0. 由此立即可推出 (16.3.15).

② 对于具有一个反射壁和一个吸收壁的类似的公式见参考文献 [71], 在那里, 对反射壁的定义作了修改, 使得质点可以到达 0. 每当这种情况出现时, 质点在下一步就回到 1. 于是显式表达式比较复杂. 卡克的论文也求出了爱伦费斯特模型 [15.2 节例 (e)] 关于 $p_{jk}^{(n)}$ 的公式.

16.4 暂留状态、吸收概率

16.1 节中的定理是在假定根 $t_1, t_2, \cdots$ 都不相同的条件下推出的. 对于有重根的情况, 不需要做本质修改, 但是, 我们下面仅讨论一类特别重要的特殊情形. 一旦链包含两个或两个以上的闭子链时, $t_1 = 1$ 就是重根, 这在与吸收概率有关联的问题中是常见的情形. 容易使得 16.1 节中应用的方法适应于目前的情形. 为了简明起见, 将通过例子来说明这种程序, 这些例子将揭示一般情形的主要特征.

例 (a) 考虑转移概率矩阵

$$P = \begin{bmatrix} \frac{1}{3} & \frac{2}{3} & 0 & 0 & 0 & 0 \\ \frac{2}{3} & \frac{1}{3} & 0 & 0 & 0 & 0 \\ 0 & 0 & \frac{1}{4} & \frac{3}{4} & 0 & 0 \\ 0 & 0 & \frac{1}{5} & \frac{4}{5} & 0 & 0 \\ \frac{1}{4} & 0 & \frac{1}{4} & 0 & \frac{1}{4} & \frac{1}{4} \\ \frac{1}{6} & \frac{1}{6} & \frac{1}{6} & \frac{1}{6} & \frac{1}{6} & \frac{1}{6} \end{bmatrix}. \tag{16.4.1}$$

显然, E_1 和 E_2 构成一个闭集（即不可能由它们中的一个状态转移到其他 4 个状态中的任何一个, 试与 15.4 节做比较). 类似地, E_3 和 E_4 构成另外一个闭集. 最后, E_5 和 E_6 都是暂留状态. 经过有限多步以后, 系统进入这两个闭集中的一个并永远留在其中.

矩阵 P 具有下述分块矩阵的形式

$$P = \begin{bmatrix} A & 0 & 0 \\ 0 & B & 0 \\ U & V & T \end{bmatrix}, \tag{16.4.2}$$

其中每个字母代表一个 2 阶方阵, 每个 0 代表由 4 个 0 构成的方阵. 例如, A 有两行 $(\frac{1}{3}, \frac{2}{3})$ 和 $(\frac{2}{3}, \frac{1}{3})$, 这是对应于由 E_1 和 E_2 这两个状态构成的链的转移概率矩阵. 这个矩阵可单独地加以研究. 而方幂 A^n 则可在 16.2 节例 (a) 中令 $p = \alpha = \frac{2}{3}$ 得到. 在计算方幂 $P^2, P^3, \cdots$ 时, 前两行决不受其余 4 行的影响, 更精确地说, P^n 具有形式

$$P^n = \begin{bmatrix} A^n & 0 & 0 \\ 0 & B^n & 0 \\ U_n & V_n & T^n \end{bmatrix}, \tag{16.4.3}$$

其中 A^n, B^n, T^n 分别是 A, B, T 的 n 次方, 而且可以用 16.1 节中的方法算出[①]

[①] T 中每一行的和不一定是 1, 即 T 不是随机矩阵, 它是 15.8 节意义下的准随机矩阵. 除非 $t = 1$ 不再是根（于是 $T^n \to 0$), 16.1 节中的方法可以不加改变地用到 T 上.

[见 16.2 节例 (a)，在那里，所有的计算都已完成]. 代替 6 个 6 元方程的是一些仅含 2 个方程的 2 元方程组.

应当指出，(16.4.3) 中的 U_n 和 V_n 不是 U 和 V 的方幂，而且它们也不能用得到 A^n, B^n, T^n 的简单方法来得到. 然而，在计算 $P^2, P^3, \cdots$ 时，第 3 列和第 4 列也不影响其余的 4 列. 换句话说，如果把 P^n 中对应于 E_3 和 E_4 的行和列统统去掉，我们得到矩阵

$$\begin{bmatrix} A^n & 0 \\ U_n & T^n \end{bmatrix}, \tag{16.4.4}$$

它是 P 中的对应的子矩阵

$$\begin{bmatrix} A & 0 \\ U & T \end{bmatrix} = \begin{bmatrix} \frac{1}{3} & \frac{2}{3} & 0 & 0 \\ \frac{2}{3} & \frac{1}{3} & 0 & 0 \\ \frac{1}{4} & 0 & \frac{1}{4} & \frac{1}{4} \\ \frac{1}{6} & \frac{1}{6} & \frac{1}{6} & \frac{1}{6} \end{bmatrix} \tag{16.4.5}$$

的 n 次方. 因此，矩阵 (16.4.4) 能用 16.1 节中的方法来计算. 在目前的情况下，计算大为简化. 矩阵 V_n 可用类似的方法得到.

通常，U_n 与 V_n 的显式表达式只是由于它们与**吸收概率**有关才显得重要. 譬如说，系统从 E_5 出发，试问它最终进入由 E_1 和 E_2 构成的闭集（并且不进入其他闭集）的概率 λ 是什么？这个事件恰在第 n 步发生的概率 λ_n 是什么？显然，$p_{51}^{(n)} + p_{52}^{(n)}$ 是所考虑的事件在第 n 步或此前出现的概率，即

$$p_{51}^{(n)} + p_{52}^{(n)} = \lambda_1 + \lambda_2 + \cdots + \lambda_n.$$

令 $n \to \infty$ 即得 λ. 计算 λ_n 的较好方法如下：第 $n-1$ 步必须使系统处于异于 E_1 和 E_2 的一个状态，即处于 E_5 或 E_6（因为由 E_3 或 E_4 不可能转移到 E_1 和 E_2）. 然后，系统在第 n 步处于 E_1 或 E_2. 所以

$$\lambda_n = p_{55}^{(n-1)}(p_{51} + p_{52}) + p_{56}^{(n-1)}(p_{61} + p_{62}) = \frac{1}{4}p_{55}^{(n-1)} + \frac{1}{3}p_{56}^{(n-1)}.$$

注意，λ_n 完全由 T^{n-1} 中的元素决定，而 T^{n-1} 是容易算出的，在现有情形下

$$p_{55}^{(n)} = p_{56}^{(n)} = \frac{1}{4}\left(\frac{5}{12}\right)^{n-1}, \qquad \text{所以} \quad \lambda_n = \frac{7}{48}\left(\frac{5}{12}\right)^{n-2}.$$

(b) **兄妹交配**. 现在对 15.2 节例 (j) 进行数值处理. 下面讨论的要点是，当 $t = 1$ 是特征方程式的二重根时，经典的表示式

$$p_{jk}^{(n)} = \sum_{r=1}^{6} t_r^n c^{(r)} x_j^{(r)} y_k^{(r)} \tag{16.4.6}$$

仍然成立.

线性方程组 (16.1.9) 取下列形式

$$x_1 = tx_1, \qquad \frac{1}{4}x_1 + \frac{1}{2}x_2 + \frac{1}{4}x_3 = tx_2,$$

$$\frac{1}{16}x_1 + \frac{1}{4}x_2 + \frac{1}{4}x_3 + \frac{1}{4}x_4 + \frac{1}{16}x_5 + \frac{1}{8}x_6 = tx_3, \tag{16.4.7}$$

$$\frac{1}{4}x_3 + \frac{1}{2}x_4 + \frac{1}{4}x_5 = tx_4, \quad x_5 = tx_5, \quad x_3 = tx_6,$$

这些方程展示了给定的矩阵形式. 除了 $t = 1$ 以外, 显然第 1 个和第 5 个方程的解为 $x_1 = x_5 = 0$. 因此, 当 $t \neq 1$ 时, 这些方程化为含有 4 个未知数的 4 个方程, 用标准的消去变量法, 得到一个 t 的 4 次方程作为与那 4 个方程相适应的条件. 因为总共有 6 个特征根, 所以 $t = 1$ 是二重根. 容易证明此 6 个特征根是[①]

$$t_1 = t_2 = 1, \quad t_3 = \frac{1}{2}, \quad t_4 = \frac{1}{4}, \quad t_5 = \frac{1}{4} + \frac{1}{4}\sqrt{5}, \quad t_6 = \frac{1}{4} - \frac{1}{4}\sqrt{5}. \tag{16.4.8}$$

(16.4.7) 的对应的解 $\left(x_1^{(r)}, \cdots, x_6^{(r)}\right)$ 可选取如下

$$(1, \tfrac{3}{4}, \tfrac{1}{2}, \tfrac{1}{4}, 0, \tfrac{1}{2}), \quad (0, \tfrac{1}{4}, \tfrac{1}{2}, \tfrac{3}{4}, 1, \tfrac{1}{2}), \quad (0, 1, 0, -1, 0, 0),$$

$$(0, 1, -1, 1, 0, -4), \quad (0, 1, -1 + \sqrt{5}, 1, 0, 6 - 2\sqrt{5}), \tag{16.4.9}$$

$$(0, 1, -1 - \sqrt{5}, 1, 0, 6 + 2\sqrt{5}).$$

下一个问题是求 (16.4.7) 的行列互换得到的方程组的对应解 $\left(y_1^{(r)}, \cdots, y_6^{(r)}\right)$. 对于 $r \geqslant 3$, 其解差一个常数因子而唯一决定, 但是, 对于二重根 $t_1 = t_2 = 1$, 我们必须从无穷多个形如 $(a, 0, 0, 0, b, 0)$ 的解中选取. 适当的解应从满足表达式 (16.4.6) 的形式中选取. 确实, 观察一下 (16.4.9) 可得除了 $r = 1$ 以外 $x_1^{(r)} = 0$, 因此, (16.4.6) 给出 $p_{1k}^{(n)} = c^{(1)}y_k^{(1)}$ 对所有 k 和 n 成立. 但是, E_1 是吸收状态, 故有 $p_{1k}^{(n)} = 0$ 对所有 $k \neq 1$ 成立. 由此推出: 对于 $r = 1$ 我们必有形如 $(a, 0, 0, 0, 0, 0)$ 的解, 同理, 对应于 $r = 2$ 的解是 $(0, 0, 0, 0, b, 0)$. 对应于其他的特征值的解容易求得. (在计算中, 那些解的选取都展示在下面诸矩阵的第 2 行.) 于是正则化常数 $c^{(r)}$ 由 (16.1.14) 决定, 用上述方法, 我们得到了公式 (16.4.6) 中的所有量.

最后的结果显示, 对应于 $r = 1$ 和 $r = 2$ 的两个矩阵合成了一个. 此外, 对应于 $r = 5$ 和 $r = 6$ 的元素 $c^{(r)}x_j^{(r)}y_k^{(r)}$ 都具有 $a \pm b\sqrt{5}$ 的形式. 为了排印的清晰和方便, 我们把形如 $a\left(t_5^n + t_6^n\right)$ 和 $b\sqrt{5}\left(t_5^n - t_6^n\right)$ 的贡献进行了重排.

---

① 用观察法可知 $t_3 = \frac{1}{2}$, 因为它对应于简单解 $x_2 = -x_4 = 1$, $x_1 = x_3 = x_5 = x_6 = 0$. 对应于其他的根的 3 次方程是简单的.

$$P^n = \begin{bmatrix} 1 & 0 & 0 & 0 & 0 & 0 \\ \frac{3}{4} & 0 & 0 & 0 & \frac{1}{4} & 0 \\ \frac{1}{2} & 0 & 0 & 0 & \frac{1}{2} & 0 \\ \frac{1}{4} & 0 & 0 & 0 & \frac{3}{4} & 0 \\ 0 & 0 & 0 & 0 & 1 & 0 \\ \frac{1}{2} & 0 & 0 & 0 & \frac{1}{2} & 0 \end{bmatrix} + \frac{2^{-n}}{4} \begin{bmatrix} 0 & 0 & 0 & 0 & 0 & 0 \\ -1 & 2 & 0 & -2 & 1 & 0 \\ 0 & 0 & 0 & 0 & 0 & 0 \\ 1 & -2 & 0 & 2 & -1 & 0 \\ 0 & 0 & 0 & 0 & 0 & 0 \\ 0 & 0 & 0 & 0 & 0 & 0 \end{bmatrix}$$

$$+ \frac{4^{-n}}{20} \begin{bmatrix} 0 & 0 & 0 & 0 & 0 & 0 \\ -1 & 4 & -4 & 4 & -1 & -2 \\ 1 & -4 & 4 & -4 & 1 & 2 \\ -1 & 4 & -4 & 4 & -1 & -2 \\ 0 & 0 & 0 & 0 & 0 & 0 \\ 4 & -16 & 16 & -16 & 4 & 8 \end{bmatrix} + \frac{t_5^n + t_6^n}{40} \begin{bmatrix} 0 & 0 & 0 & 0 & 0 & 0 \\ -9 & 6 & 4 & 6 & -9 & 2 \\ -11 & 4 & 16 & 4 & -11 & -2 \\ -9 & 6 & 4 & 6 & -9 & 2 \\ 0 & 0 & 0 & 0 & 0 & 0 \\ -14 & 16 & -16 & 16 & -14 & 12 \end{bmatrix}$$

$$+ \frac{t_5^n - t_6^n}{40} \sqrt{5} \begin{bmatrix} 0 & 0 & 0 & 0 & 0 & 0 \\ -4 & 2 & 4 & 2 & -4 & 0 \\ -5 & 4 & 0 & 4 & -5 & 2 \\ -4 & 2 & 4 & 2 & -4 & 0 \\ 0 & 0 & 0 & 0 & 0 & 0 \\ -6 & 0 & 16 & 0 & -6 & -4 \end{bmatrix}.$$

容易验证此公式对 $n = 0$ 也成立. 另外, 由 (16.4.6) 右边的结构容易看出: 如果 (16.4.6) 对某个 n 成立, 则它对 $n+1$ 也成立. 用这种方法, 推出 (16.4.6) 的正确性无须应用 16.1 节的一般理论.

16.5　在循环时间中的应用

在 13.12 节习题 19 中曾指出如何用循环事件在第 n 次试验中出现的概率 u_n 来计算 $\mathcal{E}$ 的循环时间的均值 μ 与方差 σ^2. 如果 $\mathcal{E}$ 不是周期的, 设 σ^2 有限, 则

$$u_n \to \frac{1}{\mu} \qquad \text{且} \qquad \sum_{n=0}^{\infty} \left(u_n - \frac{1}{\mu} \right) = \frac{\sigma^2 - \mu + \mu^2}{2\mu^2}. \tag{16.5.1}$$

如果把常返状态 E_j 视为 $\mathcal{E}$, 则 $u_n = p_{jj}^{(n)}$ (且 $u_0 = 1$). 在有限马尔可夫链中, 所有循环时间都有有限方差 (见 15.14 节习题 19), 所以 (16.5.1) 可以应用. 假定 E_j 不是周期的且公式 (16.1.5) 可以应用, 则 $t_1 = 1$ 且对 $r = 2, 3, \cdots$ 有 $|t_r| < 1$, 故 $p_{jj}^{(n)} \to \rho_{jj}^{(1)} = \mu_j^{-1}$. 对 (16.5.1) 的项 $u_n - \mu^{-1}$ 对应于

$$p_{jj}^{(n)} - \frac{1}{\mu_j} = \sum_{r=2}^{\rho} \rho_{jj}^{(r)} t_r^n. \tag{16.5.2}$$

此公式对所有 $n \geqslant 1$ 成立, 把具有公比 t_r 的几何级数加起来得到

$$\sum_{n=1}^{\infty} \left(p_{jj}^{(n)} - \frac{1}{\mu_j} \right) = \sum_{r=2}^{\rho} \frac{\rho_{jj}^{(r)} t_r}{1 - t_r}. \tag{16.5.3}$$

以此式代入 (16.5.1), 我们发现: 如果 E_j 是非周期的常返状态, 则其平均循环时间为 $\mu_j = 1/\rho_{jj}^{(1)}$, 循环时间的方差为

$$\sigma_j^2 = \mu_j - \mu_j^2 + 2\mu_j^2 \sum_{r=2}^{\rho} \frac{\rho_{jj}^{(r)} t_r}{1 - t_r}. \tag{16.5.4}$$

当然我们假设公式 (16.1.3) 可以应用且 $t_1 = 1$. 对周期状态和出现重根的情形, 只需进行一点点修改就行.

第 17 章　最简单的依时的随机过程[①]

17.1　一般概念、马尔可夫过程

前一章所讨论的马尔可夫链，可以非常粗略地描述为这样一类随机过程：其将来的发展只依赖于现在的状态，而不依赖于过程过去的历史，或者说不依赖现在这一状态曾到过什么状态．此类过程只包含可数无穷多个状态，而且它们只依赖离散的时间参数，即状态的变化只发生在固定的时刻[②] $t = 0, 1, \cdots$．在目前这一章，我们将考虑下列现象：电话呼叫、放射性蜕变、染色体分裂，等等，其变化可以发生在任何时间．用数学语言描述，我们将关心具有可数多个状态但依赖连续时间参数的随机过程．在离散概率的框架下，要完整地描述这类过程是不可能的，而且事实上，此处并不正式地描绘我们感兴趣的那些马尔可夫过程．为了描述过程的历史，我们必须给定状态发生变化的时刻，而这包含了连续统中的概率．"将来的发展不依赖过去的历史"的表述有着明显的直观意义（至少与离散的马尔可夫链类似），但是，正式的定义却包含了条件概率的概念，这超出了本书的范围．但是，许多与此类过程有关联的问题，只要承认这种过程确实存在，就可以分别用非常初等的方法来处理．我们将用这种方式来处理．

对应于离散马尔可夫链的转移概率 $p_{jk}^{(n)}$，现在是 $P_{jk}(t)$，即：在时刻 $s < t+s$ 系统处于状态 E_j 的条件下，在时刻 $t+s$ 系统处于状态 E_k 的条件概率．正如记号所揭示的，此概率仅与时间区间的长度 t 有关，而与它在时间轴上的位置无关．称这种转移概率为平稳的或时齐的．（至于非时齐的过程，将在 17.9 节中处理．）类似于 (15.3.3) 的基本关系，现在是**查普曼–柯尔莫哥洛夫恒等式**

$$P_{ik}(\tau + t) = \sum_j P_{ij}(\tau)P_{jk}(t), \tag{17.1.1}$$

这是基于下述理由：假定在时刻 0 系统处于状态 E_i，而右边第 j 项代表下列复合事件的概率：在时刻 τ 发现系统处于状态 E_j，而在以后的时刻 $\tau + t$ 系统进入状态 E_k．但是在时刻 0 处于状态 E_i 到时刻 $\tau + t$ 转移到状态 E_k，在时刻 τ 必

[①] 这一章几乎不依赖第 10 章至第 16 章．术语"随机过程"的应用见第 350 页脚注①．

[②] 在前些章中，当我们处理随机过程时，我们用时刻（epoch）表示时间轴上的点．在正式的讨论中，时间（time）一词作"持续时间"用．

须经过某个中间状态 E_j，对所有可能的 E_j 求和，我们发现 (17.1.1) 必须对任意（固定的）$\tau > 0$ 和 $t > 0$ 成立.

在这一章中，我们将研究基本恒等式 (17.1.1) 的解. 我们将会看到，对具体情形作一些简单假设即可导出 $P_{jk}(t)$ 的微分方程组，甚至不需要解这些微分方程组，就可以推出它们的一些有趣的结果. 这些结果是很有意义的，因为我们的解实质上是马尔可夫过程的转移概率，它们由这些微分方程组和时刻 0 的初始状态所唯一决定. 这些直观上明显的事实将不予证明而承认之. [①]

对于固定的 j 和 t，转移概率 $P_{jk}(t)$ 定义了一个普通的离散概率分布. 它依赖于连续参数 t，而我们已经遇到过许多含有连续参数的分布族. 从技术上看，下一节的研究仍然停留在离散概率的框架里面，但是，这种人为的限制在许多场合都过于生硬. 泊松分布 $\{e^{-\lambda t}(\lambda t)^n/n!\}$ 可以说明这一点. 它的第 0 项 $e^{-\lambda t}$ 可理解为在一个固定的长为 t 的时间区间内没有电话呼叫的概率. 但是，$e^{-\lambda t}$ 也是第 1 个呼叫的等待时间超过 t 的概率，因此，我们间接地联系了一个在时间轴上的连续概率分布. 17.6 节再介绍这一点.

17.2 泊松过程

基本的泊松过程可以从各种不同的角度来观察，但是，此处我们把它作为这一章要研究的过程的一个典型个例来进行研究. 下面的关于泊松分布的推导就便于推广来说是最好的，但是，就其他方面而言并非很好. 应该把它与 6.6 节的初等推导做比较. 与 12.2 节 (a) 中作为独立增量的最简单的特例的泊松过程做比较.

为了提供经验背景，考虑诸如粒子的裂变、进入的电话呼叫、有害辐射下染色体的分裂等随机事件. 假定发生的所有事件都是同一类型的，而且我们关心的是长为 t 的任一时间区间内发生的总数 $Z(t)$. 每一次发生用时间轴上的一个点来代表，因此，我们实际关心的是直线上的点的某种随机分布. 基本的物理假设是：一种力量和影响控制此过程保持稳定，以使任何特定的事件的概率对一切长为 t 的时间区间都是一样的，而且也不依赖过程过去的进程. 用数学术语说，这就是过程是上一节所描述的时齐的马尔可夫过程. 如前所述，我们并不企图得到这类过程的完整的理论，而只是推出基本概率

$$P_n(t) = P\{Z(t) = n\}. \tag{17.2.1}$$

这可以由一些简单假设而不需深刻理论就可以严格地推出.

---

① 然而，值得注意的是：可能存在（较病态的）非马尔可夫过程具有同样的转移概率. 这一点在 12.2 节 (a) 中联系独立增量过程（它是特殊的马尔可夫过程）讨论过. 也可见 17.9 节的讨论，特别是 17.9 节的第 1 个脚注.

　　为了使引入的记号对本章其他的过程也适用, 我们选取一个时间度量的原点, 如果在 0 与 t 之间恰巧发生 n 次跳跃, 就说在时刻 $t > 0$ 系统处于状态 E_n. 于是 $P_n(t)$ 等于状态 E_n 在时刻 t 出现的概率, 但是 $P_n(t)$ 也可以描述为: 在任何时刻 s 处于任何状态 E_j 到时刻 $s+t$ 转移到状态 E_{j+n} 的转移概率. 现在, 把过程的非正式描述翻译为概率 $P_n(t)$ 的性质.

　　让我们把一个单位长的时间区间分成长为 $h = N^{-1}$ 的 N 个子区间. 在这些子区间中的任何一个发生一次跳跃的概率为 $1 - P_0(h)$, 从而含有一次跳跃的子区间的个数的期望值为 $h^{-1}[1 - P_0(h)]$. 人们直观上觉得当 $h \to 0$ 时此数将会收敛到任一单位长的时间区间内跳跃的次数的期望值. 因此, 自然地假设[①] 存在一个数 $\lambda > 0$ 使得

$$h^{-1}[1 - P_0(h)] \to \lambda. \tag{17.2.2}$$

过程的物理图像也要求一次跳跃总是把状态 E_j 转移到邻近的状态 E_{j+1}, 这就蕴涵了包含多于一次跳跃的子区间 (长为 h) 的个数的期望值应该趋于 0. 所以, 假设当 $h \to 0$ 时有

$$h^{-1}[1 - P_0(h) - P_1(h)] \to 0. \tag{17.2.3}$$

作为假设的最后陈述, 把 (17.2.2) 写作 $P_0(h) = 1 - \lambda h + o(h)$, 其中 (如常规) $o(h)$ 表示比 h 的阶更小的量. (更精确地, $o(h)$ 表示满足下述条件的量: 当 $h \to 0$ 时 $h^{-1}o(h) \to 0$.) 应用这种符号, (17.2.3) 等价于 $P_1(h) = \lambda h + o(h)$. 现在我们给出:

　　关于泊松过程的假设. 过程在时刻 0 由状态 E_0 出发. (i) 从状态 E_j 只能直接转移到 E_{j+1}. (ii) 无论在时刻 t 处于什么状态 E_j, 在 t 与 $t+h$ 之间的充分小的时间区间内恰有一次跳跃的概率为 $\lambda h + o(h)$, 有多于一次跳跃的概率为 $o(h)$.

　　如前一节所解释的, 这些条件比我们开始时提出的概念 (过程的以往历史不影响将来的进程) 要弱. 另一方面, 此处的假设是纯分析性质的, 它们充分保证能推出所需公式

$$P_n(t) = \frac{(\lambda t)^n}{n!} e^{-\lambda t}. \tag{17.2.4}$$

　　为了证明这一公式, 首先假定 $n \geqslant 1$ 并考虑下述事件: 在时刻 $t+h$ 系统处于状态 E_n. 此事件发生的概率为 $P_n(t+h)$, 而且此事件有三种互斥的方式发生. 第一种可能, 在时刻 t 系统处于状态 E_n, 在 t 与 $t+h$ 之间没有跳跃发生, 此事

---

① 首先引入假设 (17.2.2) 是因为它易于推广到其他过程. 在目前的情形下, 很自然地发现 $P_0(t)$ 满足函数方程 $P_0(t+\tau) = P_0(t)P_0(\tau)$, 此方程蕴涵了 (17.2.2). (见 17.6 节.)

件发生的概率为

$$P_n(t)P_0(h) = P_n(t)[1 - \lambda h] + o(h).$$

第二种可能, 在时刻 t 系统处于状态 E_{n-1}, 在 t 与 $t + h$ 之间恰巧发生一次跳跃, 此事件发生的概率为 $P_{n-1}(t) \cdot \lambda h + o(h)$. 第三种可能, 在时刻 t 系统处于其他任何状态都要求在 t 与 $t + h$ 之间发生一次以上的跳跃, 此事件发生的概率为 $o(h)$. 总之, 我们有

$$P_n(t + h) = P_n(t)(1 - \lambda h) + P_{n-1}(t)\lambda h + o(h), \tag{17.2.5}$$

而此关系式可重写成如下形式

$$\frac{P_n(t + h) - P_n(t)}{h} = -\lambda P_n(t) + \lambda P_{n-1}(t) + \frac{o(h)}{h}. \tag{17.2.6}$$

当 $h \to 0$ 时右边最后一项趋于 0, 因此, 左边的极限[①]存在且

$$P_n'(t) = -\lambda P_n(t) + \lambda P_{n-1}(t), \qquad (n \geqslant 1). \tag{17.2.7}$$

对于 $n = 0$, 上述第二种和第三种情况不会发生, 从而 (17.2.5) 替换为

$$P_0(t + h) = P_0(t)(1 - \lambda h) + o(h), \tag{17.2.8}$$

由此推出

$$P_0'(t) = -\lambda P_0(t). \tag{17.2.9}$$

由此及 $P_0(0) = 1$ 得 $P_0(t) = e^{-\lambda t}$. 以此代入 (17.2.7) 中 $n = 1$ 的场合得 $P_1(t)$ 的常微分方程. 由 $P_1(0) = 0$ 易知 $P_1(t) = \lambda t e^{-\lambda t}$, 这与 (17.2.4) 相合. 用类似的方法, 可逐次求出 (17.2.4) 中的所有的项.

17.3 纯生过程

泊松过程的最简单的推广可由下述办法得到: 允许跳跃的概率依赖系统所处的现实状态. 这可导出下述假设.

假设 (i) 从状态 E_j 只能直接转移到 E_{j+1}. (ii) 若系统在时刻 t 处于状态 E_n, 在 t 到 $t + h$ 的充分短的时间区间内恰有一次跳跃发生的概率为 $\lambda_n h + o(h)$, 在上述时间区间内有多于一次跳跃发生的概率为 $o(h)$.

---

① 因为限制了 h 取正数, (17.2.7) 中的 $P_n'(t)$ 应理解为右导数. 实际上它是通常的双边导数. 事实上, (17.2.5) 中的 $o(h)$ 不依赖于 t, 所以用 $t - h$ 代替 t 它保持不变. 所以 (17.2.5) 蕴涵了通常意义下的连续性, 而 (17.2.6) 蕴涵了通常意义下的可微性. 此附注通章适用, 以后不再复述.

这个假设的显著的特征是：系统花费在任何特殊状态的时间不起作用，系统停留在单个状态时，会有状态的突然改变而无老化现象.

再令 $P_n(t)$ 是系统在时刻 t 处于状态 E_n 的概率. 函数 $P_n(t)$ 满足一组微分方程，它可用上一节的方法推出，只不过用方程

$$P_n(t+h) = P_n(t)(1 - \lambda_n h) + P_{n-1}(t)\lambda_{n-1}h + o(h). \tag{17.3.1}$$

代替 (17.2.5) 罢了. 用这种方法得到基本微分方程组

$$\begin{aligned} P_n'(t) &= -\lambda_n P_n(t) + \lambda_{n-1} P_{n-1}(t), \qquad n \geqslant 1, \\ P_0'(t) &= -\lambda_0 P_0(t). \end{aligned} \tag{17.3.2}$$

在泊松过程中，自然地要假设系统在时刻 0 从初始状态 E_0 出发. 现在我们更一般地假定系统从任一个初始状态 E_i 出发. 这蕴涵了[①]

$$P_i(0) = 1, \qquad \text{当 } n \neq i \text{ 时} \quad P_n(0) = 0. \tag{17.3.3}$$

这些初始条件唯一地决定了 (17.3.2) 的解 $P_n(t)$. ［特别地，$P_0(t) = P_1(t) = \cdots = P_{i-1}(t) = 0$.］许多学者已经独立地推出了 $P_n(t)$ 的显式公式，但是我们对此并无多大兴趣. 容易验证：对于任意给定的 λ_n，系统 $\{P_n(t)\}$ 除了在某些条件下有 $\sum P_n(t) < 1$ 以外，它满足通常要求的一切性质. $\sum P_n(t) 1$ 的现象，将在 17.4 节中讨论.

例　(a) **放射性蜕变**. 具有放射性的原子，例如说铀原子，可以通过辐射出粒子或 γ 射线而变成另一类原子. 每一类原子表示系统的一个可能状态. 当过程继续下去时，我们得到了转移 $E_0 \to E_1 \to E_2 \to \cdots \to E_m$. 根据公认的物理理论，只要原子处于状态 E_n，那么转移 $E_n \to E_{n+1}$ 的概率是不变的. 此假定在初始假设中就已表述过. 因此，此过程由微分方程组 (17.3.2) 描述（物理学家对此事实是熟知的）. 如果 E_m 是不能由它进一步转移到其他状态的终结状态，则 $\lambda_m = 0$，而且方程组 (17.3.2) 截止于 $n = m$. ［对于 $n > m$ 恒有 $P_n(t) = 0$.］

(b) **尤尔过程**. 考虑一个总体，其成员能通过分裂或其他方式产生新成员，但不会死亡，在长为 h 的任意短的时间区间中，每个成员产生一个新成员的概率为 $\lambda h + o(h)$，其中常数 λ 决定了总体的增长速度. 如果成员之间无相互作用，而且在时刻 t 总体的大小为 n，则在 $(t, t+h)$ 中总体增大的概率为 $n\lambda h + o(h)$. 因此，总体在时刻 t 恰有 n 个成员的概率 $P_n(t)$ 满足系数为 $\lambda_n = n\lambda$ 的方程组

---

① 以后将会发现 $P_n(t)$ 与 17.1 节中的转移概率 $P_{in}(t)$ 是一样的.

(17.3.2)，即

$$P'_n(t) = -n\lambda P_n(t) + (n-1)\lambda P_{n-1}(t), \qquad n \geqslant 1,$$

$$P'_0(t) = 0.$$

(17.3.4)

设总体的初始大小为 i，则初始条件 (17.3.3) 成立，容易验证对 $n \geqslant i > 0$ 有

$$P_n(t) = \binom{n-1}{n-i} \mathrm{e}^{-i\lambda t} \left(1 - \mathrm{e}^{-\lambda t}\right)^{n-i},$$

(17.3.5)

当然，对于 $n < i$ 和所有 t 有 $P_n(t) = 0$. 应用 (6.8.1) 的负二项分布的记号，可以把 (17.3.5) 重写为 $P_n(t) = f(n-i; i, \mathrm{e}^{-\lambda t})$. 由此推出［见 9.3 节例 (c)］在时刻 t 总体的大小是 i 个相互独立的随机变量之和，而其中每个随机变量的分布可在 (17.3.5) 中以 1 代替 i 得到. 这 i 个随机变量代表总体的 i 个初始成员的后代.

此类过程，首先是由尤尔[①]联系进化论中的数学理论来研究的. 总体是由一个同一属中的物种组成的. 新元素的产生是由于变异. "每一物种产生新种具有相同的概率" 的假设忽略了物种的大小上的差别. 我们还忽略了物种灭绝的可能性. 因此，可以预料，公式 (17.3.5) 只能给出一个粗糙的逼近.

弗里[55] 曾用相同的模型来描述与宇宙射线有关的过程. 但逼近仍然很粗糙. 微分方程组 (17.3.4) 能严格地应用于下述粒子的总体：这种粒子分裂出来的是完全相同类型的粒子，而且粒子之间没有相互作用. ∎

*17.4 发散的生过程

无穷的微分方程组 (17.3.2) 在初始条件 (17.3.3) 下，其解 $\{P_n(t)\}$ 可以从 $P_i(t) = \mathrm{e}^{-\lambda_i t}$ 出发归纳地算出. 所以分布 $\{P_n(t)\}$ 是唯一决定的. 从解线性微分方程组的熟知的公式还可知 $P_n(t) \geqslant 0$. 剩下的唯一问题是 $P_n(t)$ 是否确实是一个概率分布，即是否对所有 t 都有

$$\sum P_n(t) = 1.$$

(17.4.1)

我们将要看到，并非总是如此. 如果系数 λ_n 增加得非常快，可能有

$$\sum P_n(t) < 1.$$

(17.4.2)

---

① 见参考文献 [144]. 该书以参考文献 [142] 的理论为基础. 尤尔并未引入微分方程组 (17.3.4)，而是使用类似于 6.5 节中关于泊松过程曾使用过的极限过程来推出 $P_n(t)$ 的. 肯德里克在参考文献 [79] 中设计了此类过程的一种更一般更灵巧的模型，并用之于流行病和总体的增长问题中. 遗憾的是，这篇杰出的论文并未受到重视. 特别是，本书作者在引入总体增长的各种随机过程的模型时（见参考文献 [34]）也不知道此结果.

当这种情况出现时, 会令人不安, 但却有现成的解释. (17.4.2) 左边可解释为在长为 t 的时间区间内仅发生有限次跳跃. 因此, (17.4.2) 两边之差正说明无穷多次跳跃或某种爆炸的可能性. 为了更好地理解这种现象, 让我们把此处的增长概率模型与熟知的确定性方法做一比较.

(17.3.2) 中的量 λ_n 可称为大小为 n 的总体的平均增长率. 例如, 在特殊情形 (17.3.4) 下 $\lambda_n = n\lambda$, 故平均增长速度与总体的实际大小成正比. 如果增长不受随机起伏的影响, 而且增长速度与总体的瞬时大小 $x(t)$ 成正比, 则 $x(t)$ 满足下述确定性的微分方程

$$\frac{\mathrm{d}x(t)}{\mathrm{d}t} = \lambda x(t). \tag{17.4.3}$$

由此推出

$$x(t) = i\mathrm{e}^{\lambda t}, \tag{17.4.4}$$

其中 $i = x(0)$ 是总体的初始大小. 立即可见, 分布 (17.3.5) 的期望 $\sum n P_n(t)$ 等于 $x(t)$, 因此, $x(t)$ 不仅描述了一个确定性的增长过程, 而且也描述了 17.3 节例 (b) 中的总体大小的期望.

现在考虑这样的确定性的增长过程: 它的增长率的上升要比总体大小上升得快. 当增长率与 $x^2(t)$ 成比例时, 对应的微分方程为

$$\frac{\mathrm{d}x(t)}{\mathrm{d}t} = \lambda x^2(t), \tag{17.4.5}$$

其解为

$$x(t) = \frac{i}{1 - \lambda i t}. \tag{17.4.6}$$

注意, 当 $t \to 1/\lambda i$ 时 $x(t)$ 上升至无穷大. 换句话说, 假定增长上升的速度为总体大小的平方, 那么, 在有限的时间区间内会无限增长. 类似地, 如果 (17.3.4) 中的 λ_n 上升得太快, 则在有限的时间区间内发生无穷多次变化的概率为正. 下述定理精确回答了发散增长的条件.

定理　$\sum P_n(t) = 1$ 对所有 t 成立的充分必要条件是级数 $\sum \lambda_n^{-1}$ 发散. [①]

证 令

$$S_k(t) = P_0(t) + \cdots + P_k(t). \tag{17.4.7}$$

由单调性可知极限

$$\mu(t) = \lim_{k \to \infty} [1 - S_k(t)] \tag{17.4.8}$$

[①] 不难看出, 不等式 $\sum P_n(t) < 1$ 要么对所有 $t > 0$ 成立, 要么没有一个 $t > 0$ 使得不等式成立. 见 17.10 节习题 22.

存在. 把诸微分方程 (17.3.2) 对 $n = 0, \cdots, k$ 求和可得

$$S'_k(t) = -\lambda_k P_k(t). \tag{17.4.9}$$

由初始条件 (17.3.3) 及上述微分方程推出对 $k \geqslant i$ 有

$$1 - S_k(t) = \lambda_k \int_0^t P_k(\tau)\, d\tau. \tag{17.4.10}$$

由 (17.4.8) 可知上式左边落在 μ 与 1 之间, 所以

$$\lambda_k^{-1} \mu(t) \leqslant \int_0^t P_k(s)\, ds \leqslant \lambda_k^{-1}. \tag{17.4.11}$$

对 $k = i, \cdots, n$ 求和可知对 $n \geqslant i$ 有

$$\mu(t)\left(\lambda_i^{-1} + \cdots + \lambda_n^{-1}\right) \leqslant \int_0^t S_n(s)\, ds \leqslant \lambda_i^{-1} + \cdots + \lambda_n^{-1}. \tag{17.4.12}$$

设 $\sum \lambda_n^{-1} < \infty$. 当 $n \to \infty$ 时, 最右边那一项是有界的, 因此, 被积函数不可能对所有 t 都趋于 1. 反之, 设 $\sum \lambda_n^{-1} = \infty$. 由第一个不等式可知 $\mu(t) = 0$ 对所有 t 成立. 再用 (17.4.8) 可得 $S_n(t) \to 1$. 定理证毕. ■

若用概率解释, 此准则是合理的, 系统停在初始状态 E_0 耗费一段时间后转移到 E_1, 在 E_1 停留一会儿转移到 E_2, 等等. 在 E_0 的逗留时间超过 t 的概率由 (17.3.2) 给出为 $P_0(t) = e^{-\lambda_0 t}$. 这个逗留时间 T_0 是一个随机变量, 其值域是正的 t 轴, 因此形式上看, 它超出了本书的范围. 然而, 从几何分布到指数分布的跃度不大, 我们可以跳过一个细节而于事无损. 用具有几何分布的离散随机变量来逼近 T_0 看出, 自然地要定义在 E_0 的逗留时的期望为

$$E(T_0) = \int_0^\infty t e^{-\lambda_0 t} \lambda_0\, dt = \lambda_0^{-1}. \tag{17.4.13}$$

在系统进入 E_j 那个时刻, E_j 取代了初始状态的角色, 类似的结论可用于在 E_j 的逗留时间 T_j: 在 E_j 的逗留时间的期望为 $E(T_j) = \lambda_j^{-1}$. 由此推出 $\lambda_0^{-1} + \lambda_1^{-1} + \cdots + \lambda_n^{-1}$ 是系统经过状态 $E_0, E_1, \cdots, E_n$ 所需的时间的期望值. 我们可以把 17.4 节的准则复述如下:

$\sum P_n(t) = 1$ 对所有 t 成立的充分必要条件是

$$\sum E(T_j) = \sum \lambda_j^{-1} = \infty, \tag{17.4.14}$$

即, 在 $E_0, E_1, E_2, \cdots$ 上耗费的时间的总和的期望必须为 ∞. 当然, $L_0(t) = 1 - \sum P_n(t)$ 是系统在时刻 t 以前已经经过全部状态的概率.

通过这种解释, 不等式 (17.4.2) 中的概率变得可以理解了. 如果在状态 E_j 的逗留时间的期望为 2^{-j}, 则系统在 $1 + 2^{-1} + 2^{-2} + \cdots = 2$ 个时间单位经过全部状态的概率大于 0. 类似地, 以指数增长的速度运动在 x 轴上的质点在有限时间内穿越整个 x 轴.

[在 17.9 节例 (b) 中还要回到发散的生过程.]

17.5　生灭过程

17.3 节中的纯生过程对放射性蜕变提供了一个令人满意的描述，但是，它不能作为其成员可能死亡（或扬弃）的总体的大小的变化的实际模型. 这就启发我们将上述模型作如下推广：由状态 E_n 不仅允许向邻近的较高的状态 E_{n+1} 转移，也允许向邻近的较低的状态 E_{n-1} 转移.（更一般的过程将在 17.9 节中定义.）因此，我们从下面的假设出发.

假设　系统的变化仅通过其状态向邻近的状态转移（当 $n \geqslant 1$ 时，E_n 可以转移到 E_{n+1} 或 E_{n-1}，但 E_0 只能转移到 E_1）而发生. 如果在时刻 t 系统处于状态 E_n，则在 t 到 $t+h$ 之内发生 $E_n \to E_{n+1}$ 的转移的概率为 $\lambda_n h + o(h)$，发生 $E_n \to E_{n-1}$（如果 $n \geqslant 1$）的转移的概率为 $\mu_n h + o(h)$. 在时间区间 $(t, t+h)$ 内发生多于一次变化的概率为 $o(h)$.

容易修改 17.2 节的方法以推出系统在时刻 t 处于状态 E_n 的概率 $P_n(t)$ 满足的微分方程组. 为了计算 $P_n(t+h)$，注意到在时刻 $t+h$ 系统处于 E_n 只有满足下列条件之一才有可能发生：(1) 在时刻 t 系统处于 E_n，在 t 与 $t+h$ 之间没有变化发生；(2) 在时刻 t 系统处于 E_{n-1}，在 t 与 $t+h$ 之间发生一个转移 $E_{n-1} \to E_n$；(3) 在时刻 t 系统处于 E_{n+1}，在时刻 t 与 $t+h$ 之间发生一个转移 $E_{n+1} \to E_n$；(4) 在 t 与 $t+h$ 之间发生多于一个转移. 由假设，最后一个事件的概率为 $o(h)$，而前三个事件是互斥的，从而它们的概率可以相加. 因此

$$P_n(t+h) = P_n(t)(1 - \lambda_n h - \mu_n h) + \lambda_{n-1} h P_{n-1}(t) + \mu_{n+1} h P_{n+1}(t) + o(h).$$
$$(17.5.1)$$

把 $P_n(t)$ 移项至左边，再将两边除以 h 并对 $h \to 0$ 取极限得

$$P_n'(t) = -(\lambda_n + \mu_n) P_n(t) + \lambda_{n-1} P_{n-1}(t) + \mu_{n+1} P_{n+1}(t). \tag{17.5.2}$$

此方程对 $n \geqslant 1$ 成立. 对 $n = 0$，用同样的方法可得

$$P_0'(t) = -\lambda_0 P_0(t) + \mu_1 P_1(t). \tag{17.5.3}$$

如果初始状态是 E_i，则初始条件是

$$P_i(0) = 1, \qquad \text{当 } n \neq i \text{ 时 } \quad P_n(0) = 0. \tag{17.5.4}$$

因此看出，生灭过程依赖于无穷微分方程组 (17.5.2) 和 (17.5.3) 并满足初始条件 (17.5.4). 在此情形，解的存在性和唯一性绝不是不足道的. 在纯生过程中，微分方程组 (17.3.2) 也是无穷的，但是，它们有递推关系，$P_0(t)$ 由第一个方程决

定, 而 $P_n(t)$ 可以由 $P_{n-1}(t)$ 算出. 新的方程组 (17.5.2) 不是这种形式, 所有 $P_n(t)$ 必须同时求出. 在这里 (以及本章其他地方) 只陈述解的性质而不予证明. [①]

对于任意给定的系数 $\lambda_n \geqslant 0, \mu_n \geqslant 0$, 总存在一组 $(17.5.2) \sim (17.5.4)$ 的正的解 $\{P_n(t)\}$ 满足 $\sum P_n(t) \leqslant 1$. 如果系数有界 (或者上升得比较慢), 此解是唯一的而且满足正则化条件 $\sum P_n(t) = 1$. 然而, 可以取系数使得 $\sum P_n(t) < 1$ 且存在无穷多组解. 在后面这种场合, 我们会遇到在前一节中类似于纯生过程所研究过的现象. 这种情况具有重要的理论意义, 但请读者放心, 关于唯一性的条件, 在所有具有实际意义的情形下都是满足的, 在这种情况下自然有 $\sum P_n(t) = 1$ (见 17.9 节).

当 $\lambda_0 = 0$ 时, 转移 $E_0 \to E_1$ 是不可能的. 用马尔可夫链的术语来说, E_0 是**吸收状态**, 从它不可能流出, 一旦系统处于 E_0 就永远停留在 E_0. 由 (17.5.3) 推出, 在这种情况下有 $P_0'(t) \geqslant 0$, 所以 $P_0(t)$ 单调上升. 极限 $P_0(\infty)$ 是**最终被吸收**的概率.

可以证明 (或者从解的显式表达式出发, 或者从马尔可夫过程的一般遍历定理出发), 在任何情况下, 极限

$$\lim_{t \to \infty} P_n(t) = p_n \tag{17.5.5}$$

存在且不依赖于初始条件 (17.5.4), 它们满足在 (17.5.2) 和 (17.5.3) 中代 $P_n'(t)$ 及 $P_0'(t)$ 以 0 得到的线性方程组.

关系式 (17.5.5) 与 15.7 节中推出的通常的马尔可夫链的极限定理相似, 而且这种相似之处比形式的东西还要多. 直观上看, 把我们的过程与具有转移概率

$$p_{n,n+1} = \frac{\lambda_n}{\lambda_n + \mu_n}, \qquad p_{n,n-1} = \frac{\mu_n}{\lambda_n + \mu_n}. \tag{17.5.6}$$

的简单马尔可夫链做比较, (17.5.5) 就变得很明显了. 在这个马尔可夫链中, 仅有的两种直接转移是 $E_n \to E_{n+1}$ 和 $E_n \to E_{n-1}$, 而且其条件概率与我们的过程的条件概率是一样的, 此链与我们的过程的差异仅仅在于: 后者能在任何时间发生变化, 所以在长为 t 的时间区间内发生转移的次数是一个随机变量. 然而, 对于大的 t, 此数必然很大, 因此, 当 $t \to \infty$ 时, 概率 $P_n(t)$ 的性态与简单链的对应概率的性态相同是可以想象的.

如果具有转移概率 (17.5.6) 的简单链是暂留的, 那么对所有 n 都有 $p_n = 0$, 如果链是遍历的, 则 p_n 定义了一个平稳概率分布. 在此场合, (17.5.5) 通常解释

---

① 简单的存在性证明与唯一性准则可以由作者给出的一般理论的特殊情况中得到 (见 17.9 节). 满足条件 $\sum P_n(t) < 1$ 的生灭过程的解最近引起了许多作者的广泛注意, 见参考文献 [90][72][73][43].

为"趋向稳定状态的条件", 而此命名引起过许多混乱. 必须了解: 除了 E_0 是吸收状态以外, 随机起伏一直不会减弱, (17.5.5) 仅仅说明: 在长连贯中, 初始条件的影响不会出现. 15.7 节中关于统计平衡的附注可以不加改动地移置于此.

生灭过程的主要应用领域是等待时间问题、占线问题等. 见 17.6 节与 17.7 节.

例　(a) **线性增长**. 假定总体由一些既能分裂又可能会死亡的元素所构成. 在长为 h 的很短的时间区间内, 一个活着的元素分裂成两个的概率是 $\lambda h + o(h)$, 死去的概率是 $\mu h + o(h)$. 此处 λ 和 μ 是刻画总体的两个常数. 假定各元素之间没有相互作用, 我们导出一个具有 $\lambda_n = n\lambda, \mu_n = n\mu$ 的生灭过程. 基本的微分方程组取下述形式

$$
\begin{aligned}
&P_0'(t) = \mu P_1(t), \\
&P_n'(t) = -(\lambda+\mu)nP_n(t) + \lambda(n-1)P_{n-1}(t) + \mu(n+1)P_{n+1}(t).
\end{aligned}
\tag{17.5.7}
$$

可以求出显式解[①]（见 17.10 节习题 11~14）, 但此处不打算讨论这方面的问题. 极限 (17.5.5) 存在且满足令 $P_n'(t) = 0$ 方程组 (17.5.7). 由第一个方程得 $p_1 = 0$, 用归纳法, 由第二个方程得 $p_n = 0$ 对所有 $n \geqslant 1$ 成立. 如果 $p_0 = 1$, 我们说最终灭绝的概率为 1. 如果 $p_0 < 1$, 则 $p_1 = p_2 = \cdots = 0$ 蕴涵了总体的大小增值得超过任一上界的概率为 $1 - p_0$. 最后, 总体或者灭绝或者无限增长. 为了求出灭绝概率 p_0, 我们比较此过程和相关的马尔可夫链. 在我们的情况下, 转移概率 (17.5.6) 不依赖于 n, 因此, 得到一个通常的随机徘徊, 它向右和向左移的概率分别为 $p = \lambda/(\lambda+\mu)$ 和 $q = \mu/(\lambda+\mu)$. 状态 E_0 是吸收的. 从古典破产问题（见 14.2 节）得知: 当 $p \leqslant q$ 时灭绝概率是 1, 当 $q < p$ 时此概率为 $(q/p)^i$, 其中 i 是初始状态. 我们可得出结论, 当 $\lambda \leqslant \mu$ 时最终灭绝的概率 $p_0 = \lim P_0(t)$ 等于 1, 当 $\lambda > \mu$ 时 $p_0 = (\mu/\lambda)^i$.（易于从显式解验证这个结论, 见 17.10 节习题 11~14.）

像许多类似的情形一样, (17.5.7) 的显式解是比较复杂的, 因此, 我们希望直接从微分方程组来求分布 $\{P_n(t)\}$ 的均值和方差. 关于均值, 我们有

$$
M(t) = \sum_{n=1}^{\infty} nP_n(t).
\tag{17.5.8}
$$

我们略去 $M(t)$ 是有限的以及下面的形式运算的合理性（这两者均易由 17.10 节习题 12 给出的解导出）的证明. 乘 (17.5.7) 中第二个方程以 n 并对 $n = 1, 2, \cdots$

[①] 通常的方法是: 推出母函数 $\sum P_n(t)s^n$ 满足的微分方程. 在参考文献 [75] 中详细讨论了允许 (17.5.5) 中的系数依赖时间的更一般的过程. 也可见同一作者的论文参考文献 [77]. 在那里对理论作了推广以便研究生物总体的年龄分布.

求和，我们发现含 n^2 的项消去了，于是得到

$$M'(t) = \lambda \sum (n-1)P_{n-1}(t) - \mu \sum (n+1)P_{n+1}(t) = (\lambda - \mu)M(t). \qquad (17.5.9)$$

这是关于 $M(t)$ 的微分方程. 总体的初始大小是 i，所以 $M(0) = i$. 因此

$$M(t) = ie^{(\lambda-\mu)t}. \qquad (17.5.10)$$

由此可见：当 $\lambda < \mu$ 时均值趋于 0，当 $\lambda > \mu$ 时均值趋于 ∞. 用类似的方法可算出分布 $\{P_n(t)\}$ 的方差. [见 17.10 节习题 14.]

(b) **单线路的等待队列**. 最简单的情形是常系数 $\lambda_n = \lambda, \mu_n = \mu$，这时，生灭过程化为 17.7 节例 (b) 中 $a = 1$ 的等待队列的特殊情形.

17.6　指数持续时间

生灭过程的主要应用领域是：电话通信中的占线问题，电话、计数器、机器的各种等待队列问题. 这类问题可以用各种近似程度不同的数学方法来处理. 生灭过程的方法提供了一种最简易的途径，但这种模型基于一种数学简化，即假设持续时间是指数型的. 我们首先讨论这个基本假设.

为了语言具体起见，考虑电话会话，并设会话时间的长度必须是整数秒. 把会话时间的长度 X 作随机变量来处理，并设概率分布 $p_n = P\{X = n\}$ 已知. 于是电话线是一个具有两个可能状态 E_0（忙碌）或 E_1（空闲）的物理系统. 当电话线路忙碌时，下一秒钟状态的变化的概率与会话已经进行了多长时间有关. 换句话说，过去对将来有影响，从而我们的过程不是马尔可夫过程（见 15.13 节）. 这一情况是困难的根源，不过，存在一种我们曾在 13.9 节中讨论过的简单的例外情形.

设想每一秒钟会话是否继续下去，由扔一枚不对称的硬币来决定. 详细地说，在一个成功概率为 p 的伯努利试验序列中指数持续时间，假定每秒钟进行一次，直到第 1 次出现成功为止，第 1 次成功一出现，会话立即停止. 在这种情况下，会话时间的总长度即"持续时间"具有几何分布 $p_n = q^{n-1}p$. 当线路忙碌时，下一秒它仍然忙碌的概率是 q，而下一步出现转移 $E_0 \to E_1$ 的概率是 p. 现在，这些概率不依赖线路已经忙碌了多久了.

如果不想用离散时间参数，我们就必须与连续型的随机变量打交道. 等待时的几何分布被**指数分布**取代. 这是唯一的具有马尔可夫性的分布，即完全无记忆的分布. 换句话说，在时刻 x 进行着的会话继续进行到 $x + h$ 以后的概率与会话已持续的时间无关，其充分必要条件是会话持续 t 个以上的时间单位的概率由指

数分布 $e^{-\lambda t}$ 给出. 该"指数持续时间分布", 我们曾在 (17.2.4) 中的泊松分布的第 0 项遇到过, 即作为到第 1 次变化发生时所需的等待时间的分布.

生灭过程的方法只有当问题中的转移概率不依赖过去才能应用, 对于占线问题和等待线问题, 这意味着持续时间必须服从指数分布. 从实际观点来看, 此假设初看可能不自然, 但经验证明它合理地描述了实际现象. 特别地, 许多测量表明, 一个城市的电话会话的时间长度以惊人的精确度服从指数分布律.[①]对其他一些持续时间 (如机器维修的持续时间) 也是如此.

还要刻画所谓的输入流 (来电呼叫、机器的损毁等). 假定在长为 h 的时间区间内, 一个呼叫到来的概率为 λh 与一个可忽略的项的和, 而且多于一个呼叫的概率在取极限中可以略去. 根据 17.2 节的结果, 这意味着来电呼叫次数服从均值为 λt 的泊松分布. 我们称这种输入流是密度为 λ 的泊松型输入流.

容易验证指数持续时间的上述性质. 令 $u(t)$ 是会话持续至少 t 个时间单位的概率. 从 0 开始的会话持续到 $t+s$ 以后的概率为 $u(s+t)$, 等于它持续 t 个单位以上的概率乘上已知会话时间超过 t 的条件下剩余会话时间还要超过 s 个单位的条件概率. 如果过去的持续时间无影响, 则后面这一条件概率等于 $u(s)$, 所以

$$u(t+s) = u(t)u(s). \tag{17.6.1}$$

为了证明指数型持续时间的前述特征, 只需证明函数方程 (17.6.1) 的单调解必须形如 $e^{-\lambda t}$. 我们证明下面稍为强一点的结果, 它还有自身的用处.[②]

定理　令 u 是对 $t > 0$ 有定义的 (17.6.1) 的一个有界解. 则或者 $u(t) = 0$ 对所有 t 成立, 或者 $u(t) = e^{-\lambda t}$ 对某个常数 λ 成立.

证　显然

$$u(a) = u^2\left(\tfrac{1}{2}a\right). \tag{17.6.2}$$

首先假定对某个值 a 有 $u(a) = 0$. 用归纳法由 (17.6.2) 可得 $u\left(2^{-n}a\right) = 0$ 对所有整数 n 成立, 而从 (17.6.1) 易见 $u(s) = 0$ 蕴涵了 $u(t) = 0$ 对所有 $t > s$ 成立. 因此 $u(a) = 0$ 蕴涵了 u 恒等于 0. 显然 (17.6.2) 排除了 u 的负值, 所以剩下的仅仅考虑 (17.6.1) 的严格正的解.

令 $e^{-\lambda} = u(1)$ 且 $v(t) = e^{\lambda t}u(t)$. 则

$$v(t+s) = v(t)v(s) \qquad \text{且} \qquad v(1) = 1. \tag{17.6.3}$$

我们要证明这蕴涵了 $v(t) = 1$ 对所有 t 成立. 显然, 对任意正整数 m 和 n 有

$$v\left(\tfrac{m}{n}\right) = v^m\left(\tfrac{1}{n}\right) = \sqrt[n]{v^m(1)} = 1, \tag{17.6.4}$$

---

① 长途电话话费通常在三分钟后增加收费, 因此持续时间经常近似地为三分钟. 在此情况下不能应用指数分布.

② (17.6.1) 只是著名的哈梅尔方程 $f(t+s) = f(t) + f(s)$ 的对数变形. 我们证明它的解或者形如 at 或者在每个区间内都是无界的. (众所周知, 没有一个这样的解是贝尔函数, 即没有一个这样的解能由级数展开得到, 或者从连续函数出发通过其他极限过程得到.)

从而对所有有理数 s 有 $v(s) = 1$. 进一步，如果 $v(a) = c$ 则 $v(na) = c^n$ 对任一正整数或负整数 n 都成立. 由此推出，如果 v 取某个值 $c \neq 1$，那么它也取任意大的值. 但是，对 $t + s = \tau$ 应用 (17.6.1) 可得 $v(\tau - s) = v(\tau)$ 对任何有理数 s 成立. 因此，如果 v 在某点 τ 取值 A，那么，不管多么小的区间，v 在其中某一点会取值 A，因此，v 在任何给定的区间的有界性排除了 v 取任何不等于 1 的值的可能性. ∎

17.7 等待队列与服务问题

(a) **最简单的占线问题**. [①] 假设有无穷多条线路或通道可供使用，而且会话在区间 $(t, t+h)$ 内结束的概率为 $\mu h + o(h)$（指数持续时间）. 输入流是参数为 λ 的泊松型输入流. 当恰有 n 条线忙碌时称系统处于状态 E_n.

当然，还假定各个会话的持续时间是相互独立的. 假如有 n 条线路忙碌，在时间 h 内它们之中有一条空闲下来的概率为 $n\mu h + o(h)$. 在此时段内有两个或两个以上的会话结束的概率的大小与 h^2 同阶，从而可以略去. 一个新的呼叫到来的概率是 $\lambda h + o(h)$. 在此时段到来几个呼叫或者到来一个呼叫又有一个会话结束，此类组合的概率都是 $o(h)$. 因此，用 17.5 节的符号有

$$\lambda_n = \lambda, \qquad \mu_n = n\mu. \tag{17.7.1}$$

基本微分方程组 (17.5.2) 和 (17.5.3) 取下述形式：

$$\begin{aligned}
P_0'(t) &= -\lambda P_0(t) + \mu P_1(t), \\
P_n'(t) &= -(\lambda + n\mu)P_n(t) + \lambda P_{n-1}(t) + (n+1)\mu P_{n+1}(t), \quad (n \geqslant 1).
\end{aligned} \tag{17.7.2}$$

显式解可以由推出的母函数的偏微分方程得到（见 17.10 节习题 15）. 我们仅仅决定 (17.5.5) 中的量 $p_n = \lim P_n(t)$，它们满足方程组

$$\begin{aligned}
\lambda p_0 &= \mu p_1, \\
(\lambda + n\mu)p_n &= \lambda p_{n-1} + (n+1)\mu p_{n+1}.
\end{aligned} \tag{17.7.3}$$

用归纳法可得 $p_n = p_0(\lambda/\mu)n/n!$，所以

$$p_n = e^{-\lambda/\mu} \frac{(\lambda/\mu)^n}{n!}. \tag{17.7.4}$$

故极限分布是参数为 λ/μ 的泊松分布，与初始状态无关.

---

① 见参考文献 [112]. 电话交换机的等待与占线问题早在随机过程论以前就进行了研究，并刺激过理论的发展，特别是帕姆多年来被证明是有用且影响深远的工作. 此领域最早的工作者是埃尔朗（1878—1929）. 见参考文献 [10]. 具有独立价值的开拓性的工作由弗赖伊完成，见参考文献 [54]，此书为概率论在工程应用中的发展做了许多工作.

容易求出均值 $M(t) = \sum n P_n(t)$. 在 (17.7.2) 的第 n 个方程中乘以 n 再相加, 并注意 $P_n(t)$ 之和为 1, 可得

$$M'(t) = \lambda - \mu M(t). \tag{17.7.5}$$

当初始状态为 E_i 时有 $M(0) = i$, 从而

$$M(t) = \tfrac{\lambda}{\mu} \left(1 - \mathrm{e}^{-\mu t}\right) + i\mathrm{e}^{-\mu t}. \tag{17.7.6}$$

读者可验证当 $i = 0$ 的特殊情形, $P_n(t)$ 精确地由均值为 $M(t)$ 的泊松分布给出.

(b) **有限条通道的等待队列**. [①]现在把上面的例子修正到更加符合实际的模型. 除了线路或者通道的数目为有限以外, 其他假设照旧. 如果所有的通道都是忙碌的, 则新来的呼叫加入等待队列一直等到有一条通道空闲. 这意味着所有的线路具有同一条公共的等待队列.

"线路" 一词可以用邮局的服务台来代替, "会话" 可以用服务来代替. 实际上, 我们所讨论的是: 所有的 a 条通道都忙碌时, 一个新到的客户才需要等待的一般的等待队列问题.

如果正在被服务与在等待队列上的人数之和恰为 n 个则说系统处于状态 E_n. 只有当 $n > a$ 时这种等待队列才存在, 而且此时恰有 $n - a$ 个人在等待队列中.

只要至少有一条通道空闲, 情况就和前面的例子完全一样. 然而, 如果系统处于状态 E_n 且 $n > a$, 则仅有 a 个会话在进行中, 因此, 对 $n \geqslant a$ 总有 $\mu_n = a\mu$. 因此, 基本微分方程组当 $n < a$ 时由 (17.7.2) 给出, 当 $n \geqslant a$ 时由下面的微分方程组给出

$$P'_n(t) = -(\lambda + a\mu)P_n(t) + \lambda P_{n-1}(t) + a\mu P_{n+1}(t). \tag{17.7.7}$$

对只有一个通道 ($a = 1$) 的特殊情形, 这些方程化为系数不依赖于 n 的关于生灭过程的那些方程.

当 $n < a$ 时, 极限 $p_n = \lim P_n(t)$ 满足 (17.7.3), 当 $n \geqslant a$ 时它们满足

$$(\lambda + a\mu)p_n = \lambda p_{n-1} + a\mu p_{n+1}. \tag{17.7.8}$$

由递推法可得

$$p_n = p_0 \frac{(\lambda/\mu)^n}{n!}, \qquad n \leqslant a, \tag{17.7.9}$$

$$p_n = p_0 \frac{(\lambda/\mu)^n}{a!a^{n-a}}, \qquad n \geqslant a. \tag{17.7.10}$$

① 见参考文献 [83]. 相关的过程见 17.10 节习题 6 至习题 8 以及习题 20.

只有当

$$\lambda/\mu < a. \tag{17.7.11}$$

时级数 $\sum(p_n/p_0)$ 才收敛. 因此, 当 $\lambda \geqslant a\mu$ 时极限分布 $\{p_n\}$ 不存在. 在这种情形下 $p_n = 0$ 对所有 n 成立, 这意味着等待队列的长度逐渐地无限增大. 另一方面, 如果 (17.7.11) 成立, 我们可以从 $\sum p_n = 1$ 来决定 p_0. 由 $P_n(t)$ 的显式表达式可以证明 p_n 确实代表了 $P_n(t)$ 的极限分布. 表 17.1 给出了 $a = 3, \lambda/\mu = 2$ 的一个数值例子.

表 17.1 当通道数 $a = 3$ 且 $\lambda/\mu = 2$ 时的极限概率

n	0	1	2	3	4	5	6	7
占线数	0	1	2	3	3	3	3	3
等待人数	0	0	0	0	1	2	3	4
p_n	0.1111	0.2222	0.2222	0.1481	0.098 88	0.0658	0.0439	0.0293

(c) **机器维修.** [①] 为了先熟悉, 我们从最简单的情形出发, 而在下一个例子中再一般化. 问题如下.

考虑一批在正常情况下不需人看管的自动机器, 只有当机器出毛病时才要求维修, 而要求维修的时间是一个服从指数分布的随机变量. 换句话说, 机器是以满足下述性质的两个常数 λ 和 μ 为特征的. 如果在时刻 t 机器处于工作状态, 则它在时刻 $t + h$ 以前需要维修的概率为 λh 加一项当 $h \to 0$ 时可忽略的项. 反之, 当机器正在被维修时, 其维修时间在 $t + h$ 之前结束并转入工作状态的概率为 $\mu h + o(h)$. 对一台效率高的机器来说, λ 应该相对地较小而 μ 则相对地较大. 称比值 λ/μ 为维修因子.

假定 m 台机器具有相同的参数 λ 和 μ, 而且它们的工作是相互独立的, 仅有一名维修工. 当某台机器出现毛病时, 如果维修工没有为其他机器进行维修, 则它立刻得到维修, 否则这台出毛病的机器进入等待维修队列. 如果有 n 台机器不能工作, 则说系统处于状态 E_n. $1 \leqslant n \leqslant m$ 意味着有 1 台机器正在被维修, 有 $n - 1$ 台机器在等待维修. 如果系统处于状态 E_0, 则所有的机器都在正常工作, 而维修工在闲着.

转移 $E_n \to E_{n+1}$ 是由 $m - n$ 台工作着的机器中有一台出现毛病而引起的, 转移 $E_n \to E_{n-1}$ 在维修的机器修好且返回工作状态时发生. 因此, 得到了一个系数为

$$\lambda_n = (m - n)\lambda, \quad \mu_0 = 0, \quad \mu_1 = \mu_2 = \cdots = \mu_m = \mu \tag{17.7.12}$$

---

① 例 (c) 和 (d) 以及数值例子, 都取自参考文献 [113]. 最经济的修理工的数目与图表是由帕姆给出的.

的生灭过程. 对 $1 \leqslant n \leqslant m - 1$, 基本微分方程组 (17.5.2) 变为

$$P'_n(t) = -[(m-n)\lambda + \mu]P_n(t) + (m-n+1)\lambda P_{n-1}(t) + \mu P_{n+1}(t), \quad (17.7.13)$$

对极端状态 $n = 0$ 和 $n = m$ 有

$$P'_0(t) = -m\lambda P_0(t) + \mu P_1(t),$$
$$P'_m(t) = -\mu P_m(t) + \lambda P_{m-1}(t). \quad (17.7.13a)$$

这是一个有限的微分方程组, 可以用标准方法求解. 极限 $p_n = \lim P_n(t)$ 由

$$m\lambda p_0 = \mu p_1,$$
$$[(m-n)\lambda + \mu]p_n = (m-n+1)\lambda p_{n-1} + \mu p_{n+1}, \quad (17.7.14)$$
$$\mu p_m = \lambda p_{m-1}$$

决定. 由这些方程, 我们得到递推公式

$$(m-n)\lambda p_n = \mu p_{n+1}. \quad (17.7.15)$$

依次以 $n = m - 1, m - 2, \cdots, 1, 0$ 代入得到

$$p_{m-k} = \frac{1}{k!}\left(\frac{\mu}{\lambda}\right)^k \cdot p_m.$$

剩下的未知常数 p_m 可以应用诸 p_j 之和为 1 求出. 下面的结果是熟知的埃尔朗损失公式

$$p_m = \left[1 + \frac{1}{1!}\left(\frac{\mu}{\lambda}\right)^1 + \cdots + \frac{1}{m!}\left(\frac{\mu}{\lambda}\right)^m\right]^{-1}. \quad (17.7.16)$$

表 17.2 给出了典型数值.

表 17.2　埃尔朗损失公式当 $\lambda/\mu = 0.1$, $m = 6$ 时的概率 p_n

n	等待维修的机器数	p_n
0	0	0.4845
1	0	0.2907
2	1	0.1454
3	2	0.0582
4	3	0.0175
5	4	0.0035
6	5	0.0003

概率 p_0 可解释为维修工空闲的概率 (在表 17.2 的例子中, 他会有约一半的时间空闲着). 在等待队列上待修的机器数的期望为

$$w = \sum_{k=1}^{m}(k-1)p_k = \sum_{k=1}^{m}kp_k - (1-p_0). \quad (17.7.17)$$

此数可把 (17.7.15) 对 $n = 0, 1, \cdots, m$ 求和算出. 应用诸 p_n 之和为 1 可得

$$m\lambda - \lambda w - \lambda(1 - p_0) = \mu(1 - p_0),$$

从而

$$w = m - \frac{\lambda + \mu}{\lambda}(1 - p_0). \tag{17.7.18}$$

在表 17.2 的例子中, 我们有 $w = 6 \cdot 0.0549$. 因此, 0.0549 是一台机器对等待队列的平均贡献.

(d) **续上例: 多个维修工的情形.** 除了把一个维修工改为 r 个 ($r < m$) 维修工为 m 台机器服务以外, 上例中的其他基本假设均不改变. 因此, 对于 $n \leqslant r$ 状态 E_n 意味着: $r - n$ 个维修工闲着, n 台机器正在被维修, 没有机器在等待队列上待修. 对于 $n > r$ 状态 E_n 意味着: r 台机器正在被维修, 还有 $n - r$ 台机器在等待队列上待修. 除了 (17.7.12) 显然要用

$$
\begin{aligned}
\lambda_0 &= m\lambda, & \mu_0 &= 0, & & \\
\lambda_n &= (m - n)\lambda, & \mu_n &= n\mu, & 1 &\leqslant n \leqslant r, \\
\lambda_n &= (m - n)\lambda, & \mu_n &= r\mu, & r &\leqslant n \leqslant m
\end{aligned}
\tag{17.7.19}
$$

代替以外, 上一个例子的方法仍然可以运用. 我们不再写出基本的微分方程组, 而只写出有关极限概率 p_n 的方程组. 对于 $1 \leqslant n < r$ 有

$$[(m - n)\lambda + n\mu] p_n = (m - n + 1)\lambda p_{n-1} + (n + 1)\mu p_{n+1}, \tag{17.7.20a}$$

对于 $r \leqslant n \leqslant m$ 有

$$[(m - n)\lambda + r\mu] p_n = (m - n + 1)\lambda p_{n-1} + r\mu p_{n+1}. \tag{17.7.20b}$$

对于 $n = 0$ 显然有 $m\lambda p_0 = \mu p_1$. 此关系式确定了比值 p_1/p_0. 由 (17.7.20a) 用归纳法可知当 $n < r$ 时有

$$(n + 1)\mu p_{n+1} = (m - n)\lambda p_n, \tag{17.7.21}$$

最后, 由 (17.7.20b) 可知当 $n \geqslant r$ 时有

$$r\mu p_{n+1} = (m - n)\lambda p_n. \tag{17.7.22}$$

这些方程能使我们依次算出比值 p_n/p_0. 最后, p_0 可以由条件 $\sum p_k = 1$ 求出. 表 17.3 中的值就是由这种方法得到的.

比较表 17.2 和表 17.3 可以发现一些惊人的事实. 它们参照的是同一种类型的机器 ($\lambda/\mu = 0.1$), 但是在第二种情况下, 机器数 $m = 20$, 维修工数目 $r = 3$.

表 17.3　当 $\lambda/\mu = 0.1$, $m = 20$, $r = 3$ 时的概率 p_n

n	被维修的机器数	待维修的机器数	闲着的维修工数	p_n
0	0	0	3	0.136 25
1	1	0	2	0.272 50
2	2	0	1	0.258 88
3	3	0	0	0.155 33
4	3	1	0	0.088 02
5	3	2	0	0.046 94
6	3	3	0	0.023 47
7	3	4	0	0.010 95
8	3	5	0	0.004 75
9	3	6	0	0.001 90
10	3	7	0	0.000 70
11	3	8	0	0.000 23
12	3	9	0	0.000 07

每个维修工负责维修的机器数由 6 上升到 $6\frac{2}{3}$, 但机器却得到更有效的维修. 定义机器的损失系数为

$$\frac{w}{m} = \frac{\text{机器在等待队列上的平均数}}{\text{机器数}}, \tag{17.7.23}$$

定义维修工的损失系数为

$$\frac{\rho}{r} = \frac{\text{空闲的维修工的平均数}}{\text{维修工数}}. \tag{17.7.24}$$

为了实用的目的, 我们可以把概率 $P_n(t)$ 与极限 p_n 视为等同. 在表 17.3 中, $w = p_4 + 2p_5 + 3p_6 + \cdots + 17p_{20}$, 而 $\rho = 3p_0 + 2p_1 + p_2$. 表 17.4 无可置疑地证明了对于上述特定的 ($\lambda/\mu = 0.1$) 机器, 每 20 台机器配 3 个维修工比每 6 台机器配 1 个维修工更经济.

表 17.4　例 (c) 与例 (d) 中讨论的两种维修制的效率的比较

	(c)	(d)
机器数	6	20
维修工数	1	3
每个维修工负责的机器数	6	$6\frac{2}{3}$
维修工的损失系数	0.4845	0.404 2
机器的损失系数	0.0549	0.016 94

(e) **电力供应问题**. [1] 一条电线供应 a 个电焊工, 这些电焊工只是间断地用电. 如果在时刻 t 一个电焊工正在使用电, 那么他在时刻 $t+h$ 以前停止使用的概率为 $\mu h + o(h)$; 如果在时刻 t 他没有要求使用电, 那么他在 $t+h$ 以前要求使用电的概率为 $\lambda h + o(h)$. 电焊工们的工作是相互独立的.

如果恰有 n 个电焊工正在用电则说系统处于状态 E_n. 因此，系统只有有限个状态 $E_0, \cdots, E_a$. 如果系统处于状态 E_n，则恰有 $a-n$ 个电焊工没有用电，而且在长为 h 的时间区间内有一个新的要求用电的概率为 $(a-n)\lambda h + o(h)$. 另一方面，n 个用电的电焊工有一个停止用电的概率为 $n\mu h + o(h)$. 所以，我们得到了参数为

$$\lambda_n = (a-n)\lambda, \qquad \mu_n = n\mu, \qquad 0 \leqslant n \leqslant a \qquad (17.7.25)$$

的生灭过程. 基本微分方程组为

$$P_0'(t) = -a\lambda P_0(t) + \mu P_1(t),$$

$$\begin{aligned} P_n'(t) = & -[n\mu + (a-n)\lambda] P_n(t) + (n+1)\mu P_{n+1}(t) \\ & + (a-n+1)\lambda P_{n-1}(t), \end{aligned} \qquad (17.7.26)$$

$$P_a'(t) = -a\mu P_a(t) + \lambda P_{a-1}(t).$$

（其中 $1 \leqslant n \leqslant a-1$. ）容易验证极限概率由二项分布

$$p_n = \binom{a}{n} \left(\frac{\lambda}{\lambda+\mu} \right)^n \left(\frac{\mu}{\lambda+\mu} \right)^{a-n} \qquad (17.7.27)$$

给出，此结果直观上也可预料到. [$P_n(t)$ 的显式表达式由 17.10 节习题 17 给出.]

17.8 倒退（向后）方程

在前述诸节中，我们研究了系统在时刻 t 处于状态 E_n 的概率 $P_n(t)$. 此记号虽方便，但它没有涉及系统在时刻 0 的初始状态 E_i，所以容易引起混乱. 为了进一步的理论研究，最好返回来用 17.1 节曾用过的**转移概率**的符号. 因此，用 $P_{in}(t)$ 代表系统在时刻 s 处于状态 E_i 的条件下在时刻 $s+t$ 处于状态 E_n 的（条件）概率. 我们继续用 $P_n(t)$ 代表系统在时刻 t 处于状态 E_n 的（绝对）概率. 当初始状态 E_i 给定以后，绝对概率 $P_n(t)$ 与 $P_{in}(t)$ 一致，但是，当初始状态按概率分布 $\{a_i\}$ 选取时，我们有

$$P_n(t) = \sum_i a_i P_{in}(t). \qquad (17.8.1)$$

对以前考虑的特殊过程，我们已经证明：对固定的 i，转移概率 $P_{in}(t)$ 满足基本微分方程组 (17.3.2) 和 (17.5.2). 下标 i 只出现在初始条件中，即

$$P_{in}(0) = \begin{cases} 1, & \text{如果 } n = i, \\ 0, & \text{其他.} \end{cases} \qquad (17.8.2)$$

作为研究更一般的过程的准备, 我们着手证明这组相同的转移概率满足第二微分方程组. 为固定起见, 以 17.3 节中研究过的纯生过程开始. 微分方程组 (17.3.2) 是用下述方法导出的: 把时间区间由 $(0, t)$ 延长到 $(0, t + h)$ 并考虑其在短区间 $(t, t + h)$ 内的改变. 我们也可以将区间 $(0, t)$ 沿过去的方向延长并考虑其在区间 $(-h, 0)$ 内的改变. 用这种方法, 我们得到一个新的微分方程组, 其中固定的是 n (代替 i). 确实, 在时刻 $-h$ 处于状态 E_i 到时刻 t 处于状态的 E_n 的转移有 3 种互斥的方式发生: (1) 在 $-h$ 和 0 之间没有跳跃发生, 而系统由时刻 0 处于 E_i 转到 E_n; (2) 在 $-h$ 和 0 之间恰有一次跳跃发生, 而系统由时刻 0 处于状态 E_{i+1} 在时刻 t 转到 E_n; (3) 在 $-h$ 和 0 之间有多于一次跳跃发生. 对应于第 1 种情况的概率是 $1 - \lambda_i h + o(h)$, 对应于第 2 种情况的概率是 $\lambda_i h + o(h)$, 对应于第 3 种情况的概率是 $o(h)$. 如同 17.2 节和 17.3 节一样, 有

$$P_{in}(t + h) = P_{in}(t)(1 - \lambda_i h) + P_{i+1,n}(t)\lambda_i h + o(h). \tag{17.8.3}$$

因此, 对于 $i \geqslant 0$ 新的基本微分方程组是

$$P'_{in}(t) = -\lambda_i P_{in}(t) + \lambda_i P_{i+1,n}(t). \tag{17.8.4}$$

称这组方程为**倒退方程组**, 为区别起见, 称方程组 (17.3.2) 为**前进方程组**. 初始条件是 (17.8.2). [直观上, 人们期望

$$\text{如果} \quad n < i \quad \text{则} \quad P_{in}(t) = 0, \tag{17.8.5}$$

但病态的例外是存在的, 见 17.9 节例 (b).]

在生灭过程的情形, 对于固定的 i 基本的**前进方程组**是 (17.5.2) 和 (17.5.3). 导出 (17.8.4) 的类似推理可以导出对应的**倒退方程组**

$$P'_{in}(t) = -(\lambda_i + \mu_i)P_{i,n}(t) + \lambda_i P_{i+1,n}(t) + \mu_i P_{i-1,n}(t). \tag{17.8.6}$$

显然, 前进方程组与倒退方程组不是相互独立的. 满足初始条件 (17.8.2) 的倒退方程组的解, 只要唯一, 就一定满足前进方程组.

例 泊松过程. 在 17.2 节中, 我们曾经把 (17.2.4) 的泊松表示式解释为在长为 t 的任一时间区间内恰有 n 次呼叫到来的概率. 如果在 0 和 t 的时间区间恰有 n 个呼叫到来, 则说系统在时刻 t 处于状态 E_n. 在时刻 t_1 处于状态 E_i 而到时刻 t_2 转到状态 E_n 意味着在 t_1 和 t_2 之间来了 $n - i$ 个呼叫. 这种情形只有

当 $n \geqslant i$ 才有可能，因此，对泊松过程，其转移概率为

$$P_{in}(t) = \mathrm{e}^{-\lambda t} \frac{(\lambda t)^{n-i}}{(n-i)!}, \qquad \text{如果 } n \geqslant i,$$

$$P_{in}(t) = 0, \qquad\qquad \text{如果 } n < i. \tag{17.8.7}$$

它们满足前进方程组

$$P'_{in}(t) = -\lambda P_{in}(t) + \lambda P_{i,n-1}(t) \tag{17.8.8}$$

和倒退方程组

$$P'_{in}(t) = -\lambda P_{in}(t) + \lambda P_{i+1,n}(t). \tag{17.8.9}$$

17.9 一般过程

前面的讨论限于从状态 E_n 出发只能直接转移到邻近的状态 E_{n+1} 或 E_{n-1} 的过程. 此外，这些过程还是时齐的，即转移概率 $P_{in}(t)$ 对长为 t 的所有时间区间来说都是一样的. 现在我们考虑不需要上述两个假设的更一般的过程.

正如一般的马尔可夫链的理论一样，允许从任意一个状态 E_i 直接转移到任意一个另外的状态 E_n，而且转移概率允许随时间而变化. 这就必须特别指明时间区间的两个端点而不仅仅是它的长度. 因此，把给定前面的时刻 τ 处于状态 E_i 的条件下在时刻 t 系统处于状态 E_n 的条件概率写作 $P_{in}(\tau, t)$. 符号 $P_{in}(\tau, t)$ 只对 $\tau \geqslant t$ 有意义. 如果过程是时齐的，则 $P_{in}(\tau, t)$ 只依赖于差 $t - \tau$，从而可以把 $P_{in}(\tau, \tau + t)$ （它不依赖于 τ）简写成 $P_{in}(t)$.

在 17.1 节中，我们曾经看到时齐的马尔可夫过程满足**查普曼–柯尔莫哥洛夫方程**

$$P_{in}(s+t) = \sum_{\nu} P_{i\nu}(s) P_{\nu n}(t). \tag{17.9.1a}$$

对于非时齐的过程，类似的恒等式是：对 $\tau < s < t$ 有

$$P_{in}(\tau, t) = \sum_{\nu} P_{i\nu}(\tau, s) P_{\nu n}(s, t). \tag{17.9.1b}$$

此关系式说明下述事实：从时刻 τ 处于状态 E_i 到时刻 t 转移到状态 E_n，在中间时刻 s 处于某个状态 E_ν，而且对马尔可夫过程来说，从 E_ν 转移到 E_n 的概率 $P_{\nu n}(s, t)$ 不依赖前面的状态 E_i. 因此，可数状态的马尔可夫过程的转移概率

是满足边界条件

$$P_{ik}(\tau, t) \geqslant 0, \qquad \sum_k P_{ik}(\tau, t) = 1 \tag{17.9.2}$$

的查普曼–柯尔莫哥洛夫恒等式 (17.9.1b) 的解. 我们将不加证明地承认下列事实: 反之, 这样的解代表了一个马尔可夫过程的转移概率.①由此推出马尔可夫过程理论的基本问题是: 找出满足边界条件 (17.9.2) 的查普曼–柯尔莫哥洛夫恒等式的全部解.

本节的主要目的是说明关于生灭过程的假设可以自然地推广到允许 $E_i \to E_j$ 的任意的直接转移. 从这些假设出发, 我们将推出两组分别称为前进方程组和倒退方程组的常微分方程组. 在通常的情况下, 这两组方程的每一组都唯一地决定一组转移概率. 前进方程组概率上较为自然, 但是, 它们的严格推导要求较强而且直观意义并不鲜明的假设.

在 17.5 节的时齐的生灭过程中, 起始的假设是涉及转移概率 $P_{jk}(h)$ 对小 h 的性质, 本质上, 它要求导数 P'_{jk} 在原点存在. 对于非时齐的过程, 我们也将施加同样的条件在作为 x 的函数的 $P_{jk}(t, t+x)$ 上. 其导数具有类似的概率解释, 但它们是 t 的函数.

假设 1 对于每个状态 E_n, 存在对应的连续函数 $c_n(t) \geqslant 0$ 使得当 $h \to 0$ 时有

$$\frac{1 - P_{nn}(t, t+h)}{h} \to c_n(t). \tag{17.9.3}$$

假设 2 当 $j \neq k$ 时, 对于每一对状态 E_j, E_k, 存在转移概率 $p_{jk}(t)$（依赖于时间）使得当 $h \to 0$ 时有

$$\frac{P_{jk}(t, t+h)}{h} \to c_j(t) p_{jk}(t), \qquad j \neq k, \tag{17.9.4}$$

其中 $p_{jk}(t)$ 是 t 的连续函数, 而且对任意的固定的 t 和 j 有

$$\sum_k p_{jk}(t) = 1, \qquad p_{jj}(t) = 0. \tag{17.9.5}$$

(17.9.3) 的概率解释是明显的, 假设在时刻 t 系统处于状态 E_n, 在 t 和 $t+h$ 之间没有发生改变的概率为 $c_n(t)h + o(h)$. 系数 $p_{jk}(t)$ 可解释为如下的条件概

---

① 马尔可夫过程的概念要求, 在时刻 s 给定状态 E_ν, 时刻 s 以前的发展不影响将来的发展. 如 17.1 节中指出的, 查普曼–柯尔莫哥洛夫恒等式只是部分地表达了这一要求, 因为它仅仅包含了一个时刻 $\tau < s$ 和另一个时刻 $t > s$. 是否存在非马尔可夫过程的转移概率也满足 (17.9.1) 这一长期关注的问题现在已经得到解决, 回答是肯定的. 有已知的这种过程的最简单的例子是时齐的仅有 3 个状态 E_j 的过程 (见参考文献 [44]). 这种过程是比较病态的, 但是它们的存在性, 与下述论断并不矛盾: 每一个满足 (17.9.2) 的查普曼–柯尔莫哥洛夫方程的解对应着 (在某种唯一的意义下) 一个马尔可夫过程.

率: 如果从 E_j 出发在 t 与 $t+h$ 之间发生一次改变, 此改变使得系统从 E_j 转移到 E_k. 在生灭过程中, $c_n(t) = \lambda_n + \mu_n$ 且

$$p_{j,j+1}(t) = \frac{\lambda_j}{\lambda_j + \mu_j}, \qquad p_{j,j-1}(t) = \frac{\mu_j}{\lambda_j + \mu_j}, \tag{17.9.6}$$

而对其他 j 和 k 的组合 $p_{jk}(t) = 0$. 对每一个固定的 t, $p_{jk}(t)$ 可以解释为马尔可夫链的转移概率.

上述两个假设足以保证推出 $P_{jk}(\tau, t)$ 的倒退方程组, 但是, 对前进方程组, 还要下面的附加假设.

假设 3 对于固定的 k, (17.9.4) 中的极限对 j 而言一致成立.

此假设的必要性在理论上是很有意义的, 现讨论如下.

我们视 $P_{ik}(\tau, t)$ 为 t 和 k 的函数来推导微分方程组 (前进方程组). 由 (17.9.1) 有

$$P_{ik}(\tau, t+h) = \sum_j P_{ij}(\tau, t) P_{jk}(t, t+h). \tag{17.9.7}$$

把上式右边的 $P_{kk}(t, t+h)$ 这一项用 (17.9.3) 表示可得

$$\frac{P_{ik}(\tau, t+h) - P_{ik}(\tau, t)}{h} = -c_k(t) P_{ik}(\tau, t) + h^{-1} \sum_{j \neq k} P_{ij}(\tau, t) P_{jk}(t, t+h) + \cdots \tag{17.9.8}$$

此处略去的项随 h 趋于 0 而趋于 0, 和式是对一切不等于 k 的 j 来求和. 现在把 (17.9.4) 用于和式中的诸项. 因为 (根据假设 3) 极限对 j 一致成立, 所以当 h 趋于 0 时右边的极限存在. 因此, 左边的极限也存在, 这意味着 $P_{jk}(\tau, t)$ 关于 t 的偏导数存在, 而且

$$\frac{\partial P_{ik}(\tau, t)}{\partial t} = -c_k(t) P_{ik}(\tau, t) + \sum_j P_{ij}(\tau, t) c_j(t) p_{jk}(t). \tag{17.9.9}$$

这是基本的前进微分方程组. 此处 i 和 τ 是固定的, 所以我们得到了 (不计形式上的偏导数形状) 一组关于 $P_{ik}(\tau, t)$ 的常微分方程. [1]参数 i 和 τ 仅在初始条件

$$P_{ik}(\tau, \tau) = \begin{cases} 1, & \text{如果 } k = i, \\ 0, & \text{其他} \end{cases} \tag{17.9.10}$$

中出现.

---

[1] 标准形式是

$$x_k'(t) = -c_k(t) x_k(t) + \sum_j x_j(t) c_j(t) p_{jk}(t).$$

　　现在转而讨论倒退方程组. 在这些方程中 k 和 t 保持为常数, 所以转移概率 $P_{ik}(\tau, t)$ 可以考虑为初始数据 E_i 和 τ 的函数. 在起始的假设的陈述中, 初始变量保持固定, 但是, 为了推导倒退方程组, 把同样的条件参照时间区间 $(t-h, t)$ 来表述更为方便. 换句话说, 从条件 (17.9.3) 和 (17.9.4) 的另外一种形式

$$\frac{1 - P_{nn}(t-h, t)}{h} \to c_n(t), \tag{17.9.3a}$$

$$\frac{P_{jk}(t-h, t)}{h} \to c_j(t) p_{jk}(t), \qquad j \neq k \tag{17.9.4a}$$

出发更为自然. 不难证明这两组条件是等价的 (或者把它们表述成一致的形式), 但我们将从这后一种形式出发. 值得注意的是下面的推导不需要类似于假设 3 的条件.

　　由查普曼–柯尔莫哥洛夫恒等式 (17.9.1b) 有

$$P_{ik}(\tau-h, t) = \sum_{\nu} P_{i\nu}(\tau-h, \tau) P_{\nu k}(\tau, t), \tag{17.9.11}$$

对 $n = i$ 用 (17.9.3a) 得

$$\frac{P_{ik}(\tau-h, t) - P_{ik}(\tau, t)}{h} = -c_i(\tau) P_{ik}(\tau, t) + h^{-1} \sum_{\nu \neq i} P_{i\nu}(\tau-h, \tau) P_{\nu k}(\tau, t) + \cdots. \tag{17.9.12}$$

此处 $h^{-1} P_{i\nu}(\tau-h, \tau) \to c_i(\tau) p_{i\nu}(\tau)$ 且 (17.9.12) 右边的和式中的极限总是一致收敛的. 事实上, 当 $N > i$ 时总有

$$0 \leqslant h^{-1} \sum_{\nu=N+1}^{\infty} P_{i\nu}(\tau-h, \tau) P_{\nu k}(\tau, t) \leqslant h^{-1} \sum_{\nu=N+1}^{\infty} P_{i\nu}(\tau-h, \tau)$$

$$= h^{-1}\left[1 - \sum_{\nu=0}^{N} P_{i\nu}(\tau-h, \tau)\right] \to c_i(\tau)\left[1 - \sum_{\nu=0}^{N} p_{i\nu}(\tau)\right]. \tag{17.9.13}$$

由条件 (17.9.5), 只要选取充分大的 N 就可以使得上式右边任意小. 由此推出, 在 (17.9.12) 中逐项取极限是允许的, 从而得到

$$\frac{\partial P_{ik}(\tau, t)}{\partial \tau} = c_i(\tau) P_{ik}(\tau, t) - c_i(\tau) \sum_{\nu} p_{i\nu}(\tau) P_{\nu k}(\tau, t). \tag{17.9.14}$$

　　这就是基本的**倒退微分方程组**. 此处出现的 k 和 t 都是固定的参数, 所以 (17.9.14) 实质上是一组常微分方程. 参数 k 和 t 仅在**初始条件**

$$P_{ik}(t, t) = \begin{cases} 1, & \text{如果 } i = k, \\ 0, & \text{其他} \end{cases} \tag{17.9.15}$$

中出现.

例 (a) **广义泊松过程.** 考虑所有 $c_i(t)$ 等于同一常数 λ 且 p_{jk} 不依赖 t 的情形. 在这种情况下, p_{jk} 是通常的马尔可夫链的转移概率, 如第 15 章一样, 用 $p_{jk}^{(n)}$ 表示高阶转移概率.

由于 $c_i(t) = \lambda$, 所以在时间区间 $(t, t+h)$ 内发生一次转移的概率不依赖于系统在时刻 t 所处的状态, 且等于 $\lambda h + o(h)$. 这蕴涵了在 τ 和 t 之间发生的转移的次数服从参数为 $\lambda(t-\tau)$ 的泊松分布. 已知恰有 n 次转移发生的条件下, 从 j 转移到 k 的 (条件) 概率为 $p_{jk}^{(n)}$. 因此

$$P_{ik}(\tau, t) = \mathrm{e}^{-\lambda(t-\tau)} \sum_{n=0}^{\infty} \frac{\lambda^n (t-\tau)^n}{n!} p_{ik}^{(n)}, \tag{17.9.16}$$

(如通常一样, 其中 $p_{jj}^{(0)} = 1$ 且当 $j \neq k$ 时 $p_{jk}^{(0)} = 0$). 容易验证 (17.9.16) 事实上是满足边界条件的两个微分方程组 (17.9.9) 和 (17.9.14) 的解.

特别地, 如果

$$当 k < j \text{ 时 } p_{jk} = 0, \qquad 当 k \geqslant j \text{ 时 } p_{jk} = f_{k-j}, \tag{17.9.17}$$

则 (17.9.16) 化为 12.2 节的复合泊松分布. ∎

这两组微分方程, 首先是由柯尔莫哥洛夫在关于马尔可夫过程的奠基性的重要论文[84]中推出来的. 而当系数 $c_n(t)$ 对 t 而言有界时, 费勒证明了这两个方程组存在唯一一组公共解 $\{P_{jk}(\tau, t)\}$, 它们满足查普曼–柯尔莫哥洛夫恒等式 (17.9.1b) 和边界条件 (17.9.2). 进一步, 在这种情况下没有一组微分方程还有其他解, 因此从本质上看这两组方程是等价的. 然而, 一些具体问题中导出的方程中序列 $\{c_n\}$ 是无界的, 如 17.4 节中证明的, 在这种情况下, 我们有时碰见一些意想不到的解, 对它们而言有

$$\sum_k P_{jk}(\tau, t) \leqslant 1 \tag{17.9.18}$$

且有些是严格不等式. 已经证明了[①] [对系数 $c_n(t)$ 不加任何限制]: 存在一组**最小解** $\{P_{jk}(\tau, t)\}$ 满足两组微分方程, 而且还满足查普曼–柯尔莫哥洛夫恒等式 (17.9.1b) 和 (17.9.18). 此解称为最小的是因为只要 $\{\bar{P}_{jk}(\tau, t)\}$ 满足倒退微分方程组或前进微分方程组 [同时满足常用的初始条件 (17.9.10)] 就总有

$$\bar{P}_{jk}(\tau, t) \geqslant P_{jk}(\tau, t). \tag{17.9.19}$$

---

① 见参考文献 [35]. 这篇文章处理了较一般的状态空间, 但把可数状态空间作为最重要的特殊情况来讨论. 这被后来某些作者忽略了, 他们还对这种情况给出了更复杂又不完备的推导. 时齐情形的最小解在第 2 卷 14.7 节中用拉普拉斯变换推出来了. 更完整的处理见参考文献 [42].

当最小解对所有 t 满足取等号形式的 (17.9.18) 时，则除了 $P_{jk}(\tau, t)$ 以外，倒退方程组和前进方程组都没有任何其他有概率意义的解. 换句话说，当最小解不是不完全的时，过程唯一地被两组方程中的任何一组决定. 如前所述，当系数 $c_n(t)$ 对每个固定的 t 都有界时就是如此.

当最小解是不完全的时，即 (17.9.18) 对某个 t（从而对全部 t）取不等式的形式时，情况就完全不同了. 在这种情况下，存在无穷多组转移概率满足倒退方程组和查普曼–柯尔莫哥洛夫恒等式，因此，存在满足倒退方程组以及假设 1 和假设 2 的无穷多个马尔可夫过程. 其中有一些满足前进方程组，但是在其他情况下，前进方程组的解是唯一的. [①]

(b) **生过程.** 对时齐的生过程而言，微分方程组 (17.3.2) 为如下形式

$$x'_0(t) = -\lambda_0 x_0(t), \qquad x'_k(t) = -\lambda_k x_k(t) + \lambda_{k-1} x_{k-1}(t). \tag{17.9.20}$$

这些是前进方程组. 由于它们构成了一个递归方程组，所以其解由它的当 $t = 0$ 时的初始值所唯一决定. 因此，对于所有 $k < i$ 转移概率相继地为 $P_{jk}(t) = 0$,

$$P_{ii}(t) = \mathrm{e}^{-\lambda_i t}, \qquad P_{i,i+1}(t) = \frac{\lambda_i}{\lambda_i - \lambda_{i+1}} \left(\mathrm{e}^{-\lambda_{i+1} t} - \mathrm{e}^{-\lambda_i t} \right), \tag{17.9.21}$$

对于 $k > i$ 有

$$P_{ik}(t) = \lambda_{k-1} \int_0^t \mathrm{e}^{-\lambda_k s} P_{i,k-1}(t - s) \, \mathrm{d}s. \tag{17.9.22}$$

为了看出这些转移概率满足查普曼柯尔莫哥洛夫恒等式 (17.9.1a)，只需注意：对于固定的 i 和 s，恒等式 (17.9.1a) 两边都是微分方程组 (17.9.20) 在相同的初始条件下的解.

倒退方程组曾在 (17.8.4) 中推出，它们的形式是

$$y'_i(t) = -\lambda_i y_i(t) + \lambda_i y_{i+1}(t). \tag{17.9.23}$$

我们必须证明当 k 固定时 $P_{ik}(t)$ 满足上述方程. 当 $k < i$ 时这显然是对的，因为这时 (17.9.23) 中的三项都是 0. 当 $k - i = 0$ 和 $k - i = 1$ 时由 (17.9.21) 知上述论断也是对的. 对于 $k > i + 1$ 我们现在应用事实

$$P'_{ik}(t) = \lambda_{k-1} \int_0^t \mathrm{e}^{-\lambda_k s} \cdot P'_{i,k-1}(t - s) \, \mathrm{d}s \tag{17.9.24}$$

---

① 回顾一下，只有假设 1 和假设 2 是具有概率意义的，而假设 3 是纯分析的，引进它仅仅为了方便而已. 在下述意义下它是不自然的，即并不是前进方程组的一切解都满足强加的一致性条件. 因此，倒退方程组表达了概率意义的条件，而且导出了一些有趣的过程，但是，对前进方程组就不能这样说. 这就说明为什么马尔可夫过程的全部理论都基于倒退方程组（或者抽象地说，基于函数变换的半群比基于概率测度好）.

来做归纳法. 假定当 $k-i \leqslant n$ 时 $P_{ik}(t)$ 满足 (17.9.23). 对于 $k = i+1+n$, 我们能够用 (17.9.23) 的右边来表示 (17.9.24) 的被积函数, 这样就得知当 $k-i = n+1$ 时 $P_{ik}(t)$ 也满足 (17.9.23).

因此, 我们证明了转移概率 $P_{ik}(t)$ 由前进方程组唯一决定, 而且这些概率也满足倒退方程组和查普曼–柯尔莫哥洛夫恒等式.

倒退方程组 (17.9.23) 可能还有其他解. 我们的转移概率的最小性质 (17.9.19) 还可以复述如下: 对 (17.9.23) 的任意一组非负解,

$$\text{如果} \quad y_i(0) = P_{ik}(0) \quad \text{则} \quad y_i(t) \geqslant P_{ik}(t) \tag{17.9.25}$$

对所有 $t > 0$ 成立. 此处 k 是任意的, 但要固定. 此论断对于 $k < i$ 显然成立, 因为在此情况下右边为 0. 给定 y_{i+1}, (17.9.23) 的解 y_i 可以显式地用类似于 (17.9.22) 的积分表示, 而且现在 (17.9.25) 的正确性可以对 $i = k, k-1, \cdots$ 递归地推出.

现在假定 $\sum \lambda_k^{-1} < \infty$. 17.4 节已经证明了在此情况下量

$$L_i(t) = 1 - \sum_{k=0}^{\infty} P_{ik}(t) \tag{17.9.26}$$

不恒为 0. 显然, $L_i(t)$ 可以解释为从 E_i 出发在时刻 t 以前到达 "无穷" 的概率. 也容易看出, L_i 是微分方程组 (17.9.23) 在初始值 $L_i(0) = 0$ 的条件下的解. 考虑任意一组非负函数 A_k, 并定义

$$\bar{P}_{ik}(t) = P_{ik}(t) + \int_0^t L_i(t-s) A_k(s) \, \mathrm{d}s. \tag{17.9.27}$$

容易验证, 对于固定的 k, $\bar{P}_{ik}(t)$ 满足倒退方程组且 $\bar{P}_{ik}(0) = P_{ik}(0)$. 问题发生了, 能否用这样的方法由 $A_k(t)$ 定义出来的 $\bar{P}_{ik}(t)$ 变成一组转移概率, 而且还满足查普曼–柯尔莫哥洛夫方程. 回答是肯定的. 我们不证明这一论断, 但给它一个概率解释.

$P_{ik}(t)$ 定义了所谓吸收边界过程: 当系统到达无穷时, 过程终止. 杜布[22] 首先研究了返回过程, 对这种过程而言, 系统一到达无穷立即返回 E_0 (或其他指定的状态) 然后再按原样开始. 在这种过程中, 系统由 E_0 到 E_5 或者经过 5 步或者经过无穷多步, 后者具有一个或多个从 E_0 到 "无穷" 的连贯. 这类过程的转移概率都形如 (17.9.27), 它们满足倒退方程组 (17.8.4) 或 (17.9.23), 但是不满足前进方程组 (17.9.24) 或 (17.8.5). ■

这就说明了为什么在推导前进方程组时我们强行引入看似奇怪的假设 3, 而此假设对倒退方程组是不必要的. 直观的富有概率意义的简单假设 1 和假设 2 与

返回过程是相容的, 返回过程不满足前进方程组 (17.9.24). 换句话说, 如果从假设 1 和假设 2 出发, 则柯尔莫哥洛夫倒退方程组成立, 但是, 对前进方程组, 还必须加另一项. [①]

纯生过程确实太平凡了, 但是, 如前所描述的条件, 对最一般的柯尔莫哥洛夫方程却是典型的. 然而, 会出现两个本质上是新的现象: 第一, 生过程仅包含一条漂移到 "无穷" 的线路, 用抽象的术语来说, 一个单一的**边界**点. 与此对比, 一般过程可能包含具有复杂的拓扑结构的边界. 第二, 在生过程中, 由于只有 $E_n \to E_{n+1}$ 这种转移才是可能的, 所以其运动直接趋向边界. 可以构造各种不同类型的过程, 例如, 颠倒方向可以得到另一个过程, 在这个过程中, 只有 $E_{n+1} \to E_n$ 的转移才是可能的. 这种过程不是在边界结束, 而是在那里**发源**. 在生灭过程中, 如像在一维扩散中那样, 沿两个方向的转移都是可能的. 在这种情况下, 存在与扩散理论中的弹性壁与反射壁过程相类似的过程, 但对它们的描述, 已超出本书的范围了.

17.10   习题

1. 在由 (17.3.2) 定义的纯生过程中, 令 $\lambda_n > 0$ 对所有 n 成立. 证明: 对每个固定的 $n \geqslant 1$, $P_n(t)$ 首先上升然后降到 0. 如果 t_n 是极大值的位置, 则 $t_1 < t_2 < t_3 < \cdots$. 提示: 利用归纳法, 微分 (17.3.2).

2. 续上题. 如果 $\sum \lambda_n^{-1} = \infty$, 证明 $t_n \to \infty$. 提示: 如果 $t_n \to \tau$, 则对固定的 $t > \tau$, 序列 $\lambda_n P_n(t)$ 单调递增. 应用 (17.4.10).

3. 尤尔过程. 导出由 (17.3.4) 定义的分布的均值与方差. [仅用微分方程组, 不用 (17.3.5) 的显式表示式.]

4. 纯灭过程. 求仅有转移 $E_n \to E_{n-1}$ 的尤尔型过程的微分方程组. 假定初始状态是 E_i, 求分布 $P_n(t)$ 和它的均值与方差.

5. 停车场. 设某停车场有 N 个泊位, 且来到此停车场的车流是参数为 λ 的泊松流, 但只当有空位可泊车时才这样. 泊位被占用的时间服从指数分布 (正如 17.7 节的持续时间). 求恰有 n 个泊位被占用的概率 $P_n(t)$ 满足的微分方程组.

6. 各种排队规则. 考虑具有单一线路的按 17.7 节例 (b) 中给定的规则服务的等待队列. 这时, 我们考虑过程完全从在时刻 0 呼叫的史密斯先生的观点出发. 他的等待时间依赖于排队规则, 即在等待队列上的呼叫通过的次序. 下列几种排队规则最为重要:

(a) **后到后服务**, 即呼叫按到达的次序通过.

(b) **随机次序**, 即在等待队列上的每个成员都有相同的概率作为下一个被服务者.

(c) **后到先服务**, 即呼叫通过的次序与到达的次序相反. [②]

[①] 进一步的细节见第 2 卷 14.8 节.

[②] 当最后的信息 (或观察值) 带有最大权重的时候, 这种规则在信息传输机中是有意义的. 此种处置来自参考文献 [135].

把状态从 -1 开始标号是方便的. 在史密斯的实际服务时间内, 我们说系统处于状态 E_0, 而当服务结束时, 系统处于状态 E_{-1}, 而且它永远停留在此. 对 $n \geqslant 1$, 如果史密斯的呼叫一直与其他 $n-1$ 个呼叫 (这 $n-1$ 个呼叫将要或可能先于史密斯得到服务) 一起在等待队列上, 则说系统处于状态 E_n. (正在被服务的呼叫不包含在等待队列内.) 令 $P_n(t)$ 是时刻 t 系统处于 E_n 的概率. 证明对 3 种排队规则都有

$$P'_{-1}(t) = \mu P_0(t).$$

此外

(a) 在后到后服务的规则下有

$$P'_n(t) = -\mu P_n(t) + \mu P_{n-1}(t), \qquad n \geqslant 0.$$

(b) 当 $n \geqslant 2$ 时, 在随机次序的规则下有

$$P'_n(t) = -(\lambda + \mu) P_n(t) + \frac{n\mu}{n+1} P_{n+1}(t) + \lambda P_{n-1}(t),$$
$$P'_1(t) = -(\lambda + \mu) P_1(t) + \tfrac{1}{2}\mu P_2(t),$$
$$P'_0(t) = -\mu P_0(t) + \mu P_1(t) + \tfrac{1}{2}\mu P_2(t) + \tfrac{1}{3}\mu P_3(t) + \cdots.$$

(c) 当 $n \geqslant 2$ 时, 在后到先服务的规则下有

$$P'_n(t) = -(\lambda + \mu) P_n(t) + \mu P_{n+1}(t) + \lambda P_{n-1}(t),$$
$$P'_1(t) = -(\lambda + \mu) P_1(t) + \mu P_2(t),$$
$$P'_0(t) = -\mu P_0(t) + \mu P_1(t).$$

(也见习题 20.)

7. 续上题. 假定服务规则是后到后服务 [情形 (a)] 且 $P_r(0) = 1$. 证明

$$P_k(t) = \frac{(\mu t)^{r-k}}{(r-k)!} e^{-\mu t}, \qquad 0 \leqslant k \leqslant r.$$

8. 续上题. 把习题 6 推广到有 a 条线路的情形.

9. 波利亚过程. [95] 这是一个非平稳的纯生过程, 它的参数 λ_n 依赖于时间

$$\lambda_n(t) = \frac{1 + an}{1 + at}. \tag{17.10.1}$$

证明具有初始条件 $P_0(0) = 1$ 的解为

$$\begin{aligned} P_0(t) &= (1 + at)^{-1/a}, \\ P_n(t) &= \frac{(1+a)(1+2a)\cdots[1+(n-1)a]}{n!} t^n (1 + at)^{-n-1/a}. \end{aligned} \tag{17.10.2}$$

再由微分方程组证明其均值与方差分别为 t 和 $t(1 + at)$.

10. 续上题. 波利亚过程可以由 5.2 节例 (c) 中的罐子模型取极限而得. 如果把系统的状态定义为抽出的红球的个数, 则在第 $n+1$ 次抽取中转移概率 $E_k \to E_{k+1}$ 为

$$p_{k,n} = \frac{r+kc}{r+b+nc} = \frac{p+k\gamma}{1+n\gamma}. \tag{17.10.3}$$

其中 $p = r/(r+b)$, $\gamma = c/(r+b)$.

如从伯努利试验过渡到泊松分布那样, 设抽球以 h 个时间单位为一次的速度进行, 并令 $h \to 0$, $n \to \infty$ 满足 $np \to t$, $n\gamma \to at$. 证明把 (17.10.3) 取极限导出 (17.10.1), 并证明的波利亚分布 (5.2.3) 化为 (17.10.2).

11. 线性增长. 如果 (17.5.7) 定义的过程有 $\lambda = \mu$ 且 $P_1(0) = 1$, 则

$$P_0(t) = \frac{\lambda t}{1+\lambda t}, \qquad P_n(t) = \frac{(\lambda t)^{n-1}}{(1+\lambda t)^{n+1}}. \tag{17.10.4}$$

最终灭绝的概率为 1.

12. 续上题. 取 $P_n(t) = A(t)B^n(t)$ 作为 (17.5.7) 的一个试验解, 证明满足 $P_1(0) = 1$ 的解为

$$P_0(t) = \mu B(t), \qquad P_n(t) = [1-\lambda B(t)][1-\mu B(t)][\lambda B(t)]^{n-1}, \tag{17.10.5}$$

其中

$$B(t) = \frac{1-e^{(\lambda-\mu)t}}{\mu-\lambda e^{(\lambda-\mu)t}}. \tag{17.10.6}$$

13. 续上题. 母函数 $P(s,t) = \sum P_n(t)s^n$ 满足偏微分方程

$$\frac{\partial P}{\partial t} = [\mu-(\lambda+\mu)s+\lambda s^2]\frac{\partial P}{\partial s}. \tag{17.10.7}$$

14. 续上题. 令 $M_2(t) = \sum n^2 P_n(t)$, $M(t) = \sum nP_n(t)$（如 17.5 节一样). 证明

$$M_2'(t) = 2(\lambda-\mu)M_2(t) + (\lambda+\mu)M(t). \tag{17.10.8}$$

当 $\lambda > \mu$ 时, 推出 $\{P_n(t)\}$ 的方差为

$$e^{2(\lambda-\mu)t}\left[1-e^{(\mu-\lambda)t}\right](\lambda+\mu)/(\lambda-\mu). \tag{17.10.9}$$

15. 对过程 (17.7.2) 来说, 母函数 $P(s,t) = \sum P_n(t)s^n$ 满足偏微分方程

$$\frac{\partial P}{\partial t} = (1-s)\left(-\lambda P + \mu\frac{\partial P}{\partial s}\right). \tag{17.10.10}$$

其解为

$$P(s,t) = e^{-\lambda(1-s)\left(1-e^{-\mu t}\right)/\mu}\left[1-(1-s)e^{-\mu t}\right]^i.$$

当 $i = 0$ 时, 这是参数为 $\lambda\left(1-e^{-\mu t}\right)/\mu$ 的泊松分布. 当 $t \to \infty$ 时, 分布 $\{P_n(t)\}$ 趋于参数为 λ/μ 的泊松分布.

16. 对 (17.7.26) 定义的过程而言，稳定态的母函数 $P(s) = \sum p_n s^n$ 满足偏微分方程

$$(\mu + \lambda s)\frac{\partial P}{\partial s} = a\lambda P, \tag{17.10.11}$$

其解为 $P = [(\mu + \lambda s)/(\lambda + \mu)]^a$.

17. 对微分方程组 (17.7.26)，取一个形如

$$P_n(t) = \binom{a}{n} A^n (1 - A)^{a-n}$$

的试验解. 证明它确实是解的充分必要条件是

$$A = \frac{\lambda}{\lambda + \mu}\left[1 - \mathrm{e}^{-(\lambda + \mu)t}\right].$$

18. 在"最简单的占线问题" 17.7 节例 (a) 中，令 $Q_n(t)$ 是系统从 E_n 出发在时刻 t 以前到达 E_0 的概率. 证明 $Q_n(t)$ 满足微分方程

$$
\begin{aligned}
Q_n'(t) &= -(\lambda + n\mu)Q_n(t) + \lambda Q_{n+1}(t) + n\mu Q_{n-1}(t), \qquad (n \geqslant 2), \\
Q_1'(t) &= -(\lambda + \mu)Q_1(t) + \lambda Q_2(t) + \mu
\end{aligned} \tag{17.10.12}
$$

及初始条件 $Q_n(0) = 0$.

19. 续上题. 考虑由任意一个前进方程组定义的过程的同样的问题. 证明：对固定的 k, $Q_n(t)$ 满足对应的倒退方程组，其中 $P_{0k}(t)$ 代之以 1.

20. 证明习题 6 中的微分方程组本质上与转移概率的前进方程组是一样的. 推出相应的倒退方程组.

21. 假定两个方程组（前进和倒退）中至少有一个方程组的解是唯一的. 证明转移概率满足查普曼–柯尔莫哥洛夫方程 (17.1.1).

提示：证明两边都满足具有相同的初始条件的同一微分方程组.

22. 令 $P_{ik}(t)$ 满足查普曼–柯尔莫哥洛夫方程 (17.1.1). 假定 $P_{ik}(t) > 0$ 且 $S_i(t) = \sum_k P_{ik}(t) \leqslant 1$. 证明：或者对所有 t 有 $S_i(t) = 1$，或者对所有 t 有 $S_i(t) < 1$.

23. 遍历性质. 考虑具有有限多个状态的平稳过程，即假定微分方程组 (17.9.9) 是有限的，且系数 c_j 和 p_{jk} 都是常数. 证明：解为指数项 $\mathrm{e}^{\lambda(t-\tau)}$ 的线性组合，其中 λ 的实部是负的（除非 $\lambda = 0$）. 证明转移概率的性质与**有限**的马尔可夫链（除去周期的情形）的情形是一样的.

习题解答

第 1 章

1. (a) $\frac{3}{5}$；(b) $\frac{3}{5}$；(c) $\frac{3}{10}$.

2. 事件 $S_1, S_2, S_1 \cup S_2, S_1 S_2$ 分别包含 $12, 12, 18, 6$ 个点.

4. 这个空间包含两点 HH 和 TT，对应的概率各为 $\frac{1}{4}$；包含两点 HTT 和 THH，对应的概率各为 $\frac{1}{8}$；一般地包含各具有概率 2^{-n} 的两个点（$n \geqslant 2$）. 这些概率之和为 1，因此不需要考虑无穷的抛掷的序列的概率. 我们要求的两个概率分别为 $\frac{15}{16}$ 和 $\frac{2}{3}$.

9. $P\{AB\} = \frac{1}{6}$, $P\{A \cup B\} = \frac{23}{36}$, $P\{AB'\} = \frac{1}{3}$.

12. 记西家的 A 的个数为 x，则：

在事件 (a), (b), (g) 中，$x = 0$.

在事件 (e), (f) 中，$x = 1$.

在事件 (d) 中，$x = 2$.

在事件 (c) 中，$x = 4$.

15. (a) A；(b) AB；(c) $B \cup (AC)$.

16. (c), (d), (e), (f), (h), (i), (k), (l) 是对的. 除非 $C \subset B$，否则 (a) 是无意义的. 甚至在这一情形下，一般也是不对的，但是在特殊情形 $C \subset B, AC = 0$ 下，它是对的. 如果 $C \supset AB$，则 (b) 是对的. (g) 应该是 $(A \cup B) - A = A'B$. 最后，由于 (k) 是对的，故 (j) 不对.

17. (a) $AB'C'$；(b) ABC'；(c) ABC；(d) $A \cup B \cup C$；

(e) $AB \cup AC \cup BC$；(f) $AB'C' \cup A'BC' \cup A'B'C$；

(g) $ABC' \cup AB'C \cup A'BC = (AB \cup AC \cup BC) - ABC$；

(h) $A'B'C'$；(i) $(ABC)'$.

18. $A \cup B \cup C = A \cup (B - AB) \cup [C - C(A \cup B)] = A \cup BA' \cup CA'B'$.

第 2 章

1. (a) 26^3；(b) $26^2 + 26^3 = 18\,252$；(c) $26^2 + 26^3 + 26^4$. 在一个有 $20\,000$ 个居民的城市中，或者有姓名缩写相同的，或者至少有 1748 个人的姓名缩写多于 3 个字母.

2. $2(2^{10} - 1) = 2046$.   3. $\binom{n}{2} + n = \frac{n(n+1)}{2}$.   4. (a) $\frac{1}{n}$；(b) $\frac{1}{n(n-1)}$.

5. $q_A = \left(\frac{5}{6}\right)^6$, $q_B = \left(\frac{5}{6}\right)^{12} + 12\left(\frac{5}{6}\right)^{11} \cdot \frac{1}{6}$.

6. (a) $p_1 = 0.01, p_2 = 0.27, p_3 = 0.72$；

(b) $p_1 = 0.001, p_2 = 0.063, p_3 = 0.432, p_4 = 0.504$.

7. $p_r = (10)_r 10^{-r}$. 例如 $p_3 = 0.72$, $p_{10} = 0.000\,362\,88$.

斯特林渐近公式给出 $p_{10} = 0.000\,359\,8\ldots$.

8. (a) $\left(\frac{9}{10}\right)^k$；(b) $\left(\frac{9}{10}\right)^k$；(c) $\left(\frac{8}{10}\right)^k$；(d) $2\left(\frac{9}{10}\right)^k - \left(\frac{8}{10}\right)^k$；(e) AB 和 $A \cup B$.

9. $\binom{n}{2}n!n^{-n}$. **10.** $9/\binom{12}{8}=\frac{1}{55}$.

11. 恰为 r 次试验的概率为 $(n-1)_{r-1}/(n)_r=n^{-1}$.

12. (a) $[1\cdot 3\cdot 5\cdots (2n-1)]^{-1}=2^n n!/(2n)!$;

(b) $n!\,[1\cdot 3\cdots (2n-1)]^{-1}=2^n/\binom{2n}{n}$.

13. 假定它具有随机性, 则 12 张罚款单全部都在星期二和星期四的概率为 $\left(\frac{2}{7}\right)^{12}=0\,000\,000\,3\ldots$. 每星期任取两天只有 $\binom{7}{2}=21$ 种组合, 所以即使对任意两天来说, 这个概率仍然很小. 因此, 有理由认为警方是有其体系的.

14. 假定它具有随机性, 此事件的概率是 $\left(\frac{6}{7}\right)^{12}\approx\frac{1}{6}$. 不可能有可靠的结论.

15. $(90)_{10}/(100)_{10}=0.330\,476\ldots$. **16.** $25!(5!)^{-5}5^{-25}=0.002\,09\ldots$.

17. $\dfrac{2(n-2)_r(n-r-1)!}{n!}=\dfrac{2(n-r-1)}{n(n-1)}$. **18.** (a) $\frac{1}{216}$; (b) $\frac{83}{3888}$.

19. 概率为 $1-\left(\frac{5}{6}\right)^4=0.517\,746\ldots$ 和 $1-\left(\frac{35}{36}\right)^{24}=0.491\,403\ldots$.

20. (a) $(n-N)_r/(n)_r$; (b) $(1-N/n)^r$. 对于 $r=N=3$ 概率为 (a) $0.911\,812\ldots$; (b) $0.912\,673\ldots$. 对于 $r=N=10$ 它们是 (a) $0.330\,476\ldots$; (b) $0.348\,678\ldots$.

21. (a) $(1-N/n)^{r-1}$. (b) $(n)_{Nr}/((n)_N)^r$.

22. $(1-2/n)^{2r-2}$. 中位数近似地等于 $2^{r+1}\approx 0.7n$.

23. 假定它具有随机性, 三个或者四个都是 (a) 某一个女孩打破的; (b) 最小的女孩打破的概率分别为 $\frac{13}{64}\approx 0.2$ 和 $\frac{13}{256}\approx 0.05$.

24. (a) $12!/12^{12}=0.000\,053\,7\ldots$; (b) $\binom{12}{2}\left(2^6-2\right)12^{-6}=0.001\,37\ldots$.

25. $\dfrac{30!}{2^6 6^6}\dbinom{12}{6}12^{-30}=0.000\,345\ldots$.

26. (a) $\dbinom{n}{2r}2^{2r}\Big/\dbinom{2n}{2r}$; (b) $n\dbinom{n-1}{2r-2}2^{2r-2}\Big/\dbinom{2n}{2r}$;

(c) $\dbinom{n}{2}\dbinom{n-2}{2r-4}2^{2r-4}\Big/\dbinom{2n}{2r}$.

27. $\dbinom{N-3}{r-1}\Big/\dbinom{N-1}{r-1}$.

28. $p=\dbinom{2N}{N}^2\Big/\dbinom{4N}{2N}\approx\sqrt{2/(N\pi)}$.

29. $p=\dfrac{\binom{4}{k}\binom{48}{13-k}\binom{39}{13}\binom{26}{13}}{\binom{52}{13}\binom{39}{13}\binom{26}{13}}=\dfrac{\binom{4}{k}\binom{48}{13-k}}{\binom{52}{13}}$.

30. 见习题 29. 概率为 $\dbinom{13}{m}\dbinom{39}{13-m}\dbinom{13-m}{n}\dbinom{26+m}{13-n}\Big/\dbinom{52}{13}\dbinom{39}{13}$.

31. $\dbinom{4}{k}\dbinom{48}{26-k}\Big/\dbinom{52}{26}$.

32. $\dfrac{\binom{13}{a}\binom{39}{13-a}\binom{13-a}{b}\binom{26+a}{13-b}\binom{13-a-b}{c}\binom{13+a+b}{13-c}}{\binom{52}{13}\binom{39}{13}\binom{26}{13}}$.

33. (a) $24p(5,4,3,1)$; (b) $4p(4,4,4,1)$; (c) $12p(4,4,3,2)$.

34. $\dfrac{\dbinom{13}{a}\dbinom{13}{b}\dbinom{13}{c}\dbinom{13}{d}}{\dbinom{52}{13}}$.

[一手牌含有某种花色的牌 a 张，另一种的 b 张……的概率见习题 33.]

35. $p_0(r) = (52-r)_4/(52)_4$;

$p_1(r) = 4r(52-r)_3/(52)_4$;

$p_2(r) = 6r(r-1)(52-r)_2/(52)_4$;

$p_3(r) = 4r(r-1)(r-2)(52-r)/(52)_4$;

$p_4(r) = (r)_4/(52)_4$.

36. 第 $1, \cdots, 4$ 个 A 的等待时间超过 r 的概率为

$w_1(r) = p_0(r)$,

$w_2(r) = p_0(r) + p_1(r)$,

$w_3(r) = p_0(r) + p_1(r) + p_2(r)$,

$w_4(r) = 1 - p_4(r)$.

其次，$f_i(r) = w_i(r-1) - w_i(r)$. 中位数为 9, 20, 33, 44.

37. (a) $\dbinom{4}{k}\dbinom{4-k}{k}\dbinom{48}{r-k}\dbinom{48-r+k}{r-k} \Big/ \dbinom{52}{r}\dbinom{52-r}{r}$，其中 $k \leqslant 2$;

(b) $\left[\dbinom{4}{k}\dbinom{48}{r-k} \Big/ \dbinom{52}{r} \right]^2$，其中 $k \leqslant 4$.

39. $\dbinom{r_1+n-1}{r_1}\dbinom{r_2+n-1}{r_2}$.   **40.** $\dbinom{r_1+5}{5}(r_2+1)$.

41. $\dfrac{(r_1+r_2+r_3)!}{r_1!r_2!r_3!}$.   **42.** $(49)_4/(52)_4$.

43.

$P\{(7)\}$	$= 10 \cdot 10^{-7}$	$= 0.000\,001$.
$P\{(6,1)\}$	$= \frac{10!}{8!1!1!} \cdot \frac{7!}{1!6!} \cdot 10^{-7}$	$= 0.000\,063$.
$P\{(5,2)\}$	$= \frac{10!}{8!1!1!} \cdot \frac{7!}{2!5!} \cdot 10^{-7}$	$= 0.000\,189$.
$P\{(5,1,1)\}$	$= \frac{10!}{7!2!1!} \cdot \frac{7!}{1!1!5!} \cdot 10^{-7}$	$= 0.001\,512$.
$P\{(4,3)\}$	$= \frac{10!}{8!1!1!} \cdot \frac{7!}{3!}\,4! \cdot 10^{-7}$	$= 0.000\,315$.
$P\{(4,2,1)\}$	$= \frac{10!}{7!1!1!} \cdot \frac{7!}{1!1!2!4!} \cdot 10^{-7}$	$= 0.007\,560$.
$P\{(4,1,1,1)\}$	$= \frac{10!}{6!3!1!} \cdot \frac{7!}{1!1!1!4!} \cdot 10^{-7}$	$= 0.017\,640$.
$P\{(3,3,1)\}$	$= \frac{10!}{7!2!1!} \cdot \frac{7!}{1!3!3!} \cdot 10^{-7}$	$= 0.005\,040$.
$P\{(3,2,2)\}$	$= \frac{10!}{7!2!1!} \cdot \frac{7!}{2!2!3!} \cdot 10^{-7}$	$= 0.007\,560$.
$P\{(3,2,1,1)\}$	$= \frac{10!}{6!2!1!1!1!} \cdot \frac{7!}{1!1!2!3!} \cdot 10^{-7}$	$= 0.105\,840$.
$P\{(3,1,1,1,1)\}$	$= \frac{10!}{5!4!1!} \cdot \frac{7!}{1!1!1!1!3!} \cdot 10^{-7}$	$= 0.105\,840$.
$P\{(2,2,2,1)\}$	$= \frac{10!}{6!3!1!} \cdot \frac{7!}{1!2!2!2!} \cdot 10^{-7}$	$= 0.052\,920$.
$P\{(2,2,1,1,1)\}$	$= \frac{10!5!3!2!}{\cdot} \frac{7!}{1!1!1!2!2!} \cdot 10^{-7}$	$= 0.317\,520$.
$P\{(2,1,1,1,1,1)\}$	$= \frac{10!}{4!5!1!} \cdot \frac{7!}{1!1!1!1!1!2!} \cdot 10^{-7}$	$= 0.317\,520$.
$P\{(1,1,1,1,1,1,1)\}$	$= \frac{10!}{3!7!} \cdot 7! \cdot 10^{-7}$	$= 0.060\,480$.

44. 令 S, D, T, Q 分别表示一重、二重、三重、四重，则我们有

$$P\{22S\} = \frac{365!}{343!} \cdot 365^{-22} = 0.524\,30.$$

$$P\{20S + 1D\} = \frac{365!}{1!344!} \cdot \frac{22!}{20!2!} \cdot 365^{-22} = 0.352\,08.$$

$$P\{18S + 2D\} = \frac{365!}{2!345!} \cdot \frac{22!}{18!2!2!} \cdot 365^{-22} = 0.096\,95.$$

$$P\{16S + 3D\} = \frac{365!}{3!346!} \cdot \frac{22!}{16!2!2!2!} \cdot 365^{-22} = 0.014\,29.$$

$$P\{19S + 1T\} = \frac{365!}{345!} \cdot \frac{22!}{19!3!} \cdot 365^{-22} = 0.006\,80.$$

$$P\{17S + 1D + 1T\} = \frac{365!}{346!} \cdot \frac{22!}{17!2!3!} \cdot 365^{-22} = 0.003\,36.$$

$$P\{14S + 4D\} = \frac{365!}{347!} \cdot \frac{22!}{14!2!2!2!2!} \cdot 365^{-22} = 0.001\,24.$$

$$P\{15S + 2D + 1T\} = \frac{365!}{347!} \cdot \frac{22!}{15!2!2!3!} \cdot 365^{-22} = 0.000\,66.$$

$$P\{18S + 1Q\} = \frac{365!}{346!} \cdot \frac{22!}{18!4!} \cdot 365^{-22} = 0.000\,09.$$

45. 令 $q = \binom{52}{5} = 2\,598\,960.$ 概率为

(a) $4 \cdot q^{-1} = \frac{1}{649\,740}$；   (b) $13 \cdot 12 \cdot 4 \cdot q^{-1} = \frac{1}{4165}$；   (c) $13 \cdot 12 \cdot 4 \cdot 6 \cdot q^{-1} = \frac{6}{4165}$；

(d) $9 \cdot 4^5 \cdot q^{-1} = \frac{192}{54\,145}$；   (e) $13 \cdot \binom{12}{2} \cdot 4 \cdot 4^2 \cdot q^{-1} = \frac{88}{4165}$；

(f) $\binom{13}{2} \cdot 11 \cdot 6 \cdot 6 \cdot 4 \cdot q^{-1} = \frac{198}{4165}$；   (g) $13 \cdot \binom{12}{3} \cdot 6 \cdot 4^3 \cdot q^{-1} = \frac{352}{833}$.

第 4 章

1. $99/323.$ **2.** $0.21\cdots.$ **3.** $1/4.$ **4.** $7/2^6.$ **5.** $1/81$ 和 $31/6^6.$

6. 若 A_k 为事件 (k, k) 不出现，则由 (4.1.5) 有

$$1 - p_r = 6\left(\frac{35}{36}\right)^r - \binom{6}{2}\left(\frac{34}{36}\right)^r + \binom{6}{3}\left(\frac{33}{36}\right)^r - \binom{6}{4}\left(\frac{32}{36}\right)^r + 6\left(\frac{31}{36}\right)^r - \left(\frac{30}{36}\right)^r.$$

7. 令 $p^{-1} = \binom{52}{13}$，则 $S_1 = 13\binom{48}{9}p$, $S_2 = \binom{13}{2}\binom{44}{5}p$, $S_3 = 40\binom{13}{3}p$.

近似地有 $P_{[0]} = 0.096\,58$, $P_{[1]} = 0.0341$, $P_{[2]} = 0.0001$.

8. $u_r = \sum_{k=0}^{N} (-1)^k \binom{N}{k}\left(1 - \frac{k}{n}\right)^r.$

9. $u_r = \sum_{k=0}^{N} (-1)^k \binom{N}{k}\frac{(n-k)_r}{(n)_r}.$ 关于两个公式的一致性的证明见 (2.12.18).

10. 一般项为 $a_{1k_1}a_{2k_2}\cdots a_{Nk_N}$，其中 $(k_1, k_2, \cdots, k_N)$ 为 $(1, 2, \cdots, N)$ 的一个排列. 对于对角元素来说 $k_\nu = \nu$.

12. $u_r = \sum_{k=0}^{n} (-1)^k \binom{n}{k}\frac{(ns - ks)_r}{(ns)_r}.$

14. 注意：由定义可知当 $r < n$ 时 $u_r = 0$ 且 $u_n = n!s^n/(ns)_n$.

15. $u_r - u_{r-1} = \sum_{k=1}^{n} (-1)^{k-1} \binom{n-1}{k-1}\frac{(ns - ks)_{r-1}}{(ns-1)_{r-1}}.$

其极限为 $\sum_{k=0}^{n-1} (-1)^k \binom{n-1}{k}\left(1 - \frac{k+1}{n}\right)^{r-1}.$

16. $\binom{N}{2}^{-r}\binom{N}{m}\sum_{k=2}^{m}(-1)^{m-k}\binom{m}{k}\binom{k}{2}^r.$

17. 应用 $\binom{52}{5}S_k = \binom{4}{k}\frac{52-13k}{5}$.

近似地有 $P_{[0]} = 0.264$, $P_{[1]} = 0.588$, $P_{[2]} = 0.146$, $P_{[3]} = 0.002$.

18. 应用 $\binom{52}{13}S_k = \binom{4}{k}\binom{52-2k}{13-2k}$. 近似地有

$$P_{[0]} = 0.780\,217, \quad P_{[1]} = 0.204\,606, \quad P_{[2]} = 0.014\,845, \quad P_{[3]} = 0.000\,330, \quad P_{[4]} = 0.000\,002.$$

19. $m!N!u_m = \sum_{k=0}^{N-m}(-1)^k(N-m-k)!/k!$.

20. 见下面的公式 $r = 2$ 的情形.

21. $(rN)!x = \binom{N}{2}r^2(rN-2)! - \binom{N}{3}r^3(rN-3)! + \cdots + (-1)^N r^N(rN-N)!$.

24. $P_{[m]} = \dfrac{\binom{n}{m}}{\binom{n+r-1}{r}}\sum_{k=0}^{n-m}(-1)^k\binom{n-m}{k}\binom{n-m+r-1-k}{r}$.

25. 利用 (2.12.16) 和 (2.12.4).

26. 令 $U_N = A_1 \cup \cdots \cup A_N$ 并注意 $U_{N+1} = U_N \cup A_{N+1}$ 和 $U_N A_{N+1} = (A_1 A_{N+1}) \cup \cdots \cup (A_N A_{N+1})$.

第 5 章

1. $1 - \dfrac{(5)_3}{(6)_3} = \dfrac{1}{2}$. 　　　　　　**2.** $p = 1 - \dfrac{10 \cdot 5^9}{6^{10} - 5^{10}} = 0.61\ldots$.

3. (a) $\binom{35}{13}/\binom{39}{13} \approx 0.182$, 恰有一个 A 的概率为 $4\binom{35}{12}/\binom{39}{13} \approx 0.411$.

(b) 近似地为 $1 - 0.182 - 0.411 = 0.407$.

4. (a) $2\binom{23}{10}/\binom{26}{13} = \dfrac{11}{50}$. (b) $2\binom{23}{12}/\binom{26}{13} = \dfrac{13}{50}$.

6. $\dfrac{125}{345}, \dfrac{140}{345}, \dfrac{80}{345}$. 　　　　**7.** $\dfrac{20}{21}$. 　　　　**9.** $\left(\dfrac{5}{6}\right)^2$. 　　　　**10.** $1 - \left(\dfrac{5}{6}\right)^2$.

12. $\dfrac{p}{2-p}$. 　　**13.** (b) $\dfrac{3}{5}$. 　(c) $2^n(1 + 2^n)^{-1}$.

14. (d) 令 $a_n = x_n - \dfrac{4}{7}$, $b_n = y_n - \dfrac{1}{7}$, $c_n = z_n - \dfrac{2}{7}$,

则 $|a_n| + |b_n| + |c_n| = \dfrac{1}{2}\left(|a_{n+1}| + |b_{n+1}| + |c_{n+1}|\right)$.

因此, $|a_n| + |b_n| + |c_n|$ 几何级数地上升.

15. $p = (1 - p_1)(1 - p_2)\cdots(1 - p_n)$.

16. 对 $0 < x < 1$ 应用不等式 $1 - x < e^{-x}$, 或者 $\ln(1-x)$ 的泰勒级数. 见 (2.8.12).

18. $\dfrac{b+c}{b+c+r}$.

19. 如果不管 b, r, c 对第 n 次抽取是对的这个事实的话, 考虑在第 1 次抽取有两种可能性, 则在第 $n+1$ 次试验是黑的概率为 $\dfrac{b}{b+r} \cdot \dfrac{b+c}{b+r+c} + \dfrac{r}{b+r} \cdot \dfrac{b}{b+r+c} = \dfrac{b}{b+r}$.

20. 前一题说明这个论断对 $m = 1$ 和所有 n 都是正确的. 对于归纳法考虑第 1 次试验的两种可能性.

23. 利用 (2.12.9).

24. 右边的二项式系数是 (5.8.2) 中的分子的第一个因子的极限.

注意 $\binom{-1/\gamma}{n} \sim \binom{-1/\gamma}{n_2}(1 + \rho)^{n_1}$.

26. 由 (5.5.2) 有 $2v = 2p(1-p) \leqslant \dfrac{1}{2}$.

28. (a) u^2;　(b) $u^2 + uv + v^2/4$;　(c) $u^2 + (25uv + 9v^2 + vw + 2uw)/16$.

33. $p_{11} = p_{32} = 2p_{21} = p$, $p_{12} = p_{33} = 2p_{23} = q$, $p_{13} = p_{31} = 0$, $p_{22} = \dfrac{1}{2}$.

第 6 章

1. $\frac{5}{16}$.　　　　2. 概率为 $0.028\,04\ldots$.　　　　3. $9.9^x \leqslant 0.1$, $x \geqslant 22$.

4. $q^x \leqslant \frac{1}{2}$ 和 $(1-4p)^x \leqslant \frac{1}{2}$, 其中 $p = \binom{48}{9} / \binom{52}{13}$. 因此分别为 $x \geqslant 263$ 和 $x \geqslant 66$.

5. $1 - 0.8^{10} - 2 \cdot 0.8^9 \approx 0.6242$.　　　　6. $\left(1 - 0.8^{10} - 2 \cdot 0.8^9\right) / \left(1 - 0.8^{10}\right) \approx 0.6993$.

7. $\binom{26}{2}\binom{26}{11} / \binom{52}{13} \approx 0.003\,954$ 和 $\binom{13}{2}\frac{1}{2^{13}} \approx 0.009\,52$.　　8. $\binom{12}{2}\left(6^{-6} - 2 \cdot 12^{-6}\right)$.

9. 正确的值为 $0.6651\ldots$, $0.401\,87\ldots$, $0.2009\ldots$.
   泊松逼近为 $1 - \mathrm{e}^{-1} = 0.6321\ldots$, $0.3679\ldots$, $0.1839\ldots$.

10. $\mathrm{e}^{-2} \sum_{k=4}^{\infty} 2^k/k! \approx 0.143$.　　　　11. $\mathrm{e}^{-1} \sum_{k=3}^{\infty} 1/k! \approx 0.080$.

12. $\mathrm{e}^{-x/100} \leqslant 0.05$, 从而 $x \geqslant 300$.　　　　13. (a) $\mathrm{e}^{-1} \approx 0.3679$; (b) $1 - 2\mathrm{e}^{-1} \approx 0.264$.

14. $\mathrm{e}^{-x} \leqslant 0.01$, 从而 $x \geqslant 5$.　　　　15. $1/p = 649\,740$.

16. $1 - p^n$, 其中 $p = p(0;\lambda) + \cdots + p(k;\lambda)$.

18. 当 $k = 0$ 时为 q^3; 当 $k = 1,2,3$ 时为 pq^3; 当 $k = 4$ 时为 $pq^3 - pq^6$.

19. 对充分大的 n 为 $\sum_{k=0}^{\infty} \binom{n}{k}^2 2^{-2n} = \binom{2n}{n} 2^{-2n} \approx 1/\sqrt{\pi n}$.

20. $\sum_{k=a}^{a+b-1} \binom{a+b-1}{k} p^k q^{a-b-1-k}$. 这也可以写成另一形式: $p^a \sum_{k=0}^{b-1} \binom{a+k-1}{k} q^k$, 其中第 k 项是第 a 次成功发生在第 $k \leqslant b-1$ 次失败以后的概率.

21. $x_r = \binom{2N-1-r}{N-1} \cdot 2^{-2N+r+1}$.

22. (a) $x = \sum_{r=1}^{N} x_r 2^{-r-1} = 2^{-2N} \sum_{r=1}^{N} \binom{2N-1-r}{N-1}$; (b) 应用 (2.12.6).

23. $k_i \approx np_i$, $k_{12} \approx np_{12}$, 这时 $n \approx k_1 k_2/k_{12}$.

24. $\binom{n}{n_1}\binom{n-s_1}{n_2} \cdots \binom{n-s_{r-1}}{n_r} q^{sr} p^{(rn-s_1-\cdots-s_r)}$, 其中 $s_i = n_1 + \cdots + n_i$.

25. $p = p_1 q_2 \left(p_1 q_2 + p_2 q_1\right)^{-1}$.

31. 由对数的泰勒展开 $b(0;n,p) = q^n = (1 - \lambda/n)^n < \mathrm{e}^{-\lambda} = p(0;\lambda)$. 对每一个分布来说其各项之和为 1, 因此, 不可能有这样一个分布, 它的**各项**都大于另一个分布的对应项.

32. 泊松分布中只有有限多项大于 ε, 其余各项支配二项分布的对应的项.

第 7 章

1. 如 7.1 节一样进行.　　2. 应用 (7.1.7).　　3. $\mathfrak{N}\left(-\frac{32}{30}\right) \approx 0.143$.

4. 0.99.　　5. 511.　　6. 66 400.

7. 非常确切. 第 6 章的不等式足以说明, 超过 8 倍标准差是很不可能的.

8. $(2\pi n)^{-1} \left[p_1 p_2 \left(1 - p_1 - p_2\right)\right]^{-1/2}$.

第 8 章

1. $\beta = 21$.

2. $x = pu + qv + rw$, 其中 u, v, w 为下列方程组的解:
$$u = p^{\alpha-1} + (qv + rw)\frac{1 - p^{\alpha-1}}{1 - p}, \quad v = (pu + rw)\frac{1 - q^{\beta-1}}{1 - q}, \quad w = pu + qv + rw = x.$$

3. $u = p^{\alpha-1} + (qv + rw)\frac{1 - p^{\alpha-1}}{1 - p}, \quad v = (pu + rw)\frac{1 - q^{\beta-1}}{1 - q}, \quad w = (pu + qv)\frac{1 - r^{\gamma-1}}{1 - r}$.

4. 注意 $P\{A_n\} < (2p)^n$，但是 $P\{A_n\} > 1 - (1-p^n)^{2^n/2n} > 1 - \mathrm{e}^{-(2p)^n/2n}$.

如果 $p = \frac{1}{2}$ 则最后一个量 $\sim \frac{1}{2n}$，如果 $p > \frac{1}{2}$ 则 $P\{A_n\}$ 不会趋于 0.

第 9 章

1. 可能的组合为 $(0,0), (0,1), (0,2), (1,0), (1,1), (2,0), (2,1), (3,0)$. 它们的概率分别为
0.047 539, 0.108 883, 0.017 850, 0.156 364, 0.214 197, 0.321 295, 0.026 775, 0.107 098.

2. (a) 联合分布可以写成 6 行 6 列的矩阵. 其主对角线上的元素为 $q, 2q, \cdots, 6q$，其中
$q = \frac{1}{36}$. 主对角线一边的元素全为 0，另一边的元素全为 q. (b) $E(X) = \frac{7}{2}, \mathrm{Var}(X) = \frac{35}{12}$,
$E(Y) = \frac{161}{36}, \mathrm{Var}(Y) = \frac{2555}{1296}, \mathrm{Cov}(X,Y) = \frac{105}{72}$.

3. 在 X, Y 的联合分布中，其各行为 32^{-1} 乘以
$(1,0,0,0,0,0), (0,5,4,3,2,1), (0,0,6,6,3,0), (0,0,0,1,0,0)$.
对 X, Z 为
$(1,0,0,0,0,0), (0,5,6,1,0,0), (0,0,4,6,1,0), (0,0,0,3,2,0), (0,0,0,0,2,0), (0,0,0,0,0,1)$.
对 Y, Z 为 $(1,0,0,0), (0,5,6,1), (0,4,7,0), (0,3,2,0), (0,2,0,0), (0,1,0,0)$.
$X + Y$ 的分布为 $(1,0,5,4,9,8,5)$ 除以 32，$X + Y$ 的值从 0 到 6.
XY 的分布为 $(1,5,4,3,8,1,6,0,3,1)$ 除以 32，XY 的值从 0 到 9.
$E(X) = \frac{5}{2}, E(Y) = \frac{3}{2}, E(Z) = \frac{31}{16}, \mathrm{Var}(X) = \frac{5}{4}, \mathrm{Var}(Y) = \frac{3}{8}, \mathrm{Var}(Z) = \frac{303}{256}$.

4. (a) $p/(1+q)$, (b) $1/(1+q+q^2)$, (c) $1/(1+q)^2$.

8. V_n 的分布由 (9.3.5) 给出. 由对称性同样可求出 U_n 的分布.

9. (a) 如果 $r \geqslant s$ 则 $P\{X \leqslant r, Y \geqslant s\} = N^{-n}(r-s+1)^n$.

$$
P\{X = r, Y = s\} = \begin{cases} N^{-n}\left[(r-s+1)^n - 2(r-s)^n + (r-s-1)^n\right], & \text{如果 } r > s, \\ N^{-n}, & \text{如果 } r = s. \end{cases}
$$

(b)
$$
x = \begin{cases} \dfrac{r^{n-2} - (r-1)^{n-2}}{r^n - (r-1)^n}, & \text{如果 } j < r \text{ 且 } k < r, \\[2mm] \dfrac{r^{n-2}}{r^n - (r-1)^n}, & \text{如果 } j \leqslant r \text{ 且 } k = r, \text{ 或者 } j = r \text{ 且 } k \leqslant r, \\[2mm] 0, & \text{如果 } j > r \text{ 或者 } k > r. \end{cases}
$$

(c) $\sigma^2 \approx \dfrac{nN^2}{(n+1)^2(n+2)}$.

10. n 次双重抛掷的概率为 $2pq\left(p^2 + q^2\right)^{n-1}$，期望为 $1/(2pq)$.

12. $P\{N = n, K = k\} = \binom{n}{k} p^{n-k}\left(qq'\right)^k qp'$，如果 $k \leqslant n$.
$P\{N = n\} = \left(1 - qp'\right)^n qp'$.
$P\{K = k\} = \left(qq'\right)^k qp' \sum \binom{-k-1}{\nu}(-p)^\nu = p'q'^k$.

13. $E\left(\dfrac{K}{N+1}\right) = \sum_{k,n} kp_{k,n}/(n+1) = q^2 p'q' \sum_{n=1}^{\infty}\left(1 - \frac{1}{n+1}\right)(p+qq')^{n-1}$
$= \dfrac{qq'}{1-qp'} - \dfrac{q^2 p'q'}{(1-qp')^2}\ln\dfrac{1}{qp'}$.
$E(K) = \dfrac{q'}{p'}, E(N) = \dfrac{1-qp'}{qp'}, \mathrm{Cov}(K,N) = \dfrac{q'}{qp'^2}, \rho(K,N) = \sqrt{q'/(1-qp')}$.

14. (a) $p_k = p^k q + q^k p$, $E(X) = pq^{-1} + qp^{-1}$, $\text{Var}(X) = pq^{-2} + qp^{-2} - 2$.

    (b) $q_k = p^2 q^{k-1} + q^2 p^{k-1}$, $P\{X = m, Y = n\} = p^{m+1} q^n + q^{m+1} p^n$, 其中 $m, n \geqslant 1$,

    $E(Y) = 2$, $\sigma^2 = 2\left(pq^{-1} + qp^{-1} - 1\right)$.

17. $\binom{n}{k} 364^{n-k} 365^{1-n}$.

18. (a) $365\left(1 - 364^n \cdot 365^{-n} - n \cdot 364^{n-1} \cdot 365^{-n}\right)$.   (b) $n \geqslant 28$.

19. (a) $\mu = n$, $\sigma^2 = (n-1)n$.   (b) $\mu = (n+1)/2$, $\sigma^2 = (n^2-1)/12$.

20. $E(X) = np_1$, $\text{Var}(X) = np_1(1 - p_1)$, $\text{Cov}(X, Y) = -np_1 p_2$.

21. $-n/36$. 这是问题 20 的一个特别情形.

25. $E(Y_r) = \sum_{k=1}^{r} \dfrac{N}{r - k + 1}$, $\text{Var}(Y_r) = \sum_{k=1}^{r} \dfrac{N(N - r + k - 1)}{(r - k + 1)^2}$.

26. (a) $1 - q^k$.   (b) $E(X) = N\left(1 - q^k + k^{-1}\right)$.   (c) $\dfrac{\mathrm{d}E(X)}{\mathrm{d}k} = 0$.

27. $\sum(1 - p_j)^n$. 当第 j 类不出现时令 $X_j = 1$, 否则 $X_j = 0$.

28. $E(X) = \dfrac{r_1(r_2 + 1)}{r_1 + r_2}$, $\text{Var}(X) = \dfrac{r_1 r_2 (r_1 - 1)(r_2 + 1)}{(r_1 + r_2 - 1)(r_1 + r_2)^2}$.

30. $E(S_n) = \dfrac{nb}{b + r}$, $\text{Var}(S_n) = \dfrac{nbr(b + r + nc)}{(b + r)^2(b + r + c)}$.

33. $E\left(\dfrac{X}{r}\right) = r \sum_{r=k}^{\infty} k^{-1} \binom{k-1}{r-1} p^r q^{k-r} = \sum_{k=1}^{r-1} (-1)^{k-1} \dfrac{r}{r-k} \left(\dfrac{p}{q}\right)^k + \left(\dfrac{-p}{q}\right)^r r \ln p$.

    为了由第一公式推出最后一个公式, 先令 $f(q) = r \sum k^{-1} \binom{k-1}{r-1} q^k$. 应用 (2.12.4), 我们
发现 $f'(q) = rq^{r-1}(1-q)^{-r}$, 则重复利用分部积分法可以推出我们的结论.

第 11 章

1. $sP(s)$ 和 $P(s^2)$.

2. (a) $(1-s)^{-1} P(s)$,   (b) $(1-s)^{-1} s P(s)$,   (c) $[1 - sP(s)]/(1-s)$,

    (d) $p_0 s^{-1} + \left[1 - s^{-1} P(s)\right]/(1-s)$,   (e) $\frac{1}{2}\left[P(\sqrt{s}) + P(-\sqrt{s})\right]$.

3. $U(s) = pqs^2/(1 - ps)(1 - qs)$. 均值为 $1/pq$, 方差为 $(1 - 3pq)/p^2 q^2$.

6. 母函数满足二次方程 $A(s) = A^2(s) + s$.

    因此 $A(s) = \frac{1}{2} - \frac{1}{2}\sqrt{1 - 4s}$ 且 $a_n = n^{-1}\binom{2n-2}{n-1}$.

10. (a) $\Phi^r(s) F^k(s) |p - q|$.   (b) $\Phi^r(s)\left[1 + F(s) + \cdots + F^k(s)\right] |p - q|$.

11. (a) $(q/p)^r \Phi^{2r}(s)$.   (b) $(q/p)^r \Phi^{2r}(s) U(s)$.

12. 利用 X_ν 的几何分布的母函数, 不需计算, 我们有

$$P_r(s) = s^r \cdot \frac{N-1}{N-s} \cdot \frac{N-2}{N-2s} \cdot \cdots \cdot \frac{N-r+1}{N-(r-1)s}.$$

13. $P_r(s)\left[N - (r-1)s\right] = P_{r-1}(s)(N - r - 1)s$.

14. $P_r(s) = \dfrac{s}{N - (N-1)s} \cdot \dfrac{2s}{N - (N-2)s} \cdot \cdots \cdot \dfrac{rs}{N - (N-r)s}$.

15. S_r 是具有共同的几何分布的 r 个独立随机变量之和. 因此

$$P_r(s) = \left(\frac{q}{1 - ps}\right)^r, \quad p_{rk} = q^r p^k \binom{r + k - 1}{k}.$$

16. (a) $P\{R=r\} = \sum_{k=0}^{\nu-1} P\{S_{r-1}=k\}P\{X_r \geqslant \nu-k\}$
$$= \sum_{k=0}^{\nu-1} q^{r-1}p^k\binom{r+k-2}{k}p^{\nu-k} = p^\nu q^{r-1}\binom{r+\nu-2}{\nu-1}.$$
$$E(R) = 1 + \frac{q\nu}{p}, \quad \mathrm{Var}(R) = \frac{\nu q}{p^2}.$$
(b) $(p_1p_2)^N \sum_{\nu=1}^{\infty} \binom{N+\nu-2}{\nu-1}^2 (q_1q_2)^{\nu-1}.$

17. 注意 $1 + s + \cdots + s^{ab-1} = \left(1 + s + \cdots + s^{a-1}\right)\left(1 + s^a + s^{2a} + \cdots + s^{(b-1)a}\right).$

21. $u_n = q^n + \sum_{k=3}^{n}\binom{k-1}{2}p^3q^{k-3}u_{n-k}$, 其中 $u_0 = 1, u_1 = q, u_2 = q^2, u_3 = p^3 + q^3$.
利用递推关系具有卷积形式这一事实可得 $U(s) = \dfrac{1}{1-qs} + \dfrac{(ps)^3}{(1-qs)^3}U(s).$

22. $u_n = pw_{n-1} + qu_{n-1}, \ v_n = pu_{n-1} + qv_{n-1}, \ w_n = pv_{n-1} + qw_{n-1}.$
因此 $U(s) - 1 = psW(s) + qsU(s), \ V(s) = psU(s) + qsV(s), \ W(s) = psV(s) + qsW(s).$

第 13 章

1. 只需证明对于 $F(s) = 1$ 的所有根 $s \neq 1$ 有 $|s| \geqslant 1$ 且仅有周期情况才可能有 $|s| = 1$.

2. $u_{2n} = \left[\binom{2n}{n}2^{-2n}\right]^r \sim 1/\sqrt{(\pi n)^r}$. 因此仅当 $r = 2$ 时 $\mathcal{E}$ 是常返的. 对于 $r = 3$ 数值积分的切线法给出 $\displaystyle\sum_{n=1}^{\infty} u_{2n} \approx \int_{1/2}^{\infty} (\pi x)^{-3/2}\mathrm{d}x = \dfrac{2\sqrt{2}}{\sqrt{\pi^3}} \approx \dfrac{1}{2}.$

3. $u_{6n} \sim \sqrt{6/(2\pi n)^5}$. 因此 $u - 1 \approx \sqrt{\dfrac{6}{(2\pi)^5}} \int_{1/2}^{\infty} x^{-5/2}\mathrm{d}x$. 所以 $u \approx 1.047$ 且 $f \approx 0.045$.

4. $u_{(\lambda+1)n} = \binom{(\lambda+1)n}{n}p^\lambda q^n$. 除了 $p = \lambda/(\lambda+1)$ 以外邻近两项的比小于 1. (此结论也是大数定律的一个推论.)

6. 从 $\sum f_i + P\{X_1 > 0\} \leqslant 1$ 推出 $f < 1$, 除非 $P\{X_1 > 0\} = 0$. 在这种情况下所有 $X_i < 0$ 且出现在第 1 次试验或从不出现.

7. $Z_n = $ 不小于 $(n - N_n)/r$ 的最小整数.
此外 $E(Z_n) \sim np/(q+pr), \ \mathrm{Var}(Z_n) \sim npq(q+pr)^{-3}.$

8. $G(s) = \dfrac{(1-qs)q^rs^r}{1 - s + pq^rs^{r+1}}, \ F(s) = qs + psG(s), \ \mu = q^{-r}.$

9. $G(s) = \dfrac{(1-qs)B(qs)}{1 - s + psB(qs)}, \ F(s)$ 如习题 8.

11. $N_n^* \approx (N_n - 714.3)/22.75, \ \mathfrak{N}\left(\tfrac{2}{3}\right) - \mathfrak{N}\left(-\tfrac{2}{3}\right) \approx \tfrac{1}{2}.$

12. $r_n = r_{n-1} - \tfrac{1}{4}r_{n-2} + \tfrac{1}{8}r_{n-3}$, 其中 $r_0 = r_1 = r_2 = 1$.
$R(s) = \left(8 + 2s^2\right)\left(8 - 8s + 2s^2 - s^3\right)^{-1}, \ r_n \sim 1.444\,248 \cdot 1.139\,680^{-n-1}.$

14. 如果 a_n 为长为 r 的 A 连贯在第 n 次试验出现的概率, 则在 (13.7.5) 中以 α 代替 p 以 $1 - \alpha$ 代替 q 即得 $A(s)$. 设 $B(s)$ 与 $C(s)$ 分别为对应于 B 连贯与 C 连贯的函数. 所求的母函数为 $F(s) = [(1-s)U(s)]^{-1}$, 其中在情形 (a) 中 $U(s) = A(s)$, 在 (b) 中 $U(s) = A(s) + B(s) - 1$, 在 (c) 中 $U(s) = A(s) + B(s) + C(s) - 2$.

15. 利用 13.8 节例 (b) 与习题 14 中的方法的一个简单的结合.

16. 年龄 k 的期望值为 Npq^k.

18. 如果 $n > k$ 则 $w_k(n) = v_{n-k}r_k$, 否则 $w_k(n) = \beta_{k-n}r_k/r_{k-n}.$

19. 注意 $1 - F(s) = (1-s)Q(s)$ 且 $\mu - Q(s) = (1-s)R(s)$, 因此 $Q(1) = \mu$, $2R(1) = \sigma^2 - \mu + \mu^2$. 幂级数 $Q^{-1}(s) = \sum (u_n - u_{n-1})s^n$ 在 $s = 1$ 处收敛.

第 14 章

1. 如果 $p \neq q$ 则 $\dfrac{(q/p)^b - 1}{(q/p)^{a+b} - 1}$, 否则 $\dfrac{b}{a+b}$.

3. 当 $q < p$ 时访问次数是一个不完全随机变量.

4. 访问次数的期望值是 $p(1 - q_1)/qq_{a-1} = (p/q)^a$.

5. 破产概率仍然由 (14.2.4) 给出, 其中 $p = \alpha(1-\gamma)^{-1}$, $q = \beta(1-\gamma)^{-1}$. 此博弈的持续时间的期望值为 $D_z(1-\gamma)^{-1}$, 其中 D_z 由 (14.3.4) 或 (14.3.5) 给出.

6. 边界条件 (14.2.2) 用 $q_0 - \delta q_1 = 1 - \delta$, $q_a = 0$ 代之. (14.2.4) 对应于解

$$q_z = \frac{[(q/p)^a - (q/p)^z](1-\delta)}{(q/p)^a(1-\delta) + \delta q/p - 1}.$$

边界条件 (14.3.2) 变为 $D_0 = \delta D_1$, $D_a = 0$.

7. (14.2.1) 对应于 $q_z = pq_{z+2} + qq_{z-1}$, 如果 $\lambda = p\lambda^3 + q$, 即 $\lambda = 1$ 或者 $\lambda^2 + \lambda = qp^{-1}$, 则 $q_z = \lambda^z$ 是一个特解. 破产概率是

$$q_z = \begin{cases} 1, & \text{如果 } q \geqslant 2p, \\ \left(\sqrt{\dfrac{1}{4} + \dfrac{q}{p}} - \dfrac{1}{2}\right)^z, & \text{如果 } q \leqslant 2p. \end{cases}$$

10. $w_{z,n+1}(x) = pw_{z+1,n}(x) + qw_{z-1,n}(x)$,
边界条件为 (1) $w_{0,n}(x) = w_{a,n}(x) = 0$, (2) $w_{z,0}(x) = 0$ ($z \neq x$) 和 $w_{x,0}(x) = 1$.

11. 用 $w_{0,n}(x) = w_{1,n}(x)$ 和 $w_{a,n}(x) = w_{a-1,n}(x)$ 代替 (1).

12. 边界条件为 $u_{a,n} = u_{a-1,n}$. 母函数为

$$\frac{\lambda_1^z(s)\lambda_2^{a-1/2}(s) + \lambda_2^z(s)\lambda_1^{a-1/2}(s)}{\lambda_1^{a-1/2}(s) + \lambda_2^{a-1/2}(s)} = \frac{\lambda_1^{a-z-1/2}(s) + \lambda_2^{a-z-1/2}(s)}{\lambda_1^{a-1/2}(s) + \lambda_2^{a-1/2}(s)}.$$

18. $P\{M_n < z\} = \sum\limits_{x=1}^{\infty} (v_{x-z,n} - v_{x+z,n})$, $P\{M_n = z\} = P\{M_n < z+1\} - P\{M_n < z\}$.

19. 第 1 次经过 x 必须出现在 $k \leqslant n$, 而质点从 x 返回在其后 $n - k$ 步.

31. 用

$$U_z(s) = s \sum_{x=1}^{a-1} U_x(s)p_{x-z} + sr_z$$

代替关系式 (14.8.2). 特征方程是 $s \sum p_k \sigma^k = 1$.

第 15 章

1. P 的行是 $(p, q, 0, 0), (0, 0, p, q), (p, q, 0, 0), (0, 0, p, q)$. 对于 $n > 1$ 各行为 (p^2, pq, pq, q^2).

2. (a) 链是不可约的遍历的, 对所有 j 和 k 有 $p_{jk}^{(n)} \to \frac{1}{3}$. (注意 P 是双重随机的.)

(b) 链的周期为 3, G_0 包含 E_1 和 E_2, 状态 E_4 构成 G_1, E_3 构成 G_2. 我们有 $u_1 = u_2 = \frac{1}{2}$, $u_3 = u_4 = 1$.

(c) 状态 E_1 和 E_3 构成闭集 S_1，E_4 和 E_5 构成另一个闭集 S_2，E_2 是暂留状态. 对应于两个闭集的矩阵都是 2×2 阶的，所有元素都是 $\frac{1}{2}$. 因此，如果 E_j 和 E_k 属于同一个闭集 S_r 则 $p_{jk}^{(n)} \to \frac{1}{2}$. $p_{j2}^{(n)} \to 0$. 最后，如果 $k = 1, 3$ 则 $p_{2k}^{(n)} \to \frac{1}{2}$，如果 $k = 2, 4, 5$ 则 $p_{2k}^{(n)} \to 0$.

(d) 链的周期为 3. 令 $a = \left(0, 0, 0, \frac{1}{3}, \frac{1}{3}, \frac{1}{3}\right)$, $b = (1, 0, 0, 0, 0, 0)$, $c = \left(0, \frac{1}{2}, \frac{1}{2}, 0, 0, 0\right)$, 我们发现 $P^2 = P^5 = \cdots$ 的各行是 a, b, b, c, c, c，$P^3 = P^6 = \cdots$ 的各行是 b, c, c, a, a, a，$P = P^4 = \cdots$ 的各行是 c, a, a, b, b, b.

3. $p_{jj}^{(n)} = (j/6)^n$，当 $k > j$ 时 $p_{jk}^{(n)} = (k/6)^n - [(k-1)/6]^n$，当 $k < j$ 时 $p_{jk}^{(n)} = 0$.

4. $x_k = \left(\frac{3}{4}, \frac{1}{2}, \frac{1}{4}, \frac{1}{2}\right)$, $y_k = \left(\frac{1}{4}, \frac{1}{2}, \frac{3}{4}, \frac{1}{2}\right)$.

6. 对 $n \geqslant j$ 有 $f_{j0}^{(n)} = \binom{n-1}{j-1} p^{n-j} q^j = \binom{j}{n-j}(-p)^j q^j$.

母函数为 $(qs)^j (1 - ps)^{-j}$. 期望为 j/q.

7. 对 $n > 1$ 有 $f_{00}^{(n)} = \sum_{k=1}^{n-1} v_k \binom{n-2}{k-1} p^{n-1-k} q^k$.

8. 偶数值的状态构成一个不可约的闭集. 在第 n 步（含）以前返回 E_0 的概率为
$$1 - v_0 + v_0(1 - v_2) + v_0 v_2(1 - v_4) + \cdots + v_0 v_2 \cdots v_{2n-2}(1 - v_{2n}) = 1 - v_0 v_2 v_4 \cdots v_{2n}.$$
因此，偶数值状态是常返状态的充分必要条件是最后一个乘积趋于 0. 系统从 E_{2r+1} 出发永远留在奇数值状态（暂留状态）的概率为 $v_{2r+1} v_{2r+3} \cdots$.

9. $u_r = (1 - p/q)(p/q)^{r-1} [1 - (p/q)^\rho]^{-1}$.

10. 可能的状态为 $E_0, \cdots, E_w$. 对 $j > 0$ 有
$$p_{j,j-1} = j(\rho - w + j)\rho^{-2},$$
$$p_{j,j+1} = (\rho - j)(w - j)\rho^{-2},$$
$$p_{j,j} = j(w - j)\rho^{-2} + (\rho - j)(\rho - w + j)\rho^{-2},$$
$$u_k = \binom{w}{k}\binom{b}{\rho - k} \bigg/ \binom{2\rho}{\rho}.$$

13.
$$P = \begin{bmatrix} q & p & 0 & 0 & \cdots & 0 & 0 \\ 0 & 0 & 1 & 0 & \cdots & 0 & 0 \\ 0 & 0 & 0 & 1 & \cdots & 0 & 0 \\ \vdots & \vdots & \vdots & \vdots & \ddots & \vdots & \vdots \\ 0 & 0 & 0 & 0 & \cdots & 0 & 1 \\ q & p & 0 & 0 & \cdots & 0 & 0 \end{bmatrix}.$$

14. 注意：矩阵是双重随机的. 应用 15.7 节例 (h).

15. 令 $p_{k,k+1} = 1$（$k = 1, \cdots, N-1$），$p_{Nk} = p_k$.

16. $\sum u_j p_{jk} = u_k$，所以 $U(s) = u_0(1 - s)P(s)[P(s) - s]^{-1}$. 遍历性的充分必要条件是 $\mu = P'(1) < 1$. 由洛必达法则 $U(1) = u_0(1 - \mu)$，其中 $u_0 = (1 - \mu)^{-1}$.

25. 如果 $N \geqslant m - 2$，随机变量 $X^{(m)}$ 和 $X^{(n)}$ 是相互独立的，因此矩阵 $p_{jk}^{(m,n)}$ 的三行都是一样，就是 $X^{(n)}$ 的分布 $\left(\frac{1}{4}, \frac{1}{2}, \frac{1}{4}\right)$. 对于 $n = m + 1$ 这三行为 $\left(\frac{1}{2}, \frac{1}{2}, 0\right)$, $\left(\frac{1}{4}, \frac{1}{2}, \frac{1}{4}\right)$, $\left(0, \frac{1}{2}, \frac{1}{2}\right)$.

第 17 章

3. $E(X) = ie^{\lambda t}$, $\text{Var}(X) = ie^{\lambda t}\left(e^{\lambda t} - 1\right)$.

4.

$$P'_n = -\lambda n P_n + \lambda(n+1)P_{n+1}.$$

$$P_n(t) = \binom{i}{n} e^{-i\lambda t}\left(e^{\lambda t} - 1\right)^{i-n}, \quad (n \leqslant i).$$

$$E(X) = ie^{-\lambda t},$$

$$\text{Var}(X) = ie^{-\lambda t}\left(1 - e^{-\lambda t}\right).$$

5. $P'_n(t) = -(\lambda + n\mu)P_n(t) + \lambda P_{n-1}(t) + (n+1)\mu P_{n+1}(t)$ （对于 $n \leqslant N-1$），
$P'_N(t) = -N\mu P_N(t) + \lambda P_{N-1}(t)$.

19. 解线性微分方程组的标准方法导出一组线性方程组.

参考文献

[1] H.A. Adler and K.W. Miller, *A new approach to probability problems in electrical engineering*, Transactions of the American Institute of Electrical Engineers, vol. 65 (1946), pp. 630–632.

[2] E. Sparre Andersen, Mathematica Scandinavica, vol. 1 (1953), pp. 263–285, and vol. 2 (1954), pp. 195–223.

[3] L. Bachelier, *Calcul des probabilités*, Paris (Gauthier-Villars), 1912.

[4] N.T.J. Bailey, *On estimating the size of mobile populations from recapture data*, Biometrika, vol. 38 (1951), pp. 293–306.

[5] D.E. Barton and C.L. Mallows, *Some aspects of the random sequence*, Ann. Math. Statist., vol. 36 (1965), pp. 236–260.

[6] G.E. Bates and J. Neyman, University of California Publications in Statistics, vol. 1, 1952.

[7] D. Blackwell, P. Deuel, and D. Freedman, Ann. Math. Statist., vol. 35 (1964), p. 1344.

[8] O. Bottema and S.C. Van Veen, *Kansberekningen bij het biljartspel*, Nieuw Archief voor Wiskunde （荷兰文）, vol. 22 (1943), pp. 16–33 and 123–158.

[9] M. Brelot, *Le problème de Dirichlet. Axiomatique et frontière de Martin*, J. Math. Pures Appl., vol. 35 (1956), pp. 297–335.

[10] E. Brockmeyer, H.L. Halstrom, and A. Jensen, *The life and works of A.K. Erlang*, Transactions of the Danish Academy Technical Sciences, No. 2, Copenhagen, 1948.

[11] D.G. Catcheside, *The effect of X-ray dosage upon the frequency of induced structural changes in the chromosomes of Drosophila Melanogaster*, Journal of Genetics, vol. 36 (1938), pp. 307–320.

[12] D.G. Catcheside, Genetic effects of radiations, *Advances in Genetics*, edited by M. Demerec, vol. 2, Academic Press, New York, 1948, pp. 271–358, 特别是第 339 页.

[13] D.G. Catcheside, D.E. Lea, and J.M. Thoday, *Types of chromosome structural change induced by the irradiation of tradescantia microspores*, Journal of Genetics, vol. 47 (1945–1946), pp. 113–149.

[14] S. Chandrasekhar, *Stochastic problems in physics and astronomy*, Reviews of Modern Physics, vol. 15 (1943), pp. 1–89, 特别是第 45 页.

[15] D.G. Chapman, *Some properties of the hypergeometric distribution with applications to zoological sample censuses*, University of California Publications in Statistics, vol. 1 (1951), pp. 131–160.

[16] K.L. Chung, *Markov chains with stationary transition probabilities*, Berlin (Springer), 1960.

[17] R.D. Clarke, *An application of the Poisson distribution*, Journal of the Institute of Actuaries, vol. 72 (1946), p. 48.

[18] W.G. Cochran, *An extension of Gold's method of examining the apparent persistence of one type of weather*, Quarterly Journal of the Royal Meteorological Society, vol. 64, No. 277 (1938), pp. 631–634.

[19] G. Dahlberg, *Mathematical methods for population genetics*, New York and Basel, 1948.

[20] C. Domb, *On the use of a random parameter in combinatorial problems*, Proceedings Physical Society, Sec. A., vol. 65 (1952), pp. 305–309.

[21] J.L. Doob, *Note on probability*, Annals of Mathematics, vol. 37 (1936), pp. 363–367.

[22] J.L. Doob, *Markoff chains—denumerable case*, Trans. Amer. Math. Soc., vol. 58 (1945), pp. 455–473.

[23] J.L. Doob, *Discrete potential theory and boundaries*, J. Math. Mechanics, vol. 8 (1959), pp. 433–458.

[24] L.E. Dubbins and L.J. Savage, *How to gamble if you must* (副标题: *Inequalities for stochastic processes*), McGraw-Hill, New York, 1965.

[25] F. Eggenberger and G. Polya, *Uber die Statistfk verketteter Vorgange*, Zeitschrift fur Angewandte Mathematik and Mechanik, vol. 3 (1923), pp. 279–289.

[26] P. Ehrenfest and T. Ehrenfest, *Über zwei bekannte Einwiinde gegen das Boltzmannsche H-Theorem*, Physikalische Zeitschrift, vol. 8 (1907), pp. 311–314.

[27] R.E. Ellis, The Cambridge Mathematical Journal, vol. 4 (1844).

[28] R.E. Ellis, *Collected works*, Cambridge and London, 1863.

[29] P. Erdös, *On the law of the iterated logarithm*, Ann. of Math. (2), vol. 43 (1942), pp. 419–436.

[30] P. Erdös and W. Feller and H. Pollard, *A theorem on power series*, Bull. Amer. Math. Soc. vol. 55 (1949), pp. 201–204.

[31] P. Erdös and M. Kac, *On the number of positive sums of independent random variables*, Ball. Amer. Math. Soc., vol. 53 (1947), pp. 1011–1020.

[32] W. Feller, *Über den zentralen Grenzwertsatz der Wahrscheinlichkeitsrechnung*, Mathematische Zeitschrift, vol. 40 (1935), pp. 521–559.

[33] W. Feller, Acta Scientiarum Litterarum Univ. Szeged, vol. 8 (1937), pp. 191–201.

[34] W. Feller, *Die Grundlagen der Volterraschen Theorie des Kampfes ums Dasein in wahrscheinlichkeitstheoretischer Behandlung*, Acta Biotheoretica, vol. 5 (1939), pp. 11–40.

[35] W. Feller, *On the integro-differential equations of purely discontinuous Markoff processes*, Trans. Amer. Math. Soc., vol. 48 (1940), pp. 488–515.

[36] W. Feller, *Statistical aspects of ESP*, Journal of Parapsychology, vol. 4 (1940), pp. 271–298.

[37] W. Feller, *The general form of the so-called law of the iterated logarithm*, Trans. Amer. Math. Soc., vol. 54 (1943), pp. 373–402.

[38] W. Feller, *The fundamental limit theorems in probability*, Bull. Amer. Math. Soc., vol. 51 (1945), pp. 800–832.

[39] W. Feller, *Note on the law of large numbers and "fair" games*, Ann. Math. Statist., vol. 16 (1945), pp. 301–304.

[40] W. Feller, *Fluctuation theory of recurrent events*, Trans. Amer. Math. Soc., vol. 67 (1949), pp. 98–119.

[41] W. Feller, *Boundaries induced by positive matrices*, Trans. Amer. Math. Soc., vol. 83 (1956), pp. 19–54.

[42] W. Feller, *On boundaries and lateral conditions for the Kolmogorov differential equations*, Ann. Math., vol. 65 (1957), pp. 527–570.

[43] W. Feller, *The birth and death processes as diffusion processes*, Journal de Mathématiques Pures at Appliquées, vol. 38 (1959), pp. 301–345.

[44] W. Feller, *Non-Markovian processes with the semi-group property*, Ann. Math. Statist., vol. 30 (1959), pp. 1252–1253.

[45] W. Feller, Amer. Math. Monthly (1967).

[46] T.S. Ferguson, *A characterization of the geometric distribution*, Amer. Math. Monthly, vol. 72 (1965), pp. 256–260.

[47] H.M. Finucan, *The blood-testing problem*, Applied Statistics, vol. 13 (1964), pp. 43–50.

[48] H.M. Finucan, *A teaching sequence for ^nH_r*, The Math. Gazette, vol. 48 (1964), pp. 440–441.

[49] R.A. Fisher, *Statistical methods for research workers*, Edinburgh-London, 1932, p. 66.

[50] J.S. Frame, *Solution to problem 4864*, Amer. Math. Monthly, vol. 67 (1960), pp. 700–702.

[51] M. Fréchet, *Recherches theoriques modernes sur le calcul des probabilités*, vol. 2 (Théorie des événements en chaine dans le cas d'un nombre fini d'états possibles), Paris, 1938.

[52] M. Fréchet, *Les probabilites associées a un système d'événements compatibles et dépendants*, Actualités scientifiques et industrielles, nos. 859 and 942, Paris, 1940 and 1943.

[53] B. Friedman, *A simple urn model*, Communications on Pure and Applied Mathematics, vol. 2 (1949), pp. 59–70.

[54] T.C. Fry, *Probability and its engineering uses*, New York (Van Nostrand), 1928.

[55] W.H. Furry, *On fluctuation phenomena in the passage of high-energy electrons through lead*, Physical Reviews, vol. 52 (1937), p. 569.

[56] R. Fürth, *Schwankungserscheinungen in der Physik*, Sammlung Vieweg, Braunschweig, 1920, pp. 17ff. 原始的观察发表于 Physikalische Zeitschrift, vols. 19 (1918) and 20 (1919).

[57] V. Gončarov, *Du domaine d'analyse combinatoire*, Bulletin de l'Académie Sciences URSS, Sér. Math. (用俄文写的，有法文摘要), vol. 8 (1944), pp. 3–48.

[58] I.J. Good, *The number of individuals in a cascade process*, Proc. Cambridge Philos. Soc., vol. 45 (1949), pp. 360–363.

[59] J.A. Greenwood and C.E. Stuart, *Review of Dr. Feller's critique*, Journal of Parapsychology, vol. 4 (1940), pp. 298–319, 特别是第 306 页.

[60] R.E. Greenwood, *Coupon collector's test for random digits*, Mathematical Tables and Other Aids to Computation, vol. 9 (1955), pp. 1–5.

[61] E.J. Gumbel, *Les centenaires*, Aktuárske Vedy, Prague, vol. 7 (1937), pp. 1–8.

[62] G.H. Hardy, *Mendelian proportions in a mixed population*, Letter to the Editor, Science, N.S., vol. 28 (1908), pp. 49–50.

[63] G.H. Hardy and J.E. Littlewood, *Some problems of Diophantine approximation*, Acta Mathematica, vol. 37 (1914), pp. 155–239.

[64] T.E. Harris, *On chains of infinite order*, Pacific Journal of Mathematics, vol. 5 (1955), Supplement 1, pp. 707–724.

[65] T.E. Harris, *The theory of branching processes*, Berlin (Springer), 1963.

[66] Harvard Computation Laboratory, *Tables of the cumulative binomial probability distribution*, 1955.

[67] F. Hausdorff, *Grundzüge der Mengenlehre*, Leipzig, 1913.

[68] J.L. Hodges, Biometrika, vol. 42 (1955), pp. 261–262.

[69] W. Hoeffding, *On the distribution of the number of successes in independent trials*, Ann. Math. Statist., vol. 27 (1956), pp. 713–721.

[70] C.T. Ingold and S.A. Hadland, New Phytologist, vol. 58 (1959), pp. 46–57.

[71] M. Kac, *Random walk and the theory of Brownian motion*, Amer. Math. Monthly, vol. 54 (1947), pp. 369–391.

[72] S. Karlin and J.L. McGregor, *The differential equations of birth-and-death processes and the Stieltjes moment problem*, Trans. Amer. Math. Soc., vol. 85 (1957), pp. 489–546.

[73] S. Karlin and J.L. McGregor, *The classification of birth and death processes*, Trans. Amer. Math. Soc., vol. 86 (1957), pp. 366–400.

[74] M.G. Kendall and Babington Smith, *Tables of random sampling numbers*, Tracts for Computers No. 24, Cambridge, 1940.

[75] D.G. Kendall, *The generalized "birth and death" process*, Ann. Math. Statist., vol. 19 (1948), pp. 1–15.

[76] D.G. Kendall, *On some modes of population growth leading to R.A. Fisher's logarithmic series distribution*, Biometrika, vol. 35 (1948), pp. 6–15.

[77] D.G. Kendall, *Stochastic processes and population growth*, Journal of the Royal Statistical Society, B, vol. 11 (1949), pp. 230–265.

[78] D.G. Kendall, *Some problems in the theory of queues*, J. Roy. Statist. Soc. (Series B), vol. 13 (1951), pp. 151–173, 讨论见第 173–185 页.

[79] A.G. M'Kendrick, *Applications of mathematics to medical problems*, Proceedings Edinburgh Mathematical Society, vol. 44 (1925), pp. 1–34.

[80] A. Khintchine, *Über einen Satz der Wahrscheinlichkeitsrechnung*, Fundamenta Mathematicae, vol. 6 (1924), pp. 9–20.

[81] A. Khintchine, Comptes rendus de l'Académie des Sciences, Paris, vol. 189 (1929), pp. 477–479.

[82] A. Kolmogoroff, *Das Gesetz des iterierten Logarithmus*, Mathematische Annalen, vol. 101 (1929), pp. 126–135.

[83] A. Kolmogoroff, *Sur le problème d'attente*, Recueil Mathématique [Sbornik], vol. 38 (1931), pp. 101–106.

[84] A. Kolmogoroff, *Über die analytischen Methoden in der Wahrscheinlichkeitsrechnung*, Mathematische Annalen, vol. 104 (1931), pp. 415–458.

[85] A. Kolmogoroff, *Grundbegriffe der Wahrscheinlichkeitsrechnung*, Berlin (Springer), 1933.

[86] A. Kolmogorov, *Zur Theorie der Markoffschen Ketten*, Mathematische Annalen, vol. 112 (1935), pp. 155–160.

[87] A. Kolmogorov, *Anfangsgründe der Theorie der Markoffschen Ketten mit unendlich vielen moglichen Zustiinden*, Matematiceskii Sbornik, N.S., vol. 1 (1936), pp. 607–610. 这篇论文没有证明，完全的解释仅用俄文在 Bulletin de l'Université d'État à Moscou, Sect. A., vol. 1 (1937), pp. 1–15 中给出.

[88] B.O. Koopman, *The axioms and algebra of intuitive probability*, Ann. of Math. (2), vol. 41 (1940), pp. 269–292.

[89] B.O. Koopman, *The bases of probability*, Bull. Amer. Math. Soc., vol. 46 (1940), pp. 763–774.

[90] W. Lederman and G.E. Reuter, *Spectral theory for the differential equations of simple birth and death processes*, Philosophical Transactions of the Royal Society, London, Series A, vol. 246 (1954), pp. 387–391.

[91] P. Lévy, *Sur certains processus stochastiques homegènes*, Compositia Mathematica, vol. 7 (1939), pp. 283–339.

[92] C.C. Li and Louis Sacks, Biometrika, vol. 40 (1954), pp. 347–360.

[93] J.W. Lindeberg, *Eine neue Herleitung des Exponentialgesetzes in der Wahrschein-lichkeitsrechnung*, Mathematische Zeitschrift, vol. 15 (1922), pp. 211–225.

[94] A.J. Lotka, *Théorie analytique des associations biologiques II*, Actualités scientiftques et industrielles, no. 780 (1939), pp. 123–136, Hermann et Cie, Paris.

[95] O. Lundberg, *On random processes and their applications to sickness and accident statistics*, Uppsala, 1940.

[96] G. Malecot, *Sur un problème de probabilités en chaine que pose la génétique*, Comptes rend us de l'Académie des Sciences, vol. 219 (1944), pp. 379–381.

[97] K. Marbe, *Die Gleichformigkeit in der Welt*, Munich, 1916.

[98] H. Margenau and G.M. Murphy, *The mathematics of physics and chemistry*, New York (Van Nostrand), 1943, Chapter 12.

[99] W.H. McCrea and F.J.W. Whipple, *Random paths in two and three dimensions*, Proceedings of the Royal Society of Edinburgh, vol. 60 (1940), pp. 281–298.

[100] R. von Mises, *Wahrscheinlichkeitsrechnung*, Leipzig and Wien, 1931.

[101] R. von Mises, *Uber Aufteilungs- und Besetzungs-Wahrscheinlichkeiten*, Revue de la Faculté des Sciences de l'Université d'Istanbul, N.S., vol. 4 (1938–1939), pp. 145–163.

[102] E.C. Molina, *Probability in engineering*, Electrical Engineering, vol. 54 (1935), pp. 423–427.

[103] E.C. Molina, *Bell Telephone System Technical Publications Monograph*, B-854.

[104] E.C. Molina, *Poisson's exponential binomial limit*, New York (Van Nostrand), 1942.

[105] A.M. Mood, *The distribution theory of runs*, Ann. Math. Statist., vol. 11 (1940), pp. 367–392.

[106] P.A.P. Moran, *A mathematical theory of animal trapping*, Biometrika, vol. 38 (1951), pp. 307–311.

[107] National Bureau of Standards, *Tables of probability functions*, vol. 2, New York, 1942.

[108] National Bureau of Standards, *Tables of the binomial probability distribution*, Applied Mathematics Series, vol. 6 (1950).

[109] J. Neyman, *Lectures and conferences on mathematical statistics* (mimeographed), Dept. of Agriculture, Washington, 1938.

[110] Ordnance Corps, *Tables of the cumulative binomial probabilities*, ORDP 20–11 (1952).

[111] S. Orey, *Sums arising in the theory of Markov chains*, Proc. Amer. Math. Soc., vol. 12 (1961), pp. 847–856.

[112] C. Palm, *Intensitätsschwankungen im Fernsprechverkehr*, Ericsson Technics (Stockholm), no. 44 (1943), pp. 1–189, 特别是第 57 页.

[113] C. Palm, *The distribution of repairmen in servicing automatic machines* （瑞典文）, Industritidningen Norden, vol. 75 (1947), pp. 75–80, 90–94, 119–123.

[114] R.K. Pathria, *A statistical study of the first 10,000 digits of π*, Mathematics of Computation, vol. 16 (1962), pp. 188–197.

[115] K. Pearson, *Tables of the incomplete beta function*, Biometrika Office, London, 1934.

[116] S.D. Poisson, *Recherches sur la probabilité des jugements en matière criminelle et en matière civile, précédées des règles générales du calcul des probabilités*, 1837.

[117] G. Polya, *Über eine Aufgabe der Wahrscheinlichkeitsrechnung betreffend die Irrfahrt im Strassennetz*, Mathematische Annalen, vol. 84 (1921), pp. 149–160.

[118] G. Polya, *Eine Wahrscheinlichkeitsaufgabe zur Kundenwerbung*, Zeitschrift für Angewandte Mathematik und Mechanik, vol. 10 (1930), pp. 96–97.

[119] G. Polya, *Mathematics and plausible reasoning*, Princeton University Press, 1954, p. 102.

[120] RAND Corporation, *A million random digits with 100000 normal deviates*, The Free Press, Glencoe, Illinois, 1955.

[121] H.E. Robbins, *A remark on Stirling's formula*, Amer. Math. Monthly, vol. 62 (1955), pp. 26–29.

[122] H.C. Romig, *50-100 Binomial tables*, New York (John Wiley and Sons), 1953.

[123] E. Rutherford, J. Chadwick, and Ellis, *Radiations from radioactive substances*, Cambridge, 1920, p. 172.

[124] L.J. Savage, *The foundations of statistics*, John Wiley, New York, 1954.

[125] E.D. Schell, *Samuel Pepys, Isaac Newton, and probability*, The Amer. Statistician, vol. 14 (1960), pp. 27–30.

[126] I.V. Schensted, *Model of subnuclear segregation in the macronucleus of ciliates*, The Amer. Naturalist, vol. 92 (1958), pp. 161–170.

[127] E. Schroedinger, *Probability problems in nuclear chemistry*, Proceedings of the Royal Irish Academy, vol. 51, sect. A, No. 1 (December 1945).

[128] M. Sobel and P.A. Groll, *Group testing to eliminate efficiently all defectives in a binomial sample*, The Bell System Journal, vol. 38 (1959), pp. 1179–1252.

[129] J. Stirling, *Methodus differentialis*, 1730.

[130] R.G. Stoneham, *A study of 60,000 digits of the transcendental e*, Amer. Math. Monthly, vol. 72 (1965), pp. 483–500.

[131] P.V. Sukhatme and V.G. Panse, *Size of experiments for testing sera or vaccines*, Indian Journal of Veterinary Science and Animal Husbandry, vol. 13 (1943), pp. 75–82.

[132] F.S. Swed and C. Eisenhart, *Tables for testing randomness of grouping in a sequence of alternatives*, Aun. Math. Statist., vol. 14 (1943), pp. 66–87.

[133] F. Thorndike, *Applications of Poisson's probability summation*, The Bell System Technical Journal, vol. 5 (1926), pp. 604–624.

[134] I. Todhunter, *A history of the mathematical theory of probability*, Cambridge, 1865.

[135] E. Vaulot, *Delais d'attente des appels téléphoniques dans l'ordre inverse de leur arrivée*, Comptes Rendues, Académie des Sciences, Paris, vol. 238 (1954), pp. 1188–1189.

[136] A. Wald, *Sequential tests of statistical hypotheses*, Ann. Math. Statist., vol. 16 (1945), p. 166.

[137] A. Wald and J. Wolfowitz, *On a test whether two samples are from the same population*, Ann. Math. Statist., vol. 11 (1940), pp. 147–162.

[138] Ming Chen Wang and G.E. Uhlenbeck, *On the theory of the Brownian motion II*, Reviews of Modern Physics, vol. 17 (1945), pp. 323–342.

[139] G.S. Watson, *A study of the group screening method*, Technometrics, vol. 3 (1961), pp. 371–388.

[140] W.A. Whitworth, *Choice and chance*, 5th ed., London, 1901, reprinted by G.E. Stechert, New York, 1942.

[141] W.A. Whitworth, *DCC exercises*, reprinted New York, 1945.

[142] J.C. Willis, F.R.S., Philosophical Transactions of the Royal Society, London, Series B, vol. 213 (1924), pp. 21–87.

[143] T.K.M. Wisniewski, Amer. Statistician, vol. 20 (1966), p. 25.

[144] G.U. Yule, *A mathematical theory of evolution*, 1925.

索　引

人名对照表

Adler H.A.	阿德勒	Dubbins L.E.	杜滨斯
André D.	安德烈	Ehrenfest P. and T.	爱伦费斯特（夫妇）
Andersen E.	安德森	Einstein A.	爱因斯坦
Bachelier L.	巴舍利耶	Eisenhart C.	埃生赫脱
Bailey N.T.J.	贝利	Ellis R.E.	埃利斯
Baire R.	贝尔	Erdös P.	厄尔多斯
Blackwell D.	伯拉克威尔	Erlang A.K.	埃尔朗
Banach S.	巴拿赫	Euler L.	欧拉
Bartky W.	巴特基	Feller W.	费勒
Barton D.E.	巴顿	Ferguson T.S.	费古生
Bates G.E.	贝茨	Fermat	费马
Bayes T.	贝叶斯	Fermi E.	费米
Bernoulli D.	伯努利	Fisher R.A.	费希尔
Bernoulli J.	伯努利	Fokker	福克
Bernstein S.	伯恩斯坦	Frame J.S.	弗莱姆
Bertrand J.	伯特兰	Fréchet M.	弗雷谢
Bonferroni C.E.	彭弗雷尼	Freedman D.	弗德曼
Boole G.	布尔	Friedman B.	弗雷德曼
Borel E.	波雷尔	Fry T.C.	弗赖伊
Bose	波司	Furry W.H.	弗里
Brelot M.	布雷劳特	Fürth R.	弗思
Brown R.	布朗	Galton F.	高尔顿
Cantelli F.P.	坎特立	Gauss C.F.	高斯
Cantor G.	康托尔	Geiger H.	盖革
Chapman D.G.	查普曼	Gnedenko B.V.	格涅坚柯
Chebyshev P.L.	切比雪夫	Goldman J.	古德曼
Chung K.L.	钟开莱	Good I.J.	古德
Clarke R.D.	克拉克	Greenwood J.A.	格林伍德
Cox D.R.	考克斯	Hamel G.	哈梅尔
Cramer H.	克拉美	Hardy G.H.	哈代
Darwin C.	达尔文	Harris T.E.	哈里斯
DeMoivre A.	棣莫弗	Hausdorff F.	豪司多夫
Derman C.	德曼	Hodjes J.L.	郝捷士
Descartes R.	笛卡儿	Ising	伊辛
Deuel P.	丢尔	Kac M.	卡克
Dirac P.A.M.	狄拉克	Karlin S.	卡林
Doblin W.	多勃林	Kelvin L.	开尔文
Domb C.	多姆	Kendall D.G.	肯达尔
Doob J.L.	杜布	Khintchine A.	辛钦
Dorfman R.	道夫曼	Kolmogorov A.	柯尔莫哥洛夫

Koopman B.	柯泼曼		Palm C.	帕姆
Lagrange J.L.	拉格朗日		Pascal B.	帕斯卡
Laplace P.S.	拉普拉斯		Pearson K.	皮尔逊
Lebesgue	勒贝格		Pepys S.	佩皮斯
Lévy P.	莱维		Plato	柏拉图
Lindeberg J.W.	林德伯格		Planck	普朗克
L Hospital	洛必达		Poisson S.D.	泊松
Li C.C.	李		Polya G.	波利亚
Littlewood J.E.	李特尔伍德		Reuter G.E.	路特
Lyapunov A.	李雅普洛夫		Riemann B.	黎曼
Lotka A.J.	洛特卡		Riordan J.	赖尔登
Malfatti	马尔费梯		Robbins H.E.	鲁滨斯
Marbe K.	马伯		Rutherford E.	卢瑟福
Markov A.	马尔可夫		Sacks L.	沙克斯
McCrea W.H.	麦克雷		Schwarz H.A.	施瓦兹
M Kendrick A.G.	肯德里克		Shewhart W.A.	休哈特
Malécot G.	马兰考脱		Smirnov N.V.	斯米尔诺夫
vonMises R.	冯·米泽斯		Smith B.	史密斯
Mallows C.L.	马洛斯		Steinhaus H.	史坦因豪斯
Martin R.S.	马丁		Stieltjes T.J.	斯蒂尔切斯
Maxwell	麦克斯韦		Stirling	斯特林
Boltzmann	玻耳兹曼		Stuart C.E.	斯图尔特
Mendel G.	孟德尔		Swed F.S.	史怀特
deMéré	曼来		Takacs L.	塔喀什
Monfourt	孟弗梯		Taylor	泰勒
deMontmort P.R.	孟德模		Uhlenbeck G.E.	乌伦贝克
Moran P.A.P.	莫兰		Wald A.	沃尔德
Morse	莫尔斯		Weldon	威尔顿
Nelson E.	尼尔森		Whipple F.J.W.	惠普尔
Newman D.J.	纽曼		Whitworth W.A.	惠特沃思
Newton I.	牛顿		Wiener N.	维纳
Neyman J.	内曼		Wolfowitz J.	沃尔福威茨
Orey S.	奥来依		Wright S.	赖特
Ornstein L.S.	奥恩斯坦		Yule G.U.	尤尔

技术改变世界 · 阅读塑造人生

概率论及其应用（卷2·第2版）

◆ 公认的概率论教材或参考书
◆ 20世纪最伟大的概率学家之一威廉·费勒之名作

作者：[美]威廉·费勒
译者：郑元禄
书号：978-7-115-55963-0
定价：169.80 元

伊藤清概率论（修订版）

◆ 篇幅短小、叙述精辟的概率论名著
◆ 现代随机分析之父、日本数学大家伊藤清的经典巨著

作者：[日]伊藤清
译者：闫理坦
书号：978-7-115-55562-5
定价：59.00 元

纯数学教程（第9版）

◆ 百年经典，在20世纪初奠定了数学分析课程的基础
◆ 指引一代又一代崭露头角的数学家步入了数学的殿堂

作者：[英]戈弗雷·哈代
译者：张明尧
书号：978-7-115-53843-7
定价：109.00 元

技术改变世界·阅读塑造人生

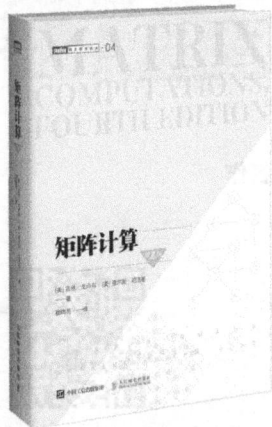

矩阵计算（第 4 版）

◆ 数值线性代数方面权威、全面的专著
◆ 矩阵计算领域的标准性参考文献
◆ 美国科学院院士、美国工程院院士吉恩·戈卢布的经典巨著

作者：［美］吉恩·戈卢布 ［美］查尔斯·范洛恩
译者： 程晓亮
书号： 978-7-115-54735-4
定价： 169.00 元

复分析：可视化方法

◆ 复分析领域产生广泛影响的著作
◆ 独辟蹊径，用独具创造性、可以看得见的论证方式解释初等复分析理论

作者：［美］特里斯坦·尼达姆
译者： 齐民友
书号： 978-7-115-55277-8
定价： 159.00 元

基础拓扑学（修订版）

◆ 拓扑学入门书，内容浅易，注重抽象理论与具体应用相结合
◆ 美国多所高校的拓扑学指定教材

作者：［英］马克·阿姆斯特朗
译者： 孙以丰
书号： 978-7-115-51891-0
定价： 49.00 元